非凡的阅读
从影响每一代学人的知识名著开始

知识分子阅读，不仅是指其特有的阅读姿态和思考方式，更重要的还包括读物的选择。在众多当代出版物中，哪些读物的知识价值最具引领性，许多人都很难确切判定。

“文化伟人代表作图释书系”所选择的，正是对人类知识体系的构建有着重大影响的伟大人物的代表著作，这些著述不仅从各自不同的角度深刻影响着人类文明的发展进程，而且自面世之日起，便不断改变着我们对世界和自身的认知，不仅给了我们思考的勇气和力量，更让我们实现了对自身的一次次突破。

这些著述大都篇幅宏大，难以适应当代阅读的特有习惯。为此，对其中的一部分著述，我们在凝练编译的基础上，以插图的方式对书中的知识精要进行了必要补述，既突出了原著的伟大之处，又消除了更多人可能存在的阅读障碍。

我们相信，一切尖端的知识都能轻松理解，一切深奥的思想都可以真切领悟。

艾萨克·牛顿
Isaac Newton

全新插图　精装版

〔英〕艾萨克·牛顿 / 著

Mathematical Principles of Natural Philosophy
自然哲学的数学原理

任海洋◎译

重庆出版集团 重庆出版社

图书在版编目（CIP）数据

自然哲学的数学原理 /（英）艾萨克·牛顿著；任海洋译. —重庆：重庆出版社，2022.3

ISBN 978-7-229-16404-1

Ⅰ.①自… Ⅱ.①艾… ②任… Ⅲ.①物理学哲学—研究②牛顿运动定律—研究 Ⅳ.①04②0301

中国版本图书馆CIP数据核字（2021）第259335号

自然哲学的数学原理
ZIRANZHEXUE DE SHUXUE YUANLI
〔英〕艾萨克·牛顿 著　任海洋 译

策 划 人：刘太亨
责任编辑：谢雨洁
责任校对：何建云
封面设计：日日新
版式设计：冯晨宇

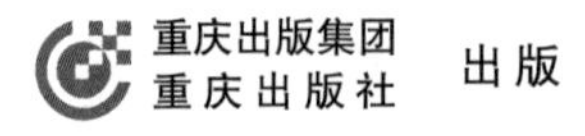

出版

重庆市南岸区南滨路162号1幢　邮编：400061　http：//www.cqph.com
重庆友源印务有限公司印刷
重庆出版集团图书发行有限公司发行
全国新华书店经销

开本：880mm×1230mm　1/32　印张：18.875　字数：550千
2008年5月第1版　2022年3月第4版　2022年3月第1次印刷
ISBN 978-7-229-16404-1

定价：128.00元

如有印装质量问题，请向本集团图书发行有限公司调换：023-61520678

序　言

牛顿的《自然哲学的数学原理》是科学史上一部划时代巨著，也是人类对自然规律的第一次理论概括和科学归纳，其影响之深远，几乎遍布所有自然科学领域。在人类的文明进程上，它造就了英国工业革命，引发了法国大革命和欧洲启蒙运动，在社会生产力和基本社会制度两方面都结出了丰硕成果。迄今为止，还没有哪一种学术理论能产生如此重大的影响。

在科学史上，《自然哲学的数学原理》是经典力学的第一部经典著作。在该书中，牛顿全面总结了近代天体力学和地面力学的成就，并在此基础上提出了力学的三大定律和万有引力定律，从而使经典力学成为一个完整的理论体系。该书以内容丰富、结构严谨、思想精湛而被誉为17世纪物理、数学的百科全书。经典力学的成熟，标志着近代科学的形成。

牛顿是17世纪自然科学的集大成者。他在书中提出的力学三定律和万有引力定律，是在总结开普勒、伽利略、惠更斯、胡克、哈雷等科学巨匠的研究成果的基础上形成的。对此，牛顿谦虚地说："如果说我比别人看得更远，那是因为我站在巨人的肩膀上。"

《自然哲学的数学原理》涉及天文、物理、生物、心理、政治、经济、法律与军事等领域。这些领域关系着人类的命运，是过去、现在和将来人类认识世界与改造世界的必经之路。

《自然哲学的数学原理》在自然科学中所达到的理论高度是前所未有的，爱因斯坦曾说："至今还没有可能用一个同样无所不包的统一概念，来代替牛顿的关于宇宙的统一概念。"事实上，牛顿的科学成就已渗入人类生活的各个方面，例如架桥铺路、行车造船、远洋航行、宇宙探索等，而当代科学能够成功计算人造卫星的轨道，更是对牛顿伟大成果的直接运用。

《自然哲学的数学原理》一书的宗旨是：通过对各种运动现象的研究来探索自然力，并用这些自然力来解释各种自然现象。因此，该书所有命题都来自现实世界；它们或是数学的，或是天文学的，或是物理学的。在结构上，《自然哲学的数学原理》是一种标准的公理化体系，书中全部理论都以命题的形式进行论述，牛顿从最基本的定义和公理出发，对每个命题进行了完全数学化的证明或求解，甚至某些命题还附有推论。若认为某个问题在哲学上具有特殊意义，牛顿就会加上附注，以便对该问题作进一步的解释和探究。

《自然哲学的数学原理》英文版出版后，书中庞大而枯燥的数学问题使人们普遍感到艰涩难懂，甚至望而生畏。因此，我们的译本一开始便立足于使其语言浅近、流畅，以更符合多数读者的阅读需要。最后，我们还邀请物理学专业人士罗宏丽女士对全书进行了细致校译，以避免专业错误，在此，我们对她的付出致以诚挚的谢意。

导 读

自然规律隐匿于黑夜之中，上帝说：让牛顿降生吧！于是，一切有了光明。

——蒲柏（18世纪英国诗人）

人类探索科学的历史进程中，有一个至关重要的人，影响了地球上每个人对自然科学的认识。自他之后，自然科学开始在人们眼中变得豁然开朗。牛顿，这个文明社会中每个人都耳熟能详的名字，早已永恒地镌刻在了人类历史上。他已成为自然科学的象征、真理的代表！

独特的是，在他那里，宗教与自然哲学和谐地融为一体。无益于科学进程的选择对他来说是一种浪费。他以一个虔诚清教徒的执着，在自然哲学这条道路上坚定不移地探索和思考，正是凭借着那种令世人惊叹的对自然哲学真理的执着追求精神，才开辟了自然科学的新纪元。至于这个伟大人

牛顿故居

林肯郡沃尔斯索普的这间农舍就是牛顿的家。1665至1667年，牛顿为躲避瘟疫回到了故乡。在那18个月的时间里，也就是所谓“创造奇迹的岁月”中，牛顿开始了自己的研究，为数学、光学和天体力学的伟大发现奠定了基础。自此，牛顿踏入了前人从未涉足过的领域，萌生了不朽的思想和见解，创建了前所未有的功业。

物的生平，在许多有关他的传记中已得到了充分说明，本文旨在从他某些细小的人生经历来再现这一伟大人物的高尚人格与真实的一面。

牛顿生平

公元1642年的圣诞节，在英国东南部林肯郡格兰汉姆镇南面一个叫沃尔斯索普的村子里，一个瘦弱的婴儿诞生在一座没落贵族留下的小庄园里。他的父亲艾萨克·牛顿在与妻子哈丽特·艾斯科结婚后几个月就去世了，时年36岁，当时哈丽特已怀孕3个月。由于早产，这个算是遗腹子的孩子出生时只有三磅重，接生婆和亲人们都担心他活不下来。“他小得甚至能放在杯子里。”哈丽特当时这样说。他非常瘦弱，在出生的头几个星期里，哈丽特必须在他的脖颈上系一块大围巾，以支撑他的小脑袋，使其不至下垂。谁也没有料到，这个看起来微不足道的小东西日后竟会成为震古烁今的科学巨人，并且活到了85岁。这颗小小的头颅里孕育着非凡的才智，这位天才人物的名字就是——艾萨克·牛顿（与父亲同名）。对于他的出生，凯因斯（M. Keynes）曾贴切地写道：“这是最后一个奇婴，东方的圣人也得向他致以恰如其分的真诚敬意。”

《炼金术士的祈祷》　赖特　油画　18世纪

16至17世纪，自然科学在生产力的带动下，尤其是在工场手工业生产技术发展的推动下，逐渐形成了专门的学科理论。自然科学家们积极从事研究和实验工作，在此期间产生了关于自然科学的各种学说，其中不乏影响后世的著名理论。赖特的这幅画，表现了当时科学实验、宗教和迷信共存的情形。

牛顿出生于一个巫术与炼金术

童年的牛顿

童年的牛顿除数学外，其他功课都不好。喜欢阅读，并且对自然现象充满好奇的小牛顿，用仔细的研究、精确的方法和极其清晰的措辞，向人们显示了他对宇宙中诸多奥秘的思考。

并行的时代。同时，新兴科学也在躁动着。从16世纪的哥白尼、布鲁诺、伽利略，到17世纪初的开普勒、培根、笛卡尔等，在新兴资本主义萌芽的时代潮流下，一面又一面反封建、反宗教、追求科学真理的大旗被高高举起。当科学真理与宗教信仰被同时摆放在人们面前时，毫无疑问，17世纪的人们绝大多数会选择宗教。牛顿的母亲哈丽特就是一位虔诚的清教徒。她那种清教徒特有的对信仰被的坚贞、对己欲的克制以及执着的精神与谦逊的态度深刻地影响了牛顿。这一点，从他的生平便可清晰看出。

牛顿家的庄园位于一个幽静的山谷中，山谷以一条清澈奔流的泉水而闻名。自牛顿出生后，家里靠每年80英镑的房租过着清贫的生活。牛顿3岁时，母亲哈丽特改嫁给了善良的牧师史密斯。此后，牛顿在继父的经济资助下由年迈的外祖母抚养。哈丽特改嫁后，时常往返于夫家和娘家之间，母爱依然伴随着牛顿。

幼年牛顿体质孱弱，他在6岁时进入当地一所乡村小学读书，当时的他并未显示出超群的智力，也不是很用功，成绩属于次等。如果说他有什么特别之处，那就是兴趣十分广泛，好奇心比一般儿童强。他的舅父观察到牛顿脑筋灵活、双手灵巧，并且善于思考，因此十分喜爱这个小外甥，对他的学习不时加以指导和督促。相对于在校学习，牛顿的童年时光更多是在大自然中度过的。在沃尔斯索普，小河在山间欢快地流淌，山谷中有美丽的小鸟、跳跃的野兔、绿茵茵的草地……这一切给小牛顿留下了深刻印象。

12岁那年，牛顿进入格兰汉姆公立学校读书。他身体瘦弱，性格沉默而爱幻想，几乎没什么突出的地方。因此，他在学校里并不显眼，老师和同学们都不怎么喜欢他。此时的他，学习成绩依然不好，难免受到好学生的孤立和歧视。一次，他被一位成绩比他好的同学狠狠地踢了一脚，正中胃部，疼痛难忍。这次羞辱让牛顿开始发奋学习，直到他成为了学校里成绩最优异的学生。这件事极大地影响了他，让他从此养成了一种努力奋斗的倔犟性格。当时，由于回家路远，牛顿读书期间便寄住在药剂师克拉克的家里。克拉克夫妇经营着一家药店，那里各种各样的药品和化学用品引起了他的兴趣。克拉克先生曾送给牛顿一本《艺术与自然的奥秘》，通过这本书，他学会了制作焰火、简单的魔术道具以及一些有趣的玩具。也是从这时起，牛顿开始对化学产生了兴趣。

牛顿从小就展现出创造性思维，他爱好制作机械模型一类的东西，如风车、水车、日晷等。他备有各种工具，如小锯、斧子、锤子等，曾精心制作了一只高1.22米、计时较准确的水钟，以及可以坐一个人的马车。他做的风车放在房顶上能够转动，又别出心裁地制成畜力风车，由老鼠去拉动。从《人工与自然的秘密》一书中，牛顿学到了制作各种机械方法。由此可见，牛顿除了思考能力极佳外，动手能力也很强。这种创造力在他的少年时代就已显露出来。

1656年，牛顿14岁，资助他上学的继父去世了。母亲哈丽特再次寡居，她只得带着与牧师史密斯所生的一儿两女回到沃尔斯索普旧居。这时，她迫切需要人手料理家务、耕种土地；眼见牛顿渐渐长大，正好把他召回家中务农。虽然母亲并不愿意让他中途退学，但那时英国正处于内战时期，地租重、雇工难，让他辍学回家也属不得已。此时，牛顿的学业已大有进步，母亲的决定让他感到很无奈。

牛顿刻在窗台上的字

为激励自己发奋学习，中学时，牛顿将自己的名字刻在了教室的窗台上。而事实上，牛顿是将自己的名字刻在了科学史最显著的篇章上，他的研究引发了知识革命，建立了古典科学。直到20世纪初，他的光学、运动和引力定律才受到爱因斯坦相对论的挑战。

假如牛顿能一心耕种，那么他一定会成为一名合格的农民。但事实是，他对务农没半点兴趣，经常在干农活时读书和做实验。哈丽特很快发现，牛顿的确不是干农活的料。有一个很有趣的故事：1658年夏季的一天，刮了一场大风暴，母亲担心谷仓的门没有锁牢，就叫牛顿去检查一下，可是半小时后，还不见牛顿回来。哈丽特十分着急，赶紧顶着风暴跑向谷仓，她惊奇地发现：仓库的门已经倒在地上，而牛顿却从仓库的窗口跳下来，然后又爬回去，再跳下来，如此重复多次，每次都仔细地记下落地的位置。哈丽特感到十分不解，大声问道：“孩子，你在干吗？”牛顿回答道：“我在测量大风的速度。妈妈，你看，当风很强的时候，我用同样的力气就会跳得远一点。”这当然是一个令哈丽特哭笑不得的回答，但她由此看出了牛顿的志向以及天赋，她开始有了让牛顿继续读书的想法。另一件趣事是：有一天，牛顿的舅父见他拿着书聚精会神地解数学题，当他把牛顿的书拿掉时，牛顿正在忘我的思考中，竟浑然不觉。舅父惊讶于他专一治学的精神，就劝哈丽特切勿耽误他的学业，应该送他回学校继续读书。两兄妹一番商量之后，决定把牛顿重新送回格兰汉姆皇家中学读书，并商定在他中学毕业之后，争取上剑桥大学深造，以便他将来从事自己所喜爱的科学研究。

牛顿终于如愿以偿，重新回到格兰汉姆皇家中学，在那里刻苦攻读了3年。在这期间，他的所有学科成绩都是优等，是学校公认的高才生。在人们的印象中，他是一个“头脑清醒、沉默、有思想的小伙子”。顺便提一句，牛顿并非一个不近女色的人，后来终身未娶也是因为他太过痴迷于科学。少年时期，他与一位比他小两三岁的斯托雷小姐感情很好，后来由于牛顿外出求学，两人也就未能成为一生的伴侣。斯托雷小姐后来曾两次结婚，牛顿回林肯郡时总会去探望她，甚至在经济上给予帮助。为明心志，牛顿曾写过一首题为《三顶冠冕》的诗，表达了他献身科学的决心：

世俗的冠冕啊，我鄙视它如同脚下的尘土，
它是沉重的，而最佳也只是一场空虚；
可是现在我愉快地欢迎一顶荆棘之冕，
尽管刺得人痛，但味道却是甜；
我看见光荣之冕在我的面前呈现，
它充满幸福，永恒无边。

1661年，19岁的牛顿以优异的成绩从格兰汉姆皇家中学毕业。经校长斯托克斯的推荐，牛顿以减费生的身份进入剑桥三一学院深造，母亲每年供给他10英镑的资费。学校规定，低级减费生需要干一些有钱学生不愿做的零活，以此减免一些在校的学习费用。对于出生在农村的牛顿来说，这算不了什么。他学习勤奋，与那些饱食终日、碌碌无为的纨绔子弟比起来有着天壤之别。

剑桥三一学院使牛顿如鱼得水。刚上大学时，他的课程主要有希腊文、拉丁文、数学和神学，但他并不满足，凡是他感兴趣的科目，他都有所涉及。三一学院的顶级师资以及图书馆大量珍贵的藏书和各种手稿，时常令他沉迷其中。他在知识的海洋里畅游，其天赋终于得以闪光。老师们都惊讶于他的进步，他们发现这个乡下学生不仅成绩优异，对尚未学过的许多课程的内容也理解得很透彻。

《苹果落地》 佚名 油画 19世纪

据说牛顿在家乡躲避鼠疫时，有一次被从树上掉下的苹果砸中了脑袋，这促使他思考为什么苹果不是飞向天空，而是落到了地上。最终，他发现了万有引力定律。

大学的头两年，牛顿将主要精力用于攻读数学和物理。在他攻读三年级课程时，新任数学导师巴罗教授慧眼识英才，发现了这个不同寻常的年轻人。巴罗教授博学多才，是当时英国公认的优秀学者。在授课过程中，他很快发现牛顿对当时自然科学和数学的尖端知识有非凡的理解力，在巴罗教授的指导下，加上其自身的天赋和勤奋，还是学生的牛顿，便在学术上取得了他的第一项科学成就——二项式定理！这个成就的意义在于，即使他一生只有二项式定理这一个成就，也足以在科学史上留下自己光辉的名字。那年，他才22岁！

1665年4月，牛顿和其他25位同学获得了剑桥大学学士学位。巴罗教授为他在学校争取了一个带薪水的选修课研究员的职务，这样，贫穷的牛顿就可以不再为衣食担忧了。他对吃什么并不在意，常常因研究某个项目而忘记吃饭；穿衣服也不讲究，因而花费也少。牛顿是幸运的，在新学年里，他免费住进了三一学院。但更令他高兴的是，他从此有了更多的时间去研究他所喜爱的科学课题。在三一学院，他一直边读书边做读书笔记，记下了自己的心得和看法，他的《三一学院笔记》记录了这一过程，这种习惯一直延续到1666年。1665年1月起，牛顿将他在动力学和数学方面的

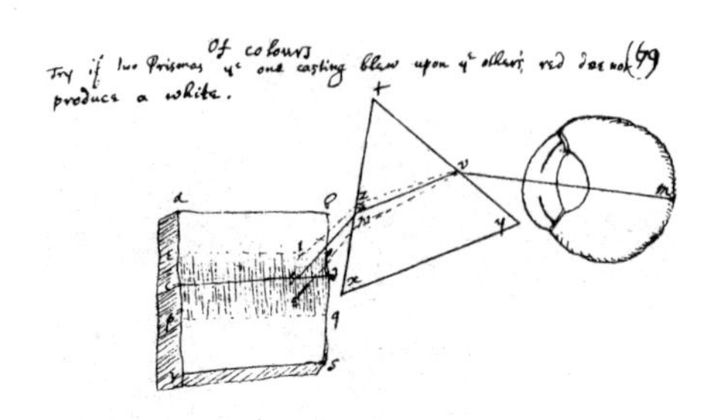

光学实验

牛顿绘制的这张草图说明了三棱镜是如何反光的。在1704年出版的著作《光学》中，他完整地描述了对光和颜色的研究。

新见解和发现，记录在他继父用过的账本上。他早期的力学研究和成果都记录其中，包含他后来的几个重大力学发现：离心力定律、运动三定律、力的定义等。

1665年的夏天并不平静，可怕的鼠疫正在英国蔓延。这种烈性的传染病在当时致死率非常高，由于没有足够的医疗条件，大量人员死亡，死尸弃掷街头无人埋葬。当瘟疫从英国南部向北蔓延时，剑桥大学的管理人员担心疫情波及学校，决定暂时关闭学校，把学生疏散到外地躲避这场大瘟疫。这样，牛顿回到了家乡沃尔斯索普。避居家乡的这段时期，是牛顿人生中最重要的时期，他那不同凡响的创造力在这充满了自然美的地方如井喷般爆发，他的许多发现及其思想基础都是在这一时期产生的。关于这段时期，牛顿在晚年回顾自己的科学生涯时写道："这一切都是在鼠疫流行的两年（1665—1666年）中发生的，那是我一生中最旺盛的发明阶段，也是我一生中最专心于数学与科学的时期。"

天才的发现

回家后，母亲把牛顿安置在二楼的一间小屋里。在这里，他终日沉浸在当时亟待解决的科学问题中。他脑子里充满了从剑桥带回的最新科学观点，在暂时与世隔绝的生活中，任思想随心所欲地飞翔。在整整18个月里，他将全部精力集中在研究他一直苦苦思索的三大问题，即微积分学

（牛顿称为流数术）、万有引力理论与光学。这三大问题也是牛顿后来的研究方向。毫无疑问，这对科学的进步产生了巨大的推动力。在牛顿的回忆录中有这样一段话："1665年初，我发现近似级数的方法，并得到将任何方次的二项式展开为级数的规则；同年5月发现了如何画曲线的切线；11月发现了流数术的直接法；次年1月创立了色彩的理论；5月我得到了流数的反演法……"两年中，他已经确立了积分与微分概念并列出了积分表，把积分法称作"流数法的反求法"。当时德国数学家莱布尼茨也独立研究出了微积分，这让谁拥有微积分创立权成为了一直以来的学术界公案。事实证明，微积分的创立在数学界甚至在整个科学发展史上都有着重要意义，这种计算方式为人们研究变动的数据提供了必备途径，因而是数学史上的几个主要里程碑之一。在研究"流数术"期间，牛顿应用了他的前辈数学家——意大利的卡瓦利里、德国的开普勒等人提出的数学概念，并进一步发展了这些概念。正是有了前人的研究基础，牛顿才得以最终创立微积分学理论。这就是为什么后来他在功成名就时说自己的成功是因为"站在了巨人的肩膀上"。牛顿虽然发现了"流数术"这个价值巨大的计算方法，但他生性谦虚谨慎，并没有把这一方法公之于世，就连他最亲密的朋友也不知道。直到30多年后，牛顿才正式发表了自己的微积分理论。

牛顿的家乡沃尔斯索普是一个美丽的地方，大自然也启发着牛顿的创造性思维。那里无时无刻不在流动的小河，那生发于清新泥土的花草树木，每天都让牛顿精神焕发、思维活跃。他早在剑桥大学学习天文学时，就已经接受了哥白尼的日心说，也了解到了开普勒和伽利略的学说。牛顿一直都在试图破解行星为什么能在自己的轨道上自觉运行这个谜。1665年的秋天，当牛顿正坐在果园里沉思时，一个苹果从树上掉下，正巧落在他的面前。这个苹果引发了牛顿对地心引力和重力的许多想法，他对自己提出了许多问题："为什么苹果会掉到地上，为什么月亮一直绕地球转，而

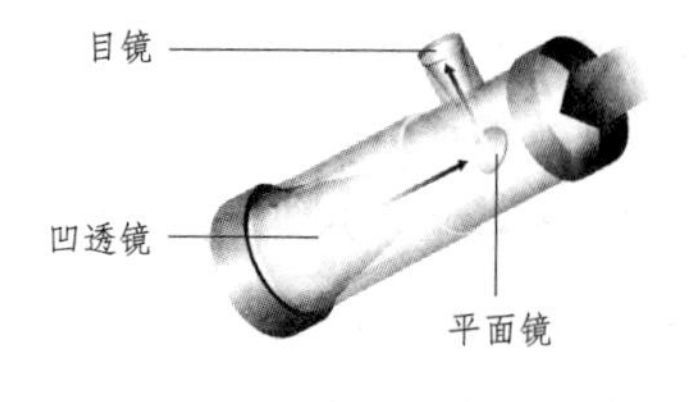

牛顿的反射望远镜

望远镜是获取天文知识的重要工具。早期的望远镜使用的是球形凸透镜，把物体发出的光聚焦，然后进行观察。不过单一的球形透镜对不同波长的光的折射情况不同，使被观察的物体变得模糊不清，而且还会出现彩色的边缘。牛顿用一块凹透镜代替凸透镜，解决了这一问题。这样，进入望远镜的光线投射到和望远镜的轴线成45° 的一面更小的镜子上，镜子把光线反射到旁边的目镜上，目镜再把影像放大。

不会掉下来呢？”经过一番激烈的思维论证之后，牛顿得出了进一步的结论：引力必然是随着距离的变化而变化，而且是越远越小。接着，牛顿又对地心引力的大小与距离的变化关系进行了大量的论证和计算，并深入研究了开普勒的行星运动定律。在他得到了引力与距离的平方成反比的变化规律后，他又正式定义了他的万有引力定律，即宇宙间任意两个物体都是相互吸引的，引力的大小与两个物体的质量乘积成正比，且与它们的距离的平方成反比。牛顿之所以要在定律的前面冠以“万有”二字，是因为他觉得这条定律适用于宇宙的任何地方。

早在牛顿之前，最初的天文望远镜就已经出现了。继伽利略发现木星和卫星之后，17世纪的自然科学家对光学产生了很大兴趣，牛顿当然也在其中。他一向爱好天文学与光学。上大学期间，他就仔细观察了月晕，并在巴罗教授的指导下自学了开普勒的《光学》。在家乡那间几乎与世隔绝的小屋里，牛顿进行了关于棱镜的实验。这样的实验对于他来说是充满乐趣的，在他的日记中，他这样写道：“我把自己的房间弄得一片漆黑，在百叶窗上开一个小洞，让适量的阳光照射进来，再把棱镜放在光线进入处，光线就通过棱镜折射到对面的墙壁上，我认为这是一件很有意义的事情。”通过对光的实验，牛顿惊讶地发现：当太阳光通过棱镜时会发生曲折或折射，折射出来的光变成了一束由各种颜色光组成的光带，这种复色光是由单色光按一定比例混合而成的。这样，牛顿就在他的小房间的墙上制成了光谱。他也由此明白了当时的折射望远镜成像为什么总是模糊不清：光的色差和色散。两年后，牛顿设计并制造了能消除光的色散的反射望远镜，为近代天体物理学提供了重要工具。

牛顿在沃尔斯索普的一年半时光里，为自己毕生的科学研究打下了基础，之后他所需要做的，就是在这些发现的基础上建造起宏伟堂皇的科学殿宇。

1667年，流行于英国的鼠疫得到了控制，剑桥大学复课，牛顿回到了三一学院。由于他为人一向谦和谨慎，回到剑桥之后，他并未向任何人提起他在家中的发现。他以一种科学家务实负责的态度来对待科研成果的公开与发表。他认为，如果把自己还没有完全把握的东西公布出去，是没有科学精神的表现。在此后的三十余年里，牛顿埋首于光学、万有引力、流数术的研究。每项研究都耗费了他十余年的时间。1667至1678年期间，他研究的主要项目是光学；1678至1688年，为物理学；1688至1700年，为天文学及流数术。在每个领域里，他都有着巨大贡献。

三一学院的领导十分赏识这位青年才俊，给了他许多的优厚条件以便他安心研究。在牛顿获得选修课研究员资格后不久，他又被提升为主修课研究员。他在学院有了自己的房子和一份可观的薪水，这让他可以专心研究学问，无所顾忌地迈向更广阔的科学道路。他购置了一大堆实验用品——罗盘、磁铁、玻璃以及切割金属的工具，并打算自制一架反射望远镜。在寓所里，牛顿动手为他的反射望远镜打磨了一个金属凹面镜，经过许多天的努力，才磨制成理想中的曲面镜。这个略显粗糙的望远镜加入了他许多崭新的设计。在制成望远镜的当天晚上，牛顿就用它去观测天象，观测结果使他无比激动，他在小小的目镜里看到了清晰明亮的影像——耀眼的木星与它的四颗卫星！接着，他还看见了金星的盈亏现象，这些影像一点也没有受到彩色条纹的干扰。就这样，牛顿成功发明了反射望远镜，这使他闻名于整个欧洲。1672年，牛顿被选举为英国皇家学会会员。一个月后，牛顿正式提交了自己的第一篇科学论文《关于光和色的新理论》。论文论述了他所发现的光谱现象，这对以后的科学领域产生了巨大影响。在光学领域，牛顿的杰出贡献还有：牛顿环的发现、光的微粒说、光学巨著《光学或光的反射、折射、弯曲与颜色的论述》。只论在光学方面的贡献与成就，就足以让牛顿成为科学史上的卓越人物。

牛顿的成就令人瞩目，他的谦虚谨慎也着实令人钦佩。在当选皇家会员后，他在给皇家学会秘书奥顿伯格的两次回信中写道："我将以我卑薄之力促进你们哲学计划的实现，并以此证明我竭诚的谢意。"（1672年1月6日）"让我讲解一个我不怀疑并且可以证实的哲学发现……而不是描述那架仪器，这将使我感到更加荣幸；在我看来，如果那不是迄今对自然演变所作的最重要的发现，但至少是最有趣的发现。"（1672年1月18日）

《自然哲学的数学原理》产生的背景

1677年，牛顿的导师和最真挚的朋友巴罗教授去世，这让他感到悲痛万分。他决心沿着科学研究的道路继续前行，以不辜负巴罗教授对他的殷切期望。在牛顿生活的时代，科学家已经发现，是引力让月亮绕地球旋转，使行星绕太阳旋转；引力的大小由引体的质量和距离决定。但是，在讨论行星椭圆轨道问题的时候却不能通过自然哲学的数学原理或者数据得出精确论证。此时的牛顿经过不懈努力，在1682年根据自己总结的万有引力定律进行仔细推算后，终于找到了证明行星围绕太阳的运动轨道是椭

巴 罗

巴罗（1630—1677年）是剑桥大学第一任“卢卡斯数学讲座”的教授，英国皇家学会首批会员。当他发现牛顿的杰出才能时，便于1669年辞去了“卢卡斯数学讲座”教授职位，推荐当时只有27岁的牛顿接任。巴罗让贤，成为了科学史上的佳话。

圆形的方程式。这个结论与70年前开普勒的实际观测结果吻合。如果牛顿当时就将这一方程式公之于世，那么马上就会轰动整个科学界，但牛顿仍旧按自己的老习惯，将这一成果束之高阁。直到年轻的英国天文学家兼物理学家埃德蒙·哈雷求助于他，牛顿才将自己有关万有引力定律及其他的研究材料送给哈雷阅读。哈雷在详细研读了他的计算过程后，被牛顿的才能彻底折服，认为这是天才的杰作。而后来的《物体运动论》更是令哈雷叹为观止。他向牛顿表示希望把这些成就公开发表，于是哈雷开始不断向科学界宣扬牛顿这位只重研究、不重荣誉的科学家。可以说，哈雷是牛顿的伯乐。

1685年，牛顿43岁，正值科学创造的巅峰期。在哈雷的敦促下，牛顿开始着手撰写那部至今仍被人们誉为“个人智慧的伟大结晶”的科学巨著——《自然哲学的数学原理》。为了这部巨著，他投入了大量精力，废寝忘食地工作。他想把脑海中二十余年来探索的成果全部写出来，终日沉浸在计算、论证、定理、方程式、图表、数学与符号之中。牛顿年轻的秘书汉弗莱后来回忆说：牛顿在撰写《自然哲学的数学原理》时，他从来没见过牛顿笑。吃饭时也漫不经心，甚至常常忘记吃饭。当提醒他没有进餐时，他会吃惊地反问：“我真的没有吃过吗？”随后，便心不在焉地随便吃点东西。汉弗莱在日记中还这样记载：“他总是在沉思，把全部时间都

牛顿主持皇家学会会议

1703年，牛顿当选为皇家学会会长，在之后的岁月里，牛顿忙于公务的时间更多了，但他仍抽出时间来撰写有关科学和神学等许多方面的文章。这幅画描绘了牛顿主持皇家学会会议的场景。

用在了工作上，很少娱乐或休息。他经常在凌晨两三点钟才睡觉，有时甚至会工作到天亮……”从这些回忆中，人们可以看到一位献身科学的伟人形象。在他的生活中，除了科学，还是科学，工作占据了他的全部生活。1686年4月，牛顿的书稿完成，经哈雷提议，皇家学会决定立即将这部重要著作付印出版。在哈雷的资助下，牛顿的书终于在1687年正式问世。

《自然哲学的数学原理》是一本划时代的科学巨著，它不仅影响了人类几百年来对自然科学的研究，而且对人类的思维方式也产生了十分重要的影响。通过这部伟大著作，牛顿建立了经典力学的基本理论基础。《自然哲学的数学原理》所达到的理论高度是前所未有的。爱因斯坦说：“至今还没有可能用一个同样无所不包的统一概念，来替代牛顿的关于宇宙的统一概念。要是没有牛顿的明晰体系，我们也不可能取得如今的成就。”

在撰写《自然哲学的数学原理》的过程中，牛顿按逻辑把这本书分为三部分。第一部分是对《物理运动论》的扩充，这一部分很快就完成了；1685年底，第二部分《物体（在阻滞介质中）的运动》也完成了；1686年4月，他完成了第三部分《宇宙体系（使用数学的论述）》，这标志着《自然哲学的数学原理》这一科学巨著的问世。

牛顿的这部著作绝非简单总结前人的知识，而是反映牛顿本人学术成就的一部科学巨著。牛顿不但总结出力学的基本定律，还证明了这些定律。书中所叙述的一些运动定律，在此之前从未有人如他讲的那般透彻，它精辟地解答了几个世纪以来即使是最有才智的人都无法回答的问题。这部杰作的内容严谨、简明、宏大，使这部书及其作者——艾萨克·牛顿在科学界的成就可谓登峰造极。

这部著作有一种冷静的风格，这种风格令阅读它的人透不过气来。数学刻板的特性在书中被表现得淋漓尽致。惠威尔将它描述为“当我们读《自然哲学的数学原理》时，感到好像身在古代的军械库中，那里的武器尺寸如此之大，以至当我们看到它们时，会不由自主地感到惊奇：能用它们作武器的是什么样的人？因为我们几乎提不动它……”关于这一点，牛顿有自己的解释，他说：“为了避免那些在数学上知之甚少的人损害我的思想，我故意把它写得深奥一些。但是，有才能的数学家，还是可以理解的。我想，他们理解了我的证明后，会赞同我的理论。”《自然哲学的数学原理》出版之后，不仅引起了一些数学家和物理学家的非议，同时也引起了宗教界的攻击。为此，牛顿作为一位虔诚的基督徒，从科学上探讨了上帝的实质。他用这样一番话来表达了自己的宗教观与科学观：“上帝是一个代名词，与他的仆人有关……一个人要证明有一个完美的神，却未同时证明他就是造物主或万物的创造者，也就尚未证明上帝的存在。一个永恒的、无限的、全智的和最完美的却无支配权的神，不是上帝，而是自然上帝的神性，最好不由抽象的概念，而由现象，由它们的最终原因来证明。”从这番话中，我们可以看出，在牛顿心里，自然哲学与神是不矛盾的，它们甚至相互融为一体，并成为牛顿探寻真理的动力。

炼金术士的晚年

牛顿一生都笃信神学，沉湎于神学的考证与炼金术的研究，他利用自己无比强大的计算能力，计算出罗马教廷会在什么时候成为先知丹尼尔眼中的第四只野兽的第十一只角。此外，他写的有关基督教《圣经》研究的手稿，达150万字之多。

《自然哲学的数学原理》梗概

《自然哲学的数学原理》内容丰富，涉及天文、物理、生物、心理、政治、经济、法律与军事等众多领域。

牛顿在《自然哲学的数学原理》中首先列举了运动定律，这是在前人积累的动力学知识的基础上，再加上他本人大量的观察、实验、计算等辛勤劳动才总结出来的成果。牛顿曾一再表示，运动定律的得出，在很大程度上是因为他从前人及同时代的科学家那里获得了许多有用的知识。例如，他利用了开普勒所提出的科学知识以及数学计算，运动第一、第二定律是以伽利略提供的宝贵数据为基础，第三定律也从惠更斯、雷安、胡克的研究成果中获得了启示。

《自然哲学的数学原理》共有三编。第一编是关于行星的运动理论，这部分内容奠定了现代数学、物理、流体静力学和流体动力学的理论基础。牛顿一开始就简明叙述了他的“流数法”。除去20年前他曾经写过关于“流数”的简要论文外，他还是第一次正式公开发表他的“流数法”。然后，他讲到了物体在某一固定点的引力作用之下的运动，如卫星沿着围绕行星的轨道运动，或行星沿着围绕太阳的轨道运动。他说明，这些轨道均呈椭圆形，引力和距离有着密切关系，在此他还引用了万有引力定律，用以说明引力中心是在椭圆形轨道的一个焦点上。根据这些理论，研究者可以在任何时间推算出行星在轨道上的位置。随后，牛顿又明确指出：所有天体都是相互吸引着的，太阳吸引着行星，同时行星也在吸引着太阳。这显然是对牛顿第三定律的运用。同时，他还认为，太阳系中最大的行星与太阳相比，也显得微不足道，所以在说明行星的运动时，除太阳的引力外，其他引力都可以忽略不计。这种考虑同样也可以用于计算卫星的运动，例如月球距其所绕转的地球最近，它只是同地球间发生引力作用，故太阳的引力作用基本上可不作考虑。

牛顿还进一步认识到引力理论的基础是建立在这样一个事实上的：宇宙间物质的每一个质点都施加引力于其他物质的第一质点之上。通过这个原理，牛顿分析了海洋的潮汐现象。他认为，太阳与月球的引力共同促成地球上的海洋发生定时涨落。事实正是如此，又是牛顿奠定了潮汐理论的基础。

第二编批评了先前的宇宙涡流理论，牛顿从科学实验和数学理论角度证明“涡流理论是完全违背天文事实的”。本编讨论了物体在有阻力的介质中的运动情况，牛顿认为这种阻力——例如空气的阻力——与物体运动的速度是成正比的。由此可见，牛顿在飞机问世的两个多世纪以前，就预见到了飞机设计师们必须处理的一个重要问题，即飞行器的形状与空气阻力的关系。在这一编里，牛顿还讨论了摆动、流体的波动和光学等方面的一些问题。他还应用了波的运动学说解释了声波在大气中的传播。

第三编是关于“世界体系”的，牛顿论述了万有引力定律及其在天文学上的实际应用。他写道：“在前面两编中，我提出了自然哲学的原理，这些原理其实不是哲学的，而是数学的……上述原理反映了某些运动或者力量的条件和规律……这些运动和力量包括行星的密度和反力、光和声音的运动规律等，世界体系的框架就是基于这同样的原理。”

第三编所涉及的内容极其广泛，包括行星和卫星的运动规律、测量太阳和行星的重量的方法、彗星的轨迹和月亮的运动等。牛顿打破了地球与天体运动无关，太阳是宇宙永恒的中心的传统看法；他论证了地球密度是水的5~6倍（现在的科学家使用的比例为5.5倍）；他提出，地球是椭圆形的，两极的引力比赤道处要小；他还证明了潮水的规律是月亮涨潮；他的另一个重要贡献是通过太阳光在不同星球上反射的光线流量，推算出太阳与星球之间的距离。牛顿还运用他的万有引力定律及三项运动定律，把太阳系的各种引力现象作了杰出的总结。他用种种定律出色地证实了木星、土星、地球等行星与太阳之间的引力，同时为他的平方反比定律提供了有力证据。最后他叙述了与他的荣誉密切相关的万有引力定律：宇宙间任意两个物体都是相互吸引的，引力的大小与两物体的质量乘积成正比，并且与它们距离的平方成反比。牛顿进一步阐明，由于在宇宙空间运行的行星没有遇到什么阻力，所以它的运动将永远保持下去。而且每颗行星都是以太阳为焦点在椭圆形的轨道上围绕太阳运转。他进而总结道：一切天体必遵循万有引力定律，因此两个互相吸引的天体，应在相似的运行轨道上围绕公共重心互相绕行。

现在我们知道，牛顿为什么称它为万有引力定律，他强调的就是“万有”这两个字。因为这一吸引力适用于任何地方的任何物体。它不仅适用于天体，并且也能说明为何水是从高处流向低处，为何篮球入筐后会重新落到地面上，为何长时间没人进入的房间会落满灰尘。

牛顿在《自然哲学的数学原理》的最后一章中专门谈论了彗星这种特殊天体。在牛顿之前，科学家们都认为这种拖着长尾巴、不时出现的神秘宇宙来客是无法解释的。但牛顿认为：彗星也同样要遵从万有引力定律，它们也是在太阳引力下运动着的物体，只不过它们的运动轨道是很扁的椭圆形。哈雷便根据牛顿的理论和引力定律计算了在1682年出现的一颗大彗星的轨道数据，并且发现这颗彗星的轨道与1607年及1531年所观测记录的两颗彗星的情况极为相似。这三颗彗星出现的时间都相差76年，所以哈雷最后认定这三次记录的实际上是同一颗彗星，它是按76年一周期的频率绕太阳运转，所以也是76年“拜访”地球一次。于是他预言：这颗彗星将于1758年再度出现。在哈雷去世的17年后，他的预言应验了，这颗彗星再度“拜访”地球。所以，这颗彗星就以哈雷的姓氏命名为哈雷彗星。以后它又在1835年、1910年、1986年分别拜访地球。

以上就是《自然哲学的数学原理》一书的梗概。在牛顿以后，人类在自然科学方面的伟大成果层出不穷，但追本溯源，许多都与这本非凡的著作有着直接的联系。如在1846年发现海王星之前，它的轨道就已经依据万有引力定律被计算出来了，然后人们才在实测中发现了它。现代科学家计算人造卫星的轨道，当然更离不开牛顿的伟大成果。

威斯敏斯特教堂的牛顿纪念碑

威斯敏斯特教堂是英国历代国王加冕登基、举行婚礼及王室陵墓所在地，同时也是许多著名科学家、文学家、法学家、音乐家、诗人的安息之地。威斯敏斯特教堂的牛顿纪念碑建于1731年，其内容表现了牛顿一生多方面的成就。天球上标有1681年彗星运行的轨道，天使们分别玩弄着棱镜、望远镜和金币。牛顿本人则将手臂支在《自然哲学的数学原理》《光学》《年代学》和《神学》四本书上。

牛顿晚年的宗教情怀

《自然哲学的数学原理》出版时，牛顿刚好45岁，正处于科学研究的顶峰期。然而他的研究给他带来巨大声誉的同时，也给他带来了许多困惑。他无法从方法上说服那些理解力平庸的数学家，并开始对出版、讨论、争执感到厌恶。他写信给奥顿伯格说：“我受够了，因此决定今后只关心我自己的科学研究，而不再关心促进哲学计划的实现……我觉得我成了哲学的奴仆，一旦我从林纳斯先生的事务中解脱出来，我将彻底和哲学告别。除非为了自我的满足，否则，它再也不会出现。因为我知道，一个人必须在两者之间作出抉择，要么决心什么新思想都不提出，要么成为一个捍卫新思想的奴隶。”（1676年11月18日）

此时的牛顿已是科学界的名人。每天都有人慕名拜访他，与那些他经常接触的社会名流相比，他仍只是个相当清贫的大学教授。除了科学成就之外，他仍旧孑然一身，没有钱，也没有结婚生子。他不善于教学，他在讲授新近发现的微积分时，学生都接受不了。他还常常忙得不修边幅，往往领带不打好、鞋带不系好、马裤也不系纽扣，就走进大学餐厅。他是为科学研究而活的人，一生最爱就是科学，因此他的心中就再也容不下其他东西了。在一番伤神费脑的争论之后，牛顿疲惫不堪。在好友哈雷的劝说下，牛顿暂时脱离了科学工作，安心休养了一段时间。经过一段时间的调养，52岁的牛顿又恢复了健康，再度投入研究工作，并继续自己的爱好——各种关于金属转变方面的化学实验。

牛顿的化学实验也就是17世纪流行于欧洲的炼金术，但他并不是为了炼黄金，而是为了获取各种金属的转变规律。牛顿的炼金研究保密了一生。按照英国当时的法案规定，私自炼制金银是重罪。因此，他的许多炼金心得手稿都是后来才被发现的。其著名的化学论文《论酸的性质》，就诞生于这一时期。

此时，牛顿第一次开始考虑自己将来的经济保障问题了。从事化学实验需要许多经费，同时需要他接济的亲戚也越来越多。正当他一筹莫展时，他从好友蒙塔古（时任英国财政大臣）那里得到一个好消息，由于牛顿对于化学和冶金有着丰富的知识，蒙塔古向英国国王推荐他担任英国皇家造币厂监督一职，以使英国铸币改革能尽快完成。1696年，牛顿赴伦敦就职。牛顿在任职期间，一改造币厂营私舞弊的恶习，在处理各种行政事务的同时，还运用自己的科学知识，对于机器运转、熔铸速度、金银纯度等技术一再加以改进。造币厂的造币量也由每星期15 000磅增加到120 000磅。仅用两年时间，英国就完成了铸币改革的工程。由于他的功劳，国王特下诏褒奖牛顿，并于1699年将他升任为皇家造币厂厂长。此后，牛顿担任这一职务长达28年，直至去世。

1703年，牛顿开始担任皇家学会会长，这一非他莫属的荣誉终于到来。由于他在诸多学科领域都取得了非凡的成就，因此受到英国本土和欧洲大陆学术界的一致敬仰。早在1699年，他就当选为法国科学院的八个外籍院士之一；从1703年起担任英国皇家学会会长直至逝世，长达24年。1705年4月，英国安妮女王为了表彰牛顿在科学界的伟大贡献，授予他爵士称号。这个出生在林肯郡乡下的孩子，赢得了全国乃至全欧洲人民的尊崇。

牛顿于1696年从剑桥移居到伦敦。他请了自己异父妹妹的女儿凯瑟琳来帮他料理家务。这是一个聪明伶俐、活泼好动的姑娘。她使牛顿的晚年生活不再寂寞，并把家务料理得井井有条。当时牛顿已经是极有身份的人物，家中常有名流显贵做客，如文学家斯威夫特、思想家伏尔泰、政治家蒙塔古等。凯瑟琳为牛顿很好地招待了这些来客，使他不再为这些琐事烦恼。因此，牛顿本人虽是一个单身汉，却也享受到了家庭之乐、宾客之谊。

1704年，牛顿把自己研究了30多年的光学成果，写成了光学巨著《光学或光的反射、折射、弯曲与颜色的论述》。在书中，牛顿不仅总结了自己的研究成果，还讨论到偏振光、电现象等远远超前于他所处时代的科学现象；他已经预见到了未来的科学家们以电来解释原子相互作用的正确途径。这种远见卓识令一般科学家望尘莫及。

站在巨人的肩上

1676年，牛顿这位在科学大发现时代笃信宗教的物理学家和数学家，在寻找宇宙是如何运行的过程中，综合了伽利略、开普勒和其他人的发现，革新了物理学，给后人留下了万有引力定律、微积分、色与光的新学说以及后来成为现代机械学基础的牛顿三大定律。

牛顿晚年生活富裕，他的高额薪金足以支付他的所有开销，这使他比以往更加乐善好施。他慷慨资助那些需要帮助的人，对具有科学才华的青年人更是尽心培养。其中一位叫亨利·彭伯顿的人，后来成为英国著名的数学家兼医学家。正是他协助牛顿进行了《自然哲学的数学原理》第三版和《光学》两本书的大量修改与编辑工作。

为了方便接待国内外的显要人物，1710年牛顿搬到了靠近莱斯特广场的一所更大的住宅中。在他70岁时，他的身体仍然很健康。这位精神矍铄的老人只是身体略微发胖，待人接物和蔼可亲，思维敏捷广博。此时的牛顿获得了他应该受到的尊敬。人们景仰他，他被公认为当时尚在人世的最伟大的科学家。然而此时，牛顿的文化思想重心却早已从科学研究转移到了宗教和年代学上面。经统计，牛顿一生中写专著约12本，其中科学著作6本，宗教和年代学6本；从文字数量看，剑桥大学图书馆现存的手稿约360万字，其中科学方面的100万字，宗教和年代学方面的140万字，炼金术约55万字，钱币以及难以分类的约65万字。可见，宗教研究在牛顿心目中处于一个十分重要的位置。这种对宗教的兴趣或许从他小时候就已经萌芽了。有不少学者对晚年牛顿的宗教研究颇有微词，其实大可不必。身处17世纪的牛顿，面对如此广袤的宇宙，他的确感到了造物主的伟大和自我的渺小。于是，宗教成了他最后的精神归宿。

牛顿80岁后，健康状况每况愈下。起初是患了老年性痴呆，每天起床后，他会坐在床边发呆好一阵，时常忘记穿衣服。接着，膀胱结石、肺炎、脚部风湿令他的晚年开始变得痛苦。此时，他已经极少外出，除了一些熟识的朋友之外也不大接待外人。出于对健康的考虑，牛顿听从医生的建议，搬到伦敦郊区的肯辛顿居住。肯辛顿是个空气清新、风景优美的地方，在这里，牛顿的身体状况有所康复。但他似乎已预感到自己将不久于人世，他常常向上帝祈祷，并把自己最后的一点精力投入到了神学研究之中，1727年3月，他不顾友人劝阻，坚持到伦敦主持了皇家学会大会，回来两天之后，他就病倒了。剧烈的病痛折磨着这位老人，但他咬牙忍受着、坚持着，甚至还在病床上与医生作最后的交谈。这年3月18日，他昏迷了过去。20日清晨，当仆人去唤他时，伟大的牛顿，已经在睡眠中与世长辞了，享年85岁。

在经历了63年的科学生涯之后，牛顿走完了自己为千秋万代立下丰功伟绩的一生，他受到了国王般的礼遇。然而，从某种程度上来说，他的影响已经远远超过了任何一位国王。他的遗体被从肯辛顿送到伦敦，3月28日停放在耶路撒冷会馆，随后被移到了威斯敏斯特教堂。在英国，只有历代国王，以及具有杰出贡献的人才能被安葬在威斯敏斯特教堂。

为牛顿抬棺材的人有H.钱塞洛尔勋爵，蒙特洛斯和罗克斯布尔公爵，彭布洛克、萨塞克斯和麦克莱斯菲尔德伯爵，洛切斯特教区的主教主持了葬礼并致悼词，其他送葬人还有一些亲友以及和牛顿平时熟悉的人。在一片祈祷和哀歌声中，牛顿被安葬于威斯敏斯特教堂歌唱班入口处的左面。

为了纪念他的功勋，在他的墓前有一座高大的纪念碑，牛顿的主要贡献被刻于其上，供世人瞻仰。牛顿逝世后，留下了许多重要手稿，这些手稿被妥善地保存在剑桥大学和国王图书馆。1775年7月4日，在剑桥大学的三一学院教堂的前厅正前方，竖立起了白色大理石的牛顿全身雕像，它屹立在一座石基上，身穿宽松大学礼服，手持一个三棱镜，以极深沉的神态凝视着远方。

在人类文明史上，极少有人能如牛顿一般，对世界产生如此深远的影响；也极少有人能像他那样，在取得了如此辉煌的成就之后，仍虚怀若谷。他曾经这样形容自己："我不知道我可以向世界呈现什么，但是对于我自己来说，我似乎是一个在海边玩耍的孩子，不时为发现比寻常更为美丽的一块卵石或一片贝壳而沾沾自喜，至于展现在我面前的浩瀚的真理海洋，却全然没有发现。"所以，在他的墓碑上，镌刻着这样的话语："人类啊，欢呼吧！因为我们中曾出现过这样一位光荣而伟大的人。"

《自然哲学的数学原理》对人类的影响

在科学史上，《自然哲学的数学原理》是经典力学的第一部经典著作，也是人类掌握的第一个完整的宇宙论和科学理论体系，它对经典自然科学的所有领域都有着巨大影响。牛顿在本书中所建立的力学体系具有重大意义，它标志着从哥白尼开始的对亚里士多德的世界图像所作转变的最后阶段。因此，它是近代科学开始形成的标志，是人类对自然规律的第一次理论的概括。它总结了近代天体力学和物体力学的成就，为经典力学规定了一套基本概念，提出了力学的三大定律和万有引力定律，从而使经典力学成为一个完整的理论体系。牛顿的这本书标志着经典力学的成熟，其中所建立的经典力学的理论体系成为了近代科学的标尺。

牛顿的成就表现在——

力学方面：他在总结前人理论的基础上，发现了著名的万有引力定律和牛顿运动三定律，并著有《自然哲学的数学原理》。在书中，牛顿阐述了力学的基本概念（质量、动量、惯性、力）和基本定律（运动三定律），利用数学微积分概念，将天体力学和物体力学结合起来，实现了物理学史上第一次大综合。牛顿运动三定律是在大量实验基础上总结出来的，是解决机械运动问题的基本理论依据，也广泛应用于工程学和天文学领域。

数学方面：一是发现二项式定理；二是超越前人，用代数取代了卡瓦列里、格雷哥里、惠更斯和巴罗的几何方法，创建了微积分；三是引进极坐标，发展三次曲线理论，且以极坐标的创始人第一个对高次平面曲线进行了广泛研究；四是推进方程论，开拓变分法。

对于牛顿取得的辉煌成就，恩格斯在《英国状况十八世纪》中完整概括为："牛顿由于发现了万有引力定律而创立了科学的天文学。"事实上，牛顿的科学研究对现代世界产生了更为深远的影响，包括爱因斯坦在内，许多科学家都认为，牛顿对于现代科学的贡献超过了历史上任何一个人。

从科学研究内部来看，《自然哲学的数学原理》示范了一种现代科学理论体系的样板，包括理论体系的结构、研究方法和研究态度以及如何处理人与自然的关系等多方面内容。

《自然哲学的数学原理》出版后，人们普遍认为这是一本艰涩难懂、索然寡味的专业理论书籍。一位著名的哲学家请牛顿开一书单以便读懂书中复杂的数学问题。牛顿立即照办，这位哲学家一看就感慨地说："光看这个初步书目，就要拼掉我大半条老命。"可是牛顿却解释说他的这本书并不深奥。"我的学说，即使对于高等数学不熟悉的人来说，也还在他们智力所及的范围之内，因为这本书仅仅牵涉到有关物质的那些简单原则。”当有人批评说，在他的书里，宇宙被说成是一个“没有计划、没有智慧、没有生气的世界”时，牛顿明确回答：“宇宙的设计如此美丽，设计所依据的法则如此和谐……这个事实本身就必须以神圣、智慧——造物者之手——的存在为先决条件。”

牛顿本人认为，他的力学三定律及其万有引力定律是在开普勒、伽利略、惠更斯、胡克、哈雷等科学巨匠的研究成果的基础上总结出来的。牛顿说：“如果说我所看到的比别人更远一点，那只是因为我站在巨人肩膀上的缘故。”同时代的著名数学家拉普勒斯和拉格兰奇认为牛顿是“最伟大的天才，《自然哲学的数学原理》是最天才的著作”；当代的物理先驱博茨曼称该书是“最伟大的理论物理专著”；著名天文学家坎贝尔说，《自然哲学的数学原理》是有史以来最罕见的一部天文物理巨著；科学家兰格称它是“稀世之宝”，“为机械哲学的研究提供了真正的源泉”；科学家麦克默里说，《自然哲学的数学原理》打破天体运动的神秘，结束了以前研究中的混乱状态，给科学带来了秩序和体系。

在牛顿的晚年曾经发生过这样一个关于学术争论的小插曲：德国哲学家莱布尼茨宣称，微积分是他发明的；物理学家胡克也说，是他最早提出万有引力的理论。英国皇家学会据理排除众议，捍卫了牛顿的声誉和英国的利益。这样，就谁先发明了微积分和万有引力定律问题，引起了不大不小的国际性辩论，连英国国王也卷入其中。尽管争论本身并没有什么结果，却使牛顿对人类的贡献更加深入人心了，他是一位站在巨人肩膀上的巨人！

19世纪的物理大师爱因斯坦在谈到牛顿和他的《自然哲学的数学原理》时说：“自然在他面前好像是一本内容浩瀚的书，他毫不费力地遨游其中……其伟大之处在于，他集艺术家、实验者、机械师和理论家于一身。”这是对牛顿其人及其贡献的准确评价。

世界的发展离不开牛顿的《自然哲学的数学原理》。现在，牛顿的科学成就已经渗入到人类生活的各个方面——驾车、修路、造船、航行、计时、气象、月球探索、宇宙探险等，他的卓越贡献早已被载入史册，彪炳千秋！

Mathematical Principles of Natural Philosophy

Contents

目录

第1编 物体的运动

第3章 物体在偏心圆锥曲线上的运动 / 62

第4章 通过已知焦点求椭圆、抛物线和双曲线的轨道 / 74

第5章 由未知焦点求曲线轨道 / 83

第11章 在向心力作用下，物体之间的相互吸引运动 / 162

第12章 球体的吸引力 / 190

第2编 物体（在阻滞介质中）的运动

第1章 受与速度成正比的阻力作用的物体的运动 /234

第2章 受与速度平方成正比的阻力作用的物体的运动 / 244

第3章 受部分与速度成正比而部分与速度平方成正比的阻力作用的物体的运动 / 270

第4章 物体在阻碍介质中的圆运动 / 281

第5章 流体密度和压力；流体静力学 / 289

第6章 摆体的运动及其受到的阻力/ 304

第7章 流体的运动；流体施加于抛体的阻力 / 331

第8章　通过流体传播的运动 / 373

第9章　流体的圆运动 / 390

第3编 宇宙体系（使用数学的论述）

哲学中的推理规则 / 402

现 象 / 405

命 题 / 410

月球交会点的运动/ 467

绪　论

真理从来就隐匿在黑暗之中，人类好奇的眼眸从来没有停止过对它的探索。从亚里士多德、托勒密，到哥白尼、伽利略、笛卡尔，每一个探索自然真理的脚印，都只是一个对自然哲学从朦胧到初开的接近过程。直到牛顿出现，那个有史以来最宏伟的最普世的真理体系，才开始在世人面前豁然开朗。毋庸置疑，这是时代和人类进步的必然，诚如牛顿所言，他是“站在巨人的肩膀上”，才看到了前所未有的风景。

定 义

定义 1

物质的量（指现代物理学的质量）**就是物质的度量，可以通过物质的密度和体积算出。**

在一个两倍大的空间里，如果空气的密度增加一倍，它的量就会有四倍；而在一个三倍大的空间里，它的量则会有六倍。故因挤压或液化而被压缩的雪、微尘、粉末，或是无论在何种情形下被压缩的所有物体，都可作同一解释。在这里，我并不考虑能自由穿透物体各部分间隙的介质（如果此类物质存在的话），在后面，不管我在什么地方提到物体或质量这个名称，一般来说，都是指的这个量。这个量可从每一个物体的重量中推出，因为它与重量成正比，这就像我在钟摆实验中得出的精确结论一样，对此，我将在后面详细阐述。

定义 2

运动的量即是运动的度量，是由其速度和物质的量共同算出的。

整体运动是部分运动的总和。因此，如果物体的速度不变而量增加一倍，运动的量也将达二倍；如果速度达二倍，那么，运动的量就会达到四倍。

定义3

***vis insita*，或称物体本身固有的力学性质，是一种起抵抗作用力的效果。它存在于每一个物体之中，并始终使物体保持现有的静止或匀速直线运动的状态。**

以我们的观察来看，这种力学性质总是与该物质的量成正比，且与物体的惯性没有任何区别。一个物体，由于它的惯性原因，若想要改变它的静止或运动状态则是有一定困难的。因此，*vis insita*这个名称，我们可以用更恰当的名字即“惯性”或“惯性力”来代替。但对于一个物体来说，只有当某种力作用于它或要改变它的状态时，才会产生这种力的效果。这种力既可看成抵抗力，也可看成推动力。只要物体保持现有状态并同外力相抵抗时，它就是抵抗力；而当物体不轻易向外力屈服并力图改变外力的状态时，它就是推动力。抵抗力通常在物体静止的状态中产生作用，而推动力通常在物体运动的状态中产生作用。但一般而言，所谓的运动和静止也只是相对而言，通常被认为是静止的物体，并非绝对静止。

定义4

施加在物体上的外力，其作用是使物体改变静止或匀速直线运动的状态。

外力只在物体产生作用时存在，并将随着作用的停止而消失。因为，物体只能依靠惯性来维持其所获得的每一个状态。而外力的来源有多种方式，例如，它可以来自于撞击力、挤压力或吸引。

定义5

向心力迫使物体趋向一个中心点，并对任何倾向于该点的物体起

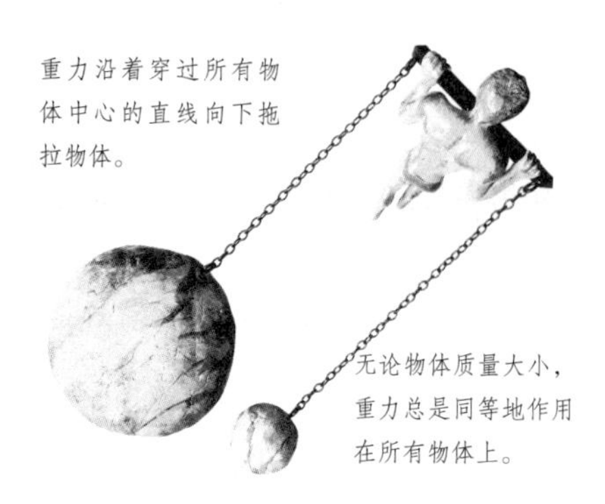

重力示意图

和苹果具有相同质量的一块石头。

作用。

重力属于向心力的范畴，它能使物体坠向地球中心；磁力也如此，能使铁吸向磁石，另外还有使行星不断偏离直线运动，再进入曲线轨道的力。悬挂在投石器上旋转的石块，试图让它从旋转的手中飞离出去，由此便加大投石器的张力，旋转速度越快，张力也越大。一旦放手，石块将飞离而去。而另外一种反抗力又促使投石器不断将石块拉回人手，并将石块限制在一个环形轨道上。而人手就是这个所谓的环道的中心，也就是我所说的向心力。用同样的道理，可以解释在任何轨道中运动的所有物体，这些物体都试图离开轨道的中心；如果没有一个反抗力来遏制它们试图飞离的趋势，并将它们限定在轨道上，它们就会沿着直线做匀速运动而飞离出去，因此，我把这种力称之为向心力。一个抛射物，若不是因为地心引力的牵制，它将不会回到地球上，如果没有空气的阻力它将在空中做直线运动。正是由于引力的作用，才使物体不断偏离直线轨道，从而向地球偏转。偏转的强弱，取决于地球引力和抛射物运动速度的大小。物质的量越小引力越小，或抛射物的速度越大，它对直线轨道的偏离也就越小，飞得也就越远。如果在一个山顶借助火药力来发射铅弹，对它的速度作一定限定，并让它处于与地平线平行的方向，那么，在它坠地前，它将沿曲线飞行二英里。同样，如果没有空气的阻力，抛射速度增加1倍或增加到10倍，铅弹的飞行距离也会增加1倍或增加到10倍。通过增大发射速度，我们可以任意增加抛

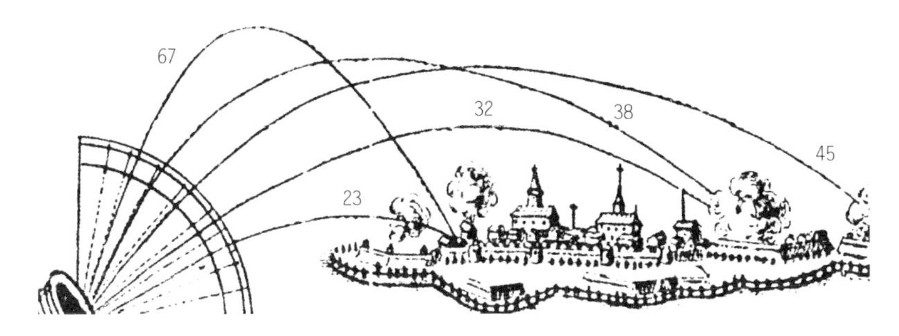

抛射体研究

大炮沿水平方向射出的炮弹，本应水平前进，可是在重力作用下，它沿抛物线落向地面。如果增加炮弹的速度，炮弹就会落得远一些；如果再增加速度，它就可能绕地球大半个圈；如果继续增加速度，炮弹就会绕地球一圈、两圈，以致最后绕地球做圆周运动而不再落到地面。月球的运动酷似炮弹的发射，使月球在轨道上运行的引力也就是令苹果落地的地心引力。

射距离，从而减轻它的轨迹的弯曲度，直到它最终落在10°、30°或90°的地方，甚至在落地之前绕地球运动一周；更或是使它最后不再返回地球，而是进入外层空间，做无限运动。根据同样的方法，抛射物在引力作用下可以回归到环道中，并且环绕地球运转。同样，月球也受引力的牵制作用，如果它本身具有引力，或者受其他力的作用而被不断拉向地球，它就会因为惯性力而偏离直线路径，而沿着现在的轨道运转。如果没有这样的力来牵制月球，月球就不能保持在它的轨道上。如果这个力太小，就不足以使月球脱离直线路径；如果这个力太大，就会使偏转变大，将月球从其轨道中拉向地球。这个力必须得是一个恰当的量，因此，数学家必须算出这样一个力，即一个使物体以给定的速度精确地沿着给定轨道运转的力。反之，也必须求出一个从给定发射地，用给定速度，并以一个给定的力，使抛射物偏离其原本的直线路径而进入的曲线路径。

因此，任何一个向心力都可有三种度量：绝对度量、加速度度量、运动度量。

定义 6

用向心力的绝对度量来量度向心力，它与由中心导致产生，并且通过周围空间传递出来的效能成正比。

因此，两块磁石中磁力的大小不同，是由它们本身的尺寸和强度决定的。

定义 7

用向心力的加速度度量来量度向心力，它与向心力在一个给定时间里产生的速度成正比。

对同一块磁石而言，距离越近，向心力越大；距离越远，向心力越小。同理，山谷里的引力比高山顶峰处的引力小，而物体距离地球越远，其引力也就越小（这个问题将在后面证明）。如果不考虑空气阻力，当距离相等时，其向心力也相等。因为，无论落体运动物体或重或轻，或大或小，引力都会对它们做相同的加速。

定义 8

用向心力的运动度量来量度向心力，它与向心力在一个给定时间里产生的运动量成正比。

物体越大，重量越大；物体越小，重量越小。对同一个物体而言，离地球越近，其重量越大，离地球越远，其重量也越小。这就是向心性，或者说是整个物体对中心的倾向，即我所说的物体的重量。这个量值，等于与它方向相反但足以阻碍物体下落的那个力。

为了便于记忆，我们可以将向心力的这三种度量分别称为运动力、加速力和绝对力。同时，为了区分它们，可以把它们分别看作是倾向于中心的物体、物体的处所、物体所倾向的力的中心。即我所指的物体本身的运动力属于物体，它能使物体的整体倾向于中心，它是由物体各部分的倾向共同集合而成。加速力归属于物体的处所，它是一种特定能量，从中心弥散开来，再扩散到周围所有方向，使处于其中的物体能够运动。而绝对力归属于中心，由于某种原因，没有绝对力，运动力就不可能向周围传递，不管这种原因是否因为中心物体比如说磁石在磁力中心或地球在引力中心，或者说是由一些目前尚未知晓的事物引起。在此，我只对这些力作一定的数学论述，而不去涉及它们本身的根源及地位。

旋转椅 摄影

当物体快速旋转时，就会产生离心力，它是一种将所有东西推出圆圈的力量。事实上，离心力是向心力的反作用力，而向心力就是一种向圆心靠拢的力量。例如，乘坐高空旋转椅所感受到的强大飞离感，其中一部分就是由中心快速旋转后造成的推动力所带来的，这种推动力就是离心力。

可以这样说，加速力与运动力的关系，等同于速度与运动的关系。因为，运动的量是由速度和物质的量的乘积来决定，而运动力则是由加速力和同一个物质的量的乘积来决定的。加速力是物体各部分作用力的总和，是整个物体的总运动力。因此，在地球表面附近，由加速重力或重力所产生出来的力，对所有物体产生的作用都是相同的，即运动重力或重量与物体相当。但是，如果我们攀登到一个较高的地区，那里的加速力很小，其重量也会相应减小，并始终等于物体与加速力的乘积。因此，在那些加速重力减少了一半的区域，若物体的质量是原来的 $\frac{1}{2}$ 或 $\frac{1}{3}$，重量将变成原来的 $\frac{1}{4}$ 或 $\frac{1}{6}$。

我所说的吸引和排斥，就像我在同一意义上所谈到的加速力和运动力一样，在使用诸如吸引、排斥或任何倾向于中心的这一类词时，我一般都不对它们作特定区分，因为，我对这些力的研究不是从物理角度而是从数学角度来考虑的。所以，希望读者不要妄下结论：认为我将会通过解释力的物理原因，从而划分运动的种类和方式。或者认为：当我在谈到吸引力中心或是吸引力时，是真正从物理学意义上把力归因于某个特定中心，事实上，它只是一个数学点而已。

附 注

至此，我对那些只为少数人了解的术语全部进行了定义，并对它们的意义也作了解释，这为后面的讨论奠定了一定的基础。但是我没有对时间、空间、处所和运动这些概念进行定义，因为，这些概念众所周知。唯一值得说明的是，一般人通常只能通过可以感知的客体来体会这些量，除此别无他法，但结果往往会产生一些误解。为了消除这些误解，可把时间、空间、处所和运动这些概念分为绝对的和相对的、真实的和表象的、数学的和普通的，这样的区分既清楚又简单。

（1）绝对的、真实的、数学的时间。这种时间由其本身的特性所决定，它均匀地流逝着，与外在的所有事物没有任何关系，因此，它又被称为延续的时间。而相对的、表象的、普通的时间是外在的并能被感知的，它是对运动的延续的度量，通常可用它来代替真实的时间。例如，我们日常所说的一小时、一天、一月或一年。

（2）绝对空间。绝对空间始终保持着一种不变和静止的状态，它也与一切外在事物无关。而相对空间则是一些可在绝对空间中移动的量，或是对绝对空间的度量，我们往往是通过它和物体的相对位置来感知它。一般来说，绝对空间是不可移动的空间，例如，地表以下的空间、大气中或天空中的空间，都是通过它们与地球间的关系来确定的。绝对空间和相对空间的形状、大小是相同的，但在数字上却不完全相同。举例来说，在地球的运动中，相对于地球而言，大气的空间总是不变的，但在某一时刻，大气将通过绝对空间的某一部分，而在另一个时刻，大气又将通过绝对空间的另一个部分。也即从绝对的意义上来理解，它又是不断变化的。

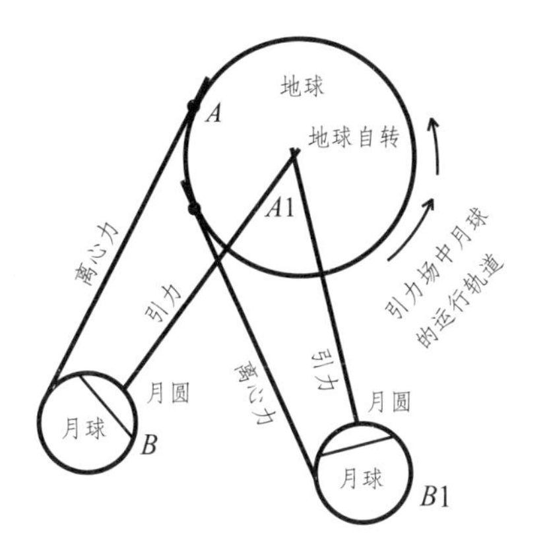

地球引力下月球运动的轨道

从地球上只能见到月球始终不变的一半，这是因为月球尽管在转动，但在地球的引力下，也始终是围绕地球转动的，月球不会自转，所以我们看不到它的另一面。这种现象也是万有引力定律的体现。

（3）处所是被物体所占有的空间中的一个部分。处所既可以是绝对的又可以是相对的，这由空间的性质来决定。我在这里所说的处所是空间的一个部分，不是说的物体在空间中的位置，也不是说的物体的外在表面。因为，固体相等，其处所也相等，但处所的表面却常常因为形状不同而不相等。位置没有量这个概念，因此，它们不是处所本身，它们与处所只是一种所属关系。物体整体的运动等于各部分运动的总和，换句话说，物体整体离开其处所的迁移，就是物体的各个部分离开处所的迁移之和，即整体的处所等于各部分处所之和。从这个意义上讲，处所是内在的，是位于整个物体之内的。

（4）绝对运动和相对运动。物体从一个绝对处所向另一个绝对处所的迁移被称为绝对运动，物体从一个相对处所向另一个相对处所的迁移被称为相对运动。在一艘航行的船里，物体的相对处所就是物体在船上所占据的位置，也就是船舱中堆积物体的那一部分，这一部分与船共同运动。而相对静止则是指物体堆积在船或船舱的同一个部分。但事实上，绝对静止是指物体堆积在不动空间里的相同地方，相对于这个地方，船、船舱以及船舱所携带的物品都处于运动中。因此，如果地球真处于静止状态，相对船而言，船里的物体则是相对静止的，这时，物体就会以船在地球上运动的速度，进行真实的、绝对的运动。但是，如果地球此时也在运动，那么，物体真正的绝对运动就应该是：一部分来自地球在不动空间里的真实运动；一部分来自船在地球上的相对运动。假如物体也在船上相对运动，那么，物体的真实运动就将是：一部分来自地球在不动空间里的真实运动，一部分来自船在地球上的相对运动，以及物体在船上的相对运动。而物体在地球上所做的相对运动就由这些相对运动所决定。例如，船所处的地球上的那一部分，向东做真实的运动，设速度为1 0010等份；这时，船在强风中向西行进，速度则是10等份；如果水手在船上向东走，速度为1等份；这时，水手在不动空间里所做的运动事实上是向东运动，速度是1 0001等份，而相对于地球表面来说，水手则是向西运动，速度则为9等份。

在天文学中，一般是用通俗时间的均值或纠正值，来区分绝对时间和相对时间的。因为，自然日虽然通常被认为是相等的，并以此作为量度时间的一种度量单位，但实际上，它们并不真正相等。天文学家之所以要纠正这种模糊性，其目的是为了能够更精确地测量出天体的运动规律。用等速运动来精确测量时间可谓一大妙法，但它可能是不存在的。所有的运动都可以加速或减速，但绝对时间的流逝永远是真实而稳定的，它不会因为外界的变化而发生任何改变。无论运动快与慢或者停止，物体都是始终持续存在并能保持不变。因此，应该把这种持续性同只能依靠感官感知的时间区分开来。对此，我们可以用天文学中的均值将它推算出来。这种均值的必要性，已在对现象的时间测量中得到具体体现，比如说，钟摆实验、木星和卫星的食亏就可以作为例证。

就像时间各部分的排列顺序不可改变一样，空间各部分的次序也不能改变。假设空间中的一些部分被移出它们的处所，那么它们也会移出它们自身。因为时间和空间就是它们自身和其他一切事物的处所。所有的事物都是在时间中排列出顺序，在空间中排列出位置。它们的本质或属性就是处所，那种认为物体的基本处所可以移动的说法是不合常理的。就是说，这些处所全是绝对处所，离开这些处所而进行的迁移运动，也只能是绝对运动。

由于空间中的那一部分我们不能看见，也不能通过感觉来区分，于是我们就用可以感知的度量来替代。从物体的位置到被人们认为是不动物体的移动距离中，我们可以定义出所有处所。然后，根据物体在那些处所中的相对迁移，就可测算出物体在处所间做的所有运动。因此，我们通常采用的是相对处所和相对运动，而不是绝对处所和绝对运动，这样做并不会增加我们的麻烦。然而，如果是做哲学研究，我们就应该通过我们的感官抽象出事物并对事物的特性进行思考，以此获取一些信息，这与单靠感知去度量事物的方法截然不同。因为涉及相对于其他运动物体的处所和运动，没有任何一个静止物体是真正静止的。

我们可以通过事物本身的特性、原因以及结果将一种事物与其他事物的静止和运动、绝对和相对区分开来。静止的性质是，真正静止的物体对于另一个静止的物体而言，也应该是静止的。实际上，在有恒星的遥远区域，或者更遥远的地方，极有可能存在着一些所谓的绝对静止物体。但在我们的世界里，我们却不可能通过物体间的相互位置，来发现这个世界里的物体是否与那个遥远区域的物体保持着同样的位置。就是说，在我们的世界里，物体的位置不能确定为绝对的静止。

运动的性质是，其中一些部分保持原本在整体中给定的位置，并参与在整体中的一系列运动。在一个旋转的物体中，物体的每一个部分都有可能离开旋转轴，不断向前运动的物体的冲力等于其他各个部分冲力的总和。因此，如果周围的物体开始运动，那么，原先在里面的那些相对静止的物体，也将参与它们的运动。由此说明，物体的真实而绝对的运动不能由那些看起来像是静止的物体的迁移来决定，因为，外围的物体不能只看成是形式上静止的，它应该是真正静止的。另外，所有包含在内的物体，除了从它们附近的物体那里作出的迁移之外，它们同样也会参与真正的运动。就算它们没有作出迁移运动，它们也不会是真正的静止，而只是看起来静止罢了。因为，周围的物体与它们所包含在内的物体的关系，可以看做是物体整体中外面部分和里面部分的关系，或者说是果壳和仁的关系。但是，如果果壳开始运动，作为整体中的一个部分的果仁也会参与运动，但它在靠近果壳之间的地方没有任何移动。

与上述相关的另一个性质是：假如处所在运动，那么，位于此处所中的物体也将随之运动。由此可知，一个物体，虽然以运动的形式从一个处所移动出来，但它仍然参与处所的运动。因此，所有离开处所的运动，都只能是整体运动和绝对运动中的一个部分。并且，每一个整体的运动都是由物体和处所移出其原来位置而作出的运动构成，直到最后到达某一个不可移动的处所，比如说，我们在前面所谈到的船在海中航行就可作为例证。因此，整体的和绝对的运动只能由不可动处所来决定。我在前面将不可动处所与绝对运动连在一起，将可动处所与相对运动连在一起也正是这个原因。除了那些从无限到无限的事物以外，没有什么处所是不可移动的，而那些做无限运动的事物总是保持着相互间给定的位置，不发生任何改变，它们永恒地保持不动，从而构成了不可动空间。

真实运动之所以不同于相对运动，是因为某种力在发生作用，这种力施加在物体上并使物体产生运动。如果没有力在物体上产生作用并使其移动，真正的运动是既不会产生也不会改变的，但相对运动就不同了，即使没有力在物体上产生作用，相对运动既可能产生也会发生改变。这只需要对与前一个物体作比较的其他物体施加某种力，就足以证明。由于其他物体的退让，先前存在于其他物体之中的相对静止或相对运动的关系也可能随之改变。另外，当某种力施加在运动物体上时，真正的运动通常都会发生一定改变，而相对运动则不会发生任何改变。如果把相同的力施加在作比较用的其他物体上，相对位置就可能得以保持，且相对运动所包含的条件也会得到保持。就是说，当真正的运动保持不变时，相对运动可能会发生改变，而当真正的运动发生改变时，相对运动又可能保持不变。从这个意义上说，真正的运动绝不会在这种关系中产生。

通过脱离旋转运动轴的那种力，可以在效果上对绝对运动和相对运动进行区别。因为，在纯粹的相对运动中，这种力是根本不存在的。这种力只存在于真正的绝对运动中，但这种力的强弱是由运动的量来决定的。如果将一具器皿悬挂在长绳上，使其反复旋转而将长绳拧紧，然后在器皿中注满水，让器皿和水都保持静止；此时，再通过另外一个力的突然作用，使器皿朝相反方向旋转，这时，长绳就会自动松开，而器皿的运动则会持续一段时间。起初，水的表面是平静的，因为器皿的运动尚未开始，但随着器皿不断将运动传递给水，水就开始旋转起来，水一点一点地脱离中间地带，并向器皿的四周上升，逐渐形成一个凹形。运动越快，水也上升得越高，到最后，它将与器皿同时旋转而进入一种相对静止的状态。水的上升预示着它将脱离运动轴的趋势，此时，水那真实而绝对的旋转运动与它的相对运动产生矛盾，但这种矛盾可以通过这种趋势来度量。最初，当器皿中水的相对运动达到最大时，它并无脱离轴的倾向，也没有显示出旋转的趋势，更没有沿四壁上升，此时水面保持平静，因为水真正的旋转运动尚未开始。但在此之后，水的相对运动开始减弱，它沿着器皿四周上升，显露出了它将脱离轴的倾向，这种倾向预示着水真正的旋转运动开始不断加强，直到它获得最大的量，水在器皿中才能实现相对静止。因此，这种倾向并不取决于水与它周围物

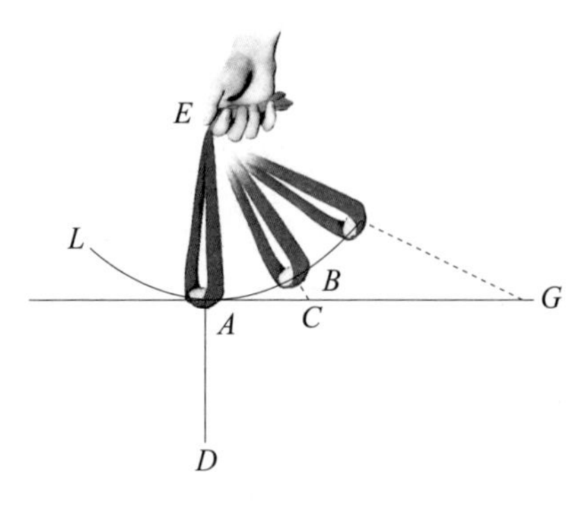

离心力原理

离心力即惯性力。当物体做圆周运动时，向心加速度会在物体的坐标系产生如同力一般的效果，像有一股力沿离心方向作用，因此称为离心力。此图中的A点，如果没有吊带的约束，重物将沿着图中的直线ACG运动。当重物受到吊带约束后，它将发生偏转做圆周运动。

体间的任何迁移，而这样的迁移也不能够来定义真正的旋转运动。任何一个旋转的物体都只存在于一种真实的旋转运动中，它也只与一种力（试图让它脱离运动轴的力）相关，这是一个合适而恰当的结果。但是，在同一个物体内的相对运动，根据它与外界物体间的多种关系来判定，数量是数不清的，如同其他关系一样，它们大都缺乏真实的效果，除非它们有可能参与了那仅有的真实运动。对于天体系统，可以这样理解：我们的天空携带着行星，一同在恒星世界下面转动。天空的若干部分是静止的，并且，那些行星相对于天空也是静止的，然而，它们却是在真正地运动。因为它们不断调换着相互间的位置，并且在天空的携带下，它们也参与了天空的运动，成为了旋转整体的一个部分，于是也就出现了要脱离运动轴的倾向。

因此，相对的量并非那些被赋予了名字的量本身，而是一种可以感知的量。不管这种量是否精确，它们通常被用来取代量本身的度量。如果这些词的意义是根据它们的用途来定义的，那诸如时间、空间、处所和运动这类词，它们的度量就能得到合理的解释。假如度量的量代表它们本身，这种表述就非同一般了，它将是一种纯粹的数学语言。然而，有些人在解释这些度量词语时，损害了语言的准确性，把真实的量本身同与之相关联的可感知的度量混为一谈，这对捍卫数学和物理真理的纯

绝对空间的位置

亚里士多德相信存在一个优越的静止空间，在地球静止时，任何没受到外力冲击的物体都是如此。但从牛顿定律来看，不存在静止的唯一标准，这表明，人们不能断定在不同时间发生的两个事件是否发生在空间的同一位置。例如，在以每小时5英里的速度向南运行的电车上，乘客以每小时5英里的速度向北走，那么，对于地面上的观察者而言，乘客是静止的。然而，假如乘客以同样的速度向北行走在以每小时5英里的速度向北运行的电车上，这时，对于地面上的观察者而言，乘客则是以每小时10英里的速度运动。

洁性，并无帮助。

要真正认识特定物体的真实运动，并把这种真实运动同表象上的运动区分开来，确实不是一件易事。因为，对于进行运动的不可动空间的那一部分，单靠我们的感官是无法感知的。但是事情并非完全像我们想的那样糟，因为还有一些理由可以引导我们，这些理由一部分来自表象运动，这种运动与真实运动不同，另一部分来自力，力是真实运动的原因和结果。例如，用一根细绳将两个球连接起来，并让它们始终保持给定的距离，然后围绕它们共同的重心旋转，从细绳的绷紧度，我们可以发现球有试图脱离运动轴的倾向，然后从那里我们可以计算出旋转量。如果将任何一个同等的力施加在球的两侧，以此来增大或减轻它们的转动量，并且由绳紧绷度的增强或减弱，我们就能推算出运动的增加量和减少量。同时，我们还能发现应该在球的哪一面施加力，从而可以最大程度地增加球的运动量。就是说，我们可以知道它们的最后面，也就是在旋转运动中位置较后的一面，知道了后面的一面，也就相应知道了它所对应的那面，我们就能知道它们运动的方向了。因此，我们能同时找到旋转运动的量和方向，即使在一个庞大的真空世界中，没有任何外界的可以被感知的物体来与球作比较，也是可以的。但是，如果在那样的空间里，一些遥远的物体总是保持着相互间的位置不变，正如我们这里的恒星世界一样，那么，我们就不能从球在那些物体间的相对运动中作出确切的判定：这个运动到底是属于球还是属于那些物体。但是，如果我们对绳子进行观察，就会发现绳子绷紧的力度正是球运动所需要的力度。于是，我们可以得出结论：是球在运动，而物体是静止的。另外，根据球在物体间的运动，我们还可以发现它们运动的方向。但是，怎样通过原因、结果以及它们表面上的不同来确定真正的运动。或与此相反，怎样从真实的或表象的运动来推导它们的原因和结果等问题，我将在后面的篇章中详细解释和证明，同时，这也是本书的写作目的。

运动的公理或定律

定律 1

对于任何一个物体，除非有外力作用于它并迫使改变其状态，否则它将保持静止或匀速直线运动的状态。

一个抛射物，如果没有空气阻力的阻碍或重力的向下牵制作用，这个抛射物将保持刚抛射出时的运动状态。一个陀螺，会因自己身体各部分的凝聚力而使自己时常偏离直线运动，如果空气没有阻力，它的旋转也不会自行停止。那些体积较大的物体如行星、彗星等，它们在自由空间里基本不会受到什么阻力，因此它们将在一个较长时间里始终保持一种向前的和旋转的运动。

月球运动

按照牛顿的惯性定律，月球应该自然而然地做直线运动，从A运动到B。但由于受地球万有引力的影响，月球改变了直线运动的方向，转而向C1、C2、C3点运动，从而建立起绕地球运动的轨道。

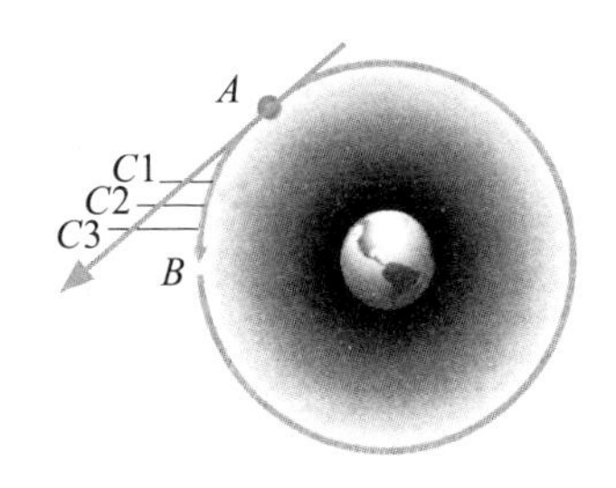

定律 2

运动的变化的快慢与外力成正比，且沿着外力作用的方向一致。

如果某种力可以产生一种运动，那么双倍这样的力就能产生双倍的运动，三倍这样的力也就能产生三倍的运动，并且不管这个力是一次施加的还是逐次或连续施加的。如果在此之前物体是运

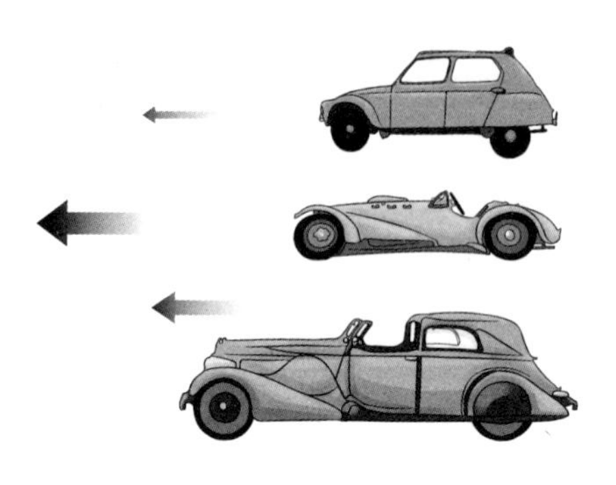

加速度

物体受力时发生的现象由牛顿第二定律给出：物体被加速或改变速度时，其改变率与所受外力成正比，物体的质量越大，则加速度越小。小汽车可提供一个熟知的例证，发动机的功率越大，加速度就越大。但对于同样的发动机，小汽车越重，加速度越小。

动的，那么，应该加上还是减去之前的运动，则由物体运动的方向是与力的方向一致还是相反的来决定。如果力是从斜向加入运动的，在它们之间就会形成一个夹角，由此，就会产生一种新的混合运动，而这个运动的方向也是倾斜的。

定律 3

每一种作用都有一个与之方向相反的反作用，并且，两个物体间的相互作用总是相等的。

对一个物体来说，无论是拉还是压，施力一方也同样会受到物体的拉或压。例如，你用手指去压一块石头，手指也同样会受到石头的压迫。如果一匹马去拉一块拴在绳上的石头，这匹马也会受到石头相等的拉力。因为绷紧的绳索也有放松自身的倾向，其拉力就会像把石头拉向马一样，也把马拉向石头。阻碍马前进的力和拉石头前进的力大小是相等的。如果一个物体作用于另一个物体，并以其作用力来改变另一个物体的运动，则这个物体也会发生相同的变化，但变化的方向相反。在物体没有受到任何其他阻碍的条件下，这些运动带来的变化都是相等的，但它们不是速度发生了变化，而是物体运动本身发生的变化相等。因为，运动都是同等地变化，所以相反方向速度的变化与物体成反比。此定律也适用于吸引力，这将在后面的附注中予以论证。

推论1

物体受到两个力同时作用时，将沿着平行四边形的对角线运动，两个力分别作用时，构成平行四边形的边长。（运动的公理或定律–图1）

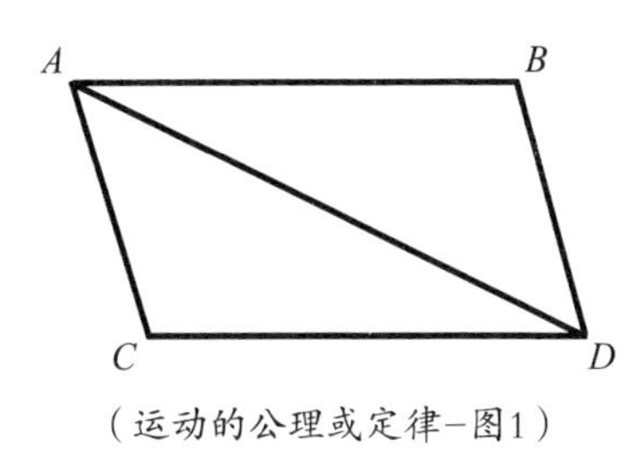

（运动的公理或定律–图1）

如果一个物体在给定时间内，受到力*M*的作用后从*A*离开，这时，它是以一种匀速运动从*A*到*B*。如果是受到力*N*的作用离开*A*，它就应该从*A*运动到*C*。补足平行四边形*ABDC*，当两个力同时作用时，物体就会在两个力作用的相同时间内沿对角线从*A*到达*D*。因为，力*N*沿直线*AC*方向作用，又平行于*BD*，此力（由定律2可知）绝不会改变使物体沿*BD*运动的力*M*所产生的速度。此时，无论力*N*是否产生作用，物体都将以相同的时间到达*BD*，并且在最后之时它将位于*CD*的某一处上。同理，物体也会在最后时刻位于*BD*的某一处上，从而位于*D*点上，而这个点正是*BD*和*CD*的相交点。根据定律1可知，它将沿着直线从*A*运动到*D*。

推论2

由此，可以得到以下结论：一个直线力*AD*可由任何两个倾斜力*AC*和*CD*合成。反之，任何一个直线力*AD*又可以分解成*AC*和*CD*两个倾斜力，这种合成和分解已在力学上被大量事实所证实。（运动的公理或定律–图2）

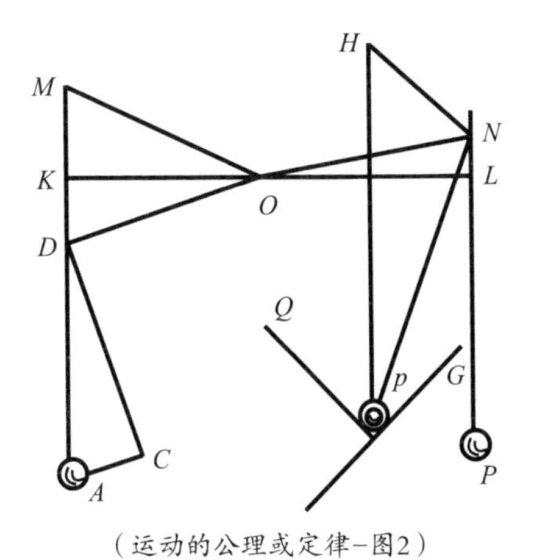

（运动的公理或定律–图2）

如果从轮的中心*O*作两条

半径OM和ON，OM与ON不相等，在绳MA和NP挂上重量A和P，那么，这些重量所产生的力刚好等于轮子运动所需要的力。然后，通过中心O作一直线KOL，并让这一直线与绳MA和NP垂直相交于K和L，再以OK和OL中较长的OL为半径，绕中心O画一个圆并与绳MA相交，交点为D，连接点O和点D，再作一个点C，使OD与AC平行，与DC垂直。现在，绳上的K点、L点、D点是否在轮上固定已没有什么关系了，因为，无论是悬挂在K、L点还是D、L点上，这些重量产生的效果都是相同的。让线段AD充当重量A的力，并把它分解为力AC和力CD，力AC与从中心作出的半径OD同向，所以它对移动轮子不起任何作用。但是，另一个力DC与半径DO垂直，因此，它对轮子的作用，与它垂直于与OD相等的半径OL上的效果一样。也就是说，其效果与重量P是相同的。如果重量P与重量A之比等于力DC与力DA之比，那么（因为三角形ADC与DOK相似），DC与DA之比，也等于OK与OD或OK与OL之比。因此，重量A和P的比值，与处于同一直线中半径OK和OL的比值是恒等的。这就是著名的平衡理论。如果这个比例中任意一个重量增大，那么，推动轮子的力也将同等量地增大。

如果重量p与重量P相等，并且p部分悬挂在线Np上，部分悬挂在倾斜平面pG上，作直线pH、NH，使前者垂直于地平线，后者垂直于平面pG，如果把指向朝下的重量p的力用线pH来表示，它就可以分解为力pN和HN。如果有任意平面pQ垂直于线pN，并相交于另一个平面pG，同时相交线平行于地平线，重量p仅仅只由平面pQ、pG的支撑，它以力pN和HN垂直压迫于这两个平面上，即力pN作用于平面pQ，力HN作用于平面pG。如果去掉平面pQ，则重量将把绳子拉紧，因为，绳子现在代替了之前被移走的平面，承受着重量，绳子所受的张力与之前压迫在平面上的力均来自相同的力pN。因此，倾斜线pN的张力与垂直线PN张力的比，等于线段pN与线段pH的比。如果重量p与重量A的比值是从轮中心到线PN，AM最近距离的反比与pH和pN之比的乘积，那么，重量p和A对于移动轮子所产生的作用是一样的，并且它们相互支撑，这可以在实验中得到论证。

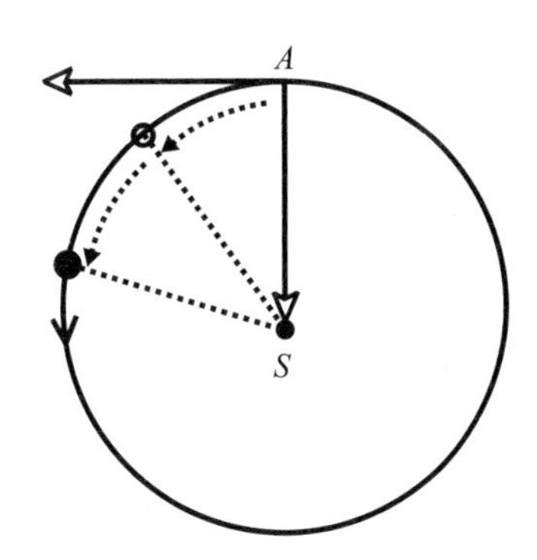

引力与开普勒行星运动定律

如图所示，牛顿证明了一个在引力作用下做惯性运动的物体会遵从开普勒第二定律，在相等的时间里扫过相等的面积。也就是说，如果开普勒第二定律成立，做轨道运动的物体就应该是在某种引力的作用下运动的。

但是，压在两个倾斜平面上的重量p，可以看做是一个被劈开的物体中的两个内表面的楔子，由此，楔子和木槌的力能够得以确定。因为，无论是它自身的重力作用还是木槌的击打作用，重量p压在平面pQ上的力，与在两平面之间沿pH方向的力之比，可表示为$pN:pH$；与压在另一个平面pG上的力之比，可以表示为$pN:NH$。同理，螺丝力也可以作力的类似分解，把它也看成是杠杆力推动的一个楔子。可以说，这条推论的应用领域非常广泛，其真理性也由此得到进一步的证实。因为，根据力学准则，这是由不同作者经过广泛的实验而证明的。由此也不难推出由轮子、滑轮、杠杆、绳子等构成的机械力，以及直接或倾斜上升的重物的力，还有其他的机械力、动物运动骨骼的肌肉力等。

推论 3

运动的量（参考定义2）**，是由同一方向的运动的和以及相反方向运动的差所得出，并且在物体间的相互作用中保持不变。**

由定律3可知，作用与反作用大小相等但方向相反，因此由定律2可知，作用与反作用在运动中的变化是相等的且方向相反。就是说，如果

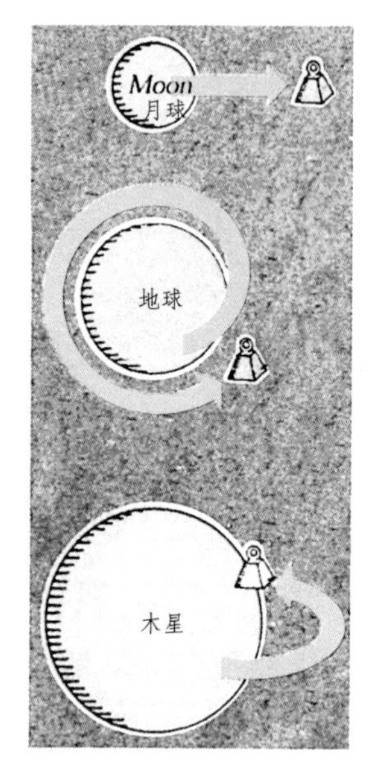

重力与速度

图中描绘了同一物体在不同星体上的运动。月球：如果月球上的一个秤锤受到一定的推力，那么秤锤将持续飞离月球表面；地球：在地球上，同样的推力可以使秤锤进入绕行地球的轨道；木星：在一个更大的星球上，同样的推力只能使秤锤离开木星表面一定高度，然后再落下来。

运动是同向的，就要从后面的运动中减去加在前一个物体上的运动量，这样总量才会保持不变。如果物体在相遇时运动方向相反，双方运动量将会同等量地减少，而朝相反方向运动的差保持相等。

假设球体A是球体B的三倍，并且它们都沿相同直线运动，如果以一个速度平均值作标准，A的速度为2等份，B的速度为10等份，那么，A与B的运动量之比为6：10。试想，它们的运动量既是6个单位和10个单位，总量就是16个单位。因此在物体相遇之时，如果A获得3个、4个或者5个单位的运动量，B就会失去相同单位的量。相撞之后，A的运动量为9、10或11个单位的量，B的运动量为7、6或5个单位的量，而总和始终保持先前16个单位的量不变。如果物体A获得9、10、11或12个单位的运动量，相撞之后的运动量为15、16、17或18个单位的量，那么，B就会失去A所获得的相同单位量，或失去9个单位量保持1个，或失去整个运动的10个单位量而保持静止，或不仅失去了全部的运动量，还多失去了一个量（如果可以这样说的话），并且以1个量向回运动，或因为向前运动的12个单位量被移去，而以2个单位量向回运动。两个物体的运动总和是15 + 1或16 + 0，而相反方向运动之差是17 − 1或18 − 2，它们始终保持16个单位的总量，这与相撞之前相同。但相撞之后物体前进的运动量是已知的，两个物体中任何一个的速度也是可知的，因为，相撞后与相撞前的速度比等于相撞后与相撞前的运动比。在上述情形中，相撞前球体A的运动量是6单位，相撞后是18单位；相撞前速度为2单位，相撞后达到6单位。换言之，之前的6单位运动量与之后的18个单位量之比，等于相撞前2个单位速度与之后6个单位速度量之比。

但是，如果物体不是球形体，或者在不同的直线上运动，如果是在斜面上相互作用，若要求出它们相撞后的运动量，就必须首先确定在撞击点与物体相切的平面位置，然后把每一个物体的运动分解为两个部分，一部分垂直于平面，另一部分平行于平面。因为，物体相互作用在与该平面垂直的方向上，所以平行于平面方向的运动则在物体相撞前后保持不变。如果垂直运动是反向的等量变化，在这种情况下，相同方向的运动和与相反方向的运动差同先前一样，将保持不变。此类相撞有时也会引起物体围绕它们中心发生旋转运动，不过我不会在下文中给予论述，如果要对与此有关的每种特殊情形都加以证明，实在是太烦琐了。

推论 4

两个或多个物体共同的重力中心不会因为物体间的相互作用而改变其运动或静止的状态。如果将外力和阻碍作用排除在外，那么，所有相互作用的物体的公共重力中心不是静止，就是处于匀速直线运动状态。

如果有两个点做匀速直线运动，并按给定的比率分割间距，则分割点不是处于静止状态，就是做匀速直线运动，这个问题将在引理23和推论中进行证明。同理还可以证明当点在相同平面移动时的情形，由类似方法，还可证明当点不在相同平面上移动的情形。就是说，如果任意多的物体做匀速直线运动，那么它们之中任意两个的公共重力中心都是或者静止，或者做匀速直线运动，因为，两个物体的重心连线在公共重心

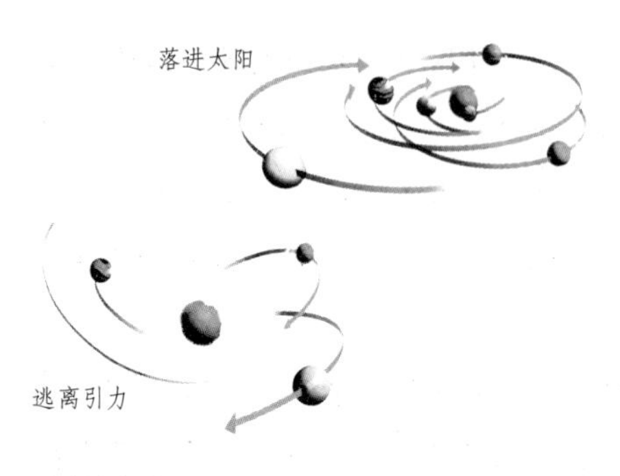

引力的衰减

引力是随时间衰减后的核力。如果根据牛顿理论所预言的，引力随距离增大而衰减，则意味着行星轨道是不稳定的，其后果就是行星要么落进太阳，要么完全逃离太阳。

是用一个给定比率分割的。同样，这两个物体的公共重心和第三个物体的重心也是或静止或做匀速直线运动，因为这两个物体的公共重心与第三个物体的重心间距也是以给定的比率进行分割的。再推而广之，这三个物体的公共重心与第四个物体的重心，也是用给定比率进行分割的。所以，它们也保持静止或匀速直线运动的状态，由此，还可以推广到无穷。在一个物体体系中，如果它们之间既无相互作用，也无任何外力作用，则它们就做匀速直线运动，而它们的公共重心则要么静止，要么做匀速直线运动。

此外，在两个物体相互作用的体系中，由于物体的重心和公共重心的间距与物体本身成反比，因此物体无论是靠近重心还是远离重心，其相对运动是相等的。而运动的变化则是相等且反向的，由于物体间相互作用的关系，物体的公共重心既不加速，也不减速，其静止或匀速直线运动的状态也不会有任何改变。但是，在一个多物体系统中，任意两个物体的相互作用不会改变它们公共重心的状态，而其他物体的公共重心受到此力作用的影响更小。但这两重心的间距被所有物体的公共重心切割，并与属于某中心物体的总和部分成反比，所以，当这两个重心保持其运动或静止状态时，所有物体的公共重心也都将维持原来的状态。由此可得出：所有物体的公共重心绝不会因为任意两个物体间的相互作用而改变其运动或静止的状态。但在这个体系中，所有物体间的相互作用，要么发生在两物体之间，要么是由多个“两物的相互作用”组合而成，它们绝不会对它们的公共重心发生任何改变，也不会改变其运动或静止的状态。因为，当物体没有相互作用时，其重心要么静止，要么做匀速直线运动，即使有物体的相互作用，它也总是保持其静止或匀速直线运动的状态，除非在整个系统之外有其他力的作用促使它改变状态。如果涉及保持运动或静止状态的问题，这个定律对多物体系统与单一个体也同样适用，因为无论是对于单个物体还是多物体系统，它们的前进运动总是以重心的运动来估计的。

推论5

在一个给定的空间中，物体的运动和它们自身之间的运动是一样的，无论此空间是静止的还是在做不含任何旋转运动的匀速直线运动。

根据假设，方向相同运动的差与方向相反运动的和，在两种情形中是相等的，而根据定律2，由这些和与差产生碰撞和排斥，以及物体间的相互作用，在两种情形下碰撞产生的效果都是相等的，因此，在一种情形下物体间的相互运动将会保持另一种情形下物体间的相互运动。根据船的实验，我们可以得到清楚的证明：无论船是静止的还是处于匀速直线运动状态，船内的所有运动都将照常进行。

推论6

无论物体相互之间以何种形式运动，在平行方向上被相同的加速力加速时，都会继续之前相互间的运动，就如同没有加速力时一样。

由于这些力作用相等（它们的运动与物体的量相关）并在平行线方向上，那么，根据定律2，所有物体都将做相同的运动，因此，物体相互间的位置和运动不会发生任何变化。

附 注

至此，我所阐述的那些原理已被数学家们所接受，同时，这些原理也被大量的实验所证明。根据前两条定律和前两则推论，伽利略在观察中发现，物体下落的变化与时间的平方有关，抛射物的运动路径是曲线。这也得到了实验的证明，但是条件是这些运动只受到很小的阻力作用。当一个物体下落时，它的重量均衡地作用，并在相等的时间内，对物体施加相等的作用力，因此也就产生了相等的速度。而在整个时间里，所有的作用力产生的所有速度与时间成正比。在相应的时间里，距离是速度和时间的乘积，也就是说，它与时间的平方成正比。当物体被向上抛出时，其均衡重力作用于物体之上，且不断减小速度使之与时间成正比，当达到最大高度时，速度也随之消失，因此高度就相当于速度和时间的乘积，或者说相当于速度的平方。如果物体是以任意方向被抛出，抛物运动就是其初始运动与重力运动的复合。（如运动的公理或定律-图3）

假设有一物体*A*受抛物力作用，在给定的时间里沿直线*AB*运动，而在下落时也以相同的时间从*AC*向下运动，可以作出平行四边形*ABDC*，由于做复合运动，物体最后将落在*D*点上。物体经过的曲线路径为一抛物线*AED*，并且它与直线*AB*相切，切点为*A*，纵标线*BD*就是*AB*的平方。根据相同的定律和推论，很多其他的物体与事件都已得到证明，比如与之相关的单摆振动所需时间的例子，这已从日常生活中的单摆钟实例中得到证实。运用同样的定律和推论，再加上定律3，克里斯多弗·雷恩爵士、瓦理司博士以及我们时代最伟大的几何学家惠更斯先生等人，他们分别确立了与硬物碰撞相关的一系列规则，并几乎是

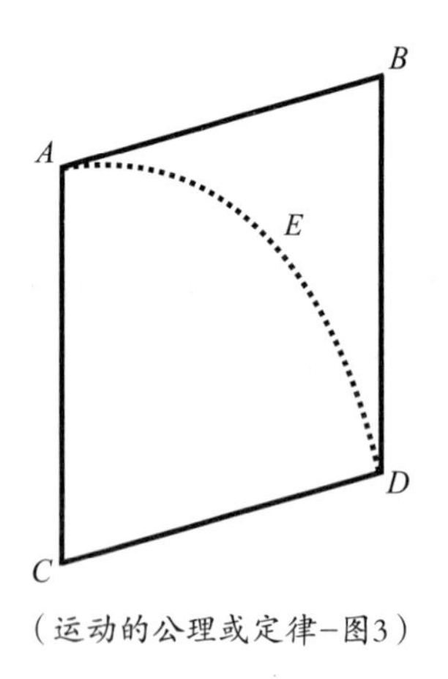

（运动的公理或定律-图3）

同时向皇家学会呈递了自己的研究报告，对这些规则的发现，他们的见解几乎完全一致。瓦理司博士发表报告的时间相对早一些，然后是克里斯多弗·雷恩爵士，最后是惠更斯先生。但是，克里斯多弗·雷恩爵士是用单摆实验向皇家学会作发现报告的，证明了这个实验的真理性。随后，马略特先生很快意识到，可以对这个课题进行全面阐述。但要使实验与理论完全一致，我们还得考虑到空气阻力和碰撞物体弹力作用的影响。（如运动的公理或定律–图4）

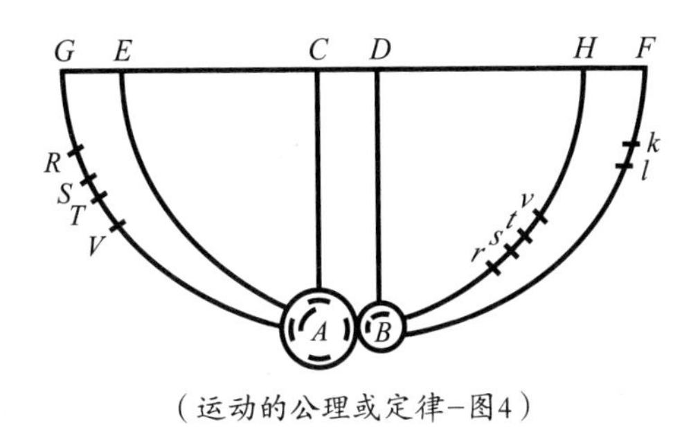

（运动的公理或定律–图4）

把球体*A*、*B*悬挂在平行且相等的线*AC*、*BD*上，两线的中心分别为*C*和*D*，并始终保持一定的间隔，从两中心作半圆*EAF*和*GBH*，半径*CA*和*DB*等分两半圆。使物体*A*在弧线*EAF*任意点*R*上，移去物体*B*并让*A*从*R*开始运动，假设它在一次摆动后回到点*V*，则*RV*的产生源自空气阻力引起的阻碍。取*RV*的四分之一*ST*并把它置放在*RV*的正中间，即$RS=TV$，并且$RS:ST=3:2$；从而*ST*就似乎充当了*S*下落到*A*点的阻力。再将物体*B*复位，假设物体*A*从*S*点下落，那么，它在碰撞点*A*的速度（排除切实可能的误差）将与它在真空中从点*T*下落的速度一样。从上可知，速度可以由弧线*TA*的弦来表示。因为几乎所有的几何学家都知道这样的命题：摇摆物体在最低点的速度与它在下落过程中经过的弧弦长度成正比。反弹之后，假设物体*A*到达*s*点，物体*B*到达*k*点。再移去物体*B*，作一个*v*点，如果使物体*A*从*v*点出发，经过一次振动之后回到*r*点，而*st*则为*rv*的四分之一，所以，*st*处于*rv*的中间即$rs=tv$，同时使弦*tA*表示物体*A*在反弹后处于*A*点时的速度。如果不考虑空气阻力的话，物体*A*应该正好上升到*t*点位置。用同样方法，我们可以找到物体*B*在真空中应该上升到的*l*点，

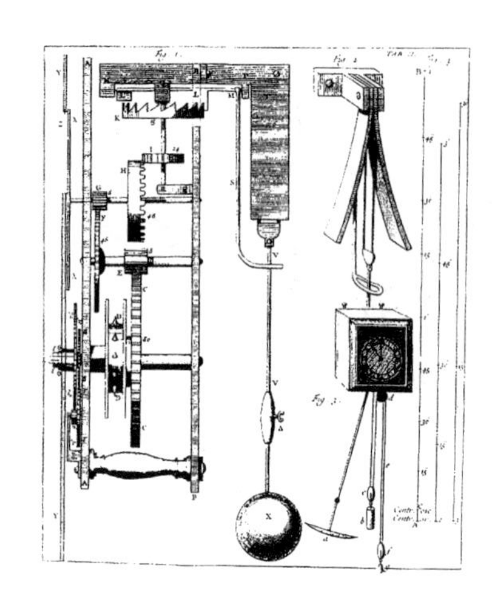

摆钟 插图 1673年

一个颇重的小球沿某一条轨道无摩擦地滑动，从A滑到B，所费时间最少，那么这轨道的形状就是一条曲线，即圆的滚动曲线，又叫摆线。荷兰的惠更斯觉得曲线最有趣的性质。他从摆钟了解到，摆锤摆动一个完整周期所需的时间与摆锤有关。换言之，圆形摆非等时摆，来回摆动不总是花费相同的时间，这就导致了钟摆走时不准。惠更斯发现，等时曲线就是摆线，质点在其上摩擦着滑动，从任意起始点到曲线最低点所花费的时间总是相同的。为此，这位最伟大的时钟制造者设置了如图的摆钟，钟摆在一条摆线上摆动。

以此来修改物体B上升能达到的k点的位置。这样，实验所需的一切条件都具备了，就如同我们已经具备在真空中实验所需的条件一样。一切准备就绪后，根据物体A与弧线TA的弦长，我们可以求出两者的乘积，同时也可以获得在物体反弹前处于A点时的运动，然后再通过与弧tA的乘积，又可以获得物体在反弹之后的运动。因此我们也可以得到物体B与弧弦BL的乘积，也就可以获得物体B反弹之后的运动轨迹。根据同样的方法，当两个物体一起从不同的地方下落时，我们可以获得两个物体各自的运动轨迹，以及它们反弹前后的运动轨迹。然后，我们就可以通过对它们之间的运动轨迹进行比较，从而得到反弹之后的效果。做个实验，取一些相等或不等的物体，摆长为10英尺，在一个很大的空间里（例如8、12或16英尺），使它们下落后相撞。在实验中，我经常发现，当物体平直地撞在一起时，它们在运动中带给另一方的变化是相等的，而误差往往在3英寸之内，而它们在运动中的作用和反作用也是相等的。如果物体B静止，而物体A以9个单位的运动量去撞击它，物体A就会失去7个单位的量，碰撞后会以2个单位量继续运动，则物体B就会带着这7个单位的量向后运动。如果物体以相反方向的运动而相撞，A的运动量为12个单位，B为6个单位，如果A以2个单位、B以8个单位的量分别向后退，则它们双方都失去14个单位的运动量。因为，从A的运动中减少了12个单位的量，它就不再运动，但是再减去两个单位，相反方向就将会产生两个单位量的运动。因此，从物体B的6个单位的运动中，减去14个单位，它的相反方向就会产生8个单位量的运动。如果物体都向同一方向运动，A以14个单位的量运动稍快，B仅以5个单位的量运动，那么在相撞后，A以5个单位的量继续运动，而B则以14个单位的量运动，有9个单位的量就从A传递到了B。在其他情况下也是一样的。物体发生碰撞，其运动的量是由相同方向运动的和或由相反方向运动的差得来，这是绝对不变的。要想把每一件事都做得非常精确是很困难的，因此在测量上出现1英寸或2英寸的误差也是可以理解的。要想通过钟摆的精确作用而使物体在最低点AB处相互碰撞，或者要在物体相撞之后找到它们上升到的那个点s和k，并不是一件简单的事。另外，之所以会出现一些误差，也许是因为垂悬物体自身部分的密度不同，或者是由其他原因造成结构上的不规则等。

也许有人会持反对意见，因为这个实验所要证明的规律似乎要求物体要么是绝对的硬物，要么至少是弹性物（但在大自然中不存在此类物体）。在此，我必须补充说明，我们所说的这个实验，绝不是依靠物体的硬度，不管是在软物上还是在硬物上，我们的实验都能成功。如果将这个规律应用在不完全硬的物体上，我们只需依照弹力所需的量，适当减少物体的碰撞度就可以了。根据雷恩和惠更斯理论，绝对硬物相撞时和碰撞后反弹的速度是一样的，这在那些完全的弹性物体上可以得到最好的证明。不完全弹性物体的反弹速度随着反弹力的减小而减小，在我看来，那个力应该是确定的，因为它使物体以一个相对的速度反弹，且这个速度与物体相遇时的速度是成比例的。我用被压得很紧的毛线团做过实验：首先让垂悬物下落，然后测量它们的反弹度，确定出弹性力的量，再通过弹性力，估算出在其他碰撞情形下反弹的距离。后来，我在其他实验中也得到了相同的结果。球团总是以一个相对速度彼此分离，且与相遇时的相对速度之比约为5∶9。钢球反弹的速度几乎是一样的，软木球的速度稍小些，但在玻璃球中，两种速度的比大约是15∶16。因此，定律3所涉及的有关撞击和反弹的问题，已被相关的理论和实践所证明。

关于引力的问题，我也用类似的方法来简要证明。假设有一阻碍物对任意物体*A*、*B*的相遇起阻止作用，当两物体相互吸引时，如果物体*A*受到*B*的吸引力比物体*B*受到*A*的吸引力大，那么，物体*A*对阻碍物的压力作用就比*B*对它的压力作用更大，这样就不能保持平衡，对压力大的一方来说，它将使这两个物体和阻碍物所构成的系统向*B*的所在地移动。而在自由空间中，物体将会不停地做加速运动直至进入无限，但这种情形并不合理，并且与定律1相矛盾。因为根据定律1的内容，系统应该保持静止状态或是做匀速直线运动，而物体施加在阻碍物上的力也必须是相等的，相互之间的吸引力也应是相等的。我曾用磁石和铁做过这样的实验，如果将它们分开置入合适的容器中，它们会彼此漂浮在平静的水面上而不会互相排斥，并且通过相等的吸引力来抵消对方的压力，最终使双方保持一种平衡状态。（如运动的公理或定律-图5）

地球与它的各个部分之间也是相互吸引的。在运动的公理或定律-图5中，让任意平面*EG*分割地球*FI*为*EGF*和*EGI*两部分，那么两部分相互间的重量是相等的。如果由另一个平行于*EG*的平面*HK*将较大的部分*EGI*切割分成*EGKH*和*HKI*两个部分，并使*HKI*和之前被切割的*EFG*相等，我们将会非常清楚地看到，中间部分*EGKH*将不会偏向任何一方，因为它本身的重量刚合适，悬挂在*HKI*和

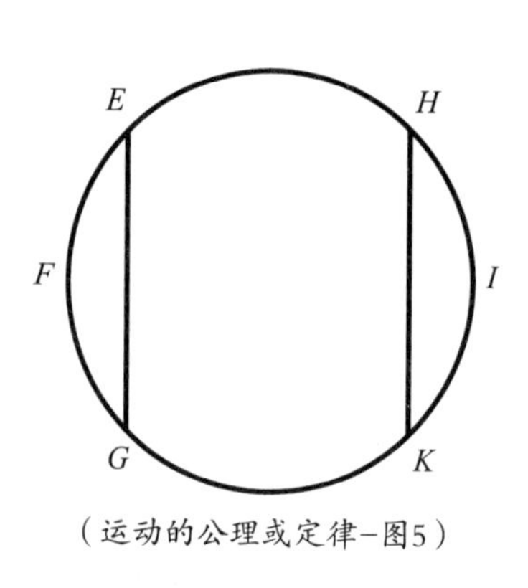

（运动的公理或定律-图5）

*EFG*之间因保持静止状态而实现了平衡。但边上的*HKI*部分将会以它全部的重量将中间部分压向另一部分*EGF*，因此，*EGI*的力是*HKI*部分和*EGKH*部分的和，并且这个力偏向第三个部分*EGF*，且与*HKI*部分的重量相等，即与第三个部分*EGF*的重量相等。所以，*EGI*和*EGF*这两个部分相互间的重量是相等的，正如前面我试图所作的证明。如果那些重量确实是不等的，那么漂浮于无阻碍力的太空中的地球将会让位于比它更大重量的物体，然后渐渐远离，最终消失在无限之中。

物体在撞击和反弹过程中的作用差不多是相等的，而速度与它们的惯性力成反比，所以在使用机械器具时，作用物都是保持平衡的，并且相互之间维持对方相反的压力，而速度取决于那些力的大小，并与那些力成反比。

另外，摆动天平的臂的重量，其力也是相等的，在天平的使用过程中，那些重量总是与天平上下摆动时的速度成反比。也就是说，如果上升与下落都是直线路径，那么这些重量的力是相等的，且同悬吊于天平上的点到天平轴的距离成反比。但是如果有其他的斜面或者阻碍物介入其中，使物体倾斜上升或下降，物体也将会保持平衡，并且与它们垂直上升或下降的高度成反比，但这需要由向下的重力方向来获取。

同理，在滑轮或是滑轮组中，无论是直线还是倾斜上升，手拉直线的力都与重量成正比，这就像重物垂直上升的速度与手拉绳子的速度成正比一样，它们都能拉住重物。

在由轮子组成的钟表或是类似的仪器中，促使或阻碍轮子运动反方向的力，如果反比于它们作用在轮子上的速度，则它们也将会相互支撑以实现平衡。

螺丝钉压迫物体的力与手转动把手的力之比，与被手驱使运动的把手的旋转速度和被物体压迫的螺丝的前进速度之比相同。

用楔子将木头劈为两个部分，楔子压迫或劈开木头的力与木槌作用

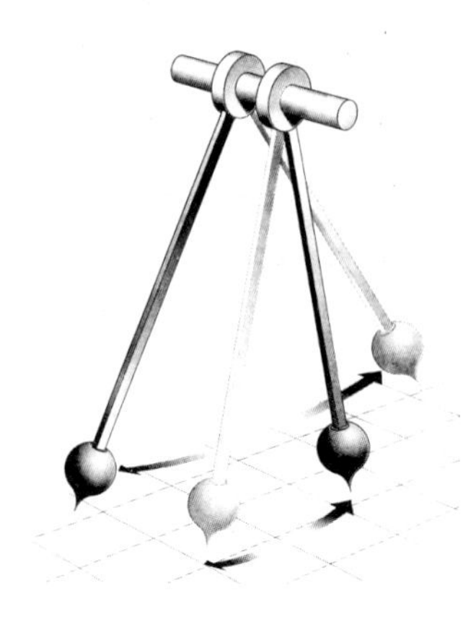

伽利略摆锤

1602年，伽利略首创了摆锤实验。他在两个同样长的摆锤上挂上重物，做弧度不等的摆动，虽然有一个摆锤运动的弧度较大，但它们完成一次摆动的时间完全一样。伽利略的摆锤实验，指明了制造准确计时设备的方向，他的儿子更制造了第一个应用这一原理的实用摆钟，不过这一设计直到1659年才由惠更斯加以完善。

在楔子上的力之比，与楔子在木槌作用下在力的方向上的运动速度和木头部分在楔子中垂直于楔子两边直线方向上运动产生的速度之比相同，在所有的机械中，我们可以得到完全相同的解释。

机械的用途只不过是帮助我们减小速度而增大力量，或者增大力量来减小速度。所以，使用所有恰当的机器都能很好地解决这一问题，即以给定的力去推动一个给定的重量，或者以一个给定的力去克服其他任何给定的阻力。如果机器作用物的速度与它们的力成反比，那么，作用力就刚好将阻力抵消，但如果有更大的速度就可以克服它了。如果速度大到足以克服所有的阻力（无论这些阻力是来自邻近物体相互间滑动而产生的摩擦，还是来自被分离的连续物体间的凝聚或是被抬高的物体的重量），多余的力不仅不会消失，当所有的阻力都被克服之后，那些力还将产生加速度，且与机器的部件和阻碍物成正比。在这里，我并不是要谈论力学，我只是通过这些例子来说明定律3适用的广泛性和正确性。如果我们通过作用物的力与速度的乘积来估计它的运动，或按类似方法来估计阻碍物的反作用（可以通过它某些部分的速度、加速度或由摩擦、凝聚、重量共同产生的阻力来估算），那么，我们将会发现：在所有机器的使用过程中，作用与反作用都是相等的。虽然作用必须通过中介物体才能被传递，并最终施加在阻碍物上，但最终作用方向则是与反作用方向相反的。

第1编　物体的运动

物体的运动规律是力与美的展现方式，物理定理与数学公式正是把这种展现方式的奥秘揭示了出来。在本书的第1编中，牛顿对各种运动的形式加以说明，考察了每一种形式与力的关系，为全书奠定了数学上的基础。

第 1 章　通过量的初值与终值的比率，我们可以证明以下命题

引理 1

在任何有限的时间里，量和量的比值总是不断地接近相等，并在最后时刻趋于相等，差值小于给定的值，并最终实现相等。

如果否定这个观点，我们可以采用反证法来证明，假设它们最终不相等，并把D作为最终差值。这样，它们就不能以比给定差D更小的差值去趋于相等，但这与命题矛盾。

引理 2

在任意图形$AacE$中，有直线Aa、AE和曲线acE，同时，有任意多个平行四边形$AKbB$、$BLcC$、$CMdD$等，底边AB、BC、CD等是相等的，侧边Bb、Cc、Dd等则与图形的边Aa平行。作平行四边形$aKbI$、$bLcm$、$cMdn$等，如果那些平行四边形的宽再减小，且平行四边形的数目近似无限，那么，曲线内切图形$AKbLcMdD$、外切图形$AaIbmcndoE$和曲线图形$AabcdE$的最终比值趋于等量之比。（如图1-1）

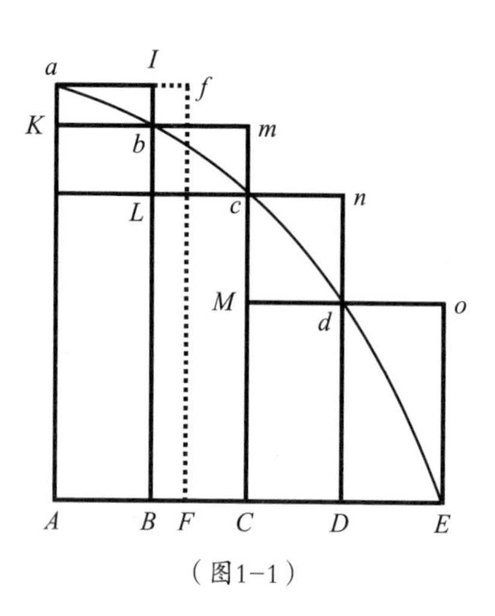

（图1-1）

由于内切图形与外切图形的差是平行四边形$KaIb$、$Lbmc$、$Mcnd$和$DdoE$之和，即（底边相等）以其中一个长方形的底Kb，以它们的高度和Aa为高的矩形，另一边之和是边Aa的平行四边形，也就是平行四边形$ABIa$。但由于这个平行四边形的宽AB是无限缩小的，因而平行四边形也就小于任何给定的空间。由此，根据引理1，内切图形和外切图形最终相等，而中间的曲线图形也相等。

证明完毕。

引理3

如果平行四边形的宽AB、BC、CD等不相等，且处于无限缩小状态时，最终比值也是等量之比。（如图1-2）

假设AF为最大宽度，作一个平行四边形$FAaf$，那么，这个平行四边形将大于内切图形和外切图形的差，但由于此平行四边形的宽AF在无限减小，因此，它必将小于任何给定的平行四边形。

证明完毕。

推论1　那些逐渐减小的矩形其总和在所有方面都与曲线图形完全相符。

推论2　在逐渐减小的弧线ab、bc、cd等的弦构成的直线图形最终也与曲线图形完全相符。

推论3　切线弧长相等的外切直线图形，也与曲线图形完全相符。

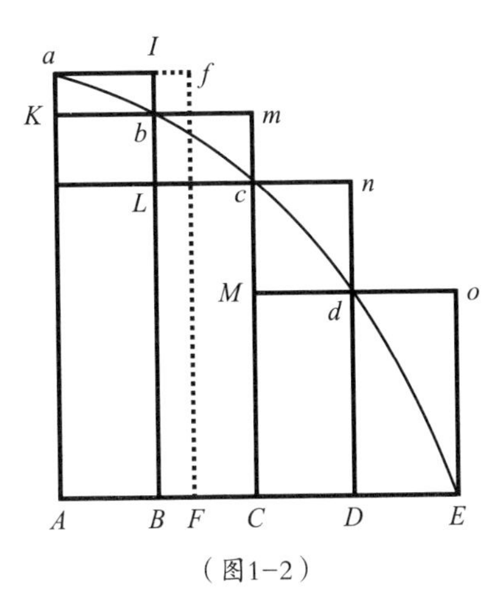

（图1-2）

推论4　这些外围为acE的最

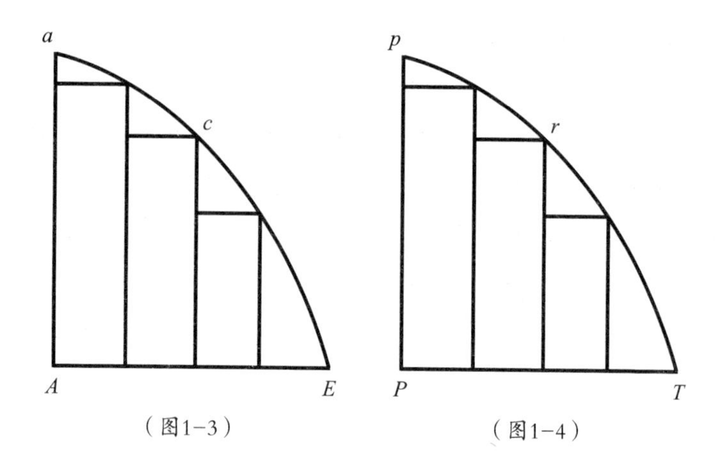

（图1-3）　（图1-4）

终图形并不是直线的，而是直线图形的曲线极限。

引理 4

如果在图形*AacE*和*PprT*中，分别有一组内切平行四边形，若它们每组的数量相等，宽度趋于无穷小，并且，其中一图形内平行四边形的比值与对应的另一个图形内平行四边形的比值最终相等，那么，这两个图形*AacE*和*PprT*的比值也相等。（如图1-3、图1-4）

因为其中一图形内的平行四边形与另一图形内的平行四边形是一一对应的，则这一图形中所有平行四边形的和与另一图形中所有平行四边形的和的比，就等于两个图形的比，因为，根据引理3，前一图形与总和之比，等于后一图形与总和之比。

证明完毕。

推论　由此可知，如果任意两个量被分为相同份数的若干部分，当它们的数目增多而自身在无限减小时，量相互间有一个给定的比值，且一一对应，整个量都以给定的比值相互对应。因为，在这个引理的图形中，如果将平行四边形的比值看成部分的比值，则这些部分的和一定等于平行四边形的和。假设平行四边形与部分的数目增大，而它们的量又无限减小，则这些和将是其中一图形中的平行四边形与相对应的另一图形中平行四边形的最终比值，即这些和是一个量里的任意部分与另一个量相关部分的最终比值。

引理5

在相似图形中，所有对应的边，无论是直线还是曲线，它们均成正比，且其图形面积之比等于其对应边之比的平方。

引理6

任意弧线ACB处在一个给定的位置，弧弦为AB，在连续曲线任意一点A上相切于直线AD，两边无限延长。如果点A与点B相互靠近且相遇，则由弦和切线构成的角BAD将会无限减小，直到最后完全消失。（如图1-5）

因为，假如此角不消失，弧线ACB和切线AD将会构成一个直线角，而弧线在A点就不会延续其弯曲度，这与命题相互矛盾。

引理7

作同样的假设：弧线、弦和切线的比值最终相等。

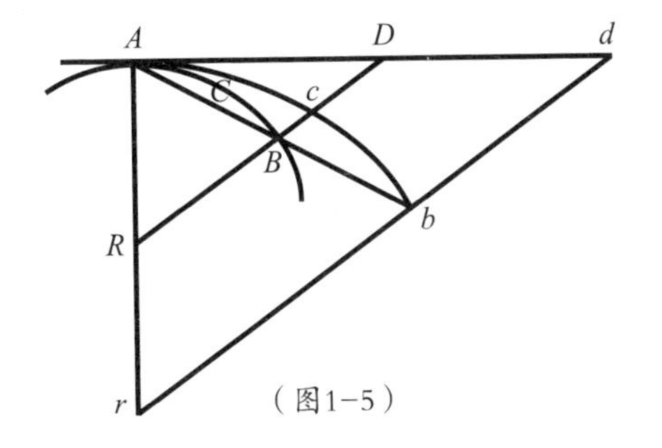

（图1-5）

当点B向点A靠近时，假设AB和AD总是分别趋向于两个遥远的点b和d，且平行于割线BD作一直线bd，使弧Acb总是相似于弧ACB。设点A

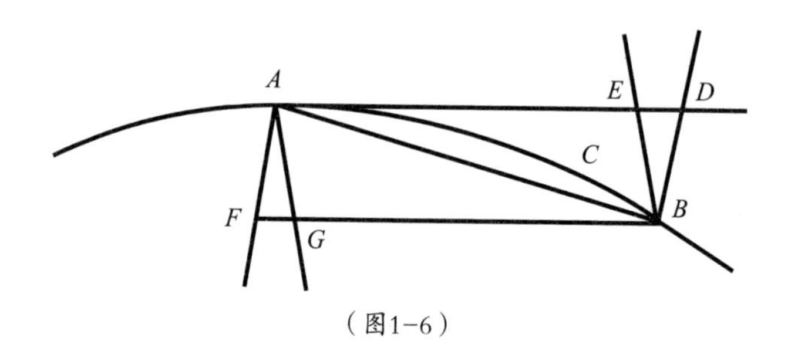

（图1-6）

与点B重合，根据前面的引理，角dAb会消失，所以直线Ab、Ad（处于有限）和中间弧线Acb将重合，且相等。因此，直线AB、AD和中间弧ACB（与前者成正比例）比值是等量之比。（如图1-5）

证明完毕。

推论1　如果通过B点作BF平行于弧BCA的切线AD，且总是与通过点A的任意直线交于点F，那么直线BF与逐渐消失的弧ACB的比值最终成相等之比，因为在平行四边形$AFBD$中，BF与AD的比值是等量之比。（如图1-6）

推论2　如果通过点B和点A作直线BE、BD、AF和AG，与切线AD及其平行线BF相交，则所有水平线AD、AE、BF和BG以及弦AB和弧AB的比值最终都是等量之比。

推论3　在所有关于最终比值的推论中，这些线段可以相互替换。

引理8

如果直线AR与BR、弧ACB、弦AB和切线AD共同构成三个三角形RAB、$RACB$和RAD，点A和点B相互靠近且重合，那么，这些逐渐消失的三角形最终是相似的，最终比值也是等量之比。（如图1-7）

当点B向点A靠近时，假设AB、AD和AR总是分别趋向于遥远的点

b、d和r，作出rbd，使其平行于RD，并使弧Acb总是相似于弧ACB。然后，再设点A和点B重合，则角bAd将会消失，而三角形rAb、$rAcb$和rAd则将重合，即相似且相等。那么，与它们总是相似和成比例的三角形RAB、$RACB$和RAD，最终也将相似且相等。

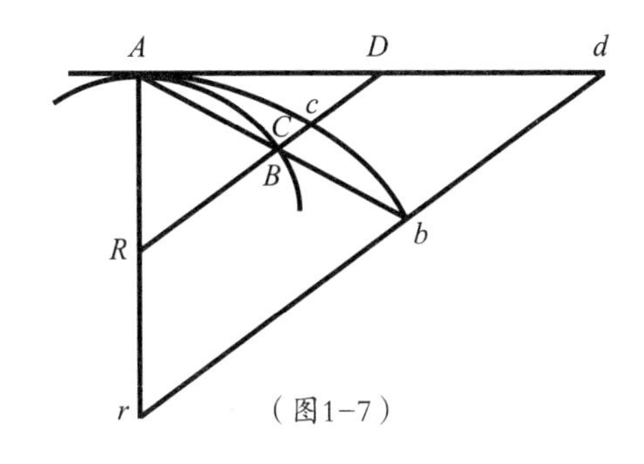

（图1–7）

证明完毕。

推论 在所有关于最终比值的推论中，这些三角形可以相互替换。

引理9

如果直线AE和曲线ABC均处于给定位置，且以给定的角在A点相交。直线BD、CE与直线AE也形成定角，并与曲线相交于点B和C，而点B和点C相互靠近且在A点重合，那么，三角形ABD、ACE的最终面积的比，将等于其对应边比值的平方。（如图1–8）

当点B、C向A点靠近时，假设AD总是倾向于遥远的点d、e，而Ad、Ae将与AD、AE成正比。作线db、ec平行于直线DB和EC，并分别与AB、AC延长线相交于点b和c。使曲线Abc与曲线ABC相似，作直线Ag与两条曲线相切于点A，与直线DB、EC、db、ec相交于点F、G、f、g。然后，再假设Ae的长度保持不变，使点B和点C在A点重合，则角cAg将消失，曲线形面积Abd、Ace将与直线形面积Afd、Age相重合。因此，根据引理5，面积比将是对应边Ad、Ae比值的平方。不过，ABD、ACE的面积总与这些面积成正比，而边AD、AE也与这些边成正比。由此可知，ABD、ACE

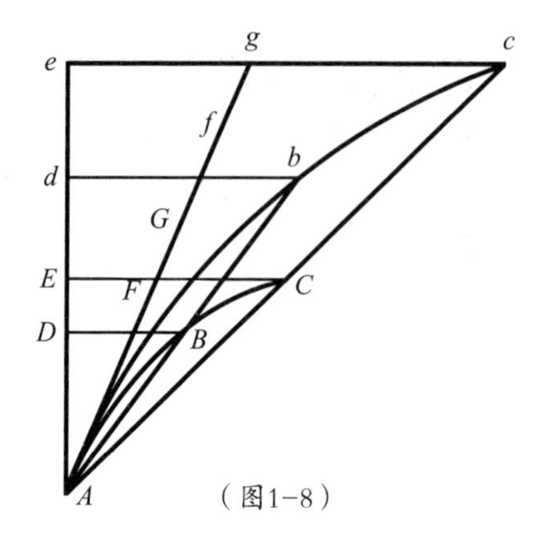

（图1-8）

面积的最终比值为边AD、AE比值的平方。

证明完毕。

引理 10

任一物体在有限力作用下所经过的路程，无论此有限力是可知不变的，还是连续增大或连续减小的，在运动的初始阶段与时间的平方成正比。

令直线AD、AE表示时间，直线DB、EC表示由时间产生的速度，那么，由速度所产生的距离就是由那些横线所构成的面积ABD、ACE，即根据引理9，运动的初始阶段距离与时间AD、AE的平方成正比。

证明完毕。

推论1　由此可以推出，物体在成比例的时间里通过相似图形的相似部分的误差，基本上与它们所产生的时间的平方成正比。这些误差是由应用在物体上任意相等的力产生的，并由物体到这些相似图形经过的距离求得，如果没有这些力的作用，物体会在那些成比例的时间内到达目的地。

推论2　由成比例的力（指的是类似地在相似图形的相似部分中运用在物体上的力）所产生的误差，与力和时间平方的乘积成正比。

推论3　用同样的道理可以解释物体在不同力的作用下经过的任意距离问题，在运动的初始阶段，这些距离与力和时间平方的乘积成正比。

推论4　力与运动初始阶段的距离成正比，与时间的平方成反比。

推论5　时间的平方与距离成正比，与力成反比。

附 注

如果比较不同种类的未知的量，任何一个量都可以说是与另一个量成正比或者成反比的，即前者与后者以相同的比值增大或减小，或与后者的倒数成正比。如果说任意一个量与其他任意两个或者更多的量成正比或成反比，即前者与其他量比值的复合值，同其他量或其他量的倒数一起增大或减小。假如，设A与B、C成正比，与D成反比，则意味着A与$B\times C\times \frac{1}{D}$以相同的比值增大或减小，即$A$与$\frac{BC}{D}$相互之比为给定比值。

引理11

通过接触点的所有曲线有有限的曲率，而逐渐消失的接触间的弦最终与弧对应的弦的平方成正比。（如图1-9）

情形1 AB为一弧线，AD为切线，BD为接触角的弦，且垂直于切线AD，AB为弧对应的弦。过B点作BG垂直于弦AB，过A点作垂线AG垂直于切线AD，二者相交于点G，再使点D、B、G趋近于d、b、g点，假设J点为直线BG、AG的最终交点，那么，点D、B与点A重合，显然，距离GJ就可能小于任何给定的长度。然而（根据半圆ABG，半圆abg的性质）$AB^2=AG\times BD$，$Ab^2=Ag\times bd$，因此，AB^2与Ab^2的比值是AG与Ag比值，Bd与bd比值的复合。但因为GJ可能小于任何指定长度，故AG与Ag的比值与等量之比的差异也可小于任何给定的值，AB^2与Ab^2的比值也和BD与bd的比值的差异可以小于任何给定的值。由此，根据引理1，AB^2与Ab^2的最终比值和BD与bd的最终比值相等。

证明完毕。

情形2 使BD以任意角度向AD倾斜，BD与bd的最终比值也与以前相等，因此，AB^2与Ab^2的比值也相等。

证明完毕。

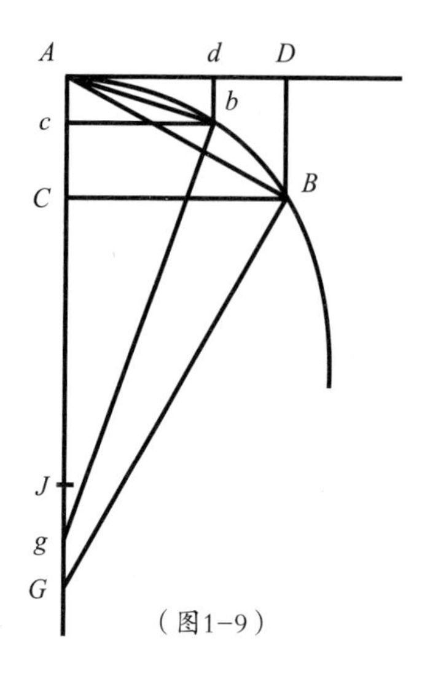

（图1–9）

情形3 假设角D为任意角，而直线BD穿过一给定点，或者由其他任意条件决定。由相同规则决定的角D、d将总是趋于相等，并以小于任意给定差而相互靠近，据引理1它们最终相等，所以直线BD和bd相互间的比值仍与以前相同。

证明完毕。

推论1 当切线AD、Ad和弧AB、Ab以及它们的正弦BC、bc最终相等于弦AB、Ab时，它们的平方也将最终与弦BD和bd成正比。

推论2 它们的平方也最终与弧的正弦成正比，弦被二等分，并集中于一定点，因为这些正弦也与弦BD和bd成正比。

推论3 正弦与时间的平方成正比（所指时间为物体以给定速率沿弧线路径的所需时间）。

推论4 由边AD和DB及Ad和db的比值复合而得。直角三角形ADB和Adb之比最终与边AD的立方和Ad的立方成正比，并与边DB的$\frac{3}{2}$次方和db的$\frac{3}{2}$次方成正比，所以，三角形ABC和三角形Abc也最终与边BC的立方和bc的立方成正比。（如图1–9）

推论5 因为DB和db最终平行，并与直线AD和Ad的平方成正比，所以，最终的曲线形ADB和Adb面积将（根据抛物线的性质）是直角三角形ADB和Adb面积的$\frac{2}{3}$，弓形AB和Ab部分是对应三角形的$\frac{1}{3}$。所以，这些曲线形面积和弓形将与切线AD和Ad、弦以及弧AB和Ab的立方成正比。

附　注

然而，我们一直假设的切角不会无限大于或者无限小于由其圆周和切线构成的其他任意的切角，即处于A点的曲率既不是无限小，也不是无限大，而间隔AJ是一个有限的值。因为，我们可以使DB与AD^3成正比，基于这种情况，在切线AD和曲线AB之间，没有任何一个圆能通过点A，所以切角将会无限小于这些圆周的切角。同理，如果将DB依次正比于AD^4、AD^5、AD^6或AD^7等，我们将会得到一系列趋近无限的切角，且后一项无限小于前面一项。如果DB依次正比于AD^2、$AD^{\frac{3}{2}}$、$AD^{\frac{4}{3}}$、$AD^{\frac{5}{4}}$、$AD^{\frac{6}{5}}$或$AD^{\frac{7}{6}}$等，我们将会得到其他一系列的切角，它们中的第一个与那些圆的切角为相同类型，第二个无限增大，且后一项无限大于前一个。但在这些切角的任意两个之间，又可以插入另一系列的中介切角，它们以两种方式趋于无限，每一个角都无限大于或者无限小于前一个。例如，在AD^2和AD^3两项间插入了这一系列项：$AD^{\frac{13}{6}}$、$AD^{\frac{11}{5}}$、$AD^{\frac{9}{4}}$、$AD^{\frac{7}{3}}$、$AD^{\frac{5}{2}}$、$AD^{\frac{3}{3}}$、$AD^{\frac{11}{4}}$、$AD^{\frac{14}{5}}$、$AD^{\frac{17}{6}}$等，同样，在这一系列角的任意两个之间，也可以插入一系列新的中介角，它们每一个都将随着无限的间隔而有所不同，可知这是无穷的。

曲线和其围成的表面所得到的规律，可以很好地运用于立体曲面及立体容积，这些引理可以避免古代几何学家那些繁复而难解的推导过程。在证明时，运用不可分方法将问题简化，但不可分的假设显得不够严谨，故这种方法被看作是缺乏几何化的方法。在后面的命题中，我会用开始与结束时的总和以及初量与逐渐消失的量的比值来证明，即用这些和与比值的极限，我将尽可能简洁地证明这些极限值。现在，不可分方法的已经得到了证明，运用起来就更加稳妥了。因此我在后面所说小部分构成的量，或者说用短曲线来替代直线，不是指不可分量，而是指逐渐消失的可分量；也不要理解为可知部分的总和及其比值，而是指的和与比值的极限，我在证明中所说的力是以前面所述引理为前提的。

也许有人会持反对意见，认为不存在逐渐消失的量的最终比值，因为在量消失之前，比值并不是最终的，而当量消失后，也就没有什么比值了。但是，根据相同的道理，我们也可以这样辩论：物体到达一固定点并停止运动，也就没有了最终速度，因为这个速度在物体到达该点前，其速度并不是最终速度，而当物体到达时，其速度已为零。答案很简单，因为最终速度表示的是物体移动的速度，既不是指它到达最后处所停止运动之前的速度，也不是指停止运动之后的速度，而是在它到达时的瞬时速度，即物体到达最后处所时的速度也让运动停止。用相同的方法，可以把逐渐消失的量的最终比值理解为既不是量消失前的比，也不是消失后的比，而是在消失那一瞬间的比。同理，可以把初量的最初比值看成是它们刚开始时的比，并且开始的和与最后的和是指它们开始运动及停止时的和（增大或减小时）。速度在运动最后之时将达到一个极限，但不会超过它，这就是最终速度。就是说，所有开始或结束的量以及比值都有一个相似的确定极限，要求出它们却是一个严格的几何学问题。然而，当我们在证明其他任何类似的几何问题时，我们只能用几何问题来解决。

也许有人会反对，说如果逐渐消失的量的最终比值是给定的，那么它们最终的量值也是给定的，即所有的量都将包括不可分量，而这又与欧几里得在《几何原本》第十篇中证明的不可通约量相矛盾。然而这个反对意见是以一个错误的命题为前提的。因为，当量消失时，它们的最终比值并不是真正的最终量的比值，而是聚到某一点并形成极限，并且无限减小量的比值以小于任意给定的值向极限靠近。但绝不超过，实质上也不会达到极限，这种情况在无限大的量上表现得更为明显。如果两个量的差是定值，而它们又无限增大，则这些量的最终比值也是定值，即等量之比，但给出此比的最后的或最大的量并没有被给定。因此，为了方便理解，我在后面所提到的最小的、逐渐消失的或最终的量，大家不要认为它是确定了的量值，而应将其理解为无止境减小的量。

第 2 章　向心力的确定

命题 1　定理 1

在轨道上做环绕运动的物体往固定的向心力中心所引线段绘出的图形，若图形在一个固定的平面上，则图形面积与时间成正比。（如图2-1）

假设时间被分割为相等的几段，物体在第一段时间中依靠惯性力运动，其经过的直线路径为AB。在第二段时间里，如果没有阻碍，物体将沿直线Bc直接运动到c，此时Bc等于AB，根据定理1，连接中心S所作出的半径AS、BS、cS，就可构成相等的三角形面积$S_{\triangle ASB}$和$S_{\triangle BSc}$。但是，当物体到达B点，假如向心力对其产生推动作用，并使其偏离直线Bc，迫使它沿直线BC运动。作出cC，使其平行于BS，并交BC于点C，在第二段时间的最后一刻，根据推论1，物体将位于C点上，并与三角形ASB位于同一平面。连接SC，因SB与Cc平行，则三角形SBC将与三角形SBc相等，因此也与三角形SAB相等。类似情形，如向心力依次作用于C、D、E点等，并使物体在每个单一的时间间隔内沿直线CD、DE、EF等运动，则它们都位于同一平面上，

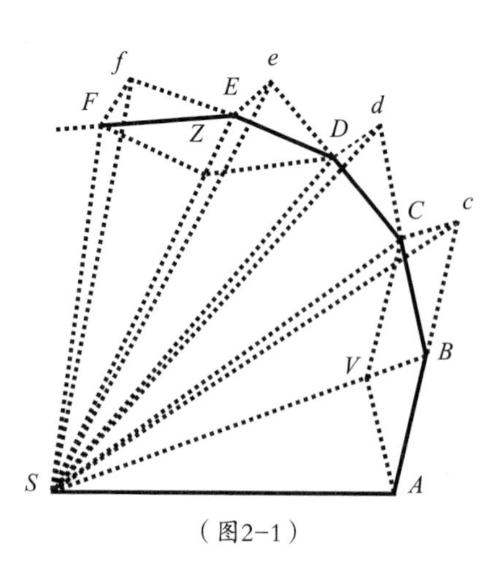

（图2-1）

且△*SCD*将相等于△*SBC*，△*SDE*与△*SCD*，△*SEF*与△*SDE*也将相等。所以在相等时间内，相等面积均位于同一不可动平面上，根据命题，这些面积中的任意一个和*SADS*与*SAFS*相互同它们经历的时间成正比。现在，增加这些三角形的数目，且把它们的宽度无限缩小，那么，根据推论4，它们的最终周界*ADF*将会是一曲线，而向心力将会连续作用物体，使其从曲线切线上被拉回。那么，物体任意画出的面积*SADS*与它所经历时间成正比。

证明完毕。

推论1　被一不可动中心吸引的物体，其在无阻力空间中的速度与从中心轨道切线到作出的垂线成反比。因为，物体在处所*A*、*B*、*C*、*D*、*E*中的速度可视为相等三角形的底边*AB*、*BC*、*CD*、*DE*和*EF*，而这些底边与它们的垂线成反比。

推论2　如果在一个无阻力空间中，由同一个物体在相等时间内依次经过两条弧弦*AB*和*BC*，可作平行四边形*ABCV*，交*SB*于*V*点，则平行四边形的对角线*BV*最终将在弧线趋于无穷时向两边延伸，并穿过力的中心*S*。

推论3　在无阻力空间中，在相等时间内，如果物体经过弧弦*AB*、*BC*和*DE*、*EF*，可作平行四边形*ABCV*和*DEFZ*。其中，*B*点和*E*点的力之比是对角线*BV*和*EZ*的最终比值（当弧无限减小时）。因为，根据定律中的推论1，物体沿*BC*和*EF*的运动，是沿*Bc*、*BV*和*Ef*、*EZ*运动的复合，但在本证明中，*BV*和*EZ*分别等于*Cc*和*Ff*，它们是在*B*点和*E*点的向心力作用的推动下产生的，并与这些推动力成正比。

推论4　在无阻力空间中，使物体从直线运动中抽离出来进入曲线轨道的这些力与在相等时间里经过的弧的矢成正比。当弧无限减小时，矢指向力的中心将弦等分，因为这些矢正好是对角线的一半。

推论5　这些力与引力的比，就如同所提及的矢与垂直于地平线的抛物弧线（指的是抛物体在相同时间内经过的抛物弧线）上的矢之比。

推论6 在物体运动所在的平面上，这些平面中力的中心不是处于静止状态，而是做匀速直线运动，其结论同样成立。

命题2 定理2

在平面上沿任意曲线运动的物体，被沿半径拉向一个点，那个点或不动，或做匀速运动，半径扫出的面积与时间成正比，并且该物体将受指向那个点的向心力作用。（如图2-2）

情形1 根据定律1，每一个做曲线运动的物体，都因受到施加在物体上的某个力的作用而偏离直线轨道。使物体偏离直线轨道的力，在相等时间内使物体经过相等且极小的$\triangle SAB$、$\triangle SBC$和$\triangle SCD$等，而关于不动点S（根据欧几里得《几何原本》第一篇中命题40和定律2）作用于处所B，并将平行于cC的直线方向，即直线BS的方向；在处所C，则沿平行于dD的直线方向，即沿CS直线的方向。因此，在直线方向上的作用总是指向一个不动点S。

证明完毕。

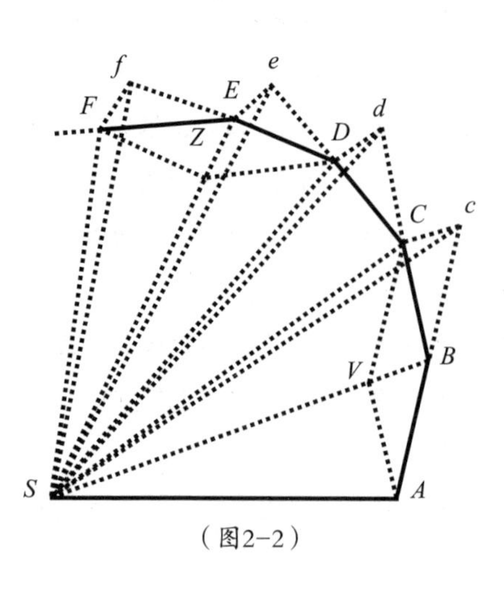

（图2-2）

情形2 根据定律中的推论5，无论物体运动所在的曲线图形表面是静止的，还是和该物体同时运动，都无关紧要，因为，物体所在图形及图形中点S都是做的匀速运动。

推论1 在无阻力的空间或介质中，如果面积和时间不成正比，那么力就不会指向半径穿过的那个交点。如果经过的面积是加速的，则必然会朝向运动所指方向，但如果是减速的，则会背离运动所指方向。

推论2　在有阻力的介质中，如果经过的面积是加速状态，那么力的方向从半径穿过的点，指向运动发生的方向。

附　注

物体可能受到由若干个力复合而成的向心力的作用，在此情形下，该命题是指所有力的合力都趋向*S*点。但是，如果任意的力相互作用，而方向是沿垂直于所经过表面的直线方向，那么此力将使物体偏离它的运动平面，但不会增大或减小所过表面的量，因此在力的复合中可以对此忽略不计。

命题3　定理3

被沿半径拉向另一个无论怎样运动物体的中心的任意物体，所扫过的面积都与时间成正比，且该物体受到趋向另一物体的向心力和另一物体受到加速力的复合力作用。

使*L*代表一物体，*T*代表另一物体，根据定律中的推论6，如果两个物体均在平行线方向受到一个新的力的作用（该力与第二个物体受到的力大小相等，方向相反），那么，第一个物体*L*将继续像以前那样围绕另一物体*T*画出相等的面积，但施加在另一物体*T*上的力则将被一个大小相等且方向相反的力抵消。根据定律1，物体*T*就不再受力的作用，而将静止或做匀速直线运动。而第一个物体*L*将受力的差的影响，即受到剩余的力的作用，它将继续围绕物体*T*运动，且画出的面积与时间成正比。因此，根据定理2，这些力的差趋向作为中心的另一个物体*T*。

证明完毕。

推论1 如果一个物体L被曲线轨道半径拉向另一物体T，且该物体经过的面积与时间成正比，则第一个物体L受到的整个力（无论那个力是简单力，或是定律中推论2所说的复合力），根据相同推论2，减去施加在另一物体上的全部加速力而得到的作用于第一个物体上的剩余力，将趋向作为中心的另一个物体T。

推论2 如果这些面积与时间的比值接近正比，那么，剩余的力也逐渐趋向另一物体T。

推论3 反之亦然，如果剩余力逐渐趋向另一物体T，那么，这些面积与时间的比值也接近正比。

推论4 如果物体L被曲线轨道半径拉向另一物体T，所过面积与时间相比是不相等的，并且另一物体T或静止，或做匀速运动，那么指向另一物体T的向心力的作用或者消失，或者因其他力的强烈作用而复合，这些复合力将指向另一个不动或可动的中心。而当另一个物体受任意运动影响而移动时，倘若向心力被取为减去作用在另一物体T上的力之后的剩余力，也可得到相同的论证结果。

附 注

均匀面积表示的是，对物体有最大影响的力含有一个中心，并通过这个力的作用将物体从直线运动中拉回，以维持其轨道路径。因此，为何我们不能在以后的论述中，将均匀面积作为所有环绕运动中心（在自由空间里进行的环绕运动）的象征呢？

命题4 定理4

沿不同圆周做均匀运动的物体，其向心力指向各自圆周轨道的中心，并且分别在相等时间内正比于画过的弧的平方，再除以圆周半径。

根据命题2和命题1中的推论2，这些力指向圆周的中心，它们之间的比就正如在极短的相等时间内画出的弧的矢之比，即正如弧的平方除以圆周的直径。由于这些弧的比相当于在任意相等时间内画的弧之比，而直径的比也等同于半径的比，因此，力正比于在相同时间内画过的任意弧长的平方除以圆周的半径。

证明完毕。

推论1　由于这些弧长与物体的速度成正比，所以向心力就与速度的平方成正比，与半径成反比。

推论2　由于周期正比于半径而反比于速度，所以向心力与半径成正比，并与周期的平方成反比。

推论3　若周期相等，那么速度与半径成正比，向心力也同样与半径成正比，反之亦然。

推论4　若周期和速度均与半径的平方根成正比，那么向心力相等，反之亦然。

推论5　若周期和半径成正比，则速度相等，向心力与半径成反比，反之亦然。

推论6　若周期和半径的$\frac{3}{2}$次方成正比，那么速度与半径的平方根成反比，向心力与半径的平方成反比，反之亦然。

推论7　一般来说，若周期与半径R的任意次方R^n成正比，则速度与半径的R^{n-1}次方成反比，向心力与半径的

向心加速度

物体做圆周运动时，沿半径指向圆心方向的外力称为向心力，由向心力产生的加速度就是向心加速度。向心加速度只表示速度方向的改变，而不表示速度大小的改变，故而向心加速度所表征的仅仅是速度方向变化的快慢。

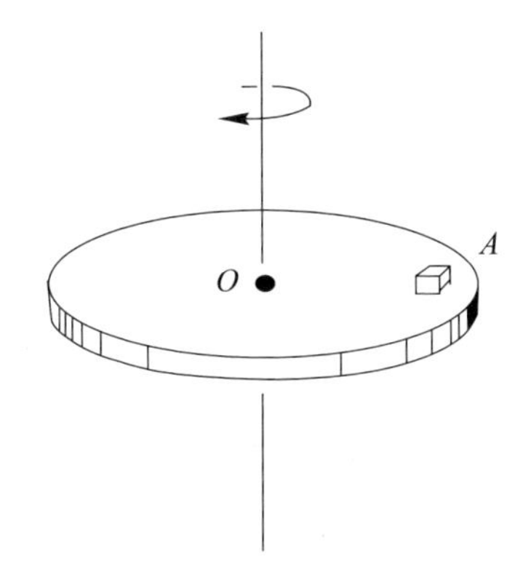

R^{2n-1}次方成反比，反之亦然。

推论8 物体经过的任意相似图形的相似部分，且这些图形都处于相似的位置，并有各自的中心，则只需将前例中的证明加以运用，任何有关时间、速度和力的结论都满足上述论证。事实上，这种运用非常简单，只要将经过的相等面积代替相等运动，用物体到中心的距离代替半径就可以了。

推论9 同理可证明：在任意时间内，在给定向心力的作用下，物体做匀速圆周运动，它所经过的弧长，是圆周直径和同一物体在相同时间内受相同力作用而下降的距离的比例中项。

附 注

正如克里斯多弗·雷恩爵士、胡克博士和哈雷博士等人所观察到的情况，推论6中的情形主要发生在天体运动中，因此，在后面的内容中，我将对随物体到中心距离的平方减少的向心力问题作详尽的阐述。

另外，根据前一命题及其推论，我们可以得出向心力与任意已知力的比。因为，假若物体受重力作用在以地球为中心的圆周上旋转，那么这个重力就是物体的向心力。根据本命题中的推论9可知，物体下落，旋转一圈的时间以及在任意时间内划过的弧都是可确定的。惠更斯先生在他的《论摆钟》一书中，曾用这个命题对重力与环绕物体的向心力作过类比分析。

前一命题也可用如下

向心力演示器

产生指向圆心的加速度的力称为向心力，向心力并不是具有确定性质的某种类型的力。实际上，任何性质的力都可以称作向心力，它可能是某种性质的一个力，或某个力的分力，还可以是几个不同性质的力沿半径指向圆心的合力。

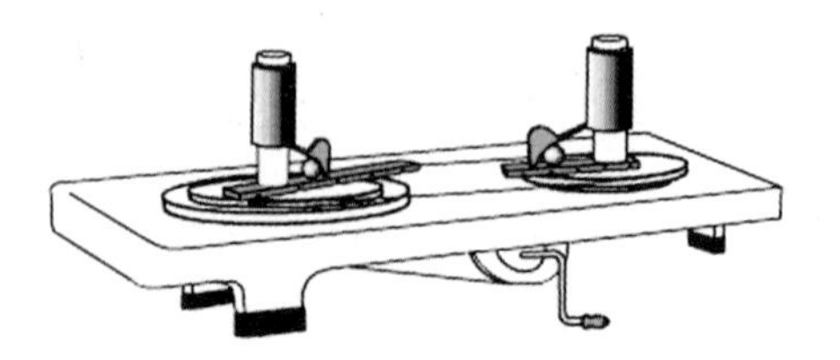

方法来证明。假设在任意圆周中，有一任意数目的多边形相切，如果一个物体以一个给定的速度沿多边形的边运动，物体在若干角点上受到圆的影响，在圆周每个撞击点上的力与速度成正比，即在给定的时间内，力的总和将和速度与撞击次数的乘积成正比；如果多边形是给定的，那么它又与给定时间内经过的长度成正比，并随着同一长度与圆周半径之比增大或减小；即正比于长度的平方除以半径。并且，如果多边形的边无限减小并与圆周重合，它就正比于在给定时间内画过的弧的平方除以半径，这就是物体施加在圆周上的向心力。反作用力与之相等，并使圆周持续把物体推向中心。

命题5　问题1

在任何处所，物体受到某指向公共中心力的影响，它将以给定速度运动并绘出给定的图形，求这个中心。（如图2-3）

将PT、TQV和VR三条直线与图形相切于点P、Q、R，相交于点T和V。

在切线上作垂线PA、QB和RC，使它们与物体在P、Q、R点的速度成反比，并通过垂线PA、QB、RC向外延伸。那么，PA与QB的比值等同于Q点的速度与P点的速度之比，而QB与RC的比值则等同于R点的速度与Q点的速度之比。过垂线端点A、B、C作直线AD、DBE和EC，使它们垂直于这些垂线并相交于点D和

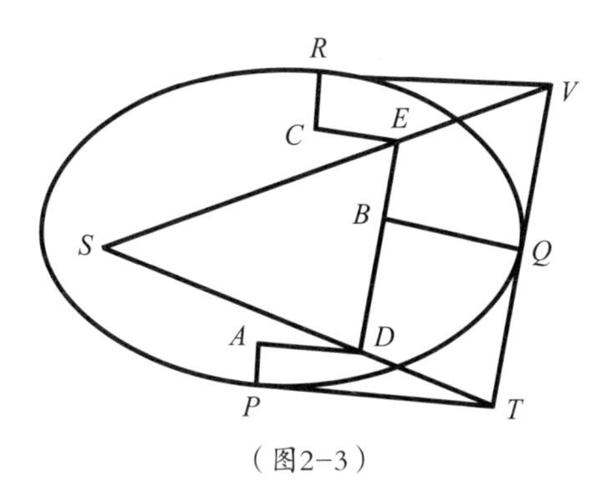

（图2-3）

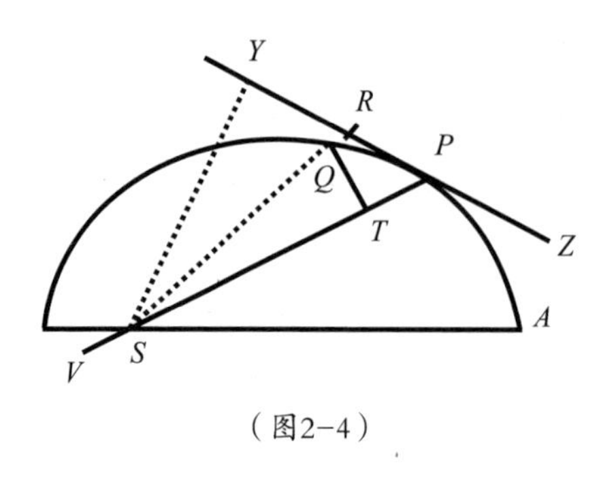

（图2-4）

点E，再作直线TD和VE，它们将交于S点，即所求中心。

根据命题1中的推论1，垂线从中心S下落至切线PT、QT上，并与物体在P点和Q点的速度成反比，因此，它与垂线AP和BQ成正比，即与从D点下落至切线上的垂线成正比。由此可以推出，点S、D和T位于同一直线，根据相同的理由，还可以推出点S、E和V也位于同一直线上，即中心S是直线TD和VE的交点。

证明完毕。

命题6　定理5

在无阻力的空间中，如果一物体沿任意轨道围绕一不动中心做旋转运动，并且在最短时间内经过任意较短弧，设该弧的矢将对应弦二等分，且穿过力的中心，那么，弧中间的向心力将与矢成正比，与时间的平方成反比。（如图2-4）

由命题1中的推论4可以知道，在给定时间内矢与向心力成正比，而弧与时间则将随着一个相同的比值增大，矢也将随着那个比值的平方而增大（由引理11推论2和推论3），因此，矢与力和时间的平方成正比。如果两边同时除以时间的平方，那么，力就将与矢成正比，与时间的平方成反比。

证明完毕。

这个定理也可以用引理10的推论4来证明。

推论1　如果物体P围绕中心S点旋转画出曲线APQ，并与直线ZPR相切于任意点P，过曲线的另一任意点Q作QR，使其平行于距离SP，并与切线交于R点，再作QT垂直于距离SP，则向心力将与$SP^2 \times \frac{QT^2}{QR}$成反比（假若取的是当点$P$和$Q$重合时立体的值）。由于$P$是弧的中点，$QR$等于弧$QP$两倍的矢，并且三角形$SQP$的两倍或者$SP \times QT$与经过两倍弧长所需的时间成正比，因此可用两倍弧长来代表时间。

推论2　同理，如果SY是一条从力中心到轨道切线PR的垂线，则向心力反比于$SY^2 \times \frac{QT^2}{QR}$，因为$SY \times QP$与$SP \times QT$相等。

推论3　如果轨道是一个圆，或者与一个同心圆相切或相交，也就是说，轨道含有最小接触角的圆，并且P点的曲率及曲率半径与之相同。另外，如果PV是由物体过力的中心所作出的一条弦，那么，向心力将反比于立体$SY^2 \times PV$，因为PV等于QP^2与QR的比。

推论4　作相同的假设，那么，向心力则与速度的平方成正比，而与弦成反比。因为，根据命题1中的推论1，速度与垂线SY成反比。

推论5　由此，如果给定任意曲线图形APQ，向心力指向的点S也是给定的，那么，则可获得向心力定律，这个定律可以解释物体P不断偏离直线运动，并保持在图形周线，且通过旋转划出相同的图形。通过计算得知，立体$SY2 \times \frac{QT^2}{QR}$或立体$SY2 \times PV$与向心力成反比。下面将证明这个问题。

命题7　问题2

如果物体沿圆周做旋转运动，求指向任意给定点的向心力定律。（如图2-5）

设$VQPA$为圆周，S点为定点，也就是力所指向的一个给定中心。物体P是沿圆周运动的，Q是物体运动将要到达的处所，而PRZ是圆在前一

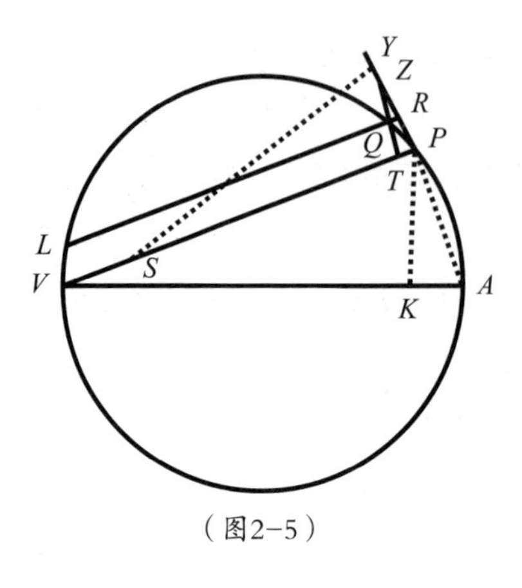

（图2−5）

处所P的切线。通过点S作出弦PV和圆的直径VA，连接AP，作QT垂直SP于点T，延长QT，交切线PR于点Z，再通过点Q，作LR平行于SP，与圆相交于点L，与切线PZ相交于点R。由于$\triangle ZQR$、$\triangle ZTP$和$\triangle VPA$相似，RP^2与QT^2之比等于AV^2与PV^2之比，因此，$RP^2\times\frac{PV^2}{AV^2}$等于$QT^2$。如果两边均乘以$\frac{QT^2}{QR}$，当$P$点和$Q$点重合时，$RL$等于$PV$，即$SP^2\times\frac{PV^2}{AV^2}=SP^2\times\frac{QT^2}{QR}$。因此，根据命题6中的推论1和推论5，向心力与$SP^2\times\frac{PV^3}{AV^2}$成反比，由于$AV^2$是给定的，因此，向心力与距离（或称高度）平方及弦$PV$立方的乘积成反比。

证明完毕。

其他证明方法

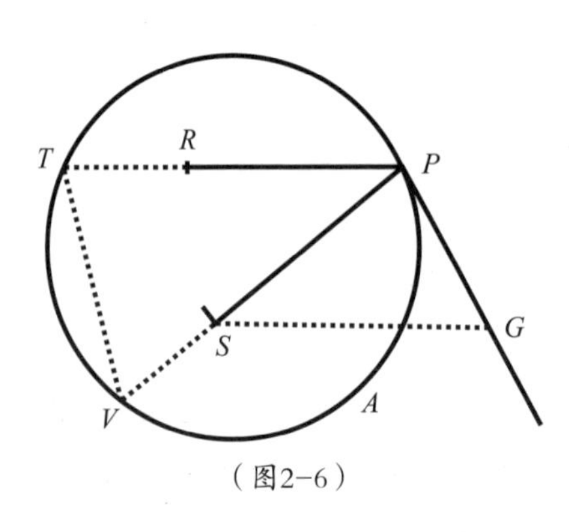

（图2−6）

在切线PR上作出垂线SY，因为$\triangle SYP$和$\triangle VPA$相似，所以，AV与PV之比等于SP与SY之比，因此$SP\times\frac{PV}{AV}=SY$，$SP^2\times\frac{PV^3}{AV^2}=SY^2\times PV$。又由命题6中的推论3和推论5可知，向心力与$SP^2\times\frac{PV^3}{AV^2}$成反比，由于$AV$是给定的，因此，向心力

与$SP^2 \times PV^3$成反比。（如图2-6）

证明完毕。

过山车中的向心力

在经典力学中，向心力是物体沿圆周或曲线轨道运动时，指向圆心的合外力。由于过山车所做的匀速圆周运动，同时受到与其速度、方向不同的重力和轨道的支持，且方向均向下，这两个力共同提供向心力，使过山车做高速圆周运动。所以乘客在过山车上感觉像是被抛离了轨道，但只要过山车以大于某个特定速度不停止转动，乘客就永远不会掉下来。

推论1　如果向心力总是指向一给定点S，且S位于圆周上。假若它位于V点处，则向心力将与距离（高度）SP的五次方成正比。

推论2　让物体P在圆周$APTV$轨道上围绕力中心S运动的力，与P使在相同周期内在相同圆周上围绕其他任意力中心R旋转的力，其比值等于$RP^2 \times SP$与直线SG的立方之比，其中，SG是从力的第一个中心S作出的平行于物体到第二个力中心R的距离PR的线段，且SG交轨道切线PG于点G。在本命题中，前一个力与后者之比等于$PR^2 \times PT^3$与$SP^2 \times PV^3$之比，即等于$SP \times RP^2$与$SP^3 \times \frac{PV^3}{PT^3}$的比，或是与$SG^3$的比，因为$\triangle PSG$与$\triangle TPV$相似。（如图2-6）

推论3　使物体P在任意轨道上围绕力中心S旋转的力，与使P在相同周期内在相同轨道上围绕其他任意力中心R旋转的力，其比值等于$SP \times RP^2$与线段SG的立方之比。SG是从力的第一个中心S作出的、平行于物体到第二个力中心R的距离PR的线段，且SG交轨道切线PG于点G。这是因为，在轨道上，任意点P的力与它在相同曲率圆周上的力是相等的。

命题8　问题3

如果一物体在半圆PQA上运动，假设S点太遥远，以至所作的指向

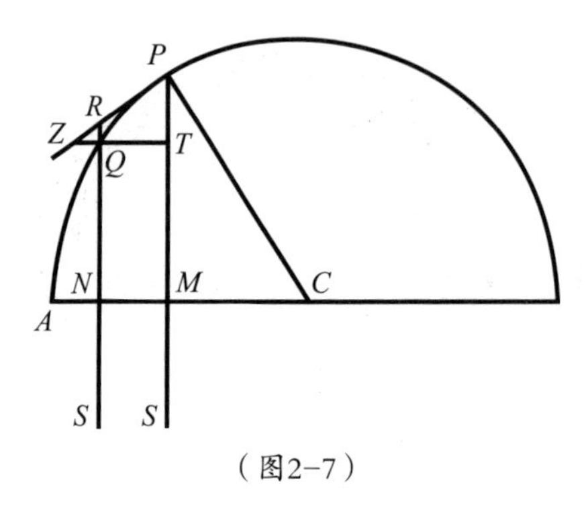

（图2-7）

S点的直线PS、RS均可看成平行线。求指向S点的向心力定律。（如图2-7）

从半圆中心点C作出半径CA，与平行线垂直相交于点M和N，连接CP。由于$\triangle CPM$、$\triangle PZT$和$\triangle RZQ$相似，因此，$CP^2:PM^2=PR^2:QT^2$。根据圆的特性，$PR^2=QR\times(RN+QN)$，当点P与Q重合时，$PR^2=QR\times 2PM$，所以$CP^2:PM^2=QR\times 2PM:QT^2$，且$\frac{QT^2}{QR}=\frac{2PM^3}{CP^2}$，$QT^2\times\frac{SP^2}{QR}=2PM^3\times\frac{SP^2}{CP^2}$。根据命题6中的推论1和推论5，向心力与$2PM^3\times\frac{SP^2}{CP^2}$成反比，即如果对给定比值$\frac{2SP^2}{CP^2}$忽略不计，向心力与$PM^3$成反比。

证明完毕。

由前一命题也可以推出相同结论。

附　注

根据类似的原理，当物体做椭圆、双曲线或者抛物线运动时，其向心力与它到一无限遥远的力的中心之纵标线的立方成反比。

命题9　问题4

如果物体围绕一螺旋线PQS做旋转运动，并以给定角度与所有半径SP、SQ等相交，求指向该螺旋线中心的向心力规律。（如图2-8）

假设不确定的小角PSQ是给定值，由于所有的角都已给定，则图形

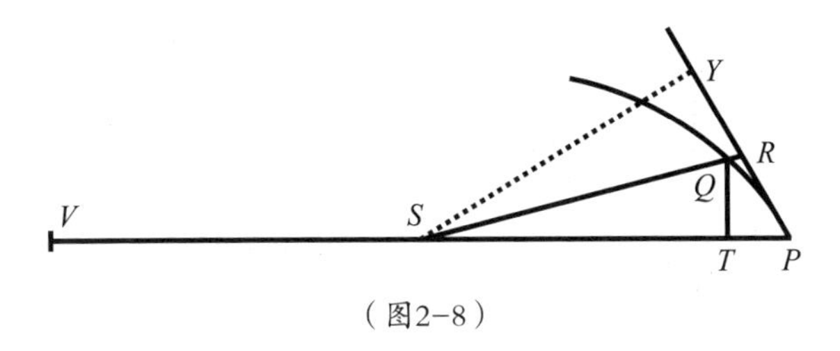

（图2-8）

$SPRQT$也是给定的。因此，比值$\frac{QT}{QR}$也是给定值，那么，$\frac{QT^2}{QR}$与QT成正比，也就是与SP成正比。但是，如果角PSQ发生变化，那么根据引理11，切角QPR相对的直线QR也将随着PR或QT的平方而变化。所以比值$\frac{QT^2}{QR}$保持不变，仍然与SP成正比，从而$QT^2 \times \frac{SP^2}{QR}$与$SP^3$成正比，因此，根据命题6中的推论1和推论5，向心力与距离SP的立方成反比。

证明完毕。

其他证明方法

作一直线SY垂直于切线，螺旋线同心的圆的弦PV与距离SP的比是给定值，因此，SP^3与$SY^2 \times PV$成正比，根据命题6中的推论3和推论5，SP^3与向心力成反比。

引理 12

所有由与给定椭圆或双曲线的任意共轭直径画出的平行四边形都相等。

上述引理在圆锥曲线内容中已得到证明。

命题 10　问题 5

如果物体围绕椭圆作旋转运动，求证指向该椭圆中心的向心力的

定律。（如图2-9）

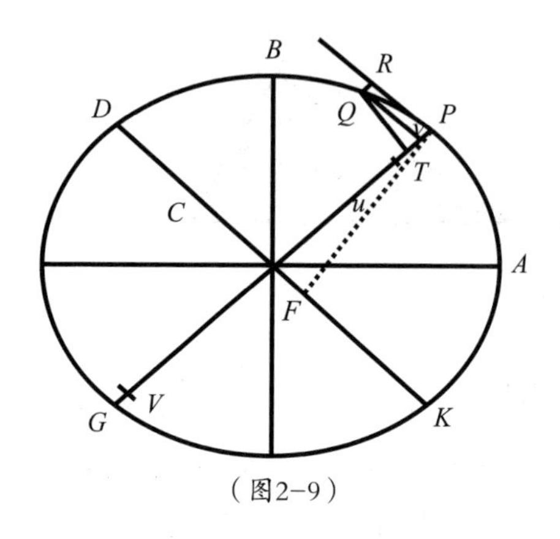

（图2-9）

设CA、CB为椭圆上的半轴，GP、DK是共轭直径，直线PF和QT垂直于这些直径，Qv为直径GP上的纵标线。作一平行四边形$QvPR$，根据圆锥曲线性质，Pv与vG的积与Qv^2之比等于PC^2与CD^2之比，由于$\triangle QvT$与$\triangle PCF$相似，因此$Qv^2:QT^2=PC^2:PF^2$。从而，矩形$\frac{PvG}{QT^2}$为$\frac{PC^2}{CD^2}$与$\frac{PC^2}{PF^2}$的乘积时，即，$vG:\frac{QT^2}{Py}=PC^2:\frac{CD^2\times PF^2}{PC^2}$。$QR=Pv$，根据引理12，$BC\times CA=CD\times PF$，以及当点$P$与点$Q$重合时，$2PC=vG$，又外项之积等于内项之积，则$\frac{QT^2\times PC^2}{QR}=\frac{2BC^2\times CA^2}{PC}$。因此，根据命题6中的推论5，向心力与$\frac{2BC^2\times CA^2}{PC}$成反比，由于$2BC^2\times CA^2$是给定值，因此它与$\frac{1}{PC}$成反比，即它与距离$PC$成正比。

证明完毕。

其他证明方法

在直线PG上T点的另一边，取点u，使得$Tu=Tv$，再取uV，使$uV:vG=DC^2:PC^2$。根据圆锥曲线的性质，Qv^2与Pv与vG的积之比等于$\frac{CD^2}{PC^2}$，因此，$Qv^2=Pv\times uV$，在两边加上$Pu\cdot Pv$，则弧弦PQ的平方将与$PV\times Pv$相等。因此，与圆锥曲线相切于点P的圆过点Q，同样也穿过点V。如果让点P与点Q重合，那么，uV与vG之比就等于DC^2与PC^2之比，或PV与PG之比，或PV与$2PC$之比，即$PV=\frac{2DC^2}{PC}$。因此，根据命题6中

的推论3，使物体P围绕椭圆做旋转运动的力与$\frac{2DC^2}{PC}\times PF^2$成反比。由于$2DC^2\times PF^2$是一个给定值，因此这个力与$PC$成正比。

证明完毕。

推论1 向心力与物体到椭圆中心的距离成正比；反之，如果力与距离成正比，那么，物体将沿椭圆中心（与力中心重合）做椭圆运动，或由椭圆演变成的圆周轨道运动。

推论2 在所有椭圆中，围绕它们同一中心的旋转运动，运动周期都是相等的。因为，在相似椭圆中的运动时间是相等的（根据命题4中的推论3和推论8可知），然而在具有公共长轴的椭圆中，运动时间之比与整个椭圆面积之比，与在相等时间内经过的面积成反比。即它与短轴成正比，与在长轴最高点运动的速度成反比，它们的比值相等。

附 注

如果椭圆的中心被移到无穷远，它将转变成抛物线，且物体将会在该抛物线上运动，而力会指向一个无限遥远的中心，根据伽利略定理，它将变成一个不变值。如果圆锥的抛物曲线因圆锥截面的倾斜度的改变而演变成双曲线，那么，物体将沿双曲线轨道运动，且向心力也将转变成离心力。如果力指向横坐标中图形的中心，并以任意给定的比值使纵坐标增加或减少，或者任意改变横坐标与纵坐标之间的倾斜角度，如果周期不变，那么这些力随着到中心距离的比增大或减小，这将增大或减小到中心距离的比值。同样，在所有的图形中，如果纵坐标以任意给定比值增大或减小，或者其对横坐标的倾斜度有任何改变，而周期不变，则横标线上指向中心的力，对每一纵标线随到中心距离之比增大或减小。

第3章　物体在偏心圆锥曲线上的运动

命题11 问题6

如果物体沿椭圆轨道运动，求证指向椭圆的一个焦点的向心力定律。（如图3-1）

设S为椭圆的一个焦点，作出SP并在点E与椭圆直径DK相交，在点x与纵标线Qv相交，再作平行四边形$QxPR$，则EP与长半轴AC相等，这是因为，如果在椭圆的另一焦点H处作一直线HI与EC平行，因为$CS=CH$，所以$ES=EI$，而EP则是PS与PI和的一半，由于HI和PR平行，角IPR和角HPZ相等，因此EP也是PS与PH和的一半，而PS和PH的和则与整个轴长$2AC$相等。作QT垂直于SP，再设L为椭圆的通径$2BC^2/AC$，则可得：$(L\times QR):(L\times Pv)=QR:Pv$，或等于$PE$，或$AC$与$PC$之比，且$L\times Pv$与$Gv\times Pv$之比等于$L:Gv$，又$(Gv\times Pv):Qv^2=PC^2:CD^2$，根据引理7中的推论2，当点$Q$和点$P$重合时，$Qv^2=Qx^2$，又$Qx^2$（或$Qv^2$）$:QT^2=EP^2:PF^2=\frac{CA^2}{PF^2}=\frac{CD^2}{CB^2}$。如果将所有比值相乘、简化，得到$(L\times QR):QT^2(AC\times L\times PC^2\times CD^2)(PC\times Gv\times CD^2\times CB^2)=2PC:Gv$，因为$AC\times L=2CB^2$。但是，当点$Q$和$P$重合时，$2PC=Gv$，因此，量

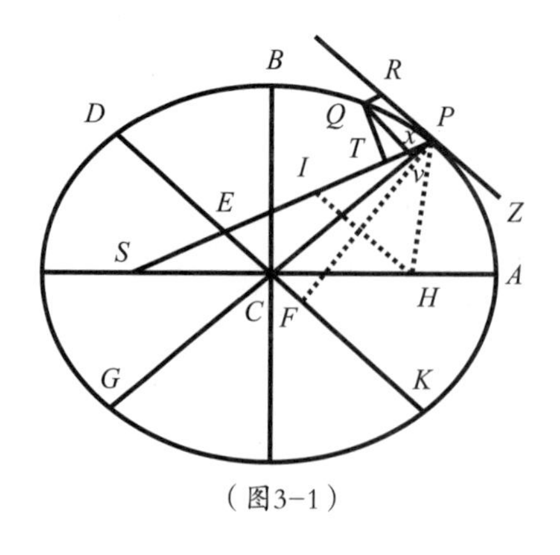

（图3-1）

$L \times QR$和QT^2相等。如果将等式两边同时乘以$\frac{SP^2}{QR}$，那么，$L \times SP^2 = \frac{SP^2 \times QT^2}{QR}$。所以，根据命题6中的推论1和推论5，向心力与$L \times SP^2$成反比，即与距离$SP$的平方成反比。

证明完毕。

其他证明方法

根据命题10中的推论1，使物体P绕椭圆旋转并指向椭圆中心的力，与物体到椭圆中心C的距离CP成正比。作CE，使其平行于椭圆切线PR，根据命题7中的推论3，如果CE和PS交于点E，使物体P围绕椭圆其他任意点S运动的力，将同$\frac{PE^3}{SP^2}$成正比，也可以这样说，如果点S是椭圆的一个焦点，PE为常数，则力与SP^2成反比。

证明完毕。

我们在第五个问题中，将一系列问题推广到抛物线和双曲线，但是为了解决问题本身，并且下文中将用到这些相关问题，对其余几种情形，我将用特殊的方法来证明。

命题 12　问题 7

假设物体沿双曲线的一支运动，求证指向该图形焦点的向心力定律。（如图3-2）

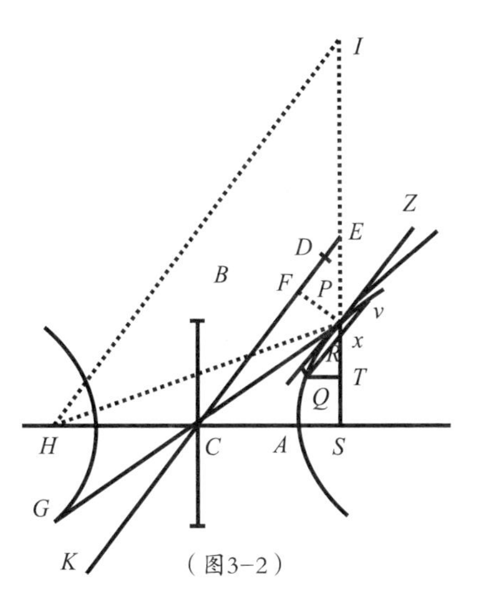

（图3-2）

设CA、CB为双曲线的半

轴，PG、KD为共轭直径，PF垂直于直径KD，而Qv是直径GP上的纵标线。作出SP，使其交直径DK于点E，交纵标线Qv于点x，再作出平行四边形$QRPx$。这样，EP则与横向半轴AC相等，因为从双曲线的另一焦点H作出的直线HI平行于EC，又由于$CS=CH$，所以$ES=EI$，且EP是PS和PI差的一半，也就是PS和PH差的一半（因为IH与PR平行，角IPR与角HPZ相等），而PS、PH的差与整个轴长$2AC$是相等的。作QT垂直于SP，设L为双曲线的通径（即等于$\frac{2BC^2}{AC}$），那么，$(L\times QR):(L\times Pv)=QR:Pv=Px:Pv$，也等于$PE:PC$或$AC:PC$，因为三角形$Pxv$与三角形$PEC$相似。因此$(L\times Pv):(Gv\times Pv)=L:Gv$；而根据圆锥曲线性质有，$Gv\times Pv:Qv^2=PC^2:CD^2$，另根据引理7中的推论2，当点$Q$和$P$重合时，$Qv^2$和$Qv^2$的比值为1，则$Qx^2$（或$Qv^2$）$:QT^2=EP^2:PF^2=CA^2:PF^2$，也等于$CD^2:CB^2$（根据引理12）。于是$(L\times QR):QT^2=(AC\times L\times PC^2\times CD^2$或者$2CB^2\times PC^2\times CD^2):(PC\times Gv\times CD^2\times CB^2)=2PC:Gv$。但当点$P$和$Q$重合时，$2PC=Gv$，因此，$L\times QR=QT^2$。如果将等式两边同时乘以$\frac{SP^2}{QR}$，则$L\times SP^2=\frac{SP^2\times QT^2}{QR}$。因此，根据命题6中的推论1和推论5，向心力与$L\times SP^2$成反比，即它与距离$SP$的平方成反比。

证明完毕。

其他证明方法

求出指向双曲线中心C的力，该力与距离CP成正比。根据命题7中的推论3，指向焦点S的力与$\frac{PE^3}{SP^2}$成正比。由于PE是常数，所以，力与SP^2成反比。

证明完毕。

同理可证，当向心力转变为离心力时，物体将会绕共轭双曲线运动。

引理13

从任意顶点画出的抛物线通径，其距离是从该顶点到图形焦点的距离的四倍。

在圆锥曲线部分的有关内容中，已对上述引理作了证明。

引理14

过抛物线焦点垂直于其切线的线段，是切点到焦点距离和图形顶点到焦点距离的比例中项。（如图3-3）

假设AP为抛物线，S是其焦点，A是顶点，P是切点，PO是主直径上的纵标线，切线PM交主直径于点M，SN为过焦点且垂直于切线的线段。连接AN，因为$MS=SP$，$MN=NP$，$MA=AO$，所以AN与OP平行，三角形SAN的直角点为A，并与相等的两个三角形$\triangle SNM$和$\triangle SNP$相似，因此，$\frac{PS}{SN}=\frac{SN}{SA}$。

证明完毕。

推论1 $\frac{PS^2}{SN^2}=\frac{PS}{SA}$。

推论2 由于SA是给定值，因此，SN^2与PS成正比。

推论3 任意切线PM和过焦点且垂直于切线的直线SN的交点，位于抛物线顶点的切线AN上。

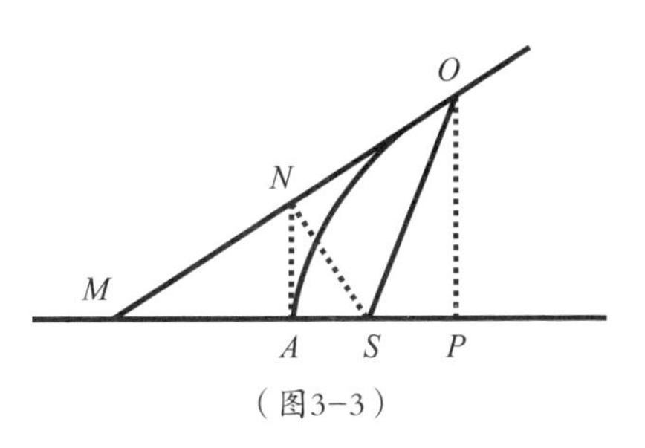

（图3-3）

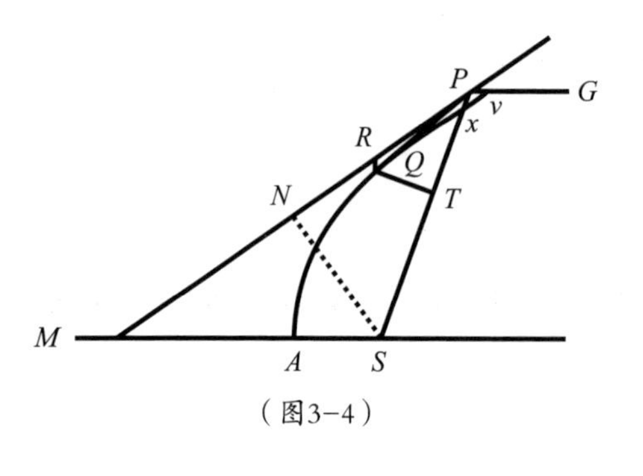

（图3-4）

命题13 问题8

如果物体沿抛物线运动，求证指向图形焦点的向心力定律。（如图3-4）

保留上述引理中的图，设P为抛物线上运动的物体，Q点为物体即将到达的处所，作QR平行于SP，QT垂直于SP，Qv平行于切线，交直径PG于点v，交距离SP于点x。由于$\triangle Pxv$和$\triangle SPM$相似，其中一个三角形中的边$SP=SM$，那么，另一个三角形中的边Px（或QR）与Pv相等。但由于是圆锥曲线，根据引理13，纵标线Qv的平方等于由通径和Pv构成的矩形，即与$4PS\times Pv$（或$4PS\times QR$）相等。根据引理7中的推论2，当点P和Q重合时，$Qv=Qx$，所以Qx^2等于$4PS\times QR$。但由于$\triangle QxT$和$\triangle SPN$相似，根据引理14中的推论1，$Qx^2:QT^2=PS^2:SN^2$，即等于$PS:SA$，或等于（$4PS\times QR$）:（$4SA\times QR$）。根据欧几里得《几何原本》中第五卷的命题9可知，$QT^2=4SA\times QR$。如果在等式两边乘以$\frac{SP^2}{QR}$，则$\frac{SP^2\times QT^2}{QR}=SP^2\times 4SA$。根据命题6中的推论1和推论5，向心力与$SP^2\times 4SA$成反比，由于$4SA$是给定值，因此，向心力与距离$SP$的平方成反比。

证明完毕。

推论1 从上述三个命题可以得出这样的结论：如果任意物体P从处所P以任意速度沿直线PR运动，同时它受到向心力的作用，且该向心力与从中心到处所距离的平方成反比。如果物体沿圆锥曲线中的一种曲线运动，那么，它的焦点在力的中心处，反之亦然。因为焦点、切点和切

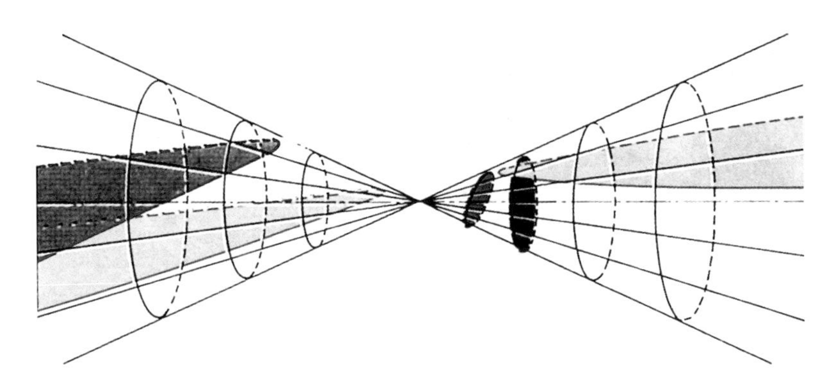

圆锥曲线

圆、椭圆、双曲线和抛物线同属圆锥曲线，对它们进行最早研究的是古希腊数学家阿波罗尼。他采用平面切割圆锥的方法来研究这几种曲线，用垂直于锥轴的平面去截圆锥，得到圆；将平面渐渐倾斜，得到椭圆；当平面和圆锥的一条母线平行时，得到抛物线；当平面再倾斜时，即为双曲线。

线的位置均已给定，则圆锥曲线在切点的曲率也就相应确定，曲率决定于向心力和给定的物体速度，但相同的向心力和相同的速度却不能画出相切的两条轨道。

推论2　如果物体在处所P的运动速度使物体在任意无限小的时间内，沿线段PR运动，且向心力在相同时间内使同一物体在空间QR中运动，那么，物体沿圆锥曲线中的一种曲线运动，该曲线的主通径等于当PR、QR减小至无穷时，$\frac{QT^2}{QR}$的最终结果。在这些推论中，我将圆周归类于椭圆，并将物体沿直线下落到中心的那种可能性排除在外。

命题14　定理6

如果若干不同物体围绕共同的中心运动，向心力与其到中心距离的平方成反比；它们轨道的主通径，则与物体在相同时间内由拉向中心的半径画出的面积的平方成正比。（如图3-5）

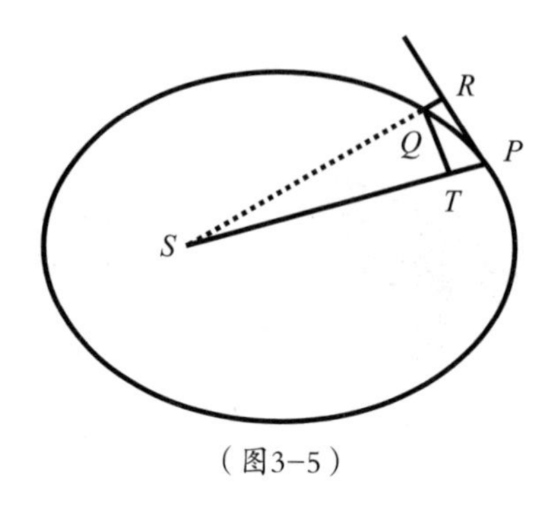

（图3-5）

根据命题13中的推论2，当点P和点Q重合时，最终主通径L与量$\frac{QT^2}{QR}$相等，但线段QR在给定时间内与向心力成正比，由假设可得QR与SP^2成反比；因此$\frac{QT^2}{QR}$与$QT^2 \times SP^2$成正比，即是指主通径L与面积$QT \times SP$的平方成正比。

证明完毕。

推论　整个椭圆面积（与轴所构成的矩形成正比）与通径平方根和周期的乘积成正比，因为整个面积与给定时间内所划过面积$QT \times SP$和周期的乘积成正比。

命题15　定理7

在条件相同的情况下，椭圆运动周期与它们长轴的$\frac{3}{2}$次方成正比。

由于短轴是长轴和通径的比例中项，因此，由两轴的乘积等于通径平方根和长轴的$\frac{3}{2}$次方的乘积。但根据命题14中的推论，两轴的乘积与通径平方根和周期的乘积成正比，如果两边都除以通径的平方根，那么，由此得到长轴的$\frac{3}{2}$次方与周期成正比。

证明完毕。

推论　椭圆的运动周期同直径与椭圆长轴相等的圆的运动周期相同。

命题16　定理8

在条件相同的情况下，通过物体的直线与轨道相切，过公共焦点的直线向切线作垂线段，则物体速度与垂线段成反比，与主通径的平方根

成正比。（如图3-6）

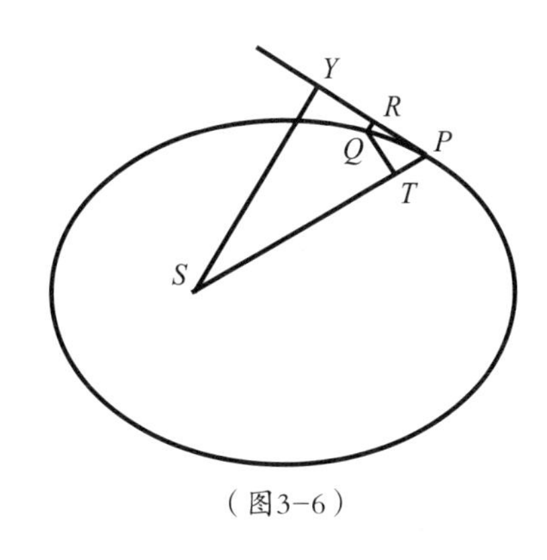

（图3-6）

过焦点S作SY垂直于切线PR，那么，物体P的速度将与量$\frac{SY^2}{L}$的平方根成反比。由于速度与给定时间片刻里所画的无限小弧PQ成正比，根据引理7，物体P的速度也与切线PR成正比，由于$\frac{PR}{QT}=\frac{SP}{SY}$，所以也与$\frac{SP\times QT}{SY}$成正比，或与$SY$成反比，且与$SP\times QT$成正比。根据命题14，$SP\times QT$是在给定时间里划过的面积，所以，也与通径的平方根成正比。

证明完毕。

推论1　主通径与垂线段的平方和速度的平方乘积成正比。

推论2　物体在到公共焦点最远和最近距离处的速度与距离成反比，与主通径的平方根成正比，因为此时的垂线即距离。

推论3　在距离圆锥曲线焦点最远或最近时的运动速度，同离中心相同距离的圆周的速度之比，与主通径的平方根和该距离2倍的平方根的比相等。

推论4　在物体到公共焦点的平均距离上，物体绕椭圆的运动速度与其以相同距离绕圆周运动的速度相等，根据命题4中的推论6，它与距离的平方根成反比。因为此时的垂线既是短半轴，又是距离和主通径的比例中项。如果用诸半轴的倒数乘以主通径平方根的比值，则可求得距离倒数的平方根。

推论5　如果主通径相等，那么，不管是否在同一图形中，物体运动速度将与切线上过焦点的垂线段成反比。

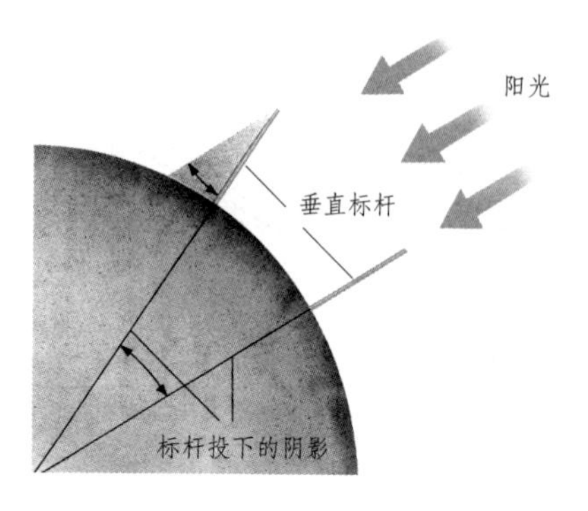

测定地球大小

希腊人是最早相信地球是一个球体的民族。埃拉托斯特尼是柏拉图学院里一位知名度仅次于亚里士多德的学者，他除发明了确定素数的埃拉托斯特尼筛法，绘制出当时最完整的地图外，最著名的成就是测定了地球的大小。通过测量太阳光线与地平面的夹角，埃拉托斯特尼测出的地球周长为25万希腊里，约合4万公里，与实际半径只差100多公里。这无疑是希腊科学的伟大胜利。

推论6　在抛物线上，运动速度与物体至图形焦点所经过距离的平方根成反比，而这个比值在椭圆中的更大，在双曲线中更小。因为根据引理14中的推论2，过焦点垂直于抛物线切线的垂线段与距离的平方根成正比，所以垂线在双曲线中按此比更小的比变化，而在椭圆中按此比更大的比变化。

推论7　在抛物线上，至焦点为任意距离的物体的速度，与物体以相同距离为半径作圆周运动的速度之比，同2的平方根与1的比相等。这个比值在椭圆中较小，而在双曲线中较大。根据本命题的推论2，这个速度不但在抛物线顶点满足其比值，并且在所有距离中该比值都相等。因此，在抛物线中，物体在每一处的速度都与它以一半距离为半径的圆周运动的速度相等，而这个速度在椭圆中较小，在双曲线中较大。

推论8　根据推论5，物体沿任意圆锥曲线运动的速度，同它以曲线通径一半为半径的圆周上做圆周运动的速度之比，与该距离和过焦点向曲线切线所作垂线段之比相等。

推论9　根据命题4中的推论6，物体在圆周上的运动速度同另一物体在其他任意圆周上的运动速度之比，与它们距离之比的平方根成反比。同理，物体沿圆锥曲线的运动速度与物体以相同距离沿圆周运动的速度之比，是公共距离和曲线一半通径的比例中项，与过焦点向曲线的切线所作的垂线之比。

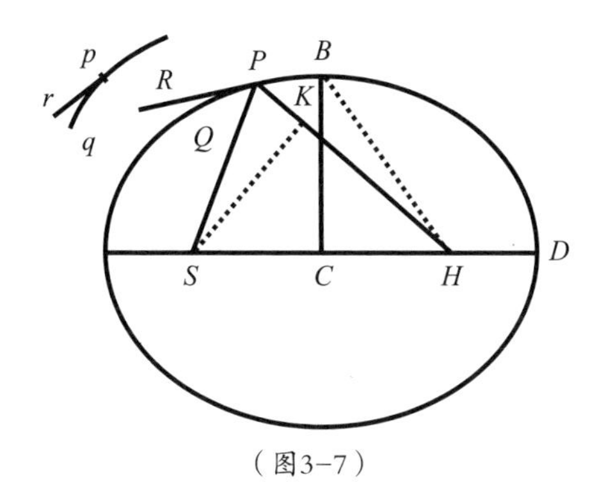

（图3-7）

命题17　问题9

假设向心力与物体到中心距离的平方成反比，力的绝对值已知，求出物体以给定速度从给定处所沿给定直线方向离去所经的路径。（如图3-7）

设指向S点的向心力使物体p绕任意轨道pq运动，假设已知物体在处所P的速度，并让物体p以给定速度从处所P沿直线PR的运动。那么，物体将因为向心力的作用，立即偏离直线路径而进入圆锥曲线PQ，直线PR则将与曲线相切于点P。同样，假设直线pr与轨道pq相切于点p，并使S点的垂线落在这一切线上，那么，根据命题16中的推论1，圆锥曲线的主通径与另一轨道的主通径之比，则是它们垂线段的平方比与速度平方比的乘积，即为给定值。设主通径为L，圆锥曲线的焦点S已给定，再将角RPH作为角RPS的补角，那么，另一焦点所在的直线PH的位置也能确定。作直线SK，使之垂直于PH，再作共轭半轴BC，又因为：$SP^2-2PH\times PK+PH^2=SH^2=4CH^2=4BH^2-4BC^2=(SP+PH)^2-L\times(SP+PH)=SP^2+2PS\times PH+PH^2-L\times(SP+PH)$，如果两边都加上$2PH\times PK-SP^2-PH^2+L\times(SP+PH)$，则可得到：$L\times(SP+PH)=2PS\times PH+2PK\times PH$，或$\frac{SP+PH}{PH}=\frac{2(SP\times KP)}{L}$。

所以PH的长度和位置都已确定。因此，当物体在P点的速度使通径L小于$2SP+2KP$时，PH将与直线SP位于切线PR的同一边，这时的图形将是椭圆。如果椭圆的焦点S、H已确定，那么，轴$SP+PH$也同样可以确定。但如果物体的速度较大，使通径L等于$2SP+2KP$，那么，长度

PH将是无限大，因此可以确定，图形则成为抛物线，其轴SH与直线PK平行。如果物体以一个更大的速度从P开始运动，直线PH在切线的另一边，而切线则穿过两焦点中间，因此也可以确定，图形将变为双曲线，其主轴将与直线SP和PH的差值相等。因为，在这些情形中，如果物体运动所绕的圆锥曲线是确定的，那么，根据命题11、命题12和命题13，向心力与物体到力中心S距离的平方则成反比，则可以确定，物体在力作用下，用给定速度从给定处所P沿确定的直线PR方向离去所经过的曲线路径是曲线PQ。

证明完毕。

推论1　在圆锥曲线中，从顶点D、通径L和给定的焦点S处，可通过假设DH与DS之比和通径比通径与$4DS$之差相等，来确定另一个焦点H。因为，在这个推论中，$\frac{SP+PH}{PH}=\frac{2(SP\times KP)}{L}$将变为$\frac{DS+DH}{DH}=\frac{4DS}{L}$，并且，$\frac{DS}{DH}=\frac{4DS-L}{L}$。

推论2　如果物体在顶点D的速度已给定，则轨道可以确定。也就是说，根据命题16的推论3，如果假设通径与两倍距离DS的比等于该给定速度与物体以半径DS做圆周运动的速度之比的平方，则可以确定DH与DS之比，等于通径比通径与$4DS$之差。

推论3　同理，如果物体沿任意圆锥曲线运动，因任意推动力作用而被迫离开其运动轨道，那么，圆锥曲线运动所在的新的轨道也可以得以确定。因为，将物体在圆锥曲线上的运动，与通过推动力作用而产生的运动合在一起，则可得到物体离开给定处，沿给定直线在推动力作用下而产生的运动。

推论4　如果该物体不断受到外力作用的影响，那么，可得出物体在某些点上因为力所产生的变化，类推出它在序列前进中产生的影响，估计物体在各处所将产生的连续变化，用这种方法，可以推导出物体运动的近似路径。

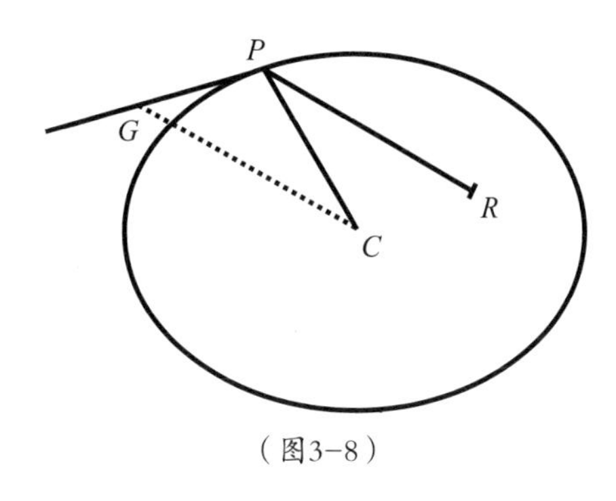

（图3–8）

附 注

如果物体P在指向任意点R的向心力作用下，沿中心为C的任意圆锥曲线运动，则这种运动将合乎向心力定律。作直线CG，使之平行于半径RP，并在G点与轨道切线PG相交。那么，根据命题10中的推论1和附注，以及命题7的推论3，则可求出物体所受的力为$\frac{CG^3}{RP^2}$。（如图3–8）

第 4 章　通过已知焦点求椭圆、抛物线和双曲线的轨道

引理 15

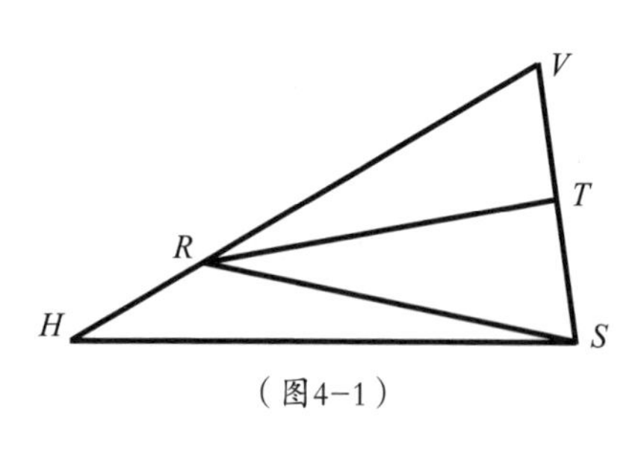

（图4-1）

如果由椭圆或双曲线的两个焦点S、H，分别作直线SV和HV与任意第三点V相交，其中，HV是图形的主轴，即与焦点所在的轴。另一条直线SV被它的垂线TR分为两等份，交点为T，那么，垂线TR将与圆锥曲线相切。反之亦然，如果相切，那么HV为图形主轴。（如图4-1）

将垂线TR与直线HV相交于点R，连接SR。因为$TS=TV$，所以，直线$SR=VR$，角TRS=角TRV，因此点R在圆锥曲线上，且垂线TR也将与该圆锥曲线相切。反之亦然。

证明完毕。

命题 18　问题 10

由给定的焦点和主轴，作出椭圆或双曲线轨道，使轨道穿过给定点，并与给定的直线相切。（如图4-2）

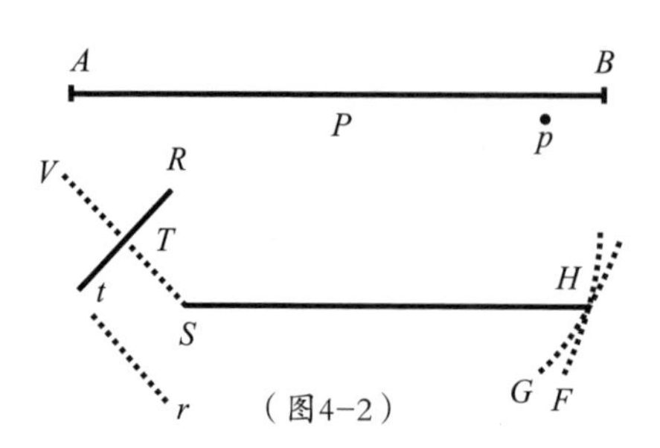

（图4-2）

以S点为图形的公共焦点，AB为任意轨道的主轴长度，P为轨道应该穿过的点，TR为轨道应该和它相切的直线。围绕中心P，如果轨道是椭圆，以$AB-SP$为半径，或者如果轨道是双曲线，以$AB+SP$为半径，画出圆周HG。在切线TR上作垂线ST并延长到V点，使$TV=ST$，然后作出以V为中心，AB为半径的圆周FH。按相同方法，无论给定的是两个点P和p，或者两条切线TR和tr，还是一个点P和一条切线TR，均可作出两个圆周。设H为它们的公共交点，由焦点S、H和给定的轴可作出曲线轨道，则问题得以解决。因为椭圆中的$PH+SP$或双曲线中的$PH-SP$都与主轴相等，所以，该轨道穿过点P，且与直线TR相切。同理，曲线轨道或穿过两个点P和p，或与两直线TR和tr相切。

证明完毕。

命题19　问题11

根据一给定焦点作抛物线轨道，并使该轨道穿过给定点，且与给定直线相切。（如图4-3）

设S为焦点，P为已知点，TR为所求轨道的切线。以P为中心，PS为半径，作出圆周FG。过焦点作切线的垂线段ST，延伸到V点，使$TV=ST$。若已知另一点p，则对于另一点p，按上述方法得到另一圆周fg；若已知另一切线tr，则对另一切线tr，按上述方法得到另一点v。若已知点P和切线TR，则作直线IF，使其过点V，并与圆周FG

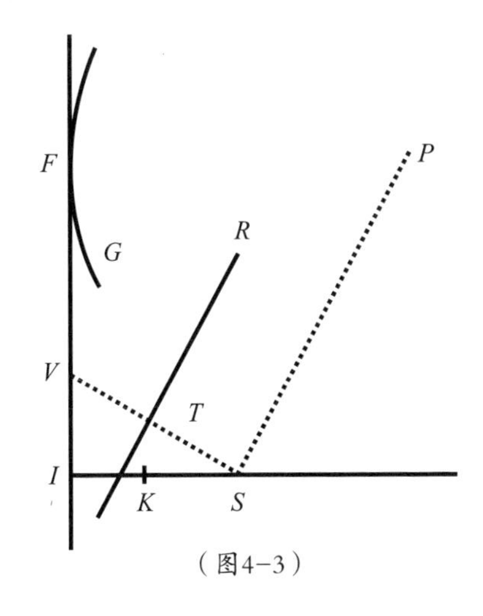

（图4-3）

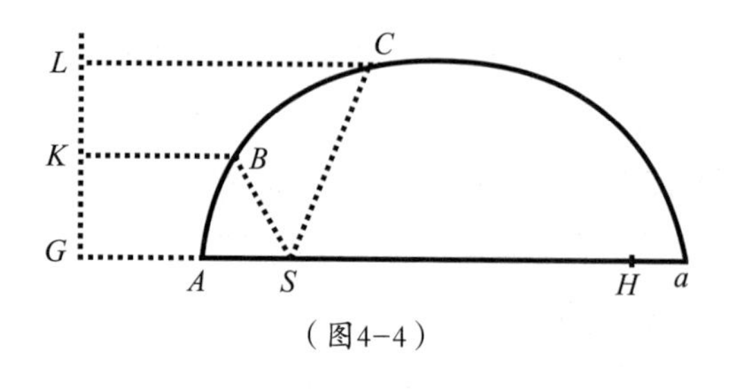

（图4-4）

相切；若已知两点P和p，则作直线IF，使其与圆周FG和fg都相切；若已知二切线TR和tr，则作直线IF，使其过点V和v。

作FI的垂线段SI，K为SI中点，若以SK为轴、K为顶点作出抛物线，则问题得以解决。因为$SK=IK$，$SP=FP$，而抛物线将通过P点，根据引理14中的推论3，$ST=TV$，角STR是直角，因此，它将与直线TR相切。

证明完毕。

命题20　问题12

根据一个焦点和轨道类型，作出轨道，使该轨道通过已知点，并与已知直线相切。

情形1　由焦点S求出穿过点B和C的曲线轨道ABC。（如图4-4）

由于轨道类型已给定，则主轴与焦点距离的比值也将给定，使$\frac{KB}{BS}$和$\frac{LC}{CS}$与该比值相等。以B、C为圆心，BK、CL为半径作两个圆周，使直线KL与圆相切于点K和L，再作直线KL上的垂线SG，在SG上确定点A和a，使得$\frac{GA}{AS}=\frac{Ga}{aS}=\frac{KB}{BS}$。因此，以$Aa$为轴、$A$和$a$为顶点作出曲线轨道，则问题得以解决。因为，若$H$点为图形的另一焦点，又$\frac{GA}{AS}=\frac{Ga}{aS}$，所以$\frac{Ga-GA}{AS-aS}=\frac{Aa}{SH}=\frac{GA}{AS}$，因此，图形主轴与焦点间距离的比是给定比值，即所画出的图形与之前所要求的图形类型一样。由于$\frac{KB}{BS}=\frac{LC}{CS}$为给定比值，所以，由圆锥曲线性质可知，图形将通过点B和C。

情形2　由焦点S求出与直线TR和tr相切的曲线轨道。（如图4-5）

过焦点作切线的垂线ST和St，并将它们分别延伸到点V和v，使TV–TS，tv = tS。O为Vv中点，作OH垂直于Vv，并与无限延伸的直线VS相交。在直线VS上取点K和k，使 $\frac{VK}{KS}$ 和 $\frac{Vk}{kS}$ 等于所求轨道主轴与焦点间距的比。以Kk为直径作一圆周，并与OH交于点H；再以S、H为焦点，VH为主轴，即可作出曲线轨道，则问题得以解决。因为，X点将Kk平分，连接HX、HS、HV和Hv，由于 $\frac{VK}{KS}=\frac{Vk}{kS}$，因此，等于合比 $\frac{VH+Vk}{KS+kS}$，等于分比 $\frac{Vk-VK}{kS+KS}$，从而 $\frac{2VK}{2KX}=\frac{2KX}{2SX}$，因此 $\frac{VX}{HX}=\frac{HX}{SX}$，于是$\triangle VXH$和$\triangle HXS$相似，因此 $\frac{VH}{SH}=\frac{VX}{HX}=\frac{VK}{KS}$，所作曲线主轴$VH$与焦距$SH$的比值，与所求的曲线的主轴与其焦距的比值相等，从而两曲线的类型完全相同。另外，由于VH和vH与主轴相等，且VS和vS分别被直线TR和tr垂直平分，所以根据引理15，这些直线与所作曲线相切。

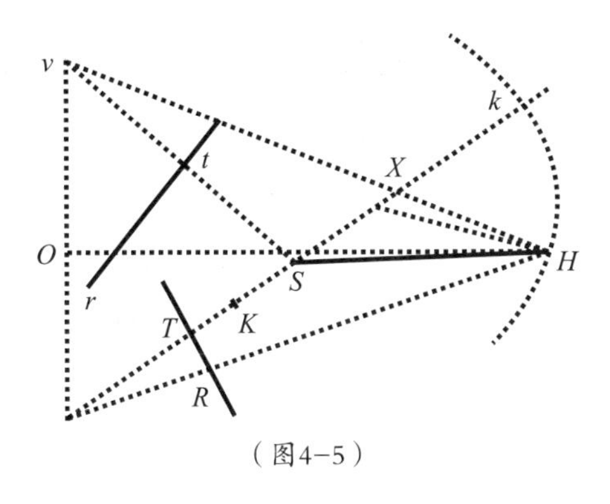

（图4–5）

证明完毕。

情形3 由焦点S求出与直线TR在给定点R相切的曲线轨道（如图4–6）。作直线TR上的垂线段ST，延伸到点V，使$TV=ST$。连接VR，并与无限延长的直线VS相交，在直线VS上取点K

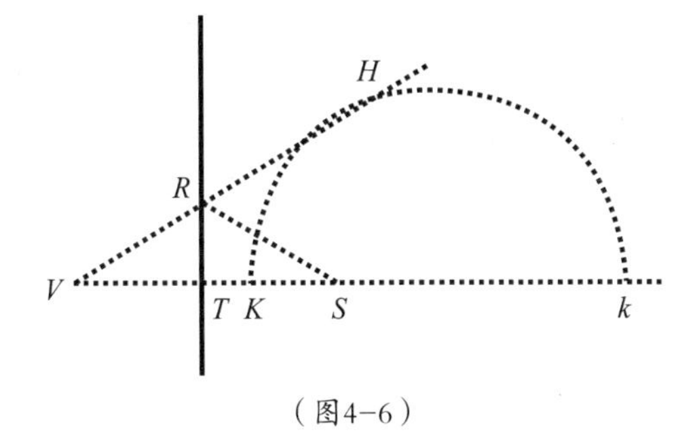

（图4–6）

和k，使$\frac{VK}{KS}$和$\frac{Vk}{kS}$等于主轴与焦点间的距离的比。以Kk为直径作圆周，与直线VR相交于点H，然后，以S和H点为焦点，VH为主轴，作出曲线轨道，则问题得以解决。根据情形2中的证明，由于$\frac{VH}{SH}=\frac{VK}{KS}$，即等于所求曲线主轴与其焦点间的距离之比。因此，所作的图形与之前所要求的图形类型完全相同。根据圆锥曲线的性质可知，等分角VRS的直线TR必定在点R与曲线相切。

证明完毕。

情形4　由焦点S求曲线轨道APB（如图4-7），使之与直线TR相切，穿过切线外任意一给定点P，并与以ab为主轴、s和h为焦点的图形apb相似。作切线TR的垂线段ST，再延伸到点V，使$TV=ST$，作角hsq和shq，使它们分别与角VSP和角SVP相等。再以q为中心，以与ab之比等于$\frac{SP}{VS}$的值为半径作圆周，交图形apb于点p，连接sp，作出SH，使$\frac{SH}{sh}=\frac{SP}{sP}$，再作角$PSH$与角$psh$相等，角$VSH$与$psq$相等。再以$S$、$H$为焦点，与距离$VH$相等的$AB$为主轴作出圆锥曲线，则问题得以解决。（如图4-8）

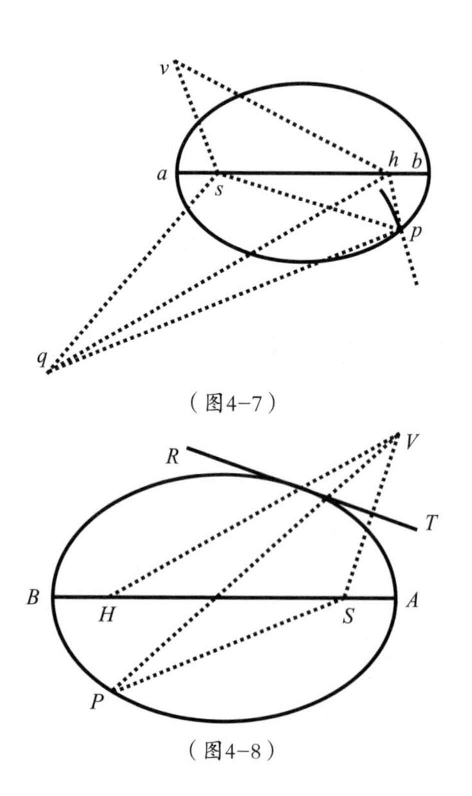

（图4-7）

（图4-8）

因为，若作sv并使$\frac{sv}{sp}=\frac{sh}{sq}$、角$vsp$等于角$hsq$、角$vsh$等于角$psq$，则$\triangle svh$与$\triangle spq$相似，那么，$\frac{vh}{sh}=\frac{sh}{sq}$。由于$\triangle VSP$和$\triangle hsq$相似，因此，$vh=ab$。因$\triangle VSH$和$\triangle vsh$相似，那么$\frac{VH}{SH}=\frac{vh}{sh}$，因此，所作圆锥曲线的主轴与焦点间距离之比等于主轴ab与焦点间距离sh的比，所作图形与图形apb相似。另外，由于$\triangle PSH$与$\triangle psh$相似，因此图形将通过点P。因为VH与主轴相等，且VS被直线TR垂直平分，因此，所作图形与直线TR相切。

证明完毕。

引理16

由三个已知点向第四个点作三条直线，使它们的差要么为给定值，要么值为零。（如图4-9）

情形1　A、B、C是已知的三个点，Z是按要求所作的第四个点，由于直线AZ和BZ的差是给定值，因此，点Z的轨迹是一双曲线，A和B是双曲线的焦点，且主轴为给定差。若主轴为MN，作点P使$\frac{PM}{MA}=\frac{MN}{AB}$，作$PR$垂直于$AB$，$ZR$垂直于$PR$，根据双曲线的性质，$\frac{ZR}{AZ}=\frac{MN}{AB}$。同理，点$Z$位于另一条双曲线上，该双曲线焦点为$A$、$C$，主轴是$AZ$与$CZ$的差。作$QS$垂直于$AC$，若用这条双曲线上任意一点$Z$作$QS$的垂线段$ZS$，则$\frac{ZS}{AZ}=\frac{AZ-CZ}{AC}$。因此，可得到$ZR$和$ZS$与$AZ$的比值，

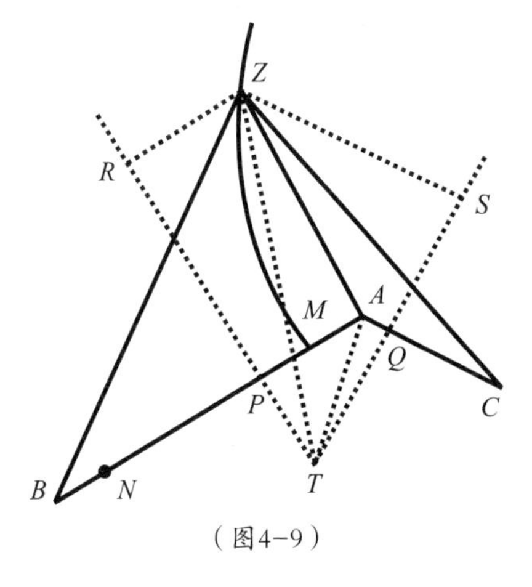

（图4-9）

并且可确定ZR与ZS的比值。若直线RP和SQ在T点相交，只要作出TZ和TA，则可知图形$TRZS$的类型，并能确定Z所在的直线TZ的位置。由于直线TA和角ATZ是给定值，且已得到AZ和TZ与ZS的比值，那么，它们相互间的比可以确定，因此，角ATZ也可确定，其一个顶点为Z。

证明完毕。

情形2 若三条直线中的任意两条（如AZ和BZ）是相等的，作直线TZ，使之平分直线AB，那么，用以上方法就可求出三角形ATZ。

证明完毕。

情形3 若三条直线都相等，则点Z位于过点A、B、C的圆的中心。

证明完毕。

另外，在维也特所修订的阿波罗尼奥斯的《切触》一书中，对该引理也作了证明。

命题21 问题13

通过一给定焦点，作出过给定点并与给定直线相切的曲线轨道。（如图4-10）

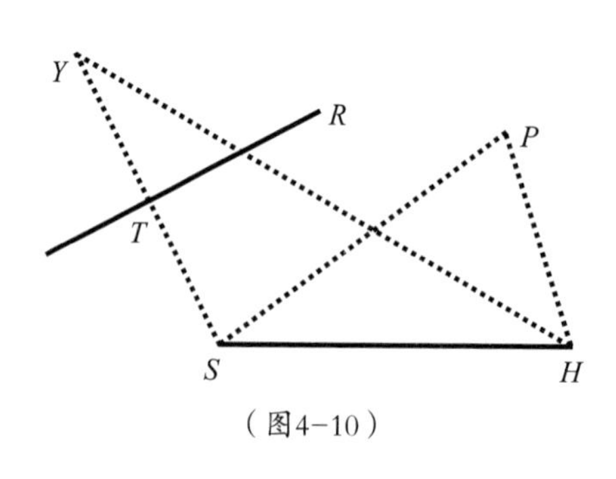

（图4-10）

设焦点S、点P和切线TR为给定值，求出另一焦点H。在切线上作垂线段ST，延伸到点Y，使$TY=ST$，那么，YH与主轴相等。连接SP、HP，且SP为HP与主轴的差。同样，如果更多的切线TR均已给定，或者已知更多的点P，那么，从点Y或P到焦点的直线YH或PH则可确定，要么直线与主轴相等，要么直线为主轴和给定长度SP的差，因此，它们要么是相等的，要么是有给定的差。根据前一引理，另一焦点H即可确定。如果已知焦点和主轴长度，它们或等于YH，或轨道为椭圆时等于$PH+SP$，或为双曲线时等于$PH-SP$，曲线轨道则可确定。

证明完毕。

附　注

当我所指的曲线轨道是双曲线时，并不包括双曲线的另一支，因为，当物体以连续运动前进时，必定不会脱离双曲线的一支而进入双曲线的另一支运动。（如图4-11）

如果三个点均已给定，其解答方法则更为简便。以B、C、D为给定点，连接BC和CD，并将它们延伸到点E和F，使得$\frac{EB}{EC}=\frac{SB}{SC}$，$\frac{FC}{FD}=\frac{SC}{SD}$。在直线$EF$上作垂线段$SG$、$BH$，并将$GS$无限延伸，在上面截取点$A$和$a$，使$\frac{GA}{AS}=\frac{Ga}{aS}=\frac{HB}{BS}$，那么，$A$将为轨道顶点，而$Aa$为曲线主轴。通过$GA$大于、等于或小于$AS$的不同情况，该曲线可为椭圆、抛物线或双曲线。在第一个情形中，点a与点A均位于直线GF同一侧；在第二个情形中，点a位于无限远处；在第三个情形中，点a位于GF的另一侧。因为，若作GF上的垂线段CI和DK，则

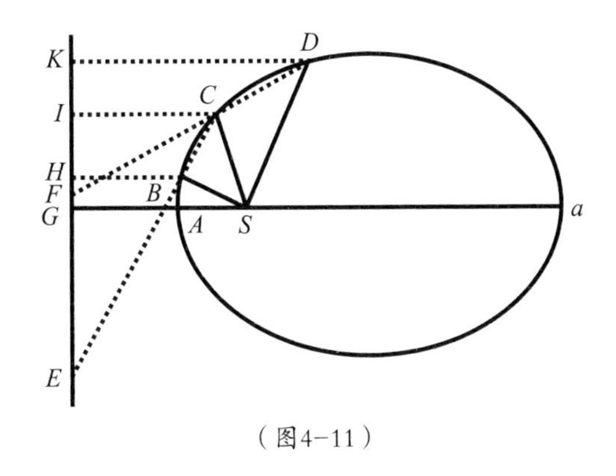

（图4-11）

$\frac{IC}{HB}=\frac{EC}{EB}=\frac{SC}{SB}$。再整理排列有：$\frac{IC}{SC}=\frac{HB}{SB}$，或等于$\frac{GA}{AS}$；同理可证$\frac{KD}{SD}$也等于该比值。因此，点$B$、$C$、$D$均位于由焦点$S$作出的圆锥曲线上，且由焦点作出的到曲线上各点的所有线段，与过该点垂直于GF的线段的比值均为给定值。

著名几何学家德拉希尔在他的著作《圆锥曲线》第八卷命题25中，也用类似方法对这个问题作了证明。

第5章　由未知焦点求曲线轨道

引理17

若在已知圆锥曲线上任意一点P，用给定角度作任意四边形$ABDC$（该四边形内接于圆锥曲线）。向AB、CD、AC和DB的直线，分别作直线PQ、PR、PS和PT，那么，在对边AB和CD上的$PQ \times PR$，与在另两条对边AC、BD上的$PS \times PT$的比值均为给定值。

情形1　首先，假设到两条对边的直线平行于另两条边的某一条，如RQ和PR与边AC平行，PS和PT与边AB平行，设两条对边如AC与BD也是平行的（如图5-1）。如果圆锥曲线的一条直径平分这些平行边的线段，那么它也将RQ等平分。设点以O为RQ的中点，那么，PO就是直径上的纵标线。将PO延长到点K，使$OK=PO$，OK则为直径另一侧上的纵标线。由于点A、B、P和K都位于圆锥曲线上，因此，PK以给定角度与AB相交。根据《圆锥曲线》第三卷中的相关命题，$PQ \times QK$与$AQ \times QB$的比为给定值。但是，$QK=PR$，因为它们均是相等直线OK和OP，分别与OQ和OR的差，因此，$PQ \times QK$等于$PQ \times PR$，从而$PQ \times PR$与$AQ \times QB$的比值，即与$PS \times PT$的比，也是给定值。

证明完毕。

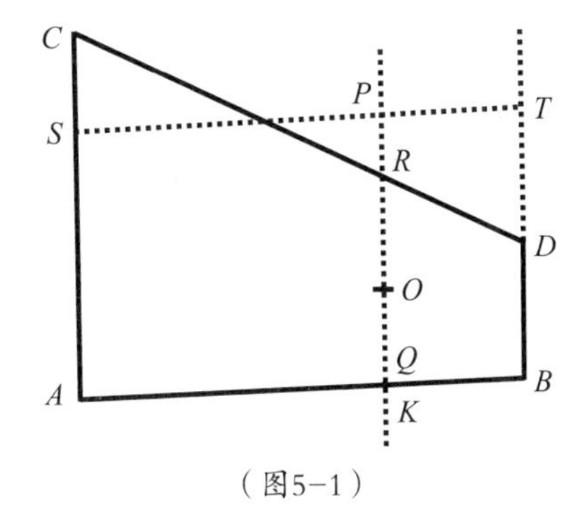

（图5-1）

情形2　假设四边形的对边

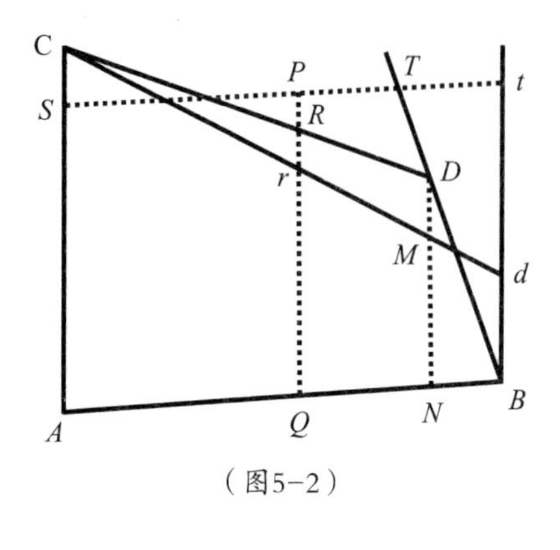

（图5-2）

AC与BD不平行（如图5-2）。作Bd平行于AC，与直线ST交于点t，与圆锥曲线交于点d。连接Cd，交PQ于点r，再作DM平行于PQ，与Cd相交于点M，与AB相交于N。由于三角形BTt与三角形DBN相似，因此，$\frac{Bt}{Tt}$（或$\frac{PQ}{Tt}$）$=\frac{DN}{NB}$，而$\frac{Rr}{AQ}$（或$\frac{Rt}{PS}$）$=\frac{DM}{AN}$。前项之间相乘，后项之间也相乘，$PQ\times Rr$与$PS\times Tt$的比，等于$DN\times DM$与$NA\times NB$的比，由情形1，也等于$PQ\times Pr$与$PS\times Pt$的比，由分比性质，也等于$PQ\times PR$与$PS\times PT$的比。（如图5-2）

证明完毕。

情形3 假设四条直线PQ、PR、PS、PT与边AC、AB不平行，而任意相交（如图5-3）。作Pq、Pr与AC平行，作Ps、Pt与AB平行，由于三角形中的角PQq、角PRr、角PSs和角PTt已给定，则PQ与Pq，PR与Pr，PS与Ps，PT与Pt的比值等于定值，若将它们相乘，则$\frac{PQ\times PR}{Pq\times Pr}$和$\frac{PS\times PT}{Ps\times Pt}$等于定值。但是，根据前面的证明，$Pq\times Pr$与$Ps\times Pt$的比值已确定，因此，$PQ\times PR$与$PS\times PT$的比值也是确定的。（如图5-3）

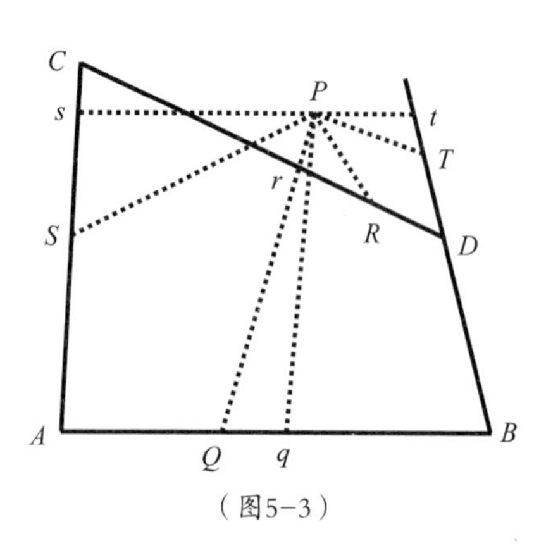

（图5-3）

证明完毕。

引理 18

在条件相同的情况下，如果向四边形两对边上作出的任意直线PQ与PR的乘积，与四边形另两条边上作出的任意直线PS与PT乘积的比值是给定的，那么，所有直线穿过的点P，位于由四边形所在的圆锥曲线上。（如图5-4）

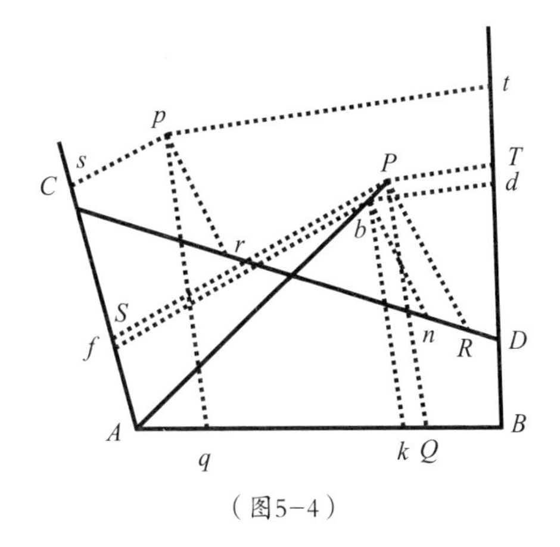

（图5-4）

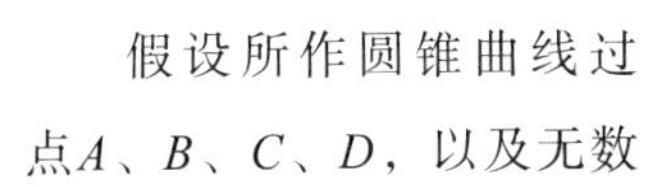

假设所作圆锥曲线过点A、B、C、D，以及无数个点P中的任意一个，比如点p，那么，点P将总是在曲线上。若对此表示否定，可连接AP，在点P之外的任意一处与圆锥曲线相交，若有可能，相交点不是P而是b。因此，若在点p和点b，用给定角度作四边形边的直线pq、pr、ps、pt和bk、bn、bf、bd，那么，根据引理17，则可得出：$bk \times bn$与$bf \times bd$之比，等于$pq \times pr$与$ps \times pt$之比，由假定条件也等于$PQ \times PR$与$PS \times PT$的比。由于四边形$bkAf$与$PQAS$相似，因此，$\frac{bk}{bf}=\frac{PQ}{PT}$，若将等式中每个对应项均除以前面一项，则可得出，$\frac{bn}{bd}=\frac{PR}{PT}$，就是说，等角四边形$Dnbd$和等角四边形$DRPT$相似，因此它们的对角线$Db$和$DP$重合。于是$b$点将落在直线$AP$和$DP$的交点上，最后会与$P$点重合。因此，无论在何处取点$P$，它都会落在给定的圆锥曲线上。

证明完毕。

推论　如果从公共点P向三条给定直线AB、CD、AC作同样多的直线PQ、PR、PS，让它们一一对应，并各自以给定角度相交，且两条直线PQ与PR的乘积与第三条边PS的平方之比是给定值，那么，引出直线的点P位于圆锥曲线上，而该曲线与直线AB、CD相切于点A和C，反之亦同。因为，将直线BD向AC靠近并与之重合，这三条直线AB、CD和AC的位置保持不变；再将直线PT与直线PS重合，那么，$PS\times PT$将变为PS^2；又因为直线AB、CD与曲线是交于A、B和C、D的，现在这些点重合了，所以曲线与它们不再是相交，而是相切。

附　注

在该引理中，圆锥曲线这个名称是一个广义的概念，它涵盖了过圆锥顶点的直线截线和平行于圆锥曲线底面的圆周截线。因为，若点p在连接A和D或C和B点的直线上，那么，圆锥曲线将变为两条直线，其中一条就是点p所在直线，另一条则穿过四个点中的另外两个点。如果四边形两个对角的和等于两个直角，那么，这四条直线PQ、PR、PS和PT垂直于图形的四条边，或与四边交于等角，且直线PQ和PR的乘积等于直线PS和PT的乘积，圆锥曲线则将变成圆周。还有一种情况，即若用任意倾角来作这四条直线，且直线PQ和PR的乘积与直线PS和PT的乘积之比，等于后两条直线PS、PT和其对应边所形成的夹角S、T的正弦的乘积，与前两条直线PQ、PR和其对应边所形成的夹角Q、R的正弦乘积之比，则圆锥曲线也是圆。在所有其他情形中，点P的轨迹为其他三种圆锥曲线图形中的一种。除这种四边形$ABCD$，还可以用另一种四边形，它的对边可以像对角线一样相互交叉。但是，如果四个点A、B、C、D中的任意一个或两个可以向无限远的距离移动，这就是说，它的四条边将收敛于这点，成为平行线。此时，圆锥曲线将穿过其余的点，并将以抛物线形式沿相同方向连接到无限远。

引理19

求证点P，由该点以已知角度向直线AB、CD、AC和BD作对应的直

线PQ、PR、PS和PT，任意两条PQ和PR的乘积与PS和PT的乘积的比值为给定值。（如图5-5）

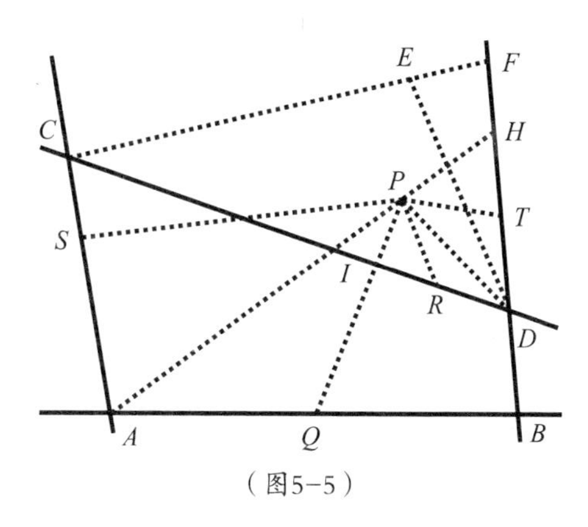

（图5-5）

假设到直线AB和CD的任意两条直线PQ和PR包含上述乘积之一，且与给定的其他两条直线相交于A、B、C、D点，以这些点中的任何一个，例如A，作任意直线AH，并将P点位于AH上，使AH交直线BD和CD于点H和I，由于图形的所有角都是给定的，因此，$\frac{PQ}{PA}$、$\frac{PA}{PS}$和$\frac{PQ}{PS}$的值也是给定的，用给定比值$PQ \times PR$比$PS \times PT$，除以该比值，则得到$\frac{PQ}{PT}$的比值，若再乘以给定比值$\frac{PI}{PR}$和$\frac{PI}{PH}$，那么，$\frac{PI}{PH}$和点P也能确定。

证明完毕。

推论1　同样，也可在点P轨迹上的任意点D处作切线。因为，点P和D重合时，AH通过点D，弦PD变为了切线。在这种情形下，逐渐消失的线段IP和PH的最终比值，则可从上述推论过程中求出。若作CF平行于AD，交BD于点F，并以该最终比值截取E点，DE则为切线，因为，CF和逐渐消失的IH平行，且相交点E和P以相同比例截取。（如图5-6）

推论2　所有点P的轨迹均可求出。过点A、B、C、D中的任一点假设A作AE与轨迹相切，再过其他任一点如B，作平行于切线的直线BF在点F与轨迹相交，再通过本引理求出点F。设点G平分BF，作直线AG，使AG是直径所在的直线，BG和FG则是纵标线。如果AG交轨迹于H，那么，AH将成为直径或是横向的通径（通径与它的比等于BG^2比

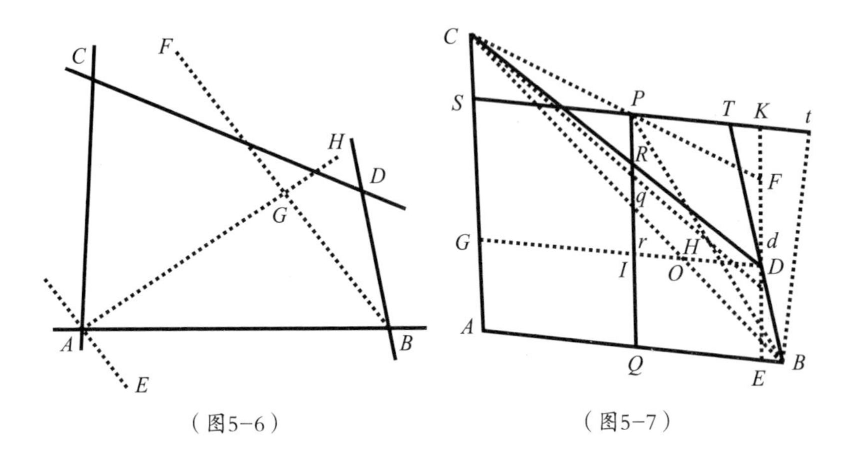

（图5–6）　　（图5–7）

$AG \times GH$）。如果AG与轨迹不相交，直线AH为无限，则轨迹将为一抛物线，直线AG所对应的通径就是BG^2/AG。如果它与轨迹在某点相交，当点A和H位于点G的同一侧时，轨迹为双曲线；当点G落在点A和H之间，轨迹为椭圆，当角AGB为直角，而BG^2等于$AG \times GH$时，轨迹则为圆周。（如图5–7）

在推论中，我们对著名而古老的四线问题给予了解答，自欧几里得以来，四线问题盛行不衰，此后，阿波罗尼奥斯又对此进行了继承和发展。但这些问题并不需要分析和计算，它只需用几何作图来解答，从某种意义上说，这也是古人所要求的。

引理 20

如果任意平行四边形$ASPQ$的两对角顶点A和P在任意圆锥曲线上，其中，构成角的边AQ和AS向外延伸，与相同圆锥曲线在B和C点相交；再通过点B和点C作到圆锥曲线上任意第五个点D的两直线BD和CD，同平行四边形的另外两条边PS和PQ相交于延伸线上的点T和R，那么，被曲线的边所截的部分PR和PT之间的比值是给定的。反之，如果这些被切

割部分相互间比值是给定的，那么点D在通过点A、B、C和P点的圆锥曲线上。（如图5-7）

情形1　连接BP和CP，由D作直线DG和DE，使DG与AB平行，交PB、PQ、CA于点H、I和G；作DE与AC平行，交PC、PS和AB于点F、K和点E。根据引理17可知，$DE \times DF$与$DG \times DH$的比是给定值。由于$\frac{PQ}{DE}$（或$\frac{PQ}{IQ}$）$=\frac{PB}{HB}=\frac{PT}{DH}$，因此，$\frac{PQ}{PT}=\frac{DB}{DH}$。同理，$\frac{PR}{DF}=\frac{RC}{DC}$，也就等于$\frac{PS}{DG}$（或$\frac{IG}{DG}$），因此，$\frac{PR}{PS}=\frac{DF}{DG}$。将这些比值相乘，则$\frac{PQ \times PR}{PS \times PT}=\frac{DE \times DF}{DG \times DH}$，因此，它们的比值均为给定值。由于$PQ$和$PS$已经给定，所以，$\frac{PR}{PT}$的值也为给定值。

证明完毕。

情形2　如果已经给定PR和PT相互间的比值，那么，用类似的理由逆推，则$DE \times DF$与$DG \times DH$之比为给定值。根据引理18，点D将位于过点A、B、C、P的圆锥曲线上。

证明完毕。

推论1　作直线BC交PQ于点r，并在PT上取t，使$\frac{Pt}{Pr}=\frac{PR}{PT}$，那么，$Bt$将与圆锥曲线相切于点$B$。因为，假设点$D$与点$B$重合，则弦$BD$将消失，$BT$会变为切线，且$CD$和$BT$与$CB$和$Bt$重合。

推论2　反之，如果Bt为切线，而直线BD和CD在圆锥曲线上任意点D处相交，那么，$\frac{PR}{PT}=\frac{Pt}{Pr}$。反之，如果$\frac{PR}{PT}=\frac{Pt}{Pr}$，$BD$和$CD$则必定在圆锥曲线上任意点$D$处相交。

推论3　一条圆锥曲线与另一条圆锥曲线相交，交点至多为4个。因为，如果交点个数大于4，两圆锥曲线将通过5点A、B、C、P和O。如此，若直线BD与它们交于点D和d，且直线Cd在点q与直线PQ相交，所以$\frac{PR}{PT}=\frac{Pq}{PT}$，即$PR=Pq$，这与命题相矛盾。

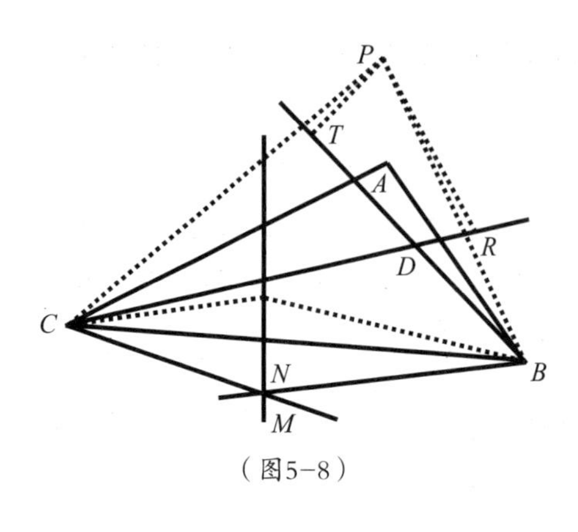

（图5-8）

引理21

如果两条不确定但可移动的直线BM和CM通过给定点B和C，且以此为极点，通过这两条直线的交点M作第三条给定位置的直线MN，再作另两条不确定直线BD和CD，并与前两条直线在给定点B和C构成给定的角MBD和角MCD。那么，直线BD和CD的交点D所作出的圆锥曲线将通过定点B、C。反之，如果由直线BD和CD的交点D所作出的圆锥曲线通过定点B、C、A，而角DBM将与给定角ABC相等，角DCM也与定角ACB相等，则点M的轨迹为一条给定位置的直线。（如图5-8）

在直线MN上，点N为给定点，当可动点M落在不可动点N上时，使可动点D落在不可动点P上。连接CN、BN、CP和BP，再由点P作直线PT、PR，交直线BD和CD于点T和R，并使角BPT等于给定角BNM，角CPR等于给定角CNM。根据假设条件，角MBD和角NBP相等，角MCD和角NCP也相等，去掉公共角NBD和公共角NCD，剩下的角NBM和角PBT，角NCM和角PCR相等。因此，$\triangle NBM$和$\triangle PBT$相似，$\triangle NCM$和$\triangle PCR$也相似。于是，$\frac{PT}{NM}=\frac{PB}{NB}$，$\frac{PR}{NM}=\frac{PC}{NC}$。由于点$B$、$C$、$N$、$P$不可动，因此，$PT$和$PR$与$NM$有给定比值，$\frac{PR}{PT}$也有给定比值。根据引理20，点$D$是可动直线$BT$和$CR$的交点，且位于一圆锥曲线上，该曲线通过点$B$、$C$、$P$。（如图5-9）

证明完毕。

反之，如果可动点D位于通过给定点B、C、A的圆锥曲线上，而角DBM与给定角ABC相等，角DCM也与定角ACB相等。当点D相继落在圆锥曲线上两任意不动点P和p上时，可动点M也相继落在不动点n和N上。过点n和N作直线nN，直线nN则为可动点M的轨迹。因为，如果将点M位于任意曲线上运动，那么点D将位于一圆锥曲线上，且该圆锥曲线过五点B、C、A、p和P。根据前面的证明，当点M持续位于曲线上时，点D也将位于圆锥曲线上，该圆锥曲线也过五点B、C、A、p和P，而这两条圆锥曲线都将通过相同的五点，这与引理20的推论3相矛盾。因此，点M位于曲线上这一假设是不合理的。

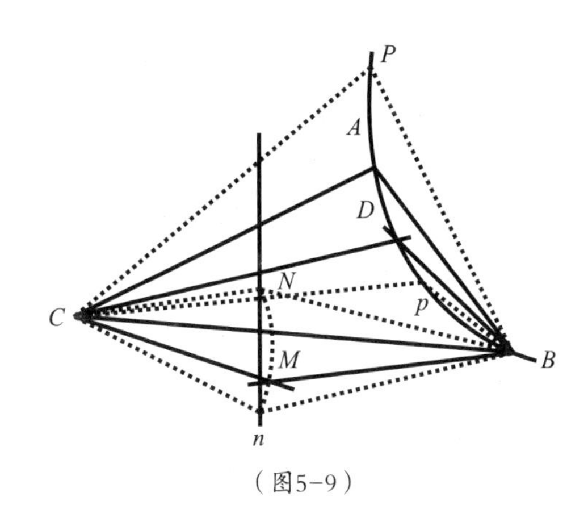

（图5-9）

证明完毕。

命题22　问题14

作一条通过五个给定点的曲线轨道。（如图5-10）

设A、B、C、P、D为五个给定点。由其中的任意一个点如A，作到其他任意两个点如B、C（可称做极点）的直线AB

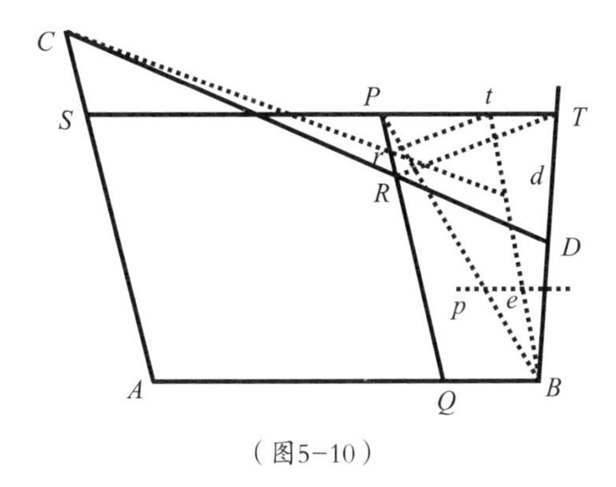

（图5-10）

和AC，过第四个点P的直线TPS和PRQ分别与AB和AC平行。再由两极点B和C，作过第五个点D的两条无穷直线BDT和CRD，与前面所作的直线TPS和PRQ分别交于点T和R。作直线tr平行于TR，使直线PT和PR截下的任意部分Pt和Pr与PT和PR成比例。如果通过它们的端点t、r和极点B、C，作直线Bt和Cr相交于点d，则点d将位于所要求的曲线轨道上。因为，根据引理20，点d位于过点A、B、C、P的圆锥曲线上，而当线段Rr和Tt逐渐消失时，点d将与点D重合。因此，圆锥曲线通过点A、B、C、P、D五点。

证明完毕。

其他证明方法

在这些给定的点中，连接任意三个点，例如依次连接点A、B、C，且以它们中的两个点B和C作为极点，使给定大小的角ABC和角ACB旋转，并使边BA和CA先位于点D上，再位于点P上。在这两种情形下，边BL和CL相交于点M和N，作无穷直线MN，并使这些可动角绕它们的极点B和C旋转，设边BL、CL或BM、CM的交点为m，则该点总落在不确定直线MN上，若设边BA、CA或BD、CD的交点为d，画出所要求的曲线轨道$PADdB$。因为，根据引理21，点d将位于通过点B和C的圆锥曲线上。而当点m与点L、M、N重合时，点d将会与点A、D、P重合（由

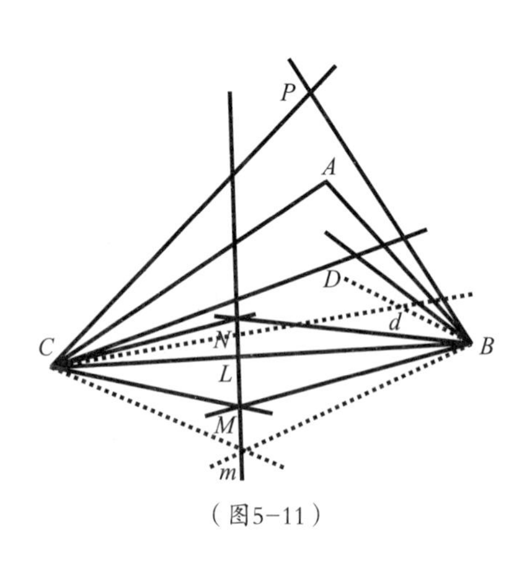

（图5-11）

图可知）。因此，所作出的圆锥曲线将通过A、B、C、P、D五点。（如图5-11）

证明完毕。

推论1　在任意给定点B，可以画出与轨道相切的直线。令点d与点B重合，直线Bd则为所求切线。

推论2　根据引理19中的推论，也可求出轨道的中心、直径和通径。

附　注

比第一种作法更简便的方法：（如图5-10）连接BP，如果需要的话，可在该直线的延长线上截取一点p，使$\frac{Bp}{BP}=\frac{PR}{PT}$。再过$p$点作无穷直线$pe$与$SPT$平行，并使$pe$与$pr$永远相等。作直线$Be$、$Cr$相交于点$d$。由于$\frac{Pt}{Pr}$、$\frac{PR}{PT}$、$\frac{pB}{PB}$和$\frac{pe}{Pt}$均为相等比值，所以，$pe$也与$Pr$永远相等。按这种方法，轨道上的点很容易找出，除非用第二种作图法机械地作出曲线图形。

命题23　问题15

作出通过四个定点，并与给定直线相切的圆锥曲线轨道。（如图5-12）

情形1　假设HB为给定切线，B为切点，而C、D、P为其他给定的三个点。连接BC，作PS平行于BH，PQ平行于BC，作出平行四边形$BSPQ$。再

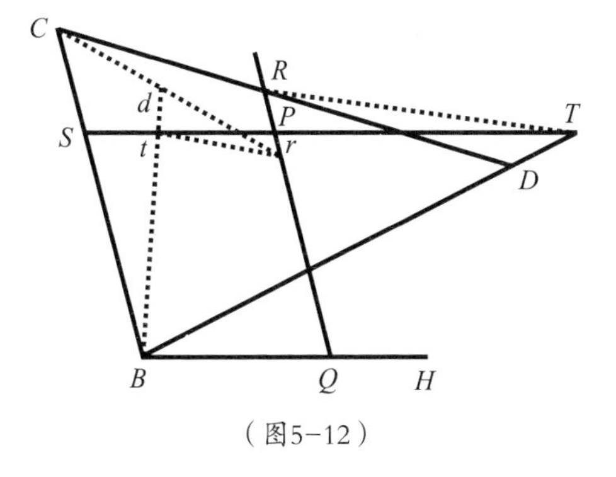

（图5-12）

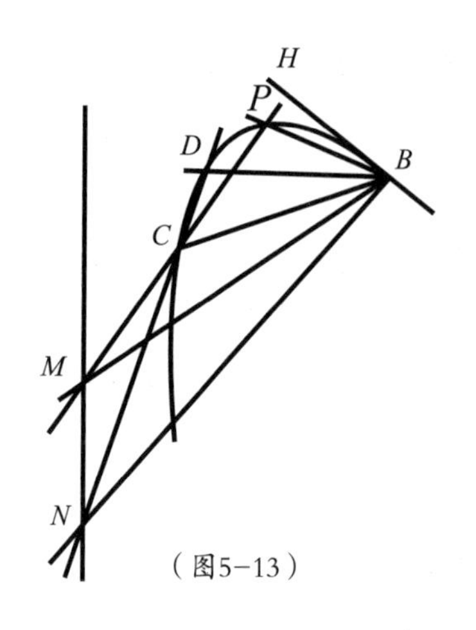

（图5-13）

作BD交SP于点T，CD交PQ于点R。最后，作任意直线tr平行于TR，并使从PQ、PS上截取的Pr和Pt分别与PR和PT成比例，根据引理20，作直线Cr和Bt，它们的交点d将总是落在所求曲线轨道上。

其他证明方法

作角CBH并给定大小，使其绕极点B旋转，将半径DC向其两边延伸，并绕极点C旋转。设角的一边BC交半径于点M、N，另一条边BH交半径于点P和D。作无穷直线MN，使半径CP或CD与角的边BC总在该直线上相交，而另一边BH与半径的交点将画出所需要的轨道。（如图5-13）

在根据前述问题所作图中，点A与点B重合，直线CA和CB重合，那么，直线AB最终将演变为切线BH，因此之前的作法与这里所描述的相同。所以边BH和半径的交点将会作出一圆锥曲线，且该曲线通过点C、D、P，并与直线BH相切于点B。

证明完毕。

情形2　假设给定的四点B、C、D、P都不在切线HI上，将它们两两连接，直线BD、CP相交于点G，与切线相交于点H和I。以点A分割切线，使$\frac{HA}{IA}$等于CG和GP的比例中项与BH和HD的比例中项的乘积，再比GD和GB的比例中项与PI和IC的比例中项的乘积，此时，点A就是切点。因为，HX如果与直线PI平行，并与轨道相交于任意点X和Y，那么，根据圆锥曲线的性质，点A所在位置将使$\frac{HA^2}{IA^2}$等于$XH\times HY$与$BH\times HD$的比，或等于$CG\times GP$与$DG\times GB$的比，再乘以$BH\times HD$与

$PI \times IC$的比。但是，在求出切点A之后，曲线轨道就可由第一种情形画出。（如图5-14）

证明完毕。

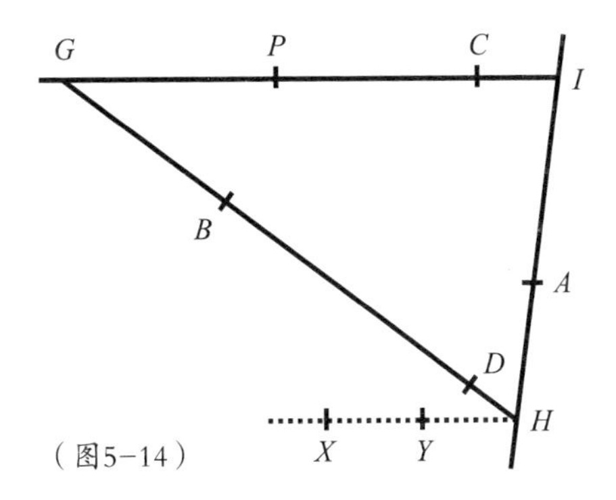

（图5-14）

值得注意的是，点A既可以在点H和I之间取，也可以在它们之外取，若以此为基础，则可作出两种不同的曲线。

命题24　问题16

作出过三个定点，并与两条给定直线相切的曲线轨道。（如图5-15）

假设HI、KL为给定切线，B、C、D为给定的点。过其中的任意两个点，例如B和D，作直线BD交两切线于点H和K。同样，过它们中的其他任意两个点C和D作直线CD，交两切线于点I和L。在直线HK和IL上取点R和S，使HR与KR的比，等于BH和HD的比例中项与BK和KD的比例中项之比。IS与LS的比，等于CI和ID的比例中项与CL和LD的比例中项之比，但交点可以随意选取，点R和S既可以在点K和H、I和L之间，也可以在它们之外。再作直

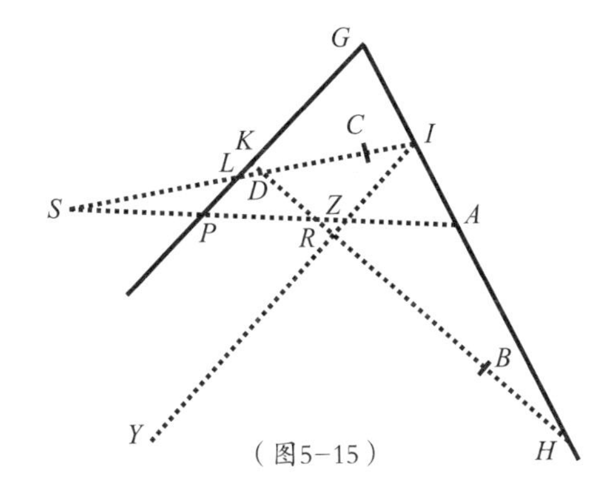

（图5-15）

线RS，与两切线交于点A和P，A、P则为切点。假设A和P为切点，并位于切线上的任意处，过二切线上四点H、I、K、L中的其中一个点如I，位于一条切线HI上，再作直线IY平行于另一切线KL，交曲线于点X和Y，并在直线IY上截取IZ，使它等于IX和IY的比例中项，那么根据圆锥 ID与$CL \times LD$的比，也等于SI^2与SL^2的比，因此$IZ : LP = SI : SL$。因此点S、P、Z则在同一直线上。此外，由于两切线的交点为G，根据圆锥曲线的性质，$XI \times IY$或IZ^2与IA^2的比，将等于$\frac{GP^2}{GA^2}$，因此$IZ : IA = GP : GA$。从而，点P、Z、A位于同一直线上，点S、P、A也位于同一直线上。同理可证：点R、P和A也在同一直线上。从而切点A和P在直线RS上。求出这些点后，根据上一问题的情形，即可作出曲线轨道。

证明完毕。

在本命题和前一命题的情形2中，作图方法一样，无论直线XY与曲线相交于点X和Y，或者不相交，所作图形均不依赖这些条件。但当已证明直线与轨道相交时的作图法，就能证明不相交时的作图法。因此，为了力求简便，我不会对此作进一步证明。

引理 22

将图形转变为同类的另一个图形。（如图5-16）

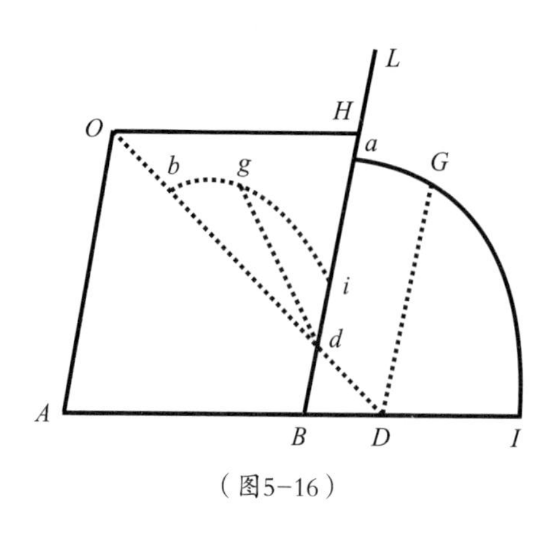

（图5-16）

假设任意图形HGI将被转换。作任意两条平行线AO和BL，使其与任意给定的第三条直线AB相交于点A和B。然后，以图形上的任意一点G，作任意直线GD平行于OA，使它与直线AB相交。再由直线OA上的任意定点O，作到点D的直线OD，交BL于点d。由d再作直线dg，与直线BL构成任意给定角，并使$dg:Od=DG:OD$，这样，点g将位于新图形hgi上，并与点G相对应。用相同的方法，可以将第一个图形上的若干点分别与新图形上的点一一对应。若假设点G受连续运动作用而通过第一个图形上所有的点，那么，点g也将受连续运动作用而通过新图形上所有的点，画出的图形也完全相同。为了表示区别，可将DG作为原纵标线，dg作为新纵标线，并以AD为原横标线，ad为新的横标线，O作为极点，OD作为分割半径，OA作为原纵标线上的半径，而Oa则作为新的纵标线半径。

如果点G位于给定直线上，那么，点g也将位于给定直线上。如果点G位于圆锥曲线上，同样，点g也在圆锥曲线上，在这里，我将圆周作为圆锥曲线的一种。另外，如果点G在三次曲线上，则点g也将在三次曲线上，即使是更高级的曲线，情况也完全相同。点G和g所在曲线的次数总是相等的，因为，$ad:OA=Od:OD=dg:DG=AB:AD$；所以，$AD=\frac{QA\times AB}{ad}$，$DG=\frac{OA\times dg}{ad}$。如果点$G$位于直线上，那么，在任意表达横标线$AD$和纵标线$GD$关系的等式中，这些未知量$AD$和$DG$的方程是一次的。如果用$\frac{OA\times AB}{ad}$代替$AD$，$\frac{OA\times dg}{ad}$代替$DG$，可以形成一个新的等式，在这个等式中，新横标线$ad$和新纵标线$dg$的方程也只有一次。因此，它们只表示一条直线。但是，如果AD或DG在原方程中是二次的，那么，ad和dg在新方程中也同样上升到二次的。这在三次方或更高次方的方程中也如此。在新方程中未知量ad、dg，以及在原方程中的AD、DG，它们的次数都是相等的，所以，点G和g所在的曲线次数也是相等的。

此外，如果任意直线在原图形中与曲线相切，那么该直线与曲线以相同方式转变为新图形时，直线也会与曲线相切，反之亦然。如果原图形中曲线上的任意两点，相互不断靠近并重合，那么，对应的点在新图形中也将不断靠近并重合，因此，在两个图形中，由某些点构成的直线将同时变为曲线的切线。我本来应该用更加几何的形式来对这些问题进行证明，但是，为了简洁，我把它省略了。

如果要将一个直线图形转变为另一个直线图形，只需转变原图形中直线的交点就行了，并通过这些转变的交点再在新图形中作出直线。但如果是转变曲线图形，就必须转变那些可以确定曲线的点、切线，以及其他的直线。本引理可用于解决一些更有难度的问题，因为可以将所设的图形由较为复杂的转变为较为简单的。不同方向的直线可聚拢于一点，而通过该点的任意直线可代替原纵坐标半径，将那些向一个点聚拢的所有任意直线转变为平行线，只有这样，才能使它们的交点位于无限远处，而这些平行线就向着那个无限遥远的点靠近。在新图形中解决完这些问题之后，如果按逆运算将新图形转变为原图形，我们也会得到所要的解。

该引理同样也适用于解决立体问题。因为，通常需要解决的是两条圆锥曲线相交的问题，而任意一个圆锥曲线都可以被转变，如果是双曲线或抛物线，可以转变为椭圆，而椭圆也很容易转变成圆。在平面问题的作图中，直线和圆锥曲线同样也可以转变为直线和圆周。

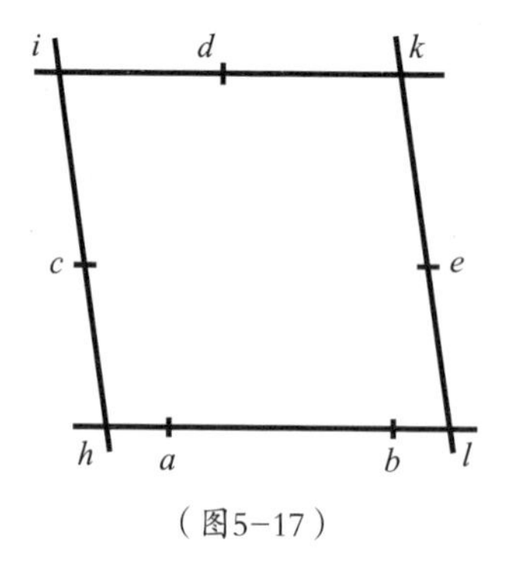

（图5-17）

命题25　问题17

作出通过两定点，并与三条给定直线相切的曲线轨道。（如图5-17）

过任意两条切线的交点和第三条切线与两定点直线相交的交点，作一条直线，并用这条直线代替原纵标线半径，根据前述引理，可将原图形转变为新图形。在新图形中，这些切线变为平行线，第三条切线也将与过两定点的直线平行。假设hi、kl为两条平行的切线，ik为第三条切线，hl为平行于该切线的直线，并过点a、b，那么，在新图形中，圆锥曲线也将通过这两点。作平行四边形$hikl$，直线hi、ik、kl相交于点c、d、e，使hc与$ah\times hb$的平方根的比，ic与id、ke与kd的比，等于线段hi、kl的和与另外三条线段（第一条线段为ik、其他两条为$ah\times hb$和$al\times lb$的平方根）和的比，则c、d、e点将为切点。因为，根据圆锥曲线的性质，hc^2：（$ah\times hb$）$=ic^2:id^2=ke^2:kd^2=el^2$：（$al\times lb$），所以，$hc$与$\sqrt{ah\times hb}$、$ic$与$id$、$ke$与$kd$，及$el$与$\sqrt{ah\times hb}$的比值相等，同时等于$(hc+ic+ke+el):\sqrt{ah\times hb}+id+kd+\sqrt{ah\times hb}$，也等于$(hi+kl):\sqrt{al\times lb}+ik+\sqrt{al\times lb}$。由此在新图形中可得切点$c$、$d$、$e$。通过上一引理中的逆运算将这些点转变到原图形中，则曲线轨道可由问题14作出。

证明完毕。

由于点a、b可落在点h、l之间，也可落在点h、l之外，因此取点c、d、e时，也应在点h、i、k、l之间，或在它们之外。如果点a、b中的任一个落在点h和i之间，而另一个不在h和l之间，则命题无解。

命题 26　问题 18

作出通过一定点，并与四条给定直线相切的曲线轨道。（如图5-18）

通过任意两条切线的公共交点到其他两条切线的公共交点作直线，并用这条直线代替原纵标线半径，根据引理22，可以将原图形转变为新图形，使原先在纵标线相交的这两对切

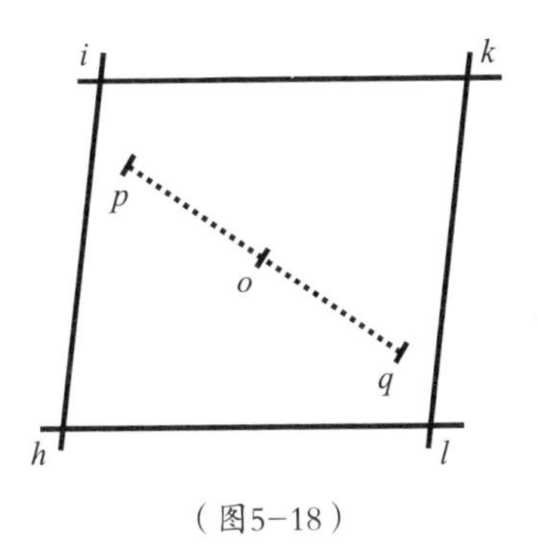

（图5-18）

线，现在变为相互平行。用hi和kl、ik和hl这两对平行线，构成平行四边形$hikl$，将p作为新图形中与原图形中给定点相对应的点。过图形的中心o作线段pq，使$oq=op$，那么，点q为新图形中圆锥曲线所通过的另一个点。根据引理22，由逆运算，使该点转变到原图形中，则可得所求曲线轨道上的两点。根据问题17，曲线轨道可由这些点画出。

引理 23

如果两直线如AC和BD的位置已给定，点A、B为端点，且两直线间的比值为给定值，由不确定点C、D连接而成的直线CD被点K以给定比值分割，则点K将位于给定直线上。（如图5-19）

设直线AC和BD相交于点E，在BE上取$BG:AE=BD:AC$，使FD等于给定线段EG，由图知，$\frac{EC}{GD}$（即$\frac{EC}{EF}$）$=\frac{AC}{BD}$，即为定值，所以三角形EFC的类型也给定。将CF在L点进行分割，使$\frac{CL}{CF}=\frac{CK}{CD}$；由于该比值已给定，三角形$EFL$的类型也将给定，所以，点$L$将位于给定直线$EL$上。连接$LK$，则三角形$CLK$与三角形$CFD$相似，由于$FD$为给定直线，$LK$与$FD$的比值为给定值，因此，$LK$也将给定。在$ED$上取$EH=LK$，$ELKH$则为平行四边形，因此，点$K$将位于平行四边形的边$HK$上（$HK$为给定直线）。

证明完毕。

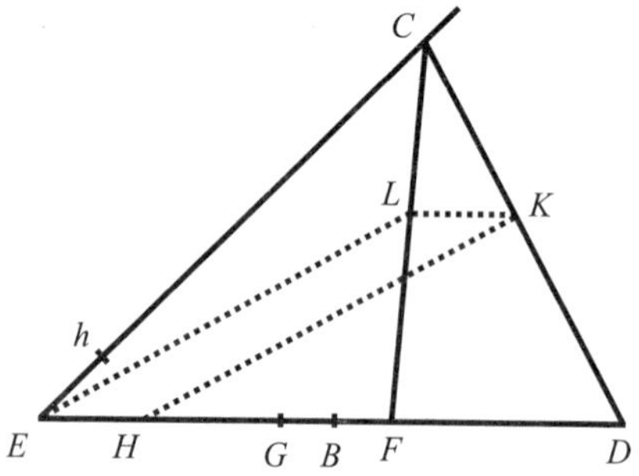

C L K h E H G B F D

（图5-19）

推论　由于图形$EFLC$的类型已给定，因此，EF、EL、EC（即GD、HK、EC）这三条直线相互间的比值也给定。

引理24

三条直线都与某一圆锥曲线相切，如果其中两条的位置已给定并且相互平行，那么，与这两条直线平行的曲线的半径，是这两条直线切点到它们被第三条切线所截线段的比例中项。（如图5-20）

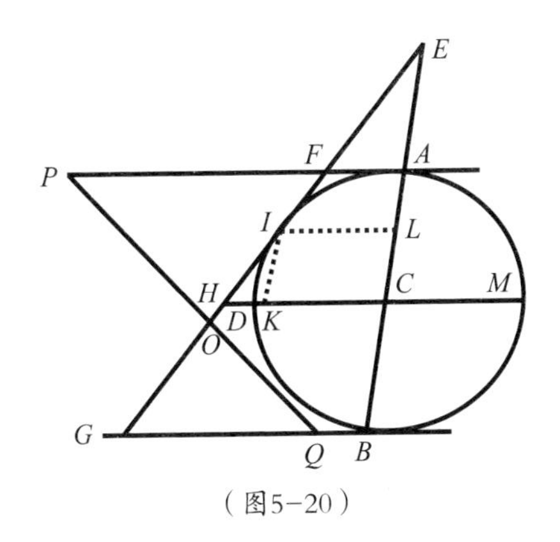

（图5-20）

设AF、GB为两条平行直线，并与圆锥曲线ADB相切于点A和B；EF为第三条直线，与圆锥曲线相切于点I，并与前两条切线交于点F和G，以CD为图形半径并与前两条切线平行，那么，AF、CD、BG成连比。

如果共轭直径AB、DM与切线FG交于点E和H，两直径相交于点C，作出平行四边形$IKCL$。根据圆锥曲线性质，$EC:CA=CA:CL$，由分比得：$\frac{EC-CA}{CA-CL}=\frac{EC}{CA}=\frac{EA}{AL}$，由合比得：$\frac{EA}{EA+AL}=\frac{EC}{EA+AL}$，即$\frac{EA}{EL}=\frac{EC}{EB}$，由于$\triangle EAF$、$\triangle ELI$、$\triangle ECH$、$\triangle EBG$相似，因此，$AF:LI=CH:BG$。由圆锥曲线性质可得，$\frac{LI}{CD}$（或$\frac{CK}{CD}$）$=\frac{CD}{CH}$。因此由并比得$\frac{AF}{CD}=\frac{CD}{BG}$。

证明完毕。

推论1 如果两切线FG、PQ与两平行切线AF和BG交于点F和G、P和Q，两切线FG、PQ交于点O，那么，根据该引理，$AF:CD=CD:BG$，$BQ:CD=CD:AP$，所以，$AF:AP=BQ:BG$，由分比得$AF:BQ=FP:GQ$，最终等于$\frac{FO}{OG}$。

推论2 同样，过点P和G、F和Q所作的直线PG和FQ，将与通

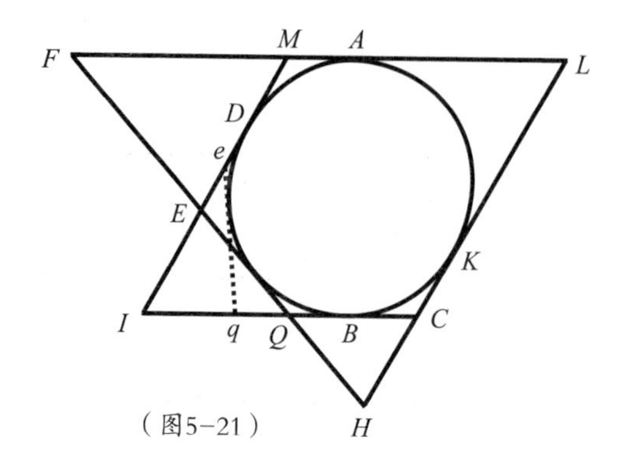

（图5-21）

过图形中心和切点A、B的直线ACB相交。

引理25

如果平行四边形的四边与任意一圆锥曲线相切，并与第五条切线相交，那么，平行四边形对角上的两相邻边被截取的线段，其中任一段与它所在边的比值，等于其相邻边上由切点到第三条边所截取的部分与另一条线段的比。（如图5-21）

平行四边形$MLKI$四条边ML、IK、KL、MI与圆锥曲线相切于A、B、C、D，第五条切线FQ与这些边相交于F、Q、H和E，取MI、KI上ME、KQ两段，或KL、ML上KH、MF两段，使$ME:MI=BK:KQ$，$KH:KL=AM:MF$。根据前述引理中的推论1可知，$ME:EI=AM$或$BK:BQ$；由合比得$ME:MI=BK:KQ$。

证明完毕。

同理，$KH:HL=BK$或$AM:AF$，由分比得$KH:KL=AM:MF$。

证明完毕。

推论1 如果外切给定圆锥曲线的平行四边形$IKLM$已给定，那么，乘积$KQ\times ME$与其相等的乘积$KH\times MF$也给定。由于三角形KQH与三角形MFE相似，因而这些乘积也相等。

推论2 如果第六条切线eq与切线KI、MI相交于点q和e，那么，$KQ\times ME=Kq\times Me$，$KQ:Me=Kq:ME$，由分比得KQ/Me等于Qq/Ee。

推论3 同样，如果二等分Eq和eQ，并作过这两平分点的直线，则该直线将过圆锥曲线的中心。由于$Qq:Ee=KQ:Me$，因此，根据引理23，同一直线将通过所有直线Eq、eQ、MK的中点，而直线MK的中点即是曲线的中心。

命题 27　问题 19

作出与五条给定直线相切的曲线轨道。（如图5–22）

假设ABG、BCF、GCD、FDE、EA为给定的五条切线。由它们中的任意四条构成四边形，如$ABFE$。以点M和N平分四边形的对角线AF和BE，那么，根据引理25中的推论3，由平分点所作的直线MN将过圆锥曲线的中心。通过另四条切线构成四边形，如$BGDF$，以点P和Q平分对角线BD、GF，那么，过平分点所作的直线PQ也将通过圆锥曲线的中心。因此，中心将在二条等分点连线的交点处。设该中心为O，作任意切线BC的平行线KL，使点O位于这两条平行线的中间，则KL将与所作曲线相切。使KL相交其他两任意切线GCD、FDE于点L和K，不平行切线CL、FK与平行切线CF、KL相交于点C和K、F和L，作CK、FL交于点R，根据引理24中的推论2可知，直线OR与平行切线CF、KL在切点相交。同理可求出其他切点，然后，根据问题14就可作出曲线轨道。

证明完毕。

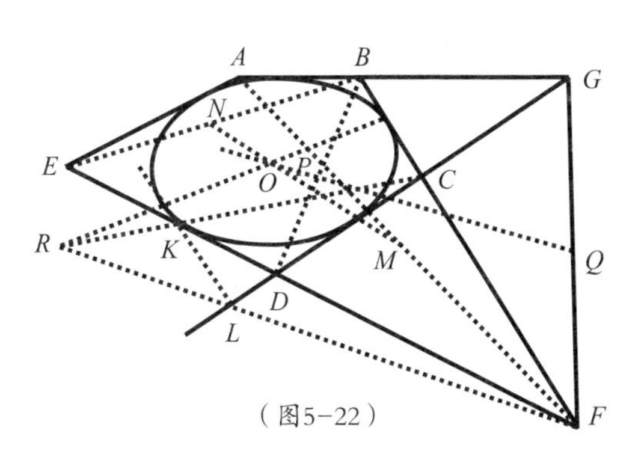

（图5–22）

附　注

前述命题也包括了曲线轨道的中心或渐近线给定的情况。因为，当点、切线、中心均给定时，在中心另一侧相

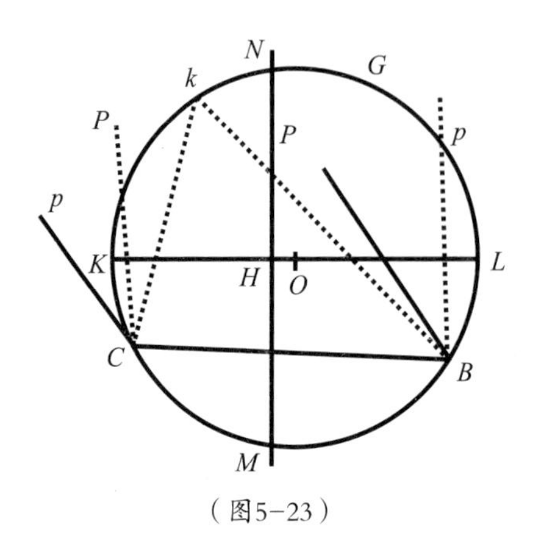

（图5-23）

同距离处，同样多的点、切线也将给定，因此，可将渐近线视为切线，它在无限遥远的极点就是切点。设任意一条切线的切点移动到无限远处，该切线则将变为一渐近线，而前述问题中所作的图也就演变成为如图5-23所示，由给定渐近线所作的图了。

作完圆锥曲线之后，我们还可以按此方法找到它们的轴和焦点。通过引理21的构图，可以画出曲线轨道的动角PBN、动角PCN的边BP和CP相互平行，并能在图形中保持其所在位置并围绕极点B、C旋转。与此同时，通过这两个角的另外两条边CN、BN的交点K或k，作一圆周$BKGC$。以O为圆周的中心，使边CN、BN在画出圆锥曲线之后相交，并由中心作直线MN的垂线OH，在点K和L与圆周相交。当另两边CK、BK相交于离MN最近的点K时，原先的边CP、BP将与长轴平行，并与短轴垂直。如果这些边在最遥远的L点处相交，就会出现相反的情况。因此，若轨道的中心已给定，其轴也必然给定，当这些都给定之后，找出它的焦点也就非常容易了。

由于两轴相互间平方的比等于$\frac{KH}{LH}$，因此，我们很容易就可以通过四个给定点画出已知类型的曲线轨道。如果C、B是这些给定点中的两个极点，那么，第三个极点就将引出可动角PCK、可动角PBK，如果这些条件都已给定，就可画出圆$BGKC$。由于曲线轨道的类型已给定，因此，$\frac{OH}{OK}$的值以及OH本身也就给定。以O为圆心、OH为半径，画出另一个圆周，通过边CK、BK的交点与该圆相切的直线，在原先图形的边CP、BP

在第四个给定点相交时，即变成平行线MN，通过MN，则可画出圆锥曲线。另一方面，还可以在给定的圆锥曲线中作出它的内接四边形。

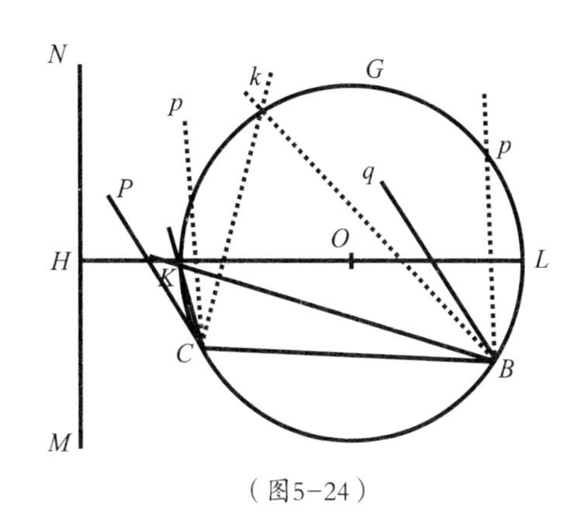

（图5–24）

当然，我们还可以用其他引理来画出给定类型的圆锥曲线，并使曲线轨道通过给定点，与给定直线相切（如图5–24）。该图形的类型是：如果一直线过任意给定点，它将与给定的圆锥曲线交于两点，并等分两交点间的距离，其等分点将交于另一圆锥曲线上，该圆锥曲线与前一图形的类型相同，而它的轴与前一个图形的轴平行。不过，这个问题只能谈到这里，因为，我将在后面讨论更具实用价值的问题。

引理26

在给定大小和类型的三角形中，将三角形的三个角分别与同样多的、给定位置且不平行的直线相互对应，并使每个角与一条直线对应相交。（如图5–25）

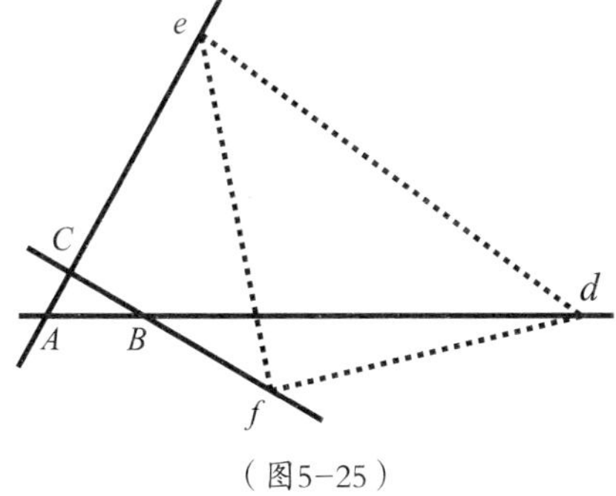

（图5–25）

在给定三条直线AB、AC、BC的位置时，按以下要求来摆放三角形DEF：角D与直线AB相交、角E与AC相交、角F与BC相交。在DE、DF、EF上作圆弧DRE、圆弧DGF和圆弧EMF，使弧所对应的角分别与角BAC、角ABC和角ACB相等。这些弧线朝向相应的边DE、DF、EF，并使字母$DRED$与$BACB$的转动顺序一致、$DGFD$与$ABCA$一致、$EMFE$与$ACBA$一致。然后，把这些圆弧补充成完整的圆周，并将前两个圆相交于点G，设P和Q为这两个圆的中心。连接GP、PQ，取Ga并使$Ga : AB = GP : PQ$。再以点G为圆心、Ga为半径画出一圆，与第一个圆DGE交于点a。连接aD，与第二个圆DFG交于点b。再连接aE，交第三个圆周EMF于点c。则可画出与图形$abcDEF$相似且相等的图形$ABCdef$。

证明：作Fc交aD于点n，连接aG、bG、QG、QD、PD，作图可知，角EaD等于角CAB，角acF等于角ACB，所以三角形anc与三角形ABC相等。因此，角anc或角FnD与角ABC相等，也与角FbD相等，那么，点n将落在点b上。另外，圆心角GPD的一半——角GPQ与圆周角GaD相等；而圆心角GQD的一半——角GQP与圆周角GbD的补角相等，所以与角Gba相等。基于上述理由，三角形GPQ和三角形Gab相似，$Ga : ab = GP : PQ$，也等于$\frac{Ga}{AB}$（如图5-26）。所以$ab = AB$，三角形abc和三角形ABC相似且相等。因此，由于三角形DEF的顶点D、E、F分别位于三角形abc的边ab、ac、bc上，那么，就可作出图形$ABCdef$，使之与图形$abcDEF$相似且相等，即问题可解出。

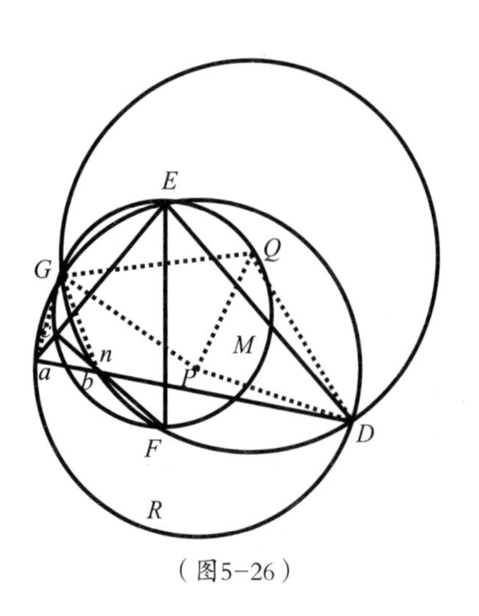

（图5-26）

证明完毕。

推论　可以作出这样一条直线：使其给定长度的部分位于三条给定位置的直线之间。假设三角形DEF上的D点向边EF靠近，随着边

DE、DF渐变为一条直线，三角形也渐变成两条直线，则给定部分DE将介于给定直线AB、AC之间，给定部分DF也将介于给定直线AB、BC之间。如果将上述画图法运用到本情形中，问题即可解答。

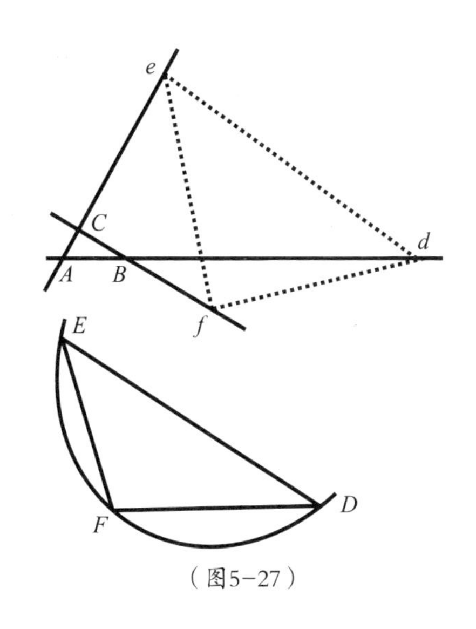

（图5-27）

命题28　问题20

给定类型和大小，作出一圆锥曲线，使曲线中的给定部分介于给定位置的三条直线之间。（如图5-27）

假设一曲线轨道与曲线DEF相似且相等，并被三条给定直线AB、AC、BC分割为DE和EF两部分，这两部分与曲线给定的部分相似且相等。

作直线DE、EF、DF，根据引理26，三角形DEF的顶点D、E、F在给定位置的直线上。而以三角形画出的曲线轨道，则与曲线DEF相似且相等。

证明完毕。

引理27

给定类型，作出一四边形，使它的四个顶点分别在与四条边既不相互平行，也不交于一点的直线上。（如图5-28）

给定四条直线AC、AD、BD、CE的位置，设AC交AD于点A、交BD于点B、交CE于点C。设所作四边形$fghi$与四边形$FGHI$相似，它的角f与

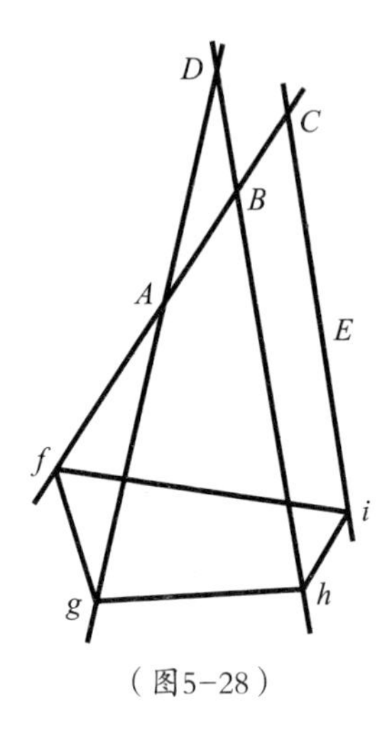

（图5-28）

定角F相等，顶点f在直线AC上，其他的角g、h、i与其他的定角G、H、I相等，顶点分别在直线AD、BD、CE上。连接FH，在FG、FH和FI上作出相同数量的圆弧FSG、圆弧FTH和圆弧FVI，弧FSG所对应的角与角BAD相等，弧FTH的对应角与角CBD相等，弧FVI的对应角与角ACE相等。将这些弧线朝向相应的边FG、FH、FI，并使字母$FSGF$与字母$BADB$的转动顺序一致、$FTHF$与$CBDC$一致、$FVIF$与$ACEA$一致。将这些圆弧补充成完整的圆周，以P为圆FSG的圆心、Q为圆FTH的圆心。连接PQ且延伸其两边，在它上面截取QR，使$QR:PQ=BC:AB$。将QR的端点Q，并使字母P、Q、R的顺序与A、B、C的转动顺序一致。再以R点为圆心、RF为半径，作出第四个圆FNc，与第三个圆FVI交于点c。连接Fc，交第一个圆于点a、交第二个圆于点b。作aG、bH、cI，使图形$ABCfghi$与图形$abcFGHI$相似，则四边形$fghi$为所要求的图形。

圆FSG、圆FTH相互交于点K，连接PK、QK、RK、aK、bK、cK，再延长QP至点L。圆周角FaK、FbK、FcK为圆心角FPK、FQK、FRK的一半，与圆心角的半角LPK、LQK、LRK相等。所以图形$PQRK$与图形$abcK$等角相似，因此，$ab:bc=PQ:QR=AB:BC$。由图可知：角fAg、角fBh、角fCi等于角FaG、角FbH、角FcI，因此，所作图形$ABCfghi$与图形$abcFGHI$相似，所作四边形$fghi$也与$FGHI$相似，而它的顶点f、g、h、i也在直线AC、AD、BD和CE上。

证明完毕。

推论　由此可作一条直线，使其各部分以给定的顺序介于四条给定位置的直线之间，并且各部分间的比值给定。若角FGH、角GHI增大，使直线FG、GH、HI演变为一条直线。通过该情形而作的图，可作一直线$fghi$，它的各部分fg、gh、hi位于给定位置的四条直线AB和AD、AD和BD、BD和CE之间，相互比值等于直线FG、GH、HI之间相同顺序的比值。不过，这个问题还可用一种更简单的方法解答。（如图5–29）

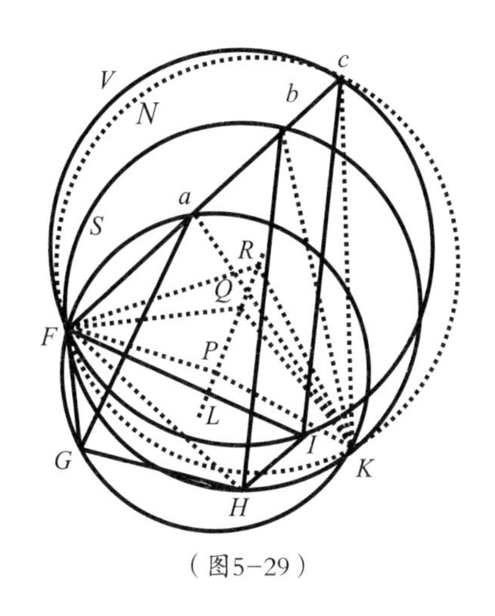

（图5–29）

延长AB、BD分别至K、L点，使$BK:AB=HI:GH$，$DL:BD=GI:FG$。连接KL交直线CE于点i，再延长iL至点M，使$LM:iL=GH:HI$。再作MQ平行于LB，交直线AD于点g，连接gi，交AB、BD于点f、h；问题即得到解答。

证明：设Mg交直线AB于点Q，AD交直线KL于点S，作AP平行于BD，交iL于点P，那么，$\frac{gM}{Lh}$（$\frac{gi}{hi}$、$\frac{Mi}{Li}$、$\frac{GI}{HI}$、$\frac{AK}{BK}$）与$\frac{AP}{BL}$为相等比值。以点R分割DL，使$\frac{DL}{RL}$也与上述比值相等。由于$\frac{gS}{gM}$、$\frac{AS}{AP}$、$\frac{DS}{DL}$相等，因此$\frac{gS}{Lh}$、$\frac{AS}{BL}$、$\frac{DS}{RL}$相等，$\frac{BL-RL}{Lh-BL}=\frac{AS-DS}{gS-AS}$，即$\frac{BR}{Bh}=\frac{AD}{Ag}=\frac{BD}{gQ}$，$\frac{BR}{BD}=\frac{Bh}{gQ}=\frac{fh}{fg}$。根据图形可知，直线$BL$在点$D$、$R$处被分割，直线$FI$在点$G$、$H$处被分割，而在$D$、$R$处分割的比值与点$G$、$H$处分割的比值相等。因此，$\frac{BR}{BD}=\frac{FH}{FG}$，$\frac{fh}{fg}=\frac{FH}{FG}$。与此相类似，$\frac{gi}{hi}=\frac{Mi}{Li}$，也等于$\frac{GI}{HI}$，

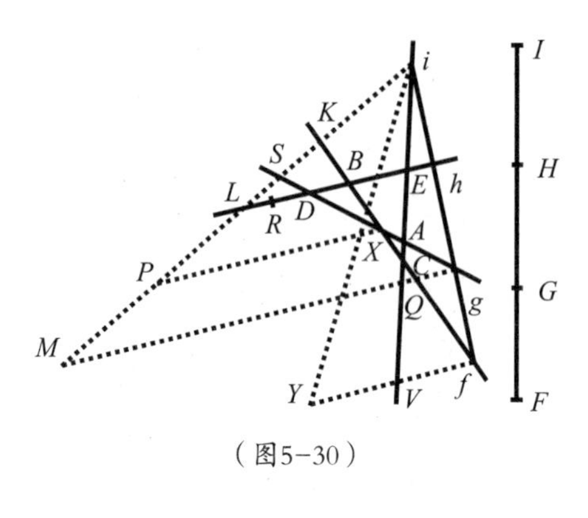

（图5-30）

这就是说，直线FI、fi在点g和h、G和H处被相似地分割。（如图5-30）

证明完毕。

在该推论的作图中，还可作直线LK交CE于点i，之后可再延长iE至点V，使$\frac{EV}{Ei}=\frac{FH}{HI}$，再作直线$Vf$平行于$BD$。如果以点$i$为圆心、$IH$为半径，可作一圆周交$BD$于点$X$，并延长$iX$至点$Y$，使$iY=IF$，最后，作$Yf$与$BD$平行。这种作图法与前一种作图法结果完全相同。

事实上，克里斯多弗·雷恩爵士和瓦理司博士很早就采用了其他方法来对这个问题做解答。

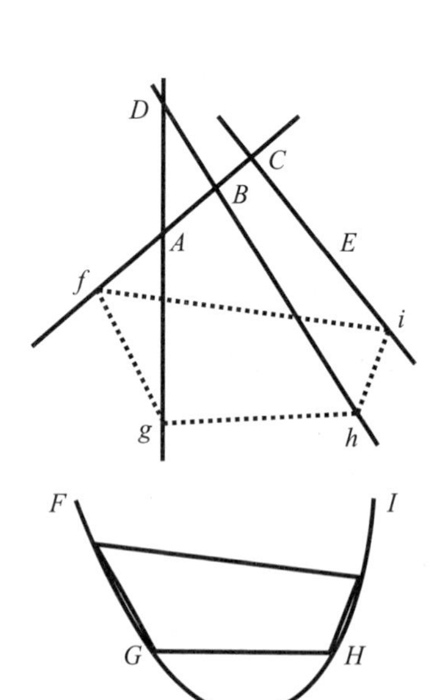

（图5-31）

命题29　问题21

给定类型，作一圆锥曲线，使该曲线被四条给定位置的直线切割为顺序、类型、比例都给定的若干部分。（如图5-31）

假设所作的曲线轨道与曲线$FGHI$相似，曲线轨道的各个部分与曲线的FG、GH、HI部分相似并成比例，且位于给定直线AB和AD、AD和BD、BD和CE之间，即第一部分位

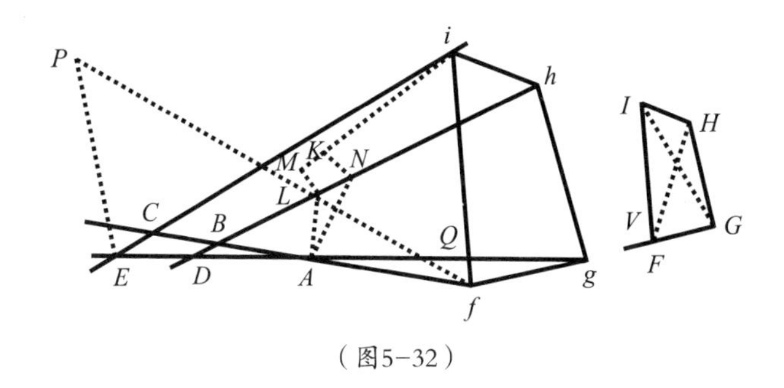

（图5–32）

于第一对直线间、第二部分位于第二对之间、第三部分位于第三对之间。作直线FG、GH、HI、FI，根据引理27，可作四边形$fghi$，使之与四边形$FGHI$相似，并使它的顶点f、g、h、i按各自的顺序依次在直线AB、AD、BD、CE上。再绕该四边形作一曲线轨道，所作曲线则与曲线$FGHI$相似。

附　注

这个问题可用下列方法来解答。（如图5–32）

连接FG、GH、HI、FI，将GF延长至点V，连接FH、IG，并使角CAK、角DAL与角FGH、角VFH相等。将AK、AL交直线BD于点K和L，作KM、LN，使KM构成角AKM与角GHI相等，并使$\frac{KM}{AK}=\frac{HI}{GH}$。再将直线$LN$构成角$ALN$并使之与角$FHI$相等，且$\frac{LN}{AL}=\frac{HI}{FH}$。将所作直线$AK$、$KM$、$AL$、$LN$朝向边$AD$、$AK$、$AL$一侧，并使字母$CAKMC$、$ALKA$、$DALND$的转动顺序与字母$FGHIF$一致。作$MN$交直线$CE$于点$i$，使角$iEP$等于角$IGF$，并使$\frac{PE}{Ei}=\frac{FG}{GI}$。过点$P$作$PQf$，使它与直线$ADE$构成的角$PQE$与角$FIG$相等，并与直线$AB$相交于点$f$，连接于$fi$。将所作直线$PE$和$PQ$朝向边$CE$、$PE$的一侧，并使字母$PEiP$、$PEQP$的旋转顺序与字母$FGHIF$一致。如果在直线$fi$上，按前面字母的相同顺序作四边形$fghi$与

四边形$FGHI$相似，再围绕该四边形作外切于它的曲线轨道，问题即可解答。

至此，我在前面所讲述的全是关于轨道的解法，后面我将求解的是：物体在这些轨道上的运动。

第6章　如何求已知轨道上物体的运动

命题30　问题22

求在任意给定时刻，运动物体在抛物线轨道上所处的位置。（如图6-1）

设S点为抛物线的焦点，A为顶点，设$4AS\times M$等于被截下的部分抛物线面积APS，其中，APS既可是以半径SP在物体离开顶点后所划过的面积，也可是物体到达那里（顶点）之前划过的部分。现在，我们知道这块截取的面积的量与它的时间成正比。G为AS中点，作垂线GH等于$3M$，再以点H为圆心、HS为半径作一圆，这个圆与抛物线的交点P即为所求质量。作PO垂直于横轴，再作PH，则：

$AG^2+GH^2=HP^2=(AO-AG)^2+(PO-GH)^2=AO^2+PO^2-2AO\times AG-2GH\times PO+AG^2+GH^2$，所以，$2GH\times PO=AO^2+PO^2-2AO\times AG=AO^2+\frac{3}{4}PO^2$。用$\frac{AO\times PO^2}{4AS}$代替$AO^2$，再将等式除以$3PO$、乘以$2AS$，可得到：$\frac{4}{3}GH\times AS=\frac{1}{6}AO\times PO+\frac{1}{2}AS\times PO=\frac{AO+3AS}{6}\times PO=\frac{4AO-3SO}{6}\times PO=$面积$APO-$面积$SPO=$面积$APS$。由于$GH=3M$，因此，$\frac{4}{3}GH\times AS=4AS\times M$。所以，被切割的面积$APS$与给定面积$4AS\times M$

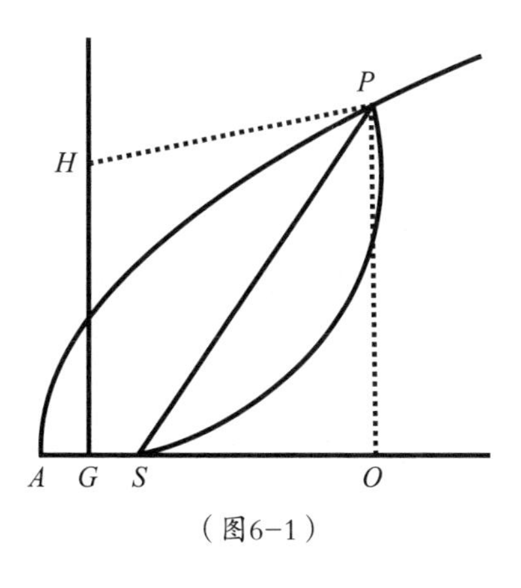

（图6-1）

相等。

证明完毕。

推论1　因此，GH与AS的比，等于物体划过弧AP所需时间与物体由顶点A到焦点S处主轴垂线所截的一段弧所需时间之比。

推论2　假设一圆周ASP连续穿过运动物体P，且物体在点H处的速度与在顶点A的速度之比为3∶8，那么，直线GH与物体在相同时间以在顶点A的速度由A运动到P所画直线之比也为3∶8。

推论3　用以下方法可求出物体经过任意给定弧AP所需的时间。连接AP，在它的中点上作一垂线，然后在点H与直线GH相交。

引理 28

通常用任意多有限的项和元的方程，不能求出以任意直线切割的卵形面积。

假如在卵形内任意给定一点，一直线以该点作为极点，绕其做连续、匀速的旋转运动；在该直线上，有一可动点从极点不断向外移动，移动速度等于卵形中直线长的平方。在运动过程中，该点的运动轨迹是旋转数无穷的螺旋线。如果由上述直线所切割的卵形面积可由有限方程求出，那么，与该面积成正比的从动点到极点的距离也可由相同的方程求出，则螺旋线上的所有点都可由有限方程求出，而给定位置的直线与螺旋线的交点也同样可由有限方程求出。但是，每一条无限延伸的直线与螺旋线都相交于无限数量的点，而两线的交点都可由方程解出，即方程有多少个根就有多少个交点，有多少个交点也就应该有相应多的次数。因为，两个圆周相交于两个点，用一个二次方程可以求出一个交点，用这个方程也能求出另一个交点。两个圆锥曲线可以有四个交点，任意一个交点通常只能由四次方程求出，而用四次方程可以求出所有的交点。如果分别去找每一个交点，由于定律和条件都一样，因此，不管在什么情形下，其计算结果也完全一样，这意味着，它必定同时表达了所有的交点。圆锥曲线与三次曲线的交点最多有六个，必须用六次方程才能求出。而当两条三次曲线相交，其交点最多有九个，必须用九元方程才能求出。若非如此，所有的立体问题，包括那些维数高于立体的问题，都可简化为立体问题。但是，我在这里所讨论的曲线幂次却不能降低，因为方程幂次是用来表达曲线的，一旦降低，曲线就不是一个完整曲线，而是由两条或者更多条曲线组合而成，它们的交点则可由不同的计算分别求出。同理，直线与圆锥曲线的两个交点也需用二次方程求出，而直线与三次曲线的三个交点则需用三次方程求出，直线与四次曲线的四个交点需用四次方程求出，这样可以推广到无限。由于螺旋线是简单的曲线，不能简化分为更多的曲线，因此直线与螺旋线的无数个交点，就需要用次数和根都是无限多的方程来表达，因为所有的定律和条件都是相同的。如果由极点作相交直线的垂线，且垂线与相交直线均绕极点转动，那么螺旋线的交点会相互转变，在第一次旋转之后，第一个或最近的一个交点将变为第二个，在第二次旋转之后则会变为第三个，以此类推。当螺旋线的交点在进行转变时，方程不会发生任何改变，但它对交点直线位置量的大小及其变化起着决定作用。因此在每一次的转动之后，由于这些量都变为它们初始时的大小，则方程也会变为其最初的形式，而同一个方程可表达出所有的交点，并能表示交点的无数个根。简而言之，有限方程不能求出直线与螺旋线的交点，即由直线任意切割的卵形的面积，不能用有限方程来表示。

根据相同理由，如果螺旋线极点与动点的间距与被切割卵形的边长成正比，由此说明，该边长一般不能用有限方程表示。但是，我在这里所说的卵形并不与向外无限延伸的共轭图形相切。

推论　从焦点到运动物体的半径画出的椭圆面积，不能由给定时间的有限次方程求出，也不能通过几何上的有理曲线来描绘。在这里，我之所以称这些曲线在几何上是有理的，是指上面所有的点均可由长度的方程求出，也可以说是由长度的复合比值确定。其他的曲线如螺旋线、割圆曲线、摆线等，我将它们称做几何上是无理的。它们的长度有的是整数与整数的比，有的则不是（根据欧几里得《几何原本》第十卷），在算术上称为“有理”或“无理”。因此，在接下来的方法中，我将用几何上的无理曲线分割法来对椭圆面积作分割，所分割的面积与时间成正比。

命题31　问题23

找出物体在指定时间、给定的椭圆轨道上运动所处的位置。（如图6-2）

作一椭圆*APB*，设*A*为椭圆*APB*的主顶点，*S*为焦点，*O*为中心，以点*P*作为所要求的物体的处所。延长*OA*至点*G*，使*OG*：*OA*＝*OA*：*OS*。作长轴的垂线*GH*，再以*O*为圆心、*OG*为半径作圆*GEF*。以直线*GH*为底边，设圆轮*GEF*绕其轴向前转动，同时，由点*A*作摆线*ALI*，完成之后，再以*GK*与圆轮周长*GEFG*的比，等于物体由*A*点前进划出弧*AP*所需的时间与绕椭圆旋转一周的时间之比。作垂线*KL*，交摆线于点*L*，再作*LP*平行于*KG*，交椭圆于点*P*，*P*点即为所要求的物体所

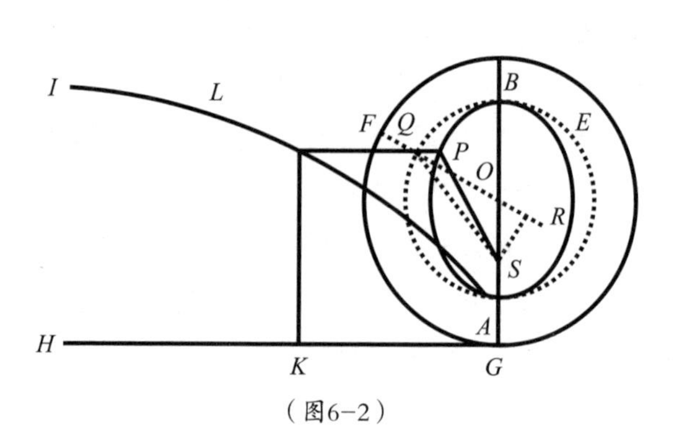

（图6-2）

处的位置。

证明：以点O为圆心，OA为半径作出半圆AQB，使LP延长之后交弧AQ于点Q，连接SQ、OQ。将OQ交弧EFG于点F，作OQ上的垂线SR。则面积APS与面积AQS成正比，即与扇形OQA和三角形OQS的差成正比，或与$\frac{1}{2}OQ\times AQ$和$\frac{1}{2}OQ\times SR$的差成正比，由于$\frac{1}{2}OQ$已给定，因此，与弧AQ与直线SR的差也成正比。又因为SR与弧AQ的矢之比，OS与OA之比，OA与OG之比，AQ与GF之比，以及$AQ-SR$与GF–弧AQ的矢之比都相等，所以面积APS与GF和弧AQ的矢之差成正比。

证明完毕。

附　注

由于要作出这条曲线比较困难，因此，在此最好采用近似求解法。（如图6–3）首先，选择一个定角B，使其与半径的对应角57.295 78°角的比，等于焦距SH与椭圆直径AB的比。再找出一个长度L，使其与半径的反比也为该比值。然后，用下列分析方法来解答这个问题：

首先，我们假设处所P接近物体真正的处所p。在椭圆的主轴上作纵标线PR，根据椭圆直径的比例，我们可以求出外切圆AQB的纵标线RQ。以AO为半径，与椭圆相交于点P，那么，该纵标线就是角AOQ的正弦。如果这个角只是由数字的近似计算求得，只要能接近于真实就可以了。假设这个角与时间成正比，那么，它与四个直角的比，则等于物体经过弧Ap所需的时间与绕椭圆一周所需时间之比。

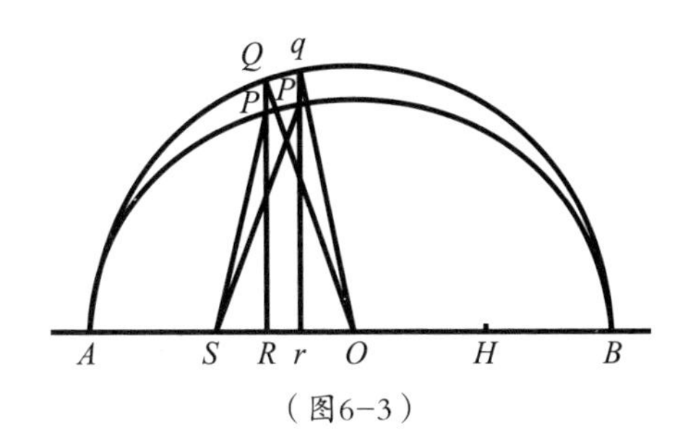

（图6–3）

将该角设为N，另取一个角D，使其与角B的比等于角AOQ的正弦与半径的比。取角E，使其与角$N-AOQ+D$之比等于长度L比L与角AOQ余弦之差。下一步，取角F，使其与角B之比等于角$AOQ+E$的正弦与半径之比；再取角G，使其与角$N-AOQ-E+F$等于长度L比L与角$AOQ+E$的余弦之差。第三步，取角H，使其与角B的比等于角$AOQ+E+G$的正弦与半径的比；再取角I，使其与角$N-AOQ-E-G+H$之比等于长度L比L与角$AOQ+E+G$的余弦之差。这样一直推广到无限。最后，取角AOq，使其等于角$AOQ+E+G+I+\cdots$。由它的余弦Or和纵坐标pr（pr与它的正弦qr的比等于椭圆短轴与长轴的比），可得出物体的准确处所p。当角$N-AOQ+D$为负时，那么角E前的“+”号都应改为“−”号，且“−”号都应改为“+”号。同样，当角$N-AOQ-E+F$和角$N-AOQ-E-G+H$为负时，角G和I前的符号也要作相应改变。但是无穷级数$AOQ+E+G+I+\cdots$，收敛的速度很快，通常几乎不用计算到第二项E之后。用这个定理进行计算，面积APS等于弧AQ和由焦点S垂直于半径OQ的直线的差。（如图6-4）

用相似的计算方法，也可以解决双曲线中的类似问题。以其中心为O，顶点为A，焦点为S，渐近线为OK。设与时间成正比且被分割的面积的量已知，用A表示，假设直线SP的位置接近于分割面积APS。连接OP，由A和P作到渐近线的直线AI、PK，使它们与另一条渐近线平行。根据对数表，可以确定面积$AIKP$，并可确定面积OPA与其相等，面积OPA是从三角形OPS切下的面积，剩下的

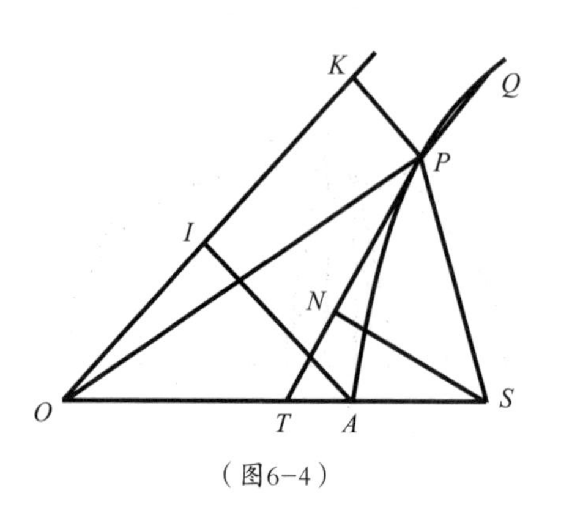

（图6-4）

面积为APS。用$2APS-2A$或$2A-2APS$，即被分割的面积A与面积APS的差的2倍，除以过焦点S垂直于切线TP的直线SN，则可得到弦PQ的长度。如果被切割的面积APS大于被切下的面积A，弦PQ则内接于点A和P之间，如果是其他情形，则指向点P的相反一侧，而点Q就是物体所在的更准确的处所。不断重复计算，得到的结果就会越来越精确。（如图6-5）

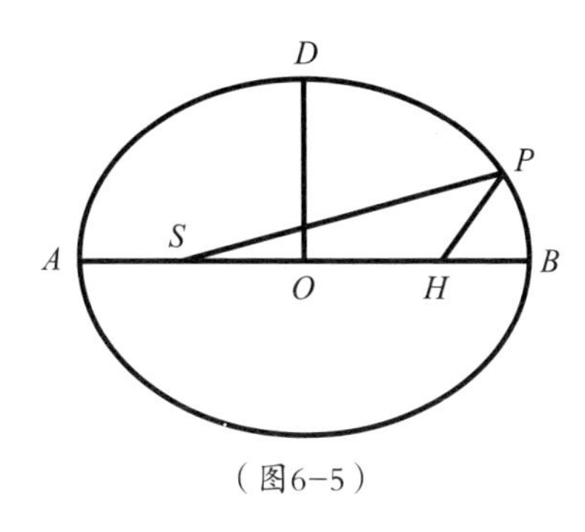

（图6-5）

运用上面的计算方法，可以得到解决该问题的一种普遍分析法。但是，接下来的特殊计算更适用于天文学。

设AO、OB、OD为椭圆的半轴，L为直径，D为短半轴OD与$\frac{1}{2}L$的差，找出一个角Y，使其正弦与半径的比等于差D和$AO+OD$的乘积与长轴AB平方的比。然后，找出角Z，使其正弦与半径的比，等于焦距SH和差D乘积的2倍与半长轴AO平方的3倍的比。如果找到这些角，物体的处所也就得以确定。取角T正比于画出弧BP所需的时间，或者与平均运动相等，取角V为平均运动的第一均差，使其与第一最大均差Y的比，等于2倍角T的正弦与半径的比；再取角X为第二差，使其与第二大均差Z的比，等于角T正弦的立方与半径立方的比。然后取角BHP为平均运动，如果角T小于直角，则使其等于角T、V、X的和$T+X+V$；如果角T大于一个直角而小于两个直角，则使其等于角T、V、X的差$T+X-V$；如果HP交椭圆于点P，作出SP，则SP分割的面积BSP接近正比于时间。

这个方法非常简单，因为所取的角V和X的角度非常小，通常只需求到它们第一个数字前的两三位就足够了。与此相类似的是，我们还可以用这个方法来解答行星运动的问题。因为，即使是火星在轨道上的运动，其误差很少超过一秒。因此，一旦求出平均运动角*BHP*之后，真实运动角*BSP*以及距离*SP*也较易通过这个方法求出。

在此，我们讨论的全都是有关物体在曲线中的运动。但是，在实际生活中，我们也会遇到运动物体沿直线上升或下落的情况，现在，我接着讨论与这类运动相关的问题。

第7章　物体的直线上升或下落

命题32　问题24

假设向心力与从中心到处所距离的平方成反比，求出在给定时间内物体沿直线下落所通过的距离。

情形1　假如物体不是垂直下落，那么，根据命题13的推论1，物体将以焦点在力中心上的圆锥曲线为运动路径。（如图7-1）设该圆锥曲线为*ARPB*，其焦点为*S*。如果物体的运动轨迹表现为一个椭圆，在长轴*AB*上作出半圆*ADB*，使直线*DPC*穿过下落的物体，并与主轴形成直角。作*DS*、*PS*，使面积*ASD*与面积*ASP*成正比，并与时间成正比。将轴*AB*保持不变，使椭圆的宽度不断减小，则面积*ASD*也与时间成正比。如果宽度无限减小，轨道*APB*则将与轴*AB*重合，焦点*S*与轴的极点*B*重合，物体将沿直线*AC*下落，而面积*ABD*将与时间成正比。因此，如果面积*ABD*与时间成正比，并且过点*D*的直线*DC*与直线*AB*垂直，那么，物体在给定时间内，从处所*A*垂直下落所经过的距离可以求出。

证明完毕。

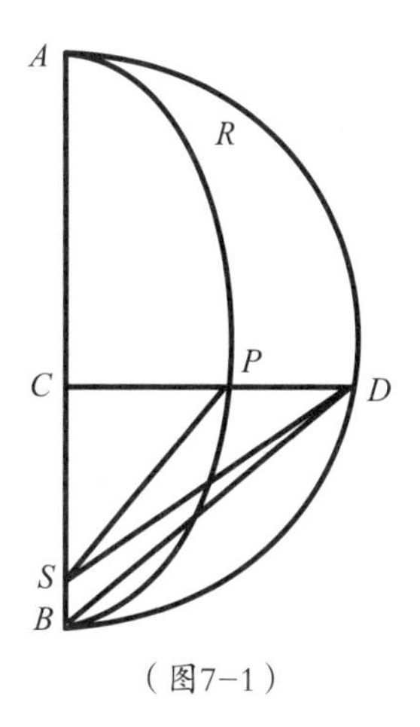

（图7-1）

情形2　如果图形（如图7-2）*RPB*为双曲线，在同一主轴*AB*上作出直角双曲线*BED*，由于面积*CSP*、*CBfD*、*SPfB*与面积*CSD*、*CBED*、*SDEB*的比均为给定值，面积

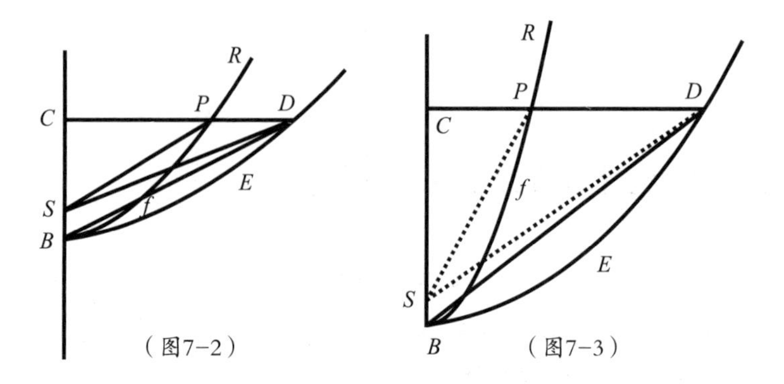

（图7-2）　（图7-3）

$SPfB$与物体P过弧PfB所需时间成正比，因此，面积$SDEB$也与时间成正比。将双曲线RPB的通径无限减小，而横轴保持不变，那么，弧PB将与直线CB重合，焦点S与顶点B重合，直线SD与直线BD重合。而面积$BDEB$则与物体C沿直线CB垂直下落所需的时间成正比。

证明完毕。

情形3　根据相同的原理，如果图形（如图7-3）RPB为抛物线，用同一顶点B作另一抛物线BED。与此同时，物体P沿前一抛物线的边界运动，随着前一抛物线的通径逐渐缩小最后变成零，物体P最终将与直线CB重合，而抛物线截面$BDEB$则与物体P或C下落至中心S或B所用的时间成正比。

证明完毕。

命题 33　定理 9

根据前面的假设，下落物体在任意处所C的速度与物体围绕以B为中心、BC为半径的圆周运动速度的比，等于物体到圆周或直角双曲线上较远顶点A的距离，与图形主半径$\frac{1}{2}AB$比值的平方根。（如图7-4）

以AB作为两个图形RPB、DEB的公共直径，并在O点等分。作直线

PT在点P与图形RPB相切，并与公共直径AB在点T相交。作SY与该直线垂直，BQ与直径AB垂直，假设图形RPB的通径为L。根据命题16推论9可知，物体由中心S沿曲线RPB运动在任意处所P的速度，与物体围绕同一点中心、半径为SP的圆周运动速度的比，等于$\frac{1}{2}L\times SP$与SY^2的比值的平方根。因为，根据圆锥曲线的性质，$AC\times CB$与CP^2的比等于$2AO$比L，即$\frac{2CP^2\times AO}{AC\times CB}=L$。就是说，这些速度相互之间的比等于$\frac{CP^2\times AO\times SP}{AC\times CB}$与$SY^2$比的平方根。另外，根据圆锥曲线的性质，$CO:BO=BO:TO$，由合比或分比，也等于$CB:BT$。且$AC:AO=CP:BQ=TC:BT$，因此，$\frac{CP^2\times AO\times SP}{AC\times CB}=\frac{BQ^2\times AC\times SP}{AO\times BC}$。现在，假设图形$RPB$的宽$CP$无限减小，以至点$P$与点$C$重合，点$S$与点$B$重合，直线$SP$与直线$BC$重合，$SY$与$BQ$重合。那么，此时物体沿直线$CB$垂直下落的速度与物体绕以$B$为圆心、$BC$为半径的圆周运动速度的比，等于$\frac{BQ^2\times AC\times SP}{AO\times BC}$与$SY^2$比的平方根，如果约掉相等比值$\frac{SP}{BC}$、$\frac{BQ^2}{SY^2}$，则等于$AC$比$AO$或$\frac{1}{2}AB$的平方根。

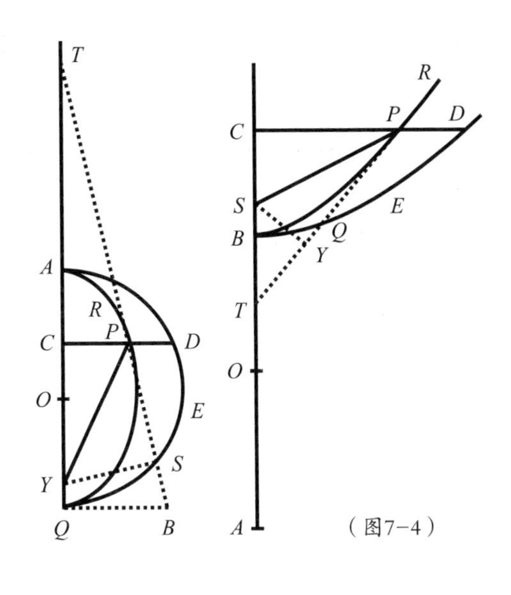

（图7−4）

证明完毕。

推论1 当点B和点S重合时，$TC:TS=AC:AO$。

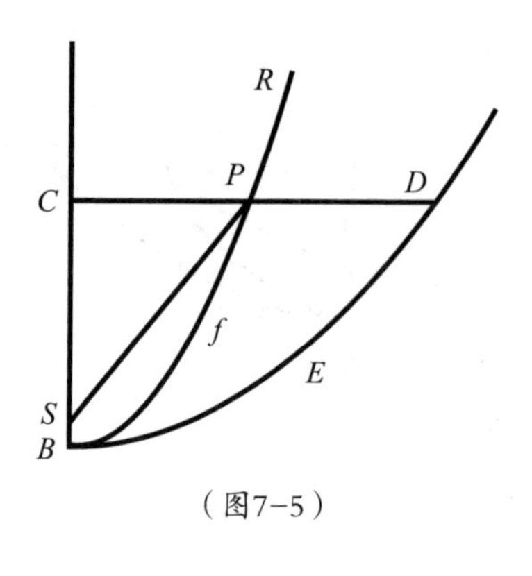

（图7–5）

推论2　物体用给定距离围绕中心作圆周旋转，如果运动方向变为垂直向上，物体则将上升到距离中心2倍的高度。

命题34　定理10

如果图形*BED*为抛物线，那么，下落的物体在任意处所*C*的速度，等于物体围绕以点*B*为圆心、*BC*的一半为半径的圆做匀速运动的速度。（如图7–5）

根据命题16的推论7，物体在任意处所*P*沿着以*S*为中心的抛物线*RPB*运动的速度，等于物体围绕以点*S*为圆心、*SP*的一半为半径的圆做匀速运动的速度。将抛物线的宽*CP*无限减小，使抛物线的弧*PfB*与直线*CB*重合，中心*S*与顶点*B*重合，*SP*与*BC*重合，命题成立。

证明完毕。

命题35　定理11

根据相同假设，由不确定的半径*SD*所画出的图形*DES*的面积，等于物体在相同时间内围绕以*S*为圆心、以图形*DES*通径一半为半径的圆做匀速运动所划出的面积。

假设物体*C*在极短的时间内，下落到一无限小的直线*Cc*上，同时，另一物体*K*围绕以*S*为圆心的圆周*OKk*做匀速运动，划出弧*Kk*。作垂线*CD*、*cd*，交图形*DES*于点*D*、*d*。连接*SD*、*Sd*、*SK*、*Sk*，并作*Dd*交轴*AS*于点*T*，再作*Dd*的垂线*SY*。

情形1　如果图形（如图7–6）*DES*为圆周或直角双曲线，以点*O*平

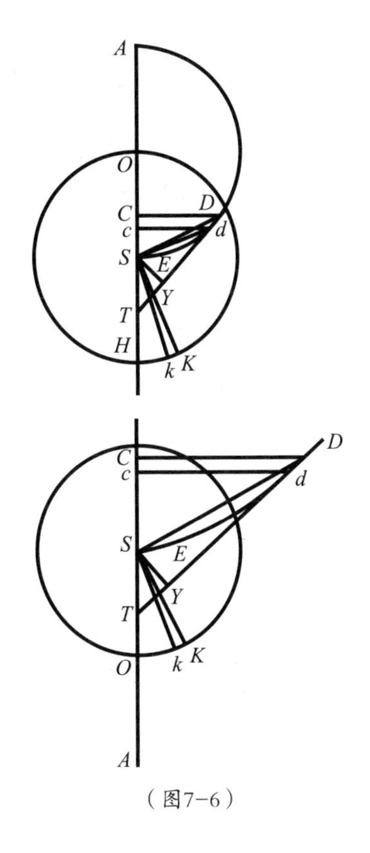

（图7–6）

分它的横向直径AS，SO则为其通径的一半。由于$TC:TD=Cc:Dd$，$TD:TS=CD:SY$，因此，$TC:TS=(CD\times Cc):(SY\times Dd)$。根据命题33的推论1，$TC:TS=AC:AO$，如果点$D$与点$d$合并，取其直线的最终比值，即$AC:AO$（或$SK$）$=(CD\times Cc):(SY\times Dd)$。此外，根据命题33，落体在$C$点的速度，与物体围绕以$S$为圆心、$SC$为半径的圆运动的速度之比，等于$AC$与$AO$或$SK$的平方根比。根据命题4的推论6，落体的速度与物体沿圆周OKk运动的速度之比，等于SK与SC的平方根比，因此，第一个速度与最后一个速度之比，即小线段Cc与弧Kk的比，等于AC与SC的平方根比，也就是$\frac{AC}{CD}$。所以，$CD\times Cc=AC\times Kk$，$AC:SK=(AC\times Kk):(SY\times Dd)$，并且，$SK\times Kk=SY\times Dd$，$\frac{1}{2}SK\times Kk=\frac{1}{2}SY\times Dd$，即面积$KSk$等于面积$SDd$。因此，在每一个时间的间隙中，都将产生两个相等的面积KSk和SDd，如果它们的大小无限减小而数目无限增多，那么，它们同时产生的整个面积将相等。

证明完毕。

情形2　由上述可知，如果图形（如图7–7）DES为抛物线，则$(CD\times Cc):(SY\times Dd)=TC:TS$，即等于2∶1。因此，$CD\times Cc=2SY\times$

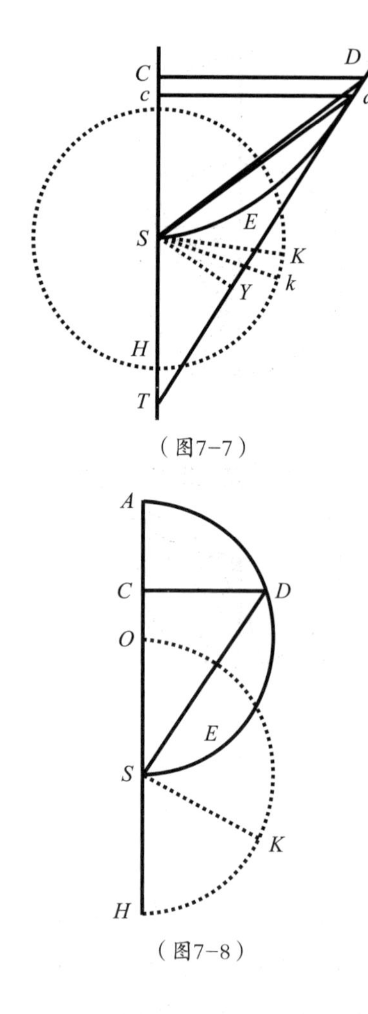

（图7-7）

（图7-8）

Dd。但是，根据命题34，落体在C点的速度等于它绕半径为$\frac{1}{2}SC$的圆周做匀速旋转运动的速度，而该速度与半径为SK的圆周的运动速度之比，则等于小线段Cc与弧Kk的比，SK与$\frac{1}{2}$比值的平方根，即等于SK与$\frac{1}{2}CD$的比。由于$2SK \times Kk = CD \times Cc$，也等于$2SY \times Dd$，因此，面积$KSk$与面积$SDd$相等。

证明完毕。

命题 36　问题 25

求物体从给定处所A下落所需的时间。（如图7-8）

在直径AS上作半圆ADS，再以S为圆心作相同的半圆OKH。根据物体的任意处所C作出纵标线CD，连接SD，使扇形OSK与面积ASD相等。很显然，根据命题35，该物体下落时将划过距离AC，而另一物体在相同时间内将围绕中心S匀速旋转，并划过弧OK。

证明完毕。

命题 37　问题 26

求从给定处所向上或向下抛出的物体上升或下落所需要的时间。

（如图7-9、图7-10、图7-11）

假设物体离开给定处所G，以任意速度沿直线GS下落，设该速度与物体沿圆周匀速运动的速度（该圆以S为圆心、以给定间隔SG为半径）之比的平方为$GA:\frac{1}{2}AS$。如果该比值为2：1，那么，点A则在无限远。在此情形下，可按命题34的要求，画出一抛物线，其顶点为S，轴为SG。如果该比值小于或大于2：1，那么，根据命题33，则需在直径SA上，分别画出圆周或直角双曲线。然后，以S为圆心，以通径的一半为半径作出圆周HkK。随后，在物体起初上升或下落的处所G和任意处所C，作垂线GI、CD，交圆锥曲线或圆周于点I和D。连接SI、SD，使扇形HSK、HSk与弓形$SEIS$、$SEDS$相等，那么，根据命题35，物体G划过距离GC，与此同时，物体K则划过弧Kk。

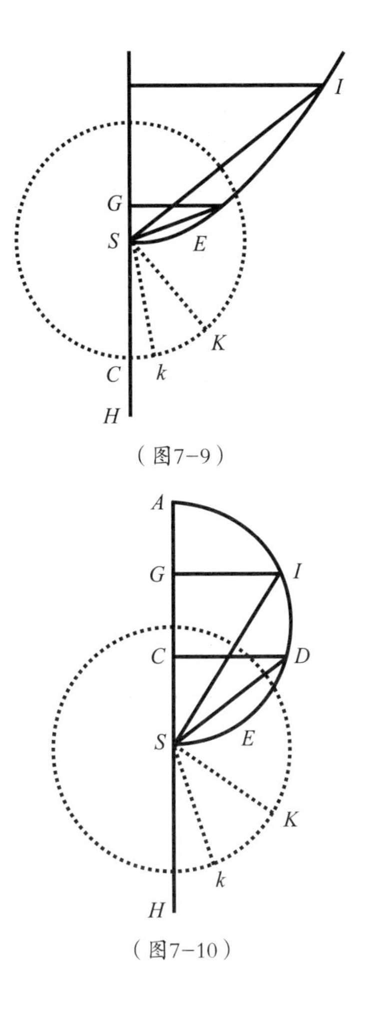

（图7-9）

（图7-10）

证明完毕。

命题38　定理12

假设向心力与由中心到处所的高度或距离成正比，那么，物体下落的时间、速度以及下落所经过的距离，分别与弧、弧的正弦和正矢成正

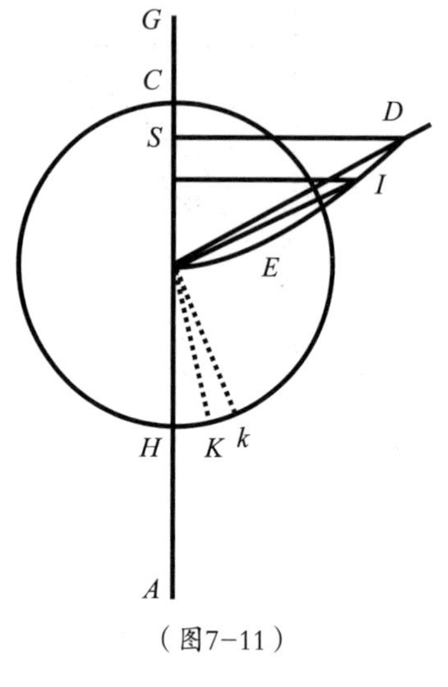

（图7-11）

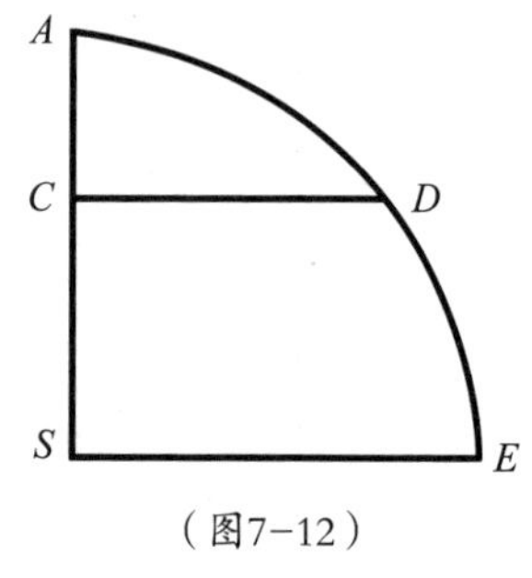

（图7-12）

比。（如图7-12）

假设物体从任意处所*A*沿直线*AS*下落，并以力的中心*S*为圆心，以*AS*为半径，画出一个四分之一的圆*AES*。以*CD*为任意弧*AD*的正弦，物体*A*则将在时间*AD*内下落并经过距离*AC*，同时，在处所*C*将产生速度*CD*。

这可由命题10证明，就像命题32是通过命题11而得以证明一样。

推论1　物体由处所*A*下落到达中心*S*所需的时间，与另一物体绕四分之一弧*ADE*旋转所需的时间相等。

推论2　物体由任意处所下落到达中心所需的时间都是相等的，因为，根据命题4的推论3，所有旋转物体的周期都相等。

命题39　问题27

假设向心力的类型为任意的，而曲线图形的面积已给定，求出物体沿直线上升或下降通过不同处所时的速度，以及它到达任一处所所需的时间。或者反过来，由物体的速度和时间求处所。（如图7-13）

设物体*E*从任意处所*A*沿直线*ADEC*下落，再假设在处所*E*上有一垂线*EG*与该点指向中心*C*的向心力成正比。作一曲线*BFG*，该曲线为点*G*的轨迹。如果在运动开始处设*EG*与垂线*AB*重合，那么，物体在任意处所E的速度则将是一条直线段，该直线段的平方等于曲线面积$ABGE$。

证明完毕。

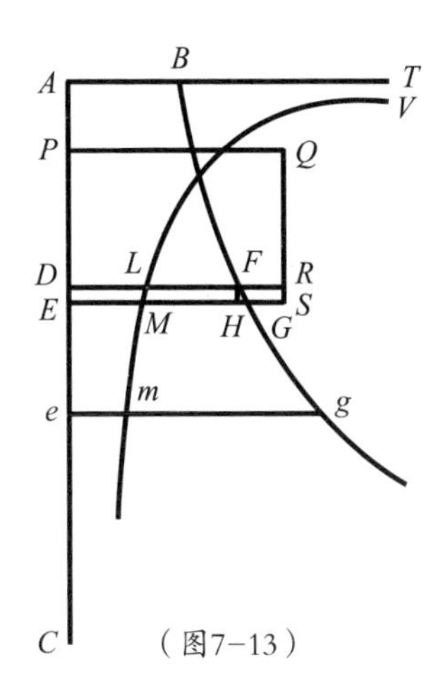

（图7-13）

在EG上取EM与一直线段成反比，该直线段的平方等于面积$ABGE$。使VLM为一曲线，M是该曲线上的一点，AB所在直线为曲线的渐近线，则物体沿直线AE下落的时间将与曲线面积$ABTVME$成正比。

证明完毕。

在直线AE上取给定长度的小线段DE，设物体在D点时直线EMG所在的处所为DLF，如果向心力使一直线段的平方等于面积$ABGE$，并与下落物体的速度成正比，那么，该面积将与速度的平方成正比。如果在点D和E的速度分别被V、$V+I$代替，那么，面积$ABFD$将与V^2成正比，面积$ABGE$与$V^2+2VI+I^2$也成正比。由分比得，面积$DFGE$将与$2VI+I^2$成正比，因此，$\frac{DFGE}{DE}$将与$\frac{2VI+I^2}{DE}$也成正比。换句话说，如果取这些量的最初比值，那么，长度DF将与量$\frac{2VI}{DE}$成正比，同时也与该量的一半$\frac{VI}{DE}$成正比。但是，物体下落所经过的极小线段DE的时间与该线段成正比，而与速度V成反比，力则将与速度的增量I成正比，与时间成反比。因此，如果取这些量的最初比值，力则将与$\frac{VI}{DE}$成正比，即与长度DF成正比，即与DF或EG成正比的力，将促使物体以与一直线的下落速度成正比的速度下落。

证明完毕。

此外，由于给定长度的极小线段DE与速度成反比。因此，它也与平

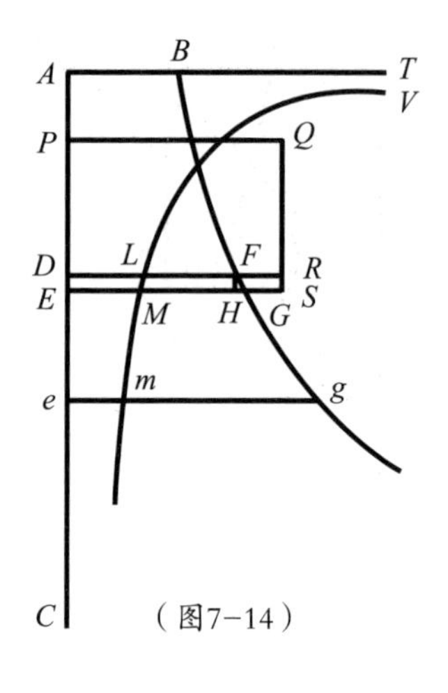

（图7–14）

方等于面积$ABFD$的一条直线成反比。由直线DL可知，初始面积$DLME$将与相同直线成反比，时间与面积$DLME$成正比，那么，时间的总和将与所有面积的总和成正比，也就是说，根据引理4的推论，经过直线AE所需的时间将与整个面积$ATVME$成正比。

证明完毕。

推论1　（如图7–14）以点P作为物体下落的起点，当物体受到任意已知均匀向心力作用而在处所D获得的速度，与另一物体受任意力作用而下落到相同处所获得的速度相等。在垂线DF上截取DR，使其与DF的比，等于均匀力与在处所D同另一个力的比。作矩形$PDRQ$，并切割面积$ABFD$，使其与该矩形相等。将点A作为另一物体的处所，那么，物体将从该处所下落。由于作出矩形$DRSE$后，面积$ABFD$与面积$DFGE$的比为V^2比$2VI$，即等于$\frac{1}{2}V$比I，等于总速度的一半与物体速度增量的比。与此类似的是，面积$PQRD$与面积$DRSE$的比等于总速度的一半与物体由均匀力产生的物体速度增量的比。由于这些增量与产生它的力成正比，因此，它与纵标线DF、DR成正比，与面积$DFGE$、$DRSE$成正比，整个面积$ABFD$、$PQRD$相互间的比值与总速度的一半成正比，由于这些速度相等，它们也相等。

推论2　如果在任意处所D，将任意物体用给定速度向上或向下抛出，那么根据向心力的定律，物体在其他任意处所e的速度可按以下方法求出：

作纵标线eg，并使处所e的速度与物体在处所D的速度等于一直线，该直线的平方等于矩形$PQRD$。如果处所e低于处所D，则加上曲线面积$DFge$，如果处所e高于处所D，则再减去曲线面积$DFge$。

推论3　作纵标线em，使其与$PQRD$＋或－$DFge$的平方根成反比，设物体穿过直线De的时间与另一物体受均匀力作用从P点下落到D点的时间之比，等于曲线面积$DLme$与$2PD \times DL$的比。因为，物体受均匀力作用沿直线PD下落的时间与相同物体穿过直线PE的时间之比，等于PD与PE的平方根比，也等于PD与$PD+\frac{1}{2}DE$的比，或$2PD$与$2PD+DE$的比。由分比得，它与物体穿过极小线段DE所用时间的比，等于$2PD$与DE的比，也等于乘积$2PD \times DL$与面积$DLME$的比，而这两个物体穿过极小线段DE所用的时间与物体沿直线De做不均匀运动所用的时间之比，等于面积$DLME$与面积$DLme$的比。在上述时间中，第一个时间与最后一个时间的比，等于乘积$2PD \times DL$与面积$DLme$的比。

第8章　如何确定物体受任意类型向心力作用运动的轨道

命题40　定理13

如果某一物体在任意向心力的作用下，用一种任意的方式进行运动，同时，另一物体沿直线上升或下落，那么，当它们处在一个相同的高度时，它们的速度相等，并且，在所有的相等高度上，它们的速度都相等。（如图8-1）

将一物体从点A下落，穿过点D和点E到达中心C，而另一物体从点V沿曲线$VIKk$运动。以点C为中心，任意半径作同心圆DI、EK，且与直线AC相交于点D和E，与曲线VIK相交于点I和点K，作IC在点N与KE相交，再作IK的垂线NT。将这两个圆之间的间隔DE和IN设为无限小，再设物体在点D和I的速度相等，由于距离CD和CI相等，那么，在点D和I的向心力也相等。这些向心力可用相等的线段DE和IN来表示，根据运动定律的推论2，可将力IN分解为NT和IT两部分，而作用在直线NT方向的力NT则垂直于物体的路径ITK，在该路径上，这个力不会对物体的速度产生任何影响或改变，但会使物体脱离直线路径并不断偏离轨道切线，从而进入曲线轨道$ITKk$，就是说，这个力只产生这样一种作用。而另一个力IT的作用则发生在物体的运动方向上，它将对物体的运动进行加速，在极短的时间内，由此产生的加速度

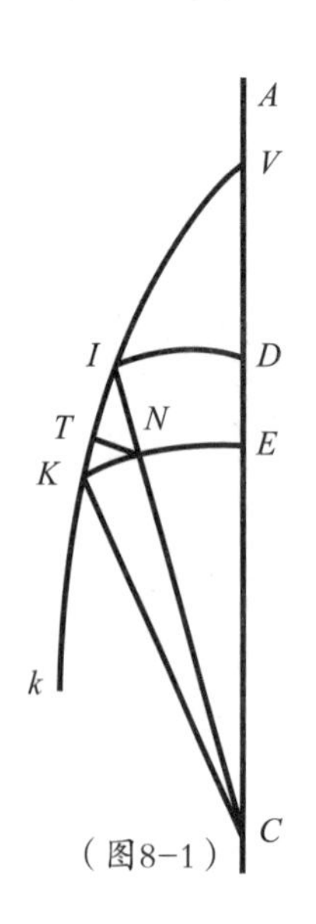

（图8-1）

与时间成正比。因此，在相等的时间里，物体在点D和I产生的加速度与线段DE、IT成正比，在不相等的时间里，则与线段DE、IT和时间的乘积成正比。但是，由于物体在点D和点I的速度相等，且经过直线DE和IK的时间与距离DE和IK成正比，因此，物体经过线段DE和IK的加速度之比等于DEI、IT和$DEIIT$的乘积，即等于DE的平方与$IT \times IK$的乘积的比。由于$IT \times IK$等于IN的平方，也就等于DE的平方，因此，物体从点D、I到E、K所产生的加速度也相等，在E和K的速度也同样相等。同理可知，之后，只要距离相等，它们的速度也总是相等。

证明完毕。

同理可知，与中心距离相等且速度相等的物体，在向相等的距离上升时，其减速的速度也相等。

推论1　物体无论是悬挂在绳上摆动，还是被迫沿光洁、平滑的表面做曲线运动，另一物体则将沿直线上升或下落，只要在某一相同高度它们的速度相等，那么，在其他所有相同高度上，它们的速度都相等。因为，物体在悬挂物体的垂线上或在完全平滑的器皿上运动时，其横向力NT也会产生相同的影响，但物体的运动不会因为它而产生加速或减速，只是使其偏离直线轨道。

推论2　设量P为物体由中心所能上升到的最大距离，即无论是因为摆动还是环绕轨道的运动，在曲线轨道上任何一个地方以该点的速度向上最终运动至此距离；如果将量A作为物体由中心到轨道上任意点的距离，再使量A的（$n-1$）次即A^{n-1}幂与向心力始终成正比，其中指数$n-1$为任意数n减去1，那么，物体在任意高度A的速度将与$\sqrt{P^n-A^n}$成正比，而它们的比值也将给定，因为根据命题39，物体沿直线上升或下落的速度即等于该值。

命题41　问题28

设向心力的类型和曲线的面积均给定，求出物体运动的轨道及在轨道上的运动时间。（如图8-2）

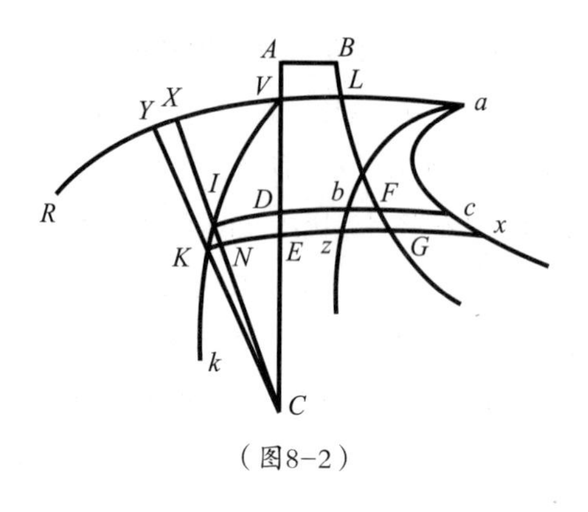

（图8-2）

将任意向心力指向中心C，求出曲线轨道$VIKk$。已知一给定圆VR的圆心为C、任意半径为CV。再由同一圆心作出另外两个任意圆ID和KE，并在点I和点K与曲线轨道相交，在点D和点E与直线CV相交。再作直线$CNIX$，在点N和点X与圆周KE、VR相交，作直线CKY，与圆VR在点Y相交。将点I向点K无限靠近，并使物体运动由点V通过I和K到点k。再设点A为另一物体所要由此下落的处所，并使其在处所D的速度与第一个物体在处所I的速度相等。下面，采用我们命题39的方法求证：在极短时间内，物体所经过的线段IK将与速度成正比，因此也与平方等于面积$ABFD$的一直线短成正比，所以与时间成正比的三角形ICK可以给定，那么，当任意量Q已给定，高度IC等于A时，线段KN将与高度IC成反比，而与$\frac{Q}{A}$成正比。如果用Z代替量$\frac{Q}{A}$，并设Q的大小在某种情形下使$\sqrt{ABDF}:Z=IK:KN$，那么，在任何情况下都有$\sqrt{ABDF}:Z=IK:KN$，而$ABFD:ZZ=IK^2:KN^2$，由分比得：（$ABFD-ZZ$）$:ZZ=IN^2:KN^2$，因此，$\sqrt{ABFD-ZZ}$比Z或$\frac{Q}{A}$，等于IN比KN；$A\times KN=\frac{Q\times IN}{\sqrt{ABFD-ZZ}}$。又由$\frac{YX\times XC}{A\times KN}=\frac{CX^2}{AA}$，$XY\times XC=\frac{Q\times IN\times CX^2}{AA\sqrt{ABFD-ZZ}}$。

在垂线DF上取Db、Cc，使其分别等于$\frac{Q}{2\sqrt{ABFD-ZZ}}$和

$\frac{Q \times CX^2}{2AA\sqrt{ABFD - ZZ}}$，以$b$和$c$为曲线$ab$、$ac$的焦点，由点$V$作直线$AC$上的垂线$Va$，切割曲线面积$VDba$和$VDca$，并作出纵标线$Ez$和$Ex$。由于$Db \times IN$或$DbzE$等于$A \times KN$的一半，或等于$\triangle ICK$；$DC \times IN$或$DcxE$等于$YX \times XC$的一半或等于$\triangle XCY$。由于面积$VDba$、$VIC$的新生极小量$DbzE$、$ICK$始终相等，面积$VDca$、$VCX$的新生极小量$DcxE$和$XCY$也将始终相等。因此，由此产生的面积$VDba$也将与面积$VIC$相等，与时间成正比，而由此产生的面积$VDca$与产生的扇形面积$VCX$也相等。如果物体在任意给定的时间内由点$V$开始运动，那么，面积$VDba$与时间成正比也同样可以给定，而物体的高度$CD$或$CI$也就给定，面积$VDca$、扇形$VCX$和其角$VCI$也都能给定。那么，通过已经给定的角$VCI$、高度$CI$，就可求出物体最后所在的处所。

证明完毕。

推论1 曲线轨道的回归点，即物体的最大高度和最小高度很容易求出。因为，当直线IK与NK相等，即面积$ABFD$与ZZ相等时，由中心所作的直线IC穿过这些回归点，并垂直于轨道VIK。

推论2 通过物体的给定高度IC，很容易就可求出曲线轨道在任意处所与直线IC的夹角KIN，也就是说，使该角的正弦与半径的比为KN比IK，即等于Z与面积$ABFD$平方根的比。

推论3 如果过中心C和顶点V，作一圆锥曲线VRS，并在曲线上任意一点如R，作切线RT在点T与无限延长的轴CV相交。连接CR，作直线CP，使之与横标线CT相等，使角VCP与扇形VCR成正比。如果指向中心的向心力与从中心到物体处所距离的立方成反比，并在处所V以一定速度沿垂直于直线CV的方向抛出一物体，那么，该物体将一直沿轨道VPQ运动，并总是与点P相切。如果圆锥曲线VRS为双曲线，则物体将会下落至中心处；如果为椭圆，物体则将不断上升，最后升至无限远。与

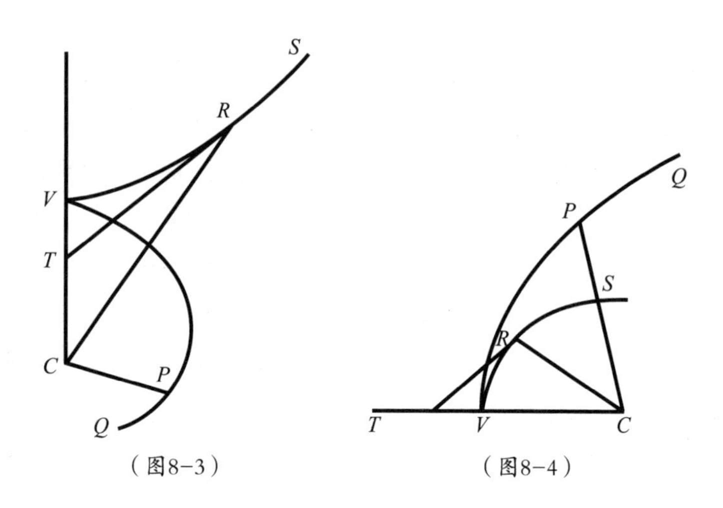

（图8-3）　　（图8-4）

之相反的是，如果物体以任意速度离开处所V，那么，根据它是直接落向中心还是由此倾斜上升，则可确定图形VRS是双曲线还是椭圆，并且还可按给定比值增大或减小角VCP来求出该曲线轨道。如果向心力变为离心力，则物体将偏离轨道VPQ。如果角VCP与椭圆扇形VRC成正比，长度CP等于长度CT，则可求出该轨道。所有这些均可通过确定的曲线面积求出，其计算方法非常简便，为简捷起见在此我就省略了。（如图8-3、图8-4）

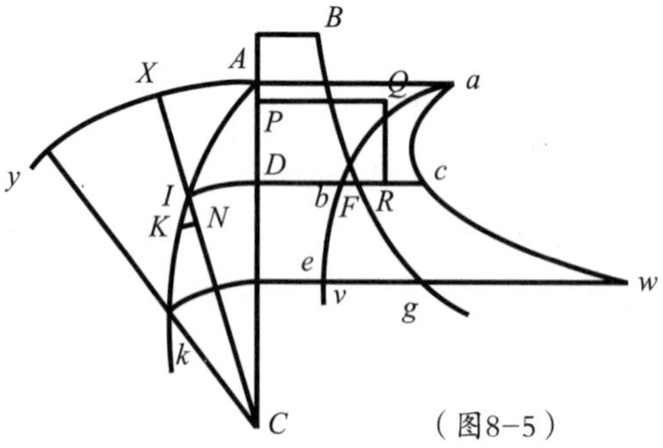

（图8-5）

命题42　问题29

已知向心力定律，求证在给定处所、用给定速度沿给定直线方向抛出的物体的运动。（如图8-5）

设条件与以上三个命题相同，将物体从处所I抛出并沿小线段IK方向运动。而另一物体在均匀向心力作用下，由处所P向D运动，两个物体的运动速度相等。设该均匀力与物体在处所I受到的作用力的比，等于DR与DF的比。再使物体向k点运动，并以中心C为圆心、Ck为半径作圆弧ke，在点e与直线PD相交。作出曲线BFg、abv、acw上的纵标线eg、ev、ew。根据给定矩形$PDRQ$和向心力定律，曲线BFg可以根据命题27和推论1的作图求出，并且，通过已知角CIK，可求出初生线段IK与KN的比值。同样，由命题28的作图，可求出量Q和曲线abv、acw。因此，在任意时间$Dbve$结束时，通过求出物体Ce或Ck的高度、与扇形XCy面积相等的$Dcwe$面积和角ICk，那么，物体所在的处所k也就可以求出。

证明完毕。

在以上命题中，假设向心力可以依照某种规律与中心的间距不断变化，但在由中心引出的相等距离处，向心力则始终相等。

到此为止，我们所讨论的物体运动，全部都是在不动轨道上的运动，下面，我将针对物体在轨道上的运动，该轨道围绕力中心转动的问题，补充一些相关内容。

第9章　物体沿运动轨道进行运动以及在回归点的运动

命题43　问题30

将一物体沿着围绕力中心旋转的轨道上运动，另一物体在静止的轨道上做相同的运动。（如图9-1）

在给定位置的轨道*VPK*上，物体*P*从*V*旋转向*K*。由中心*C*作*Cp*等于*CP*，角*VCp*与角*VCP*成正比，那么，直线*Cp*所通过的面积与直线*CP*在相同时间内所通过的面积*VCP*的比，等于直线*Cp*通过面积的速度与直线*CP*通过的速度的比，即等于角*VCp*与角*VCP*的比，所以，其比为给定比值，并与时间成正比。由于直线*Cp*在固定平面上所划过的面积与时间成正比，因此，物体受一定的向心力作用，可与点*p*一起沿曲线做旋转运动，根据前面的证明，这条曲线可由同一个点*p*在固定平面上画出。如果使角*VCu*与角*PCp*相等，直线*Cu*与*CV*相等，图形*uCp*与图形*VCP*相等，则物体将总是处在点*p*上，并沿旋转图形*uCp*做周边运动，并画出它围绕弧*up*做旋转运动所用的时间，而另一物体*P*在固定图形*VPK*上且在相同时间内也可画出相似的弧*VP*。根据命题6的推论5，如果找出使物体沿曲

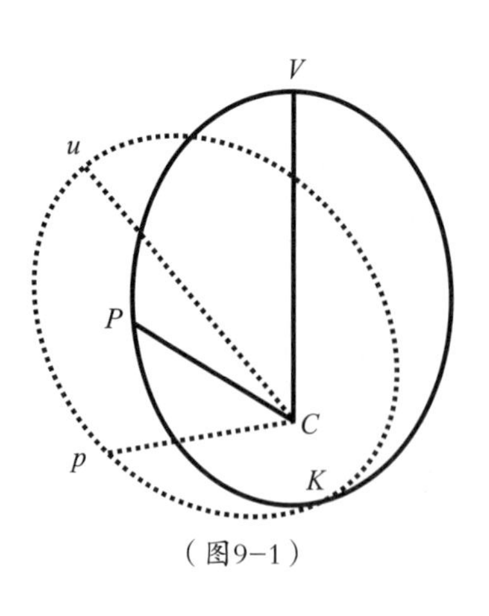

（图9-1）

线做旋转运动的向心力，则问题可解。

证明完毕。

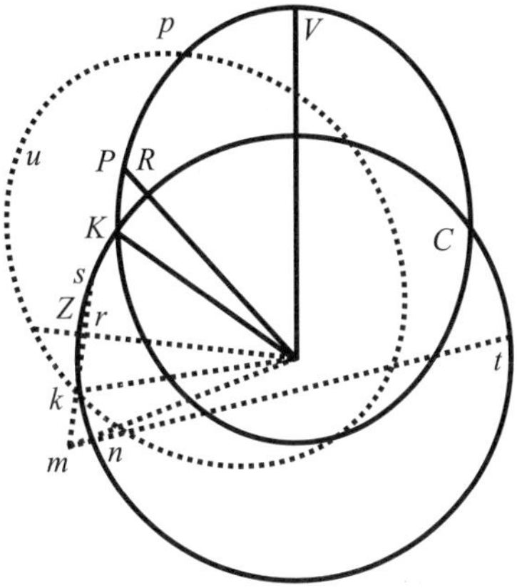

命题44　定理14

其中一物体在静止的轨道上运动，而另一物体沿转动着的相同的轨道上做相同的运动，则该力的差与物体共同高度的3次方成反比。（如图9-2）

（图9-2）

设静止轨道的VP、PK部分与旋转轨道的up、pk部分相似且相等，再设点P和K之间的距离为极小值。由点k作直线pC的垂线kr，并延长至点m，使mr比kr等于角VCp比角VCP。由于物体的高度PC与pC、KC和kC始终相等，因此，直线PC和pC的增量或减量也总是相等。根据运动定律推论2，可将物体在处所P和p的每一种运动都分解为两个，其中一个指向中心，或沿直线PC、pC的方向运动，另一个则与前一个垂直，即沿直线PC和pC的方向做横向运动，但二者指向中心的运动均相等。此外，物体p的横向运动与物体P的横向运动之比，等于直线pC的角运动与直线PC的角运动之比，即等于角VCp与角VCP的比。就是说，在相同的时间里，物体P从两个方面运动到达点K，而朝中心做相等运动的物体p，则由p运动到C。当运动时间结束时，它将停在直线mkr（该直线过点k，并垂直于直线pC）的某处，其横向运动也将使它得到一个到直线pC的距离，这个距离与另一物体P所获得的到直线PC的距离的比，等于物体p的横向运动与物体P的横向运动之比。由于kr等于物体P到直线PC的距离，且mr与kr的比等于角VCp与角VCP的比，即等于物体p的横向运动与物体P的横向运动之比。因此，当运动时间结束时，物体p将停在处所m。产生这种情况的原因是：物体p和P沿直线pC和PC做相等的运动，它们在各自的方向上所受的力相等。但是，如果取角pCn与角pCk的比等于角VCp与角VCP的比，设$nC=kC$，那么，在运动时间结束时，物体p则将位于处所n。如果角nCp大于角kCp，物体p受到的力就大于物体P所受到的力，就是说，如果轨道upk以大于直线CP两倍的速度向前运动或向后倒退，那么，物体p所受到的力要大于物体P所受到的力，如果轨道向后运动的速度较慢，物体所受的力就小。而力的差将与处所的距离mn成正比。以C为中心、以间隔Cn或Ck为半径画出一圆，交直线mr、mn的延长线于点s和t，则乘积$mn \times mt$将等于乘积$mk \times ms$，从而，$mn=\frac{mk \times ms}{mt}$。由于在给定时间里，三角形$pCk$、$pCn$的大小已给定，而$kr$与$mr$，以及它们的差$mk$，它们的和$ms$，与高度$pC$成反比，因此，乘积$mk \times ms$也与高度$pC$的平方成反比。又$mt$与$\frac{1}{2}mt$则成正比，即与高度$pC$成正比，以上就是新生线段的最初比值。因此$\frac{mk \times ms}{mt}$（即新生线段$mn$）与力的差成正比，与高度$pC$的立方成反比。

证明完毕。

推论1 在处所P和p、K和k的力的差，与物体由R旋转运动到K所受的力（相同时间内，物体P在固定轨道上划出弧PK）的比，等于新生线段mn与新生弧RK正矢的比，即等于$\frac{mk \times ms}{mt}$比$\frac{rk^2}{2kC}$，或$mk \times ms$比rk的平方。换句话说，如果给定量F与G的比等于角VCP与角VCp的比，这两个力的比就等于$GG-FF$与FF的比。如果以C为圆心、任意距离CP或Cp为半径，作一圆扇形与整个面积VPC（物体在任意时间内，在固定轨道上被半径拉向中心运动所通过的面积）相等，那么，在力的差作用下，物体P将围绕固定轨道旋转，物体p则围绕可动轨道旋转，它们的差与向心力（经过面积VPC时，另一物体在相同时间内被半径拉向中心并匀速划过扇形受到的向心力）的比，则等于$GG-FF$与FF的比。因为，这个扇形与面积pCk的比，等于通过它们时所需时间的比。

推论2 如果轨道VPK为椭圆，焦点为C、最高拱点为V，另假设椭圆upk与该椭圆相似且相等，而pC总是与PC相等，那么，角VCp与角VCP的比为给定比值G比F。如果以A代表高度PC或pc，$2R$代表椭圆的通径，那么，物体沿运动椭圆旋转的力将与$\frac{FF}{AA}+\frac{RGG-RFF}{A^3}$成正比，反之亦然。

如果用量$\frac{FF}{AA}$表示物体沿固定椭圆旋转的力，点V的力则为$\frac{F}{CV^2}$。然而如果使物体围绕以距离CV为半径做旋转运动的力，与物体沿椭圆拱点V运动的力之比，等于椭圆通径的一半与该圆周直径的一半CV的比，即等于$\frac{RFF}{CV^3}$。如果$GG-FF$与FF的力的比，等于$\frac{RGG-RFF}{CV^3}$，如此那么，根据本命题的推论1，该力则等于物体P在点V沿固定椭圆VPK运动所受到的力，减去物体p沿运动椭圆upk旋转所受到的力的差。由本命题可知，在其他任意高度A上的差与它本身在高度CV的差的比，等于$\frac{1}{A^3}$比$\frac{1}{CV^3}$，在每个高度A上，其差都等于$\frac{RGG-RFF}{A^3}$。因此，物体沿固定椭圆VPK旋转所受到的力$\frac{FF}{AA}$，加上差$\frac{RGG-RFF}{A^3}$，那么，整个力的总和就是$\frac{FF}{AA}+\frac{RGG-RFF}{A^3}$，这就是物体在相同时间内沿可动椭圆轨道$upk$运动受到的力。

推论3 如果固定轨道VPK是一个椭圆，其中心就是力的中心C，设有一运动椭圆upk与椭圆VPK相似相等且共一中心，假如该椭圆的通径为$2R$，横向通径即长轴为$2T$，且角VCp与角VCP的比等于G比F，那么，物体在相同时间里，沿固定轨道和运动轨道运动所受的力将分别等于$\frac{FFA}{T^3}$和$\frac{FFA}{T^3}+\frac{RGG-RFF}{A^3}$。

推论4 设物体的最大高度CV为T，轨道VPK在V点处的曲率半径为R，物体在处所V沿任意固定曲线轨道VPK运动所受的向心力为$\frac{VFF}{TT}$，在处所P的力为X，高度CP等于A，G与F的比等于角VCp与角VCP的比。

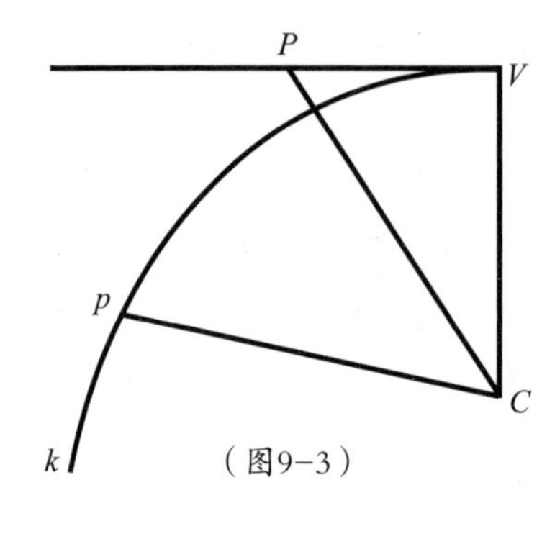

（图9–3）

如果同一物体在相同时间内沿相同轨道 upk 做圆周运动，那么，物体所受到的向心力就等于 $X+\frac{VRGG-VRFF}{A^3}$。

推论5　给定物体在固定轨道上运动，围绕力中心的角的运动以给定比值增大或减小，在此条件下，则可求出物体在新的向心力作用下做旋转运动的新的固定轨道。

推论6　（如图9–3）如果作一长度不定的直线 VP，与给定位置的直线 CV 垂直，作线段 CP 和与之相等的 Cp，并给定角 VCp 与角 VCP 的比值，那么，物体沿曲线 Vpk 运动的力就与高度 Cp 的立方成反比。因为，当物体 P 没有受到其他力的作用时，其惯性力作用将使它沿直线 VP 做匀速运动，再加上指向中心 C 且反比于高度 CP 或 Cp 立方的力后，该物体则将偏离其直线运动而进入曲线 Vpk。由于曲线 Vpk 与命题41推论3所求的曲线 VPQ 相同，因此，物体在力的吸引下将围绕这些曲线倾斜上升。

命题45　问题31

求出与圆的轨道十分接近的回归点的运动。

该问题可用算术方法求解。根据前一命题推论2和推论3的证明，可将物体在固定平面上沿运动椭圆所画的轨道，接近于回归点所在轨道的图形。再求出物体在固定平面上所划轨道的回归点。如果要使划出的轨道图形完全相同，必须将通过轨道所作的向心力在相同高度上成比例。以点 V 为最高回归点，T 为最大高度 CV，A 表示其他任意高度 CP 或 Cp，X 为高度 $CV-CP$ 的差。那么，根据推论2，物体在围绕焦点 C 旋转的椭圆上运动所受的力，等于$\frac{FF}{AA}+\frac{RGG-RFF}{A^3}$，即等于$\frac{RGG+RFF+TFF+FFX}{A^3}$，如果用$T-X$代替$A$，则等于$\frac{RGG+RFF+TFF+FFX}{A^3}$。如果用类似的方法，其他任何向心力均可用分母为$A3$的分式表示，而分子则可通过合并同类项的方法变得极为相似。这种方法可以通过下面的例子来证明。

例1　假设向心力是均匀的并与$\frac{A^3}{A^3}$成正比，原来的分子A用$T-X$代替，这样，就与$\frac{T^3-3TTX+3TXX-X^3}{A^3}$成正比。再将分子中同类项进行合并，即将已知项和未知项分别相比可得：$\frac{RGG-RFF+TFF}{A^3}=\frac{-FFX}{-3TTX+3TXX-X^3}=\frac{-FFX}{-3TT+3TX-XX}$。假设轨道与圆极极为相似，将轨道与圆重合，$R$则等于$T$，$X$则将无限减小，最终比值为：$\frac{GG}{T^2}=\frac{-FF}{-3TT}$，$\frac{GG}{FF}=\frac{TT}{3TT}=\frac{1}{3}$。因此，$G$与$F$的比，等于角$VCp$与角$VCP$的比，等于1比$\sqrt{3}$。由于物体在固定椭圆中，从上回归点降落到下回归点时，画出一个180°的角，另一个在运动椭圆上的物体其位置在我们所讨论的固定轨道所在平面上，也将从上回归点降落到下回归点，并通过$\frac{180°}{\sqrt{3}}$角的VCp。因为，物体在均匀向心力作用下所画出的轨道，与物体在静止平面上，沿旋转椭圆做环绕运动所画出的轨道非常相似。通过比较，可以发现这些轨道非常相似，但这并不具有普遍性，只有当这些轨道与圆极其相似时证明才能成立。因此，在均匀向心力作用下，物体沿近似于圆轨道运动的物体，从上回归点降落到下回归点时，总会绕中心画出一个$\frac{180°}{\sqrt{3}}$即103°55′23″的角，然后再通过相同的角度返回到上回归点，如此循环往复以至无穷。

例2　假设向心力与高度A的任意次幂成正比，例如A^{n-3}或$\frac{A^3}{A^3}$，这里的$n-3$和n为幂的任意指数，它既可为整数，也可为分数，既可为有理数也可为无理数，也可为正数或负数。用收敛级数的方法，可将分子A^n或（$T-$

$X)^n$化为不定级数，即$T^n-nXT^{n-1}+\frac{nn-n}{2}XXT^{n-2}\cdots$将这些项与其他分子项$RGG-RFF+TFF-FFX$进行比较后，可得到：$\frac{RGG-RFF+TFF}{T^n}=\frac{-FF}{-nT^{n-1}+\frac{nn-n}{2}XT^{n-1}}\cdots$在轨道向圆接近时，取其最后比值得到：$\frac{RGG}{T^n}=\frac{FF}{-nT^{n-1}}$或$\frac{GG}{nT^{n-1}}=\frac{FF}{nT^{n-1}}$；因此$\frac{GG}{FF}=\frac{T^{n-1}}{nT^{n-1}}$，即为$1:n$；因此，$G$比$F$等于角$VCp$比角$VCP$，等于1比$\sqrt{n}$。由于物体沿椭圆从上回归点降落到下回归点所画出的角为180°，因此，物体沿近似于圆的轨道（由物体在正比于A的$n-3$次幂的向心力作用下画出）从上回归点降落到下回归点所画出的角VCp也等于$\frac{180^\circ}{\sqrt{n}}$，而当物体由下回归点上升至上回归点时将重复画出该角，如此循环往复以至无穷。

如果向心力与物体到中心的距离成正比，即与A或$\frac{A^4}{A^3}$成正比，$n=4$，$\sqrt{n}=2$。那么，上下回归点间的角度则为$\frac{180^\circ}{2}$即90°。当物体做了四分之一圆周运动后，它将到达下回归点，而当它做了另一个四分之一圆运动时，又将回到上回归点，如此循环往复以至无穷。命题10中也出现过这种情形，因为，在这种向心力作用下，物体将围绕椭圆做旋转运动，如果向心力与距离成反比，与$\frac{1}{A}$或$\frac{A^2}{A^3}$则成正比，这时，$n=2$，而上回归点与下回归点间的角将等于$\frac{180^\circ}{\sqrt{2}}$，或127°16′45″，而在该力作用下做旋转运动的物体，将会不断重复这个角度，从上回归点运动至下回归点，又从下回归点运动至上回归点。如果向心力与高度的11次幂的4次方根成反比，即与$A^{\frac{11}{4}}$成反比，那么，与$\frac{1}{A^{\frac{11}{4}}}$则成正比，或与$\frac{A^{\frac{1}{4}}}{A^3}$成正比，此时$n=\frac{1}{4}$，$\frac{180^\circ}{\sqrt{n}}=360^\circ$。因此，物体离开上回归点做连续运动，当它围绕圆完成一次周转运动后，它将到达下一回归点，然后，围绕圆完成另一次运动后又回到上回归点，如此循环往复以至无穷。

例3 用m和n表示高度的幂指数，b、c是任意给定的数，假设向心力与$\frac{bA^m+cA^n}{A^3}$成正比，即与$\frac{b(T-X)^m+c(T-X)^n}{A^3}$成正比，根据前面所用的收敛级数的方法，与

$$\frac{bT^m+cT^n-mbXT^{m-1}+ncXT^{n-1}+\frac{mm-m}{2}bXXT^{m-2}+\frac{nn-n}{2}cXXT^{n-}\quad\cdots}{A^3}$$

也成正比。并由此可得：$\frac{RGG-RFF+TFF}{bT^m+cT^n}=$

$$\frac{-FF}{-mbT^{m-1}-ncT^{n-1}+\frac{mm-m}{2}bXT^{m-2}+\frac{nn-n}{2}cXT^{n-2}+\cdots}$$

当轨道变为圆后取最后比值，可得：$GG:(bT^{m-1}+cT^{n-1})=FF:(mbT^{m-1}+ncT^{n-1})$，$GG:FF=(bT^{m-1}+cT^{n-1}):(mbT^{n-1}+ncT^{n-1})$。在这个比例等式中，如果最大高度$CV$或$T$在算术上等于1，则$GG:FF=(b+c):(mb+nc)$，等于$1:\frac{mb+nc}{b+c}$。因此，$G$与$F$的比，即角$VCp$与角$VCP$的比，等于$1:\sqrt{\frac{mb+nc}{b+c}}$。此外，由于在固定椭圆中，介于上回归点和下回归点间的角VCP为180°，因此，另一轨道上，介于相同回归点间的角VCp就等于$180°\sqrt{\frac{b+c}{mb+nc}}$。同理，如果向心力与$\frac{bA^m+cA^n}{A^3}$成正比，则该角等于$180°\sqrt{\frac{b+c}{mb+nc}}$。用相同方法还可以解决更困难的问题。另外，与向心力成正比的量总可分解为分母为A^3的收敛级数。再假设计算过程中，分子的给定部分与未知部分之比，等于分子给定的$RGG-RFF+TFF-FFX$部分与同一分子的未知部分之比。约去多余的量，设$T=1$，则可得G与F的比。

推论1 如果向心力与高度的任意次幂成正比，那么，通过回归点的运动即可求出该幂。反之亦然，也就是说，如果物体回到同一个回归点的角运动，与旋转一周角运动的比，等于某一数（如m）与另一个数（如n）的比，设高度为A，那么，该力将与高度A的（$A^{\frac{nn}{mm}-3}$）次幂成

正比，这由例2可知。所以，当距离中心最远时，该力的减小不能大于高度比的3次方。因为，在该力作用下，物体旋转离开回归点降落后，将不能回到下回归点或降到最小高度处，而会像命题41推论3所证明的那样，沿曲线下落至中心。但如果物体离开下回归点后能够上升一小段距离，那么，它将不再回到上回归点，而会像命题45推论4所证明的那样，沿着曲线做无限上升运动。因此，当距离中心最远，该力的减小超过高度比的3次方时，物体一旦离开回归点，不是落到中心，就是上升到无限远，这取决于物体在运动开始时，是下降运动还是上升运动。但是，当物体在距离中心最远处时，该力的减小，或者小于高度比的立方，或者随高度的任意比值而增大，则物体不会下落到中心，而是在某个时刻到达下回归点。与之相反，如果物体在两个回归点之间不断地上升或下降，但不到达中心，那么，该力或者在距离中心的最远处增大，或者减小小于高度比的立方。物体在两回归点间的往返时间越短，该力与该立方的比值就越大。如果物体进出上回归点时，在8次，或4次，或2次，或$\frac{3}{2}$次的旋转运动中下降或上升，即m与n的比等于8、4、2，或$\frac{3}{2}$比1，那么，$\frac{nn}{mm}-3$就等于$\frac{1}{64}-3$，或$\frac{1}{16}-3$，或$\frac{1}{4}-3$，或$\frac{4}{9}-3$，而力就与$A^{\frac{1}{64}-3}$，或$A^{\frac{1}{16}-3}$，或$A^{\frac{9}{4}-3}$成正比，与$A^{3-\frac{1}{64}}$，或$A^{3-\frac{1}{16}}$，或$A^{3-\frac{1}{4}}$，或$A^{3-\frac{4}{9}}$成反比。如果物体每运行一周后都回到同一回归点，那么，m与n的比就是1比1，$A^{\frac{nn}{mm}-3}$则等于A^{-2}或$\frac{1}{AA}$，而力的减小则是高度的平方比，这个结果与前面的证明相同。如果物体旋转$\frac{3}{4}$，或$\frac{2}{3}$，或$\frac{1}{3}$，或$\frac{1}{4}$周后返回到同一回归点，$m:n=\frac{3}{4}\left(或\frac{2}{3}，或\frac{1}{3}，或\frac{1}{4}\right):1$，而$A^{\frac{nn}{mm}-3}=A^{\frac{16}{9}-3}$（或$A^{\frac{9}{4}-3}$，或$A^{9-3}$，或$A^{16-3}$），那么，力或者与$A^{\frac{11}{9}}$或$A^{\frac{3}{4}}$成反比，或者与$A^{6}$或$A^{13}$成正比。如果物体以下回归点为起点，运行一周零3°后又再次回到起点，那么，每当物体运行一周，这个回归点将向前移动3°，因此，$m:n=363°:360°$（或121∶120），即$=A^{\frac{nn}{mm}-3}=A^{-\frac{29\,523}{14\,641}}$，向心力则与$A^{-\frac{29523}{14641}}$成反比，或与接近于$A^{\frac{490}{243}}$成反比。而向心力减小的比值将略大于平方比值，但是，它接近平方比的次数比接近立方比的次数多$59\frac{3}{4}$倍。

推论2　同样，如果物体在与高度平方成反比的向心力作用下，围绕以力中心为焦点的椭圆旋转，并有一个新的外力增大或减小该向心力，那么，根据例3的证明，可以求出因外力作用而引起的回归点运动，反之亦然。如果使物体绕椭圆运动的力与$\frac{1}{AA}$成正比，新外力与cA成正比，那么，剩余力则与$\frac{A-cA^4}{A^3}$成正比，（同样据例3）$b=1$，$m=1$，$n=4$，回归点间的旋转角则等于$180°\sqrt{\frac{1-c}{1-4c}}$。如果外力比使物体绕椭圆运动的力小357.45倍，即c为$\frac{100}{35745}$，A或T等于1，$180°\sqrt{\frac{1-c}{1-4c}}=180°\sqrt{\frac{35645}{35345}}$或180.7623°，即180°45′44″。那么，该物体离开上回归点后，将以180°45′44″的角度运动到达下回归点，物体不断重复做角运动，最后回到上回归点，在每一周的旋转中，上回归点都将向前移动1°31′28″。而月球回归点的运动速度比该运动的快一倍。

到此，我对物体在平面中心轨道运动的讨论已全部结束。后面要讨论的是，物体在偏心平面上的运动。因为，以前那些讨论重物运动的作者认为，此类物体的上升或下落不仅只是沿垂线路径运动，并且还可以在任意给定的所有倾斜平面上运动。根据相同原因，我们要讨论的是，在任意力作用下物体在偏心平面上指向中心的运动。假设此类平面是绝对平滑和光洁的，这样才不会对物体的运动产生阻碍。此外，在这些证明中，物体在平面上滚动或滑动，因而这些平面也就成为了物体的切面，对于这样的情形，我将用平面平行于物体的情形代替，这样的话，物体的中心将在该平面上移动，并画出轨道。在后面我会用相同方法对物体在曲线表面上的运动进行讨论。

第 10 章　物体在给定表面上的运动以及物体的摆动运动

命题 46　问题 32

假设有一任意类型的向心力，力的中心和物体运动所在的平面均已给定，且曲线图形面积可知，求证物体离开给定处所，并以给定速度在上述平面上沿给定直线方向脱离一给定处所的运动。（如图10-1）

设S为力的中心，SC是中心到给定平面的最短距离，P是从处所P出发沿直线PZ运动的物体，Q是沿着轨道做旋转运动的相同物体，PQR是在给定平面上需要求证的曲线轨道。连接CQ、QS，如果在QS上取SV与物体受中心S吸引的向心力成正比，作VT平行于CQ，在点T与SC相交，那么，根据运动定律的推论2，力SV可以被分解为两部分，即力ST与力TV。其中，物体在垂直于平面的直线方向受到力ST的吸引，但不会改变它在该平面上的运动。另一个力TV与平面的位置重合，因而将物体直接引向平面上的给定点C，从而促使物体以如下方式在该平面上运动，就像力ST被抽掉了似的，受力TV的单独作用在自由空间里绕中心C做旋转运动。由于物体Q在自由空间绕给定中心C旋转的向心力已给定，因此，根据命题42，物体所画

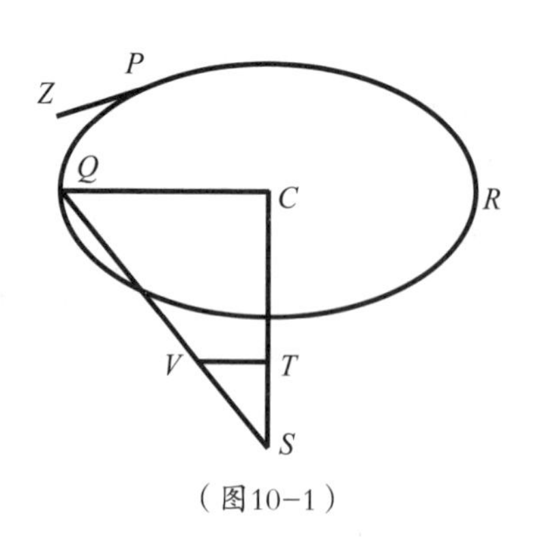

（图10-1）

的轨道PQR可以求出，并且，在任何时刻，物体所在的处所Q，以及物体在处所Q的速度都可以得到求证。反之亦然。

证明完毕。

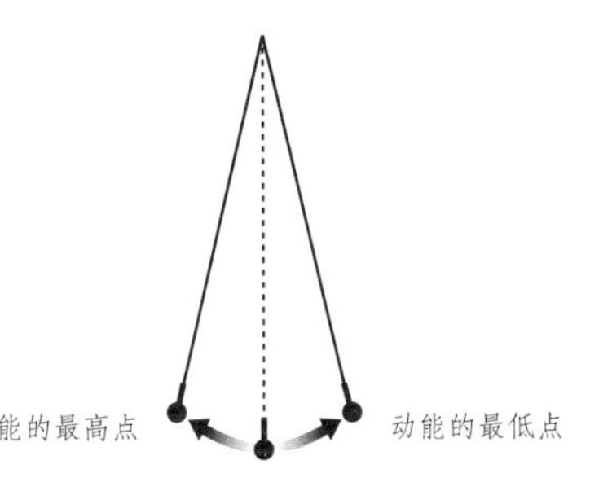

单　摆

一根不可伸长、质量不计的绳子上端固定，下端系一质点的装置叫单摆。伽利略是第一个发现摆的振动的等时性，并用实验求得单摆的周期随长度的二次方根而变动的人；牛顿用单摆证明了物体的重量与质量成正比；惠更斯则制成了第一个摆钟，单摆不仅可以准确测定时间，也可用来测量重力加速度的变化。

命题47　定理15

设向心力与物体到中心的距离成正比，则在任意平面上做旋转运动的所有物体都可以画出椭圆，并能在相同的时间内完成旋转运动；那些沿直线做前后交替运动的物体，将在相同的时间内完成它们的往返周期。

如果上述命题的所有条件都成立，力SV将绕任意平面PQR旋转的物体Q吸引到中心S，并与距离SQ成正比，那么，SV与SQ、TV与CQ均成正比，而把物体吸引到轨道平面上给定点C的力TV与距离CQ也成正比。因此，根据距离的比例，物体在平面PQR指向点C的力，也等于吸引相同物体指向中心S的力。因而物体将在相同时间、相同图形的任意平面PQR上绕点C运动，就如它们在自由空间绕中心S运动一样。根据命题10推论2和命题38推论2，这些物体将在相同时间内，或在平面上绕中心C画出椭圆，或在该平面上过中心C沿直线做来回运动，并在所有这些情形下都能完成相同时间周期。

证明完毕。

附 注

与我们讨论的运动问题密切相关的是，物体在曲线表面上的上升运动和下降运动。如果在任意平面上画出若干曲线，将这些曲线围绕任意给定的中心轴做旋转运动，并由旋转运动画出若干曲面，做这些运动的物体，它们的中心总位于这些表面上。如果这些物体以倾斜上升和下落来回做往返运动，那么，它们将在通过转动轴的各平面上运动，也在通过转动而形成曲面的各曲线上进行运动。在这种情况下，只要将各种曲线上的运动考虑进去就行了。

命题48 定理16

如果一个轮子垂直于球的外表面立着，并围绕其轴在球上沿大圆滚动，那么，轮子周边上的任何一个位置，在接触球体时所经过的曲线路径（亦称为“摆线”或“外摆线”）**长度，与从接触开始经过球的弧一半的正矢的2倍的比，等于球体直径和轮子直径之和与球体半径的比。**

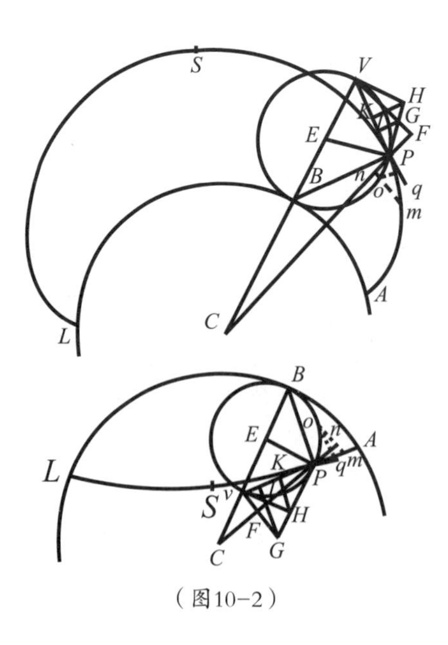

（图10-2）

命题49 定理17

如果一个轮子垂直于球的内表面，并围绕其轴在球上沿大圆滚动，那么，轮子周边上的任何一个位置，在接触球体后所经过的曲线路径长度，与在接触后所有时间中经过球的弧一半的正矢的2倍的比，

等于球体直径和轮子直径的差与球体半径的比。（如图10-2）

沿ABL是一球体，C是这个球体的中心，BPV是直立在球体上的轮子，而E是轮子的中心，B为接触点，P为轮子周边上的给定点。该轮沿大圆ABL从A经过B滚动至L，在滚动中，弧AB、PB一直保持相等，而轮子周边上的给定点P的轨迹为曲线路径AP。AP是轮子在A点与球体接触后所画出的整条曲线路径，其中，AP的长度与弧$\frac{1}{2}PB$的正矢的2倍之比等于$2CE$比CB。将直线CE在点V与轮相交，连接CP、BP、EP、VP，将CP延长并在其上作垂线VF。设PH、VH在点H相交，并在点P和点V与轮相切，将PH在点G与VF相交，并作VP上的垂线GI、HK。以C为圆心、任意半径作圆nom，在点n与直线CP相交，在点O与轮子的边BB相交，在点m与曲线路径AP相交，此外，以V为圆心、Vo为半径作圆，在点q与VP的延长线相交。

由于轮子总是围绕接触点B运动，直线BP垂直于由轮上点P画出的曲线AP，因此，直线VP在点P与曲线相切。如果圆周nom的半径逐渐增大或减小，最后它将与距离CP相等。由于逐渐消失（趋于零）的图形$Pnomq$与图$PFGVI$相似，那么，逐渐消失（趋于零）的线段Pm、Pn、Po、Pq的最终比值，即曲线AP、直线CP、圆弧BP、直线VP的瞬时变化比值将分别与直线PV、PF、PG、PI的变化比值相等。但是，由于VF垂直于CF，VH垂直于CV，因此，角HVG与角VCF相等。由于四边形$HVEP$在点V和P的角为直角，角VHG与角CEP相等，三角形VHG与三角形CEP相似，因此，$EP:CE=HG:HV$或$HP=KI:KP$，由合比或分比得到$CB:CE=PI:PK$。因此，直线VP的增量，即直线$BV-VP$的增量与曲线AP的增量的比等于给定比值CB与$2CE$的比，根据引理4的推论，由这些增量产生的长度$BV-VP$和AP的比，也是相等比值。但是，如果BV为半径，VP为角BVP或$\frac{1}{2}BEP$的余弦，那么，$BV-VP$就是相同角的正矢。

在该轮子中，如果半径等于$\frac{1}{2}BV$，那么，$BV-VP$就是弧$\frac{1}{2}BP$正矢的2倍。因此，AP与弧$\frac{1}{2}BP$正矢的2倍的比，等于$2CE$与CB的比。

证明完毕。

为了表示区别，我们将前一命题中曲线AP叫做球外摆线，后一命题中的曲线叫做球内摆线。

推论1　如果能够画出整条摆线ASL，并在点S将它们等分，那么，部分PS的长度与长度PV的比，等于$2CE$与CB的比，即为给定比值。

推论2　摆线AS半径的长度为与轮子直径BV的比，等于$2CE$与CB的比。

命题50　问题33

使摆动物体沿给定的摆线摆动。（如图10-3）

在以点C为中心的球体QVS内，将给定摆线QRS在点R进行等分，并与球体表面的两边相交于极点Q和S。在点O，作CR将弧QS等分，并将其延长至点A，使$CA:CO=CO:CR$。以C为圆心、CA为半径作外圆DAF，并在该外圆内，以半径为AO的轮子画出2个半摆线AQ、AS，在点Q和点S与内圆相切，在点A与外圆相交。在点A置放一条长度与直线AR相等的细线，将物体T系在细线上，并让物体T在这两条半

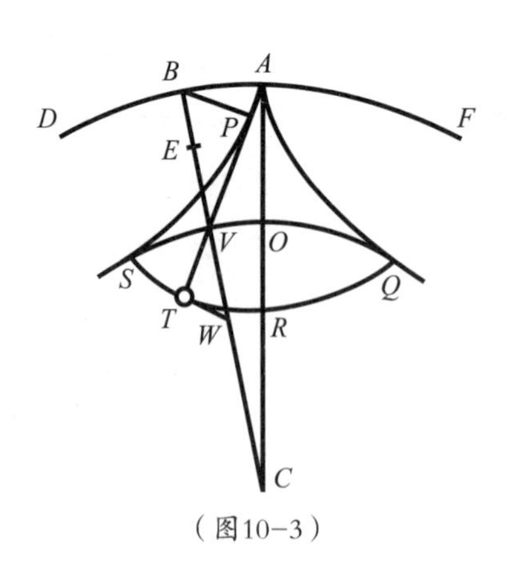

（图10-3）

摆线AQ、AS之间摆动。当摆离开垂线AR时，细线AP的上部分将向半摆线APS进行挤压并与曲线紧紧地贴在一起，而同在细线上未与半摆线接触的PT部分则始终保持着直线状态，则重物T将沿给定摆线QRS做摆动运动。

证明完毕。

设线PT在点T与摆线QRS相交，且在点V与圆周QOS相交。作出CV，由极点P和T向细线的直线部分作垂线BP、TW，而在点B和W与直线CV相交。根据相似图形AS、SR的作图法可知，垂线PB、TW从CV切下的长度VB、VW，与轮子的直径OA、OR相等。因此，TP与VP的比，等于BW与BV的比，或等于$AO+OR$与AO的比，即等于$CA+CO$与CA的比，如果BV被点E平分，则又等于$2CE$比CB。因此，根据命题49的推论1，细线PT直线部分的长度，则总与摆线PS的弧长相等，并且，整条线APT也总是与摆线APS的一半相等，根据命题49的推论2，它的长度也等于AR。反之，如果细线始终与长度AR相等，那么，点T将始终沿着给定摆线QRS运动。

证明完毕。

推论　由于细线AR与半摆线AS相等，因此，它与外球半径AC的比等于半摆线SR与内球半径CO的比。

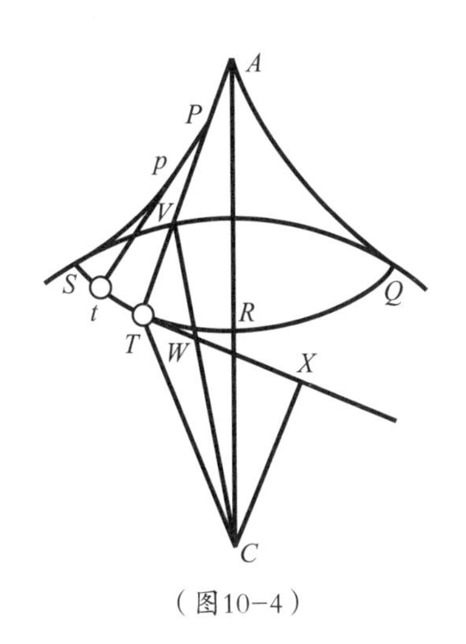

（图10-4）

命题51　定理18

如果球面每一处的向心力都指向球体的中心C，那么，它在所有处所都与中心到处所的距离成正比；当物体T受该力的作用沿摆线QRS按上述方法

摆动时，其摆动时间全部相等。（如图10-4）

将切线*TW*无限延长，并在延长线上作垂线*CX*并连接*CT*。由于使物体*T*指向*C*的向心力与距离*CT*成正比，因此，根据运动定律的推论2，可以将其分解为*CX*和*TX*两部分，力*CX*将物体从*P*点分离出来并使线*PT*收紧，这样，线上的阻力由于被抵消而不再发生作用。但是，另一个力*TX*将物体拉向*X*，从而使物体在摆线上的运动加速。由于该加速力与物体的加速度成正比，并在每一时刻与长度*TX*成正比，因此，也与长度*TW*成正比，根据命题39的推论1，与摆线*TR*的弧长也成正比。假设由两个摆*APT*、*Apt*到垂线*AR*的直线距离不相等，如它们同时下落，那么，它们的加速度将与所画的弧*TR*、*tR*成正比。但是，在运动开始时所穿过的那部分则与加速度成正比，即与开始时将要穿过的全部距离成正比，因而将要穿过的余下部分，以及其后的加速度，也与这些部分成正比，也与全部距离成正比，等等。因此，加速度、由加速度而产生的速度，以及由这些速度穿过的部分和将要穿过的部分，均与全部余下的距离成正比。而即将穿过的那部分，在相互间保持一个给定比值后同时消失，也就是说，摆动着的两个物体将同时到达垂线*AR*。另外，由于摆从最低处所*R*以减速运动沿弧上升，在经过各处所时又受到下落过程中加速力的阻碍，这说明，物体沿相同弧上升和下落的速度相等，其运动经过相同弧长的时间也相等。由于位于垂线两边的摆线*RS*和*RQ*相似并且相等，因此，在相同的时间里，这两个摆可能完成所有的摆动，或可能只完成了一半的摆动。

证明完毕。

推论　物体*T*在摆线的任意处所*T*加速或减速的力，与同一物体在最高处所*S*或*Q*的重量的比，等于摆线*TR*的弧长与弧*SR*或*QR*的比。

命题52 问题34

求证摆在不同处所的速度，以及完成全部摆动和部分摆动所需的时间。（如图10-5、图10-6）

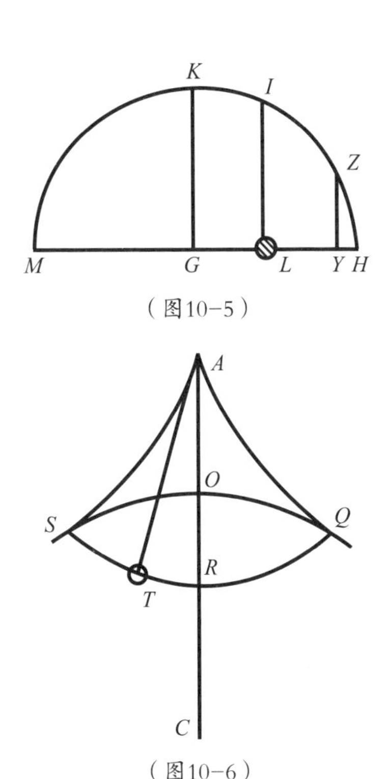

（图10-5）

（图10-6）

以任意中心G为圆心，以长度与摆线RS的弧相等的线段GH为半径作半圆HKM，其中，半圆被半径GK等分。如果向心力与处所到中心的距离成正比并指向中心G，且圆周HIK上的向心力与球QOS表面上指向其中心的向心力相等。当摆T从最高处所S下落时，在相同时间内，另一物体如L也从H下落至G。由于物体在开始时所受的作用力相等，并总是与即将穿过的空间TR、LG成正比，因此，如果TR等于LG，那么，处所T也等于L。由于这些物体刚开始运动时要穿过相等的空间ST、HL，以后，在受相等的力的作用下，物体仍将继续穿过相等的空间。因此，根据命题38，物体经过弧ST的所需时间与一次摆动时间的比，等于物体H到达人所用时间弧HI与物体H将到达M所用时间半圆HKM的比。并且，摆锤在处所T的速度与它在最低处所R的速度之比，即物体H在处所L的速度与其在处所G的速度之比，或者说，线段HL的瞬时增量与线段HG的瞬时增量之比，等于纵坐标LI与半径GK的比，或等于$\sqrt{SR^2-TR^2}$与SR的比。因此，由于在不相等的摆动中，在相同的时间里，物体穿过的弧与整个摆动弧长成正比，那么通过给定时间，可以求出物体的所有摆动速度以及所穿过的弧长。这是求证的第一步。

将任意摆锤放在不同球体内的不同摆线上摆动，并且，球体所受的绝对力也不相同。如果任意球体QOS的绝对力为V，那么，当摆锤向球体中心做直向运动时，作用于球面上摆锤的加速力，则与摆锤到中心的距离和球体绝对力的乘积成正比，即正比于$CO \times V$，而与加速力$CO \times V$成正比的线段HY，可在给定时间内画出。如果作垂线YZ在点Z与球体表面相交，那么，新生弧长HZ即为给定时间。由于这个新生弧长HZ与乘积$GH \times HY$的平方根成正比，因此也与$\sqrt{GH \times CO \times V}$成正比，而在摆线$QRS$上一次的整个摆动时间（它与半圆$HKM$成正比，$HKM$表示一次全摆动；它与以类似方式表示的给定时间弧$HZ$成反比）将与$GH$成正比，与$\sqrt{GH \times CO \times V}$成反比。由于$GH$等于$SR$并与$\sqrt{\frac{SR}{CO \times V}}$成正比，因此，根据命题50的推论，这个摆动时间也与$\sqrt{\frac{AR}{AC \times V}}$成正比。从而，因某种绝对力的驱使，沿所有球体和摆线的摆动，则其变化与细线长度的平方根成正比，与垂悬点到球体中心距离的平方根成反比，也与球体绝对力的平方根成反比。

证明完毕。

推论1　物体的摆动时间、下落时间和旋转时间可以进行相互比较。因为，球内可以划出摆线的轮子直径如果等于球体的半径，那么，这条摆线将演变为通过球心的一直线，摆动将成为沿该直线做上下往返运动，由此即可求出物体从一任意处所下落至球心的时间、物体在任意距离处围绕球心匀速旋转四分之一周的时间。因为，根据情形2，该时间与任意摆线如QRS上的半摆动的时间之比等于$1 : \sqrt{\frac{AR}{AC}}$。

推论2　根据以上推论，可以推出克里斯多弗·雷恩爵士和惠更斯先生在普通摆线方面的发现。如果球体的直径无限增大，球的表面将变为平面，而向心力则将沿垂直于平面的直线方向产生均匀作用，其摆线则将变为与普通摆线一样。在这种情况下，位于平面和作图点之间的摆线弧长，则等于相同平面和作图点之间的轮子弧长一半的正矢的4倍，这与克里斯多弗·雷恩爵士的发现完全吻合。而惠更斯先生则在很早就证明了：在两条摆线之间的摆，将在相等时间里沿相似且相等的摆线摆动。另外，惠更斯先生还证明了：物体摆动一次的时间同物体的下落时间是相等的。

以上几个已经证明的命题，对分析地球的真实构造非常适用。只要轮子沿地球大圆滚动，那么，轮边的钉子通过运动可以画出一条球外摆线；而在地下矿井和深洞中的摆，则将画出一条球内摆线，这些振动可以在相同的时间里完成。因为，我们在第3编中将要讨论和分析的重力是：距离地球表面上越远，力也变得越小。在地球表面，重力与到地球中心距离的平方根成正比，在地表以下，与到地球中心的距离亦成正比。

命题53　问题35

给定曲线图形面积，求证使物体在相等时间里沿给定曲线摆动的力。

设物体T沿任意给定曲线$STRQ$进行摆动，该曲线的轴为AR，且过力中心C。作TX并在物体T的任意处所与曲线相切。在切线TX上，取TY与弧长TR相等，该弧长可通过普通方法由图形面积求出。如果在点Y作直线YZ与切线垂直，CT与YZ相交于点Z，那么，向心力将与直线TZ成正比。

证明完毕。

将物体（如图10-7）从T拉向C的力与直线TZ成正比，如果用直线TZ来表示该力，那么，该力则可被分解为TY、YZ两个力，其中一个力YZ沿

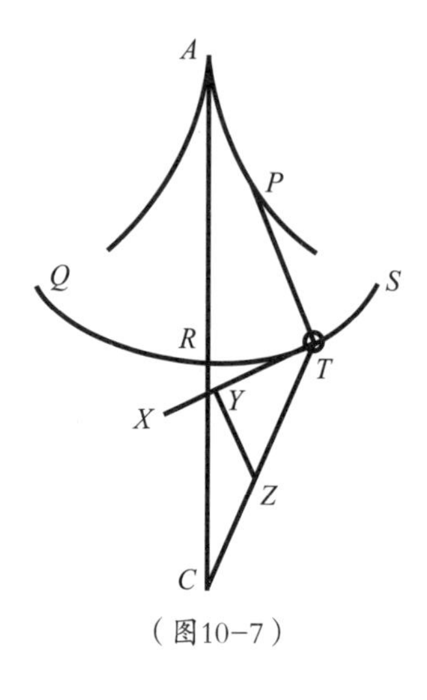

（图10-7）

细线PT的长度方向拉住物体，但它并不影响物体的运动，而另一个力TY将直接沿曲线$STRQ$方向对物体的运动产生加速或减速作用。由于该力与将要划过的空间TR成正比，因此，该力穿过2次摆动的两个成正比部分的物体，其加速或减速也将与这些部分成正比并同时穿过这些部分。在同一时间里，连续穿过这些部分并与整个摆程成正比的部分物体，也将同时完成整个摆动。

证明完毕。

推论1 如果物体T由直绳AT悬挂在中心A，穿过圆弧$STRQ$，受任意向下的平行力作用，该力与均匀重力的比等于弧TR与其正弦TN的比，则各种摆动所用的时间相等。由于$TZ=AR$，且三角形ATN与三角形ZTY相似，则$TZ:AT=TY:TN$。如果用给定长度AT来表示均匀重力，那么，使摆动等时的力TZ与重力AT的比，等于与TY相等的弧长TR与该弧正弦TN的比。

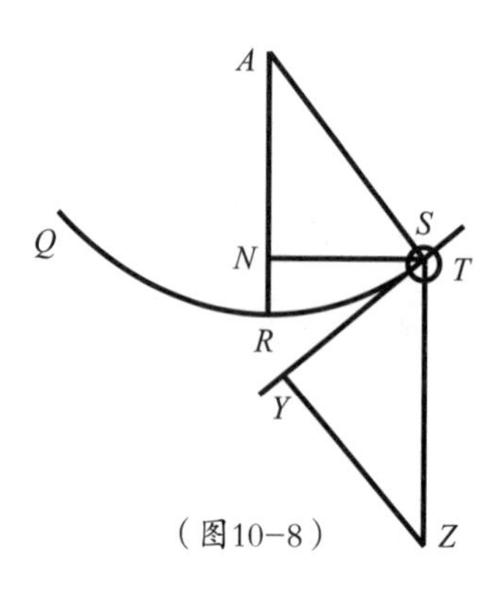

（图10-8）

推论2 （如图10-8）如果通过某种机械将力施加在时钟里的钟摆上，使钟摆能够保持连续的运动，将这种力与重力复合，并使这个合力始终与一直线成正比，如果这条直线等于弧长TR和半径AR的乘积与正弦TN的比，那么，所有摆动都将是等时运动。

命题54　问题36

给定曲线图形面积，求证物体受任意向心力作用沿平面上过力中心的任意曲线下落或上升的时间。（如图10-9）

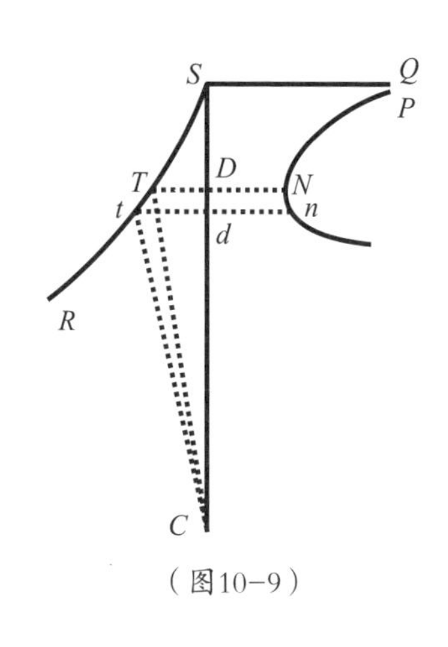

（图10-9）

设物体由任意处所S向下降落，并沿平面上过力中心C的任意曲线$STtR$运动。连接CS，并将它分为无数相等的部分，设Dd为其中一部分。以C为圆心、以CD和Cd为半径分别作圆DT、dt，并在点T和点t与曲线$STtR$相交。根据已知的向心力定律，可以给定物体第一次下落的高度CS，根据命题39，物体在其他任意高度CT的速度也可以求出。物体穿过线段Tt的时间与该直线的长度成正比，即与角tTC的割线成正比，与速度成反比。如果纵坐标DN与时间成正比，并在D点与直线CS垂直，由于Dd已给定，因此，乘积$Dd \times DN$，即面积$DNnd$，将与同一时间成正比。如果PNn是与点N连接的曲线，其渐近线SQ与直线CS垂直，那么，面积$SQPND$将与物体下落所穿过直线ST的时间成正比。因此，求出该面积，也就求出了物体上升或下落的时间。

证明完毕。

命题55　定理19

如果一物体沿任意曲面运动，且该曲面的轴过力的中心，由物体作轴的垂线，并在轴上的给定点作与垂线相等的平行线。那么，由该平行线围成的面积与时间成正比。（如图10-10）

设BKL为曲面，T是围绕曲面运动的物体，STR是物体在这个表面

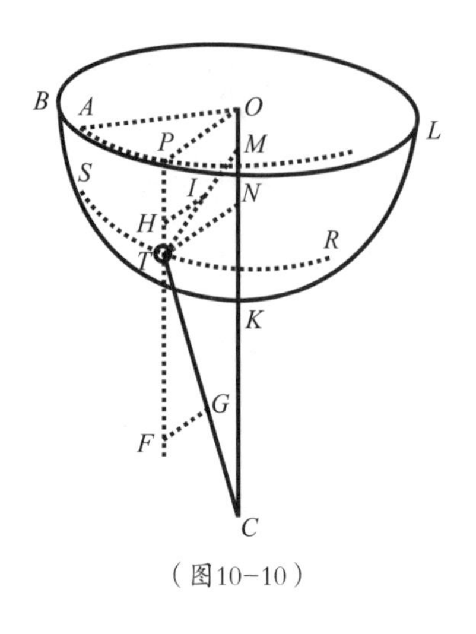

（图10-10）

上穿过的曲线，曲线的起点是S，OMK则是曲面的轴，TN是物体向轴所作的垂线，OP是由轴上给定点O作出的与垂线相等的平行线。AP为旋转线OP所在平面AOP上一点P走过的轨迹，A是轨迹起点并与点S相对应，TC是从物体到中心的直线，TG是与物体指向中心C的力成正比的部分向心力，TM是垂直于曲面的直线，TI是与物体表面压力成正比的部分力，该力将受到表面上指向M的力的抵制。PTF是与轴平行并通过物体的直线，GF、IH是由点G和点I向PTF所作的垂线。因此，在运动开始时，通过半径OP所穿过的面积AOP与时间成正比。因为，根据运动定律的推论2，力TG被分解成为力TF和力FG，力TI被分解成为力TH和力HI，由于作用在直线PF直线方向的力TF、TH垂直于平面AOP，因此，除沿垂直于平面的直线方向上的运动之外，它对物体其他方向上的运动不会产生任何改变。所以，只考虑物体在平面方向上的运动，即画出曲线在平面上射影AP的点P的运动，就和没有受到力TF，TH的作用，而只受到力FG，HI的作用一样；即如同物体受指向中心O的向心力作用在平面AOP上作出曲线AP一样，该向心力等于力FG与力HI的和。根据命题1，而受该向心力作用所穿过的面积AOP则与时间成正比。

证明完毕。

推论　同理，如果一物体受到指向任意相同直线CO上两个或更多中心的若干力的作用，并在自由空间穿过任意曲线ST，那么，面积AOP将总与时间成正比。

命题56　问题37

给定曲线图形面积，给定指向已知中心的向心力规律，给定其轴通过该中心的曲面，求证物体在该曲面上以给定速度沿给定方向离开给定处所将要画出的曲线轨道。（如图10-11）

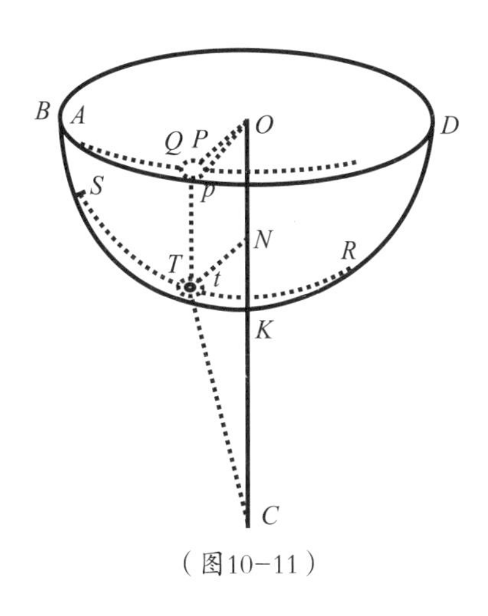

（图10-11）

保留上述命题的图形，设物体T从给定处所S离开，沿给定位置的直线方向进入所要求的曲线轨道STR，该轨道在平面BDO上的正射影为AP。由于物体在高度SC的速度已给定，它在其他任意高度TC的速度也就给定。该速度使物体在给定的时间里穿过一小段轨道Tt，Pp是Tt在平面AOP上的投影，连接Op，在曲面上以中心T为圆心并以Tt为半径画出一小圆，使其在平面AOP上的投影为椭圆pQ。由于小圆Tt的大小已给定，T或P到轴CO的距离TN或PO也就给定，而椭圆pQ的类型、大小，和它到直线PO的距离也就给定。由于面积POp与时间成正比，且时间已定，因而角POp也给定。因此，椭圆和直线Op的公共交点p，以及轨道的投影APp与直线OP形成的角OPp也都可以给定。根据命题41和其推论2，曲线APp也就得以求证。然后，通过若干投影点P向平面AOP作垂线，并将垂线PT在点T与曲面相交，即可求证出曲线轨道上的若干点。

证明完毕。

第 11 章　在向心力作用下，物体之间的相互吸引运动

到此为止，我所讨论的运动，全都是关于物体在向心力吸引下，在不动中心的运动。一般来说，在自然界中，存在这种运动的可能性微乎其微，因为，吸引运动通常发生在物体之间。但是，根据定律3，物体的吸引和被吸引作用是相辅相成的，两个物体，无论是吸引者还是被吸引者，都不是真正的静止，而是两个物体之间的相互吸引，并围绕公共重心旋转运动。如果有更多物体，不管它们是受单个物体吸引，或者是它们吸引单个物体，或者是物体之间相互吸引，物体都将进行运动，它们围绕公共重心或者静止，或者沿直线做匀速运动。

现在，我接着讨论物体之间的相互吸引运动，在这里，我把向心力看成是吸引力。其实，从物理学意义上讲，最准确的称呼应该叫推进力。但物理学是将这些命题作为纯数学来讨论，因此，我将吸引力的物理学意义抛在一边，采用人们所熟悉的数学方法来阐述，这样，更容易让读者理解和接受。

命题 57　定理 20

两个相互吸引的物体，可以围绕共同的公共重心运动，也相互围绕对方运动并画出相似的图形。

由于物体到它们公共重心的距离与物体成反比，因此，物体相互间的比值为给定比值。物体比值的大小，与物体间的全部距离始终保持着

一种固定的比率。这些距离以均匀的角运动围绕它们的公共端点旋转，由于位于同一直线上，因此，它们的运动不会改变相互间的倾角。但是，由于直线相互间的比值已给定，它们将随物体围绕其端点在平面做均匀角速度运动，平面相对于它们静止或没有角运动的移动，而直线将围绕这些端点画出完全相似的图形。因此，由这些距离的旋转运动而画出的图形也是相似的。

证明完毕。

命题58　定理21

两个物体如果以某种力相互吸引，并同时围绕公共重心做旋转运动，那么，在相同力的作用下，物体围绕其中一不动物体转动所画出的图形，与物体相互环绕运动所画出的图形相似且相等。（如图11-1、图11-2）

设物体S和P围绕它们的公共重心C旋转，从S运动至T，从P至Q。在给定点s连续作sp、sq，并与SP、TQ平行且相等。在点p围绕不动中心s做旋转运动画出曲线pqv，并与物体S和P相互环绕所画出的曲线相似且相等。那么，根据定理20，它就与由相同物体围绕其公共重心C转动所画出的曲线ST和PQV相似，因为，直线SC、CP和SP或sp相互间的比是给定的。

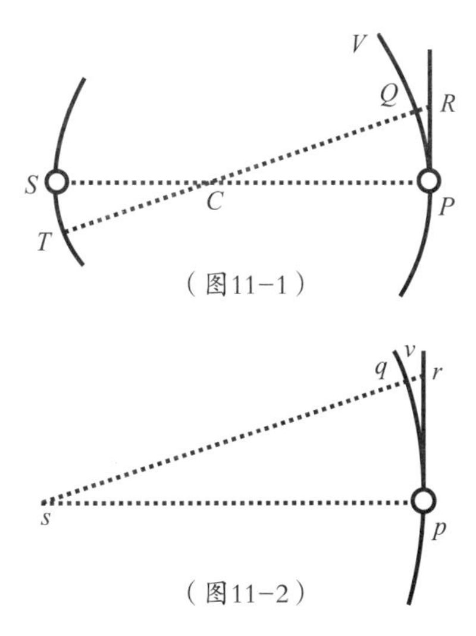

（图11-1）
（图11-2）

情形1 根据运动定律的推论4，重力的公共中心C或者静止，或者做匀速直线运动。首先，假设它是静止的，将两个物体分别位于s和p点处，位于s点的是不动物体，位于p点的是运动物体，这与物体S和P的情况大致相同。然后，在点P和点p将直线PR和pr与曲线PQ和pq相切，并将CQ、sq延长到点R和点r。由于图形$CPRQ$、$sprq$相似，因此，$RQ : rq = CP : sp$，而该比值则为给定比值。如果把物体P吸引到物体S，并以受重力中心C吸引的力，与物体p受中心s吸引的力的比值作为给定比值，那么，这些力在相等时间内，将与切线PQ、pq的间隔成正比，并将物体从切线PR、pr吸引到弧PQ、pq，而指向s的力则将使物体p沿曲线pqv旋转，且与物体P旋转所沿的曲线PQV相似，这些旋转将在相同时间里完成。由于这些力相互间的比值相等，因此，在相同时间中，物体在切线所画出的图形也相等，而物体通过更大间隔rq所受到的吸引，则与一个该更大间隔平方根的时间成正比，因为，根据引理10，在运动开始时，物体所经过的距离与时间的平方成正比。假设物体p与物体P的速度之比为距离sp和距离CP比的平方根，那么，物体间有简单比值的弧pq、PQ，则可在与距离平方根成正比的时间里画出，而受相同力吸引的物体P、p则将围绕不动中心C和s画出相似图形PQV、pqv，其中，图形pqv与物体P围绕运动物体S所画的图形相似且相等。

证明完毕。

情形2 假设公共重心和物体相互运动的空间同时做匀速直线运动，那么，根据运动定律的推论6，在这个空间中所有的运动都与情形1相同，物体在相互运动中所画出的图形也与图形pqv相似并相等。

证明完毕。

推论1 根据命题10，两个相互吸引且力与距离成正比的物体，将围绕其公共重心相互做旋转运动并画出同心椭圆。反之，如果物体能够画出这种图形，那么，物体的力与距离则成正比。

推论2 根据命题11、12、13，两个吸引力与距离的平方成反比的物体，将围绕其公共重心相互做旋转运动并画出圆锥曲线，其焦点在物体环绕的中心。反之，如果物体能够画出这种图形，那么，物体的向心力则与距离的平方成反比。

推论3 两个围绕公共重心做旋转运动的物体，其指向该中心或指向双方的半径所通过的面积与时间成正比。

命题59 定理22

两物体S和P围绕公共重心C做旋转运动，其运动周期与物体P围绕另一不动物体S旋转画出相似相等图形的运动周期的比，等于S的平方根与（$S+P$）的平方根的比。

因为，根据上述命题的证明，画出任意相似弧PQ与pq的时间的比，等于CP的平方根与SP或sp的平方根的比，即等于$\sqrt{S}$比$\sqrt{S+p}$。利用合比，则可画出所有相似弧PQ和pq的时间的和，即画出图形的整个时间是同一个比值，等于S的平方根与（$S+P$）的平方根之比。

证明完毕。

命题60 定理23

如果受与距离平方成反比的吸引力的作用，两个物体S和P相互绕其公共重心旋转，那么，在相同周期内，由其中一物体P围绕另一物体S旋转运动所画出的椭圆的主轴，与由同一物体P围绕另一静止物体S旋转所画出的椭圆主轴的比，等于两个物体的和$S+P$与另一物体S之间的两个比例中项的前一项。

如果所作椭圆是相等的，那么，根据上述定理，它们周期的时间则与S和（$S+P$）的平方根成正比。如果将后一个椭圆的周期时间按相同比值减小，则它们的周期相等。但是，根据命题15，椭圆的主轴将按前一比值的$\frac{3}{2}$次方减小，那么，椭圆主轴的立方之比则等于S与（$S+P$）的比，因而两个椭圆的主轴之比，则等于（$S+P$）与S比（$S+P$）之间两个比例中项的前一项的比。反之，围绕运动物体所画出的椭圆主轴与绕不动物体画出的椭圆主轴之比，等于（$S+P$）比（$S+P$）与另一物体S之间两个比例中项的前一项。

证明完毕。

命题61　定理24

如果两个物体在任意类型力的作用下相互吸引而不受其他力的干扰和阻碍，并以任意的方式运动，那么，这些运动等同于没有相互吸引；而同时受到位于它们公共重心的第三个物体的相同力的吸引；如果就从物体到公共中心的距离和到两物体之间的距离方面分析，其吸引力的规律也完全相同。

由于使物体相互吸引的力，在指向物体的同时也指向物体之间的公共重心，因此，这种力与从公共重心处的物体上所发出的力相同。

证明完毕。

由于其中一物体到公共中心的距离，与两个物体之间的距离的比值已经给定，那么，由此可求出一个距离的任意次幂与其他距离的相同次幂的比值，并且，还可求出由距离以任意方式和给定量复合而产生的新量，以及由另一距离和该距离以类似方法复合产生的新量的比值。因此，如果一物体受另一物体吸引的力与物体相互间的距离成正比或反比，或者与该距离的任意次幂成正比，或者与距离以任意方式和给定量复合产生的任意新量成正比，那么，用类似方法将相同物体吸引到公共重心的相同力，就将与被吸引物体到公共中心的距离成正比或反比，或者与该距离的任意次幂成正比，或者与以相同方法由距离和给定量的复合产生的任意新量成正比。从这个意义上讲，吸引力规律对这两种距离都是相同的。

证明完毕。

命题62　问题38

求证相互间吸引力与距离的平方成反比的两个物体，从给定处所下落的运动。

根据上述定理，物体的运动与它们受位于公共重心的第三个力的吸引相同。假设该中心在运动开始时是静止的，那么，根据运动定律的推论4，它将始终处于静止状态。而物体的运动从问题25可知则能由物体受指向该中心的力推动的相同方式求出，在此基础上，即可求出相互吸引的物体的运动。

证明完毕。

命题63　问题39

求证相互间吸引力与距离的平方成反比的两个物体，从给定处所用给定速度沿给定方向的运动。

因为物体开始时的运动已给定，由此可求出公共重心的匀速运动和与该中心同时做匀速直线运动的空间的运动，以及物体在该空间的所有运动。根据前一定理和运动定律推论5，物体在该空间以下方式进行运动，空间和公共重心保持静止，物体相互间由于没有吸引而受位于该中心的第三个力吸引的情况相同。因此，在这个运动空间中，每一个离开给定处所、用给定速度，沿给定方向运动并受向心力作用的物体的运动，都可以通过问题9和问题26而求出，同时，还可求出另一物体绕相同中心所做的运动，如果将该运动与围绕空间旋转的物体的整个系统的

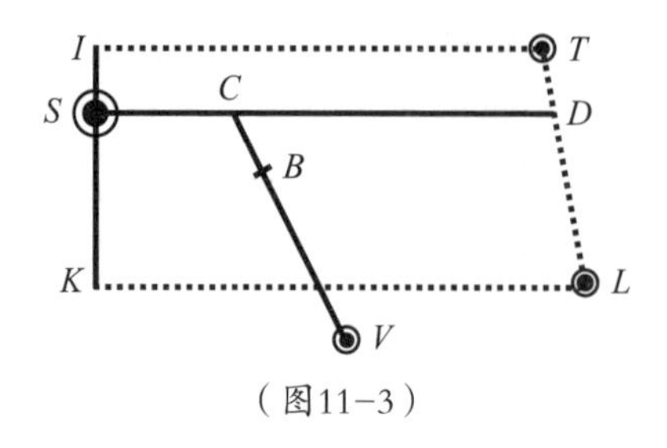

（图11-3）

匀速直线运动合在一起，即可求出物体在不动空间的绝对运动。

证明完毕。

命题64　问题40

假设物体间的相互吸引力将随物体到中心距离的比值而增加，求证物体间的相互运动。（如图11-3）

如果前两个物体*T*和*L*的公共重心为*D*，那么，根据定理21的推论1，物体以*D*为中心而画出的椭圆的大小，可以通过问题5而求出。

假设第三个物体*S*用加速力*ST*、*SL*吸引前两个物体*T*和*L*，同时，物体*S*也受物体*T*和*L*的吸引。那么，根据运动定律的推论2，力*ST*可分解为力*SD*和力*DT*，力*SL*则可分解为力*SD*和力*DL*。力*DT*、*DL*，其合力是*TL*，与两物体间的吸引力成正比，将此二力分别加到物体*T*和*L*上，所以，得到的二合力仍与先前一样分别正比于距离*DT*和*DL*，只是比先前的力大。根据命题10的推论1，命题4的推论1和推论8，这些合力可以像先前的力那样促使物体画出椭圆，但其运动速度比先前更快。而余下的加速力*SD*和*SD*，通过运动力$SD \times T$和$SD \times L$，则同样在平行于*DS*的直线*TI*、*LK*上吸引物体，这种吸引并不改变物体间的相互位置，但会促使物体向直线*IK*靠近，该直线*IK*通过物体*S*的中心并垂直于直线*DS*。但是，物体向直线*IK*的靠近会受到阻碍，因为，当物体*T*和*L*处于一边时，物体*S*则在另一边以适当的速度绕公共重力中心*C*旋转。由于运动力$SD \times T$和$SD \times L$的和与距离*CS*成正比，因此，物体*S*在该运动中指向中心*C*，并将围绕中心*C*画出椭圆。直线*CS*与*CD*成正比，通过点*D*也可画出类似的椭圆。由于物体*T*和*L*被运动力$SD \times T$和$SD \times L$吸引，前者被前者吸引，后者被后者吸引，从而一同沿平行线TI和LK的方向运动，与前面的论述相同，根据运动定律的推论5和推论6，物体将围绕不动中心D画出各自的椭圆。

证明完毕。

审判伽利略

设立宗教裁判所，是为了审判与正统教义相违背的异端思想。伽利略的《关于两大世界体系的对话》，是站在“日心说”的角度为哥白尼辩护，触犯了《圣经》和教皇的权威，遭到了罗马教廷的控诉和审判。然而，伽利略声称自己关心的是科学问题，而非宗教，竭力区分宗教和科学的关系，认为宗教属于人的道德行为范畴，而科学是探讨人和自然界之间的关系。然而，在宗教势力的迫害下，伽利略最终不得不宣称地球是宇宙静止不动的中心。

如果加入第四个物体V，用同样的理由可以证明：该物体和点C将围绕公共重心B画出椭圆，而物体T、L和S围绕中心D、C的运动保持不变，但将加快运动速度。如果运用相同的方法，还可以任意增加更多的物体。

证明完毕。

如果物体T和L相互吸引的加速力，大于或小于它们按物体距离比例吸引其他物体的加速力，以上情形也仍然成立。如果所有加速力相互间的比等于吸引物体距离的比，那么，根据前一定理可推出：所有物体都将在一个不动平面上，用相同周期围绕它们的公共重心B画出不同的椭圆。

证明完毕。

命题65　定理25

如果物体的力随物体到中心距离的平方而减小，那么，这些物体将沿椭圆运动，并且，以焦点为半径所穿过的面积与时间几乎成正比。

在上一个命题中，我们证明了物体沿椭圆精确运动的情形。如果力的规律离这种情形的规律越远，那么，物体间运动的相互干扰也就越大。物体间的相互距离如果不保持一定比例，物体就不可能按该命题所假设的规律那样精确地沿椭圆运动。不过，在我后面所阐述的情形中，轨道与椭圆的差别相当小。

情形1　假设有若干小物体以不同的距离围绕某个较大物体旋转，并且，指向每一个物体的力都与它们的距离成正比。根据运动定律的推论4，这些物体的公共重心或者静止，或者做匀速直线运动，假设这些小物体相当小，从而使大物体到中心的距离不能测出，致使大物体以无法感知的误差或者处于静止状态，或者做匀速运动，而小物体则围绕大物体沿椭圆转动，其半径穿过的面积与时间成正比，如果排除大物体到公共重心距离的误差，或者排除由小物体之间的相互作用而引起的误差。小物体可以更加缩小，以致它们的距离和相互间的作用也将小于任意给定值，其运动轨道则为椭圆，而与时间相对应的面积也无不小于任意给定值的误差。

证明完毕。

情形2　假设若干小物体按上述方法围绕一个较大物体运动构成的一个系统，或者由两个物体相互环绕构成的二体系统，做匀速直线运动，并同时受较远处另一个大物体上的力作用而向一边倾斜。由于沿平行方向推动物体运动的加速力不会改变物体间的相互位置，它只是在促使各部分保持相互运动的同时，推动整个系统改变其位置，因此，只要加速吸引力均匀，或者没有沿吸引力方向发生倾斜，物体的相互吸引运动就不会因为较大物体的吸引而产生任何变化。假设所有指向大物体的加速吸引力与距离的平方成反比，再把物体的距离增大，一直到它连接其他物体间所作的直线在长度上产生差值，且这些直线相互间的倾角小于任意给定值，那么，该系统各部分的运动将以不大于任意给定值的误差进行。因为，这些部分相互间的距离小，而整个系统就像一个整体一样受到吸引而运动，而它的重心将围绕大物体画出一条圆锥曲线，当吸引力较弱时画出抛物线或双曲线，当吸引力较强时则画出椭圆，而由较大物体指向该系统的半径穿过的面积则与时间成正比，根据本命题的假设，各部分间由距离产生的误差极小，并且可任意减小。

傅科摆

傅科摆是指可自由朝任一方向摆动的单摆。这种摆一旦朝某一方向摆动，除非受到外力干扰，否则会一直摆动。它的摆动路线处于同一平面上，但是由于地球的自转，摆在几个小时内就会逐渐改变摆动路线。傅科摆的设计正是为了证明地球的自转现象。

证明完毕。

类似方法还可以用来证明其他更为复杂的情形，由此可以推广至无限。

推论1　在第二种情形中，极大物体离二体或多体系统越近，则系统内各部分运动的摄动就越大。因为，该大物体到其他部分间直线的倾斜度增大，其比例的不等性也增大。

推论2　在物体的摄动中，如果系统各部分指向所有大物体的加速吸引力，与到大物体距离的平方不成反比，特别是在该比例的不等性大于部分到大物体距离比例的不等性时，这时的摄动将是最大的摄动。因为，如果沿平行线方向同等作用的加速力没有引起系统各部分运动的摄动，当不能同等作用时，就必定要在某处引起摄动，并且，这种摄动的大小将随着不等性的大小而变化。作用在物体上的较大推动或排斥力的剩余部分不会作用于其他物体，但会改变这些物体的相互位置。如果将该摄动加在物体间由直线不等性和倾斜产生的摄动上，则将使整个摄动更大。

推论3　如果系统的各部分沿椭圆或圆周运动，且没有明显的摄动，这说明它们受到了指向其他任意物体加速力的作用，这时，它们的推动力会非常弱小，或者沿平行线方向近于相等地作用在各部分上。

命题66　定理26

如果三个物体相互吸引的力以它们距离的平方而减小，而任意两个物体对第三个物体的加速吸引力都与物体间距离的平方成反比，且两个较小的物体围绕最大的物体转动，那么，假如最大物体被这些吸引力推动，而不是完全不受较小物体的吸引而静止，或者受到更为强烈的或更为弱小的吸引力，又或者受到更为强烈的或更为弱小的推动力时，这两个旋转物体中靠内的一个所作的到最里面的那个最大物体的半径围绕该最大物体穿过的面积与时间的比值更接近于正比，且所画出的图形更接近于椭圆。（如图11-4）

由前一命题的推论2可以得出这一结论，但这个结论也可用一种更为严谨和普遍的方法来论证。

情形1　设小物体*P*和*S*放在相同平面上围绕最大物体*T*旋转，物体*P*画出内轨道*PAB*，物体*S*画出外轨道*ESF*。设*SK*作为物体*P*和*S*的平均距

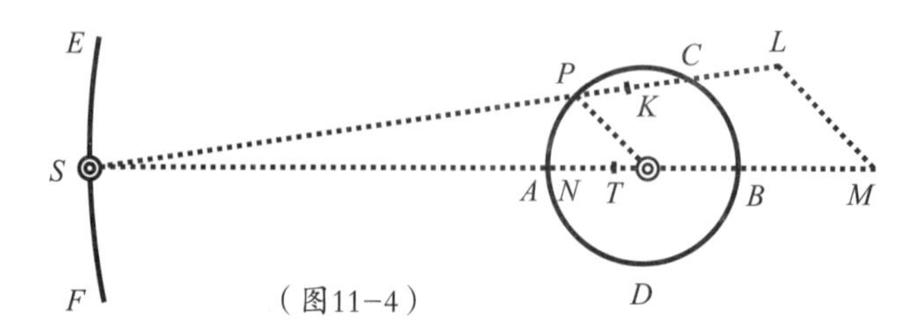

（图11-4）

离，直线SK表示物体P在平均距离处指向S的加速吸引力。作SL，使之与SK的比等于SK的平方与SP的平方的比，其中，SL是物体P在任意距离SP处指向S的加速吸引力。连接PT，作LM平行它，并在点M与ST相交，那么，根据运动定律的推论2，吸引力SL可分解为吸引力SM、LM。而物体P则将受到三个吸引力的作用，其中一个力指向T，来自于物体T和P的相互吸引。在该力的单独作用下，物体P将围绕物体T运动，并通过半径PT穿过的面积与时间成正比，画出一个焦点在物体中心T的椭圆。无论物体T是否静止，或受吸引力作用而运动，上述运动都会进行，以上结论可以通过命题11及定理21的推论2和推论3推出。另一个力为吸引力LM，由于它由P指向T，则可将它加到前一个力上，根据定理21的推论3可知，该力也使面积与时间成正比，但它与距离PT的平方并不成反比，因此，当把它加在前一个力上时就会产生复合力，而该复合力将使上述平方反比关系发生变化，相对前一个力而言，复合力的比例越大，其变化也就越大，但在其他方面则不会发生变化。因此，根据命题11和定理21的推论2，画出焦点为T的椭圆的力应指向该焦点，并且与距离PT的平方成反比。由于改变此比例的复合力将使轨道PAB由以T为焦点的椭圆发生变化，其中，比例关系改变越大，轨道的变化也越大，第二个力LM相对于前一个力的比例也越大，但在其他方面则没有什么变化。第三个力SM沿平行于ST的直线方向吸引物体P，并与另两个复合成不再由P指向T的新力，方向变化大小与第三个力对另两个力的比例相同，相对于另两个力，第三个力的比例越大，其方向变化也就越大，同样，其他方面也不会发生变化。因此，物体P通过半径TP所穿过的面积与时间不再是正比关系，相对于另两个力，该力的比例越大，其比例关系的变化也就越大。基于前两种说明，第三个力将增大轨道PAB由椭圆图形发生的变化，首先，因为该力不是由P指向T；其次，它与距离PT的平方不是反比关系。当第三个力尽可能最小，其他力保持量不变时，面积最接近于与时间成正比。当第二个和第三个力，尤其是第三个力有可能最小，而第一个力保持其量不变时，轨道PAB则最接近于椭圆图形。

用直线SN表示物体T指向S的加速吸引力。如果加速吸引力SM和SN相等，那么，加速吸引力将沿平行线方向同等地吸引物体T和P，但不改变它们相互间的位置。由运动定律的推论6可知，这两个物体之间的相互运动与没受到吸引力作用时是一样的。同理，如果吸引力SN小于吸引力SM，那么，SN则将SM的一部分抵消，而剩余的吸引力部分MN则会干扰时间与面积的正比性，以及轨道的椭圆图形。如果吸引力SN大于吸引力SM，则轨道和正比关系的摄动也由力的差MN产生。在此吸引力SN总是因为吸引力SM而减小为MN，第一个和第二个吸引力则可保持不变。因此，当吸引力MN为零或尽可能小时，即当物体P和T的加速吸引力尽可能接近相等时，或者说当吸引力SN既不为零，也不小于吸引力SM的最小值，而是为吸引力SM最大值和最小值的平均值，即既不极大于也不极小于吸引力SK时，面积和时间最接近于正比，且轨道PAB最接近于上述的椭圆图形。

证明完毕。

情形2　设小物体P、S放在不同平面上围绕大物体T旋转。在轨道PAB平面上沿直线PT方向的力LM，其作用就与上述情况相同，不会使物体P脱离其轨道平面。但另一个沿平行ST的直线方向作用的力NM，除引起垂直摄动以外，还会带来横向摄动，并吸引物体P脱离其轨道平面。这种摄动，在物体P和T相互位置已任意给定的情形下，它与力MN成正比。因此，当力MN为最小时，即在吸引力SN既不极大于也不极小于吸引力SK时，其摄动也变为最小。

证明完毕。

推论1　如果若干小物体P、S、R等围绕一个极大物体T旋转，当大物体受到其他物体的吸引和推动时，其他物体间也相互吸引和推动时，则在最里面做旋转运动的物体P所受到的摄动最小。

推论2　一个系统包含着三个物体T、P、S，如果其中任意两个指向第三个的加速吸引力与距离的平方成反比，那么，物体P在以PT为半径围绕物体T穿过面积时，其在会合点A以及在对点B附近时的速度，要比在方照点C和D附近的速度快。因为，每一种作用于物体P而不作用于物体T的力，均不是沿直线PT的方向作用，根据该力的方向是与运动方向相同还是相反，来对其所穿过的面积进行加速或者减速，这就是力NM。当物体P由C向A运动时，该力与运动方向相同，因此对物体加速。当到达D时，该力与运动方向相反，因此对物体减速。直到到达B点，该力又与运动方向相同，但由B运动到C，该力又与运动方向相反。

推论3　同理，在其他条件不变的情况下，物体P在会合点和对点的运动速度，要比在方照点的速度快。

推论4　在其他条件都不变的情况下，物体P在轨道在方照点的弯曲度，要比在会合点和对点上的弯曲度大。因为，物体的运动越快，偏离直线路径的程度就越小。在会合点和对点上，力KL或NM与物体T吸引物体P的力方向相反，从而使该力减小。物体P受物体T的吸引越小，物体P偏离直线路径的程度也就越小。（如图11-5）

推论5　在其他条件都不变的情况下，物体P在方照点要比在会合点

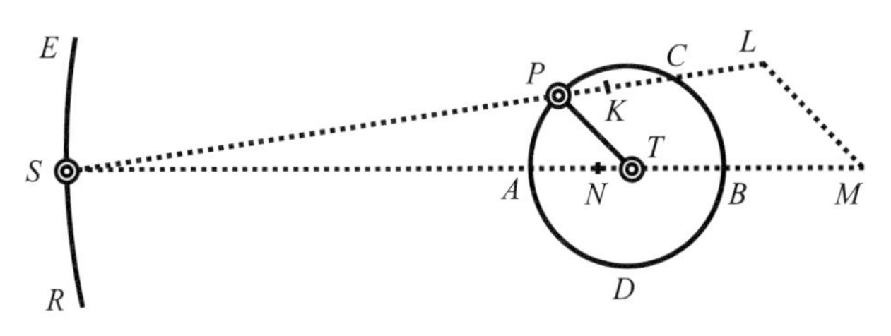

（图11-5）

和对点距物体T更远，不过，这个结论必须排除偏心率的变化才能成立。因为，物体P的轨道如果偏心，那么，当回归点处在朔望点时，其偏心率将达到最大，于是可能会出现这种情况，当物体P的朔望点趋近于远回归点时，物体P到物体T的距离要大于在方照点的距离。

推论6　保持物体P在轨道上的中心物体T的向心力，在方照点，该向心力由于力LM的加入而增强；在朔望点，则因减去力KL而减弱；由于力KL大于力LM，因此，减弱的大于增强的。根据命题4的推论2可知，该向心力与半径TP成正比，与周期的平方成反比，那么，由于力KL的作用使合力减小。如果假设轨道PT的半径保持不变，其周期将增加，并与向心力减小比值的平方根成正比，那么，根据命题4的推论6可知，设半径增大或减少，周期将以半径的$\frac{3}{2}$次幂增大或减小。如果中心物体的吸引力逐渐减小，物体P受到的吸引力将越来越小，并离中心T越来越远；反之，如果该力逐渐增强，它离中心T将越来越近。如果使该力减弱的遥远物体S由于旋转而使作用出现增大或减小，那么，半径TP也同样会出现增大或减小；由于遥远物体S作用的增大或减小，周期也将随着半径的比值的$\frac{3}{2}$次幂，和中心物体T的向心力减小或增大比值的平方根所构成的复合比值增加或减小。（如图11–6）

推论7　根据前面的证明可知，物体P所画出的椭圆的轴或回归线的轴，将随其角运动交替前进或后退，由于前进多于后退，因此，整个直

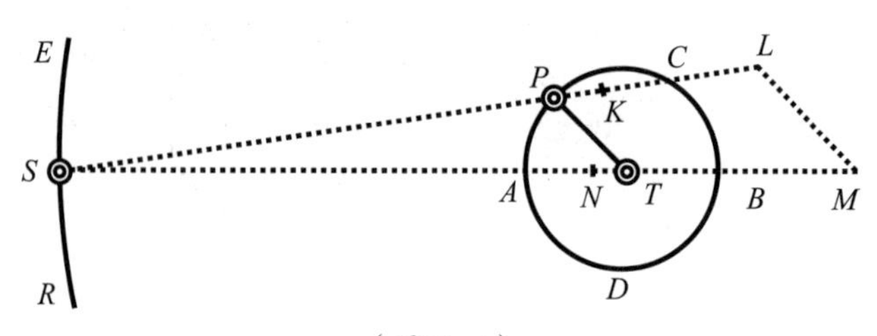

（图11–6）

线运动就是前进的运动。在方照点，力MN已经消失，将物体P吸引向物体T的力是由力LM和物体T吸引物体P的向心力复合而形成。如果距离PT增大，第一个力LM也将以近似于以距离的相同比例而增大，而另一个力则以正比于距离比值的平方而减小。因此，这两个力的和的减少小于距离PT比值的平方。根据命题45的推论1，将使回归线或上回归点向后移动。但在会合点和对点，使物体P倾向于物体T的力是力KL与物体T吸引物体P的力之差，由于力KL以非常近似于距离PT的比值而增大，因此，该差的减少大于距离PT比值的平方。根据命题45的推论1，该力的差将使回归线向前移动。在朔望点与方照点之间，回归线的运动由这两种因素共同决定，它用两种作用最强的那个剩余值比例来决定前进或后退。在朔望点的力KL几乎是在方照点的力LM的2倍，而剩余力位于力KL的一方，因此，回归线将向前移动。假设两个物体T和P构成的系统每一边都被滞留在轨道ESR上的若干物体S，S，S等环绕，有了这个假设，该结论和上一个推论就容易理解了。因为，由于这些物体的作用，物体T在每一边的作用都将被减弱，且减弱的程度大于距离比值的平方。

推论8 回归点的前进或后退取决于向心力的减小，意即当物体从下回归点向上回归点移动时，向心力是大于还是小于距离PT比值的平方；也是由物体返回下回归点时的向心力类似的增大所决定。因此当上回归点的力与下回归点的力的比，同距离平方的反比之差为最大时，回归点的运动也为最大；当回归点在朔望点，而力的差是KL或$NM-LM$时，其向前运动也就相对较快；而当回归点在方照点时，由于新增的力LM的作用，其后退则相对较慢。由于前进和后退都将持续很长一段时间，因此，这种不等性也变得相当突出。

推论9 如果物体所受的一个阻力与它到任意中心距离的平方成反比，绕中心沿一椭圆旋转，在由上回归点落到下回归点时，该力受到一个新力连续作用而增强，并大于距离减小的比值平方。那么，该物体受新力的连续作用而指向中心，比它只受以距离减小比值的平方而减小的力的作用更倾向于中心，而它所画出的轨道较之于原先的椭圆轨道更加靠内一些，在下回归点则更加接近中心。由于新力的作用，该轨道更加偏心。如果当物体从下回归点返回到上回归点，以新力增强的相同比值减小向心力，那么，物体将回到它的原先距离处。如果该力以一个更大的比值而减小，物体受到的吸引则将变小而上升到一个更大的距离处，其轨道的偏心率也将得以增大。如果向心力的增减比值在每一次旋转中都增大，那么，偏心率也同样得以增大；反之，如果该比值减小，其偏心率也将减小。

因此，在包含物体T、P、S的系统中，当轨道PAB的回归点位于方照点时，增大和减小的比值为最小；而当回归点位于朔望点时，该比值就为最大。如果回归点在方照点，则该比值在回归点附近时小于距离比的平方，而在朔望点附近时，就大于距离比的平方，而由该较大比值即可产生回归线运动。如果考虑上下回归点间整个的增减比值，该比值也小于距离比的平方。而下回归点的力与上回归点的力之比，小于上回归点到椭圆焦点的距离与下回归点到椭圆焦点距离比的平方；反之，如果回归点位于朔望点时，下回归点的力与上回归点的力之比，就大于该距离比的平方。因为，在方照点上，力LM与物体T的力复合成一比值较小的力，而在朔望点，力KL减弱物体T的力，复合力的比值就更大。因此，上下回归点间整个运动的增减比值在方照点时最小，而在朔望点时最大。回归点在由方照点到朔望点的运动过程中，该比值不断增大，椭圆的偏心率也增大。反之，由朔望点到方照点的运动过程中，该比值持续减小，偏心率也减小。

推论10 我们还可以求出纬度的误差。假设轨道EST的平面保持不动，根据前面的论述可知，力NM和力ML就是产生误差的根本原因。因为，作用于轨道PAB平面上的力ML绝不会干扰纬度方向上的运动，而当

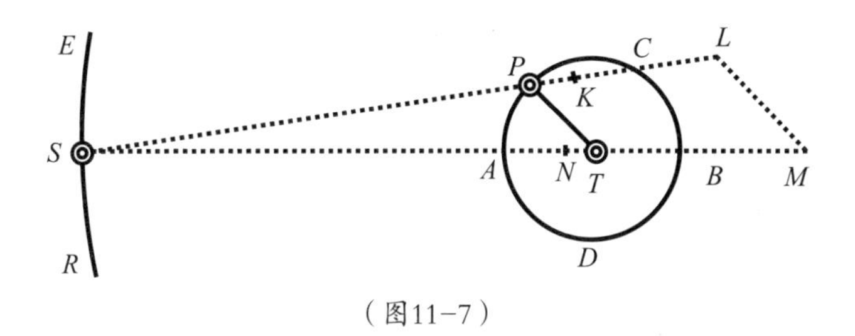

（图11-7）

交点在朔望点，同样作用于相同轨道平面上的力NM，也不会影响该方向上的运动。但是当交点在方照点时，力NM就会对纬度运动形成强烈的干扰，并吸引物体P不断脱离其轨道平面。在物体由方照点到朔望点的过程中，它不断减小平面的倾斜度；而当物体由朔望点向方照点移动时，它又再次增大平面的倾斜度。因此，当物体在朔望点时，轨道平面的倾斜度最小；而当物体到达下一个交会点时，它又会恢复到与原先最相近的值。但是，如果交会点位于方照点后的八分点（45°），即在C和A之间、D和B之间，那么，由刚才说明的原因可知，物体P由任一交会点向后移动90°时，平面的倾斜度也不断减小。不过，在下一个45°向下一个方照点移动的过程中，其倾斜度就会增大。随后，再由下一个45°向下一个交会点移动时，倾斜度又会减小。因此，当倾斜度的减小多于增大时，后一个交会点总小于前一个交会点。（如图11-7）

根据类似理由，当交会点位于A和D、B和C之间的另外一个八分点时，平面倾斜度的增大就多于减小。因此，当交会点在朔望点时，倾斜度为最大。在交会点由朔望点移向方照点的过程中，物体每一次趋近交会点，倾斜度都会减小，当交会点在方照点时，则变成最小。当物体位于朔望点上，其倾斜度也达到最小值，但随即它又会以先前减小的程度而增加，当交会点到达下一个朔望点时，它又会恢复到初始值。

推论11　当交会点在方照点时，物体P不断受到吸引而逐渐脱离轨道平面。而该吸引力在由交会点C过会合点A到交会点D的过程中指向S，当吸引力由交会点D过对应点B到交会点C时，其方向相反。因此，在离开交会点C后的运动中，物体不断脱离其最先的轨道平面CD直到它到下一个交会点。在该交会点上，物体离原先平面CD的距离为最大，并不会通过轨道EST平面上的另一个交会点D，而是通过离物体S较近的一个点，且该点即交会点在其原先处所之后的新处所。根据类似理由，当从该交会点向下一个交会点移动时，交会点也将继续后移。所以，当这些交会点位于方照点时，会连续向后移动。而在朔望点时，由于纬度运动没有受到干扰，交会点将保持静止。如果两种处所之间包含了两种因素，交会点后移就比较缓慢。因此，交会点或者逆行，或者静止，或者在每次的旋转中，都向后移动。

推论12　通过上述推论可知，由于产生干扰的力NM和ML较大，因此，在物体P、S会合点上的误差都略大于对点上的误差。

推论13　通过上述推论可知，误差变化的原因和比例与物体S的大小无关。因为，即使物体S足够大并能使物体P和T围绕之做旋转运动，仍然会产生误差。由于物体S的增大使其向心力也增大，并使物体P的运动误差也随之增大，从而导致在相同距离处，所有误差都大于物体S绕物体P和T系统旋转时所出现的误差。

推论14　当物体S位于无限远时，力NM、ML非常接近于SK和PT与ST的比值并与其成正比，就是说，如果距离PT和物体S的绝对力已给定，它与ST^3成反比；由于力NM、ML是上述推论中所有误差和作用产生的原因，因此，如果物体T和P与过去相同，只是改变了距离ST和物体S的绝对力，那么，所有的这些作用都将非常接近于与物体S的绝对力成正比，与距离ST的立方成反比。如果物体T和P构成的系统围绕遥远物体S旋转，那么，根据命题4的推论2，力NM、ML将与周期的平方成反比。同样，如果物体S的大小与其绝对力成正比，那么，力NM、ML及其作用将与由物体T观看无限远物体S的视直径的立方成正比，反之亦然。因为，这些比值与上述的复合比值完全相同。

推论15　如果保持轨道ESE和PAB相互间的形状、比例和相互的倾斜度不变，只改变它们的大小，物体S和T的力或者保持不变，或者以任意给定的比例变化，那么，在物体T上使物体P偏离直线路径进入轨道PAB的力，以及在物体S上使物体P脱离该轨道的力，将始终以相同的方式和相同的比例发生作用，而所有的这些作用都相似并成比例，并且，这些作用的时间也成比例。也就是说，所有的直线误差都与轨道的直径成正比，而角误差则与以前保持相同，而相似直线误差的时间及相等角误差的时间，则与轨道的周期成正比。

推论16　如果给定轨道的图形和相互间的夹角，而它的大小、力和物体间的距离以任意方式变化，那么，我们就能够从一种情形下的误差和误差的时间，极近似地求得其他任意情形下的误差和误差时间。这个问题可以用下面的简便方法来求证。在其他条件不变的前提下，将力NM、ML与半径TP成正比，那么，根据引理10的推论2，力的周期作用将与力和物体P周期的平方成正比，而这就是物体P的直线误差。而在每一次的旋转运动中，它们到中心T的角误差都是非常近似地与旋转时间的平方成正比。如果将这些比值与推论14中的比值相乘，那么，在物体T、P、S构成的任意系统中，P在T的附近非常接近地围绕T做旋转运动，而T则以一个较大距离围绕S旋转。从中心T进行观察可以发现，在物体P的每一次旋转中，物体P的角误差都与物体P周期的平方成正比，与物体T周期的平方成反比。因此，回归线的平均直线运动与交会点的平均运动之比是给定值，而这两种运动都与物体P的周期成正比，与物体T周期的平方成反比。而轨道PAB偏心率和倾斜度的增大或减小，不会对回归点和交点的运动产生什么明显影响，当然，这种增大或减小达到相当大的程度时还是会有一定影响的。

推论17　直线LM有时比半径PT大，有时又比半径PT小，用半径PT来表示力LM的平均量，那么，该平均力与平均力SK或SN的比等于长度PT与长度ST的比。使物体T滞留在环绕S的轨道上的平均力SN或ST，与使物体P滞留在环绕T的轨道上的力之比，等于半径ST与半径PT的比值，与物体P绕T的周期和物体T绕S的周期的平方比的复合。因此，平均力LM与使物体P滞留在环绕T的轨道上的力之比，等于周期的平方比。因而周期给定，距离PT和平均力LM也给定；而该力给定，通过对直线PT和MN的比对，即可非常近似地求出力MN。

推论18　根据物体P环绕物体T旋转的相同规律，假设有很多流动物体在相同距离处环绕T做旋转运动。这些流动物体的数量众多，以至相互连接形成一个圆环，物体T是圆环的中心。该圆环各部分在距物体T较近的地方运动，其运动规律与物体P的运动规律相同，它们在自己以及物体S的会合点及对点处的运动速度较快，在方照点处的运动速度较慢。该环的交会点，或者它与物体S或T的轨道平面的交点在朔望点时是处于静止状态，但在朔望点之外，它们或者向后移动，或者逆向运动，在方照点时其运动速度最快，在其他地方则相对较慢。该环的倾斜度也在不断发生变化，在每一次的旋转运动中其轴都会发生摆动，但当旋转结束其轴又会回到原来的位置，只有交会点的岁差才使它产生少量的转动。

推论19　假设在球体T中包含着若干非流动物体，在每一边将其延伸到上述推论中的环形圈处，再沿球体的四周开凿一条蓄满水的水沟。该球体围绕着自己的轴以相同的周期做匀速旋转运动。而水则像前一推论所说的那样，不断被加速和减速，相对于在球面处，水在朔望点时的速度较快，在方照点时的速度较慢，在水沟中，水会形成大海一样的退潮和涨潮。如果将物体S的吸引力去掉，水流就不会形成涨潮和退潮，而只能是围绕球体中心流动。根据运动定律的推论5和运动定律的推论

6，这种情形与球做匀速直线运动并环绕其中心旋转的情形是完全相同的，与球受到直线力匀速吸引的情形也相同。但当物体S作用于该球体时，由于吸引力的变化，水将产生新的运动。在距该物体较近的地方，水受到的吸引力较大；而在距该物体较远的地方，水受到的吸引力则较小。在方照点，力LM将水向下吸引，直至到达朔望点；而在朔望点，力KL又将水向上吸引，并抑制其下落直至到达方照点。这时，水的升降运动要受到水沟方向的引导，而那些由摩擦力引起的少许阻碍可以排除在外。

推论20　如果圆环变硬，球体变小，那么，潮涨和潮落运动就会停止；但倾斜运动和交会点的岁差则将保持不变。设球体与圆环同轴，其旋转时间也相同，球面与圆环内侧接触并连接成一个整体，则球体就参与了圆环的运动，而整体的摆动和交会点的向后移动一如前述，与所有作用的影响完全相同。当交会点处在朔望点的位置时，圆环的倾角为最大；在交会点向方照点移动的过程中，该作用使倾斜角逐渐减小，并在整个球体上产生一个新的运动。球体使该运动得以持续进行，直到由圆环的反作用抵消该运动并在反方向引入一个新的运动为止。因此，当交会点处在方照点的位置时，减小倾斜度的运动达到最大值，而在方照点后的八分点处的倾角则为最小值；当交会点处在朔望点时，倾斜运动达到最大值，而在其后八分点处的倾角则为最大。如果一个无圆环球体的赤道地区比其极地地区稍高、稍密一些，其情形就与此完全相同，因为，赤道附近多余的物体将替代圆环。尽管我们可以假设该球体的向心力能够以任意方式增大，并使它的所有部分向下，就像地球上各部分指向中心一样，但这种现象与我们前面的推论少有区别，只是水位的最大高度和最小高度稍有不同而已。因为这时，水不再靠向心力的作用滞留在其轨道上，而是靠流动水渠。此外，力LM在方照点以最大的力量将水向下吸引力，而力KL或$NM-LM$则在朔望点以最大的力量将水向上吸引。在这些力的共同作用下，在朔望点前的八分点处，水不再受到向下的吸引力，转而开始受到向上的吸引力；而在朔望点后的八分点处，水又不再受到向上的吸引力，变成了受到向下的吸引力。就是说，最高水位大约在朔望点后的八分点处，而最低水位则大约在方照点后的八分点处，只是这些力对水的上升或下降产生的影响，或者因为水的惯性，或者因为水沟的阻碍而有少许的时间延迟。

推论21　同理，球体赤道地区的多余物体会促使交会点后移，而这种物质的增多将使逆行运动增大，而这种物质的减少则将使逆行运动减少，如果除掉这些物质则逆行运动会停止。因此如果除掉那些多余的物质，就是说，如果赤道地区的物质比极地地区凹陷或物质更加稀少，那么，交会点就会向前移动。

推论22　通过交会点的运动可以了解球体的结构。因为，如果球体的极地保持不变，其交会点将做逆行运动，而赤道附近的物质则相对较多；如果运动是前行的，其物质则相对较少。假设有一均匀和精确的球体，最初是在自由空间中静止，由于受到某种从侧面施加在其表面上的推动力作用，而产生了部分的圆周运动和部分的直线运动。由于该球体与过其中心的所有轴完全相同，它对一个方向的轴比另一方向的轴没有更大偏向性，因此，球体自身的力绝不会改变它的转轴，也不会改变轴的倾角。现在，假设该球体同上述一样，表面相同部分处又受到一个新的推动力的斜向作用，由于该推动力的作用不会因到来的时间不同而发生任何改变，因此，这先后两次到来的推动力冲击而产生的运动，与它们同时到达而产生的运动，其效果完全一样。就是说，根据运动定律的推论2，球体受先后两次推动力冲击而产生的运动，与受由两个复合而成的单个力作用产生的运动完全相同，即产生一个关于给定倾斜度的轴的转动。如果第二次推动力作用于第一次运动中赤道上的任意其他处所，其情形与此完全相同；而第一次推动力作用在第二次推动力产生的运动中的赤道上任意处所，其情形也与此完全相同。就是说，这两次推动力在任意处的效果都是一样的，因为，这些推动力产生的旋转运动，与它们同时作用和依次先后作用在这些由各推动力分别生成的赤道交点上的运动相同。因为，均匀且完美的球体不会保存几种不同的运动，而是将所有的运动复合，从而简化成单一的运动，并且尽可能地围绕一根给定的轴做简单的匀速运动，而轴的倾斜度却始终保持不变。此外，轴的倾角或旋转速度也不会因为向心力而改变。因为，球体如果被通过其中心的任意平面分为两个半球，那么，该向心力则将指向球体中心，并始终同等作用于每个半球之上，因而不会对球围绕其轴的运动有任何改变。但是，如果在极点与赤道之间的某个处所增加一堆像山峰一样的新物质，那么，这堆物质将通过自身脱离运动中心的连续作用而对球体的运动产生干扰，并使其极点在球面上飘荡，围绕自身并在其对点运动中画出圆圈。极点的这种强大的偏移运动不能被更改，除非将山峰立于两极点中的任何一点，在这种情形中，根据推论21，赤道的交会点或者前移，或者立在赤道地区。如果出现这种情形，根据推论20，交会点或者后移，或者出现另外一种情形，即在轴的另一侧增加一个新的物质。这样，山峰就可以做平衡运动，而交会点是前移或者后退，则取决于山峰或新物质是距极点较近，还是距赤道较近。

命题67　定理27

根据相同的吸引力规律，较外部物体*S*以半径即伸向内部与物体*P*和*T*的公共重心*O*点的直线，围绕该重心运动所穿过的面积，比它以伸向最里面最大物体*T*的半径围绕该物体运动所穿过的面积，更接近于与时间成正比，并且，作出轨道更接近于以其重心为焦点的椭圆的图形。（如图11-8）

由于物体*S*对物体*T*和*P*的吸引力复合成了绝对吸引力，因此，该力

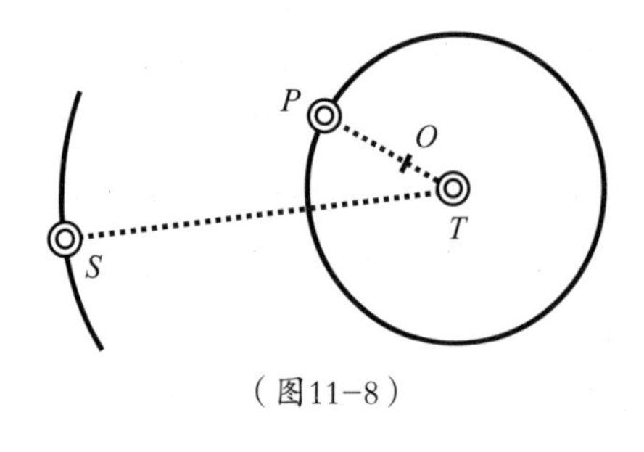

（图11-8）

更接近于指向物体T和P的公共重心O，而不是指向最大物体T。并且，它更接近于与距离SO的平方成反比，而不是与距离ST的平方成反比，只需稍微思考一下，即可理解。

证明完毕。

命题68　定理28

根据相同的吸引力规律，最里侧最大的物体如果不是完全不受吸引而处于一种静止状态，而是像其他物体一样也受吸引力的吸引，或者受极强和极弱的吸引力而产生极强和极弱的运动，那么，最外侧的外部物体S，以到内部物体P和T公共重心O点的直线即半径，关于重心所画过的面积更接近于与时间成正比，其轨道也更接近于以其重心为焦点的椭圆图形。（如图11-9）

本定理可以用与命题66相同的方法来证明，但这个证明过于冗长，在此，我将它抛在一边而采用一种更加简便的方法。根据前一命题可知，物体S受到两个力的共同作用而指向中心，且十分靠近其他两个物体的公共重心，如果其中心与该公共重心重合，并且这三个物体的公共重心处于静止状态，那么，物体S位于其一侧，而另外两个物体的公共重心位于另一侧，它们将围绕该静止公共重心而画出真正的椭圆。如果将命题58的推论2与命题64和命题65进行比较，以上问题即可证明。

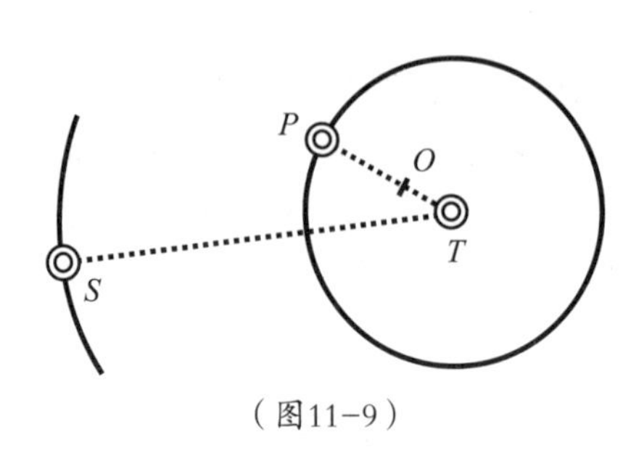

（图11-9）

但是，这种精确的椭圆运动，将会受到两个物体的重心到使第三个物体S被吸引的中心的距离的少许干扰，其次，还要加上这三个物体的公共重心的运动，其摄动也将得到增加。因此，当三个物体的公共重心静止时，摄动为最小，即当最里侧最大的物体T与其他物质都受到相同吸引时，摄动为最小。而当三个物体的公共重心因物体T运动的减小而移动，其运动越来越剧烈时，摄动就达到最大值。

推论 如果有更多的小物体围绕一大物体旋转，则不难推知：如果所有物体都受到与绝对力成正比、与距离的平方成反比的加速力的吸引和推动，如果每个轨道的焦点都处在所有较靠内物体的公共重心上（即第一个且最靠内的轨道的焦点处在最大最靠内物体的重心上，第二个轨道的焦点处在最里侧两个物体的公共重心上，第三个轨道的焦点处在最里侧三个物体的公共重心上，以此类推），与如果最靠内的物体静止且指定为所有轨道的焦点时相比，较小物体所画出的轨道将更接近于椭圆，形成的面积更加均匀。

命题69 定理29

在一个由若干物体A、B、C、D等构成的系统中，如果这些物体中的任意一个物体比如A，在与物体距离的平方成反比的加速力的作用下，将剩下的所有物体B、C、D等全部吸引。而另一物体B也将其余的所有物体A、C、D等全部吸引，物体B的加速力也与物体距离的平方成反比。那么吸引物体A和物体B的绝对力的比，等于这些力所属的物体A与物体B的比。

根据假设条件，所有物体B、C、D指向A的加速吸引力，在距离相等时力也相等。通过类似方法可知，所有指向B的加速吸引力，在距离相等时力也同样相等。物体A的绝对吸引力与物体B的绝对吸引力的比，则等于所有物体指向A的加速吸引力与在相同距离处所有物体指向B的加速吸引力的比，也等于物体B指向A的加速吸引力与物体A指向B的加速吸引力的比。由于物体B指向A的加速吸引力与物体A指向B的加速吸引力的比，等于物体A的质量与物体B的质量的比，因此，根据第2、7、8条定义可知，运动力与加速力和被吸引物体的乘积成正比，根据第三定律，这些力是相等的。因此，物体A的绝对加速力与物体B的绝对加速力的比，等于物体A的质量与物体B的质量的比。

证明完毕。

推论1 如果在由A、B、C、D等构成的系统中，每一个物体都在与吸引物体距离的平方成反比的加速力作用下，单独吸引剩下的其他物体，那么，所有物体相互间绝对力的比就是各物体相互间的比。

推论2 根据类似理由，如果在由A、B、C、D等构成的系统中，每一个物体都在以加速力单独吸引其他物体，该加速力与到被吸引物体距离的任意次幂或者成反比，或者成正比，或者通过任意共同规律，由它到每个吸引物体的距离来确定该力的大小。那么，这些物体的绝对力则与物体本身成正比。

推论3 在一个系统中，物体的力因与距离的平方成正比而减小，如果小物体沿椭圆曲线围绕一个极大的物体旋转，而它们的公共焦点位于这个大物体的中心，所画椭圆图形也十分精确，并且由半径到大物体所穿过的面积也精确地与时间成正比。那么，这些物体相互间绝对力的比，则是精确地或接近等于物体的比，反之亦然。这个定理可以通过将命题68的推论和本命题的第一个推论进行比较后而得到求证。

附　注

以上命题，很自然地引导我们把向心力和这些力所指向的中心物体进行比较，因为，我们有理由相信，被指向物体中心的向心力，是由这些物体的性质和量来决定的。这就像我们所做的磁力实验，一旦发生这种情形，我们可以通过在它们之间施加合适的力来计算物体的吸引力，然后算出它们的总和。在这里，我所用的"吸引"一词是广义上的，它可以代表物体相互间靠近的运动企图，无论该企图是来自于物体本身的作用如发射精气相互趋近或作用，还是来自于以太或空气，或任意媒介的相互作用；也无论这些媒介是物质的还是非物质的，均会以任意方式使其中的物体相互靠拢。同样，我所用的"推动力"一词也是广义上的。在本书中，我不想对这些力的类别或物理属性进行定义，我只想对这些力的量与数学的关系加以研究，这正如我们以前在定义中所作的声明。在数学中，我们研究的是力的量以及它们在任意假定条件下的相互关系。而在研究物理学时，则需要将这些关系同自然现象比较，这样才能发现，这些力在哪些条件下与哪些类型的吸引物体相对应。只有一切准备工作就绪之后，才能更好地去了解力的类型、原因和关系。现在，我们进一步讨论，通过哪些力，可以让那些具有吸引能力的部分组成的球体，一定会按照上述方式相互作用，并由此而产生哪些类型的运动。

第 12 章　球体的吸引力

命题 70　定理 30

如果指向球面上各点的向心力相等，且此力随着这些点距离的平方减小，那么在该球面内的小球不会受到这些向心力的吸引作用。（如图12-1）

设*HIKL*为球面，小球*P*在球面内。过*P*向球面作两条直线*HK*、*IL*，与球面相交得两条极短弧*HI*、*KL*。由引理7的推论3，因为△*HPI* 与△*LPK* 相似，故这两条弧的长与*HP*、*LP*的长成正比。过*P*的两条直线在球面上限定了*HI*、*KL*两弧，这两条弧之内的所有粒子与这些距离的平方成正比，所以这些粒子作用于球体*P*的力相等。反过来因为这些力与粒子成正比，与距离的平方成反比，且这两个比值复合为相等的比值1∶1，故吸引力相等。但因为这些力都两两作用于相反方向，因此力相互抵消。以此类推，整个球面产生的吸引力皆被相反方向的吸引力抵消，因此球体*P*完全不受这些吸引力的作用。

证明完毕。

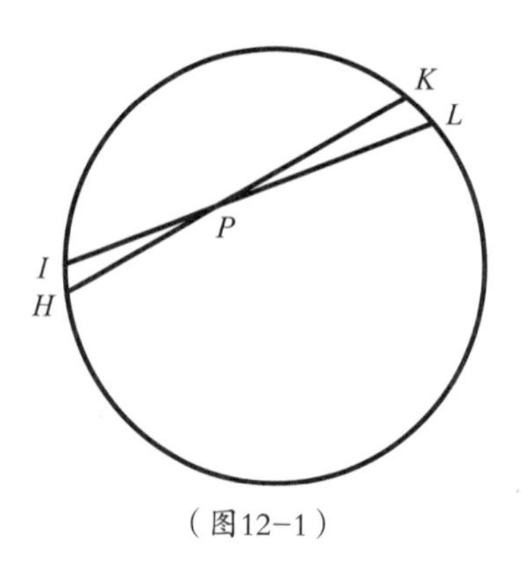

（图12-1）

命题 71　定理 31

在上述相同条件下，若小球作用于球面外，那么使其指向球心的吸引力与其到球心距离的平方成反比。（如图12-2）

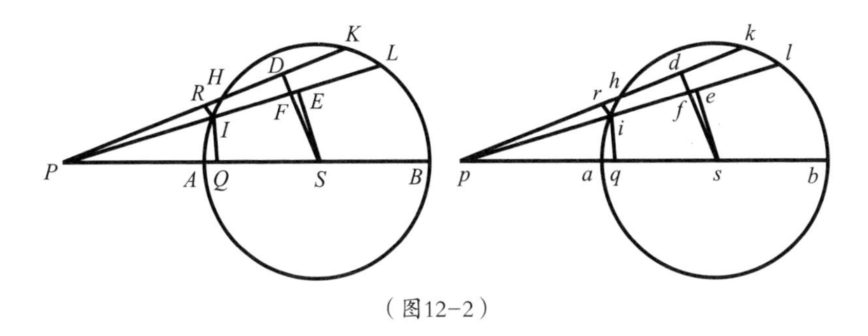

（图12-2）

设$AHKB$、$ahkb$分别是以S、s为球心的两个相等球面，直径分别为AB、ab。又设P、p分别是位于两球面外直径延长线上的小球。过小球P，p分别作直线PHK、PIL、phk、pil，使其在大圆AHB及ahb上截取相等的弧HK、hk、IL、il。并作这些直线的垂线SD、sd、SE、se、IR、ir。设SD、sd分别交PL、pl于点F、f，作直径的垂线IQ、iq。令角DPE、dpe消失，那么因为DS与ds相等，FS与fs相等，故可取PE、PF与pe、pf相等，再取短线段DF与df相等。因为在角DPE和角dpe同时消失时，它们间的比值是相等的。所以，$PI:PF=RI:DF$，$pf:pi=df:ri=DF:ri$。将上两式对应项相乘，得（$PI\times pf$）：（$PF\times pi$）$=RI:ri$。根据引理3、推论7，可得$RI:ri=$弧$IH:$弧ih。又因为$PI:PS=IQ:SE$，$ps:pi=se:iq=SE:iq$，对应项相乘，得（$PI\times ps$）：（$PS\times pi$）$=IQ:iq$。将上述两个相乘后得到的比例式的对应项再相乘，得（$PI^2\times pf\times ps$）：（$pi^2\times PF\times PS$）=（$IH\times IQ$）：（$ih\times iq$），即等于当半圆AKB绕其直径旋转时，弧IH经过的环面，与当半圆akb绕其直径ab旋转时，弧ih所经过的环面之比。由假设条件可知，作用于球P、p球面吸引力是沿着通往球面的直线方向的，且此吸引力与环面本身成正比，与小球到环面的距离的平方成反比，即是等于（$pf\times ps$）：（$PF\times PS$）。由定律推论2，这些力与其沿着直线PS、ps指向球心部分间的比值等于$PI:PQ$

以及$pi:pq$。因为$\triangle PIQ$与$\triangle PSF$相似，且$\triangle piq$与$\triangle psf$相似，上述比值也等于$PS:PF$以及$ps:pf$。将上两个比例式对应项相乘，得作用于小球P使其指向S的吸引力与作用于小球p使其指向s的吸引力之比等于（$PF\times pf\times \frac{ps}{PS}$）：（$pf\times PF\times \frac{PS}{ps}$），即等于$ps^2:PS^2$。同理可得，弧$KL$、$kl$旋转生成的环面吸引小球的力的比也等于$ps^2$：$PS^2$。所以只要取$sd=SD$，$se=SE$，那么在球面上，被分割的环面作用于小球的吸引力成相同比例。综上理由，整个环面对小球的吸引力也始终是同样的比例。

证明完毕。

命题72　定理32

已知球体密度、球体直径与小球到球心距离的比值，如果指向球体上各点的向心力相同，且这个向心力随着到这些点距离的平方减小，那么球体对小球的吸引力与球体半径成正比。

设两个小球分别受两个球体的吸引力作用，并且它们到对应球心的距离分别与两球体的直径成正比。于是对应于小球所处位置，球体可被分解为相似的粒子，那么指向其中一球体上各点作用于相应小球的吸引力与指向另一球体上各点作用于另一小球的吸引力成复合比例，即与各粒子间的比值成正比，与距离的平方成反比。又因为这些粒子与球（即直径的立方）成正比，且距离与直径成正比，故第一个比值与最后一个比值的正比的二次反比就是直径与直径间的比值。

证明完毕。

推论1　如果若干个小球绕由同等的吸引物质构成的球体做圆周运动，且小球到球心的距离与它们的直径成正比，那么小球的圆周运动周期相同。

推论2　反之，若圆周运动周期相同，那么距离与直径成正比。这两个推论可运用命题4、推论3证明。

推论3　如果在两个形状相似、密度相同的固体中，指向两固体上各点的向心力相同，且向心力随距离的平方而减小，那么处于相对于两个固体相似位置上的小球受吸引力之比等于两物体直径之比。

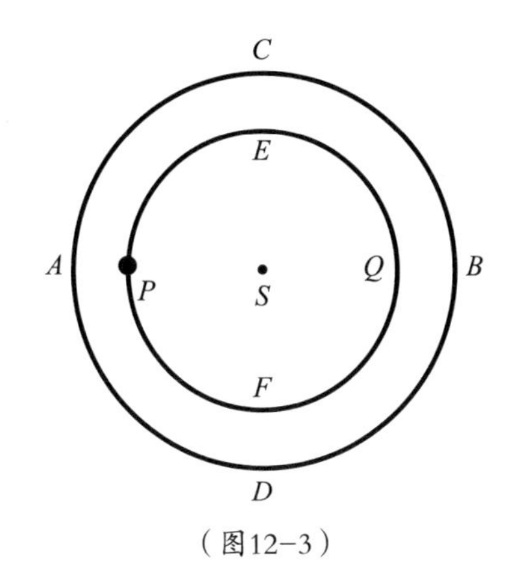

（图12-3）

命题73　定理33

如果一已知球体上各点向心力相同，且向心力随着到这些点距离的平方而减小，那么位于球体内的小球所受吸引力与其到球心的距离成正比。（如图12-3）

在以S为球心的球体$ACBD$中，设有一小球P放入其中。再以同一点S为圆心，SP间距离为半径，在$ABCD$中作一内圆$PEQF$。根据命题70可知，同心球组成的球面差$AEBF$，由于吸引力被反向吸引力抵消，对在其上的物体P不发生作用，因此只剩下内球$PEQF$的吸引力，那么由命题72可知内球吸引力与PS的距离成正比。

证明完毕。

附　注

在前几个命题中，我所设想的构成固体的球面并不是纯数学意义上的，而是非常薄的球面，厚度几乎可视为零，于是球面数量增加时，构成球体的球面厚度则无限减小。与之相似地，构成线、面和固体的点也可视为是大小无法测量的相同粒子。

命题 74　定理 34

相同条件下，若小球位于球体外，那么它所受吸引力与其到球心距离的平方成反比。

设球体分为无数个同心球面，根据命题71，各球面对小球的吸引力与其到球心距离的平方成反比。那么通过求和，吸引力的总和（即整个球体对小球的吸引力）比值也是相同的。

证明完毕。

推论1　在距球心相同距离处，各个均匀球体的吸引力之比就是球体本身的比。根据命题72，如果距离与球体的直径成正比，那么力的比等于直径的比。设较大的距离按此比值减少，于是当距离相同时，吸引力就按照该比值的平方增加，所以它与其他吸引力之比为该比值的平方，即球的比值。

推论2　在任何距离处的球体吸引力皆与球本身成正比，与距离的平方成反比。

推论3　如果一个小球位于由有吸引力的粒子构成的均匀球体外，这个小球所受吸引力与其到球心距离的平方成反比，那么每粒粒子的力随小球到粒子距离的平方而减小。

命题 75　定理 35

如果一已知球上各点的向心力相同，且向心力随到这些点距离的平方减小，那么另一相似球体也将受它吸引，并且该吸引力与两球心间距离的平方成反比。

根据命题74，每粒粒子的吸引力与其到吸引球的球心距离的平方成反比，因此整个吸引力犹如产生自一个位于球心的小球。但另一方面，此吸引力的大小等于相同小球自身的吸引力，就如同小球本身受吸引球上各点的吸引力的作用时，该吸引力等于它吸引各粒子的力。根据命题74，小球的吸引力与其到球心距离的平方成反比，如果两个球体相同，那么另一个球体所受的吸引力应与球心间距离成反比。

证明完毕。

推论1　如果球体有作用于其他均匀球体的吸引力，那么该吸引力与吸引球体的作用力成正比，与它们的球心到被吸引球球心距离的平方成反比。

推论2　当被吸引球体也产生吸引力时，吸引力的相关比例关系不变。因为如果一个球体上若干点吸引另一球体上若干点，那么此吸引力与其被另一球体吸引的力相同，根据第三定律，在所有吸引作用力中，吸引点与被吸引点都起同等作用，因此吸引力会因吸引物体和被吸引物体间的相互作用而加倍，但比例保持不变。

推论3　当物体绕圆锥曲线的焦点运动时，如果吸引球位于焦点，且物体在球外运动，那么，上述结论仍然成立。

推论4　当运动发生在球体内，且物体绕圆锥曲线的中心运动时，上述结论也能被证明。

命题76　定理36

如果从球体的密度和吸引力方面而言，若干个球体从球心到其表面的各种同类比值都不相似，但是各个球体在到其球心给定距离是相似的，且每点的吸引力随到被吸引物体距离的平方增大而减小，那么这些球体的其中之一吸引其他球体的全部力之和与其到球心距离的平方成反比。（如图12-4）

设若干个同心球体AB、CD、EF等相似，最里面的球体加上最外面的球体所构成的物质的密度比球心密度更大，或在减去球心后余下物

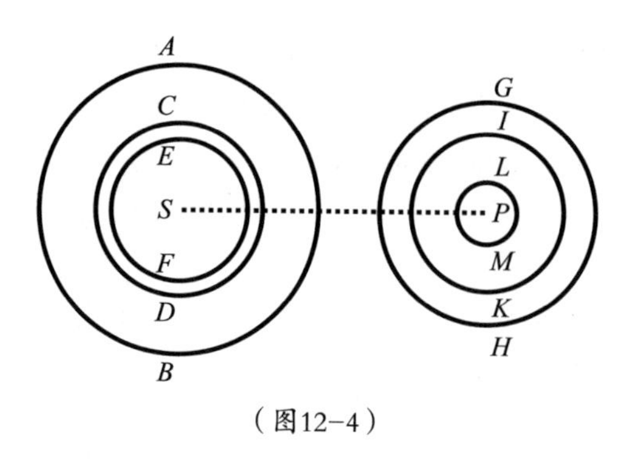

（图12-4）

质的密度都是同样稀薄的。根据命题75，这些球体有作用于其他相似同心球体GH、IK、LM等的吸引力，而且每一个对其他一个的吸引力与距离SP的平方成反比。通过把这些力相加或相减，得所有力的总和或其中一个力减去另一个力的差，即整个球体AB（由所有其他同心球体或它们的差构成）作用于整个球体GH（由所有其他同心球体或它们的差构成）的吸引力也与距离SP成反比，且有相同比值。设同心球体的数量无限增加，使物体密度同时随吸引力沿着球面到球心方向按任意给定规律增加或减少，并把无吸引力物质添加入球体，以补足其不足密度，如此可获得想要的任意形状球体。由上述理由，其中一个球体作用于其他球体的吸引力仍与距离的平方成反比。

证明完毕。

推论1　如果许多这种类型的球体各方面相似，且这些球体相互吸引，那么在任意相等球心距离处，两球体间的加速力均与吸引球体成正比。

推论2　如果上述球体在任意距离不相等处，那么两物体间的加速力与吸引球体成正比，与两球心间距离的平方成反比。

推论3　在相等的球心距离处，运动吸引力（或一球体对另一球体的相对重量）与吸引球以及被吸引球成正比，即与这两个球体的乘积成正比。

推论4　若距离不相等时，运动吸引则与两个球体的乘积成正比，与两球心间距离的平方成反比。

推论5　如果吸引力由两球体间的相互作用而产生，那么吸引力因两个吸引力的作用而加倍，但比例式仍然保持不变，故此比例式仍成立。

推论6　假设这类球体绕其他静止球体转动，且每个球绕另一个球转动。如果静止球体与环绕球体球心的距离与静止球体的直径成正比，那么这类球体绕静止球体圆周运动的周期相同。

推论7　反之，如果圆周运动周期相同，那么距离与直径成正比。

推论8　在涉及绕圆锥曲线焦点运动时，如果有一任意形状的球体具有上述条件，且位于焦点上，那么上述结论仍成立。

推论9　如果具有上述条件的环绕物质也有作用于球体的吸引力，那么上述结论仍然成立。

命题77　定理37

如果一个球体上各点的向心力与其到被吸引球体的距离成正比，且有两个这类球体相互作用，那么这两个球体的复合吸引力与两球体球心间距离成正比。（如图12-5）

情形1　设$AEBF$是以S为球心的球体，P是被其吸引的小球，$PASB$是球体的一条轴，且过小球的球心。EF、ef是与轴$PASB$垂直的两平面，切割球体，并分别与轴交于G、g，且$GS=Sg$。H为平面EF上任意一点，点H沿直线PH方向作用于小球P的向心力与PH的长成正比，那么根据运动定律推论2，沿直线PG方向的力或朝向球心S方向的力也与

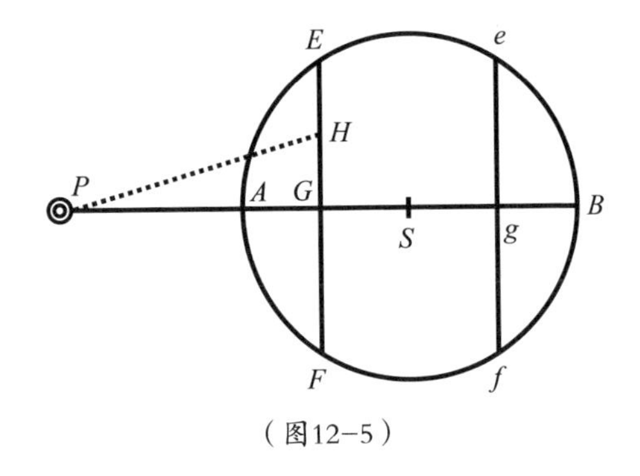

（图12-5）

PG的长成正比。因此平面EF上所有点（即整个平面）有一作用于小球P使之趋向球心S的吸引力，这个力与PG间距离和平面上所有点数目的乘积成正比，即与由平面EF和距离PG构成的立方体体积成正比。由此类推，平面ef作用于小球P使之朝向球心S的吸引力与该平面和距离Pg的乘积成正比，即与ef的相等平面EF与距离Pg的乘积成正比，而且两个平面上力的总和与平面EF和距离$PG+Pg$之和的乘积成正比，即与该平面和球心到小球距离PS的两倍的乘积成正比，即与平面EF的两倍与距离PS的乘积成正比，再或者与两相等平面EF、ef之和乘距离PS的积成正比。由此类推，整个球体中到球心距离相等的所有平面的力与所有平面之和乘距离PS的积成正比，即该力与整个球体和距离PS的乘积成正比。

证明完毕。

情形2　设小球P也有作用于球体$AEBF$的吸引力。如上所证，球体所受吸引力与距离PS成正比。

证明完毕。

情形3　设另一球体包含无数个小球P，因每个小球所受吸引力与小球到第一个球体球心的距离成正比，并且与第一个球体本身也成正比，故似乎这个力产生于一个位于球中心的小球。同理，第二个球体中所有小球所受吸引力（即整个第二球所受吸引力）同样似乎产生于一个位于第一个球心的小球，因此该力与两球体中心间距离成正比。

证明完毕。

情形4　设两球体相互吸引，那么吸引力便会加倍，但其比值还是保持不变。（如图12-6）

证明完毕。

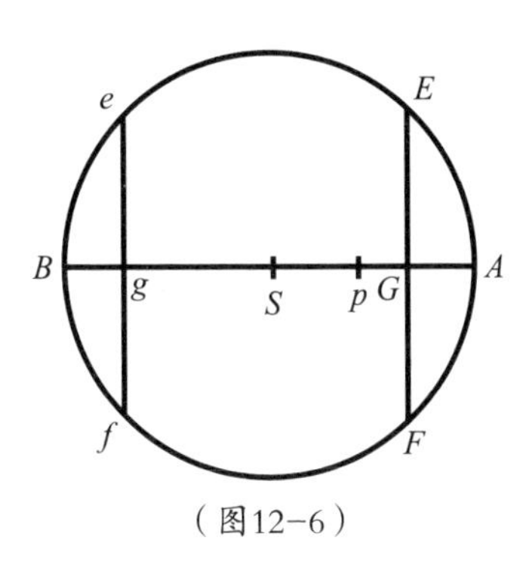

（图12-6）

情形5 设小球p位于球体$AEBF$内，因平面ef作用于小球的吸引力与由平面和距离pg构成的立方体成正比，而平面EF上的相反吸引力则与由此平面和距离pG构成的立方体体积成正比，那么两平面的复合力与两立方体体积的差成正比，即与两相等平面之和乘以一半的距离之差的积成正比，也即是平面之和与小球到球心的距离pS的乘积。由此类推，整个球体中的平面EF、ef的吸引力（即整个球体的吸引力）与所有平面的和或整个球体成正比，且与距离pS（小球到球体中心的距离）也成正比。

证明完毕。

情形6 如果一个新球体由无数小球p构成，且位于第一个球体$AEBF$内。同上述情况，可证，不论是一球体吸引另一球体，或两球体相互吸引，此吸引力皆与两球心距离pS成正比。

证明完毕。

命题78 定理38

如果两球体从球心到表面都不相等或相等，但它们到相应球心的相等距离的地方相似，且各点的吸引力与受吸引小球间距离成正比，那么使两个这类球体相互作用的全部吸引力与两球体中心间的距离成正比。

与命题76可运用命题75证明相同，此命题可运用命题77证明。

推论 如果受吸引球体为上述一类球体，且所有吸引力产生自具有上述条件的球体，这时，以前在命题10及命题64中所证明的物体绕圆锥曲线运动的结论也都成立。

附 注

至此我已解释了吸引的两种基本情形：当向心力与距离的平方成反比而减小，或按距离的简单比例而增加，使物体在这两种情况下皆沿圆锥曲线运动，且之后组合为球体，那么就如同球体内各粒子的力一样，其向心力按相同规律随其到球心的距离增加或减少，上述这点非常重要。至于其他情形，其结论并没有如此精练、重要，所以若像论述之前的命题一样详细论述这些情况，就会显得冗长。因此我宁愿用一种普遍适用的方法对下面将论述的情形综合求证。

引理29

如果以S为圆心作一圆AEB，再以P为圆心作两个圆EF、ef，此两圆分别交圆AEB于E、e，并与直线PS交于F、f。过E、e作PS的垂线Ed、ed。如果假设弧EF、ef间距离无限减小，那么趋于零的线段Dd与同样趋于零的线段Ff的最后比值等于线段PE与PS的比值。（如图12-7）

如果直线Pe交弧EF于点q，而直线Ee与趋于零的弧Ee重合，且其延长线交PS的延长线于点T。过S作PE的垂线SG，因$\triangle DTE$、$\triangle dTe$、

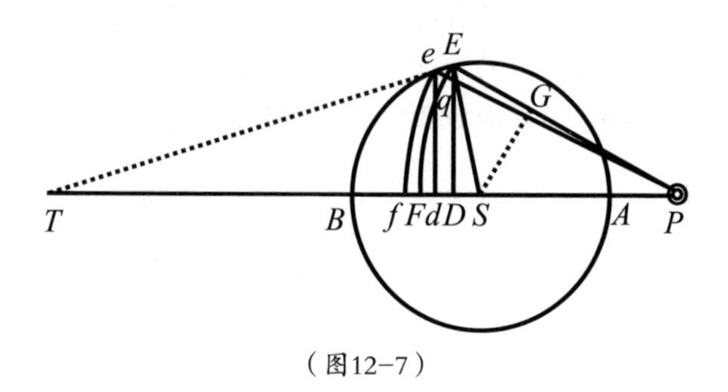

（图12-7）

$\triangle DES$ 相似，得 $Dd : Ee = DT : TE = DE : ES$。根据引理8和引理7的推论3，$\triangle Eeq$ 和 $\triangle ESG$ 相似，得 $Ee : eq$（或 $Ee : Ff$）$= ES : SG$。将上两项比例式的对应项相乘，得 $Dd : Ff = DE : SG$，又因为 $\triangle PDE$ 与 $\triangle PGS$ 相似，得 $DE : GS = PE : PS$，所以 $Dd : Ff = PE : PS$。

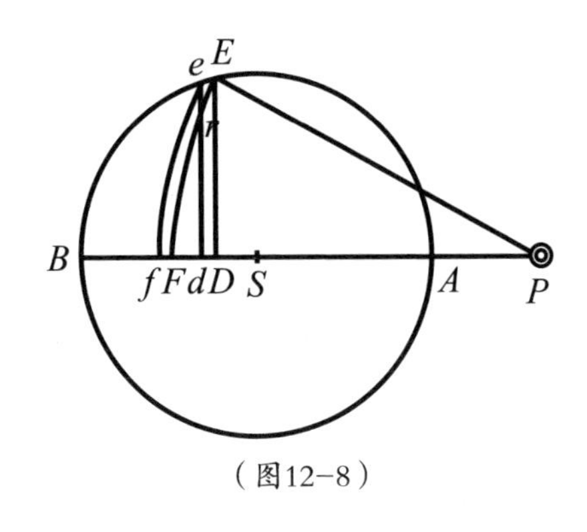

（图12–8）

证明完毕。

命题79　定理39

设表面 $EFfe$ 的宽度无限减小，直至为零。而由 $EFfe$ 绕轴 PS 旋转得一凹凸球状物体，其中相等的各点受到的向心力相等。已知一小球位于点 P，那么物体作用于该小球的吸引力为一复合比值，即立方体 $DE^2 \times Ff$ 的比值与位于 Ff 上的给定粒子作用于小球的作用力比值的复合比值。（如图12–8）

弧 FE 旋转生成球面 FE，且直线 de 交弧 FE 于点 r。首先考虑球面 FE 产生的力，正如阿基米得在其著作《球体与圆柱体》中所证明的，由弧 rE 旋转产生一表面，其环状部分与短线段 Dd 成正比，球体 PE 的半径保持不变。这个圆锥体表面产生的力朝向 PE 或 Pr 方向，且此力与环形表面本身成正比，即与短线段 Dd 成正比，又或相同地，与球体的半径 PE 和短线段 Dd 的乘积成正比。但沿直线 PS 指向球心 S 的这个力小于 $PD : PE$ 的比值，故与 $PD \times Dd$ 成正比。设直线 DF 分为

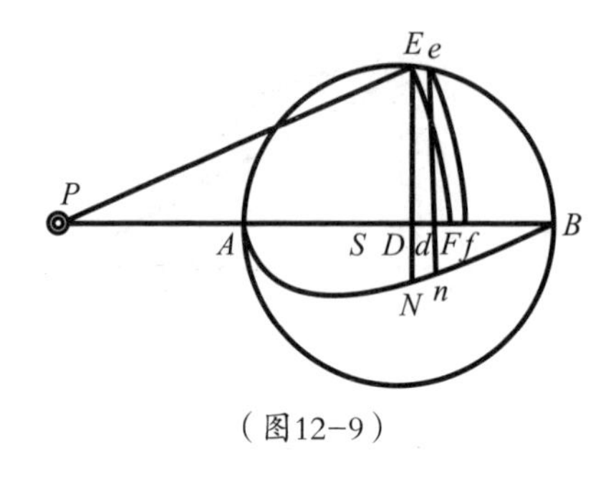

（图12-9）

无数个相同的粒子，并把每个粒子都称为Dd，因此由同样道理，表面FE可被分为无数相等的环面，且这些环上的力与所有乘积$PD \times Dd$的和成正比，即与$\frac{1}{2}PF^2 - \frac{1}{2}PD^2$成正比，所以也与$DE^2$成正比。又设表面$FE$乘以高度$Ff$，那么立体$EFef$对小球$P$的作用力与$DE^2 \times Ff$成正比，即如果在力已知的情况下，与任意一给定粒子（如Ff）在PF处对小球P的作用力成正比。但如果此力未知，则立体$EFef$的作用力与立体$DE^2 \times Ff$和该未知力的乘积成正比。

证明完毕。

命题80　定理40

如果以S为球心的球体ABE上各相等部分产生的向心力相等，且有一小球P在球体直径AB的延长线上，D为AB上任一点。过D作AB的垂线，交球体于点E，则若在这些垂线中取DN与$\frac{DE^2 \times PS}{PE}$的值成正比，且与球体内轴上某一粒子在距离$PE$的点对小球$P$的作用力成正比，那么球体对小球的全部吸引力与球体$ABE$的直径$AB$和点$N$的轨迹曲线构成的面积$ANB$成正比。（如图12-9）

如果上一定理及引理的画图成立，设球体的直径AB分为无数个相等的粒子Dd，且整个球体可相应地分为同粒子数目一样的球体凸薄面$EFfe$，过e作AB的垂线dn。根据上一定理可知，$EFfe$作用于小球P的吸引力与一乘积成正比，该乘积即为$DE^2 \times Ff$和粒子在距离PE或PF处作用于小球的吸引力的乘积。但是根据前一引理又可得，$Dd : Ff =$

$PE:PS$，因此Ff等于$\frac{PS \times Dd}{PE}$，且$DE^2 \times Ff$等于$Dd \times \frac{DE^2 \times PS}{PE}$，故$EFfe$的力与$Dd \times \frac{DE^2 \times PS}{PE}$和粒子在距离$PF$处的作用力的乘积成正比，即由假设条件，与$DN \times Dd$成正比，或者说与趋于零的面积$DNnd$成正比，故整个薄面对小球$P$的总作用力与所有面积$DNnd$之和成正比，即球体的所有作用力与$ANB$的面积成正比。

证明完毕。

推论1　如果朝向球体上各点的向心力无论在任意距离都相等，且取DN与$\frac{DE^2 \times PS}{PE}$成正比，那么整个球体作用于小球的所有吸引力与$ANB$的面积成正比。

推论2　如果各个粒子的向心力与其到被吸引小球的距离的立方成反比，并取DN与$\frac{DE^2 \times PS}{PE}$成正比，那么球体对小球的吸引力与$ANB$的面积成正比。

推论3　如果粒子的向心力与其到被吸引小球距离的立方成反比，并取DN与$\frac{DE^2 \times PS}{PE}$成正比，那么整个球体对小球的吸引力与$ANB$的面积成正比。

推论4　通常情况下，假设朝向球体上各点的向心力与V的值成反比，并取DN与$\frac{DE^2 \times PS}{PE \times V}$成正比，那么球体作用于小球的吸引力与$ANB$的面积成正比。

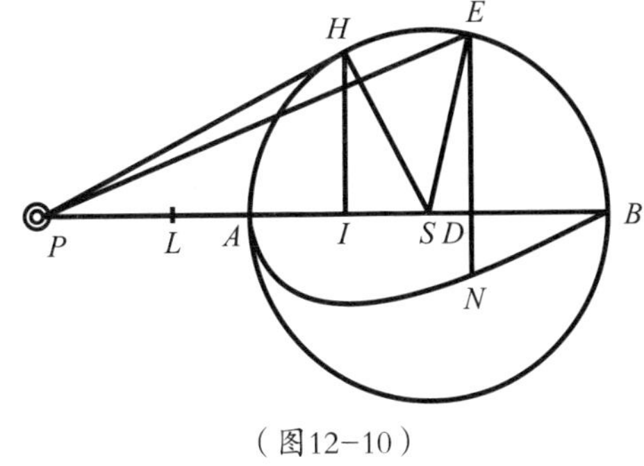

（图12-10）

命题81　问题41

条件同上一命题，求ANB的面积。（如图

12-10）

从P点作球体的切线PH，并过切点H作轴PAB的垂线HI。L为PI的中点。由《几何原本》第二卷命题12可知，$PE^2=PS^2+SE^2+2PS\times SD$。但是因为$\triangle SPH$与$\triangle SHI$相似，$SE^2$或$SH^2$等于乘积$PS\times SI$，故$PE^2=PS\times$（$PS+SI+2SD$），即等于$PS\times$（$2SL+2SD$），又或是等于$PS\times 2LD$。又因为$DE^2=SE^2-SD^2$，或说是$DE^2=SE^2+2SL\times LD-LD^2-LS^2$，即$DE^2=2SL\times LD-LD^2-LA\times LB$。由《几何原本》第二卷命题6，$LS^2-SE^2$（或$SA^2$）$=LA\times LB$，故$DE^2$可写为$2SL\times LD-LD^2-LA\times LB$。由命题80的推论4，$\frac{DE^2\times PS}{PE\times V}$的值与纵轴$DN$的长成正比，而$\frac{DE^2\times PS}{PE\times V}$又可分为三部分，即$\frac{2SL\times LD\times PS}{PE\times V}-\frac{LD^2\times PS}{PE\times V}-\frac{AL\times LB\times PS}{PE\times V}$。在这个式子中，如果$V$用向心力的相反比值代替，$PE$以$PS$和$2LD$的比例中项代替，那么这三个部分就成为相对应曲线的纵轴，其对应曲线面积可用普通方法求出。

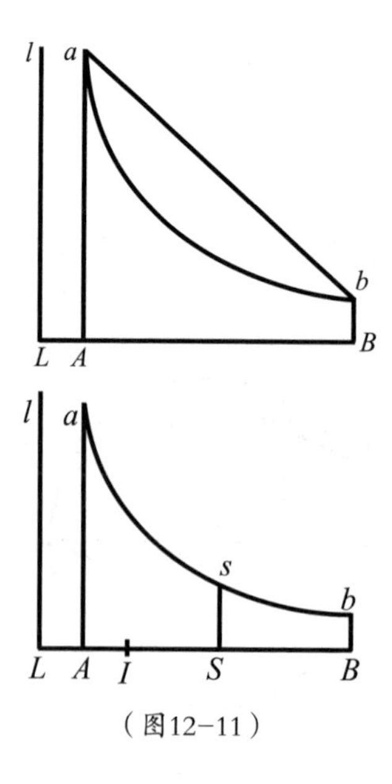

（图12-11）

例1 如果朝向球体上各点的向心力与距离成反比，V的值为距离PE，PE^2等于$2PS\times LD$，则DN与$SL-\frac{1}{2}LD-\frac{LA\times LB}{2LD}$成正比。设$DN=2\left(2SL-LD-\frac{LA\times LB}{LD}\right)$，那么纵轴的已知部分$2SL$乘以$AB$的长等于长方形面积$2SL\times AB$；而在不确定部分$LD$做连续运动时，始终关于其作相同长度的垂线，即在运动过程中通过增减一边或另一边的长度以使其与LD的长度相等，那可画出面积$\frac{LB^2 \times LA^2}{2}$，即从前一面积$2SL \times AB$中减去面积$SL \times AB$的差$SL \times AB$。但是若第三部分在做连续运动时，以相同方法作其长度保持相同的垂线，则可得一个双曲线的面积，此面积是面积$SL \times AB$减去所求面积ANB所得。至此，我们得到了此问题的作图法（如图12-11）。过L、A、B分别作垂线Ll、Aa、Bb，并取$Aa = LB$，$Bb = LA$。设Ll与LB为两条渐近线，过a、b作双曲线ab，那么ba所围的面积aba即等于所求面积ANB。

例2　如果朝向球体上各点的向心力与距离的立方成反比，换而言之，与距离的立方任意一已知平面的商成正比。设$V = \frac{PE^3}{2AS^2}$，$PE^2 = 2PS \times LD$，那么DN与$\frac{SL \times AS^2}{PS \times LD} - \frac{AS^2}{2PS} - \frac{LA \times LB \times AS^2}{2PS \times LD^2}$成正比。因为$PS$比$AS$等于$AS$比$SI$，$DN$与$\frac{SL \times SI}{LD} - \frac{1}{2}SI - \frac{LA \times LB \times SI}{2LD^2}$成正比。如果将这三部分分别与长$AB$组合，那么第一部分$\frac{SL \times SI}{LD}$将产生一双曲线的面积；第二部分$\frac{1}{2}SI$则产生面积$\frac{1}{2}AB \times SI$；而第三部分$\frac{LA \times LB \times SI}{2LD^2}$则产生面积$\frac{LA \times LB \times SI}{2LA} - \frac{LA \times LB \times SI}{2LB}$，化简得$\frac{1}{2}AB \times SI$。从第一部分的面积中减去第二部分与第三部分面积之和得所求面积ANB，至此得到本图的作图法（如图12-12）。过L、A、S、B分别作垂线Ll、Aa、Ss、Bb，其中设$Ss = SI$，以Ll与LB为两条渐近线，过s作双曲线ab，分别交垂线Aa、Bb于a、b，那么从双曲线面积$AasbB$中减去产生的面积$2SA \times SI$即为所求面积ANB。

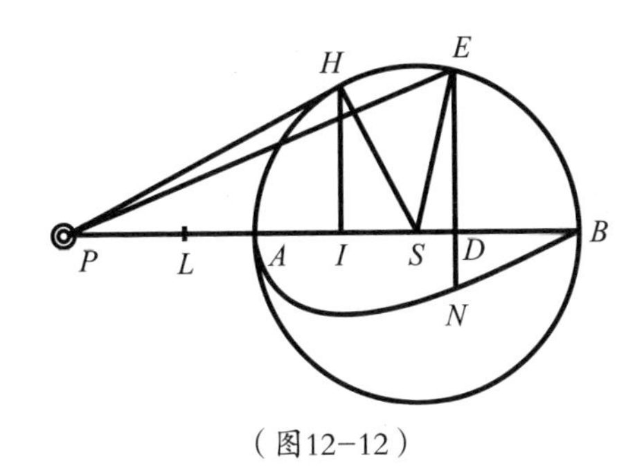

（图12-12）

例3　（如图12-12）如

果朝向球体上各点的向心力随其到粒子距离的四次方减小，设$V=\frac{PE^4}{2AS^3}$，$PE=\sqrt{2PS+LD}$，那么DN与$\frac{SI^2\times SL}{\sqrt{2SI}}\times\frac{1}{\sqrt{LD^3}}-\frac{SI^2}{S\sqrt{2SI}}\times\frac{1}{\sqrt{LD}}-\frac{SI^2\times LA\times LB}{2\sqrt{2SI}}\times\frac{1}{\sqrt{LD}}$成正比。将这三部分分别与长$AB$组合，则生成三个面积：$\frac{SI^2\times SL}{\sqrt{2SI}}$生成$\frac{1}{\sqrt{LA}}-\frac{1}{\sqrt{LB}}$；$\frac{SI^2}{S\sqrt{2SI}}$生成$\sqrt{LB}-\sqrt{LA}$；而$\frac{SI^2\times LA\times LB}{3\sqrt{2SI}}$生成$\frac{1}{\sqrt{LA^3}}-\frac{1}{\sqrt{LB^3}}$。将这三项化简得$\frac{2SI^2\times SL}{LI}$、$SI^2$、$SI^2+\frac{2SI^3}{3LI}$。第一个面积减去后两个之和得$\frac{4SI^3}{2LI}$，因此，作用于小球使其朝向球心的全部吸引力与$\frac{2SI^3}{3LI}$成正比，与$PS^3\times PI$成反比。

由同样方法，可求得位于球体内小球所受吸引力，但若用下一定理则更简便。

命题82　定理41

以S为球心，SA为半径的球体中，如果在其中取SI比SA等于SA比SP，那么位于球体内任意位置I的小球所受吸引力与球体外P处小球所受吸引力的比成一复合比例，该比例即为两球到球心的距离IS、PS的比的平方根与在点P、I指向球心的向心力的比的平方根，这两者的复合比例。（如图12-13）

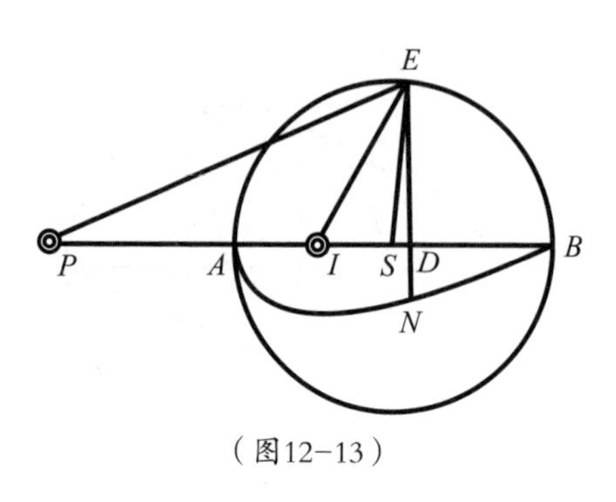

（图12-13）

若球体上粒子的向心力与其到被吸引小球的距离成反比，那么整个球体对位于I点小球的吸引力与其对位于P点小球的吸引力间的比值等于距离SI比SP的平方根与位于球心的粒子在I点的向心力和同一球心粒子在P点向心力之比的平方根的复合比值，即该吸引力与SI、SP之比的平方根成反比。因为前两个比值平方根可复合为相等比值，因此球体在I、P点处产生的吸引力相等。根据类似计算，如果球体上粒子的作用力与距离的平方成反比，那么可证I点处产生的吸引力与P点处产生的吸引力间的比值等于SP与球体半径SA间的比值；如果这些力与距离的立方成反比，那么在I、P点处产生的吸引力之比等于SP^2与SA^2的比值；而若与距离的四次方成反比，那么则等于SP^3与SA^3间的比值。因为在最后一种情形中，P点产生的吸引力与$PS^2 \times PI$成反比，I点处产生的吸引力与$SA^3 \times PI$成反比，而因为已知SA^3，所以与PI成反比。以此方法可以类推至无限。该定理的证明如下：

条件如图12-13所示，小球P位于球体外任一点，且已知纵轴DN与$\frac{DE^2 \times PS}{PE \times V}$成正比。如果连接$IE$，那么任意其他位置的小球，如$I$处，其纵轴（其他条件不变）将与$\frac{DE^2 \times PS}{PE \times V}$成正比。设球体上任一点，如点$E$，产生的向心力在距离$IE$和$PE$处的比值为$PEn$与$IEn$的比值（$n$表示$PE$和$IE$的幂次），那么这两个纵轴则变为$\frac{DE^2 \times PS}{PE \times PE^n}$和$\frac{DE^2 \times IS}{IE \times IE^n}$，这两者相互间的比值等于$PS \times IE \times IEn$与$IS \times PE \times PEn$的比值。因为$\frac{IS}{SE} = \frac{SE}{SP}$，所以$\triangle SPE$和$\triangle SEI$相似，得$\frac{IE}{PE} = \frac{IS}{SE} = \frac{IS}{SA}$。将$\frac{IE}{PE}$替换为$\frac{IS}{SA}$，那么两个纵轴的比值为$PS \times IEn$与$SA \times PEn$间的比值。但是$PS$与$SA$的比值等于距离$PS$与$SI$比值的平方根。而由$\frac{IE}{PE} = \frac{IS}{SA}$，故$IEn$与 PEn的比值等于在PS、IS处产生的作用力间比值的平方根。所以纵轴，由纵轴最终围成的面积，以及与该面积成正比的吸引力，这三者间的比值为这三个比值平方根的复合比例。

证明完毕。

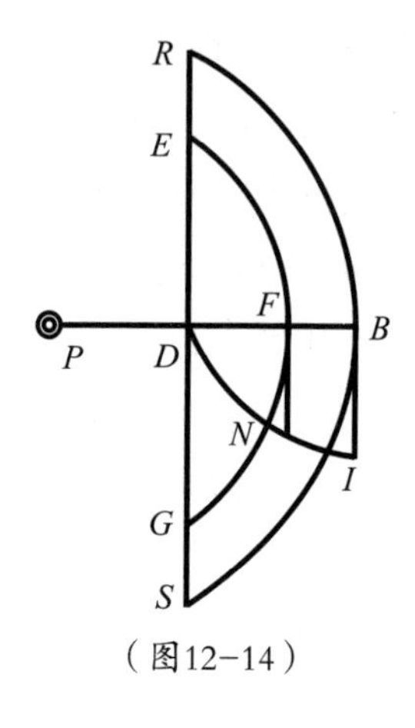

（图12-14）

命题83　问题42

已知一小球位于球体中心，求该小球对球体上任意一球冠的吸引力。（如图12-14）

设小球P位于球心，$RBSD$为平面RDS与球面RBS围成的球冠。另有一球面EFG以P为球心，与DB交于点F。球冠被分为$BREFGS$和$FEDG$两部分。假设此球冠并不单纯是纯粹数学意义上的表面，而是物理表面，其厚度虽存在，但是却无法测量。故设厚度为O，那么由阿基米德已证明的可得，此表面与$PF \times DF \times O$成正比。又设球体上粒子的吸引力与距离的任意次幂成反比（n为幂次），那么根据命题79，表面EFG对P的吸引力与$\frac{DE^2 \times O}{PE^n}$成正比，即与$\frac{2DF \times O}{PF^{n-1}} - \frac{DE^2 \times O}{PF^n}$成正比。设垂线$FN$与$O$的乘积与上述比值成正比，那么由纵轴$FN$做连续运动时通过长度$DB$所画的面积$BDI$与球冠$RBSD$作用于小球$P$的吸引力成正比。

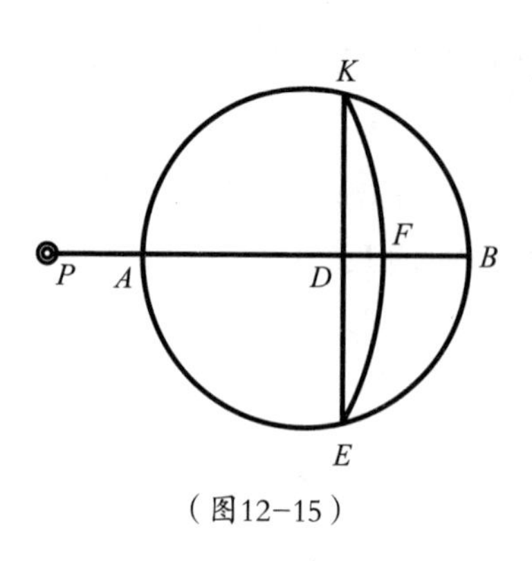

（图12-15）

命题84　问题43

设一小球在球体的任意球冠的轴上，且不在球体的球心上，求此球冠作用于小球的吸引力。

设小球P位于球冠EBK的轴ADB上，且受该球冠的吸引力作用。以P为球心，PE为半径作一球面EFK，且EFK将球冠分为$EBKFE$和$EFKDE$两部分。根据定理81可求得第一部分的力，而由定理83则可得另一部分的力，那么这两力之和即为整个球冠*EBKDE*的力。

附 注

至此，关于球体的吸引力已解释完毕（如图12-15），接下来似乎应该探讨当吸引粒子以类似方法构成其他形状物体时，其吸引规律是怎样的问题。但事实上我并不打算专门讨论它们，因为此类知识在哲学的探讨中并无多大用处，故关于此类知识，只需补充一些与这类物体的力以及由此产生的运动有关的普通定理即可。

第13章　非球状物体的吸引力

命题85　定理42

如果一物体受到另一物体的吸引力作用，且这个物体和吸引物体接触时产生的吸引力远大于两物体间间隔极小时产生的吸引力，那么在被吸引物体与吸引物体距离增大的过程中，吸引物体中粒子的力按大于粒子间距离的比值的平方减小。

根据命题74，如果吸引力随粒子间距离的平方减小，那么朝向球体的吸引力与距离的平方（即被吸引物体到球心距离的平方）成反比。但是此吸引力在两物体接触时并不会明显增大，而且如果被吸引物体与吸引物体间距离增大时，其吸引力按一更小比例减小，故吸引力在此过程中也不会增大。因此很明显，本命题适用于关于吸引球体的问题。此外若凹形球体吸引它之外的物体时，本命题也同样适用。而如果物体位于凹形球体内，吸引情形就更为明显，因为由命题70可知，通过凹形球面空腔传送的吸引力都被反吸引力抵消，故即使是两物体接触，其接触处也无任何吸引作用。现在如果从远离球体和凹形球面接触部分的球体上其他任意部分中取走一部分，并且在其他任意部分添加一部分，那么就能随意改变吸引物体的形状。但是因为这些添加或者取走的部分都距接触部分较远，故两物体接触部分产生的吸引力不会因此有明显的增加，所以该命题适用于所有形状的物体。

命题86　定理43

在吸引物体与被吸引物体间距离增大时，如果构成吸引物体的粒子

的力随到粒子距离的立方或大于立方的比值减小，那么相较于两物体间有间隔时（无论该间隔有多么小）**其产生的吸引力，在吸引物体和被吸引物体接触时产生的吸引力要远大于前者。**

根据问题41的例2和例3的求解方法可知，当被吸引球体与吸引球体间距离缩小（即被吸引球体朝靠近吸引球体方向运动），并且两物体最终接触时，吸引力无限增大。通过比较这些例子和定理可得：无论被吸引小球位于凹形球面外或是凹形球面的空腔内，作用在朝向凹形球面的物体上的吸引力是相同的。而在除了球体和凹形球面接触部分的其他任意部分上添加或取走任意吸引物质，使吸引物体变为任意指定形状，那么可知本命题仍将普遍适用于所有形状的物体。

证明完毕。

命题87　定理44

两个由相同吸引物质构成的物体相似。如果这两个物体分别吸引与本身成正比的两个小球，且这两个小球分别位于与相应物体位置相似，那么小球朝向整个球体的加速吸引力与小球朝向球体粒子的加速吸引力成正比。（此命题中的粒子必须与球体整体成正比，并且处在相似位置上。）

如果物体分为无数位于相似位置且与球体整体成正比的粒子，那么指向一个物体上任意粒子的吸引力与指向另一物体上相对应粒子的吸引力之比，等于指向第一个物体上各粒子的吸引力与指向另一物体上对应各粒子的吸引力之比。由物体的构成可推出，上述比值也等于朝向第一个物体整体的吸引力与朝向第二个球体整体的吸引力之比。

推论1　如果被吸引小球间距离增大时，粒子的吸引力反而按距离的任意次幂的比例减小，那么朝向整个球体的加速吸引力与物体本身成正比，与距离的任意次幂成反比。但是如果粒子的吸引力随其到被吸引小球距离的平方减小，且物体与A^3和B^3成正比，那么两物体的立方边与A和B成正比，同样地被吸引小球到物体的距离也与A和B成正比。由此可得，朝向物体的加速吸引力与$\frac{A^3}{A^2}$和$\frac{B^3}{B^2}$成正比，即与物体的立方边A和B成正比。而如果这个吸引力随距离的立方减小，那么朝向物体的吸引力与$\frac{A^3}{A^3}$和$\frac{B^3}{B^3}$成正比，也就是相等。如果随四次方减小，则吸引力与$\frac{A^3}{A^4}$和$\frac{B^3}{B^4}$成正比，即与立方边A和B成反比。同理，其他情况也可运用同一方法证明。

推论2　另一方面，如果这种减小只与距离的任意次幂成正比或反比，那么根据相似物体作用于位于相似位置小球的吸引力，可求得粒子在被吸引小球与吸引小球间距离增大时粒子的吸引力减小的比值。

命题88　定理45

如果任意物体上相等粒子的向心力与其到粒子的距离成正比，那么整个球体的力皆指向球体的重心；而若该物体是由相似且相等的物体构成，重心与球体重心重合，那么该球体的力也与命题87中的情况相同。（如图13-1）

设A、B为物体$RSTV$上两个粒子，Z是受$RSTV$吸引的任意小球。如果两粒子相等，那么$RSTV$对Z的吸引力与距离AZ和BZ成正比。而如果两粒子不相等，那么吸引力则与这两个粒子和AZ、BZ成正比，或者可以说这个吸引力与两粒子分别和距离AZ、BZ的乘积成正比。设这两个力分

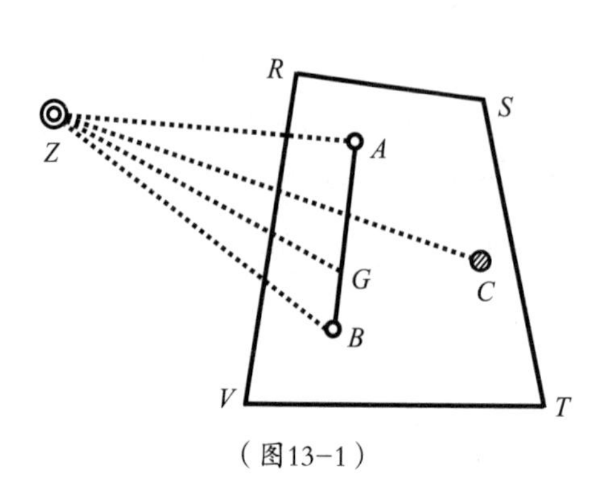

（图13-1）

别用$A\times AZ$和$B\times BZ$表示。连接AB，并在AB上取一点G使AG与BG之比等于粒子B与粒子A之比，那么这个点G即为两粒子A、B的公共重心。根据运动定律推论2，力$A\times AZ$可分解为力$A\times GZ$和$A\times AG$；同理，力$B\times GZ$可分解为$B\times BZ$和$B\times BG$。因为A与B成正比，BG与AG成正比，故力$A\times AG$与$B\times BG$的大小相同，但是方向相反，因此这两个力相互抵消。这样就只剩下力$A\times GZ$和$B\times GZ$，这两个力在点Z处指向重心G，并可以复合为（$A+B$）$\times GZ$，即复合而成的力好比是将吸引粒子A和B置于它们的公共重心G点上时构成的小球体产生的相同的力。

由此类推，如果增加第三个粒子C，并将粒子C产生的力与力（$A+B$）$\times GZ$（这个力指向重心G）复合，那么可得一个指向位于G的球体和粒子C的公共重心的力，也即是指向这三个粒子A、B、C的公共重心的力（此公共重心处就好比是将A、B构成的小球体和粒子C置于公共中心G点时构成的较大球体），由此类推，可求得在粒子的数量为无限时的情况。因此，在物体的重心不改变的情况下，任意物体上所有粒子产生的合力等于该物体以球体的形式产生的力。

推论　因为不论吸引物体是何种形状，被吸引物体Z的运动与吸引物体$RSTV$是球体时是相同的，所以不论吸引球体是静止的，还是做匀速直线运动，被吸引物体都会做椭圆运动，椭圆中心即为吸引物体的重心。

命题89　定理46

如果物体由相等粒子构成，且这些粒子产生的力与各粒子间的距离成正比。若将任一小球所受的全部吸引力复合为一个力，那么这个力将指向吸引物体的公共重心，这就如同这些吸引物体在一起构成了一个球体，且其公共重心保持不变。

此命题的证明方法与命题88相同。

推论　无论被吸引物体是何种形状，物体的运动都等同于吸引物体组合在一起构成一个球体，且其公共重心保持不变时的运动。因此，无论吸引物体的公共重心是静止的，还是做匀速直线运动，被吸引物体都做椭圆运动，其中心就是吸引物体的公共重心。

命题90　问题44

若指向任意圆上若干点的向心力相等，且向心力按距离的任意比值增减。垂直于该圆所在平面的直线通过该圆圆心，一个小球位于该直线上任一点。求小球所受的吸引力。（如图13-2）

在与AP垂直的平面上，以A为圆心，AD为半径作一圆，求作用于小球P使其朝向这个圆的吸引力。在圆上取任一点E，连接PE。在直线PA上取一点F使PF等于PE，过F作垂线FK，使线段FK与点E作用于小球P的吸引力成正比。K的轨迹为曲线IKL，交该圆所在的平面于点L，连接PD。再在直线PA上取一点H，使PH等于PD，并过H作垂线HI，交曲线IKL于点I，那么小球P所受朝向该圆的吸引力与面积$AHIL$和AP的长的乘积成正比。

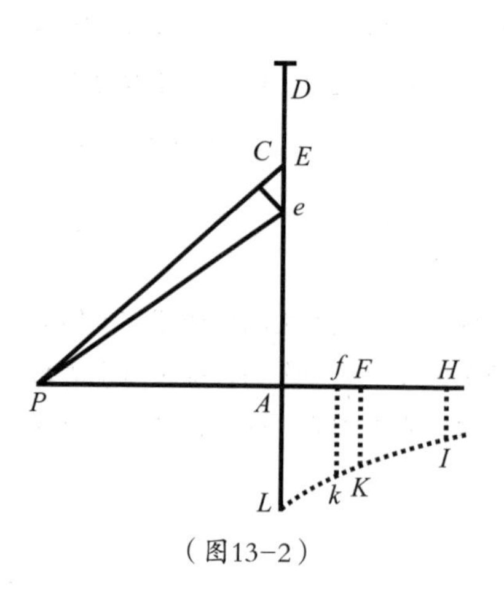

（图13-2）

在AE上取一条极短线段Ee，连接Pe。分别在PE、PA上取与Pe相等的线段PC、Pf。在上述平面上任取一点E，以A为圆心，A、E距离为半径作一圆。设点E对小球P的吸引力与FK成正比，故点E作用于小球P使其朝向点A的吸引力与$\frac{AP \times FK}{PE}$成正比，那么整个圆作用于小球P使其朝向点A的吸引力与该圆和$\frac{AP\times FK}{PE}$的乘积成正比，而该圆也与半径AE和Ee的宽度的乘积成正比。因为PE与AE成正比，Ee与CE成正比，故该乘积等于$PE\times CE$或者是$PE\times Ff$，那么该圆作用于小球P使其朝向点A的吸引力与$\frac{AP\times FK}{PE}$和$PE\times Ff$的乘积成正比，即与$Ff\times FK\times AP$成正比，或者是与面积$FKkf$和AP的乘积成正比。因此以A为圆心，AD为半径的圆作用于小球P使其朝向圆心A的全部吸引力之和与面积$AHIKL$和AP的乘积成正比。

证明完毕。

推论1　如果圆上各点的力随距离的平方减小，即若FK与$\frac{1}{PF^2}$成正比，那么面积$AHIKL$与$\frac{1}{PA}-\frac{1}{PH}$成正比。因此小球$P$所受的朝向圆的吸引力与$1-\frac{PA}{PH}$成正比，即这个吸引力与$\frac{AH}{PH}$成正比。

推论2　通常情况下，若距离D处上各点的力与距离D的任意次幂成反比，也就是如果FK与$\frac{1}{D^n}$成正比，从而使面积$AHIKL$与$\frac{1}{PA^{n-1}}-\frac{1}{PH^{n-1}}$成正比，那么作用于小球$P$使之朝向圆的吸引力与$\frac{1}{PA^{n-2}}-\frac{PA}{PH^{n-1}}$成正比。

推论3　如果圆半径无限增大，且n大于1，另一项$\frac{PA}{PH^{n-1}}$的值已几乎变为零，那么使小球P朝向该无限平面的吸引力与PA^{n-2}成反比。

命题91　问题45

已知一个小球位于圆形物体的轴上，且朝向该圆形物体上各点的向心力相等，证明：小球所受吸引力按距离的某种比例减小。（如图13-3）

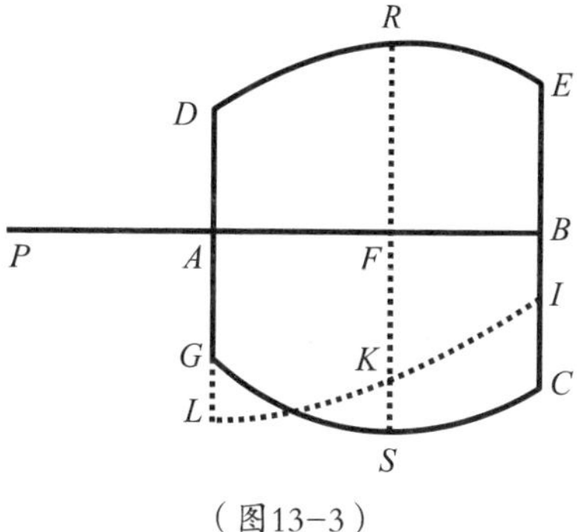

（图13-3）

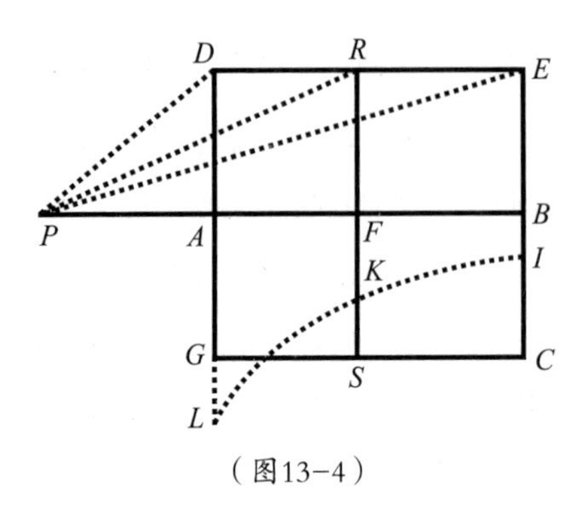

（图13-4）

设物体$DECG$的轴为AB，小球P位于AB上，受到物体的吸引作用。$DECG$被一个垂直于轴的任意圆RFS分割，该圆的半径FS在一穿过轴AB的平面$PALKB$上。根据命题90，在FS上取一条线段FK，使其长度与作用于小球使其朝向该圆的吸引力成正比。点K的轨迹为曲线LKI，分别与最外面的圆AL和BI所在的两个平面交于点L和I，那么作用于小球P使其朝向该物体的吸引力与面积$LABI$成正比。

推论1　如果物体是由平行四边形$ADEB$绕轴AB旋转而得到的圆柱（如图13-4），且朝向圆柱上各点的向心力与其到这些点距离的平方成反比，那么小球P所受朝向该圆柱的吸引力与$AB-PE+PD$成正比。因为根据命题90的推论1，纵轴FK与$1-\frac{PF}{PR}$成正比。根据曲线LKI的面积易得，上述值的第一部分乘以长度AB得面积$1\times AB$；而另一部分$\frac{PF}{PR}$乘以长度PB得面积$1\times(PE-AD)$。以此类推，同一部分乘以长度PA得面积$1\times(PD-AD)$，乘以PB与PA之差AB得面积$1\times(PE-PD)$，而这个值即为面积之差。从得到的第一个面积$1\times AB$中减去最后一个面积$1\times(PE-PD)$，那么

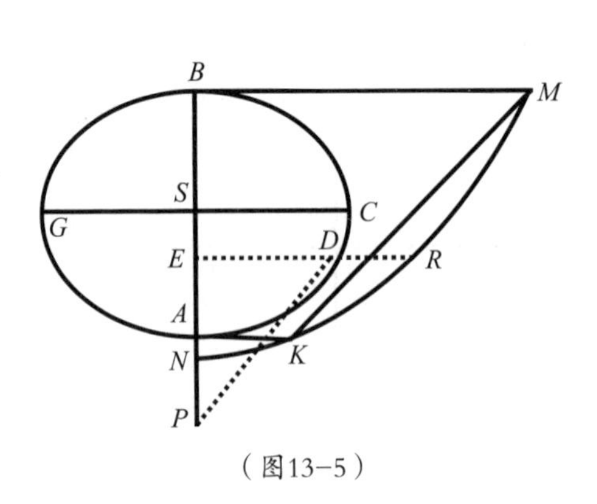

（图13-5）

余下面积$LABI$等于$1\times(AB-PE+PD)$。由于该力与这个面积成正比，所以力与$AB-PE+PD$成正比。

推论2　若物体P位于椭圆球体$AGBC$外（如图13-5），但是仍在椭圆球体的轴AB上，那么同样可求出$AGBC$对物体P的吸引力。设$NKRM$为圆锥曲线，ER垂直于PE。ER与椭球体相交于点D，连接PD，使ER始终等于PD。过顶点A、B作轴AB的垂线AK、BM，分别交圆锥曲线于点K、M，且$AK=AP$，$BM=BP$。连接KM，那么就分隔出面积$KMRK$。设S为椭圆体中心，SC为其长半轴，所以椭圆体对物体P的吸引力与以AB为直径的球体对P的吸引力间的比值等于$\dfrac{AS\times CS^2-PS\times KMRK}{PS^2+CS^2-AS^2}$比$\dfrac{AS^2}{3PS^2}$。运用同一原理也可算出椭圆体上球冠的作用力。

推论3　如果小球位于椭圆体内，且在其轴上，那么其所受吸引力与它到球心的距离成正比。无论这个小球位于球体的轴上，还是在其他已知直径上，上述推论都可如下证明。设$AGOF$是以S为球心的椭圆球体，P是被吸引物体。过物体P所在的点作一条半径SPA，两条直线DE、FG，其中DE、FG分别交椭圆球体于D和E、F和G。设PCM、HLN是两个内椭圆球体的表面，这两个椭圆球体互相相似并且与外椭圆球体共心，并且第一个内椭圆球体过球体P，交DE、FG于B、C，而另一个内椭圆球体则交DE、FG于H和I、K和L。设这三个椭圆球体有一条公共轴，且被两边截下的线段部分分别相等，即$DP=BE$，$FP=CG$，$DH=IE$，$FK=LG$。因为线段DE、PB和HI的平分点是同一点，而FG、PD和KL的平分点也相同，故现在设DPF和EPG表示分别根据无限小的对顶角DPF、EPG所画的相反圆锥曲线，线段DH、EI的长度也为无限小。因为线段$DH=EI$，被椭圆球体表面切割的两圆锥局部$DHKF$和$GLIE$之比等于其到物体P距离的平方，因此作用于小球的吸引力相等。由此类推，如果外椭圆球体分为无数个与其共心且共轴的相似椭圆球体，那么用这些椭圆球体分割平面DPF、EGCB，得到的所有粒子在两侧对小球P的吸引力相等但是方向相反，因此圆锥DPF的力和圆锥局部EGCB的力相等，但是因为其方向相反，故两力相互抵消。同理，若所有物质在内椭圆球体PCBM外时，其力的情形也相同。因此物体P只受内椭圆球体PCBM的吸引力。根据命题72的推论3可知，上述吸引力与整个椭圆球体对物体A的吸引力的比值等于距离PS与AS的比值。

命题 92 问题 46

已知有一吸引物体，求指向该球体上各点的向心力减小的比例。（如图13-6）

该吸引物体必须是球体、圆柱体或是某些其他的规则物体，那么根据命题80、81和91可求出它对应于某种减少比例的吸引力规律。而通过实验可得在各个距离处的吸引力的大小，那么根据这种方法可推出整个物体的吸引力规律，由此可以得出物体上各个部分的吸引力减小的比例。

命题 93 定理 47

如果一物体由相等的吸引粒子构成，且其一边为平面，而其余各边则无限延伸。一个小球位于朝向平面任一侧，且受到整个物体的吸引力作用，而在小球到物体的距离增大时，物体的力按大于距离的平方的任意次幂减小，那么当到平面的距离增大时，整个物体的吸引力随小球到平面距离

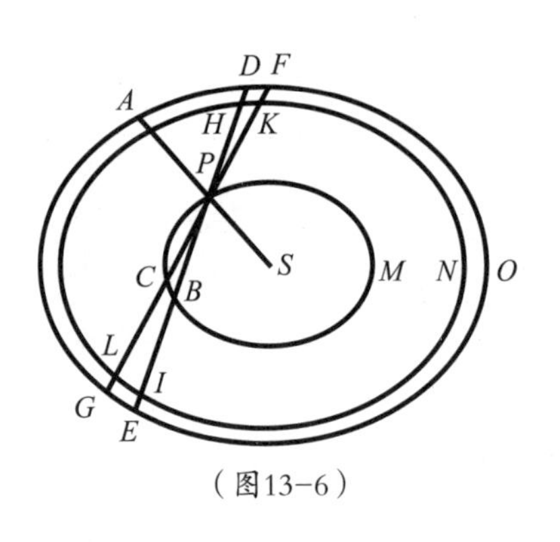

（图13-6）

的某个幂次减小，且该幂次始终比距离的幂指数要小3。

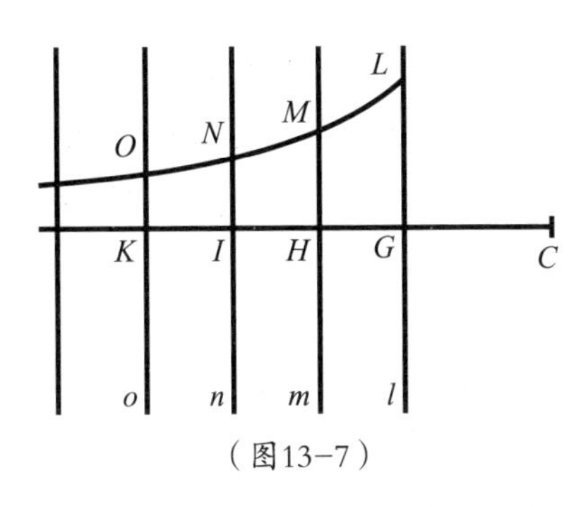

（图13-7）

情形1 设LGl是标界物体的平面（如图13-7），且物体位于平面朝向点I 的一侧，再将该物体分为无数个平行于GL的平面，如mMH、nIN、okO等。首先设被吸引物体C位于物体外，过C作垂直于这无数个平面的直线$CGHIK$。又设固体上各点的吸引力随距离的幂减小，且其幂次大于或等于3。根据命题90的推论3，任一平面mHM对点C的吸引力与CH^{n-2}成反比。再在平面mHM上取线段HM，其长度与CH^{n-2}成反比，那么该吸引力与HM成正比。由此类推，在各个平面lGL、nIN、oKO等上取线段GL、IN、KO等，它们的长度分别与CG^{n-2}、CI^{n-2}、CK^{n-2}等成正比，那么这些平面的吸引力与所取线段成正比，因此这些力的总和与所有线段长度的总和成正比，即，整个物体的吸引力与朝OK方向无限延伸的面积$GLOK$成正比。但是由现已知的求面积法，此面积与CG^{n-3}成反比，故整个物体的吸引力与CG^{n-3}成反比。

证明完毕。

情形2 设小球现在位于平面lGL的另一侧（如图13-8），即该小球位于物体内，并且取$CK=GC$。物体的某一局部$LGloKO$在两平行平面lGL、oKO之间。设小球位于物体的这个局部的中间，因为平面两侧产生的吸引力相等，但是方向相反，故两个力相互抵

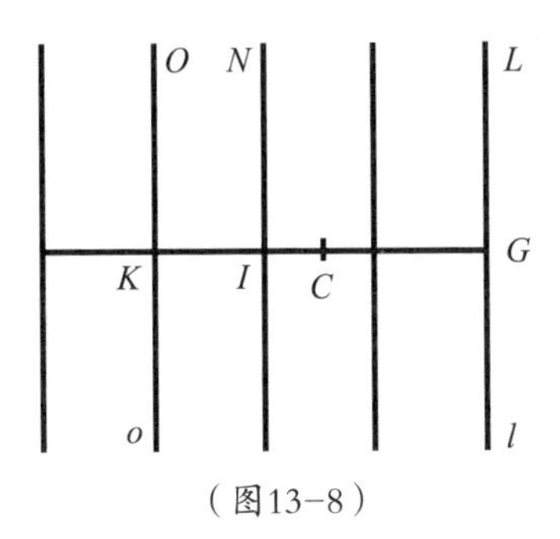

（图13-8）

消，所以该小球既不受平面一侧的吸引力，也不受平面另一侧的吸引力，而只受平面OK外物体的吸引力作用。因此根据情形1，该吸引力与CK^{n-3}成反比，而$CG=CK$，所以该吸引力与CG^{n-3}成反比。

证明完毕。

推论1 如果固体的两边在两个平行的无限平面LG、IN上，且固体的一个较远部分无限向KO延伸，那么整个无限物体$LGKO$产生的吸引力与$NIKO$产生的吸引力之差即为$LGIN$的吸引力。

推论2 因为相较于较近部分的吸引力，物体的较远部分的吸引力太小，故可忽略不计。于是如果移去物体的较远部分，那么当距离增大时，较近部分的吸引力随近似于幂CG^{n-3}的比例减小。

推论3 如果任意一个有限物体的一边是平面，且这个有限物体对位于该平面中间附近的小球有吸引作用。已知相较于吸引物体的宽度，小球到平面的距离极小，并且该吸引物体由均匀粒子构成，这些粒子的吸引力按大于距离的四次方的比例减小。那么，整个球体的吸引力按近似于

月球诞生理论

如果没有万有引力，宇宙将处于最原始、最无序的状态，到处弥漫着物质尘埃，不存在星球、不存在星系，因为物质是飘散的。因此，可以说宇宙因万有引力而存在，是引力维系了宇宙中星体之间的平衡。图中是月球起源的几种理论。

月球诞生的理论

关于月球起源的几种理论：月球被地球吸引的重力捕获理论；月球被地球甩出的分裂理论；大喷溅理论。

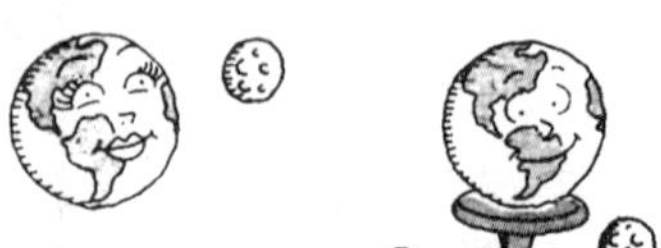

月球被地球的重力捕获　　月球被地球甩出

月球由星体撞击地球后的喷溅物形成

一个幂的比例减小，该幂的底数为小球到平面的极小距离，且幂的指数比前一个幂的指数小。但是若构成物体的均匀粒子按距离的三次方减小，则该推论不适用于这种情况，因为，在这种情况下，在推论2中被移开的无限物体的较远部分的吸引力总是大于较近部分的吸引力。

附　注

如果一物体受已知平面的垂直吸引力，那么运用已知的运动定律可以求得物体的运动。根据命题39，可以求出物体沿垂直于平面的直线方向朝向平面的运动。而根据运动定律推论2，则可将平行于上述平面的运动与垂直运动复合。相反，如果要求物体所受的垂直吸引力，该垂直吸引力使物体沿任意一个已知的曲线运动，那么这个问题可以运用第三个问题的解法求解。

但是若将纵轴分解为收敛级数，那么运算可以简化。例如底数A除以长度B得到一个任意已知角度，那么这个长度与底数A的任意次幂$A^{\frac{m}{n}}$成正比。在物体沿纵轴运动时，无论它所受到的是吸引朝向该底的力还是被排斥离开该底的力，这个力始终使物体沿纵轴上端所画出的曲线运动，求物体所受的这个力。假设增加了一个非常小的部分O进入该底，那么将纵轴$(A+O)^{\frac{m}{n}}$分解为无限级数$A^{\frac{m}{n}}+\frac{m}{n}\times OA^{\frac{m-n}{n}}+\frac{mm-mm}{2nm}OOA^{\frac{m-2n}{n}}$，并且设该力与这个级数中$O$的指数为2的项成正比，即该力与$\frac{mm-mm}{2nm}OOA^{\frac{m-2n}{n}}$成正比。因此所求的力与$\frac{mm-mm}{2nm}A^{\frac{m-2n}{n}}$，或者是等价地与$\frac{mm-mm}{2nm}B^{\frac{m-2n}{n}}$成正比。如果在纵轴上端画一抛物线，$m=2$，$n=1$，那么力与已知值$2B$成正比，故此时要求的力是一已知值。因此就如同伽利略曾证明的那样，物体在已知力的作用下将沿抛物线运动。但是如果在纵轴上端画一双曲线，$m=0-1$，$n=1$，那么这个力与$2A^{-3}$或$2B^{3}$成正比，因此如果物体沿此双曲线运动，那么作用于物体的这个力与纵轴的立方成正比。至此对非球类物体的探讨结束，接下来我将探讨一些目前尚未涉及的运动。

第14章　受指向极大物体上各部分的向心力推动的极小物体的运动

命题94　定理48

如果两个相似介质被两个平行的平面隔开，且在此空间中存在一个垂直于这两个介质中的一个的力。物体通过这个空间时，受到这个力的吸引作用或排斥作用，但是除此以外物体并不受其他力的推动或者阻碍。已知在任何距平面距离相等处，吸引力都相等，且都指向平面的同一侧。那么当物体从其中一个平面进入该空间时，与该空间有一角度，即入射角，同样物体从另一平面离开该空间时也有一角度，即出射角，这两个角的正弦的比值为一确定值（即常数）。

情形1　设Aa、Bb为两个平行的平面（如图14-1），而在这两个平面之间有一个中介空间。物体沿直线GH从第一个平面Aa进入此中介空间，物体在此空间中运动时，受到干涉介质的吸引力或排斥力，于是用曲线HI表示物体在此力作用下的运动轨迹，最后物体沿直线IK离开此空间。作垂直于出射平面Bb的垂线IM，与入射直线GH的延长线交于点M，与入射平面Aa交于点R。连接GM，与IK的延长线交于点L。以L为圆心，LI为半径作一圆，交HM于点P和Q，与IM的延长线交于点N。首先，假设此吸引力或排斥力

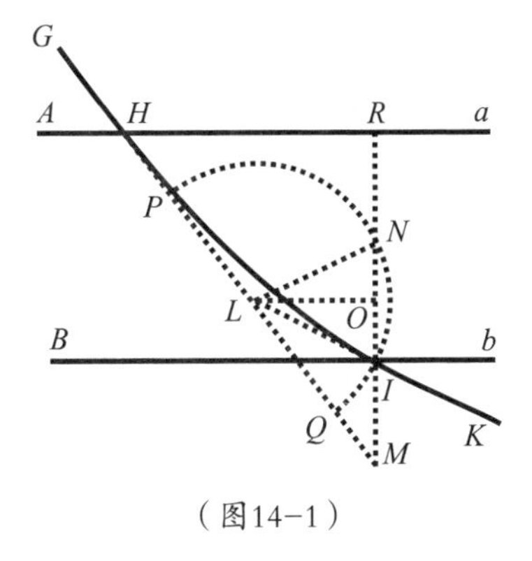

（图14-1）

是均匀的，那么正如伽利略曾证明过的，轨迹曲线HI是一条抛物线，且此抛物线的性质为：已知通径和直线IM的乘积等于HM的平方，且点L是HM的中点。如果过L作MI的垂线LO，那么LO与MI的交点O为线段MR的中点，即$MO=OR$，又因为$ON=OI$，那么可知$MN=IR$。因此，如果IR的长度已知，则MN的长度也可得到，那么通径和IM的乘积（HM^2）与乘积$MI \times MN$的比值也是一个已知值。但是因为乘积$MI \times MN$等于$MP \times MQ$，即等于平方差ML^2-PL^2或者ML^2-LI^2，而$HM^2:ML^2$等于4：1，所以ML^2-LI^2与ML^2的比值也为一已知值。如果将$LI^2:ML^2$加以变换，$LI:ML$还是给定值。但是在每个三角形中，如$\triangle LMI$中，角的正弦与该角的对边成正比，因此入射角LMR的正弦与出射角LIR的正弦之比为一确定比值。

证明完毕。

情形2 如果平行平面隔出若干个空间，如$AabB$、$BbcC$等（如图14-2）。设物体连续通过这些平面，并且物体在每个空间都受到均匀力的作用，但是在每个空间，力的大小都不相同。正如在情形1中所证明的，物体进入第一个平面Aa时入射角的正弦与离开第二个平面时出射角的正弦之比为一确定比值，并且进入平面Bb时的入射角的正弦与离开第三个平面Cc时的出射角的正弦之比也为一确定比值，同理，物体进入平面Cc时的入射角的正弦与离开第四个平面Dd时的出射角的正弦之比同样也是一个确定比值。以此类推，在无数个平面中，该正弦之比都是一个确定值。将这些比值一一相乘，最后求出进入第一个平面的入射角的正弦与离开最后一个平面的出射角的正弦之比是一个确定比值。现

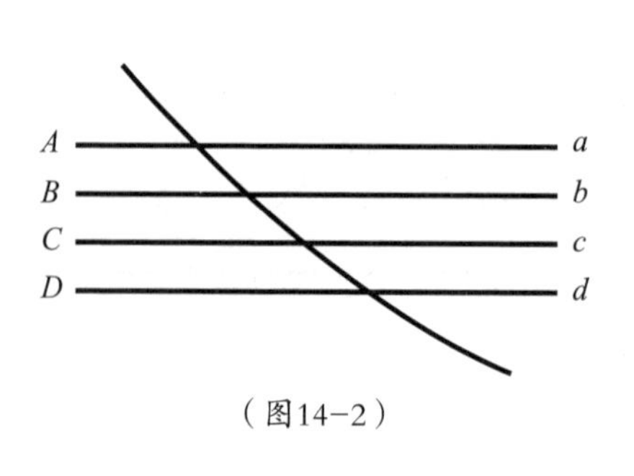

（图14-2）

在设平面的数量无限增加，同时平面间间隔距离趋于零，使受到吸引力或排斥力作用的物体按照任意给定规律，做连续运动，那么进入第一平面时的入射角的正弦与物体离开最后一个平面时的出射角的正弦之比为一确定比值。

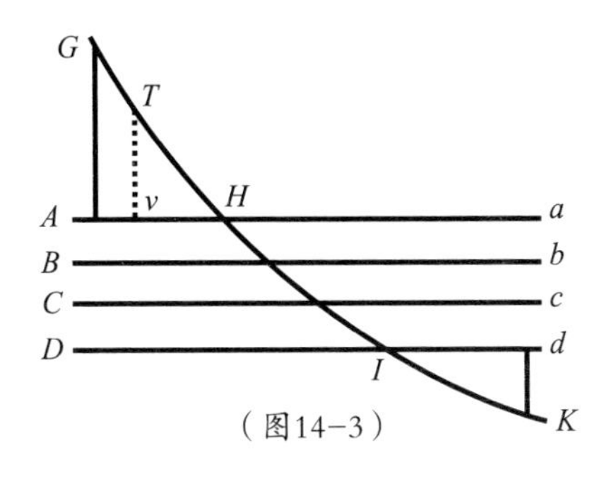

（图14-3）

证明完毕。

命题 95　定理 49

同命题94的假设条件，那么物体入射前的速度与物体出射后的速度之比等于出射角的正弦与入射角的正弦之比。（如图14-3）

设$AH=Id$，过A作垂直于平面Aa的垂线AG，与入射线GH交于点G。过d作dK垂直于平面Dd，且dK与出射线IK交于点K。在GH上取一点T，使$TH=IK$，再过点T 作直线Tv垂直于平面Aa。根据运动定理推论2，可以将物体的运动分解为两个方向的运动，其中一个运动的方向与平面Aa、Bb、Cc等垂直，而另一个运动的方向则与这些平面平行。因为垂直于平面方向的吸引力或排斥力不会影响平行于平面方向的运动。因为$AH=Id$，所以当物体沿平行于平面方向运动时，通过直线AG与点H间距离所用时间等于物体通过直线dK与点I间距离（这两条直线平行）所用时间。由此可得，物体做相应的曲线运动的时间也应相等，也即是物体画出轨迹曲线GH和IK所用的时间相等。设以线段TH或IK为半径，所以入射前速度与出射后速度之比等于GH与IK之比，因为$IK=TH$，故该速度之比也等于GH与TH之比，也即是等于AH或Id与vH之比，上述这三个比值都是相等的，它们的比值也即是出射角正弦与入射角正弦之比。

证明完毕。

命题96　定理50

已知入射前物体的运动速度大于出射后速度，在相同条件下，如果入射直线是连续偏折的，那么物体最终将被反射出平面，且其反射角等于入射角。（如图14-4）

假设物体一一通过平行平面*Aa*、*Bb*、*Cc*等，并且在此过程中物体的运动轨迹为抛物线弧。现在将这些弧命名为*HP*、*PQ*、*QR*等。假设物体沿入射线*GH*倾斜进入第一个平面，此时与平面所成的入射角的正弦与一个正弦和它相等的圆的半径的比值，等于这个入射角的正弦与物体离开平面*Dd*进入空间*DdeE*时出射角的正弦的比值。由上所述，可得出射角的正弦等于圆的半径，因为此时出射角为180°，故出射线与平面*Dd*重合。设物体到达平面*Dd*时的位置是点*R*，因为出射线与平面*Dd*重合，所以物体在到达平面*Dd*时将不会再朝平面*Ee*的方向运动，但是因为物体在此空间中始终受到入射介质的吸引或排斥作用，故该物体也不会沿着出射线*Rd*运动。所以物体将在平面*Cc*与*Dd*间的空间开始返回，其运动轨迹是抛物线弧*QRq*，并且根据伽利略的证明推得，该抛物线弧的顶点为*R*，并且在进入平面*Cc*时的入射角就等于进入平面时在*Q*点的入射角。然后物体将继续返回，这时的运动轨迹为抛物线弧*qp*、*ph*等，这些抛物线弧与之前的抛物线弧*QP*、*PH*相似且相等。并且在点*p*、*h*等处，物体进入相应平面的

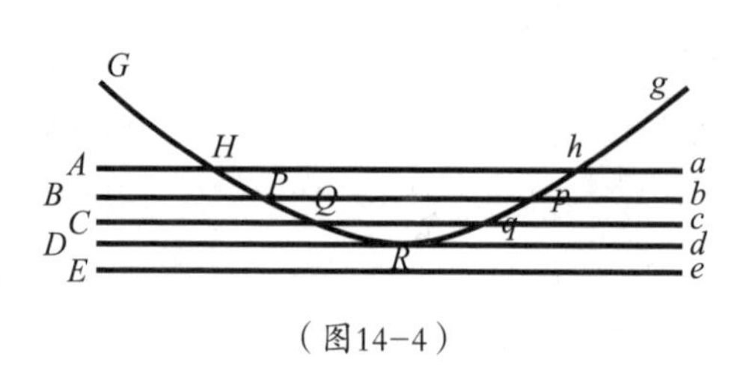

（图14-4）

入射角等于之前在点P、H等处相应的入射角。最终物体将在点h处从平面Aa出射，此时的出射倾斜度等于物体从H点进入平面Aa时的入射倾斜度。现在设Aa、Bb、Cc、Dd、Ee等平行平面间的空间无限缩小，但是同时平面的数量无限增加，这样按任意已知规律的吸引力或排斥力使物体做连续运动，那么此时出射角将始终等于入射角，并且最后物体从该空间离开时最后的出射角也与入射角相等。

附　注

这些吸引作用与斯涅耳发现的光的反射和折射定律非常相似，即光的反射角与折射角的正割之比为一常数，而且最终也如笛卡尔所证明的那样，入射角与反射角的正弦之比也为一常数。因为在许多天文学家对木星现象予以观察后，他们现在已经确定光是连续传播的，并且光从太阳到地球只需七八分钟。此外正如格里马尔迪最近的实验发现一样（同样，我也做过此实验），光线通过小孔进入黑屋。同时，我也仔细观察了光线经过物体边缘时的运动情况。无论该物体是透明的或是不透明的（如金、银、铜币的圆形或方形边缘，刀刃、石块，或者是玻璃碎片），当空气中的光束通过物体的棱边时，光线就如同受到该物体的吸引力作用一样，围绕物体弯曲或屈折。其中，最靠近物体的光束弯曲程度最大，就好比这些光束受到的吸引力最大，而那些距物体稍远的光束的弯曲程度则较小，反而那些离物体更远的光束则会反向弯曲。以上这三类光束形成了三条彩色条纹。（如图14-5）图中s点表示刀刃，AsB表示任意一种尖

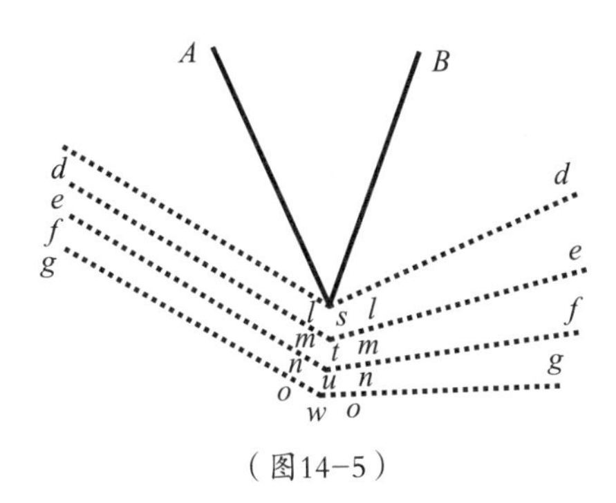

（图14-5）

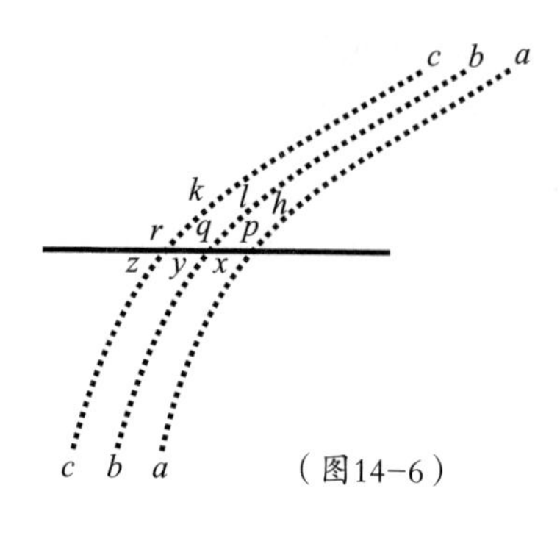

（图14-6）

劈，而*gowog*、*fnunf*、*emtme*、*dlsld*则是分别沿着弧*owo*、*nun*、*mtm*、*lsl*朝刀锋处弯曲的光束。这些光束的弯曲程度随离刀锋距离的远近而改变。因为光线的这种屈折是发生在刀锋外的空气中，因此落在刀锋上的光束在接触刀锋前就已经先弯曲了。如果光束是落在玻璃上，那么情况也相同。因此折射并不是发生在入射点，而是由光束的渐渐屈折而形成了折射。其中一部分的折射发生在光束接触玻璃前的空气中，而如果我没有弄错，另一部分则发生在物体进入玻璃后，即发生在玻璃中。（如图14-6）如图所示，落在r、q、p点上的光束$ckzc$、$blyb$、$ahxa$分别在k与z之间，l与y间，以及h与x间发生屈折。因为光线的传播运动与物体的运动极为相似，在完全不考虑光线的本质以及它们究竟是不是物体，只假设物体的路径及其相似于光线的路径的情况下，下述命题是适用于光学应用不会错。

命题97　问题47

假设当物体进入任意平面时，入射角的正弦与出射角的正弦之比为一确定比值（即常数），**并且在物体靠近该平面时，这些物体的屈折路径发生在一个极小的空间内**（因为此空间非常小，故可视为一个点）。**如果小球都来自一个已知的处所，且有一平面能将发散的所有小球都汇集到另一个确定的点上，求这个平面。**（如图14-7）

设小球从点A发散出来，而在B点重新汇集。绕轴AB旋转得到一曲线CDE，而D、E是曲线CDE上任意两点，那么曲线CDE所在的面即为所求平面。AD、DB是物体的运动路径，过E分别作AD、BD的垂线EF、

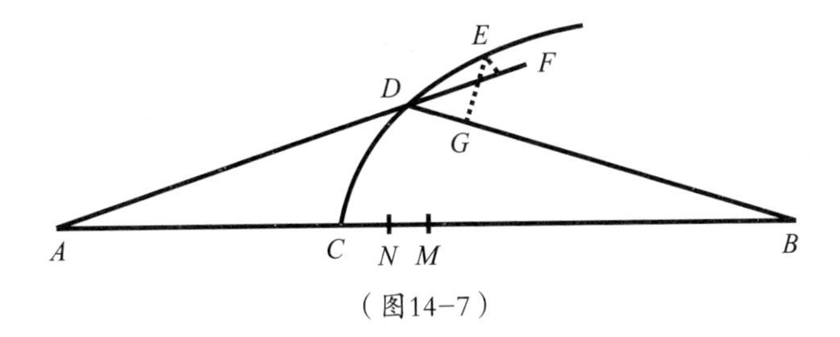

（图14-7）

EG。设D趋近于点E，并最终与点E重合。已知线段DF使AD增长，而线段DG则使DB变短，因为线段DF与DG之比等于入射角的正弦与出射角的正弦之比，故AD的增长量与DB的减少量之比为一确定比值。因此如果在轴AB上取曲线CDE的必经之点C，并且按照上述比值去求CM与CN间的比值，其中CM为AC的增量，而CN为BC的减量。以A为圆心，AM为半径作一个圆，再以B为圆心，BM为半径作另一个圆，这两个圆相交于点D，那么点D将与所求曲线CDE相切。而根据点D与曲线在任意点相切，可求出该曲线。

证明完毕。

推论1　如果使点A或B有时远至无限，而有时又趋向点C的另一侧，那么由此得到的所有图形就是笛卡尔在他的著作《光学》和《几何学》中所画的关于折射的图形。虽然笛卡尔一直将它隐藏，从未发表过，但在此命题中我将它发表出来。

推论2　如果沿着直线AD（如图14-8）物体按任意规律落在任意表面CD上，并且沿另一条直线DK离开

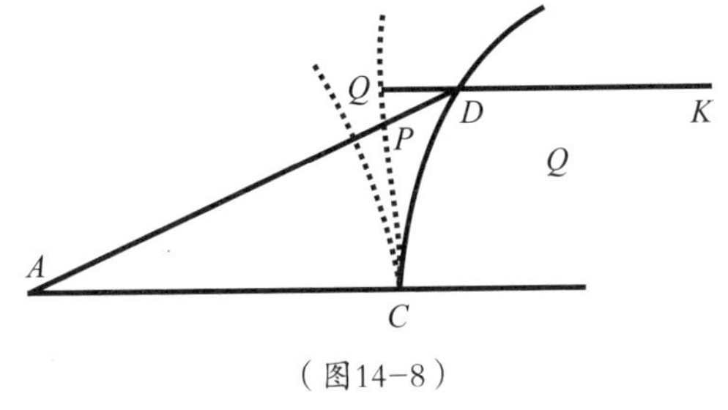

（图14-8）

该表面。过点C作曲线CP和CQ，且CP始终垂直于AD，且CQ始终垂直于DK。AD的增量产生线段PD，且DK的增量产生线段QD，那么PD与QD之比等于入射角的正弦与出射角的正弦之比。反之亦然。

命题98　问题48

已知条件同命题97。如果绕轴AB作任意一个吸引表面CD（无论该表面是规则的或是不规则的）**，假设从已知点A上发散出的物体必定穿过该表面。如果第二个吸引表面EF使这些物体重新汇集到一个确定的点B上，求表面EF。**（如图14-9）

如果轴AB与第一个面交于点E，而点D为任意一点。设物体进入第一个平面时入射角的正弦与出射角的正弦之比等于任意给定值M与另一个给定值N之比，同样的，物体进入第二个表面时的入射角的正弦与出射角的正弦之比也等于这个比值。延长AB至点G，使$BG:CE=(M-N):N$，并延长AD至H，使$AH=AG$，最后延长DF至K，使$DK:DH=N:M$。连接KB，以D为圆心，DH为半径作一圆，且此圆交KB于点L。再连接DL，过B作直线BF平行于DL。那么这个点F将与曲线EF相切，当曲线EF绕轴AB旋转时所得的平面即是所求平面。

设曲线CP与直线AD处处垂直，且曲线CQ也与直线DF处处垂直，而曲线ER，ES则分别垂直于直线FB、FD，因此$QS=CE$。根据命题97的

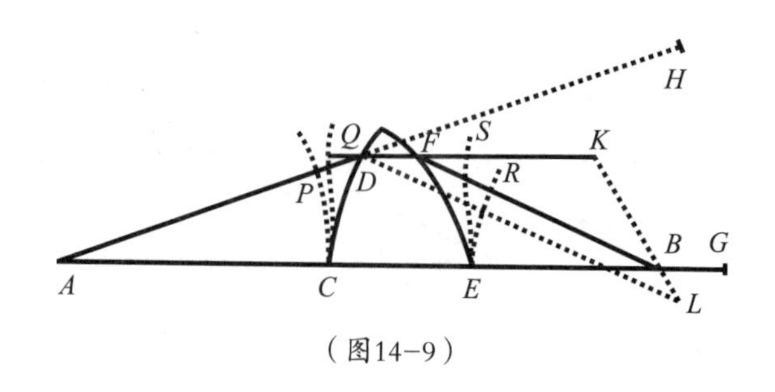

（图14-9）

推论2，$PD:QD=M:N$，同样DL比DK（或FB比FK）也等于M比N，又由分比得，也等于（$DL-FB$）或（$PH-PD-FB$）比FD或（$FQ-QD$）。由分比得，也等于（$PH-FB$）比FQ。又因为$PH=CG$，$QS=CE$，故（$PH-FB$）$:FQ=$（$CE+BG-FR$）$:$（$CE-FS$）。但是因为$BG:CE=$（$M-N$）$:N$，所以（$CE+BG$）$:CE=M:N$。将上面两个比例式用分比性质，得$FR:FS=M:N$。根据命题97的推论2，如果一个物体沿直线DF方向落到表面EF上，那么EF将使物体沿直线FR方向运动到点B处。

证明完毕。

附　注

用同样的方法，上述命题可以一直证明到三个或更多的表面。但是在所有形状中，球体最适用于光学应用。如果望远镜的物镜由两个球体镜片构成，且这两个球形镜片之间充满了水。由于镜片表面会引起光的折射，那么用水来纠正由折射引起的误差，从而使这个物镜能达到足够的精确度，这不是不可能的。因此这种物镜的效果要比凹透镜和凸透镜的效果都好，这不仅是因为物镜易于操作，精确度高，而且也因为物镜能更精确地折射远离镜轴的光束。但是因为光线不同，故折射率也会随之改变，所以这就使光学仪器不能用球形或其他形状的镜片来纠正所有光线引起的误差。因此除非由此产生的误差都能纠正，否则只是致力于纠正其他误差的努力都将是徒劳的。

第2编　物体（在阻滞介质中）的运动

牛顿流术法即微分与导数，是牛顿一生中最为杰出的发明之一。在本书的第2编里，他天才地把这一方法加以运用，演示了怎样通过在介质中的摆体的运动来求出介质的阻力。更为重要的是，在求解流体的圆的运动里，他以他的推论推翻了当时影响极大的“宇宙旋涡说”，这无异于摧毁了一个科学的旧世界。

第 1 章　受与速度成正比的阻力作用的物体的运动

命题 1　定理 1

如果一个物体受到阻力的作用，且此阻力与速度成正比，那么物体因受阻力而损失的运动与物体在此过程中运动的距离成正比。

因为在每个相等的间隔时段里，物体损失的运动与速度成正比，即损失的运动与物体在此时段内运动的距离成正比。将这些时段的比值相加，即得物体在整个时间内损失的运动与物体运动的总距离成正比。

证明完毕。

推论　假设物体不受重力的作用，并且在没有其他作用力的空间里，物体仅靠惯性力的作用做自由运动。如果已知物体开始时的整个运动，以及在运动一段时间后，物体余下的运动，那么因为这个总距离与已经过的距离之比等于物体开始时的运动与损失的运动之比，所以可求出物体在无限时间内所运动的总距离。

引理 1

如果若干个值与它们间的差成正比，那么这几个值将构成连比。

证明如下：设 $A:(A-B)=B:(B-C)=C:(C-D)=\cdots$

换算，得：$A:B=B:C=C:D=\cdots$

证明完毕。

命题2　定理2

假设物体运动时只受惯性力的作用，并且当物体通过均匀介质时，所受的阻力与其速度成正比。如果将时间分为无数相等的时段，那么物体在每个时段开始时的速度将构成等比级数，并且物体在每个时段里经过的距离与其速度成正比。

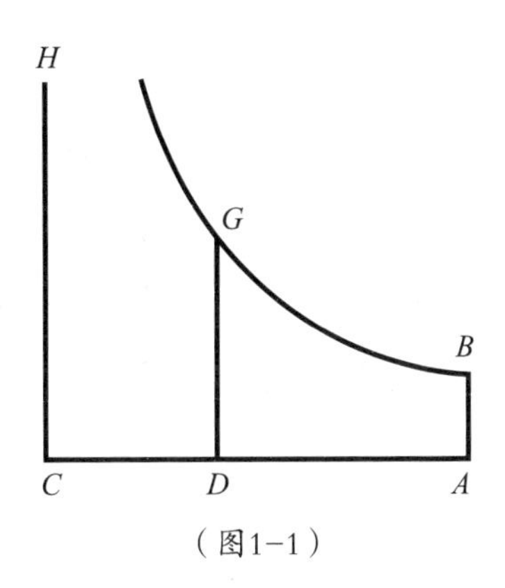

（图1-1）

情形1　将时间分为相等的极短时段，如果设物体在每个时段的开始受阻力的一次性作用，且所受的阻力与速度成正比，那么在每个时段里速度的减量都与同一个速度值成正比。因此速度与速度间的差值成正比，那么根据第2编引理1，这些速度将成正比，所以如果间隔相等数量的时段就取出相等的任意时段，并将这些部分复合，那么可得：在这些时段开始时的速度与一组连续成正比的项成正比（所成的连续级数是由间隔相同数量的中间项取出的项构成的）。但是因为这些项的比值是由比值相等的中间项的等比构成，故这些项的比值也相等，因此与这些项成正比的速度所构成的级数为等比级数。设时间分隔的数量无限增加，那么这些时段将趋于零，这样物体受到的推动力将是连续的。那么如果每个相等时段开始时的速度连续成正比，那么此时速度也连续成正比。

情形2　由分比，可得速度的差（即在每个时段里物体损失的速度）与总速度成正比。但是根据第2编命题1，每个时段里物体运动的距离与物体损失的速度成正比，故该距离也与总距离成正比。（如图1-1）

证明完毕。

推论　如果两条直线AC、CH互成直角，以AC、CH为渐近线作双曲线BG，再作AB、DG垂直于渐近线AC。当物体开始运动时，物体的

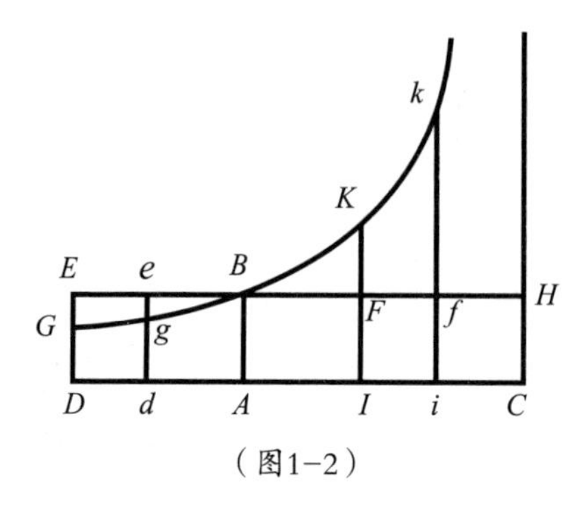

（图1-2）

速度以及介质的阻力都用任意已知线段AC表示，并且在一段时间后，又用不定线段DC表示这两个部分，那么时间可以用面积$ABGD$表示，而在这段时间内运动的距离能用线段AD表示。因为，如果随着D点的运动，此面积与时间一起均匀地增加，那么线段DC则会以与速度相同的方式按照一等比级数减少。至于在相等时间内物体运动的轨迹线段AC，将按相同的比减少。

命题3　问题1

已知物体在均匀介质中沿某一直线上升或下落时，其所受阻力与它的速度成正比，且物体同时受到均匀重力的作用，求物体在此过程中的运动。

设物体做上升运动（如图1-2），直线一侧的任意矩形$BACH$表示物体所受的均匀重力，且在物体开始上升时，介质的阻力用直线AB另一侧的矩形$BADE$表示。对成直角的渐近线AC、CH过点B作双曲线BG分别交垂线DE、de于点G、g。在时间$DGgd$里，上升的物体运动的距离为EG、ge；而在时间$DGBA$里，物体上升时运动的总距离为EGB。反之，在时间$ABKI$内，物体下降的距离为BFK；而在时间ki内，物体的下降距离为$KFfk$。因为物体的速度与介质阻力成正比，故在这几个时段内物体的速度分别为$ABED$、$ABed$、o、$ABFI$、$ABfi$，且物体在下落时能达到的最大速度为$BACH$。

设将矩形$BACH$分为无数个小矩形（如图1-3）Ak、Ke、Lm、Mn等，相应地，将时间分为与矩形数量相等的时段，则这些时段内产生的速度增量与这些小矩形成正比，那么o、Ak、Al、Am、An等将与总速度成正比，因此根据假设条件，也与每个时段开始时物体所受的介质阻力成正比。取AC与AK之比，或者$ABHC$与$ABkK$之比等于第二个时段开始时物体所受的重力与阻力之比。从重力中减去阻力，得$ABHC$、$KkHC$、$LlHC$、$MmHC$等，它们与每个时段开始时物体所受的绝对力成正比，因此根据定律2，也与速度的增量（用矩形Ak、Kl、Lm、Mn等表示）成正比，故由第2编引理1，它们将构成一等比级数。所以如果延长直线Kk、Ll、Mm、Nn等分别交双曲线于点q、r、s、t等，那么$ABqK$、$KqrL$、$LrsM$、$MstN$等的面积将相等，因此与时间或重力等相等非常相似。但是根据第1编引理7的推论3和引理8，$ABqK$和Bkq的面积之比等于Kq与$\frac{1}{2}kq$之比，或者是等于AC比$\frac{1}{2}AK$，即等于在第一个时段的中间时刻物体所受的重力与阻力之比。以此类推，$qKLr$、$rLMs$、$sMNt$等与$qklr$、$rlms$、$smnt$等的面积之比分别等于在第二、三、四等时段中间时刻物体所受的重力与阻力之比。因为相等的面积$BAKq$、$qKLr$、$rLMs$、$sMNt$等与重力相似，故面积Bkq、$qklr$、$rlms$、$smnt$等也与每个时段中间时刻物体所受的阻力相似。那么根据假设条件，这些面积与速度相似，同样也与物体运动的距离相似。取相似量以及Bkq、Blr、Bms、Bnt等的面积之和，它将与物体运动的总距离成正比，同理，面积$ABqK$、$ABrL$、$ABsM$、$ABtN$等与时间成正比。因此在任意时间$ABrL$内，物体下落过程中运动的距离为Blr，而在时间$LrtN$内，物体运动的距离则为$rlnt$。

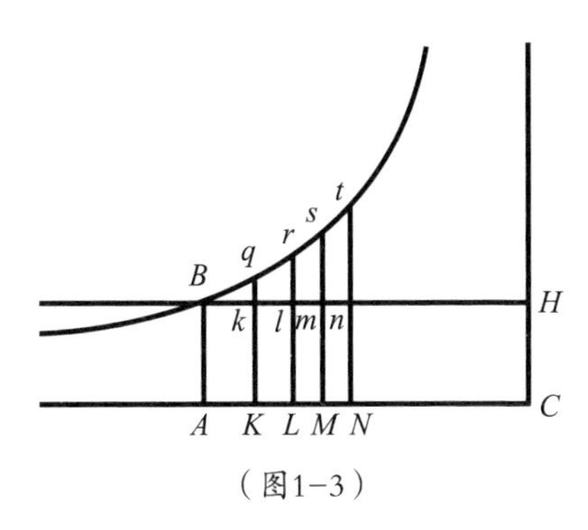

（图1–3）

若物体做上升运动，那么命题的证明也与上述证明类似。

证明完毕。

推论1 在物体下落的过程中，物体所能达到的最大速度与在任意已知时段内物体的速度之比，等于连续作用于物体的重力与在该时段末阻碍物体运动的阻力之比。

推论2 如果分隔出的时段按等差级数递增，那么无论是物体在上升过程中的最大速度和速度之和，还是在下降过程中这两速度的差，都将按等比级数减少。

推论3 同样，在相等的时间差内，物体运动的距离按照推论2中相同的等比级数减少。

推论4 物体运动的距离等于两个距离的差，其中一个距离与物体开始下落后所用时间成正比，而另一个则与速度成正比，并且在物体刚开始做下落运动时，这两个距离是相等的。

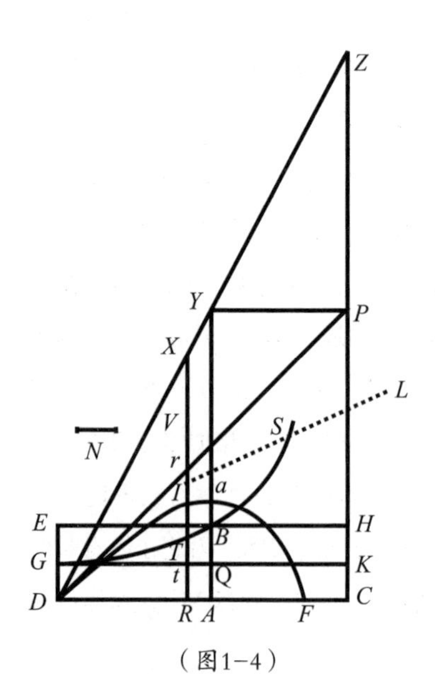

（图1–4）

命题4 问题2

已知在任意均匀介质中，此介质的重力也是均匀的，且垂直指向水平面。如果此介质中的抛射物所受的阻力与它的速度成正比，求此抛射物的运动。（如图1–4）

假设抛射物自任意点D沿任意直线DP方向抛出，开始运动时的速度以长度DP表示。过点P作垂直于水平面DC的直线PC。在直线DC上取一点A，使DA与AC之比等于物体开始做上升运动时所受的阻力与重力之比，或者与此比例式等价的$DA \times DP$比$AC \times CP$，等于物体开始运动时所受的总阻力比重力。以DC、CP为渐近线作一任意双曲线$GTBS$，它分别与垂线DG、AB交于点G、B；作平行四边形$DGKC$，其中一边GK交直线AB于点Q。取一条线段长N，使$N : QB = DC : CP$。在直线DC上任取一点R作其垂线RT，与曲线交于点T，分别与直线EH、GK以及DP交于点I、t、V。在垂线RT上取一点r，使$Vr = \frac{tGT}{N}$，或相同地取$Rr = \frac{GTIE}{N}$。在时间$DRTG$里，抛射物将到达点r，而在此过程中，物体的运动轨迹即为以r为焦点的曲线$DraF$。所以物体将在垂线AB上的a点达到最大高度。之后物体将渐渐趋近渐近线PC。过任意点r作曲线的切线rL，那么抛射物在点r处的速度与曲线的切线rL成正比。

因为$N : QB = DC : CP = DR : RV$，故$RV = \frac{DR \times QB}{N}$，而$Rr$$\left(\text{即为} RV - Vr\text{或}\frac{DR \times QB - tGT}{N}\right)$等于$\frac{DR \times AB - RDGT}{N}$。现在设面积$RDGT$表示时间，并且根据运动定律推论2，将物体的运动分解为两个方向的运动，其中一个是沿垂直方向，另一个则是沿水平方向。那么因为阻力与运动成正比，则阻力也可相应地分解为方向相反的两部分，且这两个部分的阻力分别与分解出的两个方向的运动成正比。所以根据第2编命题2，物体沿水平方向运动的距离与线段DR成正比。而根据第2编命题3，物体沿垂直方向运动的高度与$DR \times AB - RDGT$成正比，也即是与线段Rr成正比。但是在物体刚开始运动时，$RDGT$的面积等于$DR \times AQ$的乘积，因此线段$Rr$$\left(\text{因为} Rr = \frac{DR \times AB - RDGT}{N}\text{，故} Rr = \frac{DR \times QB - tGT}{N}\right)$与$DR$之比等于（$AB - AQ$或$QB$）比$N$，即$Rr : DR = CP : DC$，故$Rr$与$DR$之比等于向上的运动与水平的运动之比（皆是在物体开始运动时）。因为Rr

始终与高度成正比，而DR始终与水平长度成正比，那么物体开始运动时，Rr与DR之比等于高度与水平长度之比。依此类推，在物体运动的整个过程中，Rr与DR之比将始终等于高度与长度之比，因此物体将沿点r的运动轨迹$DraF$运动。

证明完毕。

推论1　因为$Rr=\frac{DR\times AB}{N}-\frac{RDGT}{N}$，所以如果延长$RT$至点$X$，使$RX=\frac{DR\times AB}{N}$，也即为如果作平行四边形$ACPY$，连接$DY$，$DY$交直线$CP$于点$Z$，并且延长$RT$直至$RT$与$DY$交于点$X$，那么$Xr=\frac{RDGT}{N}$，因此$Xr$与时间成正比。

推论2　如果按等比级数分别取无数条线段CR，或者等价地取无数条线段ZX，那么与之数目相等的线段Xr将构成一个等差级数相对应，所以根据对数表，可以非常容易地画出曲线$DraF$。

推论3　如果以D为顶点作一条抛物线（如图1–5），并将直线DG向下延长，其正焦弦与$2DP$之比等于物体开始运动时所受的全部阻力与重力之比。如果在一个阻力均匀的介质中，物体从D点处出发，沿直线DP运动，那么此时物体的运动轨迹则为曲线$DraF$。在此过程中，物体的速度等于物体在无阻力介质中从同一点D出发，沿同一方向运动时的速度，此时物体的运动轨迹则应该为一抛物线。因为在物体开始运动时，此抛物线的正焦弦等于

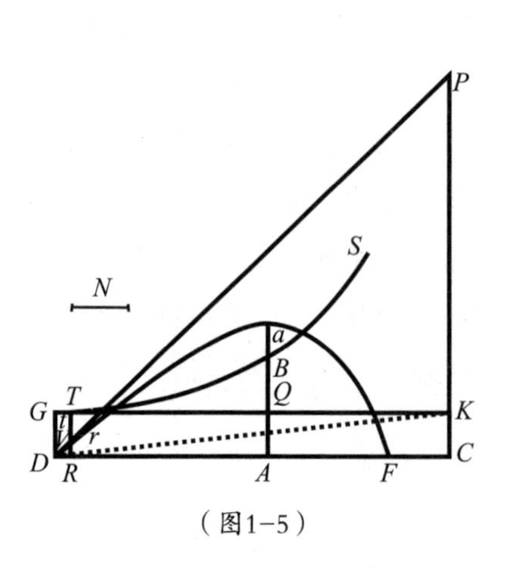

（图1–5）

$\frac{DV^2}{Vr}$，而Vr等于$\frac{tGT}{N}$或者$\frac{DR \times Tt}{2N}$。但是如果作一条直线与双曲线GTS相切于点G，那么这条直线将与直线DK平行，故$Tt = \frac{CK \times DR}{DC}$，且$N = \frac{BQ \times DC}{CP}$，因此$Vr = \frac{DR^2 \times CK \times CP}{2DC^2 \times QB} = \frac{DV^2 \times CK \times CP}{2DP^2 \times QB}$（由于$DR$与$DC$，$DV$与$DP$成正比）。正焦弦$\frac{DV^2}{Vr} = \frac{2DP^2 \times QB}{CK \times CP}$（因为$QB$与$CK$成正比，$DA$与$AC$成正比），所以$\frac{DV^2}{Vr} = \frac{2DP^2 \times QB}{CK \times CP}$。因此正焦弦比$2DP$等于$DP \times DA$比$CP \times AC$，即等于阻力比重力。

推论4　如果已知物体开始运动时介质的阻力（如图1–6），且物体以一个已知的速度自任意点D沿直线DP方向抛出，那么可求出物体的运动轨迹：曲线$DraF$。因为速度已知，所以抛物线的焦点可以很容易地求出。取$2DP$与正焦弦之比等于重力与阻力之比，那么由此也可求出DP。然后在DC上取一点A，使$CP \times AC$比$DP \times DA$等于重力与阻力之比。那么点A的位置同样可以求出。由上述求得的所有值，因此可以求出曲线$DraF$。

推论5　反之，如果物体的运动轨迹：曲线$DraF$已知，那么可求出物体在每一点r处的速度和介质的阻力。因为$CP \times AC$与$DP \times DA$的比值已知，那么不但可求出物体开始运动时介质的阻力，也可求出抛物线的正焦弦，故物体开始运动时的速度也可求出。再根据rL的长度，即可求出在任意一点r处，与切线成正比的速度，以及与速度成正比的阻力。

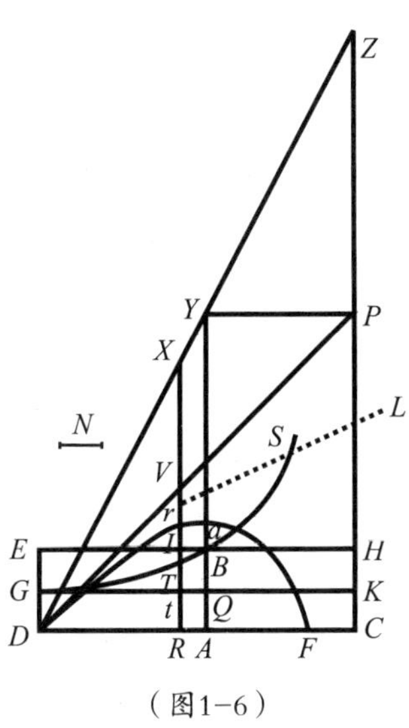

（图1–6）

推论6　因为$2DP$的长度与抛物线

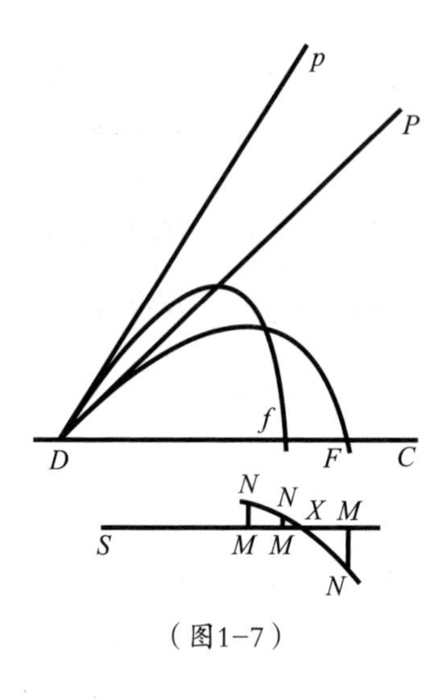

（图1-7）

的正焦弦之比等于D点处的重力与阻力之比。随着速度的增加，阻力也会按相同比例增加，而抛物线的正焦弦则按此相同比值的平方增加。那么明显地，$2DP$的长度将只按此简单比例增加。因此$2DP$的长度始终与速度成正比，并且除非速度改变，否则只是角CDP的变化，将不会对$2DP$的增减有任何影响。（如图1-7）

推论7　由此得到一种与这个现象近似的求曲线$DraF$的方法。运用此方法可以求出抛射物所受的阻力以及物体运动的速度。已知两个抛射物相似且相等，设这两个物体自点D以相同速度但不同角度抛出，且这两个物体抛出时的角度分别为角CDP、角CDp，已知物体落在水平面DC上的落点分别为F、f。在DP或Dp上任取一部分线段表示D点处的阻力，该阻力与重力之比是一个任意比值，用任意长度SM表示这个比值。于是通过计算，可由假设长度DP求出DF和Df的长度，并且根据此计算结果，可得到$\frac{Ff}{DF}$的比值。用它减去实验中得到的实际比值，所得到的差用垂线MN表示。那么通过不断设定不同的阻力与重力之比SM之后，重复上述计算过程三次，又可得到不同的差MN。根据这些差MN，在直线SM的一侧画出正差，另一侧则画出负差。而通过得到的不同点N、N、N，作出规则曲线NNN，此曲线交直线$SMMM$于点X，那么SX即为所求的阻力与重力在实验中的实际比值。根据此实际比值可计算出DF的长度。实验中得到的DF的长度与根据计算得到的DF的长度的比值等于DP的实际长度与DP的假设长度的比值，由此求出DP的实际长度。根据所求得的值，可求出物体的运动轨迹曲线$DraF$，同样也可求出物体在任意一点的速度和阻力。

附　注

但是得出物体的阻力与速度成正比这个结论，相较于根据物理实验得到的结论，更大程度上是一个数学假说。在无任何黏度的介质中，物体所受的阻力与物体速度的平方成正比。因为一个物体的移动速度较快，那在较短时间内物体将把与较大速度成正比的运动传递到等量的介质中。由于受到干扰的介质数量较多，那么在相等时间内物体按此比值的平方传递运动。根据运动定律2和运动定律3，阻力与物体传递的运动成正比，因此接下来我们将探讨在此阻力定律下，物体将做何种运动。

第2章　受与速度平方成正比的阻力作用的物体的运动

命题5　定理3

当物体仅因惯性力的推动在均匀介质中运动时，如果物体所受的阻力与物体速度的平方成正比，并且根据等比级数划分出各个时间段。那么在每个时间段开始时，物体的速度也将构成一个等比级数，此等比级数与时间构成的等比级数的项的顺序相反，但构成级数的各项是相同的，而物体在每个时间段里运动的距离则相等。（如图2-1）

因为介质的阻力与速度的平方成正比，而速度的减少量则与阻力成正比，那么如果将时间划分为无数个相等的时间段，则在每个时间段开始时物体速度的平方都与相同速度之差成正比。假设这些相等的时间段分别用AK、KL、LM等表示（这些线段都是从直线CD上取出的），分别过点A、K、L、M等作直线CD的垂线AB、Kk、Ll、Mm等。再以互成直角的直线CD、CH为渐近线，C为中心，作双曲线$BklmG$，与上述垂线分别交于点B、k、l、m等，那么可得$AB:Kk=CK:CA$，计算后则可得（$AB-Kk$）$:Kk=AK:CA$，等式中对应项交换则有（$AB-Kk$）$:AK=Kk:CA$，因此（$AB-Kk$）$:AK=$（$AB\times Kk$）:（$AB\times CA$）。由于AK和$AB\times CA$的值已知，且$AB-$

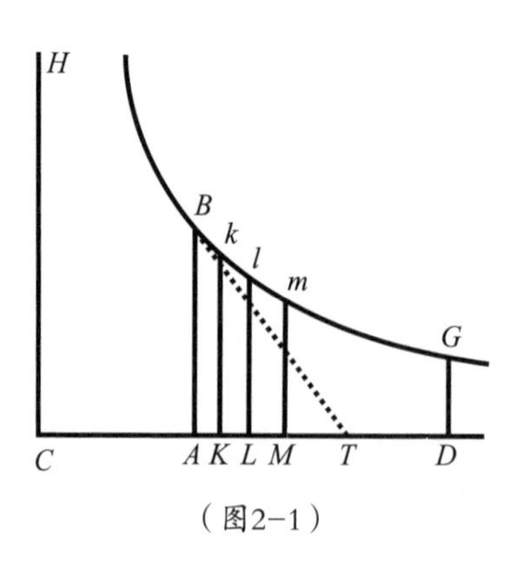

（图2-1）

Kk与$AB \times Kk$成正比，那么最终当AB与Kk重合时，$AB - Kk$即与AB^2成正比。以此类推，可得$Kk - Ll$与Kk^2成正比，$Ll - Mm$与Ll^2成正比等。所以线段AB、Kk、Ll、Mm等的平方与它们相互间的差成正比。又因为前面已证明速度的平方与它们间的差成正比，故这两个级数相似。同样由此可推出，无论是这些线段经过的面积还是这些速度经过的距离，它们构成的级数都与上述级数相似。因此如果用线段AB表示第一个时间段AK开始时物体的速度，而第二个时间段KL开始时的速度则用线段Kk表示，那么在第一个时间段内物体运动的距离可用面积$AKkB$表示。同理，所有余下的时间段开始时物体的速度分别用线段Ll、Mm等表示，那么在相应的时间段内物体运动的距离则可用面积Kl、Lm等表示。将各部分相加，那么如果AM表示总时间（即各时间段之和），而$AMmB$则表示物体运动的总距离（即为各时间段内物体运动的距离的总和）。现在设将时间AM划分为AK、KL、LM等部分，从而使CA、CK、CL、CM构成一个等比级数，那么这些时间部分也将按此等比级数排列，并且相应的时间段内物体的速度AB、Kk、Ll、Mm等构成的级数为上述等比级数的倒数，同样，物体运动的距离Ak、Kl、Lm等构成的级数也与此级数相等。

证明完毕。

推论1　由此推知，如果取渐近线上任意线段AD表示时间，以纵轴AB表示该时间开始时物体的速度，而以纵轴DG表示该时间结束时物体的速度，临近的双曲线面积$ABGD$则表示物体运动的总距离，那么当物体以初速度AB在无阻力介质中运动时，在相等时间内物体运动的距离可以用乘积$AB \times AD$表示。

推论2　已知一物体在无阻力介质中以速度AB做匀速运动，根据推论1，此物体运动的总距离可以用乘积$AB \times AD$表示。因为物体在阻碍介质中运动的距离与在无阻力介质中运动的距离之比等于双曲线面积$ABGD$与乘积$AB \times AD$之比，故可由此比例式求出物体在阻碍介质中运动的距离。

推论3　由此也可求出介质的阻力。如果一个物体在无阻力介质中运动时受到一个均匀向心力的作用，这个力使物体在时间AC里获得下落速度AB。当物体开始在阻碍介质中运动时，假设所受阻力等于此均匀向心力。如果作直线BT与双曲线相切于点B，并与渐近线交于点T，那么线段AT等于AC，它表示均匀分布的阻力将速度AB全部抵消所用的时间。至此可求出介质的阻力。

推论4　如果介质中存在重力作用，或其他已知的向心力，那么可求出介质中阻力与重力（或其他向心力）之比。

推论5　反之亦然。如果已知阻力与任意已知向心力之比，则可以求出时间AC（在此时间段内，与阻力相等的向心力产生出一个与AB成正比的任意速度）；由此也可以求出点B。以CH、CD为渐近线作一通过点B的双曲线，那么可求出当物体在均匀介质中以速度AB开始运动时，在任意时间AD内物体运动的距离$ABGD$。

命题6　定理4

如果若干个均匀的球体都相等，在它们运动时仅受惯性力的推动作用且所受阻力与速度的平方成正比，那么在与初始速度成反比的时间内，球体运动的距离相等，且在此过程中损失的速度与总速度成正比。（如图2-2）

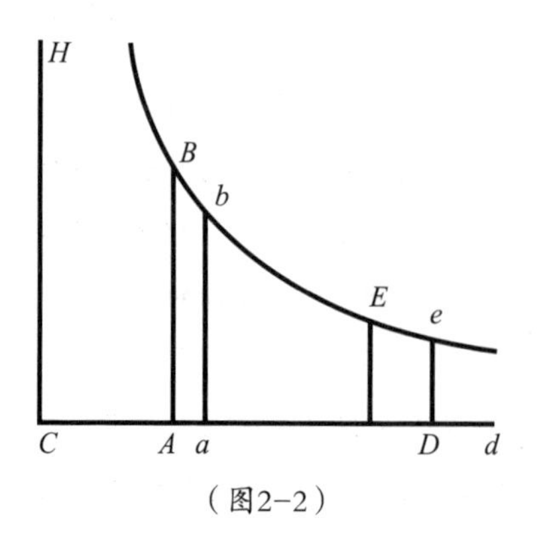

（图2-2）

以互成直角的直线CD、

CH为渐近线，作一任意双曲线$BbEe$，分别与垂线AB、ab、DE、de交于点B、b、E、e。设初始速度用垂线AB、DE表示，时间用线段Aa、Dd表示。因此根据假设条件，$Aa : Dd = DE : AB$，而根据双曲线性质，也可得$Aa : Dd = CA : CD$。上两式组合，得$Aa : Dd = Ca : Cd$。因此两球体运动的距离$ABba$与$DEed$相等，而它们的初始速度AB、DE则分别与末速度ab、de成正比。所以相减得，球体的总速度与其损失的速度（$AB - ab$）和（$DE - de$）成正比。

证明完毕。

命题7　定理5

如果球体所受的阻力与速度的平方成正比，且一时间段与初始运动成正比，而与初始阻力成反比，那么在此时间段内，球体损失的运动与总运动成正比，且此过程中运动的距离与该时间和初速度的乘积成正比。

因为球体损失的运动与阻力和时间的乘积成正比，因此损失的这部分运动应与总运动成正比，且运动与阻力和时间的乘积成正比，故时间与运动成正比，与阻力成反比。按此比值划分出时间段，那么在此时间段内，物体损失的运动始终与总运动成正比，因此余下的速度也始终与初速度成正比。因为速度的比值已知，所以球体运动的距离与初速度和时间的乘积成正比。

证明完毕。

推论1　无论均匀球体以何种速度运动，只要速度相等的球体所受的阻力与其直径的平方成正比，那么在球体运动的距离与其直径成正比时，球体损失的运动与总运动成正比。因为每个球体的运动与它的速度和质量的乘积成正比，即与速度和直径立方的乘积成正比。根据假设条件，阻力与直径立方和速度平方的乘积成正比。而根据本命题，时间与阻力成正比，与直径立方和速度平方的乘积成反比。因此如果距离与时间以及速度都成正比，那么也与直径成正比。

推论2　如果若干个均匀球体以任意相同速度运动，且它们所受的阻力与直径的$\frac{3}{2}$次幂成正比，那么当球体运动的距离与直径的$\frac{3}{2}$次幂成正比时，球体损失的运动与总运动成正比。

推论3　通常情况下，如果若干个均匀球体以任意速度运动，其运动速度都相等，且它们所受的阻力与直径的任意次幂成正比，那么球体损失的运动与总运动成正比时，球体运动的距离与直径的立方除以该指数成正比。设两个球体的直径分别为D和E，且当速度相等时，阻力分别与D^n和E^n成正比，那么当球体的任意速度运动并且损失的运动与总运动成正比时，这两个球体运动的距离与D^{3-n}和E^{3-n}成正比。因此剩余速度相互间的比值等于它们的初速度间的比值。

推论4　如果球体不均匀，密度较大的球体运动距离的增加与密度成正比。因为如果球体的速度相等，那么运动与密度成正比，而根据此命题，时间的增加与球体的运动成正比，球体运动的距离则与时间成正比。

推论5　如果球体在不同的介质中运动，那么在其他条件相同时，球体在产生阻力最大的介质中运动的距离按该较大阻力之比减小。因为根据此命题，时间将按阻力增加的比减小，并且距离与时间成正比。

引理2

任一生成量的矩（数学和统计学中，矩是对变量分布和形态特点的一组度量）**等于下面这三项的乘积之和：各生成边的矩，这些生成边的幂指数以及生成边的系数。**

将一任意量称为生成量，如果这个量不是由若干项相加或相减产生的，而是在算术上由若干项相乘、相除或求平方根等产生的；在几何中则通过求容积和边，或者是由求比例外项和比例中项形成的。此类生成量包括乘积、商、方根、矩形、立方体、边的平方和立方，以及其他与此类似的量。在这里，这些生成量会随着不间断的运动或流动而增加或减少，因此可将这些量视为是变化的，以及不定的。而“矩”的含义，即为这些量的瞬间增减量，故矩的增加量可称为增加矩或正矩，而矩的减少量则称为减少矩或负矩。但是应该注意的是，有限小量并不属于此范畴。有限小量不是矩，而是由矩产生的量，因此应将有限小量视为才产生的初生部分。而且在此过程中，我们视为初生的量应为初始比值而不是矩的大小。如果用速度的增减量（也可称为量的运动、变化和流动），或者用任意与这些速度成正比的有限量来代替矩，实际效果是一样的。而生成边的系数则指的是生成量除以该生成边所得到的量。

所以此引理的含义是，如果任意量A、B、C等随不间断的流动而增减，它们的矩或者与它们成正比的速度的变化率，用a、b、c等表示，那么生成量AB的矩或变化率为$aB+bA$，而乘积ABC的矩则等于$aBC+bAC+cAB$，因此生成幂A^2、A^3、A^4、$A^{\frac{1}{2}}$、$A^{\frac{3}{2}}$、$A^{\frac{1}{3}}$、$A^{\frac{3}{2}}$、A^{-1}、A^{-2}、$A^{\frac{1}{2}}$的矩分别为$2aA$、$3aA^2$、$4aA^3$、$\frac{1}{2}aA^{-\frac{1}{2}}$、$\frac{2}{3}aA^{-\frac{1}{2}}$、$\frac{1}{3}aA^{-\frac{2}{3}}$、$\frac{2}{3}aA^{-\frac{1}{3}}$、$-aA^{-2}$、$-2aA^{-3}$、$-\frac{1}{2}aA^{-\frac{3}{2}}$，总之，任意次幂$A^{\frac{n}{m}}$的矩等于$\frac{n}{m}aA^{\frac{n-m}{m}}$。同理，生成量$A^2B$的矩则等于$2aAB+bA^2$；生成量$A^3B^4C^2$的矩等于$3aA^2B^4C^2+4bA^3B^3C^2+2cA^3B^4C$；而生成量$\frac{A^3}{B^2}$或者$A^3B^{-2}$的矩则等于$3aA^2B^{-2}-2bA^3B^{-3}$等；以此类推。引理可以这样证明：

情形1　如果任意一个矩形，如AB，在不间断流动的过程中增大，那么当边A和边B分别仍缺少一半的矩$\frac{1}{2}a$和$\frac{1}{2}b$时，AB的矩等于

$\left(A-\frac{1}{2}a\right)\cdot\left(B-\frac{1}{2}b\right)$，或者为$AB-\frac{1}{2}aB-\frac{1}{2}bA+\frac{1}{4}ab$，但是一旦边$A$和$B$补足这半个矩时，矩形的矩将等于$\left(A+\frac{1}{2}a\right)\cdot\left(B+\frac{1}{2}b\right)$或者$AB+\frac{1}{2}aB+\frac{1}{2}bA+\frac{1}{4}ab$。将补足后矩形的矩减去补足前矩形的矩，余下的部分为$aB+bA$。因此当边的增量分别为a和b时，生成的乘积的增量等于$aB+bA$。

情形2 假设AB始终等于G，那么根据情形1，容积ABC（或可用GC表示）的矩等于$gC+cG$。如果用AB和$aB+bA$分别代替G和g，那么该矩等于$aBC+bAC+cAB$，并且不论该乘积有多少变量，矩的求法都与此相同。

情形3 假设边A、B、C始终相等，那么A^2，即乘积AB的矩$aB+bA$将变为$2aA$；而A^3，即容积ABC的矩$aBC+bAC+cAB$变为$3aA^2$。由此类推，A的任意次幂A^n的矩将变为naA^{n-1}。

情形4 因为$\frac{1}{A}$乘以A等于1，那么$\frac{1}{A}$的矩乘以A，加上$\frac{1}{A}$乘以a所得到的和就是1的矩，也即是为0。所以$\frac{1}{A}$，或可写为A^{-1}的矩等于$\frac{-a}{A^2}$。并且在通常情况下，因为$\frac{1}{A^n}$乘以A^n等于1，故$\frac{1}{A^n}$的矩乘以A^n，再加上$\frac{1}{A^n}$乘以naA^{n-1}等于零。所以$\frac{1}{A^n}$或A^{-n}的矩等于$-\frac{na}{A^{n+1}}$。

情形5 因为$A^{\frac{1}{2}}$乘以$A^{\frac{1}{2}}$等于A，根据情形3，$A^{\frac{1}{2}}$的矩乘以$2A^{\frac{1}{2}}$等于a，故$A^{\frac{1}{2}}$的矩等于$\frac{a}{2A^{\frac{1}{2}}}$或$\frac{1}{2}aA^{-2}$。并且在一般情况下，设$A^{\frac{n}{m}}$等于$B$，那么$A^m$等于$B^n$，因此$maA^{m-1}$等于$nbB^{n-1}$，且$maA^{-1}$等于$nbB^{-1}$或者$nbA^{-\frac{n}{m}}$，所以$\frac{n}{m}aA^{\frac{n-m}{m}}$等于$b$，也即是等于$A^{\frac{n}{m}}$的矩。

情形6 无论任意生成量A^mB^n的幂指数是整数还是分数，正数还是负数，A^mB^n的矩等于A^m的矩乘以B^n，再加上B^n的矩乘以A^m，也即等于

$maA^{m-1}B^{n}+nbB^{n-1}A^{m}$。

证明完毕。

推论1　当量连续成正比时，如果其中一项已知，那么剩余项的矩与所取的项乘以此项和已知项间的间隔项数成正比。设A、B、C、D、E、F连续成正比，如果项C已知，那么剩余项的矩相互间的比值为$-2A$、$-B$、D、$2E$、$3F$。

推论2　如果在四个连续成正比的项中，两个中间项已知，那么端项的矩与这两个端项成正比。同理，该推论也适用于任意已知乘积的变量。

推论3　如果两平方的和或差已知，那么变量的矩与该变量成反比。

附　注

在1672年12月10日，我曾写过一封信给约翰·科林斯先生。在信中，我描述了一种作切线的方法。据我猜测，此方法与司罗斯当时尚未发表的方法相同。这封信的部分内容如下：这是一种普遍适用的方法的特例，更精确点说，是一个推论。它可以轻易被推广到几何学以及力学中，作出任意曲线的切线，或者是直线和其他类型曲线的切线，而不需要任何困难的计算，并且它也可以用来解决关于弯曲率、面积、长度、曲线重心等深奥的问题。此方法与许德的求最大值和最小值的方法不同，许德的方法只适用于方程中不含有不尽根时，而把我的方法和他的方法联合起来求解方程，则可以将方程中的不尽根转化为无限级数。

命题8　定理6

如果物体在均匀介质中受到均匀重力的作用沿一条直线做上升或下落运动，将物体运动的总距离划分为若干个相等的部分，并且在物体上升或下落的过程中，根据情况在重力中加上或减去阻力，使各部分的起

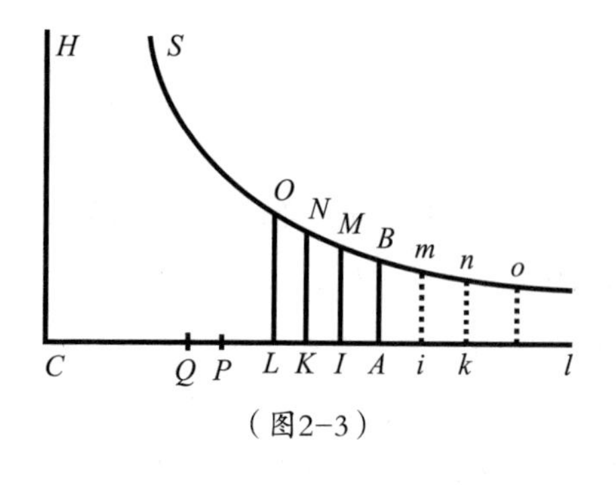

（图2-3）

点与绝对力相对应，那么这些绝对力将构成一个等比级数。（如图2-3）

假设重力用确定线段AC表示，阻力用不定线段AK表示，那么物体下降过程中的绝对力则为这两者之差KC。用线段AP表示物体的速度，因为AP是线段AK和AC的比例中项，故速度与阻力的平方根成正比。在给定时间内阻力的增量用短线段KL表示，而同一时间段内速度的增量则用短线段PQ表示。以C为中心，互成直角的直线CA、CH为渐近线，作任意双曲线BNS，分别与垂线AB、KN、LO交于点B、N、O。因为AK与AP^2成正比，AK的矩KL与AP^2的矩$2AP \times PQ$成正比，即是与$AP \times KC$成正比。根据运动定律2，速度的增量PQ与产生PQ的力KC成正比。假设将KL的比值乘以KN的比值，那么乘积$KL \times KN$与$AP \times KC \times KN$成正比，乘积$KC \times KN$已知，那么乘积$KL \times KN$与AP成正比。但是当点K与L重合时，双曲线面积$KNOL$与乘积$KL \times KN$的最终比值将变为1。因此此时趋于零的双曲线面积$KNOL$与AP成正比，且始终与速度AP成正比的面积部分$KNOL$构成了整个双曲线面积$ABOL$，故此双曲线面积本身与物体以此速度运动的距离成正比。现在设面积分为若干个相等的部分$ABMI$、$IMNK$、$KNOL$等，那么与面积相对应的绝对力AC、IC、KC、LC等将构成等比级数。

依此类推，当物体做上升运动时，在点A的另一侧取相等的面积$ABmi$、$imnk$、$knol$等，那么可得绝对力AC、iC、kC、lC等连续成正比。因此如果物体上升或下落的过程中，将物体运动的距离分为若干个相等的部分，那么所有的绝对力lC、kC、iC、AC、IC、KC、LC等将连续成正比。

证明完毕。

推论1　如果双曲线面积$ABNK$表示物体运动的距离，那么线段AC即表示重力，AP表示物体的速度，而AK则表示介质阻力。反之亦然。

推论2　当物体无限下落时，物体能达到的最大速度用线段AC表示。

推论3　如果对应于任意已知速度的介质阻力已知，通过假设阻力与该已知速度的比值等于重力与该已知阻力的比值的平方根，可求出物体在下落过程中能达到的最大速度。

命题9　定理7

条件与命题8相同，如果分别作一个圆的扇形和一个双曲线的扇形，并取两个扇形的角的正切与速度成正比，再取一个适当大小的半径，那么物体上升到最高点所需时间与圆扇形成正比，而从最高点下落所用时间则与双曲线扇形成正比。（如图2-4）

假设线段AC表示重力，过点A作AC的垂线AD，使线段AD等于线段AC。以D为圆心，AD为半径作一个四分之一圆AtE。再以AK为轴，A为顶点，DC为渐近线，作一直角双曲线AVZ。作直线DP、Dp。如果圆扇形AtD与物体上升到最高点所用时间成正比，而双曲线扇形ATD则与自最高点下落所需时间成正比，那么这两个扇形的正切Ap、AP皆与速度成

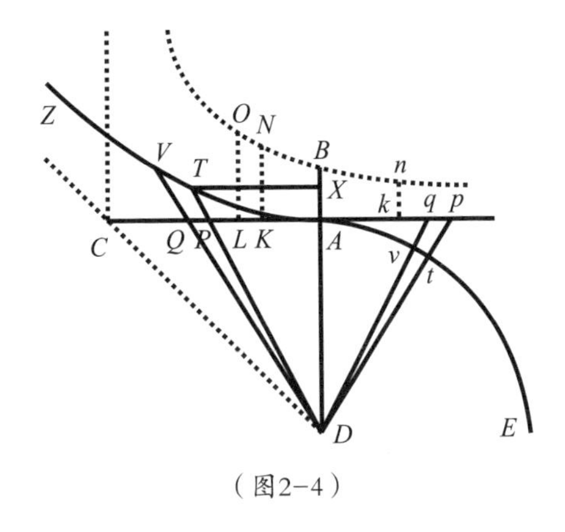

（图2-4）

正比。

情形1　在部分重合的扇形ADt和三角形ADp内作直线Diq切割出矩或最小部分tDv和qDp（这两个部分是物体同时经过画出的）。因为角D是两部分的公共角，且这些部分与边的平方成正比，那么扇形tDv与$\frac{qDp \times tD^2}{pD^2}$成正比，因为$tD$的值是确定的，所以$tDv$即与$\frac{qDp}{pD^2}$成正比。但是$pD^2 = AD^2 + Ap^2$，即$pD^2 = AD^2 + AD \times Ak$，或者是$pD^2 = AD \times Ck$，且$qDp = \frac{1}{2} AD \times pq$。因此扇形的一部分$tDv$与$\frac{pq}{Ck}$成正比，故与速度的减小量$pq$成正比，而与使物体速度减慢的力$Ck$成反比，因此$tDv$与对应于速度减量的时间段成正比。通过相加可推知，直到不断减小的速度Ap趋于零，然后消失；否则与速度Ap损失的每个小部分对应的时间段的总和与扇形ADt中tDv的总和成正比，即整个扇形ADt与物体在上升过程中运动到最高点所用时间成正比。

情形2　在扇形DAV和三角形DAQ中，作直线DQV切割出最小部分TDV和PDQ，那么这两个小部分互相的比值等于DT^2与DP^2的比值。如果TX与AP平行，那么这两个小部分的比值即等于DX^2比DA^2或者TX^2比AP^2。上两式对应项相加减，得（$DX^2 - TX^2$）:（$DA^2 - AP^2$）。但是根据双曲线的性质可知，$DX^2 - TX^2 = AD^2$，而根据假设条件$AP^2 = AD \times AK$，因此这两部分间的比值等于AD^2 比（$AD^2 - AD \times AK$），化简得：AD比（$AD - AK$）或者AC比CK。故扇形中的部分TDV等于$\frac{PDQ \times AC}{CK}$。因为AC与AD是确定值，所以TDV与$\frac{PQ}{CK}$成正比，即TDV与速度的增量成正比，与产生此速度增量的力成反比，因此与产生此速度增量的对应时间段成正比。对应项相加，得速度AP产生所有部分PQ所用时间的总和与ATD的总和成正比，换而言之，即总时间与整个扇形成正比。

证明完毕。

推论1　如果AB等于四分之一AC，物体在下落过程中运动的总距离用面积$ABNK$表示，而时间用面积ATD表示，那么在下落过程中物体在任意时间段内经过的距离与在相同时间内，物体以最大速度AC做匀速运动时经过的距离之比等于$ABNK$与ATD之比。因为$AC:AP=AP:AK$，那么根据引理2的推论1，$LK:PQ=2AK:AP$，也即是$LK:PQ=2AP:AC$，由此得$LK:\frac{1}{2}PQ=AP:\frac{1}{4}AC$（或$AB$），且$KN:AC$（或$AD$）$=AD:CK$。上两式的对应项相乘，得$LKNO:DPQ=AP:CK$。但是因为$DPQ:DTV=CK:AC$，故$LKNO:DTV=AP:AC$，即等于下落物体的速度与下落过程中物体达到的最大速度的比值。面积$ABNK$的矩为$LKNO$，面积ATD的矩为DTV，因为$LKNO$和DTV都与速度成正比，并且相同时间内产生的所有面积之和与物体在相同时间内运动的距离成正比，所以在物体开始下落后，产生的整个面积$ABNK$以及ADT与物体下落时经过的总距离成正比。

推论2　在物体上升的过程中，物体运动的距离也与推论1的情况相同，即总距离与相同时间内物体以匀速AC运动的距离的比值等于面积$ABnk$与扇形ADt的比值。

推论3　在相同的时间ATD内，物体下落的速度与物体在无阻力介质中运动时获得的速度的比值等于三角形APD与双曲线扇形ATD的比值。因为在无阻力介质中，物体的速度与时间ATD成正比，而在阻碍介质中，速度则与AP成正比，也即是与三角形APD成正比。在物体开始下落时，这两个速度是相等的，同样，此时ATD与APD的面积也相等。

推论4　同理，在相同时间内，物体上升的速度与物体在无阻力空间中能完全失去其整个上升运动的速度的比值等于三角形ApD与圆扇形AtD的比值，或者等于线段Ap与弧At之比。

推论5　当物体在阻碍介质中做下落运动时，达到速度AP所需时间与物体在无阻力空间中下落时，达到最大速度AC所用时间的比值，等于扇形ADT与三角形ADC的比值。并且当物体在有阻碍介质中做上升运动时，物体损失了速度Ap，那么损失速度Ap所需时间与物体在无阻力介质中上升时，损失相同速度Ap所用时间之比等于At弧的切线Ap与弧At之比。

推论6　如果时间已知，那么可根据时间求出物体上升或下落时运动的距离。因为根据第2编定理6的推论2和推论3可求出在物体无限下落时所达到的最大速度，而根据此最大速度则可求出下落的距离；当物体在无阻力空间内下落时，物体要达到此最大速度所需的时间也可求出。根据已知的时间与刚求出的时间之间的比值，取扇形ADT或ADt，使ADT或ADt与三角形ADC之比等于此比值。根据这个等式，即可求出速度AP或者Ap，以及面积$ABNK$或$ABnk$。之前的推论中求出的物体在已知时间内以最大速度做匀速运动时经过的距离，因为所求距离与此距离的比值等于面积$ABNK$或$ABnk$与扇形ADT或ADt的比值。因为在这个比例式中的另三项都已求出，故据此可得出所求的距离。

推论7　反之，如果已知物体上升或下落时运动的距离$ABnk$或$ABNK$，那么可反向推导求出时间ADt或ADT。

命题10　问题3

已知垂直指向水平面的重力是均匀的，且阻力与介质密度和速度平方的乘积成正比。若因为介质中各点的密度不同而使物体沿确定曲线运动，那么求介质中各点的密度，介质阻力，以及各点处物体的速度。（如图2-5）

设平面PQ垂直于纸面，曲线$PFHQ$与直线PQ交于P、Q两点。在物体沿曲线$PFHQ$从P点运动到Q点的过程中，物体经过G、H、I、K四点。分别过这四点作四条平行的纵轴GB、HC、ID、KE，在水平线上的落点分别为B、C、D、E四点。假设这四条纵轴的间距BC、CD、DE相等。

分别过点G、H作直线GL、HN与曲线相切于点G、H，且分别交纵轴CH、DI的延长线于L、N。连接H、C、D、M四点，得到一平行四边形$HCDM$。那么在物体经过弧GH、HI所用时间里，物体从切点处下落的高度则为LH、NI，而物体经过弧GH、

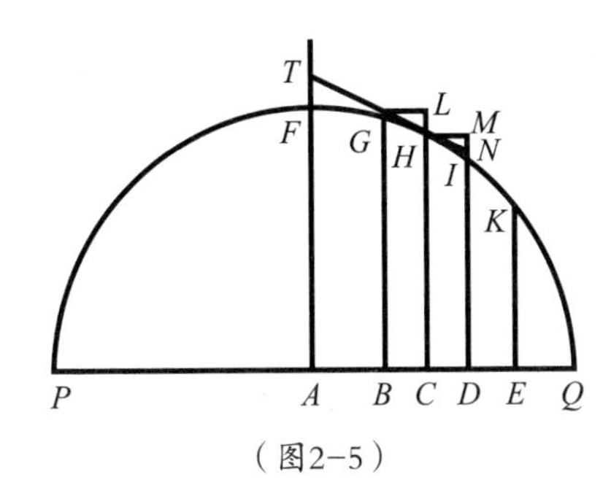

（图2–5）

HI所用时间与LH和NI的平方根成正比，速度则与经过的长度GH、HI成正比，与时间成反比。设时间分别用T、t表示，则速度可用$\frac{GH}{T}$和$\frac{HI}{t}$表示，那么在时间t内减少的速度则为$\frac{GH}{T}-\frac{HI}{t}$。这个速度减量是由妨碍物体运动的阻力以及推动物体运动的重力相复合产生的。正如伽利略曾证明过的，在物体下落的过程中，若将经过距离NI时物体所受的重力用来产生一个速度$\frac{2NI}{t}$，那么这个速度可以使物体在相同时间内经过的距离二倍于NI。但是如果物体沿着弧HI运动，那么该作用力将只会使运动的弧增长$HI-HN$或者$\frac{MI\times NI}{HI}$，因此只能产生速度$\frac{2MI\times NI}{t\times HI}$。假设将这一速度与上述速度减量$\left(\frac{GH}{T}-\frac{HI}{t}\right)$相加，可求出阻力独自作用于物体时产生的速度减量，即$\frac{GH}{T}-\frac{HI}{t}+\frac{2MI\times NI}{t\times HI}$。因为在相同时间内，重力独自作用于下落物体时产生的速度为$\frac{2NI}{t}$，故阻力与重力之比等于$\left(\frac{GH}{T}-\frac{HI}{t}+\frac{2MI\times NI}{t\times HI}\right):\frac{2NI}{t}$，或者化简得$\left(\frac{t\times GH}{T}-HI+\frac{2MI\times NI}{HI}\right):2NI$。

现在设横坐标CB、CD、CE分别为$-o$、o、$2o$，纵坐标CH为P，MI为任意级数$Qo+Ro^2+So^3+\cdots$。而在该级数中，除开第一项的其余项即$Ro^2+So^3+\cdots$用NI表示，那么纵坐标DI、EK、BG则分别为$P-Qo-$

$Ro^2-So^3-\cdots$，$P-2Qo-4Ro^2-8So^3-\cdots$，$P+Qo-Ro^2+So^3-\cdots$。取纵坐标的差$BG-CH$的平方，再加上BC的平方，则得到弧GH的平方（$BG-CH$）$^2+BC^2$，即为$oo+QQoo-2QRo^3+\cdots$，所以它的根$o\sqrt{(1+QQ)-\frac{QRoo}{\sqrt{(1+QQ)}}}$即为弧$GH$。而取纵坐标的差$CH-DI$的平方，再加上$CD$的平方，则得到弧$HI$的平方（$CH-DI$）$^2+CD^2$，即为$oo+QQoo+2QRo^3+\cdots$，那么弧$HI$即为$o\sqrt{(1+QQ)-\frac{QRoo}{\sqrt{(1+QQ)}}}$。

并且从纵坐标CH中减去纵坐标BG与DI之和的一半，得到的余下部分Roo即为弧GI的正矢，它与线段LH成正比，因此也与无限小的时间T的平方成正比。而同理从纵坐标DI中减去纵坐标CH与EK之和的一半，得到的余下部分$Roo+3So^3$即为弧HK的正矢，此正矢与NI成正比，因此它与无限小的时间t的平方成正比。于是$\frac{t}{T}$与$\frac{R+3So}{R}$或者与$\frac{R+\frac{3}{2}So}{R}$成正比。在式子$\frac{t\times GH}{T}-HI+\frac{2MI\times NI}{HI}$中代入刚才求出的值$\frac{t}{T}$、$GH$、$HI$、$MI$、$NI$，得$\frac{3Soo}{2R}\sqrt{(1+QQ)}$。因为$2NI$等于$2Roo$，所以阻力与重力之比等于$\frac{3Soo}{2R}\sqrt{(1+QQ)}:2Roo$，也即等于$3S\sqrt{(1+QQ)}:4RR$。

而速度则可这样求出：在真空中，一个物体自任意点H出发，沿切线HN方向开始运动的轨迹曲线为一抛物线，其直径为HC，通径则为$\frac{HN^2}{NI}$或者$\frac{1+QQ}{R}$，物体沿此抛物线运动的速度即为所求速度。

阻力则与介质密度和速度平方的乘积成正比，故介质密度与阻力成正比，与速度的平方成反比，换而言之，即与$\frac{3S\sqrt{(1+QQ)}}{4}$成正比，与$\frac{1+QQ}{R}$成反比，所以与$\frac{S}{R\sqrt{(1+QQ)}}$成正比。

证明完毕。

推论1　如果将切线HN向两边延长，交纵坐标AF于点T，那么$\frac{HT}{AC}=\sqrt{(1+QQ)}$。因为从上述证明过程中可知，$\frac{HT}{AC}$可用来代替$\sqrt{(1+QQ)}$，所以阻力与重力之比等于（$3S\times HT$）:（$4RR\times AC$），速度则与$\frac{HT}{AC\sqrt{R}}$成正比，而介质密度与$\frac{S\times AC}{R\times HT}$成正比。

推论2　依此类推，如果与通常情况相同，用底或者横坐标AC与纵坐标CH的关系来定义曲线$PFHQ$，且将纵坐标的值分解为一个收敛级数，那么本问题可以利用该级数的前几项简单地求解。下面的例子将演示此方法。

例1　已知曲线$PFHQ$是以PQ为直径的半圆，若在一介质中物体沿此曲线$PFHQ$运动，求这个介质的密度。

已知A点为曲线PQ的中点，令AQ为n，AC为a，CH为e，CD为o，那么DI^2或$AQ^2-AD^2=nn-aa-2ao-oo$，或$ee-2ao-oo$，用我们的方法求出根，得到$DI=e-\frac{ao}{e}-\frac{oo}{2e}-\frac{aaoo}{2e^3}-\frac{ao^3}{2e^3}-\frac{a^3o^3}{2e^5}-\cdots$，令$nn=ee+aa$，则等式可化为$DI=ee-\frac{ao}{e}-\frac{nnoo}{2e^3}-\frac{anno^3}{2e^5}-\cdots$

在这个级数中，我用下列方法区分连续的项，即：不包含无限小量o的项称为第一项，包含o的一次方的项为第二项，包含o的二次方的项为第三项，而含有o的三次方的项为第四项，按此规律类推到无限的项。在这里，第一项是e，代表以不定量o为起点的纵轴CH的长度，第二项是$\frac{ao}{e}$，代表CH与DN的差，也即是被平行四边形$HCDM$切割出的短线段MN，通过取$MN:HM=\frac{ao}{e}:o$或$a:e$，可推知第二项总是决定了切线HN的位置。第三项是$\frac{nnoo}{2e^3}$，代表位于切线和曲线之间的短线段IN，它决定了切角IHN的角度，或者曲线的在H处的曲率。如果短线段IN是一个有限量，那它由第三项以及第三项之后的无限个项共同决定。但是，如果短线段IN无限减小，直到相较于第三项，后面的项的值都无限小，那么后面的项就都可以忽略。第四项决定曲率的变化，第五项决定第四项变化的变化，等等（顺便指出，此解法是基于曲线的切线和曲率，但级数在此方法中的应用也是不能忽略的）。

现在试比较$e-\frac{ao}{e}-\frac{nnoo}{2e^3}-\frac{anno^3}{2e^5}-\cdots$与$P-Qo-Roo-So^3-\cdots$。如果$P$、$Q$、$R$、$S$分别用$e$、$\frac{a}{e}$、$\frac{nn}{2e^3}$、$\frac{ann}{2e^5}$代替，$\sqrt{(1+QQ)}$用$\frac{n}{e}$或$\sqrt{1+\frac{aa}{ee}}$代替，那么可得介质的密度与$\frac{a}{ne}$成正比，因为$n$的值是确定值，故介质密度与$\frac{a}{e}$或$\frac{AC}{CH}$成正比，也即是与切线段$HT$的长度成正比（此切线段是水平线$PQ$的半径$AF$切割直线$NH$的延长线所得）。而阻力与重力之比等于$3a$比$2n$，即等于$3AC$与直径$PQ$之比，那么速度则与$\sqrt{CH}$成正比。因此如果已知物体以点$F$为起点，沿平行于$PQ$的直线方向以一适当速度抛出，且介质中各点$H$的密度与切线$HT$的长度成正比，点$H$处物体所受的阻力与重力之比等于$3AC$比$PQ$，那么物体将沿四分之一圆$FHQ$运动。

但是，如果同一物体它从点P沿着与PQ垂直的直线方向抛出，此时物体的运动轨迹应为半圆PFQ。相较于物体从F点出发时的运动，此时如果要表示此运动轨迹，则应在圆心A的另一侧取AC或a，因此它的符号应随之改变，即用$-a$代替$+a$，于是相应地介质密度与$-\frac{a}{e}$成正比。但是，因为自然界中并不存在负密度，换句话说，就是不存在会推动物体运动的密度，故该密度不可能使物体自动做以P点为起点的上升运动，更不可能使物体一直沿着四分之一圆PF运动。所以为了使物体能做上升运动，物体应是在一个有推动力的介质中得到该推动物体运动的力，而不是在一个阻碍介质中被阻碍。

例2　已知曲线PFQ是以AF为轴的抛物线，且AF垂直于水平线PQ。如果一个介质的密度使位于其中的抛射体沿此曲线运动，求该介质的密度。（如图2-6）

根据抛物线的性质，乘积$PQ\times DQ$等于纵轴DI与某确定线段的乘积。换而言之，如果假设该确定直线为b，PC为a，PQ为c，CH为e，以及CD为o，那么（$a+o$）与（$c-a-o$）的乘积等于$ac-aa-2ao+co-oo$，即等于b与DI的乘积，因此$DI=\frac{ac-aa}{b}+\frac{c-2a}{b}\times o-\frac{oo}{b}$。现在用此级数中第二项$\frac{c-2a}{b}\times o$代替$Qo$，而用第三项$\frac{oo}{b}$代替$Roo$。因为在这之后已经没有多余的项了，故第四项的系数$S$为零，因此与介质的密度成正比的量$\frac{S}{R\sqrt{(1+QQ)}}$的值也为零。所以，正如伽利略曾证明的那样，只有当介质的密度为零时，物体的运动轨迹才为一条抛物线。

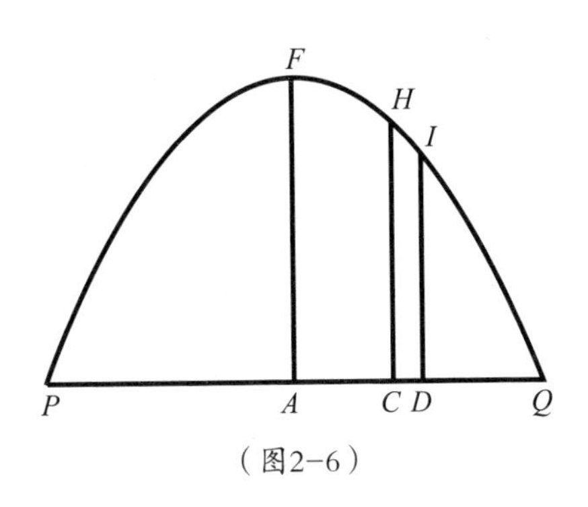

（图2-6）

例3　已知曲线AGK是以直线NX为渐近线的双曲线，且NX垂直于水平面AK。若一介质的密度使抛射体沿此双曲线运动，求这个介质的密度。（如图2-7）

设MX为双曲线的另一条渐近线，与纵轴DG的延长线相交于点V。根据双曲线的性质可得，XV与VG的乘积已知，同样也可知DN与VX的比值，因此可求出DN与VG的乘积。假设此乘积为bb，作平行四边形$DNXZ$，并设BN为a，BD为o，NX为c，已知的比值VZ与ZX（或相等的线段DN）之

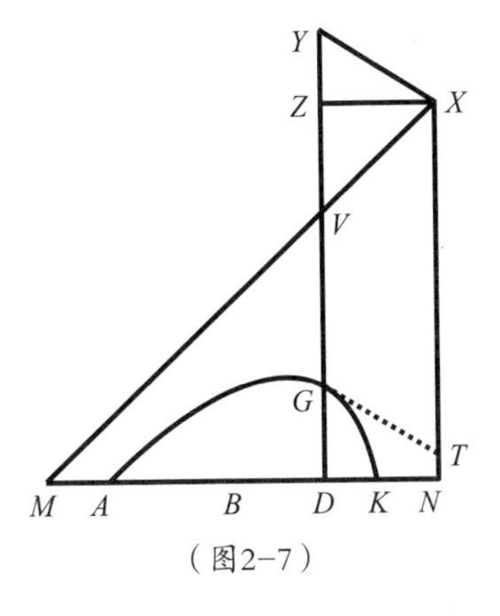

（图2-7）

比为$\frac{m}{n}$。则$DN=a-o$，$VG=\frac{bb}{a-o}$，$VZ=\frac{m}{n}\times(a-o)$，而$GD$（或与之相等的线段$NX-VZ-VG$）$=c-\frac{m}{n}a+\frac{m}{n}o-\frac{bb}{a-o}$。假设项$\frac{bb}{a-o}$分解为收敛级数$\frac{bb}{a}+\frac{bb}{aa}o+\frac{bb}{a^3}oo+\frac{bb}{a^4}o^3+\cdots$，那么$GD=c-\frac{m}{n}a-\frac{bb}{a}+\frac{m}{n}o-\frac{bb}{a-o}-\frac{bb}{a^3}o^2-\frac{bb}{a^4}o^3-\cdots$，而该级数的第二项$\frac{m}{n}o-\frac{bb}{aa}o$等于$Qo$。若将第三项的正负符号改变，那么第三项$\frac{bb}{a^3}o^2$则为$Ro^2$。而若将第四项$\frac{bb}{a^4}o^3$改变符号，则为$So^3$，这三项的系数$\frac{m}{n}-\frac{bb}{aa}$，$\frac{bb}{a^3}$和$\frac{bb}{a^4}$即为例 2 中的$Q$、$R$、$S$。由上面所求得的量，可得介质密度与
$$\frac{\frac{b^4}{aa}}{\frac{bb}{a^3}\sqrt{1+\frac{mm}{nn}-\frac{2nbb}{b}+\frac{b^4}{aa}}}\left(\text{或将此式化简，即}\frac{\frac{b^4}{aa}}{\frac{bb}{a^3}\sqrt{1+\frac{mm}{nn}-\frac{2nbb}{b}+\frac{b^4}{aa}}}\right)$$
成正比。

换而言之，如果在直线VZ上取一点Y，使$VY=VG$，因为aa和$\frac{m^2}{n^2}a^2-\frac{2mbb}{n}+\frac{2mbb}{n}$分别是线段$XZ$和$YZ$的平方，所以介质密度与$\frac{1}{XY}$成正比。已知阻力与重力之比等于$3XY:2YG$。当物体的运动轨迹为一抛物线时，且此抛物线以$G$为顶点，$DG$为直径，$\frac{XY^2}{VG}$为通径，那么该物体的运动速度与本题中物体的速度相等。因此假设介质中各点G的密度与距离XY成反比，而且在任意点G处物体所受的阻力与重力之比等于$3XY$比$2YG$，则当物体以A为起点，并以一适当速度运动时，该物体将沿此双曲线AGK运动。

例 4 假设以X为中心，MX和NX为渐近线作双曲线AGK，以MX和NX为边作矩形$XZDN$。已知矩形的一边ZD交双曲线于点G，与双曲线的渐近线交于点V，VG与ZX（或DN）的任意次幂成反比（即与幂指数为n的幂DNn成反比）。若一介质的密度使抛射体沿此双曲线运动，求这个介质的密度。

设BN、BD、NX分别用A、O、C代替，并且$VZ:XZ$（或DN）$=d:e$，$VG=\frac{bb}{DN^n}$，则$DN=A-O$，$VG=\frac{bb}{AC^n}$，$VZ=\frac{d}{e}(A-O)$，所以GD（或$NX-VZ-VG$）$=C-\frac{d}{e}A+\frac{d}{e}O-\frac{b}{(A-O)^n}$。假设项分解为一个无限级数 $\frac{b}{A^n}+\frac{nbb}{A^{n+1}}\times O+\frac{nn+n}{2A^{n+2}}\times bbO^2+\frac{n^3+3nn+2n}{6A^{n+3}}\times bbO^3+\cdots$，那么$GD=C-\frac{d}{e}A-\frac{BB}{A^n}+\frac{d}{e}O-\frac{nbb}{A^{n+1}}\times O-\frac{nn+n}{2A^{n+2}}\times bbO^2-\frac{n^3+3nn+2n}{6AA^{n+3}}\times bbO^3+\cdots$，此级数中第二项$\frac{d}{e}O-\frac{nbb}{2A^{n+1}}O$即为$Qo$，第三项$\frac{nn+n}{2A^{n+2}}bbO^2$为$Roo$，第四项$\frac{n^3+3nn+2n}{6A^{n+3}}\times bbO^3$则为$So^3$。于是在任意点$G$处的介质密度$\frac{S}{R\sqrt{(1+QQ)}}$等于$\frac{n+2}{3\sqrt{\left(A^2+\frac{dd}{ee}A^2-\frac{2dnbb}{eA^n}+\frac{nnb^4}{A^{2n}}\right)}}$。因此，如果在直线$VZ$上取一点$Y$，使$VY=n\times VG$，那么因为$A^2$是$XZ$的平方，而$\frac{dd}{ee}A^2-\frac{2dnbb}{eA^n}A+\frac{nnb^4}{A^{2n}}$是$ZY$的平方，所以介质密度与$XY$成反比。但是在同一点$G$处物体所受的阻力与重力之比等于$3S\times\frac{XY}{A}$比$4RR$，即等于$XY$比$\frac{2nn+2n}{n+2}VG$。而如果抛射物沿一条抛物线运动，此抛物线以$G$为顶点，$GD$为直径，通径为$\frac{1+QQ}{R}$或者$\frac{2XY^2}{(nn+n)\times VG}$，那么这个抛射物在同一点$G$处的速度则为本题中物体的速度。

附　注

如果把推论1的证明方法运用到上述例子中，那么可求出介质密度与$\frac{S\times AC}{R\times HT}$成正比。而若阻力与速度$V$的任意次幂$V^n$成正比，那么介质密度则与$\frac{S}{R^{\frac{4-n}{2}}}\times\left(\frac{AC}{HT}\right)^{n-1}$成正比。因此如果存在一条曲线，使$\frac{S}{R^{\frac{4-n}{2}}}$与$\left(\frac{HT}{AC}\right)^{n-1}$或者

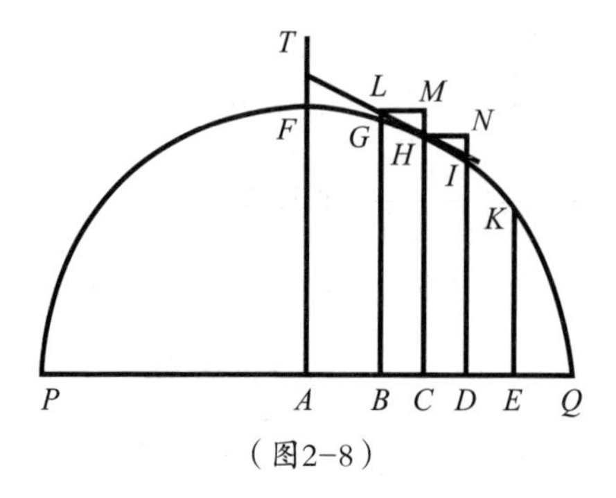

（图2-8）

是$\frac{S^2}{R^{4-n}}$与（$1+QQ$）$^{n-1}$之比得以求出，那么在所受的阻力与速度V的n次幂（V^n）成正比的均匀介质中，物体将沿上述曲线运动。现在还是让我们回过头来研究一些较为简单的曲线。（如图2-8）

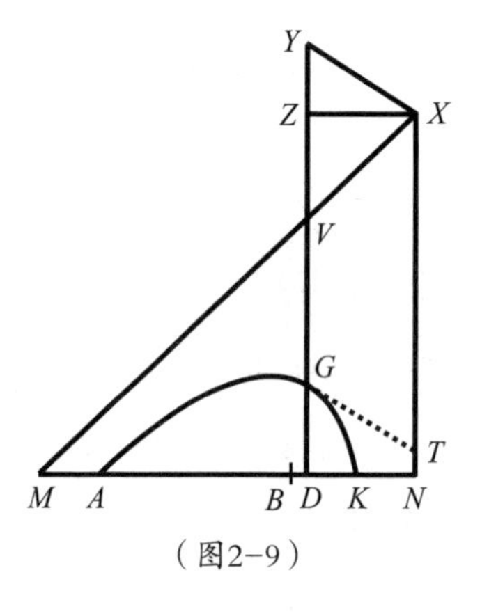

（图2-9）

只有在物体位于一个无阻力的介质中时，物体的运动轨迹才为一条抛物线，但是在这里物体由于受到连续阻力的作用而做双曲线运动，因此很明显，当抛射体在均匀阻碍介质中运动时，它的运动轨迹更接近于双曲线，而不是抛物线。这种曲线毫无疑问是属于双曲线类型的，但是它的顶点离渐近线较远，并且相较于这里所讨论的双曲线，其远离顶点的地方距离渐近线更近。然而这两种双曲线的差别并不大，在实际运用过程中，后一种双曲线可以替代前者。也许这些曲线在今后比双曲线更有用，它更准确，但同时也更具复杂性。其应用方法如下：

作平行四边形$XYGT$（如图2-9），平行四边形的一边GT与双曲线相切于点G，因此在G点处的介质密度与切线段GT成反比，而在G点处的速度则与$\sqrt{\frac{GT^2}{GV}}$成正比，阻力与重力之比则为GT比$\frac{2nn+2n}{n+2}\times GV$。

如果一抛射物从A点处沿着直线AH的方向抛出（如图2-10），且之后物体沿双曲线AGK运动。延长直线AH，交渐近线NX于点H，并过点A作平行于直线NX的直线AI，而AI交另一条渐近线MX于点I。那么在A点处的介质密度与线段AH成反比，物体的速度与$\sqrt{\frac{AH^2}{AI}}$成正比，而物体所受的阻力与重力之比等于AH比$\frac{2nn+2n}{n+2}\times AI$。由此则可推导出以下规则：

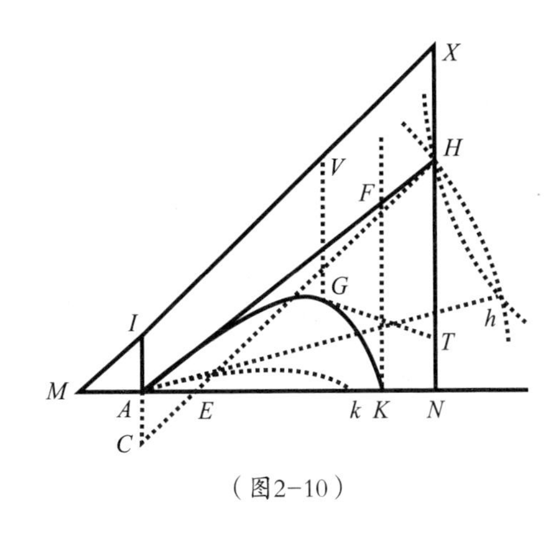

（图2−10）

规则1 如果A点处的介质密度以及物体抛出时的初速度保持不变，角NAH的角度改变，那么线段AH、AI、HX的长度仍将保持不变。因此如果在任意情况下求出了这些线段的长度，那么再根据任意给定的角NAH的角度，则可轻易地求出此双曲线。

规则2 如果角NAH的角度以及A点处的介质密度保持不变，物体抛出时的速度改变，那么AH的长度将保持不变，但是AI的长度则会按与速度的平方成反比的比例改变。

规则3 如果角NAH的角度，A点处物体的速度，以及使物体加速的重力皆保持不变，而物体在A点处所受的阻力与动力的比值按任意比例增加。那么AH与AI的比值也会按相等比例增加，而上文中所涉及的抛物线的通径则保持不变。同样，与通径成正比的长度$\frac{AH^2}{AI}$也保持不变。因此AH也将会按上述相等比值减小，而AI则按该比值的平方减小。但是无论是在体积不变，比重增大时，或介质密度增大，还是当体积减小，而阻力减小的比例比重力减小的比例小时，阻力与重力之比都始终增大。

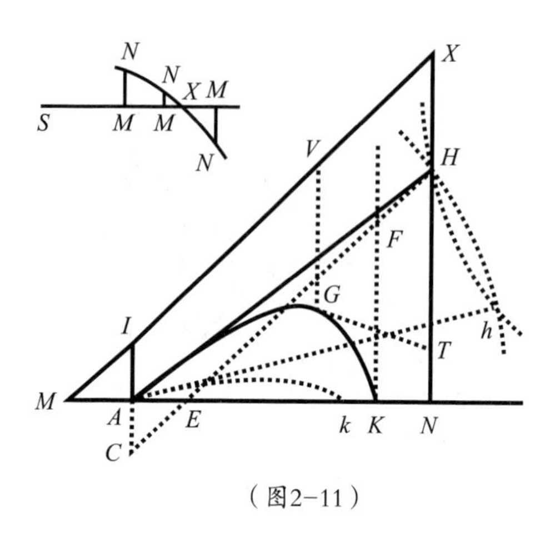

（图2-11）

规则4　因为双曲线顶点附近的介质密度大于A点处的介质密度，故如果要求平均密度，则应先求出切线段GT的最小值与切线段AH的比值，而且A点处密度的增大幅度要略大于这两条切线段之和的一半与切线段GT的最小值之比。

规则5　如果已知线段AH和AI的长度（如图2-11），作曲线AGK，并延长HN至点X，使$HX:AI=(n+1):1$。以X为中心，MX、NX为渐近线，作一条双曲线，使得双曲线正好通过点A，且AI与任意线段VG之比等于XV^n比XI^n。

规则6　幂指数n越大，物体从A点开始上升时的双曲线部分越精确，但从K点开始下落的物体的运动轨迹就越不精确，反之亦然。而如果物体的运动轨迹是圆锥双曲线，那么它的精确率则是上述两者的平均值，并且这个曲线会比其他的曲线简单。因此如果双曲线属于这一类型的曲线，要求出抛射体在通过点A的任意直线上的落点，那么可通过延长AN，使AN分别交渐近线MX、NX于点M、N，之后再取$NK=AM$，则可求得落点K。

规则7　根据此现象则可得到一个求这条双曲线的快捷方法。假设两个相似且相等的物体以相等的速度同时自A点抛出，但抛出的角度HAK与hAk不同，且物体在水平面上的落点分别为点K、k。将AK与Ak的比值记为d比e。作线段AI垂直于直线MN，AI的长度为任意值，再设AH

与Ah的长度为任意值，那么根据规则6，运用作图法，或使用直尺和指南针，测出不断变化的AK与Ak的不同长度。那么当AK与Ak的比值等于d比e时，此时的AH的长度恰好等于假设的AH的长度，但若该比值不等于d比e，则取出一条不定线段SM，使SM等于所设线段AH的长度。再作垂直于SM的线段MN，使它的长度等于这两个比值之差$\left(\frac{AK}{Ak}-\frac{d}{e}\right)$再乘以任意已知线段。同理，根据若干个假设的$AH$的长度，可得到若干个对应的不同点$N$，连接这些点$N$，则得到一条规则曲线$NNXN$，此直线与直线$SMMM$交于点$X$。最后设$AH$等于横标线$SX$，由此可求得$AK$的长度。根据$AI$的实际长度比$AI$的假设长度等于实验测出的$AK$长度比求出的$AK$长度，$AH$的实际长度比$AH$的假设长度也等于此比值，就可求出$AI$、$AH$的实际长度。因为阻力与重力之比为$AH:\frac{4}{3}AI$，那么根据上述那些已求出的值，可求出在$A$点处介质产生的阻力。假设介质密度按规则4增加，如果刚求出的阻力也按此相同比值增加，则所求的双曲线会更为精确。

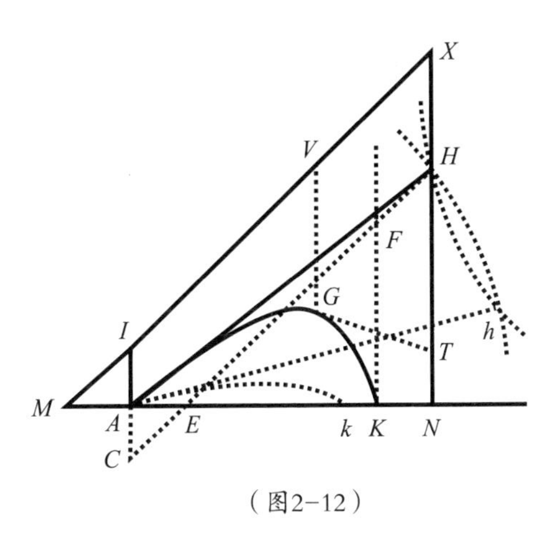

（图2–12）

规则8　已知线段AH、HK的长度（如图2–12），如果物体以某给定速度沿直线AH方向抛出，在水平面上的落点为K，求直线AH的位置。分别过点A、K作直线AC、KF，且这两条直线垂直于水平面。将AC向下延长，使AC等于AI或$\frac{1}{2}HX$。以AK、KF为渐近线，作一条双曲线，它的共轭曲线恰好过点C。再以点A为圆心，AH为半径，作一个圆，该圆与双曲线的交点为点H。连接AH，则物体沿此直线AH抛出后的落点就是点K。

因为已知AH的长度，故点H必然位于所画出的圆的圆周上。作直线CH分别交直线AK和KF于点E、F。因为CH平行于MX，且$AC=AI$，那么$AE=AM$，故AE也等于KN。但是因为$CE : AE=FH : KN$，故$CE=FH$。所以点H也必然在上面所画的双曲线上（即那条以AK和KF为渐近线的双曲线，其共轭曲线过点C）。由上述条件可得，此双曲线和所画圆的交点即为所求的点H。

应当注意的是，无论线段AKN是平行于地平面，还是与地平面间有一任意的倾斜角度，上述求解的方法都是相同的。根据两个交点H、h，可分别得到两个角NAH、NAh。但是在力学的实际运用中，每次求解只要画一个圆就足够了，然后使用长度不等的直尺，过点C作CH，使位于CH上，且在圆和直线FK之间的线段FH等于CH的另一部分线段CE，即位于点C和直线AK之间的线段。（如图2–12）

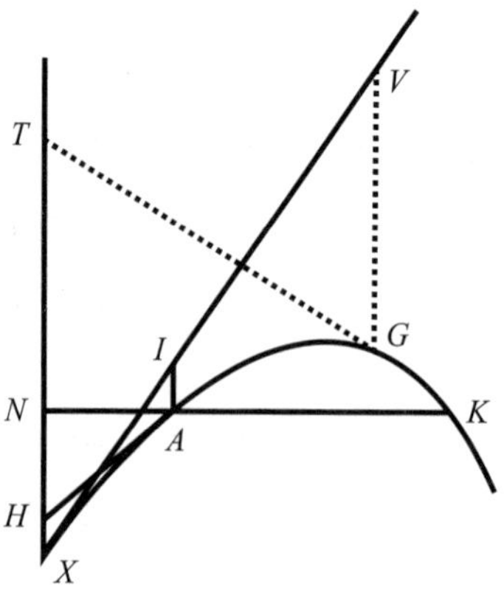

上述关于双曲线的结论都能非常简便地应用到抛物线上。如果抛物线用$XAGK$表示，直线XV与抛物线相切，其切点即为抛物线的顶点X，而纵标线IA和VG分别与横标线XI和XV的任意次幂（即XI^n和XV^n）成正比。过X作XT平行于VG，再过点G、A作抛物线的切线GT、AH，其切点分别为点G、A。如果在各点G的介质密度与切线段GT成反比，

（图2–13）

那么物体以一适当速度自A点沿直线AH的方向抛出，此后它将沿着此抛物线运动。那么点G处的速度等于使物体在一个无阻力介质中沿着一条圆锥抛物线运动的速度，其中抛物线的顶点为点G，直径为VG向下的延长线，且其通径为$\frac{2GT^2}{nn-n}VG$。物体在G点所受的阻力与重力之比等于GT比$\frac{2nn-2n}{n-2}VG$。

因此如果NAK表示地平线，在A点处的介质密度和物体抛出时的速度保持不变，无论NAH的角度怎样改变，那么AH、AI、HX的长度都将保持不变，由此可求出抛物线的顶点X，以及直线XI的位置。现在通过取$VG:IA=XV^n:XI^n$，则可求出物体经过的所有点G，连接这些点即得到物体的运动轨迹。（如图2–13）

第3章　受部分与速度成正比而部分与速度平方成正比的阻力作用的物体的运动

命题11　定理8

当物体只受到惯性力的作用而在均匀介质中运动时，如果物体所受的阻力部分与速度成正比，而部分则与速度的平方成正比，并且把物体运动的总时间按等差级数划分，那么与速度成反比的量在增加某个确定值后，将会构成一个等比级数。

以点C为中心，互成直角的直线$CADd$和CH为渐近线，作双曲线BEe，并作平行于渐近线CH的直线AB、DE和de。假设已知位于渐近线上的点A、G的位置，如果用均匀增加的双曲线面积$ABED$表示时间，那么速度则可用CD表示，因为不定线段CD由与GD成反比的长度DF和确定线段CG共同组成，所以速度按等比级数增加（如图3-1）。

假设面积$DEed$表示时间的最小增量，那么Dd与DE成反比，故Dd与CD成正比。根据第2编的引理2，$\frac{1}{GD}$的减量$\frac{Dd}{GD^2}$，同样与$\frac{CD}{GD^2}$或$\frac{CG+GD}{GD^2}$成正比，化简得：其与$\frac{1}{GD}+\frac{CD}{GD^2}$成正比。所以在加上确定间隔$EDde$而让时间$ABED$均匀增加时，$\frac{1}{GD}$按与速度相等的比值减小。因为速度的

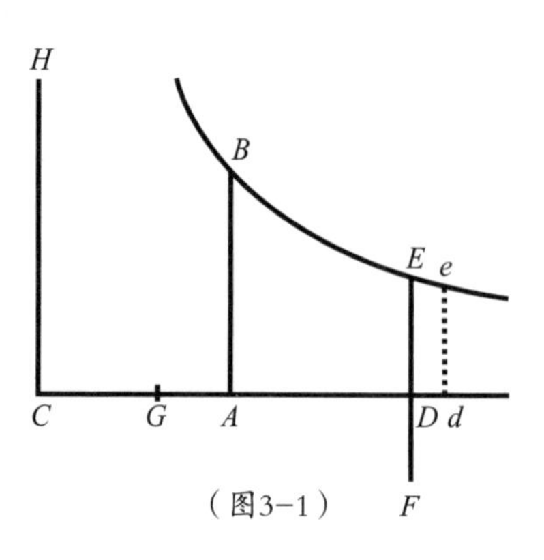

（图3-1）

高能粒子加速器

高能粒子加速器是研究物质基本结构最有用的工具。从经典力学到量子力学，从宏观到微观，物理学、化学的进步很多是从物质的结构入手的。高能粒子的散射实验，为近代物理学提供了新的方向。粒子加速器和对撞机等现代大型实验装置的应运而生，使大批新粒子不断被发现。

减量与阻力成正比，那么根据假设条件，该减量即与某两个量的和成正比，而在这两个量中，其中一个量与速度成正比，另一个则与速度的平方成正比。而$\frac{1}{GD}$的减量则与量$\frac{1}{GD}$和$\frac{CD}{GD^2}$成正比，其中第一项是$\frac{1}{GD}$本身，而第二项$\frac{CG}{GD^2}$则与$\frac{1}{GD^2}$成正比。因此$\frac{1}{GD}$与速度成正比，而这两个的减量是类似的。故如果量GD与$\frac{1}{GD}$，加入确定量CG，那么随时间$ABED$均匀增加，其和CD将按等比级数增加。

证明完毕。

推论1　如果已知点A和G的位置，且时间用双曲线面积$ABED$表示，那么速度可用GD的倒数$\frac{1}{GD}$表示。

推论2　通过取GA与GD的比值等于任意时间$ABED$开始时物体速度的倒数与该时间段结束时物体速度的倒数的比值，那么可求出点G。而由求出的点G，可根据任意其他的已知时间求出物体的速度。

命题12　定理9

在与命题11的条件相同的情况下，如果物体运动的距离按等差级数划分，那么速度在增加某一确定量后，将按等比级数增加。

在渐近线CD上取一点R，过点R作垂直于CD的直线RS，且RS交双曲线于S。假设物体运动的距离用双曲线面积$RSED$表示，那么速度将与GD的长度成正比。而当面积$RSED$按等差级数增加时，此长度GD与确定线段CG组成的长度CD按等比级数减小。

因为已知距离的增量$EDde$，故GD的减量——短线段Dd与ED成反比，因此Dd与CD成正比。换而言之，即Dd与同一个量GD和确定长度CG的和成正比，但是在与速度成正比的时间段内（此时间即为物体经过给定距离$DdeE$所需时间），速度的减量与阻力和时间的乘积成正比，即与某两个量的和成正比（这两个量中，其中一个量与速度成正比，另一个则与速度的平方成正比）。因此速度与这两个量的和成正比，这两个量中，其中一个量为确定的，另一个量则与速度成正比。所以速度减量与线段GD的减量都同样与一个已知量和一个减少量的乘积成正比。因为这两个减量是相似的，故减少的量，即速度和线段GD，也是相似的。

证明完毕。

推论1　如果速度用GD的长度表示，那么物体运动的距离与双曲线面积$DESR$成正比。

推论2　如果假设点R为任意设定的点，那么通过取GR与GD之比等于物体开始运动时的速度与物体经过距离$RSED$后的速度之比，可求出点G。而由求得点G，则可由某一确定速度求出物体运动的距离。反之亦然。

推论3　根据命题11，由已知时间可求出速度，而根据本命题，用求出的速度就可求出物体运动的距离。因此如果已知时间则可求出物体运动的距离。反之亦然。

命题13　定理10

假设物体在沿直线上升或下落的过程中，受到竖直向下的均匀重

力。而且与上述定理一样，物体在运动过程中受到的阻力部分与速度成正比部分与速度的平方成正比。那么如果作若干条与圆和双曲线的共轭直径平行的直线，且这些直线通过圆与双曲线的共轭直径的端点，而且由一确定点出发的若干条平行直线上的弦与速度成正比，则时间与由中心向弦端点所作的直线切割出的扇形面积成正比。反之亦然。

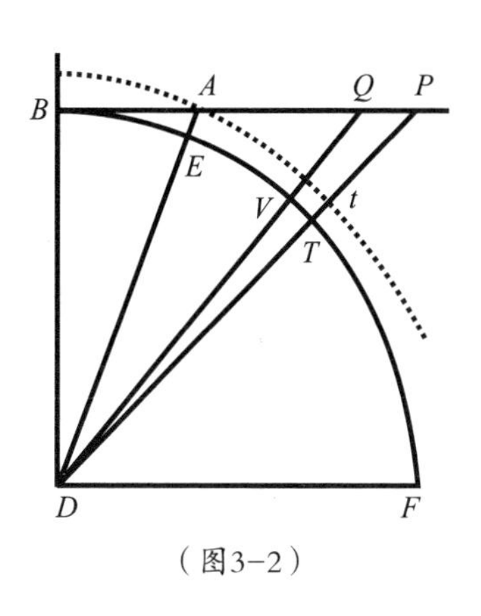

（图3-2）

情形1　已知物体做上升运动（如图3-2）。以D为圆心，任意线段DB为半径，作一个四分之一圆$BETF$。并过半径DB的端点B作平行于半径DF的不定线段BAP。在线段BAP上任取一点A，取线段AP与速度成正比。因为阻力一部分与速度成正比，而另一部分阻力与速度的平方成正比，故可假设整个阻力与$AP^2+2BA\times AP$成正比。连接DA、DP，得到的两条直线分别与圆交于点E、T。假设重力用DA^2表示，使重力与物体在P点受到的阻力的比值等于DA^2比$AP^2+2BA\times AP$，那么整个上升过程的时间与圆的扇形EDT成正比。

作直线DVQ，切割出速度的变化率PQ，以及与绘定时间变化率相对应的扇形DET的变化率DTV，那么速度的减量PQ与重力DA^2加上阻力$AP^2+2BA\times AP$所得到的和成正比。根据《几何原本》第二卷命题12，可得PQ与DP^2成正比。又因为与PQ成正比的面积DPQ与DP^2成正比，故面积DTV与DPQ的比值等于DT^2比DP^2，所以DTV与确定量DT^2成正比。因为从面积EDT中减去确定面积DTV之后，余下的部分按未来时间的比例减小，所以余下部分与整个上升过程所用时间成正比。

情形2　如果如同前一情形一样（如图3-3），物体上升过程中的速

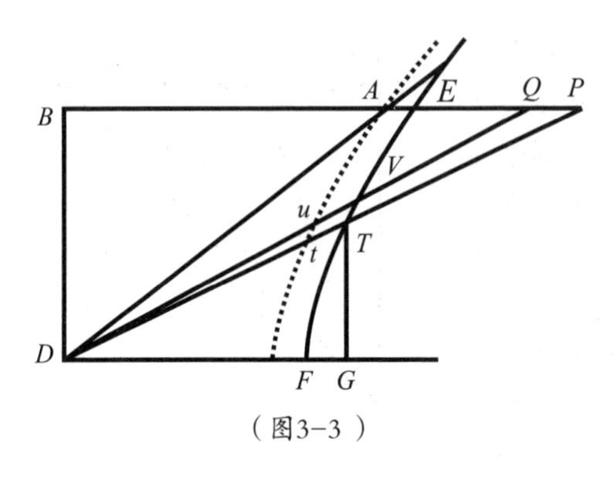

（图3-3）

度用长度AP表示，那么阻力与$AP^2+2BA\times AP$成正比。但是若重力非常小，以致不足以用DA^2表示，那么可以取BD的长度，使AB^2-BD^2与重力成正比。再假设DF垂直于DB，且$DF=DB$，过顶点F作双曲线$FTVE$，其中DB和DF为双曲线的共轭半径，并且此双曲线分别交DA、DP、DQ于点E、T、V。那么物体上升过程所用时间与此双曲线的扇形TDE成正比。

在一已知的时间内，产生的速度减量PQ与阻力$AP^2+2BA\times AP$加上重力AB^2-BD^2所得的和（即BP^2-BD^2）成正比。但是因为面积DTV与面积DPQ的比值等于DT^2比DP^2，故如果作GT垂直于DF，那么DTV与DPQ之比也等于GT^2（或GD^2-DF^2）比BD^2，或者说等于GD^2比BP^2。又由分比得DTV与DPQ之比等于DF^2比BP^2-BD^2。因为面积DPQ与线段PQ成正比（即与BP^2-BD^2成正比），所以面积DTV与确定量DF^2成正比。又因为已知确定部分DTV的不同值与时间段的数目相等，在单个相等时间内，从面积EDT中减去与对应时间的部分DTV后，余下的部分将均匀减小，故余下部分与时间成正比。

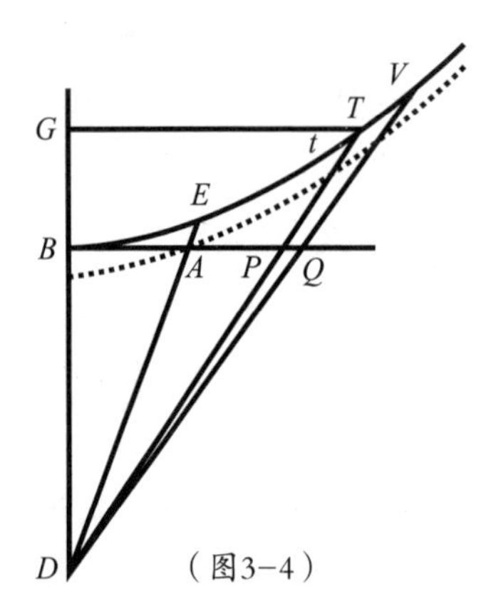

（图3-4）

情形3 假设AP表示物体的下落速度（如图3-4），$AP^2+2BA\times AP$表示阻力，BD^2-AB^2表示重力，而角DBA为直角。如果以点D为圆心，点B为顶

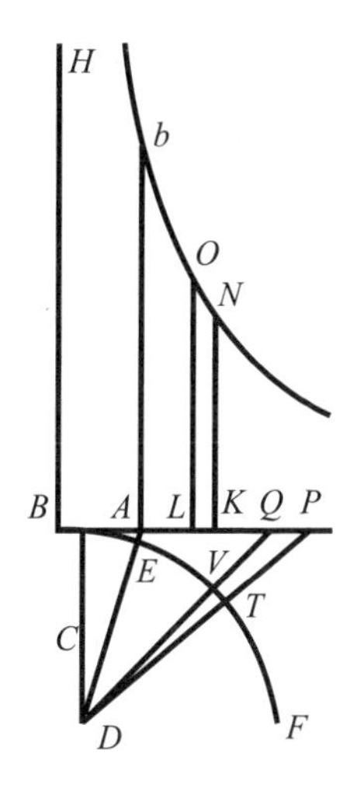

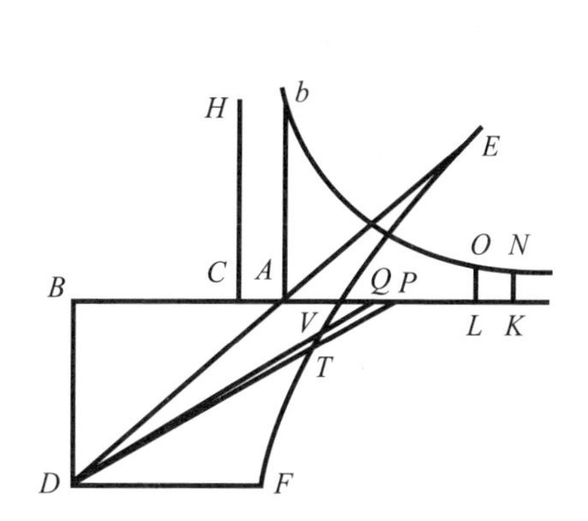

点，作一直角双曲线$BETV$，且直线DA、DP、DQ分别交此双曲线于点E、T、V，那么物体下落的总时间与双曲线扇形DET成正比。

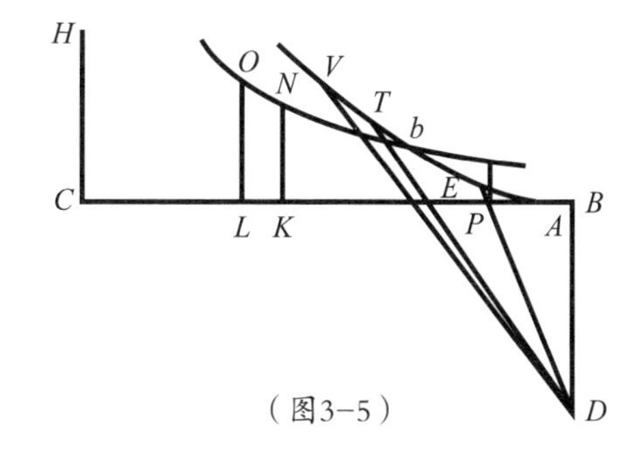

（图3-5）

因为速度的增量PQ，以及与PQ成正比的面积DPQ，都与重力和阻力的差$BD^2-AB^2-2BA\times AP-AP^2$成正比（经过运算，即为$BD^2-BP^2$）。而面积$DTV$与面积$DPQ$的比值等于$DT^2$比$DP^2$，因此这个面积间的比值等于$GT^2$（或$GD^2-BD^2$）比$BP^2$，也等于$GD^2$比$BD^2$。由分比，得此面积的比值等于$BD^2$比$BD^2-BP^2$。因为面积$DPQ$与$BD^2-BP^2$成正比，那么面积$DTV$与确定量$BD^2$成正比。所以如果已知确定部分$DTV$的不同值与时间段的数目相等，而在若干个相等的时间段内，在面积EDT中加上与时间段对应的确定部分DTV后，面积将均匀增加，故面积与物体下落时间成正比。

推论 以D为中心（如图3–5），DA为半径，过顶点A作与弧ET相似的弧At，并且弧At的对角也是角ADT，那么在时间EDT内，物体在无阻力介质上升时，损失的速度（或物体在无阻力介质中下落时，所获得的速度）与速度AP之比等于三角形DAP的面积与扇形DAt的面积的比值，因此如果已知时间，则可求出速度AP。因为物体在无阻力介质中运动时，其速度与时间成正比，因此也与扇形DAt成正比。而物体在阻碍介质中速度则与三角形DAP成正比。所以当物体在这两种介质中的速度很小时，这两个速度接近于相等，同样地扇形和三角形也趋于相等。

附 注

还可以证明这种情形：在物体上升时，重力很小，不足以用DA^2或AB^2+BD^2表示，但又大于以AB^2-DB^2表示，因而只能用AB^2来表示。但是在此我并不会专门讨论此情形，而是接着开始讨论其他问题。

命题14 定理11

所有条件与命题13的条件相同，在物体上升或下落的过程中，如果按等比级数取物体受到的阻力和重力的合力，那么物体运动的距离与表示时间的面积减去另一个按等差级数增减的面积所得的差成正比。

如图所示，在这三个图形中，皆取出线段AC与重力成正比，而取线段AK与阻力成正比，并且如果物体处于上升过程中，那么这两条线段都是从点A的同一侧取出。但是如果物体处于下落过程中，那么两条线段则处于点A的两侧。作垂线段Ab，使$Ab:DB=DB^2:(4BA\times AC)$。再以互成直角的直线$CK$，$CH$为渐近线作一条双曲线$bN$。作$KN$垂直于$CK$，那么按等比级数取出力$CK$时，面积$AbNK$将按等差级数增减。因此，物体在运动过程中达到的最大高度与面积$AbNK$减去面积DET的差成正比。

因为线段AK与阻力成正比，也即是与$AP^2\times 2BA\times AP$成正比。假设Z为任意确定的量，取AK等于$\frac{AP^2\times 2BA\times AP}{Z}$。那么根据本编的引理2，$AK$的变化率$KL$等于$\frac{2PQ\times AP\times 2BA\times PQ}{Z}$或者是$\frac{2PQ\times BP}{Z}$。而面积$AbNK$的变化率$KLON$则等于$\frac{2PQ\times BP\times LO}{Z}$或者$\frac{BP\times PQ\times BD^3}{2Z\times CK\times AB}$。

情形1　已知物体做上升运动，且重力与AB^2+BD^2成正比，BET是一个圆，与重力成正比的线段AC等于$\frac{AB^2-BD^2}{Z}$，而DP^2或者$AP^2+2BA\times AP+AB^2+BD^2$等于$AK\times Z+AC\times Z$或者$CK\times Z$。因此，面积$DTV$与面积$DPQ$的比值等于$DT^2$（或$DB^2$）比$CK\times Z$。

情形2　已知物体做上升运动，且重力与AB^2-BD^2成正比，与重力成正比的线段AC等于$\frac{AB^2-BD^2}{Z}$，而DT^2比DP^2等于DF^2（或DB^2）:（BP^2-BD^2）（或$AP^2+2BAP+AB^2-BD^2$），即DT^2比DP^2等于（BP^2-BD^2）:（$AK\times Z+AC\times Z$）（或者$CK\times Z$），因此面积DTV与面积DPQ的比值等于DB^2比$CK\times Z$，答案与前面相同。

情形3　同理，已知物体在下落过程中，因此重力正比于BD^2-AB^2，而线段AC等于$\frac{BD^2-AB^2}{Z}$，故面积DTV与面积DPQ的比值等于DB^2比$CK\times Z$。（如图3-6）

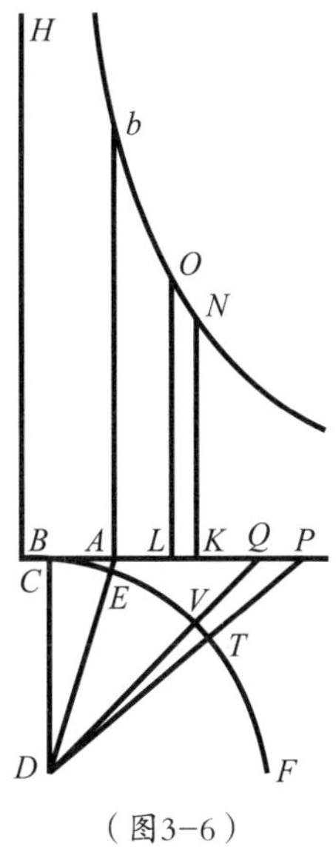

（图3-6）

因为这些面积间的比值始终都是这个比值（即DB^2比$CK\times Z$），那么如果在表示时间的变化率时，用任意确定乘积$BD\times m$代替始终保持不变的面积DTV表示时间的变化率，那么DPQ的面积$\frac{1}{2}\times BD\times PQ$与$BD\times m$的比值等于$CK\times Z$比$BD^2$，故$PQ\times BD^3=$

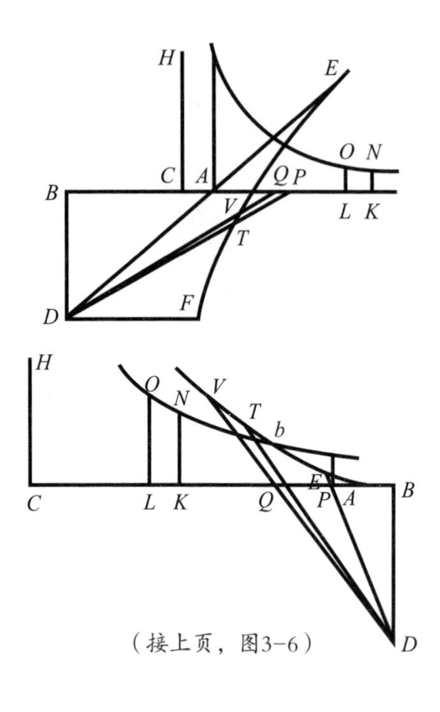

（接上页，图3-6）

$2BD \times m \times CK \times Z$，而此前求出的面积$AbNK$的变化率等于$\frac{BP \times BD \times m}{AB}$。从面积$DET$中减去它的变化率$DTV$或是$BD \times m$，那么余下的部分为$\frac{BP \times BD \times m}{AB}$。因此面积的变化率之差（即是面积之差的变化率）等于$\frac{BP \times BD \times m}{AB}$，而且因为$\frac{BD \times m}{AB}$为一确定值，所以面积之差的变化率与速度$AP$成正比，换言之，即与物体在上升或下落过程中运动的距离的变化率成正比。因此面积之差与变化率成正比，并且与变化率同时开始或结束的距离的增减也成正比。

证明完毕。

推论　如果面积DET除以线段BD得到一长度，且此长度用M表示。而根据DA与DE的比值，取出另一长度V，使V比M等于此比值。那么物体在阻碍介质中上升或下落时运动的总距离与物体在无阻力介质中从静止状态开始下落时，在相同时间内运动的总距离的比值，等于面积之差比$\frac{BD \times V^2}{AB}$。因此如果已知时间，则可求出物体运动的总距离。而在无阻力介质中，因为物体运动的距离与时间的平方成正比，或者说是与V^2成正比，BD和AB已知，那么这个距离与$\frac{BD \times V^2}{AB}$成正比，而该面积则等于面积$\frac{AD^2BD\times M^3}{DE^2\times AB}$，而$M$的变化率为$m$，故这个面积的变化率为$\frac{DA^2\times BD\times 2M\times m}{DE^2\times AB}$。但是因为这个变化率比面积$DET$和面积$AbNK$之差的变化率$\left(即\frac{AP\times BD\times m}{AB}\right)$等于$\frac{DA^2\times BD\times M}{DE^2}$比$\frac{1}{2}\times BD\times AP$，或者这两个变化率的比值等于$\frac{DA^2}{DE^2}\times DET$与$DAP$的比值，所以当面积$DET$与$DAP$的比值为极小值时，$DET$与$DAP$相等。因此当所有的面积的值都达到极小值时，面积$\frac{BD\times V^2}{AB}$的变化率等于面积$DET$减去面积$AbNK$所得差的变化率，故这两者也相等。因为在物体刚开始下落时物体的初速度，与物体要停止上升时物体的末速度是趋于相等的，故在下落和上升过程中，物体运动的距离也是趋于相等的，所以这两个距离的比值等于面积$\frac{BD\times V^2}{AB}$比面积DET减去面积$AbNK$所得的差。又因为当物体在无阻力介质中运动时，物体运动的距离与$\frac{BD\times V^2}{AB}$连续成正比，而当物体在有阻力介质中运动时，物体运动的距离与面积DET减去面积$AbNK$所得的差成正比，所以由此推出，在任意相等的时间内，物体在这两种介质中运动的距离之比等于面积$\frac{BD\times V^2}{AB}$比面积DET减去面积$AbNK$所得的差。

证明完毕。

附　注

当球体在流体中运动时，它受到的阻力部分来自流体的黏性，部分来自球体与流体的摩擦，而其余部分则来自流体的密度。其中由流体密度产生的那部分阻力与速度的平方成正比，由流体的黏性产生的另一部分阻力则是均匀的，且与时间的变化率成正比。因此我们现在应该继续探讨这类在流体中的运动。因为此球体受到的阻力部分来自一个均匀力，或者与时间的变化率成正比，部分阻力与速度的平方成正比。但是通过命题8、命题9以及其推论，这个问题可以很容易地解决，而不会遇到阻碍。因为在这两个命题中，当物体只受惯性力的推动作用时，物体上升过程中的重力产生均匀阻力，球体在流体中运动时，此均匀阻力可以用由介质黏性产生的均匀阻力代替，那么当物体沿直线上升时，要在重力中叠加上此均匀阻力，而物体下落时，则要从重力中减去此均匀阻力。同样接下来我们还可以讨论另一种物体的运动，此物体受到的阻力部分是均匀的，部分与速度成正比，部分则与相同速度的平方成正比。同上，通过命题13和命题14，我已经为解决这一问题扫清了障碍。在这两个命题中，只要用黏性介质产生的均匀阻力代替均匀重力，或者是直接把这两个均匀力复合，就可以借用上述命题来解决这一问题了。至此对此类问题的讨论已结束，接下来我们将讨论其他问题。

第 4 章　物体在阻碍介质中的圆运动

引理 3

假设PQR为一螺旋线，且此螺旋线与半径SP、SQ、SR等相交的角度相等。作直线PT与螺旋线相切于任意点P，并且PT与半径SQ交于点T。又作直线PO、QO与此螺旋线垂直，而这两条直线也相交于点O，连接SO。那么如果点P与点Q无限接近，最后重合，则此时角PSO将变为直角，而此时$TQ \times 2PS$的积与$PQ2$的最终比值则变为1。（如图4-1）

从直角OPQ、OQR中分别减去相等的角SPQ和SQR，那么余下的角OPS和OQS相等。因此通过点O、S、P的圆必然也会经过点Q。假设点P与点Q重合，那么此时这个圆与螺旋线相切与P、Q的重合点，且圆与OP垂直，OP则成为圆的半径，而角OSP因为在半圆上，所以OSP是直角。

作直线QD、SE垂直于直线OP，且各条线段间的比值如下：$TQ:PQ=TS$（或PS）$:PE=2PO:2PS$，$PD:PQ=PQ:2PO$。上两式的对应项相乘，得$TQ:PQ=PQ:2PS$，故$PQ^2=TQ \times 2PS$。

证明完毕。

命题 15　定理 12

如果介质中各点的密度与这一点到固定中心距离的平方成反比，且介质的向心力与密度的平方成正比。已知在此介质中以固定中心为端点作若干条半径，如果一条螺旋线与这些半

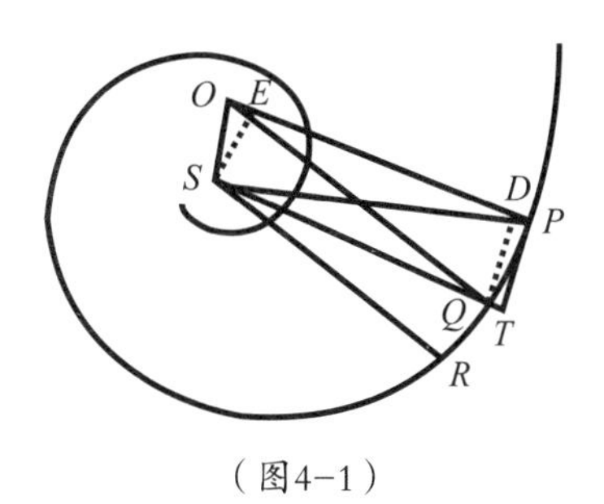

（图4-1）

径相交构成的相交角都相等，那么物体将沿此螺旋线旋转。

假设本命题的所有条件与引理3的条件相同，延长SQ至点V，使$SV=SP$。当物体在阻碍介质中运动时，在任意时间内，物体划过极短弧PQ，而在两倍的时间内，物体则划过弧PR。这些弧因为物体运动时受到的阻力而产生的减量（或者是在相等时间内，物体在无阻力介质中划过的弧与上述弧的差），这些量相互间的比值与产生这些弧所用时间的平方成正比。因此弧PQ的减量等于弧PR减量的四分之一。同理，如果取面积QSr等于面积PSQ，那么弧PQ的减量则等于短线段$\frac{1}{2}Rr$。所以阻力与向心力之比等于短线段$\frac{1}{2}Rr$与相同时间内产生的线段TQ之比。因为物体在P点受到的向心力与SP^2成反比，根据第1编的引理10，而此向心力产生的短线段TQ与由两个量复合而成的量成正比，这两个量中第一个量为向心力，另一个量则为物体划过弧PQ所用时间的平方（在此阻力的作用被忽略，因为相较于这个向心力，物体受到的阻力无限小）。由此推出，$TQ\times SP^2$$\left(\text{根据上述引理，此值等于}\frac{1}{2}PQ^2\times SP^2\right)$与时间的平方成正比，故时间与$PQ\times\sqrt{SP}$成正比。而物体在此时间内划过弧$PQ$时的速度与$\frac{PQ}{PQ\times\sqrt{SP}}$成正比，化简后，即得该速度与$\frac{1}{\sqrt{SP}}$成正比，即是速度与$SP$的平方根成反比。同理，可推出物体沿弧$QR$运动时，物体的速度与$SQ$的平方根成反比。现在假设弧$PQ$与$QR$之比等于速度的比值，即等于$SQ$的平方根与$SP$的平方根的比值，或等于$SQ:\sqrt{SP\times SQ}$，写成等式，即为弧$PQ:QR=\sqrt{SQ}:\sqrt{SP}=SQ:\sqrt{SP\times SQ}$。因为角$SPQ$等于角$SQr$，面积$PSQ$等于面积$QSr$，所以弧$PQ$比$Qr$等于$SQ$比$SP$。取互成正比的部分间的差，得弧$PQ$比弧$Rr$等于$SQ$比$SP-\sqrt{SP\times SQ}$$\left(\text{或者}\frac{1}{2}VQ\right)$。而当点$P$与点$Q$重合时，$SP-\sqrt{SP\times SQ}$与$\frac{1}{2}VQ$的最终比值为1。因为当物体划过弧$PQ$受到的阻力，使弧$PQ$减少的量（或者$2Rr$）与阻力和时间的平方的乘积成正比，故阻力与$\frac{Rr}{PQ^2 \times SP}$成正比。但是$PQ : Rr = SQ : \frac{1}{2}VQ$，因而$\frac{Rr}{PQ^2 \times SP}$与$\frac{\frac{1}{2}VQ}{PQ \times SP \times SQ}$$\left(\text{或者是}\frac{\frac{1}{2}OS}{OP \times SP^2}\right)$成正比。当点$P$与点$Q$重合时，三角形$PVQ$变为一个直角。因为三角形$PVQ$与三角形$PSO$相似，$PQ : \frac{1}{2}VQ = OP : \frac{1}{2}OS$，因此$\frac{OS}{OP \times SP^2}$与阻力成正比，即是与$P$点的介质密度和速度平方的乘积成正比。从此值中减去速度的平方$\frac{1}{SP}$，余下的部分即为P点处的介质密度，这个密度与$\frac{OS}{OP \times SP}$成正比。假设已知该螺旋线，因为OS与OP的比值是确定的，那么P点处的介质密度与$\frac{1}{SP}$成正比。因此如果已知一个介质的密度与距离SP成反比，那么当物体在此介质中运动时，则物体的运动轨迹即为此螺旋线。

证明完毕。

推论1　如果物体在无阻力介质中运动时，因受到相等向心力的作用，而绕以SP为半径的圆运动，那么物体做此圆周运动的速度等于物体沿螺旋线运动时在任意点P的速度。

推论2　如果已知距离SP，那么介质密度与$\frac{OS}{OP}$成正比，而如果距离SP为未知量，那么介质密度则与$\frac{OS}{OP \times SP}$成正比。由此可知，在任意密度的介质中，螺旋线都是适用的。

推论3　在任意点P（如图4-2），物体受到的阻力与向心力之比等于$\frac{1}{2}OS : OP$。因为此二力的比值等于$\frac{1}{2}Rr$比TQ，或者等于$\frac{\frac{1}{4}VQ \times PQ}{SQ}$比$\frac{\frac{1}{2}PQ^2}{SP}$。换而言之，即此比值等于$\frac{1}{2}VQ$比$PQ$，或者等于$\frac{1}{2}OS$比$OP$。因而可据此求出螺旋线，而由此求出的螺旋线又可推出阻力与向心力之比。

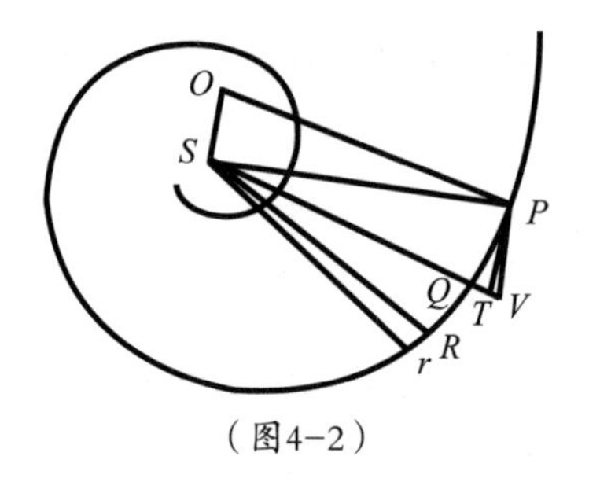

（图4–2）

反之，如果已知此二力的比值，又可求出螺旋线。

推论4　只有当物体受到的阻力小于向心力的一半时，物体才会沿此螺旋线运动。于是假设阻力等于向心力的一半，那么螺旋线将与直线PS重合。当物体沿此直线PS下落，落点为螺旋线的中心时，物体获得一个速度。而先前也讨论过当物体在无阻力介质中运动时，沿抛物线下落得到另一速度，那么这两个速度的比值等于$\frac{1}{2}$的平方根。所以物体下落所用的时间与速度成反比，此时即求出了时间。

推论5　如果螺旋线PQR上的各点到中心的距离等于直线SP上相应点到中心的距离（如图4–3），物体在螺旋线PQR上的速度等于在直线SP上距离相等的点的速度，螺旋线的长度OP与直线PS的长度OS的比值为一确定比值。所以物体沿螺旋线下落时所用的时间与物体沿直线PS下落所用时间之比也等于OP与OS之比，所以这个比值也是确定的。

推论6　如果以S为中心，分别以任意两条不等的线段为直径，作出两个同心圆。保持这两个圆不变，而螺旋线与半径相交角度作出任意改变，那么当物体在这两个圆之间沿螺旋线运动时，物体旋转的圈数与$\frac{PS}{OS}$成正比，或者与螺旋线和半径OS相交的交角的正切成正比，而且物体做此环绕运动所用时间与$\frac{PS}{OS}$成正比，即与上述交角的正割

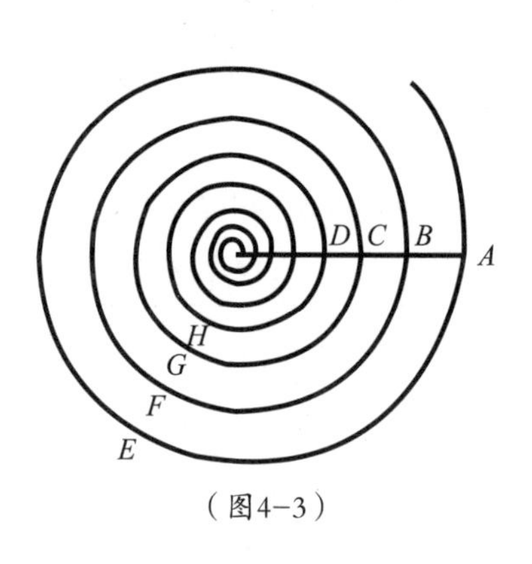

（图4–3）

成正比，与介质密度成反比。

推论7　已知一个介质的密度与其所在点与中心的距离成反比。如果物体在该介质中运动时，环绕介质中心沿任意曲线AEB运动，它与第一条半径AS相交于点B，该点的相交角等于物体在A点的交角，并且B点的速度与在A点的初速度之比与点到中心的距离的平方根成反比（即AS与AS和BS的比例中项的比值），那么此种情况下，物体将连续经过无数个相似的环绕曲线BFC、CGD等，而且根据这些曲线与半径AS的交点，将AS分成AS、BS、CS、DS等部分，这些部分连续成正比。但是此环绕运动所用时间与物体环绕曲线的周长AEB、BFC、CGD等成正比，与这些曲线的起点A、B、C处的速度成反比，即是与$AS^{\frac{3}{2}}$、$BS^{\frac{3}{2}}$、$CS^{\frac{3}{2}}$成正比。物体到达中心所需的总时间与做第一圈环绕运动所用时间的比值等于连续成正比的项$AS^{\frac{3}{2}}$、$BS^{\frac{3}{2}}$、$CS^{\frac{3}{2}}$等（直至无限）的总和与第一项$AS^{\frac{3}{2}}$的比值，也即是等于第一项$AS^{\frac{3}{2}}$与前两项的差（$AS^{\frac{3}{2}}-BS^{\frac{3}{2}}$）之比，或者是约等于$\frac{3}{2}AS$与$AB$的比值。由上述比例式即可求出总时间。

推论8　根据推论7也可推导出物体在密度均匀或者密度遵循其他任意设定规律的介质中的近似运动。以S为中心，连续成正比的线段SA、SB、SC等为半径，作若干个同心圆。假设当物体在上述介质中运动时，物体在任意两个圆间做环绕运动的时间与物体在一个设定的介质中时，在相同两个圆间做环绕运动的时间之比近似等于在这两个圆之间，设定介质的平均密度与两个圆之间的上述介质的密度之比。在上述介质中，物体做环绕运动时的轨迹螺旋线与半径AS相交形成一个交角，而在设定介质中，物体做环绕运动所形成的新的螺旋线与同一条半径相交形成另一个交角，这两个交角的正割相互间成正比，并且在相同的两个圆之间物体旋转的圈数近似地与上述两个交角的正切成正比。如果在每两个圆之间都做此环绕运动，那么物体将连续通过所有的圆。通过运用此方

伽利略凹槽实验

亚里士多德凭借自己的直觉，提出了“物体下落速度和重量成比例”的学说。伽利略在比萨斜塔上做了“轻重不同铁球同时落地”的实验，纠正了这个持续了1900年之久的错误结论。为找出可能降低物体下落速率的方法，伽利略设计了图中的凹槽实验，证实了在光滑斜槽内滚下的球体，会按照不变、固定的比率加速，也证明了后来牛顿所描述的第二运动定律。

法，易求出物体在任意规则介质中做环绕运动和时间。

推论9　虽然这些偏心运动的轨迹并不是圆形，而是近似于椭圆形的螺旋线。但是如果假设沿这些螺旋线的若干环绕运动形成的曲线间的距离相等，并且近似等于上述螺旋线到中心的距离，根据此，我们也能理解物体沿此螺旋线的运动是怎样进行的。

命题16　定理13

如果介质中各点的密度与该点到固定中心的距离成反比，而各点的向心力则与距离的任意次幂成反比，那么在介质中的物体将沿一条螺旋线运动，此螺旋线与所有端点在固定中心的半径相交的角都是一个确定的角度。（如图4–4）

此命题的证明方法与命题15相同。如果在P点的向心力与距离SP的任意次幂（即Sp^{n+1}，此幂的指数为$n+1$）成反比。那么与前一命题相同，可以推导出物体经过任意弧PQ所用时间与$PQ\times PS^{\frac{1}{2}n}$，且$P$点的阻力与$\frac{Rr}{PQ^2\times SP}$或$\frac{\left(1-\frac{1}{2}n\right)\times VQ}{PQ^2\times SP^n\times SQ}$成正比，

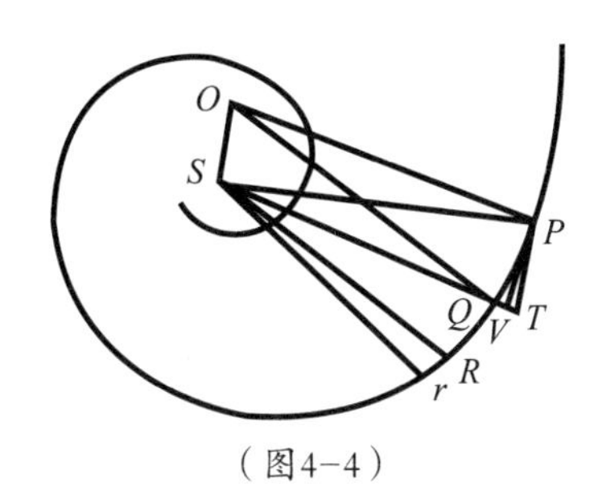

（图4-4）

因此阻力与$\frac{\left(1-\frac{1}{2}n\right)\times OS}{OP\times SP^{n+1}}$成正比，

因为$\frac{\left(1-\frac{1}{2}n\right)\times OS}{OP}$是一个确定量，故阻力与$SP^{n+1}$成反比。由于速度与$SP^{\frac{1}{2}n}$成反比，所以$P$点的密度与$SP$成反比。

推论1　阻力与向心力之比等于$\left(1-\frac{1}{2}n\right)\times OS$比$OP$。

推论2　如果向心力与SP^3成反比，那么$1-\frac{1}{2}n$等于零。因此此时的情形与第1编命题9相同，介质的阻力和密度都为零。

推论3　如果向心力与半径SP的任意次幂成反比（但是这个幂的指数必须大于3），那么推动物体运动的那个力将变为阻碍物体运动的阻力。

附　注

命题15和命题16皆是处理有关物体在密度不均匀的介质中的运动，且在两命题中物体的运动都非常小，以至于当介质的一侧大于另一侧的密度时，可以忽略不计。同样，还假设阻力与密度互成正比，如果一个介质的阻力不与密度成正比，那么在这个介质中，为了使阻力超出或不足的部分得以抵消或补足，密度则必然会迅速地随之增减。

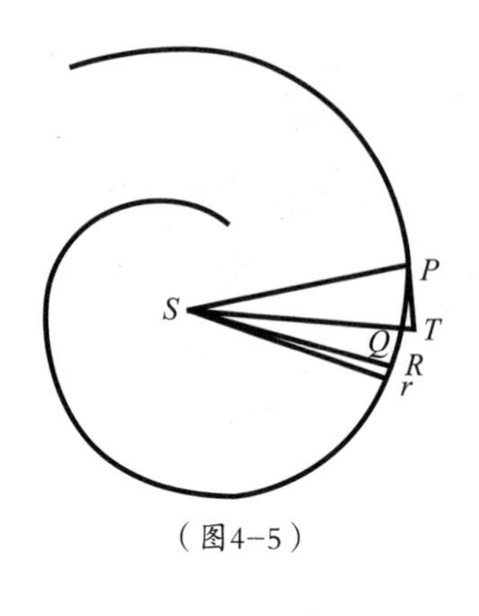

（图4-5）

命题 17　问题 4

已知一物体在介质中环绕一条给定的螺旋线运动，并且在运动过程中，物体的速度的规律已知。求介质的向心力和阻力。

已知此螺旋线为PQR。根据物体经过极短弧PQ的速度可以求出所用的时间。再根据与向心力成正比的横线段TQ以及才求出的时间的平方，可求出向心力。之后则由在相等时间段内经过的面积PSQ与QSR的差，可求出物体的减缓率。最后根据这个比率即可求出介质的阻力和密度。

命题 18　问题 5

已知向心力的规律。如果一介质使物体环绕一条给定的螺旋线运动，求介质中各点的密度。（如图4-5）

根据已知的向心力即可求出物体在介质中各点的速度。正如前一命题一样，根据速度的减缓率，即可求出介质密度。

但是在本编的命题10和引理2中，我已解释了解决这种类型的问题的方法，故在此就不再详细求解这些问题了。我接下来要讨论的内容将是一些关于运动物体的力，以及物体在此介质中运动时，介质的密度和阻力。

第 5 章　流体密度和压力；流体静力学

流体的定义

若任意物体在任意力作用于其上时，其外形发生变化，并且这种形状的改变使物体内的物质轻易地在相互之间运动。

命题 19　定理 14

已知盛装在任意静止容器内的流体是均匀且静止的，若不考虑流体的凝聚力，重力以及向心力，那么流体各方向受到的压力相等，并且流体的各部分不会因为这个压力而运动，而是继续停留在各自原来的位置上。

情形1　假设流体盛装在一个球体容器*ABC*内（如图5-1），并且各个方向都受到均匀压力的作用。那么流体的各部分都不会因为此压力而运动。如果流体中任意部分*D*因此压力而运动，那么流体中其他到球心的距离与之相等的所有部分在同一时间也必然会做类似运动。因为这些部分受到的压力都是相似并且相等的，而不是由于此压力产生的运动则不予考虑。但是，如果这些部分都朝向球心运动，那么流体必然会朝向球心方向聚集，但是这与假设的条件相矛盾。而如果这些部分远离球心运动，那么流体中的各部分则朝向球面方向聚集，但是这同样也与假设条件相矛盾。因为这些部分无论朝向哪个

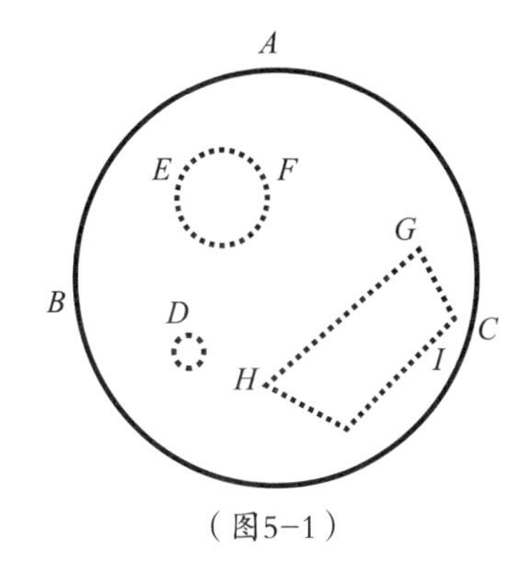

（图5-1）

流体静力天平

阿基米德发现，由不同材质构成的物体，其排水量的多少由材料密度决定。这架精准的天平，通过液体来保持两臂的平衡，能检测出十万分之一克的质量差异。如此就需要设计者对杠杆原理有很充分的理解：杠杆两端物体质量的差异取决于它们距离杠杆支点的距离。实际上，它的主要功能就是用已知的密度来辨别珠宝与钱币的真假。

方向运动，它们到球心的距离都不可能保持不变。所以除非流体的各部分同时朝两个相反的方向运动，否则它们到球心的距离不可能保持不变。但是，因为同一个部分不可能同时朝相反的方向运动，故流体的各部分都会停留在其原来的位置。

证明完毕。

情形2　已知流体分为无数个球形部分，且所有球形的各个方向受到的压力相等。假设*EF*是流体中任意的一个球形部分。但是，如果假设*EF*的各方向上受到的压力不相等，那么会向受到压力较小的部分上增加压力，直到*EF*在各方向上受到的压力都相等。根据情形1，*EF*的各部分都会停留在原来的位置。但是又由情形1，在压力增加时，各部分仍会停留在原处。而根据流体的定义，在*EF*上加上一个新的压力后，*EF*的各部分都会离开原地运动。现在得到的两个结论是相互矛盾的，因此在假设条件中，球形部分*EF*的各方向受到的力不相等，这是错误的。

证明完毕。

情形3　另一方面，球形部分的不同部分受到的压力也相等。根据第三定律，球形部分中各个相邻的部分在它们相接触的点上互相施加的压力相等。但是由情形2，各个部分也会向它的各个方向施加相等的压力。因为通过中介球形部分的作用，任意两个不相邻的部分也会有相互作用的力，并且向各自施加的压力也相等。

证明完毕。

情形4　流体中所有的部分受到的压力处处相等。因为流体中任意的两部分都会与某些其他的球形部分相接触，那么根据情形3，这两部分对其他球形部分施加的压力相等，并且根据定律3可知，它们受到的反作用力也相等。

证明完毕。

情形5　因为如同流体盛装在容器时一样，流体的任意部分*GHI*也会被流体的其他部分包围，且各方向受到的压力相等。并且*GHI*内的各部分相互间作用的压力也相等，故它们相互之间会保持静止。所以由此推出，在任意流体中，如同*GHI*一样，各方向受到的压力相等的所有部分相互之间施加的压力相等，因此各部分间会保持静止。

证明完毕。

情形6　如果流体盛装在一个静止容器中，此容器由有弹性的材料或者是非刚性的材料制成，因此流体各方向受到的压力不相等。那么根据流体的定义，容器同样也会因为此较大压力而变形。

证明完毕。

情形7　已知流体盛装在一个无弹性或刚性的容器中。如果流体的一边受到的压力比另一边受到的压力大，那么流体内不会维持这个较大压力，而是在瞬间，就屈服于这个较大压力。但因为容器的刚性边并不会因为流体内的运动而变形，且此时运动的流体会压迫容器的对边，因此施加在流体中各部分上的压力会瞬间变为相等。而一旦流体受到最大的压力的作用而运动时，其容器对边的阻力就会阻碍流体的运动，那么流体在各方向上受到的压力会在瞬间就变为相等，而不使流体的任何局部发生运动。由此可知，流体的所有部分相互间施加的压力相等，且会维持静止状态。

证明完毕。

推论　如果由外表面将压力传递入流体，那么流体各部分的相互位置不会改变。除非流体的形状改变，或者所有的流体部分相互间施加的压力瞬间增强或减弱，流体的各部分间的滑移有或多或少的困难。

命题20　定理15

如果一个球状流体置放于与之同心的球形底面上。在这个流体中，到球心距离相等的各部分是均匀的，并且所有的流体部分都被吸引朝向球心。那么底面承受的重量是一个圆柱体的重量，此圆柱体的底与底面的表面相等，而高度则等于流体的高度。（如图5-2）

假设*DHM*是底面的表面，*AEI*则为流体的上表面。根据无数个球面*BFK*、*CGL*等，将流体划分为厚度相等的同心球壳。如果重力只作用于每个球壳的表面，并且所有表面上相等部分上受的重力相等。那么最上层表面*AEI*受到的压力即为其自身重力。根据命题19，此重力作用于最上层表面以及第二层表面*BFK*的所有部分，并且按照其各部分的大小受到相等的压力。同理，第二层表面*BFK*也会受到其自身的重力作用，而且此重力可以与最上层表面*AEI*向*BFK*施加的力

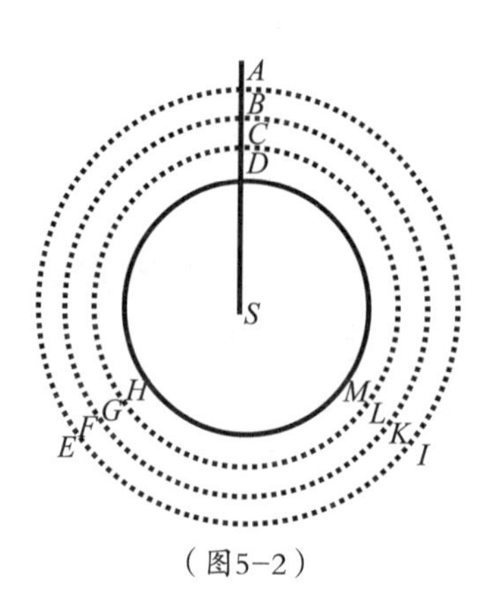

（图5-2）

相叠加，因此第二层表面BFK的所有部分受到的压力相对于第一层表面加倍。至于第三层表面CGL受到的压力，则可根据该力的大小，把CGL本身的重力与前两层表面施加于其上的压力相叠加，那么压力就变为第一层表面受到的压力的三倍。以此类推，第四层表面受到的压力是第一层的四倍，第五层表面受到的压力是五倍，依此类推则可推出以下的无数层表面受到的压力情况。因此每层表面受到的压力并不与该层流体的体积成正比，而是与该层球壳与流体的最上层球壳之间的球壳层数成正比。换言之，每层球壳受到的压力等于最上层表面的重力乘以该层数。令球壳的数量无限增加，则此时每层球壳的厚度无限减小，使得最上层球壳到最底层的重力作用可以连续。那么此时流体最上层受到的压力等于一个体积的重量，此体积与上述圆柱的最终比值为1。因此最底层表面承受的重量等于上述圆柱的重量。

证明完毕。

同理，根据下述理由也可以使该命题得证：如当各层球壳到中心的距离为任意确定比值时，流体的重力按该确定比值减小，又或是流体的外层部分比内层部分稀薄。

证明完毕。

推论1　底面受到的压力并不等于流体的总重量，而是只等于在命题中描绘的那个圆柱体部分的重力，至于流体剩余部分的重量则是由流体的球形表面承受。

推论2　不论流体表面受到的压力是平行于水平面，垂直于水平面，还是与水平面间有一个倾斜的角度，又或者是不论流体是沿直线垂直地从受压表面中向上涌出，还是倾斜地从一个蜿蜒曲折的洞穴或渠道中流出，也不论这些流体流出的通道是规则还是不规则的，宽阔的还是狭窄的，流体中到球心距离相等的部分受到的压力始终是相等的。并且其受到的压力并不会因为上述条件而有任何改变。因此若将本定理一一应用到流体的若干种情形中，则可证明这个推论。

推论3　根据命题19，运用与之相同的证明方法还可推出以下结论：除了因为流体的凝聚力而产生运动力，一个重量较大的流体中的各部分之间并不会因为流体上层重量的压力而产生相互运动。

推论4　如果有一个不会压缩的物体与流体的比重相同，那么将此物体放入流体中后，物体将会受到位于其上的流体的重力作用，但是这个物体并不会因为此重力的作用而在流体中运动。详细地说，就是在流体中，该物体既不会上浮也不会下沉，并且物体的形状也不会有任何改变。即无论该物体是柔软的，还是流体的，也不论物体是在流体中自由游动，还是沉在流体的底部，如果该物体是球形，那么在承受压力后，物体并不会因为此压力而改变形状。而如果物体是方形，那么在承受压力后，物体仍将维持其方形形状。因为流体内部的任意部分的状态与置入流体的物体的状态是相同的，而如果沉入流体的物体的尺度，形状以及比重相等，那么他们在流体中的状态也是相似的。如果保持沉入流体的物体的重量不变，但将各部分分解开来，并将此转化为流体，那么因为其重力和其他导致物体运动的原因都是保持不变的。所以，如果在物体分解前，无论物体是上浮还是下沉，在物体分解后，该物体仍将维持上浮或是下沉的状态。并且，如果在物体分解前，物体因为受到某种压力而改变形状，那么在物体分解后，它仍会改变为一种新形状。但是，由命题19情形5可得，它现在应是静止的保持其原形。情形相同。

推论5　如果物体的比重大于它邻近的流体，那么流体将下沉。而若物体的比重小于它邻近的流体，则物体将上浮。那么物体的运动或者形状的改变都与较邻近流体重力超出或不足的部分成正比。因为就如同在天平的一端增减重量，使整个天平得以保持平衡的情况，重力超出或不足的部分对于物体而言就类似于一次脉冲，它作用于流体的所有部分，从而流体的平衡状态被打破，物体因此开始运动。

推论6　置于流体中的物体具有双重重力。其中一个是其真正的重力，是绝对的，而另一个则是它的表面表现出的重力，是相对的。绝对重力指的是作用于物体从而使物体向下运动的全部力，相对重力则是物体超出周围流体的重力，但是它也使物体向下运动。但是两者间不同的是，绝对重力使流体以及物体的全部部分运动到适当位置，因此它们的重力组合在一起就构成了全部重力，因为正如同装满液体的容器一样，其中所有物质的全部重力合在一起就是总重量，并且所有部分的重量之和就等于总重量。所以总重量是由处于其中的所有部分组成的，但是相对重力则不会使物体运动到适当位置。通过相互比较后，此相对重力在流体受到的力中并不是主要力，而是阻碍相互间的下沉倾向，使其如同没有重量一样，停留在原处。上述结论如应用到空气中，则可得到如下结论：比空气轻的物质通常被视为是无重量的，而比空气重的物质则有重量。因为空气的重量不能承担比它重的物体，所以通常情况下，人们所说的重量即是物体的重量大于空气重量的那部分。同样，被称之为轻物质的重量非常小，轻于周围的空气，那么这类物质在空气中就会向上浮动。但是这些轻物质只是相对于空气的重量而言，而不是真正的没有重量。因为若将此物质放入真空，它仍会下沉。所以，在水中的物质会上浮或下沉，故在水中它的重量也是相对的，是与水相较显现出来的轻或重。物质表面显现出来的相对重力即为物质的真实重量相较于水而言超出或者不足的部分。虽然沉入水中的物体确实增加了流体的总重量，但是一般而言，那些比周围流体重却不下沉的物体，以及那些比周围流体轻却不上浮的物体，它们在水中是没有相对重量的。以下就开始说明这些情形。

推论7　若此重力是在其他任意一种有向心力的情况中，那么上述已证明过的结论仍然成立。

推论8 如果一介质受到其自身重力或其他向心力的作用，那么在此介质中运动的物体受到同样的力更强烈的推动作用，而这两种力的差就是这个更强烈的推动力。但在之前的命题19中，我将此力视为向心力。但是，如果受到这个力的推动作用较轻，那么这两个力的差则变为离心力（同样也可视为此力起离心力的作用）。

推论9 因为在流体中向置于其中的物体施加压力时，物体的外部形状并不发生改变。根据命题19的推论，流体内部各部分之间的相互位置关系也不会因此有任何改变。因此，如果将动物置于流体中，并且动物的所有知觉都由各部分的运动产生，那么除非动物的身体在受到压力时自动蜷缩，否则流体不会伤害处于其中的动物，也不会刺激起动物的任何知觉。而且，如果是一个物体系统全部沉入压迫流体中，那么情况也与上述情况相同。具体而言就是：除非流体妨碍了此系统的运动，或者是物体系统因为压力而被迫与流体结合，否则物体就会像处于真空中一样，受到相同运动的推动，因此只保留此相对重量。

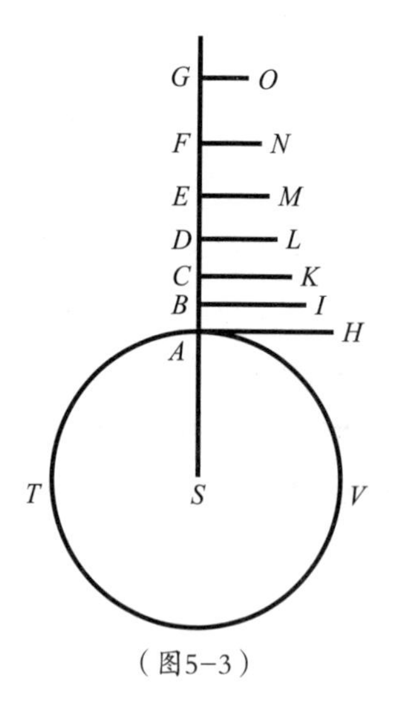

（图5-3）

命题21 定理16

假设一任意流体的密度与压力成正比，且流体各部分受到吸引的向心力与其到中心的距离的平方成反比，方向垂直向下。如果取出连续成正比的距离，那么到中心距离相等的流体部分的密度也连续成正比。（如图5-3）

假设ATV为流体的球形底面，S为这个球形流体的中心，SA、SB、SC、SD、SE、SF等为连续成正比的距离。作垂线AH、BI、CK、DL、EM、FN等，并取这些垂线的长度分别与点A、B、C、D、E、F等处的介质密度成正比，那么这些点的比重即与$\frac{AH}{AS}$、$\frac{BI}{BS}$、$\frac{CK}{CS}$等成正比，或者等价地与$\frac{AH}{AB}$、$\frac{BI}{BC}$、$\frac{CK}{CD}$等成正比。首先假设从A点到B点，B点到C点，C点到D点等流体中的重力都是均匀连续的，且B、C、D等处的重力逐级递减。根据定理15，作用于底面ATV的压力AH、BI、CK等即等于各点的重力分别乘以高度AB、BC、CD等。因此最底层的部分A受到所有的压力，即为压力AH、BI、CK、DL等直至无限，部分B受到的压力则等于除第一个压力AH之外的所有压力，而部分C受到的压力等于除前两个压力AH、BI的所有压力。而依此类推则可推出流体的最上层受到的压力。所以第一部分A的密度AH与第二部分B的密度BI之比等于所有压力（即$AH+BI+CK+DL+\cdots$直至无限）的和比除开AH外所有压力（即$BI+CK+DL+\cdots$直至无限）的和。同理，第二部分B的密度BI与第三部分C的密度之比，等于除开AH外的所有压力（即$BI+CK+DL+\cdots$直至无限）的和比除开AH、BI外的所有压力（即$CK+DL+\cdots$直至无限）的和。由此可知，这些和与它们间的差AH、BI、CK等成正比。根据第1编的引理1，可得所得的这些和也连续成正比，故与这些和成正比的差值AH、BI、CK等也连续成正比。如果从连续成正比的距离中每间隔一项就取出一个距离项，即为距离SA、SC、SE等，那么可得这些项也是连续成正比的，所以与这些距离对应处的介质密度AH、CK、EM也连续成正比。依类似理由，如果每间隔两项取出距离项，即为SA、SD、SG等，那么它们连续成正比，所以对应的密度AH、DL、GO也连续成正比。现在假设A、B、C、D、E等点无限趋于重合，使流体中由底部A到顶部的比重级数连续，因为任意距离SA、SD、SG连续成正比，那么与之对应的密度AH、DL、GO也连续成正比，所以这些密度此时仍然连续成正比。

证明完毕。

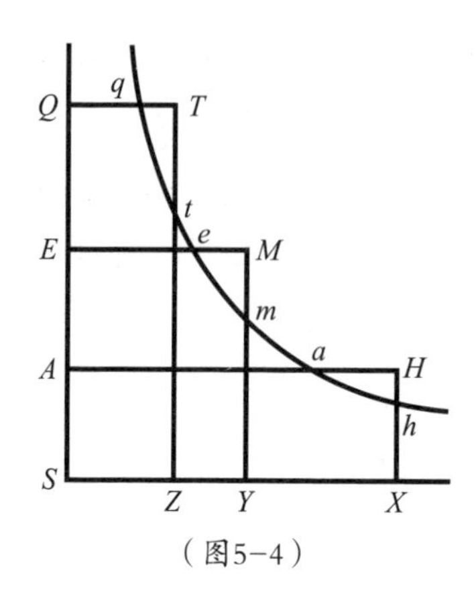

（图5-4）

推论　（如图5-4）如果已知A点和E点的流体密度，那么可求出任意其他部分Q的密度。以S为中心，互成直角的直线SQ、SX为渐近线，作一双曲线，且此双曲线与垂直于渐近线SQ的直线AH、EM、QT交于点a、e、q，而且也与垂直于渐近线SX的直线HX、MY、TZ交于h、m、t。作面积$YmtZ$与确定面积$YmhX$的比值等于确定面积$EeqQ$与确定面积$EeaA$的比值，延长zt剩下的线段QT与密度成正比。如果线段SA、SE、SQ连续成正比，那么面积$EeqQ$将等于面积$EeaA$，因此与它们分别成正比的面积$YmtZ$、$XhmY$也相等。并且显然地，线段SX、SY、SE，即AH、EM、QT连续成正比。于是，如果线段SA、SE、SQ按其他任意的顺序构成连续成正比的序列，那么因为双曲线面积是连续成正比的，则线段AH、EM、QT也将按上述相同的顺序构成另一个连续成正比的序列。

命题22　定理17

假设任意流体的密度与压力成正比，且流体各部分受到的吸引向心力与其到中心距离的平方成反比，而向心力的方向垂直向下。如果取出连续成正比的距离，那么相对应于这些距离处的流体密度将构成一等比级数。（如图5-5）

假设S为流体的中心，距离SA、SB、SC、SD、SE构成一个等比级数。作与A、B、C、D点的流体密度成正比的垂线段AH、BI、CK等。那么在这些点的流体比重等于$\frac{AH}{SA^2}$、$\frac{BI}{SB^2}$、$\frac{CK}{SC^2}$等。假设从A点到B点，B点

到C点，C点到D点等处的重力是均匀连续的，而表示压力的$\frac{AH}{SA}$、$\frac{BI}{SB}$、$\frac{CK}{SC}$等，即等于这些点的重力乘以高度AB、BC、CD、DE等，或者等价地，等于

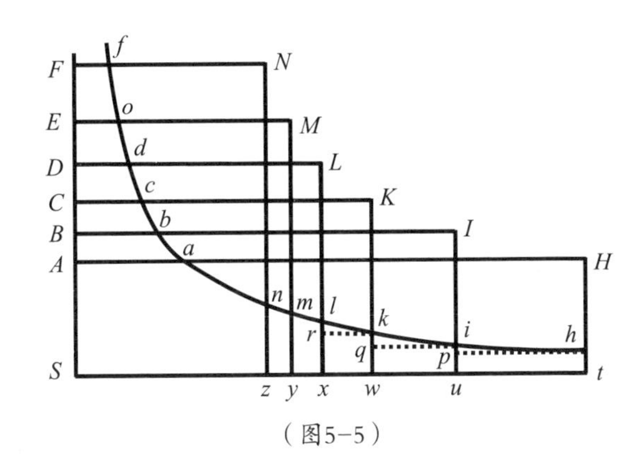

（图5–5）

重力乘以与上述高度成正比的距离SA、SB、SC等。因为密度与这些压力之和成正比，所以密度之差$AH-BI$，$BI-CK$等与压力的和之间的差$\frac{AH}{SA}$、$\frac{BI}{SB}$、$\frac{CK}{SC}$等成正比。之后以S为中心，SA、Sx为渐近线，作一条任意的双曲线，此双曲线与垂直于渐近SA的直线AH、BI、CK等交于点a、b、c等，与垂直于渐近线Sx的直线Ht、Iu、Kw相交于h、i、k。那么密度的差tu、uw等则分别与$\frac{AH}{SA}$、$\frac{BI}{SB}$等成正比，即是与Aa、Bb等成正比。根据双曲线的性质，$SA:AH$（或St）$=th:Aa$，因此$\frac{AH\times th}{SA}=Aa$。以此类推，$\frac{BI\times ui}{SB}=Bb$，等等。但是因为$Aa$、$Bb$、$Cc$等连续成正比，故它们也与它们间的差$Aa-Bb$，$Bb-Cc$等成正比，所以可推出矩形$tp$、$uq$等与上述的差值成正比，由此可得：这些矩形也与矩形的和$tp+uq$（或是$tp+uq+ur$）和这些和值的差$Aa-Cc$（或$Aa-Dd$）成正比。假设这些项中有数项与所有矩形的和$zthn$成正比，同样也假设所有差的和，如$Aa-Ff$，也与所有矩形的和$zthn$成正比。增加项的数目并减小点A、B、C…的距离以至无穷，则那些矩形之和就等于双曲线的面积$zthn$，因此所有差的和$Aa-Ff$与双曲线面积$zthn$成正比。取任意点A、D、F，使距离SA、

无动力飞行

1793年，蒙戈尔兄弟设计的飞船升空，那是人类第一次尝试无动力飞行。热气球升降是通过加热空气，利用热空气稀薄且比较轻，从而带动气球上升的原理。因无任何动力系统，其驾驶的速度完全依靠风速和风向。

SD、*SF*构成一个调和级数，那么差$Aa-Dd$，$Dd-Ff$将相等。所有与上述差成正比的面积*thlx*、*xlui*相互间相等，并且密度*St*、*Sx*、*Sz*，即*AH*、*DI*、*FN*连续成正比。

证明完毕。

推论　如果已知流体中的任意两个密度*AH*、*BI*，那么即可求出与密度的差*tu*对应的面积*thiu*。因此通过求出面积*zhnz*，它与之前求出的面积*thiu*的比值等于差$Aa-Ff$与$Aa-Bb$的比值，由此可求出在任意高度*SF*处的密度*FN*。

附　注

同理可证，如果流体中各部分的重力与其到中心距离的三次方成正比，并且与距离*SA*、*SB*、*SC*等的平方成反比，如$\frac{SA^3}{SA^2}$、$\frac{SA^3}{SB^2}$、$\frac{SA^3}{SC^2}$。上述是按照等差级数取值，如果照这样取值，那么我们会看到，密度*AH*、*BI*、*CK*等将构成一个等比级数。而如果重力与距离的四次方成正比，并且与距离立方的倒数$\left(\text{即}\frac{SA^4}{SA^3}、\frac{SA^4}{SB^3}、\frac{SA^4}{SC^3}\right)$成正比，按等差级数取值，那么*AH*、*BI*、*CK*等也构成一个等差级数。依此类推，可至距离的无限次方。同理，如果流体各部分的重力在流体中是处处相等的，且按照一个等差级数取出距离，那么将如同哈雷先生曾发现的一样，流体各部分的密度将构成一个等比级数，而如果重力与距离成正比，且各部分距离的平方按等差级数排列，那么密度构成的仍然是一个等比级数。依此类推直至无限。在下述情况下，上面的所有情形仍然成立，比如当流体受到压迫力的作用时，流体会凝聚，此时流体的密度与受到的压力成正比，或者等价地，当物体的体积（即流体占据的空间）与压力成反比时。而依据上文，同样可以设想出其他的流体凝聚规律，比如凝聚力的立方与密度的四次方成正比，或者是压力间比值的三次方等于密度间比值的四次方，在此情况下，如果流体中各部分的重力与其到流体中心距离的平方成反比，那么流体的密度将与距离的立方成反比。假设压力的立方与密度的五次方成正比，那么在此压力的作用下，如果流体各部分的重力与距离的平方成正比，则密度与距离的$\frac{3}{2}$次幂成反比。而若假设压力与密度的平方成正比，在此压力的作用下，如果流体各部分的重力与其到中心距离的平方成反比，那么密度与距离也成反比。但是如果将上述的情形都运算一遍，则未免太冗长了。但是通过实验即可确认，空气中的密度是非常精确地与压力成正比，或至少它们间的正比关系也是非常近似的。因此地球大气层中的空气密度与上层空气的全部重量成正比，体现在测量工具上，就是与气压表中的水银柱高度成正比。

命题23　定理18

如果相互离散的离子构成了一个流体，且这个流体的密度与压力成正比，那么各粒子的离心力与其到流体中心的距离的平方成正比。反之，如果相互离散的粒子构成了一个弹性流体，且各粒子的离心力与其到中心距离的平方成反比，那么流体各部分的密度与其受到的压力成正比。（如图5-6）

假设流体置放于一个立方空间ACE内，而当流体受到某个压迫力时，流体被压缩到能置放进一个更小的立方空间ace中。在这两个立方空

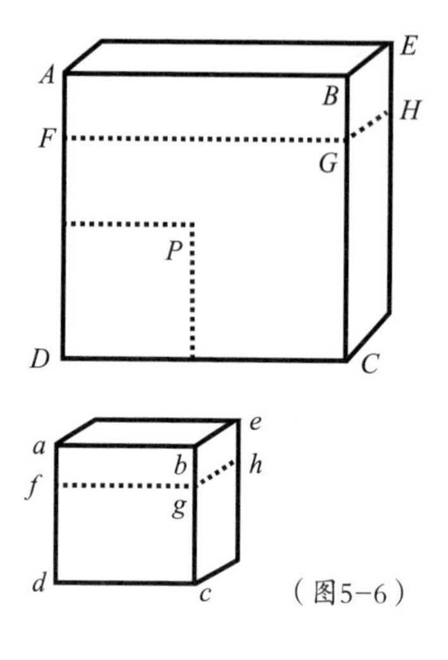

（图5-6）

间中，粒子间距离的相互位置关系相似：其粒子间距离都与各自所在的立方体的边AB、ab成正比，并且流体的密度分别与所在立方空间的体积AB^3、ab^3成反比。在较大立方空间上的一个平面$ABCD$取一个正方形DP，使DP等于小立方空间的正方形db。根据假设条件，正方形DP对其内的密封流体有压迫作用，此压迫力与正方形db对其内密封流体的压迫力之比等于两个流体的密度之比，即$ab^3:AB^3$。但若是同在大立方流体中，其平面边DB对流体的压迫力与正方形DP对相同流体的压迫力之比等于正方形DB与正方形DP之比，即$AB^2:ab^2$。将上两式的对应项相乘，得正方形DB对其内密封流体的压迫力与正方形db对其内密封流体的压迫力之比等于ab比AB。分别在这两个立方空间中插入平面FGH、fgh，使这两个平面分别把流体分为两个部分，而流体的这两部分相互间的压力等于平面AC、ac对它们施加的压力，即这两部分间的压力比等于ab比AB，并且已知维持流体受到该压力的是流体的离心力，这些离心力相互间的比值也等于ab比AB。因为在这两个立方体中，构成流体的粒子数量相等，粒子相互间的位置关系相似，并且被平面FGH，fgh隔开的立方体内，所有粒子作用于全体的力与各离子间相互作用的力成正比，因此大立方体被平面FGH隔开后，各粒子间相互作用的力与小立方体被平面fgh隔开后，各粒子间相互作用的力之比等于ab比AB，于是可推出各粒子间的力与粒子间的距离成反比。

反之亦然。如果流体中单个粒子的力与距离成反比，换而言之，即是这个力与粒子所在的立方体的边AB，或ab成反比，并且这些力的和也与边AB、ab成反比，而且它们同时与DB、db各边受到的压力成正比。因此正方形DP的压力与边DB受到的压力之比等于 $ab^2:AB^2$。上两式的对应项相乘，得正方形DP受到的压力与边db受到的压力之比等于ab^3比AB^3。换而言之，一个立方体的压力与另一个立方体的压力之比等于前者的密度与后者的密度之比。

证明完毕。

附　注

同理：如果各粒子的离心力与其到流体中心距离的平方成反比，那么流体受到的压力的立方与密度的四次方成正比。而如果离心力与距离的三次方或四次方成反比，那么压力的立方与密度的五次方或六次方成正比。通常，如果用D表示距离，E表示受压迫流体的密度，并且粒子的离心力与距离的任意次幂D^n（此幂的指数为n）成反比，那么压力则与幂E^{n+2}的立方根成正比（此幂的指数为$n+2$），而反之亦然。但上述所有情形都必须发生在离心力仅存在于相邻粒子间的情况下，又或者是粒子相互间的距离不大的情况下。磁体就是一个这方面的好例子。当在磁体间置入一个铁板时，因为与磁体的距离较远的粒子所受到的磁体的吸引力比铁板对此粒子的吸引力弱，所以磁体内的吸引力会因此而减弱，或者说在该铁板上时就几乎没有了。那么，如果参照此方法，粒子对位于它附近的同类粒子有排斥作用，但对距离其较远的粒子则几乎没有吸引作用。所以由这类型的粒子构成的流体即为本命题中讨论的流体。而如果粒子的吸引力朝它的各个方向无限扩散，那么若要构成一个密度与之相等但量更大的流体，则需要流体间有一个更大的凝聚力。但是不论弹性流体是否是由相互排斥的粒子构成的，此问题都属于物理学问题。在此，我们只在数学层面上证明由这类粒子构成的流体的性质。哲学家若对此问题有兴趣，可以尝试讨论一下这个问题。

第6章　摆体的运动及其受到的阻力

命题24　定理19

如果在若干个摆体运动时，其摆动中心到悬挂中心的距离相等，那么摆体中物质的量之比等于两个比值复合而得到的比值，其中一个比值为当摆体在真空中运动时，其摆动时间的比值，另一个比值即为摆体的重量的比值。

因为在已知时间内，一个已知力使已知物质产生的速度与这个力和时间成正比，与物质成反比。详细地说，就是当这个已知力越大，或者时间越长，又或者是摆体内物质越少时，力产生的速度就越大。此命题可以运用运动定律二来证明。如果各摆体的摆长的长度相等，并以摆与水平面垂直的地方为标准点，那么在摆距此点的距离相等的地方，摆的驱动力与重量成正比。因此，如果两个摆体在运动时划过的弧相等，并且把这些相等的弧划分为若干个相等部分，那么，因为摆体划过弧的相应部分所用的时间与总摆动时间成正比，故摆体在这些相应部分的速度的比值与驱动

秋千

秋千的晃动是典型的单摆运动，即在有一定阻力的现实状态下，使其获得一个推力，由此借助向心力作周期不断减小的往复运动。秋千在运动过程中反复进行着重力势能与动能的转化，其不断减小的阻力主要来自空气摩擦。在理想状态的真空中，它的运动将永不停止。

力和总摆动时间皆成正比，与物质的量成反比。由此可推出物质的量与驱动力和摆动时间成正比，与速度成反比。但是，因为速度与时间成反比，所以时间的平方与时间成正比，与速度成反比，因此物质的量与驱动力和摆动时间的平方成正比，即与摆体重量和时间的平方成正比。

证明完毕。

推论1　如果各摆体的摆动时间相等，那么各个摆体的物质的量与重量成正比。

推论2　如果各摆体的重量相等，那么各摆体内物质的量与时间的平方成正比。

推论3　如果各摆体内物质的量相等，那么摆体的重量与时间的平方成反比。

推论4　因为在各个摆体中，摆动时间的平方与摆的长度成正比，故如果时间以及物质的量都相等，那么摆的重量与摆长成正比。

推论5　通常，摆体内物质的量与摆的重量以及摆动时间的平方成正比，与摆长成反比。

推论6　当摆体在无阻力介质中运动时，摆体内物质的量与摆体的相对重量和时间的平方成正比，与摆长成反比。因为如上文中所提到的，相对重量是摆体在任意重介质中运动的驱动力，因此相对重量的这种驱动作用与真空中的绝对重量的作用相同。

推论7　由此可推导出一种方法：通过比较各摆体内物质的量，以及比较相同摆体摆动到不同点时摆体的重量，可得摆体重力的变化。而且通过极为精密的实验，我发现摆体内物质的量始终与摆体的重量成正比。

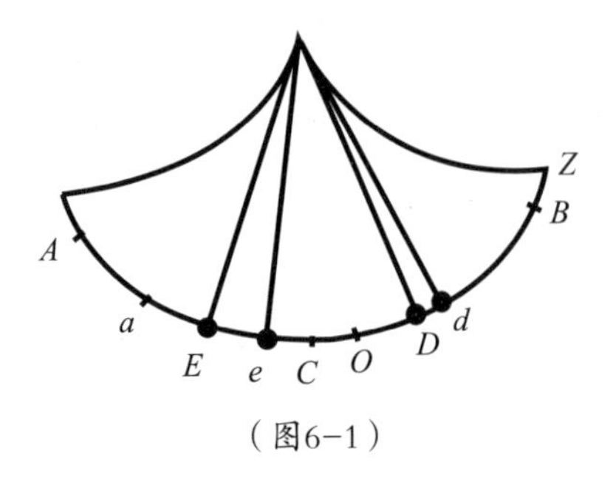

（图6-1）

命题25 定理20

当摆体在任意介质中运动时，受到的阻力与时间的变化率成正比，如果与该摆体比重相同的摆体在无阻力介质中运动，介质中的两个摆体在相等时间内都划出一条摆线，并且它们同时划出的弧段成正比。（如图6-1）

假设*AB*是当摆体在无阻力介质中运动时所划过的一段摆线弧。点*C*是弧*AB*的平分点，故*C*点是弧*AB*的最低点。物体在任意点*D*、*d*、*E*受到的加速力分别与弧*CD*、*Cd*和*CE*的长度成正比，那么这些加速力就可用这些相应的弧表示，因为阻力与时间的变化率成正比，故阻力是已知的。因此用摆线弧的已知部分*CO*表示阻力，并且取弧*Od*与弧*CD*的比值等于弧*OB*与弧*CB*的比值。那么如果摆体在阻碍介质内运动，则摆体在点*d*受到的力等于力*Cd*大于阻力*CO*的那部分，摆体在点*d*受到的力用弧*Od*表示。因此此力与当摆体在无阻力介质中摆动时在点*D*受到的力之比等于弧*Od*与弧*CD*的比值。同理，当摆体运动到点*B*时，对应的上述两种力之比等于弧*OB*与弧*CB*的比值。于是，如果两个摆体*D*、*d*同时从点*B*出发，并且受到上述两个力的推动，因为在摆体开始摆动时，摆体受到的力分别与弧*CB*和弧*OB*成正比，则这两个摆体的初速度之比与摆体开始运动时划过的弧之比相等。假设两个摆体开始摆动时划过的弧分别为*BD*和*Bd*，那么余下的弧*CD*与*Od*的比值也相同。而因为在摆体开始运动时受到的力分别与弧*CD*和*Od*成正比，故这两个力的比值也等于上述比值，所以两个摆体在这之后继续共同划过的弧也等于这一比值。由上所述，得出力，速度以及余下的弧*CD*、*Od*皆是始终与整条弧*CB*、*OB*成正比，故余下的弧是两个摆体共同划过的，所以摆体*D*和*d*同时到达点*C*和点O。详细地说，即当摆体在无阻力介质中运动时摆体到达的点为点C，而阻碍介质中运动的摆体则在此时到达点O。因为两个摆体在点C和O的速度分别与弧CB、OB成正比，所以当摆体从这两点开始继续运动时，之后摆体所共同划过的更远的弧之间的比值也是相等的。现在假设这两条弧为CE、Oe。当摆体O在无阻力介质中运动时，摆体在点E受到的阻力与力CE成正比，而当摆体d在阻碍介质中运动时，摆体d在点e受到的阻力与力Ce和阻力CO的和成正比，也即是与Oe成正比。因此这两个摆体受到的阻力与弧CB和OB成正比，同样也与弧CE和Oe成正比。所以按此相同比例减小的速度间的比值也等于这个相同的比值，因为速度之比以及摆体以这些速度划过的弧的比值也始终等于已知比值CE比OB。所以，如果按此相同比值取这个弧长AB与aB的比值，那么摆体D与摆体d将同时划过其相应的整段弧，并且同时分别在点A和点a停止摆动，故这两个摆动过程所需时间是相等的，或者说这两个过程是在同一时间内完成的，而在任意时间内，摆体同时划过的弧，比如弧BD和弧Bd，弧BE和弧Ee，都分别与整段弧长BA和弧Ba成正比。

推论　摆体在阻碍介质中运动时，其最大速度并不是在最低点C出现，而是在点O，即总弧长Ba的平分点O。而摆体从点O继续向点a运动时，摆体的减速度等于摆体从点B到点O时的加速度。

命题26　定理21

如果若干个摆体受到的阻力与其速度成正比，那么这些摆体将沿同一摆线运动，且总摆动时间相等。

如果两个摆体分别到其悬挂中心的距离相等，但在摆动过程中，它们所划过的弧长并不相等，而两个摆体的对应弧段之间的比值等于总弧长之比。那么与速度成正比的阻力间的比值也等于相应弧之间的比值。

因此，如果一个重力与这个弧长成正比，那么从由这个重力产生的驱动力中减去或者加上上述阻力，则得到的和或差之间的比值也等于弧之间的比值。而且，因为速度的增量和减量也与这些差或和成正比，所以速度始终与总弧长成正比。如果在某种情况下，速度与总弧长成正比，那么速度间的比值将始终为同一个比值。但是当摆体开始下落，并划过这些弧时，运动初期摆体受到的力产生的速度将与这些弧成正比。所以速度始终与总弧长成正比，两个摆体划过其对应的总弧长所用的时间相等。

证明完毕。

命题27　定理22

如果摆体受到的阻力与摆体速度的平方成正比，那摆体在阻碍介质中的摆动时间，减去比重与之相等的摆体在无阻力介质中运动的摆动时间，所得的差近似地与摆动时划过的弧长成正比。（如图6-2）

假设有两个摆体的摆长相等，当这两个摆体在阻碍介质中运动时，它们划过弧长为A和B，且A和B不相等。那么摆体在划过弧A时受到的阻力与在划过弧B的相应部分时受到的阻力之比，等于相应的速度的平方的比值，即近似等于AA比BB。如果摆体沿弧B运动时摆体受到的阻力与摆体沿弧A运动时摆体受到的阻力之比，等于AB比AA，那么根据命题26，摆体划过弧A和弧B所用的时间的比值为1。因此弧A的阻力AA使摆体划过弧A，其所用的时间大于在无阻力的情况下，摆体经过弧A所用的时间；同样，弧B

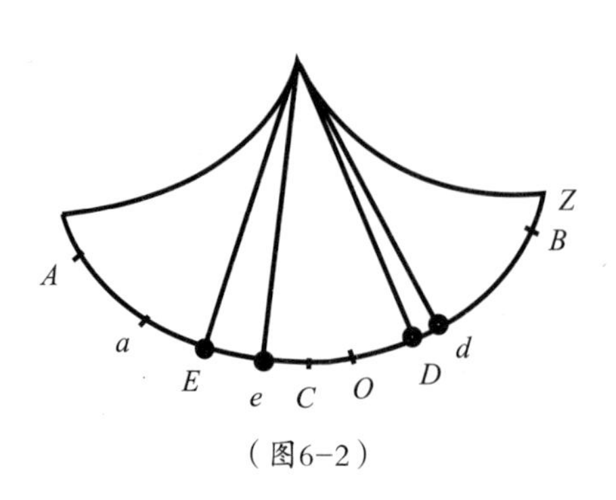

（图6-2）

的阻力BB也使摆体经过弧B的时间大于在无阻力情况下，物体经过弧B所用的时间。而这些超出的时间部分，分别近似地与效力AB和BB成正比，即是与弧A和弧B成正比。

证明完毕。

推论1　当两个摆体在阻碍介质中运动时，根据摆体划过不等弧所用的摆动时间，可求出当两个摆体的比重相等，且这两个摆体在无阻力介质中运动时摆体的摆动时间。因为相较于摆体在无阻力介质中运动时摆体划过较短弧所用的时间，摆体在阻碍介质中划过相同弧所用的时间较大。故此摆动时间的差与上述那部分超出的时间之比，等于两个摆体划过的不等弧的差与较短弧之比。

推论2　如果摆体运动时划过的弧越短，那么两个摆体的摆动时间就越相近。而且如果摆体的弧极短，那么这个摆体在阻碍介质中的摆动时间近似等于该摆体在无阻力介质中的摆动时间。因为相较于摆体划过的弧长而言，在摆体下落过程中，其受到的阻力使摆动时间延长，而在上升过程中，其受到的阻力使时间缩短，且前一个阻力要大于后一个阻力，故物体摆动的弧较大时，所需的摆动时间略长。但是无论摆动弧是长还是短，摆动时间似乎都会因为介质的运动而延长。不过当两个摆体减速时，其受到的阻力之比要小于摆体的速度之比，并且当两个摆体加速时，摆体受到的阻力的比值要大于匀速运动的该比值。因为当介质从摆体中获得运动后，介质就与摆做同向的运动，而且在摆体下落时，摆体受到的推动较强，而在摆体上升时，受到的推动较弱，这就使摆体的运动过程中有了快慢的变化，所以相较于速度而言，摆体在下落时受到的阻力较大，而摆体在上升时，其受到的阻力则较小。但无论阻力的大小，只要是阻力就会使摆动的时间延长。

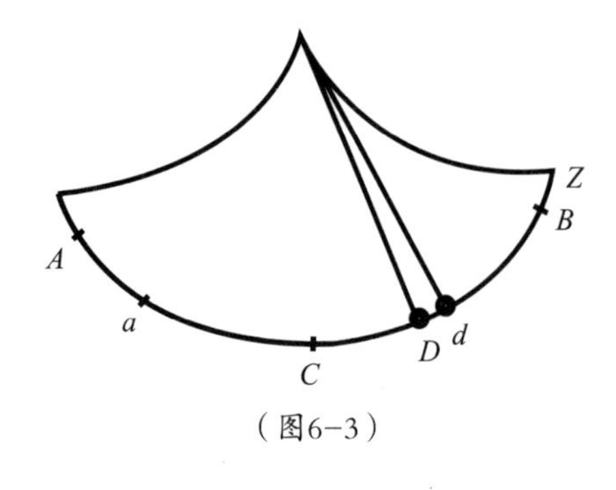

（图6-3）

命题 28　定理 23

当摆体沿一条摆弧线运动时，摆体受到的阻力与时间的变化率成正比。已知摆体下落时划过的总弧长大于物体上升时划过的总弧长，那么摆体受到的阻力与重力之比等于物体下落与上升时划过的摆长的差值与两倍摆长之比。（如图6-3）

用BC表示摆体下落时划过的弧长，而物体上升时划过的弧长用Ca表示，Aa则表示上述两个弧长的差。剩余的其他条件则与命题25的条件相同。那么摆体在任意点D受到的作用力与阻力的比值等于弧CD与弧CO的比值（已知CO等于$\frac{1}{2}Aa$）。因此摆体在摆线的一端（或可称为摆线的最高点）受到的力（因为当时尚无阻力作用于摆体，故此时这个力等于重力）与阻力的比值等于摆线的最高点与最低点C间的弧长即为弧BC比弧CO。把上述比值都乘以2后，重力与阻力之比即等于整个摆弧（或称为摆长）的两倍比弧Aa。

证明完毕。

命题 29　问题 6

已知一个摆体沿摆线运动时，受到的阻力与速度的平方成正比。求此摆线各点的阻力。（如图6-4）

已知Ba是摆体在一次全摆动时所划过的弧长，C是此摆线的最低点，CZ为整个摆线弧的一半，即等于摆体的摆长。要求出在任意点D处摆体的阻力。首先在直线CQ上选取四个特定的点O、S、P、Q，这四个点应能满足以下的条件：过这四点分别作垂直于直线OQ的垂线OK、

ST、PI、QE，再以点O为圆心，直线OK、OQ为渐近线，作出双曲线$TIGE$，且$TIGE$分别与垂线ST、PI、QE交于点T、I、E。过点I作平行于渐近线OQ的直线KF，且直线KF与渐近线OK交于点K，而分别与垂线ST、QE交于点L和点F。那么在此图形画好后，双曲线面积$PIEQ$与双曲线面积$PITS$的比值等于摆体下落时划过的弧BC与上升时划过的弧Ca的比值，而面积IEF与面积ILT的比值则等于OQ比OS。然后再在直线OQ上取一点M，过M作直线MN垂直于OQ，且MN与双曲线交于点N，使得双曲线面积$PINM$与双曲线面积$PIEQ$的比值等于弧CZ与摆体下落时划过的弧BC的比值。如果在直线OQ上取一点R，使垂线段RG切割出的双曲线面积$PIGR$与面积$PIEQ$的比值等于任意弧CD与摆体下落时划过的总弧长BC的比值。那么摆体在任意点D受到的阻力与重力之比，等于面积$\frac{OR}{OQ}EF-IGH$与面积$PINM$的比值。

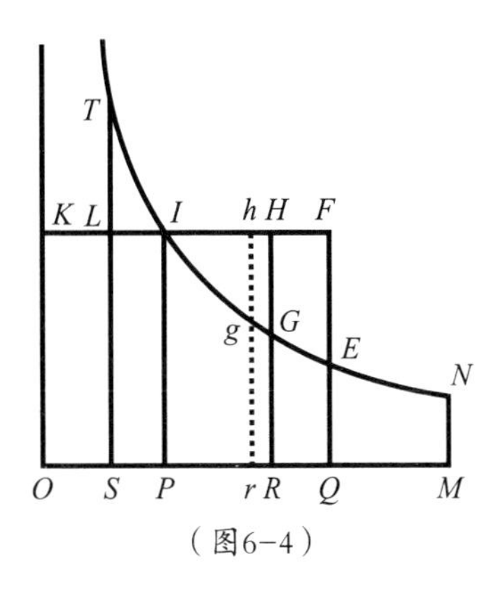

（图6-4）

已知重力在点Z、B、D、a处作用于摆体的力分别与弧CZ、弧CB、弧CD、弧Ca成正比，而这些弧又分别与面积$PINM$，面积$PIEQ$，面积$PIGR$，面积$PITS$成正比，所以可以用这些面积分别表示相应的弧和摆体受到的力。假设Dd是摆体下落时划过的极短弧，并用位于平行线RG，rg之间的极小面积$GRrg$表示。延长rg至点h，使面积$GHhg$和面积$GRrg$分别为面积IGH和面积$PIGR$的瞬间减量。那么面积$\frac{OR}{OQ}IEF-IGH$的增量为$GHhg-\frac{Rr}{OQ}IEF\left(\text{或等于}Rr\times HG-\frac{Rr}{OQ}IEF\right)$，而面积$PIGR$的减量则为面积$RGgr$（或是$Rr\times HG$），且上述增量与减量的比值等于$HG-\frac{IEF}{OQ}$

与RG的比值，因此这个比值也等于$OR \times HG - \frac{OR}{OQ}IEF$与$OR \times GR$（或$OP \times PI$）之比。因为$OR \times HG = OR \times HR - OR \times GR = ORHK - OPIK = PIHR = PIGR + IGH$，那么这两个量的比值也等于$PIGR + IGH - \frac{OR}{OQ}IEF : OPIK$。所以如果面积$\frac{OR}{OQ}IEF - IGH$用$Y$表示，且面积$PIGR$的减量$RGgr$已知，那么面积$Y$的增量与$PIGR - Y$成正比。

已知重力在点D处对摆体的作用力与摆体将来会划过的弧CD成正比。如果该作用力用V表示，此点的阻力则用R表示，那么$V - R$即为摆体在点D受到的总力。因此速度的减量与$V - R$乘以产生此增量的时间成正比。但是速度本身与同一时间内物体划过的距离成正比，与此时间段成反比。并且因为根据已知条件，阻力与速度的平方成正比，而由引理2又可得到，阻力的增量与速度和速度的增量的乘积成正比，也即是与距离的变化率和$V - R$的乘积成正比。所以，如果已知距离的变化率与$V - Y$成正比，即如果$PIGR$代表力V，而其他任意面积Z表示阻力R，那么距离的变化率与$PIGR - Z$成正比。

因此面积$PIGR$按确定的变化率均匀减少，而面积Y按$PIGR - Y$的比值增加，面积Z则按$PIGR - Z$的比值增加。于是如果假设物体同时开始画出面积Y和Z，并且在开始阶段面积Y等于面积Z，那么在面积Y和Z中增加入相同的面积变化后，这两个面积仍然相等，而面积Y和Z若按相同变化率减小，那这两个面积将同时变为零。而反之亦然。当面积同时开始且同时变为零时，这两个面积的变化率相等，且在变化的过程中这些面积始终相等。因为若阻力Z增加，那么此时速度以及物体上升过程中划过的弧长Ca都会比原来的值小。而在摆体运动的过程中，运动与阻力都消失的那一点则无限趋近于点C，故阻力与面积Y消失得较快。反之，如果阻力减小，那么速度以及弧长Ca增大，运动与阻力消失的那一点则远离点C。

现在在面积Z开始产生和最终消失时阻力都为零，即当摆体开始运动时，弧长CD等于弧长CB，且直线RG与QE重合。而当摆体停止运动时，弧长CD则等于弧长Ca，且直线RG与ST重合。当阻力等于零处，面积$Y$$\left(\text{或为}\dfrac{OR}{OQ}IEF-IGH\right)$开始产生，并且面积$Y$也在此点消失，因此此时$\dfrac{OR}{OQ}IEF$等于$IGH$。如图6-4所示，即直线$RG$先后与直线$QE$和$ST$重合。由此可得，上述面积同时开始产生并最终同时消失。因此，在此过程中，它们始终相等。因为面积Z表示阻力，面积$PINM$表示重力，而且面积$\dfrac{OR}{OQ}IEF-IGH$等于面积Z，那么面积$\dfrac{OR}{OQ}IEF-IGH$与面积$PINM$的比值等于阻力与重力之比。

推论1　当摆体运动到最低点C时，阻力与重力之比等于面积$\dfrac{OR}{OQ}IEF$与面积$PINM$之比。

推论2　当摆体运动到摆线上某点时，面积$PIHR$与面积IEF的比值等于OR比OQ，那么摆体在此点受到的阻力为最大值。因为在这个点，阻力的变化率（即$PIGR-Y$）等于零。

推论3　根据此命题的上述证明过程，同样也可求出摆体在各点的速度。因为速度与阻力的平方根成正比，并且在摆体开始运动时，摆体的速度等于摆体在无阻力介质中，沿此相同摆线运动时，它在开始运动时的速度。

然而，因为运用本命题来求出阻力和速度时，其计算过程非常困难。所以我们补充了下列的命题使计算过程简化。

命题30　定理24

已知摆体划过的摆线弧长。如果作线段aB等于此摆线弧长，过aB上的任意点D作直线DK垂直于aB，且取线段DK与摆长之比等于在摆线

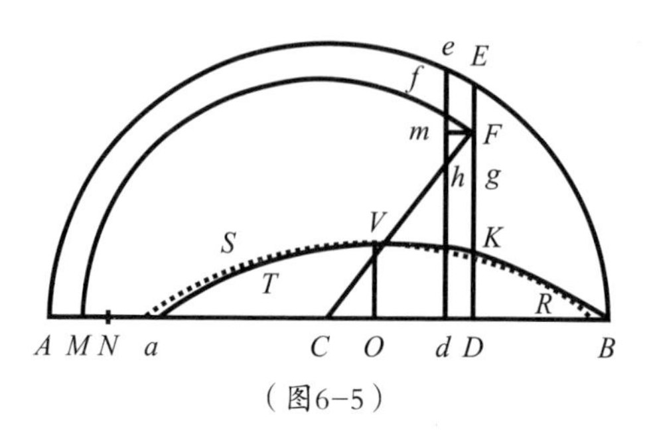

（图6-5）

上相应的点处摆体受到的阻力与重力之比。那么摆体在下落时划过的整段弧长减去摆体上升时划过的整段弧长，所得到的弧差乘以这两段弧长的和的一半，等于所有垂线构成的面积*BKa*。（如图6-5）

已知摆体在一次全摆动过程中划过的摆线弧长。假设此摆线弧长用与之相等的直线*aB*表示。而相同摆体在真空中做一次全摆动的过程中，其划过的弧长则用长度*AB*表示。作出直线*AB*的中心*C*，那么点*C*则表示上述摆线的最低点，而线段*CD*则与重力产生的力成正比，这个力使摆体经过点*D*时受到朝向摆线切线方向的作用，此力与摆长之比等于在点*D*的力与重力之比。所以这个力可以用*CD*表示，重力则可用摆长表示。如果在直线*DK*上取出一条线段*DK*，使*DK*与摆长的比值等于阻力与重力的比值，那么线段*DK*则可表示阻力。以点*C*为圆心，线段*CA*或*CB*为半径，作一个半圆*BEeA*。假设摆体在极短时间内划过的弧长为*Dd*，并分别过点*D*、*d*作垂线*DE*、*de*，与圆交于点*E*、*e*，那么正如第1编命题52中曾证明过的，线段*DE*、*de*分别与当摆体在真空中从点*B*开始下落时，到达点*D*和*d*的速度成正比。因此这两个速度可以分别用垂线段*DE*、*de*表示。而当摆体在阻碍介质中，从点*B*下落到点*D*时，摆体获得的速度则用*DF*表示。如果以点*C*为圆心，*CF*为半径，作半圆*FfM*。此半圆分别与线段*de*、*AB*交于点*f*、*M*。因此如果在摆体上升的过程中并未受到阻力的作用，那么摆体能到达的最高点此时即变为点*M*，而*df*则为摆体在点*d*达到的速度。于是同样地，当摆体*D*划过极短弧*Dd*时，因为摆体受到阻力的作用而使速度产生了变化，如果这个速度的变化率用*Fg*表示，且取线段

CN等于Cg，那么当摆体在无阻力介质中运动时，其能到达的最高点即为点N，而由此速度减量产生的上升减量则用MN表示。作直线Fm垂直于df，并且由阻力DK产生的速度DF的减少量为Fg，而由力CD产生的速度DF的增加量则为fm，那么减量Fg与增量fm的比值等于作用力DK与作用力CD的比值。因为$\triangle Fmf$、$\triangle Fhg$和$\triangle FDC$这三个三角形都相似，故可得$fm : Fm$（或Dd）$= CD : DF$，上两个比例式的对应项相乘，得$Fg : Dd = DK : DF$。又因为$Fh : Fg = DF : CF$，而且又将上述两个比例式的对应项相乘，得Fh（或MN）$: Dd = DK : CF$（或CM）。因此所有的$MN \times CM$之和等于所有的$Dd \times DK$之和。如果始终在动点M处作一个直角纵坐标，并且它的长度始终等于不定线段CM的长度（线段CM在连续运动中乘以总长度Aa）。而且因为摆体做这个运动时产生的四边形$\left(\text{此四边形也等价为乘积}Aa \times \frac{1}{2}aB\right)$等于所有的$MN \times CM$的和，故这个梯形也等于所有的$Dd \times DK$之和，也即为面积$BKVTa$。

证明完毕。

推论　若已知摆体运动时阻力的规律，以及弧长Ca与CB的差Aa，那么即可求出阻力与重力的近似比值。

如果阻力DK是均匀的，那么图形$BKTa$就是以Ba和DK为邻边的矩形，因此$\frac{1}{2}Ba \times Aa = Ba \times DK$（即是其边为$\frac{1}{2}Ba$和$Aa$的矩形等于以$Ba$和$DK$为边的矩形），故$DK = \frac{1}{2}Aa$。因为线段$DK$表示阻力，摆长表示重力，那么阻力与重力之比等于$\frac{1}{2}Aa$与摆长之比（此证明过程与命题28的证明完全相同）。

而如果阻力与速度成正比，那么图形$BKTa$则近似于一个椭圆形。因为如果摆体在无阻力介质中做一次全摆动时摆体划过的总弧长为长度

刹车装置

刹车装置就是根据摩擦力所起的反作用原理制成的。在碟形刹车器上，液压会迫使摩擦板紧压同样绕着轮轴旋转的一个金属碟，造成刹车效果。图为对这种碟形刹车器的测试，它所产生的巨大摩擦力甚至使它自身变热而擦出火花，因此刹车装置必须使用高耐热性的特殊材料来制作。

BA，在任意点D的摆动速度与直径AB与圆之间的纵轴DE成正比。因为当摆体在阻碍介质中运动时，它在一段时间内划过的弧是Ba，而当摆体在无阻力介质中运动时摆体在同一时间内划过的弧为BA，故摆线上各点的摆动速度与其在长度AB上对应的点的摆动速度的比值等于弧Ba与弧BA的比值，又当摆体在阻碍介质中运动时摆体运动到点D的速度与端点在直径Ba上的圆或椭圆的纵线成正比，所以图形$BKVTa$近似于一个椭圆形。又因为由假设条件可知，阻力与速度成正比。设OV表示摆体在中点O处的阻力，以O为中心，OB、OV为半轴，作椭圆$BRVSa$，那么$BRVSa$近似于图形$BKVTa$，以及与之相等的乘积$Aa\times BO$。因此$Aa\times BO$与$OV\times BO$的比值等于这个椭圆的面积与$OV\times BO$之比，化简即得，Aa比OV等于半圆面积与其半径的平方的比值，或者是近似等于11∶7。所以$\frac{7}{11}Aa$与摆长之比等于摆体在O点的阻力与重力之比。

如果阻力DK与速度的平方成正比，那么图形$BKVTa$近似于一条抛物线，其中此抛物线的顶点为V，轴为OV，故$BKVTa$也近似等于$\frac{2}{3}Ba\times OV$。于是可推出$\frac{1}{2}Ba\times Aa=\frac{2}{3}Ba\times OV$，因此$OV=\frac{3}{4}Aa$，而摆体在点$O$的阻力与重力之比等于$\frac{3}{4}Aa$比摆长。

以上所得的这些比值都只是近似值，但是在实际运用过程中，这个精确度就已经足够了。因为椭圆或抛物线$BKVSa$与图形$BKVTa$在中点V处相交。如果该图形位于BKV或VSa的一侧的部分较大，那么在另一侧的该图形的部分则较小，因此椭圆或抛物线始终与图形$BKVa$近似相等。

命题 31　定理 25

如果在摆体运动时划过的弧成正比，划过这些弧时作用于摆体的阻力按照一个确定的比例增加或减少，那么摆体下落过程中划过的弧减去在随后的上升过程中划过的弧，所得的差也会按此确定比例增减。（如图6–6）

因为命题中的弧差是因为介质阻力使摆体的速度减小而产生的，因此这个弧差与速度的总减量成正比。又因为使摆体的速度减小的阻力与这个速度的总减量成正比，故这个弧差也与减速阻力成正比。由命题30可知，$\frac{1}{2}aB$与弧CB、Ca的差Aa的乘积等于面积$BKTa$。如果aB的长度保持不变，那么面积$BKTa$将按纵轴DK增减的比例而增大或减小，即面积$BKTa$与阻力成正比，而因为aB的长度保持不变，故面积$BKTa$与阻力和长度aB的乘积成正比。由此可得，Aa乘以$\frac{1}{2}aB$等于aB与阻力的乘积，所以Aa与阻力成正比。

推论1　如果阻力与速度成正比，那么在相同介质中摆体下落和上升过程中划过的弧的差与摆体划过的总弧长成正比。反之亦然。

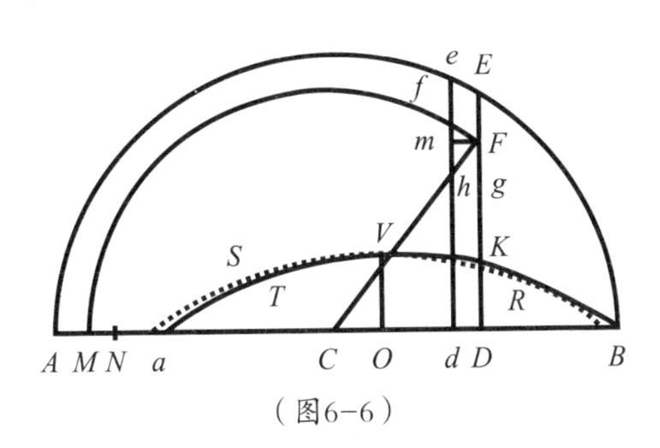

（图6–6）

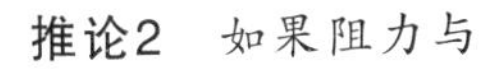

推论2　如果阻力与

速度的平方成正比，那么在相同介质中摆体下落和上升过程中划过的弧的差与摆体划过的总弧长的平方成正比。反之亦然。

推论3 通常情况下，如果阻力与速度的三次方，或是速度的其他任意次幂成正比，那么在相同介质中摆体下落和上升过程中划过的弧的差与摆体划过的总弧长的相同次幂成正比。反之亦然。

推论4 如果阻力部分与速度成正比，而部分与速度的平方成正比，那么在相同介质中摆体下落和上升过程中划过的弧的差部分与摆体划过的总弧长成正比，部分与总弧长的平方成正比；反之亦然。因此阻力相对于速度的定律以及比值等于弧差与总弧长的相应定律以及比值。

推论5 如果摆体连续划过不等的弧，并能求出此弧差相对于该弧长增量或减量的比，则可求出当速度发生变化时，随之变化的阻力增量或减量间的比值。

总 注

根据这些命题，我们可以运用摆体在介质中的摆动求出该介质的阻力。因此我通过以下实验求出了空气的阻力。首先取一个重$57\frac{7}{22}$盎司，直径为$6\frac{7}{8}$英寸的木质球，将它用细线悬挂在牢固的钩子上，且这个钩子与球体摆动中心的距离为$10\frac{1}{2}$英尺。在悬线上距离悬挂中心10英尺1英寸处作一个标记，并在该点放置一把以英寸为单位的直尺，那么运用这个装置，就可以观察到摆体划过的长度。然后在球体摆动的过程中，当球体失去其运动的$\frac{1}{8}$时，记下此时球体摆动的次数。如果把摆体从自然下垂位置拉开2英寸，然后放手让其开始运动，那么在摆下落过程中划过的弧长即为2英寸，并且摆的第一次为全摆动（即是由球体下落过程以及随后的上升过程构成的整个摆动过程）划过的弧长差不多等于4英寸。通过实验可知，当摆的运动损失了$\frac{1}{8}$时，球体的摆动次数为164次，并且在球体最后一次上升过程中，摆划过的弧长为$1\frac{3}{4}$英寸。而如果在摆第一次下落过程中划过的弧长为4英寸，那么当球体的运动损失了$\frac{1}{8}$时，球体的摆动次数为121次，并且球体最后一次上升过程中划过的弧长为$3\frac{1}{2}$英寸。与上述两个过程相同，如果摆在第一次下落过程中划过的弧长分别为8、16、32和64英寸，那么当摆失去其运动的$\frac{1}{8}$时，相应的摆动次数分别为69、$35\frac{1}{2}$、$18\frac{1}{2}$和$9\frac{2}{3}$。因此在上述的1、2、3、4、5、6次情况中，摆第一次下落过程中划过的弧长减去最后一次上升过程中划过的弧长，所得的差分别为$\frac{1}{4}$、$\frac{1}{2}$、1、2、4、8英寸。根据每次情况中的摆动次数，将这些差分为相应的等份，那么每次情况中摆动平均划过的总弧长分别为$3\frac{3}{4}$、$7\frac{1}{2}$、15、30、60、120英寸。于是摆体下落及其随后的上升过程中划过的弧的差分别等于$\frac{1}{656}$、$\frac{1}{242}$、$\frac{1}{69}$、$\frac{4}{71}$、$\frac{8}{37}$、$\frac{24}{29}$英寸。根据这些数据可得，若摆动幅度较大，那么这些弧差近似等于摆动中划过的弧长的平方，而如果摆动幅度较小，则弧差略大于弧长的平方。根据本编命题31推论2，可知：当摆体的速度非常大时，球体受到的阻力近似地与速度的平方成正比，而如果摆的速度较小，则受到的阻力与速度的平方的比值略大于上述比值。

现在，如果当摆体任意摆动时，达到的最大速度用V表示，并且A、B、C为确定量，那么可以假设这些弧长的差为$AV+BV^{\frac{3}{2}}+CV^2$。因为在摆动过程中，摆体能达到的最大速度与摆动过程中划过的弧长的一半成正比，而在圆周运动中，最大速度则与这个弧的弦长的一半成正比。所以当摆划过的弧长相等时，摆线上的速度与圆周上的速度之比等于弧的一半与弧的弦之比，并且摆线上的速度要大于圆周上的速度，故可得圆周运动的总时间大于摆动时间，它们间的比值与速度成反比。由上述结论易推出，与阻力和时间的平方的乘积成正比的这些弧差在圆周和摆线上几乎是相等的。因为一方面当弧差增大时，速度也会按此简单比例增加，所以近似与弧和弦的比值的平方成正比的弧差随阻力的增大而增大；而另一方面，当摆线运动中的弧差减小时，弧差也按弧与弦的相同比值的平方，并且随时间的平方一起减小。因此为了将这些实验所做的观察的范围缩小到摆线运动上，必须取这些弧差等于我们在圆周运动中观察到的弧差，同时假设摆动中的最大速度近似正比全弧长的一半或是全弧长，即正比于数$\frac{1}{2}$、1、2、4、8、16。因此，在第2、4、6次情况中，V的取值分别为1、4、16，那么在第2次情况中，弧差$\frac{\frac{1}{2}}{121}=A+B+C$；在第4次情况中，弧差$\frac{2}{35\frac{1}{2}}=4A+8B+16C$；而在第6次情况中，弧差$\frac{8}{9\frac{2}{3}}=16A+64B+256C$。根据这三个方程求解，得$A=0.000\,091\,6$，$B=0.001\,084\,7$，$C=0.002\,955\,8$。将这三个值带入原方程中，得弧差等于$0.000\,091\,6V+0.001\,084\,7V^{\frac{3}{2}}+0.002\,955\,8V$。将命题30的推论运用到这种情况中，由于当摆体运动到弧的中间时，速度为V，球体的阻力与其重量之比等于$\frac{7}{11}AV+\frac{7}{10}BV^{\frac{3}{2}}+\frac{3}{4}CV^2$与摆长的比值，再带入$A$、$B$、$C$的值，那么球体的阻力与重量之比则等于$0.000\,058\,3V+0.000\,759\,3V^{\frac{2}{3}}+0.002\,216\,9V^2$与摆长的比值（即为摆的悬挂中心与直尺间的距离，即121英寸）。由于在第2次情况中V等于1，第4次情况中V等于4，而第6次情况中V等于16，所以在第2、4、6次情况中，阻力与重量之比，第2次为0.003 034 5∶121，第4次为0.041 748∶121，第6次为0.617 05∶121。

在第6次情况中，实验中细线上标记的点所划过的弧长为$120-\frac{8}{9\frac{2}{3}}$英寸$\left(\text{或}119\frac{5}{29}\text{英寸}\right)$，而因为半径为121英寸，且悬挂点到球心之间的摆长为126英寸，故球心划过的弧长等于$124\frac{3}{31}$英寸。由于空气对球体有阻力作用，因此摆动中的球体并不是在摆体划过的弧的最低点达到最大速度，而是在接近整段弧的中点处达到此最大速度，那么最大速度近似等于该球体在无阻力介质中摆动时，划过上述弧长的一半$\left(\text{即}62\frac{3}{62}\text{英寸}\right)$时达到的速度，并且此速度还近似等于上述实验中化简摆的运动后沿此摆线运动所达到的速度。因此最大速度等于当球体从相当于这个弧的正矢的高度垂直下落后，最终达到的速度。而在摆线运动中，球心划过的弧的正矢与弧长为$62\frac{3}{62}$英寸的弧之比等于相同的弧$\left(\text{即}62\frac{3}{62}\text{英寸的弧}\right)$与2倍252英寸的摆长之比，故弧的正矢等于15.278英寸。综上所述，摆的最大速度等于该球体从高度为15.278英寸处垂直下落所获得的速度。当球体摆动的速度为此最大速度时，球体受到的阻力与其重量之比等于0.617 05∶121，而如果我们只取与速度的平方成正比的那部分阻力，那么阻力与重量之比等于 0.567 52∶121。

而通过流体静力学的实验，我发现这个木质球的重量和体积与之相等的水球的重量之比等于55∶97。因为121与213.4的比值与这个比值近似，那么当这个水球按上述最大速度运动时，其受到的阻力与它的重量之比等于0.567 52∶213.4$\left(\text{即为}1:376\frac{1}{50}\right)$。而又因为当水球做匀速运动时，其连续划过的长度为30.556英寸时，水球的重量将产生下落球体的全部速度，那么易知，在相同时间内，球体受到阻力连续而均匀的作用后，球体的速度将会被抵消一部分，这部分的速度与整个速度之比等于$1:376\frac{1}{50}$，即该损失的速度为总速度的$\frac{1}{376\frac{1}{50}}$。所以若该球体连续做匀速运动，当它划过的长度相当于其半径的长度$\left(\text{即}3\frac{7}{16}\right)$时，在这段时间内，球体损失的运动为其运动的$\frac{1}{3\ 342}$。

同样，我也记录下了当摆体在其摆动过程中失去了其运动的$\frac{1}{4}$部分时，球体的摆动次数。在下表中，第一列的数字代表了摆体在第一次下落过程中，摆体划过的弧长，单位为英寸；第二列数字则代表摆体在最后一次上升过程中，其划过的弧长；而最后一列数字为球体的摆动次数。在这里，我之所以要补充这个实验，是因为此实验比上述实验（即球体失去其运动的$\frac{1}{8}$部分的实验）更为精确。而相关的运算过程在此就不再加以详述了，有兴趣的读者可以自己算一算。

第一次下落	2	4	8	16	32	64
最后一次上升	$1\frac{1}{2}$	3	6	12	24	48
摆动次数	374	272	$162\frac{1}{2}$	$83\frac{1}{3}$	$41\frac{2}{3}$	$22\frac{2}{3}$

在此实验完成后，我又用铅球做了另一个实验。首先取出一个重$26\frac{1}{4}$盎司，直径为2英寸的铅球，并把它用细线系在相同钩子上。与上述实验相同，其悬挂中心到球心的距离为$10\frac{1}{2}$，并且也记录下球体失去其给定部分的运动时，它的摆动次数。下列表中第一个表代表球体失去其运动部分的$\frac{1}{8}$时，球体的摆动次数，而第二个表则是球体失去其运动的$\frac{1}{4}$时，球体的摆动次数。

第一次下落	1	2	4	8	16	32	64
最后一次上升	$\frac{7}{8}$	$\frac{7}{4}$	$3\frac{1}{2}$	7	14	28	56
摆动次数	226	228	193	140	$90\frac{1}{2}$	53	30

第一次下落	1	2	4	8	16	32	64
最后一次上升	$\frac{3}{4}$	$1\frac{1}{2}$	3	6	12	24	48
摆动次数	510	518	420	318	204	121	70

从第一个表中，取出第3次、第5次、第7次的实验记录，而这些记录中的最大速度则分别用1、4、16表示，并且如同前一个实验一样，此最大速度用变量V表示。那么可得第3次观察中$\frac{\frac{1}{2}}{193}=A+B+C$，第5次观察中，$\frac{2}{90\frac{1}{2}}=4A+8B+16C$，第7次观察中$\frac{8}{30}=16A+64B+256C$。根据这三个方程求解，得$A=0.001\ 414$，$B=0.000\ 297$，$C=0.000\ 879$。因此，当球体以速度$V$运动时，它受到的阻力与其重量$26\frac{1}{4}$盎司之比等于$0.000\ 9V+0.000\ 208V^{\frac{3}{2}}+0.000\ 659V^2$与摆长（121英寸）之比。但如果只取出阻力中与速度的平方成正比的部分，那么这部分阻力与球体重量之比等于$0.000\ 659V^2$比121英寸。但是在第一个实验中，这部分阻力与木球的重量（$57\frac{7}{22}$盎司）之比等于$0.002\ 217V^2$比121英寸。因此，当木球与铅球的速度相等时，木球受到的阻力与铅球受到的阻力之比等于$\left(57\frac{7}{22}\times 0.002\ 217\right):\left(26\frac{1}{4}\times 0.000\ 659\right)$，即$7\frac{1}{3}:1$。而两个球的直径分别为$6\frac{7}{8}$英寸和2英寸，那么它们的直径的平方之比即为$47\frac{1}{4}:4$，近似等于$11\frac{13}{16}:1$。因此以相同速度运动的这两个球体受到的阻力之比小于两个球体的直径平方之间的比值。但是在此我们尚未考虑细线在球体摆动时受到的阻力，虽然细线受到的阻力毫无疑问是相当大的，也应该将它从已求出的摆体受到的阻力中减去。但是因为我无法求出此阻力的精确值，而只能确定这个阻力大于一个摆长较小的摆受到的总阻力的$\frac{1}{3}$，所以根据此结论求出，当分别减去细线受到的阻力后，两球体受到的阻力之间的比值近似等于两个球体的直径平方的比值。因为$\left(7\frac{1}{2}-\frac{1}{3}\right):\left(1-\frac{1}{3}\right)$，或者是$10\frac{1}{2}:1$，这两个比值都与直径的平方之比$11\frac{3}{16}:1$非常近似。

因为当球体较大时，细线受到的阻力的变化率较小，所以我又取出一个直径为$18\frac{3}{4}$英寸的球体，用这个球照上述过程做实验。取悬挂点与摆动中心间的摆长为$122\frac{1}{2}$英寸，悬挂点与摆线上的标记点间的距离为$109\frac{1}{2}$英寸。那么根据实验得到的数据，当摆开始运动后的第一次下落过程中，标记点划过的弧长为32英寸，而在其摆动五次后，在最后一次上升过程中，标记点划过的弧长为28英寸。这两段弧长的和或者在此过程中，摆体的一次全摆动划过的平均弧长为60英寸，且这两段弧长的差为4英寸。此弧长的$\frac{1}{10}$，或者在摆体下落和上升时划过的弧的差的平均值，等于$\frac{2}{5}$英寸。因为在一次平均全摆动中，标记点划过的总弧长为60英寸，而球心在此过程中划过的总弧长为$67\frac{1}{8}$英寸，那么这两个总弧长间的比值 $60:67\frac{1}{8}$即等于其半径之比$109\frac{1}{2}:122\frac{1}{2}$，同时半径之比也等于弧长$\frac{2}{5}$与新的弧差0.447 5之比。如果摆体划过的弧长保持不变，那么摆长应按$126:122\frac{1}{2}$的比值增加，而摆动时间也会相应增加，摆的速度则按上述比值的平方变小。因此摆体在下落过程中划过的弧长与随后的上升过程中划过的弧长的差（如无特别说明，下文中的弧差都是指此弧差）0.447 5会保持不变。而如果摆体划过的弧按$124\frac{1}{31}$与$67\frac{1}{8}$的比值增加，那么弧差0.447 5则会按此比值的平方增大，所以此时的弧差为1.529 5。由假设条件可知，摆体受到的阻力与速度的平方成正比，故可推出如果摆划过的总弧长为$124\frac{1}{31}$英寸，且悬挂点与摆动中心的距离为126英寸，那么下落与上升过程中的弧差为1.529 5英寸。此弧差乘以下摆体的重量208盎司，得318.86。同理，在第一个木质球的实验中，取悬挂点到摆动中心的距离为126英寸，且摆动中心划过的总弧长为$124\frac{1}{31}$英寸，那么弧差为$\frac{126}{121}\times\frac{8}{9\frac{2}{3}}$。将此弧差乘以木球的重量$57\frac{7}{22}$，得49.396。

在此，我之所以用这些弧差乘以球体的重量，是为了求出球体受到的阻力。因为这些弧差是球体受到阻力作用后产生的，并且其与阻力成正比，与重量成反比，故两个球体受到的阻力之比为318.316：49.396。但是当球体较小时，与速度的平方成正比的这部分阻力与总阻力的比值等于0.567 52：0.616 75，即约等于45.453：49.396。然而当球体较大时，与速度的平方成正比的那部分阻力则几乎与总阻力相等，所以这两个阻力的比值近似等于318.136：45.453，约等于7：1。而两球体的直径分别为$18\frac{3}{4}$和$6\frac{7}{8}$英寸，则直径的平方的比值$351\frac{9}{16}$比$47\frac{17}{64}$近似等于7.438：1，即与球体受到的阻力的比值近似相等。因为这两个比值的差值不可能大于细线受到的阻力，故如果两个球体相等，那么在它们的速度相等时，与速度的平方成正比的那部分阻力与两球体直径平方的比值成反比。

然而，在上述实验中，所使用的最大球体并不是完全的球形，而且为了使计算过程简化，故忽略了一些微小的差量，因此上述实验其实并不是非常精确的，所以没有必要过多考虑计算的精确性。如果要让实验更精确，那么我希望在做上述实验时，不再只单独观察一个球体，而是取出更多球体，并且这些球体更大，形状也更趋近于球形。如果按等比级数选取球的直径，并且假设它们分别为4、8、16、32英寸，则可根据实验过程中记录下的级数，推出当球体较大时，摆体的运动情况。

同样，我也做了以下实验，以比较不同流体的阻力。首先取出一个长4英尺、宽1英尺、高1英尺的木质容器。在此不加盖的容器中注入泉水，并在泉水中放进一个摆体，使其在水中运动。其中挂在摆线上的铅球重$166\frac{1}{6}$盎司，直径为$3\frac{5}{8}$英寸，而悬挂点到细线上某一标记点的摆长为126英寸，悬挂点到摆动中心的距离为$134\frac{3}{8}$英寸，实验中得到的相关数据如下表所示。

第一次下落时标记点划过的弧长（英寸）	64	32	16	8	4	2	1	$\frac{1}{2}$	$\frac{1}{4}$
最后一次上升划过的弧长（英寸）	48	24	12	6	3	$1\frac{1}{2}$	$\frac{3}{4}$	$\frac{3}{8}$	$\frac{3}{16}$
与损失的运动成正比的弧差（英寸）	16	8	4	2	1	$\frac{1}{2}$	$\frac{1}{4}$	$\frac{1}{8}$	$\frac{1}{16}$
水中的摆动（次数）			$\frac{29}{60}$	$1\frac{1}{5}$	3	7	$11\frac{1}{4}$	$12\frac{2}{3}$	$13\frac{1}{3}$
空气中的摆动（次数）		$85\frac{1}{2}$	287	535					

根据表中第4行记录的实验数据，当摆体在空气中摆动535次后，其损失的运动等于此摆体在水中运动$1\frac{1}{5}$次时损失的运动。而摆体在空气中的摆动确实略快于在水中的摆动。但是，如果摆体在水中的摆动按此比率加快，使得最终在空气中和水中的摆动保持一致。那么在水中，此时球体的摆动次数仍为$1\frac{1}{5}$次，而且摆体损失的运动也等于加速前摆体损失的运动。因为阻力增大了，但时间的平方也按此相同比值的平方减小。因此在空气中和水中的摆体速度相等时，在空气中经过535次，在水中经过$1\frac{1}{5}$次摆动，所损失的运动相等。故摆体在水中受到的阻力与在空气中的阻力之比为$535:1\frac{1}{5}$。而此比值反映的就是在第4行的情况中总阻力的比值。

当摆体以最大速度V在空气中运动时，假设弧差用$AV+CV^2$表示。因为在第4行实验中的最大速度与第2行实验中的最大速度之比为$1:8$，而且在这两次实验中，摆体划过的弧差之比为$\frac{2}{533}:\frac{16}{85\frac{1}{2}}$，或写为$85\frac{1}{2}:4\ 280$，故分别令这两次实验中的速度为1和8，而弧差则为$85\frac{1}{2}:4280$，于是得到$A+C=85\frac{1}{2}$，$8A+64C=4\ 280$（或$A+8C=535$），解这两个方程，得$7C=449\frac{1}{2}$或$C=64\frac{3}{14}$，$A=21\frac{2}{7}$。因此之前与

$\frac{7}{11}AV+\frac{3}{4}CV^2$ 成正比的阻力，此时则与$13\frac{6}{11}V+48\frac{9}{56}V^2$成正比。在第4列的实验中，速度为1，那么摆体受到的总阻力比其正比于速度的平方的部分等于$13\frac{6}{11}+48\frac{9}{56}$或$61\frac{12}{17}:48\frac{9}{56}$。因此摆体在水中受到的阻力比在空气中所受到的与速度的平方成正比的那部分阻力（该部分是在快速运动时唯一值得考虑的），等于$61\frac{12}{17}:48\frac{9}{56}\times535\times1\frac{1}{5}$，即571：1。如果在其运动过程中，整条细线都是浸入水中的，那么此时它受到的阻力更大，而摆体受到的阻力情况与上述情况相似，即当摆体以相同速度分别在水中和空气中运动时，在水中所受到的与速度的平方成正比的那部分阻力（该部分是在快速运动时唯一值得考虑的）比在空气中所受到的阻力，约等于850：1，这个值近似等于水的密度与空气的密度之比。

在上述运算中，取出的摆的阻力部分与速度平方成正比，但奇怪的是，我发现水中阻力的增加大于速度的平方。究其原因，我想到也许水箱的宽度相对摆球体积太窄了，因此限制了水屈服于摆的运动。这是因为放入水中的摆球直径仅为1英寸时，阻力增加的比例几乎与速度平方成正比。此后，我做了一个双球摆实验。其中一个较轻的球放在下面，在水中摆动，而上面的那个较大的球则固定在细线上正好高于水面的地方，在空气中摆动。上面这个球正好能维持摆的较长久运动。实验结果如下表所示：

第一次下落弧长	16	8	4	2	1	$\frac{1}{2}$	$\frac{1}{4}$
最后一次上升弧长	12	6	3	$1\frac{1}{2}$	$\frac{3}{4}$	$\frac{3}{8}$	$\frac{3}{16}$
与损失运动成正比的弧差	4	2	1	$\frac{1}{2}$	$\frac{1}{4}$	$\frac{1}{8}$	$\frac{1}{16}$
摆动次数	$3\frac{3}{8}$	$6\frac{1}{2}$	$12\frac{2}{12}$	$21\frac{1}{5}$	34	53	$62\frac{1}{5}$

我还做了铁摆在水银中的摆动实验，来比较两种介质产生的阻力。

此铁摆的铁线摆长约3英尺，摆球直径约为$\frac{1}{3}$英寸。固定一个铅球在高于水银面的铁线上，此铅球大到足以使摆运动一段时间。之后交替在容量约为3磅水银的容器内注满水和水银，这使摆可以在不同流体中相继运动，从而求出它们间的阻力比值。根据实验数据可知，水银的阻力与水的阻力之比约等于13或14比1，也即是等于水银与水的密度之比。接下来我又取出了稍大的球，直径约等于$\frac{1}{2}$或$\frac{2}{3}$英寸，这次得出水银与水的阻力之比约为12：1或10：1。但是明显地前一个实验结果更可靠，这是因为在后一个实验中，容器并未随摆球增大，因此容器相对摆球而言太窄。我本想用更大的容器，然后在其中注入熔化的金属以及冷热液体，再重复这个实验，但是我没有时间来一一重复这些实验。此外，根据上述实验，似乎足以推导出速度较快的物体受到的阻力与它周围的流体密度似乎成正比。但此比例关系并不是精确的，因为若流体的密度相同，那么黏着性大的流体的阻力一定大于滑润流体，比如冷油的阻力大于热油，热油大于雨水，雨水又大于酒精。但是在易流动液体中（如空气、食盐水、酒精、松节油、盐类溶液、通过蒸馏过滤出杂质然后加热的油、矾油、水银和熔化的金属，以及那些通过摇晃容器可以对它们施加压力，然后它们就会运动一段时间，但在倒出后易分解为液滴的液体），上述比例关系应该是精确的，尤其是摆较大并在流体中快速运动时。

最后，因为一些人认为存在一种极为稀薄的精细以太介质，它们的粒子可以自由穿透所有物体中的缝隙，但这种穿透必然会引起某种阻力。于是为了验证物体运动时受到的阻力是否只是作用于外表面，或是其内部也受到了作用于外表面的作用力，我设计了以下实验。首先用11英尺长的细绳将圆松木箱悬挂起来，用钢圈挂在钢制钩子上，此钩子的上侧是锋利的凹形刀刃，这样钢圈的上侧可以更自由地在其上运动，细绳则系在钢圈的下侧。摆制成后，把它由垂直位置拉到与钩刃垂直的平面上，此时摆球被拉开的距离约为6英寸，这样钢圈就不会在摆运动时在钩子上滑动或偏移，因为悬挂点正好位于钢圈和钩刃的接触点，而此点是应该保持不动的。我记录下了摆拉开的精确位置，然后把它释放，记录下第1、2、3次摆动后摆球回到的位置。为了尽可能精确地记录下摆动位置，此过程应重复多次。接下来我称量了空箱重量，箱子上绳子的重量，以及钩子到箱子之间的绳子的一半重量（因为把摆从垂直位置拉开时，悬挂摆的绳子作用于摆的重量始终只有自身重量一半），在箱子中装满铅或者其他常见重金属，并且在计算重量时也加入了箱内空气的重量。空箱子的重量约等于装满金属后箱子重量的$\frac{1}{78}$。因为绳子会被装满金属的箱子拉长，从而摆长会增加，适当缩短绳子使之摆动时的摆长与空箱摆动时的摆长相等。再把摆拉到第一次记录的位置释放，观测到大约经过77次摆动后，箱子来到第二个记录位置，然后回到第三个记录位置的摆动次数也相等，同样到第四个记录位置的摆动次数也是相等的。由此推出，装满的箱子受到的阻力与空箱受到的阻力之比不大于78 ：77。这是由于如果它们的阻力相等，那么装满箱子的惯性比空箱的惯性大78倍，这就使它们的摆动时间之比也为此倍数，所以装满箱子应该在78次摆动后回到标记点，但是在实验中此摆动次数实际上是77次。

因此，假设A表示箱子的外表面受到的阻力，B表示空箱的内表面受到的阻力，而当物体内各部分的速度相等时，如果其受到的阻力与物质成正比，或者与受到阻力的粒子数量成正比，那么当箱子装满时，箱子内部受到的阻力为$78B$，所以空箱受到的总阻力$A+B$与装满的箱子受到的总阻力$A+78B$之比等于77：78，而根据分比得，$(A+B):77B=77:1$，故$(A+B):B=77\times77:1$，再根据分比得，得$A:B=5\,928:1$。由此得到，空箱内部受到的阻力相较于其外部受到的阻力要小5 000倍以上。但此结论是基于下面的假设：装满的箱子受到的阻力较大，并不是因为其他任意未知的原因，而是因为某些稀薄的流体作用于箱内的金属的力，这才是它受到的阻力较大的原因。

因为做这个实验时的原始记录已经遗失，而我又没有时间再重做一次这个实验了，故此实验只是我根据记忆描述的。但是由于一些细节已经遗忘了，我不得不略去它们。我第一次做这个实验时，选用的钩子很软，而装满的箱子的速度不一会儿就变慢了。通过观察，我发现之所以出现这种现象，是因为选用的钩子不够牢固，所以不足以承受箱子的重量，于是当箱子来回摆动时，钩子也会随着箱子的摆动而弯曲。因此我又重新选用了一个足够坚硬的钩子，使摆体在摆动时其悬挂中心得以固定下来，然后再做这个实验，那么就可以得到上述所有的情形了。

第7章　流体的运动；流体施加于抛体的阻力

命题32　定理26

假设两组数目相等的粒子构成了两个相似的物体系统。在这两个物体系统中，对应的粒子所在处的密度之比为一个定值，并且对应粒子位置相似，单个对应粒子相似，且互成正比。如果当粒子开始分别在所在系统中运动时，在两个互成正比的时间段内，粒子的运动相似。而且除非离子发生反射，否则在同一系统中的粒子互不接触。同样，粒子间既不相互吸引，也不会相互排斥，而是只受到一个加速力的作用，此力与速度的平方成正比，与对应粒子的直径成反比。那么在两个成正比的时间段内，这两个系统中的粒子将继续在各自的系统中运动，并且它们的运动仍然相似。

空气阻力

空气阻力是指空气对运动物体的阻碍力，是运动物体受到空气的弹力而产生的。实验表明，物体所受的阻力与其受力面大小和角度直接相关。如图所示，方形面为高阻力，球形面为中阻力，而阻力最低的为流线形，它的延展面与气流方向一致，是最为理想的空气动力学设计。

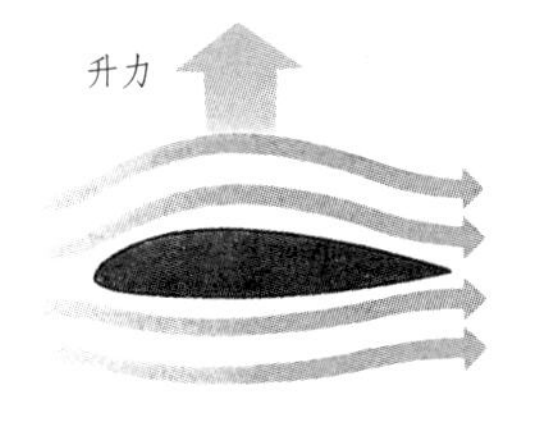

流线形：低阻力
航空器的机翼设计符合空气动力学，可以大大地降低阻力。

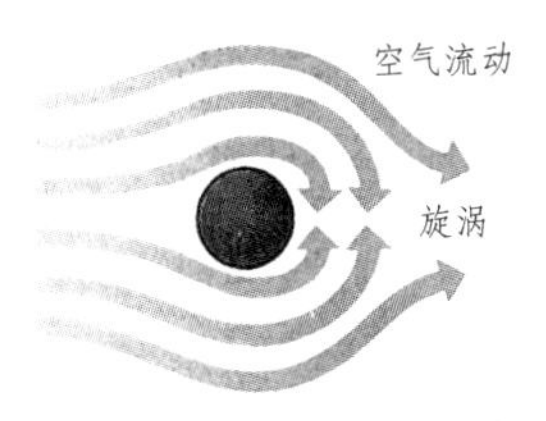

球形：中阻力

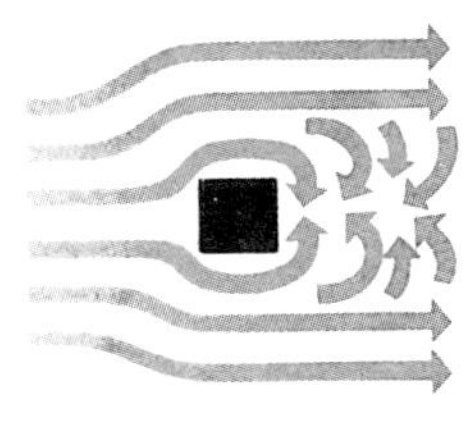

方形：高阻力

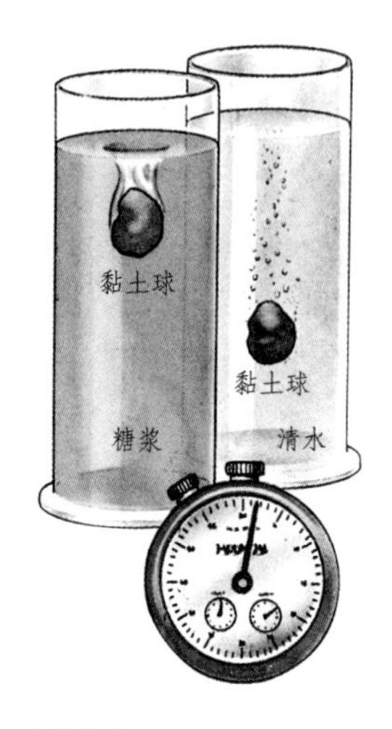

流体黏滞度实验

物体在流体中的运动与流体的黏滞度有直接关联，图中的实验显示了同一物体在不同黏滞度的液体中的运动状况。黏土球在高黏滞度的糖浆中的下沉速度慢于在低黏滞度的清水中的下沉速度，这表明了两种介质在流动性上的巨大差异。

在此命题中所说的相似的物体处于相似的位置，是指将两个系统中相对应的粒子相比较，当它们各自在两个成正比的时间段内做相似运动时，在这两个时间段段末粒子停留的位置仍然相似。又因为这两个时间段成正比，故在此时间内，两个系统中相对应的粒子经过的轨迹部分相似，且互成正比。因此如果假设现在有两个这样的系统，由于这两个系统中相对应的粒子开始运动时，它们的运动是相似的，故粒子接下来也会维持这种相似的运动，直至遇到另一个粒子。因为如果粒子没有受到任何力的作用，那么根据运动定律1，粒子将做匀速运动。但若相应粒子间确实存在某种力的作用，且此力与速度的平方成正比，与相应粒子的直径成反比；又因为粒子所在的位置相似，并且所受的力成正比，那么相应粒子受到的力都对粒子有推动作用，而且根据运动定律2，粒子受到的所有力复合而成的一个合力方向相似，产生的作用相同（其作用效果就如同此力是由各粒子的中心位置发出的力一样）且这些合力相互间的比值等于复合成这些合力的若干力相互间的比值，即合力与速度的平方成正比，与对应粒子的直径成反比，故这些合力将使对应粒子在继续运动后所划过的轨迹相似。根据第1编命题4、推论1和推论8，如果这些粒子的中心是静止的，那么上述结论成立。但是若中心是移动的，那么由于物体的运动是相似的，且粒子系统中的位置也会保持相似，故粒子的运动轨迹所发生的变化也是相似的。所以处于相应位置的相似粒子在移动过程中，其运动将继续保持相似，直到粒子间第一次相遇，之后粒子间会发生相似的碰撞，然后反弹回来，那么在反弹后粒子又会做上文论述的相似运动，直到它们再一次相撞。粒子会重复这样的运动直至无限。

证明完毕。

音爆

当物体接近音速时，会有一股强大的阻力，使物体产生强烈的振荡，从而使速度衰减。这一现象被俗称为“音障”。突破音障时，由于物体本身对空气的压缩无法迅速传播，逐渐在物体的迎风面积累而终形成激波面，在激波面上声学能量高度集中。这些能量传到人们耳朵里时，会让人感受到短暂而极其强烈的爆炸声，称为“音爆”。

推论1　如果任意两个物体与系统的对应粒子相似，且所处位置也相似。当物体在两个成正比的时间段内，以类似的方式在系统中开始运动时，它们相互间的密度之比和体积之比等于相应粒子的密度和体积之比。那么这两个物体在成正比的时间段内，会继续做相似的运动，因为这两个系统中多数情况是相同的，同样系统中粒子的多数情况也是相同的。

推论2　如果两个系统中，所有的相似部分也处于相似位置，且这些部分相互间保持静止，这些部分中最大的两个分处于两个系统的相应位置。当它们分别沿着两条位置相似的直线以任意相似的方式开始运动时，这两个部分的运动将刺激系统中剩余部分的运动，并且在两个互成正比的时间段内，系统中的这两个部分也会在系统的剩余部分中以相似的方式运动，因此其运动的距离和直径都互成正比。

命题33 定理27

条件与上述命题相同，系统中较大部分受到的阻力与此系统部分的密度、速度的平方、直径的平方三者间的乘积成正比。

因为系统中的粒子受到的阻力部分产生于粒子间相互作用的向心力或离心力，而部分则产生自粒子与较大部分间的碰撞以及反弹。上述第一类阻力相互间的比值与产生这一部分阻力的总驱动力成正比，即是与总加速力和对应部分物质的量的乘积成正比。根据假设条件可知，这部分阻力与速度的平方成正比，与相应粒子间的距离成反比，与物质的量成正比；且因为一个系统中粒子间的距离与另一个系统中相应粒子间的距离之比等于前一系统中粒子或部分的直径与另一个系统中相应粒子或部分的直径之比；而且也因为物质的量与系统中该部分的密度成正比，且与该部分的直径的立方成正比，故系统中一部分受到的阻力相互间的比值与该部分速度的平方以及直径的平方成正比，而且也与该部分的密度成正比。

而上文中的后一类阻力则与对应粒子或部分的反弹次数和这些反弹力的乘积成正比，其中反弹次数间的比值与系统中对应部分的速度成正比，与反弹间距成反比。而反弹力则与对应部分的速度、体积以及密度这三者间的乘积成正比，因为体积与直径的立方成正比，故反弹力与对应部分的速度、密度以及直径的立方这三者的乘积成正比。将上述所有的比值综合起来，即得到对应部分受到的阻力间的比值与其速度的平方、直径的平方以及密度这三者间的乘积成正比。

证明完毕。

推论1 如果两个系统如同空气一样是弹性流体，处于其中的各部分间相互保持静止。在流体的相似位置放置两个相似物体，并且这两个物体的体积和密度与其所在的流体部分成正比，将这两个物体朝相似的方向抛出，流体间各粒子相互作用的加速力与物体速度的平方成正比，与其直径成反比。那么当这两个物体在相应流体中运动时，在互成正比的两个时间段内，它们在流体中激起的运动相似，并且两个物体通过的距离相似，分别与其直径成正比。

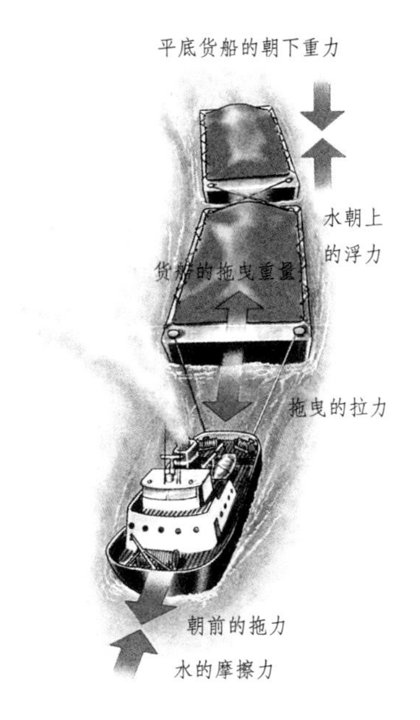

货船的受力

在这艘拖船和平底货船之间，有几种力同时发生作用：水的摩擦力的方向与船只行进的方向相反；货船重力朝下的力量与水对船向上的浮力相平衡；拖船前拖的力量与货船自身的重量相抗。

推论2　在相同的流体中，当抛体快速运动时，其受到的阻力近似地与速度的平方成正比。因为如果相隔较远的粒子相互作用的力与速度的平方成正比（即随速度的平方增大），那么抛体受到的阻力也精确地与该速度的平方成正比。因此如果一个介质中互不接触的部分相互间无任何力的作用，那么物体在此介质中运动时，受到的阻力精确地与其速度的平方成正比。由此假设有三个由相似粒子构成的介质A、B、C，且介质中各部分均匀分布，间距相等。介质A、B中各部分相互作用的力使这些部分相互远离，分别用T和V表示这些力，而介质C中则无任何力的作用。如果四个运动的物体D、E、F、G分别进入这三个介质，其中物体D和E分别在介质A和B中运动，物体F、G则在介质C中运动。如果物体D的速度与物体E的速度之比等于物体F的速度与物体G的速度之比，且此相等的比值等于力T与V的比值的平方根；则物体D受到的阻力与物体E受到的阻力之比也等于物体F受到的阻力与物体G受到的阻力之比，且这两个相等的比值等于其速度平方间的比值。所以物体D受到的阻力与物体F受到的阻力之比等于物体E受到的阻力与物体G受到的阻力之比。假设物体D的速度与物体F的速度相等，物体E的速度也等于物体G的速度，且物体D和F的速度按任意比值增加，而介质B中各部分间的力则按上述相等比值的平方减小，由此介质B将逐渐任意趋近于介质C的形状和条件。于是当速度相等的相同物体F和G分别在这两个介质中运动时，它们受到的阻力将趋于相等，直至最终这两个阻力的差小于任意给定值。因为物体D和F受到的阻力之比等于物体E和G所受阻力之比，故物体D和F受到的阻力也会按相似的方式变化，最终趋于相等。所以当物体D和F的速度非常大时，其受到的阻力极其近似。又因为物体F受到的阻力与速度的平方成正比，故物体D受到的阻力也近似地与速度的平方成正比。

推论3　当物体以极快速度在一弹性流体中运动时，其受到的阻力几乎就如同这个物体的各粒子间无离心力的作用，故各部分不会发生相互远离的情况。但是上述情况中的流体的弹性应由各粒子间的离心力产生，并且物体的速度非常大，使各粒子间没有足够的时间相互作用。

推论4　因为当相似物体在介质中（此介质中各距离较远的部分之间并没有相互的远离运动）以相等速度运动时，其受到的阻力与物体直径的平方成正比，故当物体以相等的极大速度在一个弹性流体中运动时，其受到的阻力近似地与物体直径的平方成正比。

推论5　因为当相似且相等的物体以相同的速度在密度相等的介质中运动时(介质中的这些粒子相互间无远离运动)，无论构成介质的粒子的大小及重量是多少，在同一时间内物体撞击的物质是等量的。所以物体对这些物质施加的运动量相等。而根据第三运动定律，反过来物体也会受到这些物质等量的反作用，即是受到的阻力相等。由此可证明，当物体以极大速度在密度相等的弹性流体中运动时，无论此流体是由较大部分或极其微细的部分构成，物体受到的阻力都几乎相等。因为当抛体的速度极大时，其受到的阻力并不会因为构成流体的部分极其微细而明显减小。

推论6　当流体的弹性力产生于粒子间的离心力时，上述结论皆成立。但是如果弹性力是由其他原因产生的，比如说弹性力产生自像羊毛球和树枝那样的膨胀，或是其他任意原因，只要该力阻碍了流体间粒子的相互自由运动，那么由于介质的流体性会因此变小，故此时物体受到的阻力比上述推论中的阻力大。

命题34　定理28

如果一个稀薄介质由相等的粒子构成，粒子在其中自由分布且距离相等。当直径相等的球体和圆柱体速度相等，沿圆柱体的轴在此介质中运动时，球体受到的阻力只有圆柱体受到的阻力的一半。（如图7-1）

根据运动定律推论5，无论物体是在静止介质中运动，还是介质中各粒子以相同速度撞击静止物体，介质对物体的作用都是相同的，故可假设物体是静止的，来观察运动的介质会对该物体施加何种推力。假设以C为球心，CA为半径，作一个球体$ABKI$。介质中各粒子沿平行于直线AC的方向，以某一已知速度作用于球体，FB则为这些平行直线中的一条。在直线FB上取线段LB，使LB等于半径CB，并以点B为切点作球体的切线BD。再作直线BE、LD分别垂直于直线KC、BD。以球体直径ACI为轴，作一个圆柱体$ONGQ$。那么当介质中的一个粒子沿直线FB的方向斜向撞击球体时，其撞击点为点B，而同一粒子撞击圆柱体的点则为点b。此

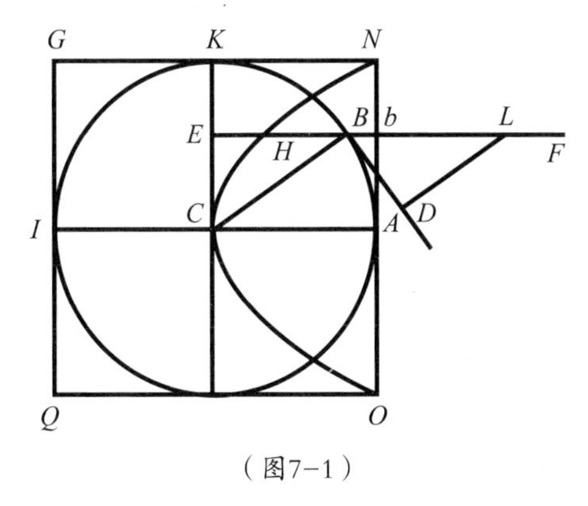

（图7-1）

粒子撞击球体的力与撞击圆柱体的力之比等于$LD:LB$或$BE:BC$。而当粒子对球体的作用是沿其入射方向FB或AC推动球体时，此力的效率与相同力沿粒子撞击球体的方向BC推动球体的效率，这二者间的比值等于$BE:BC$。综合以上所述的比值，可得，当一个粒子沿直线FB方向倾斜地作用于球体，使其沿粒子的入射方向FB运动时，该力的效率与当相同粒子沿直线FB方向垂直作用于圆柱体，使其同样沿粒子的入射方向运动时，这个力的效率，这二者间的比值等于$BE^2:BC^2$。如图7–1所示，可知bE垂直于圆柱体NAO的圆底面，且与半径AC相等。因此如果在bE上取一点H，使bH等于$\frac{BE^2}{CB^2}$，那么bH比bE等于粒子作用于球体的效力与其作用于圆柱体的效力之比。故当所有的线段bH组合起来构成一个立方体，且所有的线段bE也组合起来构成一个立方体时，这两个立方体的比值等于所有的粒子作用于球体的效力以及所有粒子作用于圆柱体的效力之比。但是因为前一个立方体是一个抛物面，其顶点为C，轴为CA，通径为CA，而后一个立方体是抛物面的外接圆柱体，已知抛物圆是其外接圆柱体的一半，故可推出，介质作用于球体的总力等于介质作用于圆柱体的总力的一半。所以如果介质中的粒子处于静止状态，而圆柱体和球体以相等速度在介质中运动时，球体受到的阻力是圆柱体受到的阻力的一半。

证明完毕。

附　注

运用与上述相同的方法，也可以比较其他形状的物体受到的阻力，并由此可得到何种形状的物体最适合在阻碍介质中维持其运动。（如图7–2）若以O为中心，OC为半径作一圆底面$CEBH$，再以OD为高度，作一个平截头圆锥体$CBGF$。那么当$CBGF$沿轴OD向点D运动时，与其他任何底面和高度与之相同的平截头圆锥体比较，其受到的阻力最小。取OD

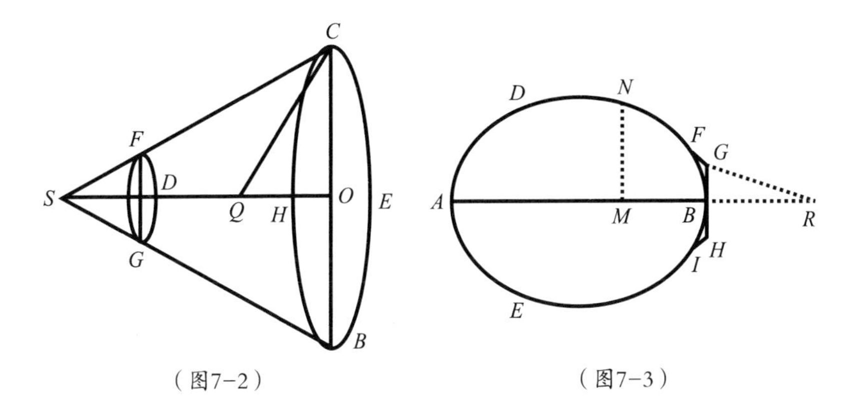

（图7−2）　（图7−3）

的平分点Q，再延长OD，在此直线上取QS等于QC，那么点S则是已求出的平截头圆锥体的顶点。

顺便指出，因为角CSB始终是锐角，（如图7−3）如果固体$ADBE$是由椭圆形或者卵形绕轴AB旋转形成的，并且三条线段FG、GH、HI分别与形成的图形$ADBE$相切于点F、B、I，使线段GH与轴相垂直，切点为B，而FG、HI以及GH的两个夹角，角FGB与角BHI都是135°。当这两个立方体都沿共轴AB由A到B方向运动时，绕同一条轴AB旋转形成的立方体$ADFGHIE$受到的阻力要小于前一个立方体受到的阻力。而且我认为本命题运用到船只制造中时是非常有意义的。

如果图形$DNFG$是这样一条曲线：过任意点N作直线NM，垂直于轴AB。又过定点G作直线GR，平行于一条与图形相切的切线。且GR与轴的延长线交于点R。那么$MN:GR=GR^3:(4BR\times GB^2)$，而且当图形$DNFG$绕轴$AB$旋转产生的立方体在上述稀薄介质中从$A$到$B$运动时，其受到的阻力小于其他任意长度与宽度与之相等的圆形立方体。

命题35　问题7

已知一个稀薄介质由体积相等的极小粒子构成，这些粒子静止地自由分布在距离相等处。若球体在此介质中做匀速运动，求球体受到的阻力。

情形1　已知圆柱体的直径和高度相等，它沿其轴的方向以相等的速度在相同介质中运动。假设落在球体或圆柱体上的介质粒子反弹回来的力尽可能大。根据命题34可知，球体受到的阻力是圆柱体受到的阻力的一半。又因为球体与圆柱体之比等于2∶3，且垂直落在圆柱体上的粒子被圆柱体以最大的力反弹回来，并传递给这些粒子的速度是圆柱体速度的两倍。由此可推出，当圆柱体在此介质中做匀速运动，通过的距离为轴长的一半时，圆柱体传递给粒子的运动与圆柱体的总运动之比等于介质与圆柱体的密度之比。而当球体在此介质中做匀速运动，通过的距离为其直径的长度时，其传递给粒子的运动等于此球体的运动；当球体运动的距离为直径的$\frac{2}{3}$时，其传递给粒子的运动与球体的总运动之比等于介质与球体的密度之比。因此在球体做匀速运动通过其直径的$\frac{2}{3}$所用时间内，存在一个力使球体的总运动全部抵消或产生，而球体受到的阻力与此力之比等于介质与球体的密度之比。

情形2　假设介质中粒子与球体或圆柱体碰撞后，并不会反弹回来。当粒子垂直落在圆柱体上时，圆柱体只会将它的速度传递给粒子，故圆柱体受到的阻力只是情形1的一半。同样地，球体受到的阻力也只是情形1中的一半。

情形3　假设介质粒子与球体碰撞后，会反弹回来，但是其反弹力并不是最大值，也不是一点力都没有，而是为某个平均力。在这种情形下，球体受到的阻力是第一种情形中阻力与第二种情形中阻力的比例中项。

证明完毕。

推论1　如果球体和粒子都是无限坚硬的，且两者都完全没有弹性力，故它们间也完全没有反弹力。在此坚硬球体经过其直径的$\frac{3}{4}$时间内，存在一个力使此球体的运动全部抵消或产生，那么球体受到的阻力与此力之比等于介质与球体的密度之比。

推论2　在推论1的条件下，球体受到的阻力与速度的平方成正比。

推论3　在推论1的条件下，球体受到的阻力与其直径的平方成正比。

推论4　在推论1的条件下，球体受到的阻力与介质密度成正比。

推论5　球体受到的阻力与速度的平方，直径的平方以及介质密度，这三者的乘积成正比。

推论6　因此球体的运动和其受到的阻力可以这样表示。（如图7-4）假设球体因均匀阻力的持续作用而失去全部运动所用的时间用线段AB表示，分别过点A、B作直线AD、BC垂直于AB。而球体的总运动用BC表示，以AD、AB为渐近线，作一条通过点C的双曲线CF。延长AB至任意点E，并过点E作垂线EF，与双曲线CF交于点F。过C、B、E三点作一个平行四边形$CBEG$，再连接AF，与BC交于点H。如果当球体以其初始运动在无阻力介质中运动时，在任意时间BE内，其均匀划过的距离用平行四边形面积$CBEG$表示，而在相同条件下，当球体在阻碍介质中运动时，其划过的距离用双曲线面积$CBEF$表示，那么在任意时间BE末，球体的

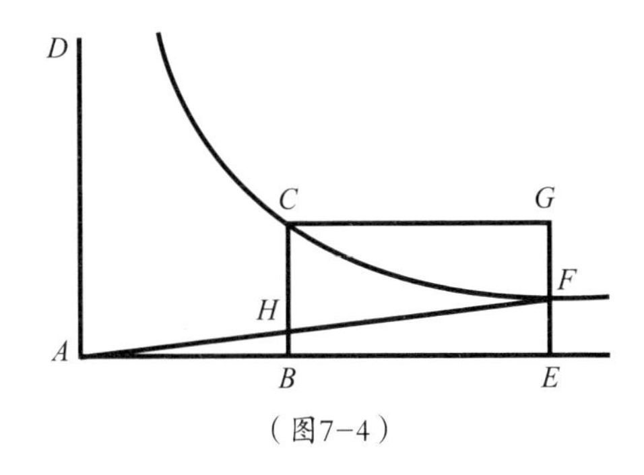

（图7-4）

运动用纵轴EF表示，而在阻碍介质中球体损失的运动为FG。在该时间段末，球体受到的阻力用长度BH表示，而失去的阻力部分则用CH表示。该推论中的所有表示都可运用第2编命题5的推论1和推论3来证明。

推论7　如果球体因受到均匀阻力R的持续作用，而在时间T内损失其全部运动，而当同一球体在阻碍介质中运动时，在时间t内，因介质中阻力R随球体速度的平方减小，故球体失去其总运动M的一部分$\frac{tM}{T+t}$，余下的部分为$\frac{TM}{T+t}$，且其通过的距离与当球体在同一时间t内以均匀运动M划过的距离之比等于$\frac{T+t}{T}$的对数与2.302 585 092 994的乘积和$\frac{t}{T}$的比值，因为双曲线面积$BCFE$与矩形$BCGE$的比值也等于此比值。

附　注

在此命题中，我已展现出了当抛射球体在不连续的介质中运动时，其受到的阻力以及运动减缓的情况。同时也可求出，在球体匀速运动通过自身直径的$\frac{2}{3}$长度的时间内，存在一个力使球体的总运动全部被抵消或产生，且阻力与此力的比值等于介质与球体的密度之比。但只有当球体和介质粒子都有完全的弹性力，并在相撞时获得最大的反弹力时，上述结论才成立。而当球体和介质粒子都是无限坚硬，且无任何反弹力作用时，上述力就会减弱一半。然而当球体在连续介质中（如水、热油、水银）通过时，它并不与产生阻力的所有流体粒子立即碰撞，而是压迫周围临近的粒子，这些粒子又压迫较远处的粒子，远处的粒子又压迫其他的，以此过程扩散到整个流体中，在这种介质中的阻力减少一半。当球体在这些流体性强的流体中运动时，其受到的阻力与在它以匀速运动通过自身直径的$\frac{8}{3}$长度的时间内，使球体总运动全部被抵消或产生的力之比等于介质与球体的密度之比。接下来我将证明这一结论。

命题36　问题8

已知水从一柱形容器的底面小洞中流出，求水的运动。（如图7-5）

已知$ACDB$是一个圆柱形容器，AB是容器上端开口，CD为与水平面平行的容器底面，而EF则是位于底面中心的圆形小孔，G为其中心，GH是圆柱的轴，与水平面相垂直。假设与容器内腔等宽且共轴的冰柱$APQB$匀速垂直下落，它的各部分一接触平面AB就立即融化，并因受到其本身的重量作用而流入容器。在此过程中，形成水柱$ABNFEM$，最终恰好完全充满小孔EF，然后沿此孔流出容器。已知冰柱匀速下落的速度，以及在圆AB内连续水流的速度，这两者都等于下落的水通过距离IH获得的速度，且IH与HG位于同一条直线上。过点I作平行于水平面的线段KL，分别与冰块的两边交于点K、L。已知水从小孔EF流出时的速度等于水从点I下落通过距离IG后达到的速度。因此，通过伽利略的定理可推出，IG与IH之比等于水从小孔流出时的速度与水在圆AB处的速度的比值的平方。换言之，此比值等于圆AB与圆EF的比值的平方。此二圆与在相等时间内，恰好填满并通过相应圆的等量水流的速度成反比。到目前为止，上述谈论的速度都只是水流向地平面的速度，至于那些平行于水平面，使下落的各部分水相互聚拢的速度，因为它并非由重力产生，而且也不影响垂直于水平面，由重力产生的速度，故此部分速度并未考虑在内。在此过程

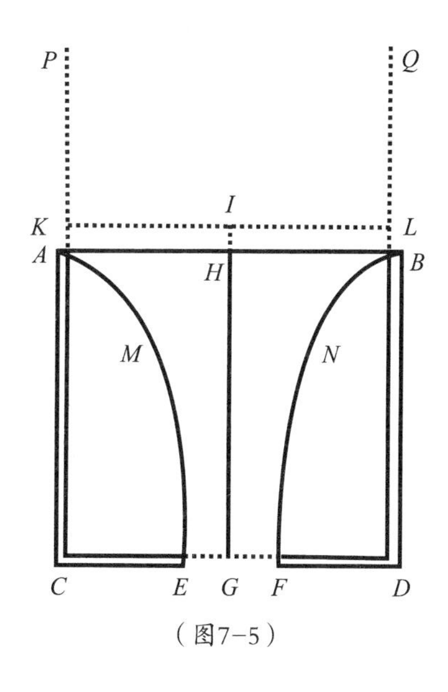

（图7-5）

中，的确需要假设水的各部分间存在某种凝聚力，使得下落的水的运动中有些微部分与水平面平行，这样就能防止水分散成几部分水流，并相互靠拢形成一条水柱。但在本命题中，我们并不考虑由此内聚力产生的与水平面平行的运动。

情形1　假设在容器内，下落水流*ABNFEM*的周围都充满了冰，使水流过时，这些冰所起的作用就如同一个漏斗。如果水流并不与冰接触，而只是与冰非常接近，或者是另一种与之效果相同的情形，即因为冰的平面非常光滑，故虽然水与之相接触，但是水却能在上面自由流动，而不受到任何阻力的作用。那么当水从小孔*EF*流出时，速度仍然等于之前的速度，且水柱*ABNFEM*的重量依然是使水从小孔中流出的力，而容器底部则承担了所有该水柱周围的冰的重量。

若现在容器中的冰融化，那么流出的水仍保持不变，其速度也保持不变。而速度之所以不变小，是因为冰融化后也有下落倾向，同时也不变大是因为冰变成了水之后，因为相等的力在流动的水中始终只能产生相同的速度，故其下落速度与其他的水相等，所以不会阻碍其他水的下落。

但是由于流水粒子也有斜向运动，故在容器底部小孔处的水流一定会略大于以前。因为现在并不是所有的水粒子都是垂直通过小孔的，而是从容器边的所有方向流向小孔，并且在其通过小孔时，它的运动是与水平面倾斜的。这些水汇聚而成的水流，在小孔下面的直径要略小于小孔处的直径，且如果我的测量结果是正确的，这两个直径之比等于5：6，或者是约等于$5\frac{1}{2}$比$6\frac{1}{2}$。首先选取一块极薄的平板，在其正中凿一个直径为$\frac{5}{8}$英寸的圆孔。为了使下落的水流不加速，而使水流更细，我并没有把平板固定在容器底部，而是固定在容器的旁边，使水流流出的方向与水平面相平行。当容器装满水后，打开小孔让水流出，然后在距小孔大约半英寸的地方，测出水流直径的极精确值是$\frac{21}{40}$英寸。因此小孔直径与水流直径的比值约等于25∶21。所以水从各个方向汇集然后穿过小孔，而在此之后因为汇聚作用，水的直径会变小，且直径变小后，水流的速度也会相应加快，直至到达距小孔半英尺处。此处水流虽然变小，但其速度却更大，该速度与水流在小孔处的速度之比等于（25×25）∶（21×21），或近似等于17∶12，即约等于$\sqrt{2}$∶1。现在通过实验可以确认，当水从容器底部的小孔流出时，在给定时间内，流出的水量等于在相等时间内，以上述速度从另一个圆形小孔流出的水量（此圆形小孔的直径与容器底部小孔的直径之比为21∶25）。因此水流穿过小孔时的下落速度近似等于重物从容器中静止水高度的一半下落时获得的速度。但是，当水从小孔中流出后，因受到内聚力的作用，故水流仍会继续加速，直到其与小孔的距离约等于小孔的直径，且达到的速度与另一个速度之比约为$\sqrt{2}$∶1（此另一速度是重物从相当于容器中静止水高度处下落后，所达到的速度的极其近似值）。

接下来用EF较小孔代表水流的直径（如图7-6），并且假设另一平面VW位于小孔EF上方，平行于底面。而其与小孔EF的距离等于小孔的直径，且在平面VW上凿一个更大的小孔ST，使恰好充满小孔EF的水流在穿过ST时也恰好充满它，那么ST的直径与EF的直径之比约等于25∶21。运用这个方法，水流在流经小孔EF时与小孔垂直，而流出的水量则取决于小孔EF

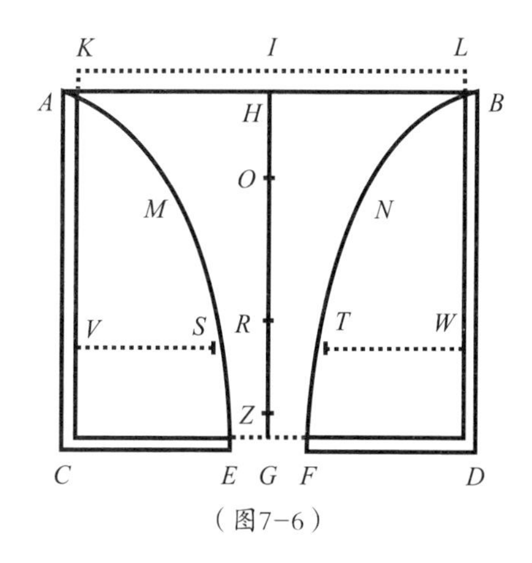

（图7-6）

的大小，这和本问题的最终求解是非常相似的。平面VW与EF间的空间以及下落的水流可视为容器底。但是为了让求解过程更加简便、更数学化，则最好只取平面EF为容器底面，且假设水通过冰块时，就如同通过漏斗一样，顺着冰块从小孔EF流出容器，此过程中水保持连续运动，而冰则保持静止。因此接下来设ST是以Z为圆心作的圆孔，且当容器中装满水时，水全部从这个孔流出。EF则为另一个小孔的直径，且无论水是从容器中的上表面小孔ST流出，还是通过容器中的冰块就像穿过漏斗一样流出，水在流经小孔EF时恰好充满它。已知上表面的小孔直径ST与下表面小孔直径EF之比为25∶21，且两平面间的垂直距离等于较小洞EF的直径。那么此时水通过小孔ST的速度相当于物体从高度IZ的一半自由下落后获得的速度，而水下落时通过小孔EF的速度则相当于物体从高度IG自由下落获得的速度。

情形2 如果小孔EF不处于容器底面的中心，而是处于此底面上的其他位置，但此洞的大小不变，那么水仍以相等的速度通过此孔。因为虽然重物垂直自由下落的时间比其沿斜线下落时通过同一高度的时间要短，但是正如伽利略所证明的，物体在这两种情况下获得的速度是相等的。

情形3 如果水从容器一侧的小孔流出，那么速度也是相等的。因为若洞很小，而使表面AB与KI的间距可以忽略不计，而沿水平方向自容器侧流出的水流运动轨迹为抛物线。由此抛物线的通径可知，水的流动速度等于物体从静止水面IG或HG的高度处下落获得的速度。而通过实验，我发现如果静止水面距小孔的高度为20英寸，且小孔距一平行于水平面的表面的高度也是20英寸，从此小孔中流出的水在此平面上的落点，其到小孔所在平面的垂直距离约等于37英寸。但若水在下落时没有受到阻力作用，水流在平面上的落点距上述平面的距离应为40英寸，而抛物线的通径则为80英寸。

情形4　如果水流是朝上喷出的，那么其速度仍会保持不变。因为朝上喷出的细水流会一直做垂直运动，直到容器中静止水的高度GH或GI，而水上升的过程中受到的极小空气阻力则忽略不计。因此水朝上喷出的速度等于其从相同高度下落后获得的速度。由第2编命题19可推出，容器中静止水里的每个粒子在各方向都受到的压迫力相等，且无论从容器底的小孔流出还是从容器侧的小孔流出，或是沿上表面的管道向上喷出，水流都会屈服于这些压力，而倾向于受到相等的力而沿某处流出。此结论不但可通过推导得出，还可以通过上述著名的实验证明，水流出的速度等于本命题中推导出的速度。

情形5　无论小孔的形状是圆形、方形、三角形或是其他任意形状，只要其面积与圆孔的面积相等，水流出的速度也相等。因为水流的速度并不取决于小孔的形状，而只取决于平面KL到小孔的距离。

情形6　如果容器$ABDC$的下部分充满静止的水（如图7–7），且静止水在容器底上的高度为GR，那么容器内水从小孔EF流入静止水的速度等于水从高度IR下落获得的速度。因为位于静止水面下的容器内水的所有重量都由于有静止水的支撑作用而保持平衡，故容器内下落的水并不会因此加速。此情形同样也可通过测量水流出的时间得证。

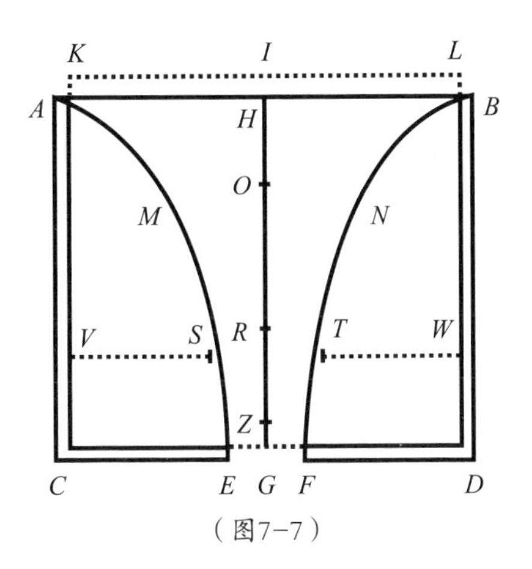

（图7–7）

推论1　如果增加水的深度CA至K，使AK与CK的比值等于位于容器底任意位置的小孔面积与圆AB的面积的比值的平方，那么水流的速度等于水从高度KC下落获得的速度。

推论2 产生水流的全部运动的力等于一个水柱的重量，此圆柱体以小孔EF为底面，高为$2GI$或$2CK$。因为当水流等于该水柱时，由于其自身重量而从高度GI落下的速度即等于水流速度。

推论3 容器$ABDC$中所有水的重量与其中使水流出的那部分水的重量之比等于圆AB与EF的和与圆EF的两倍之比。已知IO为IH和IG的比例中项，那么在水滴从高度IG下落的时间内，水从小孔EF流出的水相当于一个圆柱体，此圆柱体以圆EF为底面，高度为$2IG$，即也等于以圆AB为底，高度为$2IO$的圆柱体。因为圆EF与圆AB的比值等于高度IH与高度IG的比值的平方根，即等于比例中项IO与高度IG的比值。此外，在水滴从点I开始下落并通过高度IH的时间内，流出的水相当于一个圆柱体，此圆柱体以圆AB为底，高度为$2IH$。而在水滴从点I下落，经过点H到达点G（此过程中通过高度差HG）的时间内，立方体$ABNFEM$内装的水等于圆柱体的差，即等于以圆AB为底，高为$2HO$的圆柱体。因此容器$ABDC$内所有的水与在上述立方体$ABNFEM$内下落的水之比等于HG比$2HO$，即等于$HO+OG$比$2HO$，或$IH+IO$比$2IH$。但是立方体$ABNFEM$内所有水的重量都作用于水，使水得以流出，故容器内所有水与使水流出的那部分水之比等于$IH+IO$比$2IH$，所以也等于圆EF与AB的和比圆EF的两倍。

推论4 因为容器$ABDC$内所有水的重量与容器底支撑的另一部分重量之比等于圆AB与EF的和比AB与EF的差。

推论5 容器底支撑的那部分重量与使水流出的另一部分重量之比等于圆AB与EF的差比较小圆EF的两倍 ，或是等于底面的面积比小孔的两倍。

推论6 压迫底面的那部分重量与水垂直压迫底面的总重量之比等于圆AB比圆AB与EF的和，或者等于圆AB与AB的两倍减去底面积所得的差之比。因为根据推论4，压迫底面的那部分重量与容器内水的总重量之比等于圆AB和EF的差比圆AB和EF的和，而容器内所有水的重量与垂直压迫底面的那部分重量之比等于圆AB比圆AB和EF的差。上两个比例式的对应项相乘，得压迫底面的那部分水的重量与垂直压迫底面的所有水的重量之比等于圆AB比圆AB和EF的和，或等于圆AB比它的两倍减去底面的差。

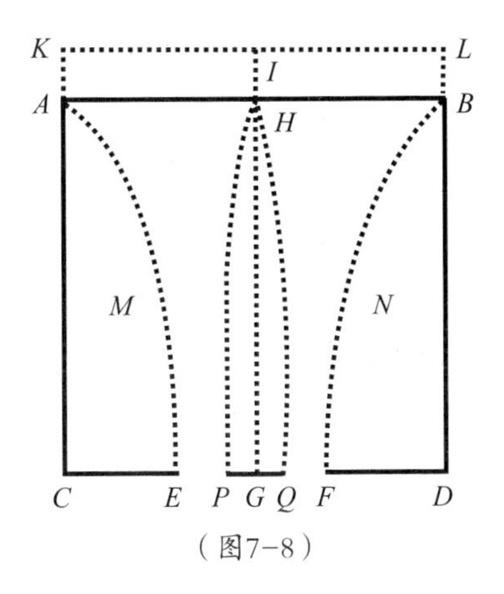

（图7-8）

推论7　如果在小孔EF的正中放置一个小圆PQ（如图7-8），它以G为圆心，平行于水平面，那该圆承担的水的重量大于以该小圆为底，高为GH的水柱重量的$\frac{1}{3}$。如上所设，$ABNFEM$仍是以GH为轴的水柱，而所有不影响水柱顺利而迅速下落的水都被冷冻，这其中也包括水柱周围以及小圆上的水柱。PHQ是位于小圆上被冻结的水柱，其顶点为H，高度为GH。假设此水柱因受到其自身重量而下落，而除了在水柱刚开始下落时其顶点或许会变成凹形，其余时候它既不依靠在PHQ上也不压迫它，而是不受到任何摩擦力地自由下滑。由于围绕水柱的冷冻部分$AMCE$和$BNFD$内表面AME和BNF朝向水柱凸起，故它会大于以小圆PQ为底，高为GH的圆锥体，即大于同底同高圆柱体的$\frac{1}{3}$。于是小圆承受了水柱的重量，此重量大于圆锥体的重量，或大于圆柱体重量的$\frac{1}{3}$。

推论8　当圆PQ非常小时，其承受的水的重量似乎小于一个圆柱体重量的$\frac{2}{3}$，此圆柱体以小圆PQ为底，高度为HG。因为如上假设条件，假设以小圆PQ为底的半椭球的半轴或高度为HG，且此图形等于圆柱体的$\frac{2}{3}$，包含在凝结水柱PHQ内，其重量由小圆承受。虽然水的运动方向是垂直向下的，但由于在水下落过程中连续加速时，水流会因此变细，故水柱的外表面与底面PQ相交的角必定是一个锐角。因此由于此角度比直角小，故该水柱的下面部分将位于半椭球内。而水柱的上半部分则仍然是锐角或聚集在一点，因为水是由上向下运动的，故顶点处水的水平运动速度必定大于水平面处的水平运动速度。并且圆PQ越小，水柱顶点处的锐角就越小。那么当圆PQ无限减小时，角PHQ也无限缩小，故水柱小于半椭球，或小于以小圆PQ为底，高为GH的圆柱体的$\frac{2}{3}$。于是小圆承受的水的力等于该水柱的重量，而其周围的水则使水从小孔流出。

推论9　当圆PQ非常小时，其承受的重量约等于一个水柱的重量，此水柱以PQ为底，高度为$\frac{1}{2}GH$。这是因为此重量是上述圆锥体的重量和半椭球重量的算术平均值。但是如果此小圆并不是非常小，相反它会一直变大，直至与小孔EF相等，那么此时PQ承受的重量是垂直落在其上的所有水的重量，即为以该小圆为底，高为GH的圆柱体的重量。

推论10　就目前我所推出的所有结论，小圆承受的压力与该小圆为底，高为 GH的圆柱体的重量之比等于EF^2与$EF^2-\frac{1}{2}PQ^2$之比，或者近似圆EF与其减去小圆PQ的一半所得的差之比。

引理4

如果圆柱体沿着其长度方向做匀速运动，且它受到的阻力完全不会因为长度的增减而有所改变，那么此阻力与直径相同的圆受到的阻力相等，其中此圆以相同速度沿垂直于圆面的方向做匀速运动。

由于圆柱体的各边不对抗其运动，故当其长度无限减小时，圆柱体变为一个圆面。

命题37　定理29

如果圆柱体在无限压缩的非弹性流体中，沿着其长度方向做匀速运动，那么圆柱体通过的长度为其自身长度四倍的时间。（如图7-9）

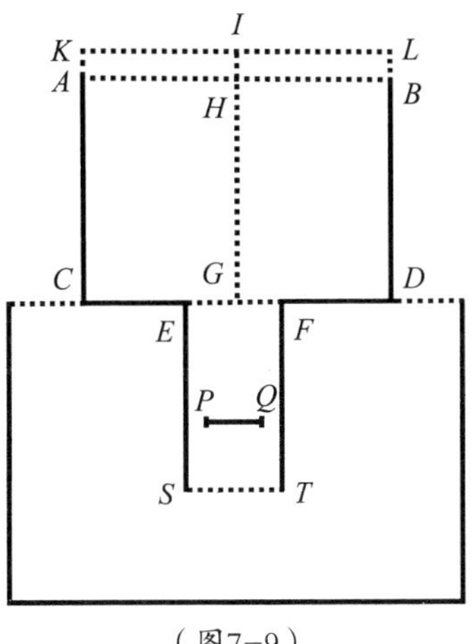

（图7-9）

已知容器$ABDC$通过底面CD与静止水面接触，且水通过垂直于水平面的柱形通道$EFTS$流入静止水中，而小圆PQ位于通道内与水平面平行的任意位置。延长CA至K，使AK与CK之比等于通道内小孔减去小圆PQ的差与圆AB的平方之比。根据命题36的情形5、6以及推论1可推知，水通过小圆和容器边间的环状空间时的速度等于水从高度KC或IG下落时获得的速度。

而根据命题36推论10，如果容器无限宽，使得短线段HI消失，高度IG等于HG。而水流下时对小圆的压迫力与以该小圆为底，高度为$\frac{1}{2}IG$的圆柱体的重量之比近似等于EF^2比$EF^2-\frac{1}{2}PQ^2$。因为无论小圆PQ位于通道内的任何地方，水向下匀速运动通过整个通道时，对小圆PQ的压迫力都是相等的。

现在假设通道口EF、ST关闭，小圆上升过程中，各个方向都受到流体的阻力，且它迫使其上方的水通过小圆与容器边的环形空间下落，那么小圆上升的速度与水下落的速度之比等于圆EF减去PQ的差与圆PQ之比。而圆上升的速度与这两个速度的和（即下落的水经过上升的小圆时的相对速度）之比等于圆EF与PQ的差和圆EF之比，或者等于（EF^2-PQ^2）：EF^2。已知相对速度等于小圆静止时，水经过环状空间的速度，即等于水从I点下落经过高度IG所 达到的速度。根据运动定律推论5可知，水对上升小圆的压迫力仍然与以前相同，即小圆上升时受到的阻力与以小圆为底，高为$\frac{1}{2}IG$的水柱的重量之比近似等于EF^2：（$EF^2-\frac{1}{2}PQ^2$）。但是小圆的速度与水从高度IG下落获得的速度之比等于（EF^2-PQ^2）：EF^2。

已知通道的宽度无限增大，那么（EF^2-PQ^2）：EF^2最终等于$EF^2:\left(EF^2-\frac{1}{2}PQ^2\right)$。因此，此时小圆的速度等于水从点$I$下落经过高度$IG$获得的速度，且其受到的阻力等于一个圆柱体的重量，此圆柱体以小圆为底，高度为$\frac{1}{2}IG$。而圆柱体从高度IG下落所获得的速度等于小圆上升的速度，在圆柱体下落的时间内，若它以此速度运动，那么其通过的距离为其长度的四倍。但是根据引理4，当圆柱体以此速度沿其长度方向运动时，其受到的阻力等于小圆受到的阻力，此阻力近似等于圆柱体经过其长度的四倍时，产生的运动的力。

如果柱体的长度增减时，它的运动以及其经过其四倍长度的时间也会按相同比例增减，故使如此增减的运动产生或抵消的力保持不变。而又因为时间按此比例增减，并且根据引理4，阻力也保持不变，故该力始终等于圆柱体受到的阻力。

若圆柱体的密度增减，那么其运动以及使它的运动在相同时间内产生或抵消的力也会按此相同比例增减。因此任意圆柱体受到的阻力与在其通过自身长度的四倍的时间内使总运动产生或抵消的力之比约等于介质密度与圆柱体密度之比。

证明完毕。

只有被压缩后的流体才是连续的，而只有当流体为连续和非弹性时，由它产生的所有压力才会立即得到传播，这样一来，作用于运动物体上各部分的相同力不会引起阻力的变化。物体的运动产生的阻力则用于产生流体各部分的运动，阻力则由此产生。但是只要压力即时传播，不产生连续流体内各部分的任何运动，那么不论由流体的压缩而产生的压力有多大，都不会使其中的运动发生任何改变，故阻力既不会增加也不会减小。由此确定由压缩产生的流体作用不会使运动物体各部分的前半部分弱于后半部分，故本命题内的阻力不会减弱。若相较于受压迫物体的运动，压缩力的传播无限快，那么前部分的压缩力也不会强于后部分的压缩力。但是若流体是连续、非弹性的，那么其压缩作用会无限快，并且会立即得到传播。

推论1　当圆柱体在无限的连续介质中沿其长度方向做匀速运动时，它受到的阻力与速度的平方，直径的平方以及介质密度三者的乘积成正比。

推论2　如果通道的宽度不会无限增大，而圆柱体在通道的静止介质中沿其长度方向运动，且它的轴始终是与通道的轴重合的，那么其阻力与在它通过长度为本身四倍的时间内使其总运动产生或抵消的力之比等于 $EF^2:(EF^2-\frac{1}{2}PQ^2)$，$EF^2:(EF^2-PQ^2)$，以及介质密度与圆柱体密度的比值这三者的乘积。

液压机的原理

液压机的出现在技术上实现了用一个较小的力来使重型物体发生位移。根据帕斯卡定律，向在水力系统中的一个活塞上施加一定的压强，必将在另一个活塞上产生相同的压强增量。即如帕斯卡所说："使100磅水移动1英寸，与使1磅水移动100英寸显然是一回事。"

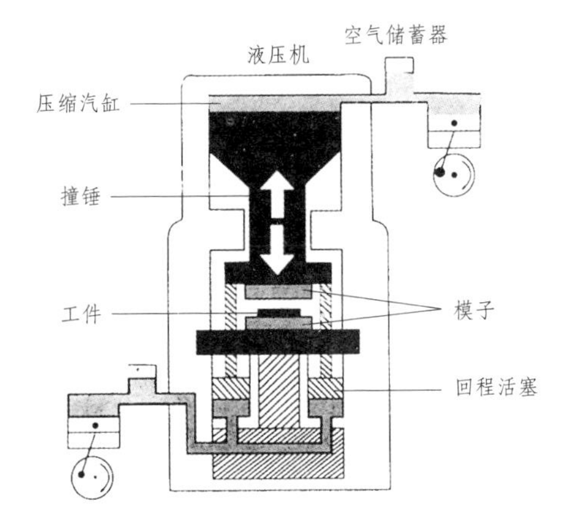

推论3　（如图7–10）如上述条件，已知长度L与圆柱体长度的四倍之比等于$\left(EF^2-\frac{1}{2}PQ^2\right)$：$EF^2$与（$EF^2-PQ^2$）：$EF^2$的乘积，那么圆柱体受到的阻力与在其通过长度为$L$的时间内，产生或抵消总运动的力之比等于介质密度与圆柱体密度之比。

附　注

在此命题中，我们只探讨了由圆截面产生的阻力，而斜向运动产生的阻力则忽略不计。因为就如同命题36情形1一样，容器内做倾斜运动的那部分水从各个方向朝小孔EF聚集，阻碍了水流出小孔。因此，在此命题中，水的各部分因受到水柱前端的压力而做斜向运动，向各个方向分散，使水从前端向水柱后端的运动延缓，从而流体被迫绕道远处流过，这样水受到的阻力就会增大，约等于它迫使流出的水的减少，即近似等于25比21的平方。而如同本命题的情形1，通过使容器内水柱周围的水都冻结，各部分水垂直穿过小孔EF，而做斜向运动以及无用运动的各部分水则保持静止，故在此命题中，水的斜向运动可忽略，而水的各部分则尽可能迅速地直接屈服于斜向运动。这样水的各部分可以自由地通过水柱，此时由于圆柱体前端不会变尖，那么除非圆柱体的直径减小，否则横截面产生的阻力会保持不变，不会减小。因此必须假设产生阻力的各部分流体的斜向运动和无运动在圆柱体两端相互保持静止，然后连续地与圆柱体连接在一起（如图7–10）。已知$ABDC$为矩形，AE、

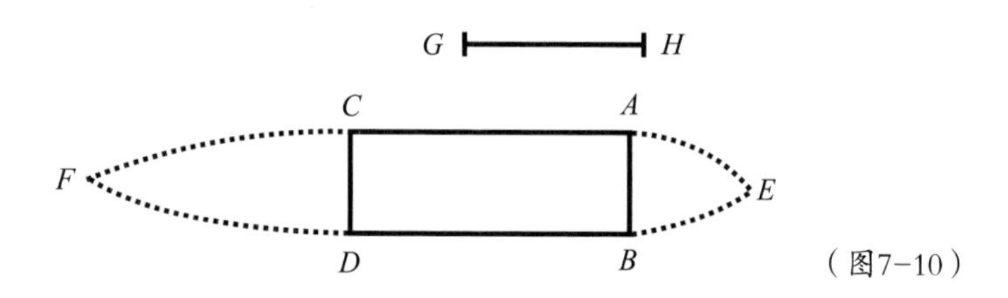

（图7–10）

BE是以AB为轴的两条抛物线弧，柱体的速度为下落距离HG后获得的速度，抛物线的通径与HG的比值等于$HG:\left(\frac{1}{2}AB\right)$。$CF$、$DF$是以$CD$为轴的另两条抛物线，其通径是前一通径的四倍。该图形绕轴EF旋转得到一个立方体，此中间部分$ABDC$即是此处我们谈论的圆柱体，而它的两端ABE和CDF则包含了流体的静止部分，并凝结为两个坚硬的物体，与圆柱体黏结，就如同圆柱体的头尾一样。如果此立方体$EACFDB$沿轴FE方向朝点E运动，那么阻力近似等于我们在此命题中求出的阻力，即阻力与在柱体连续均匀运动通过长度AC的时间内使柱体的总运动产生或抵消的力之比近似等于流体密度与柱体密度之比。那么根据命题36推论7，阻力与此力比值的最小值为2∶3。

引理 5

若先后在柱形通道中央放入宽度相等的圆柱体、球体以及椭球体，使这三个物体的轴都与通道的轴重合，那么这三个物体对穿过通道的流水的阻碍力相同。

由于通道壁与圆柱体、球体以及椭球体之间使水能通过的空间是相等的，并且相等的空间流过相等的水。

正如上述命题36推论7中的阐述，本引理的假设条件是如果流动性不能使水流尽快穿过通道，那么位于圆柱体、球体以及椭圆球体上方的水将被冻结。

引理 6

如上述条件，流经通道的水流对上述物体施加的作用相等。

本引理可由引理5和第三定律证明。因为水和物体间的相互作用是相等的。

引理 7

若水在通道中静止，而上述物体则以相同的速度沿相反方向在通道中运动，那么它们相互间受到的阻力都是相等的。

这可由前一引理证明，因为它们之间的相对运动保持不变。

附 注

所有位于通道内凸起的圆形物体，若其轴与通道的轴重合，则情形与上述引理一致。在此过程中，或许会因为摩擦的大小而使情况有所不同。但是在这些引理中，我们假设物体非常光滑，且介质中无任何黏性和摩擦力。若水在通道中运动时，那些干扰、阻碍或延缓其流动的部分，以及做多余的斜向运动的部分都保持静止，就如同水结成冰一样固定起来，而且运用上一命题的附注中所阐释的方式将其前后部分黏结起来。接下来我们将探讨圆形物体的极大横截面可能受到的阻力的极小值。

当物体浮在流体面上做直线运动时，会使流体的前部做上升运动，而其后部下沉。若该物体是钝形，则现象会更明显，因为钝形物受到的阻力要略大于头尾都是锐形的物体。而如果在弹性流体中运动的物体其前后皆是钝形，那么此物体的前部的流体较为稠密，而后部流体较为稀薄。因此相较于首尾都是锐形的物体，此物体受到的阻力较大。但是在这些命题的引理中，我们所讨论的是非弹性流体，而不是弹性流体，且物体深浸入流体中，而非浮在流体表面上。一旦求出了物体在非弹性流体中受到的阻力，则在此阻力上略为增加一部分后，即是它在弹性流体中（如空气）受到的阻力，以及在静止流体（如湖和海）表面受到的阻力。

命题 38 定理 30

如果球体在无限的非弹性压缩流体中做匀速运动，且存在一个力使

其在通过它的直径的$\frac{8}{3}$长度的时间内使其总运动产生或抵消，那么其受到的阻力与此力之比近似等于流体密度与球体密度之比。

因为球体与其外接圆柱体之比为2：3，故在此圆柱体通过距离为其自身长度四倍的时间内使圆柱体的全部运动被抵消的力等于在球体通过距离为其直径的$\frac{3}{2}$时间内使球体的总运动被抵消的力，即是在其通过距离为其直径的$\frac{3}{2}$时全部运动皆被抵消的力。根据命题37可知，圆柱体受到的阻力与此力之比约等于流体密度与圆柱体或球体密度之比，而由引理5、6、7可知，球体与圆柱体受到的阻力相等。

证明完毕。

推论1　当球体在无限压缩介质中运动时，其受到的阻力与速度的平方、直径的平方以及介质密度三者的乘积成正比。

推论2　球体以其相对重量在阻碍流体中下落时能达到的最大速度等于相同重量的物体在无阻力空间中下落时，能达到的最大速度，并且达到最大速度前通过的距离与其直径的$\frac{4}{3}$之比等于球体密度与流体密度之比。因为在球体下落时间内，以其获得的速度运动时，通过的距离与其直径的$\frac{8}{3}$之比等于球体与流体的密度之比。而产生这一运动的重力与在球体以相同速度通过其直径的$\frac{8}{3}$的时间内产生相等运动的力等于流体与球体的密度之比，因此根据本命题可知，重力与阻力相等，故不能使球体加速。

推论3　若已知球体开始运动时的速度、球体密度以及球在其中运动的静止的压缩流体的密度，那么可运用命题35推论7求出任意时间球体的速度、受到的阻力以及通过的距离。

推论4　若球体在一静止的压缩流体中运动，其密度与流体密度相等，则由推论7也可推出在它通过其直径的两倍长度前，已经失去其运动的一半。

命题 39　定理 31

正如压缩流体密封于管道内，当球体在其内运动，受到的阻力与在它通过直径的$\frac{8}{3}$的时间内使其总运动全部产生或抵消的力之比等于以下三个比值的乘积，管道口面积与管道口面积减去球大圆一半的差的比，管道口面积与管道口面积减去球大圆的差的比，流体密度和球体密度的比。

这可由命题37推论2，以及与前一命题相同的方法得到证明。

附　注

在前两个命题中，其假设条件就如同此前在引理5中的假设条件一样，所有位于球体上且其流动性增大了阻力的那部分水都被冻结。如果这些水变为流体，那么阻力或多或少会因此增加。但是在这些命题中，阻力的增加量非常小，故可忽略不计。这是因为球体的凸面产生的效果几乎与凝结的水产生的效果相同。

命题 40　问题 9

已知球体在理想的压缩流体中运动，通过实验求其受到的阻力。

假设A是球体在真空中的重量，B为其在阻碍介质中的重量，D是球体直径，F是一距离，其与$\frac{4}{3}D$的比值等于球体的密度与介质的密度之比，即$F:\frac{4}{3}D=A:(A-B)$，设球体因重量B在无阻力空间中下落，其通过距离F所用的时间为G，下落过程中达到的速度为H。那么根据命题38推论2可知，H即是当球体在阻碍介质因重量B下落时，所能达到的最大速度。而球体以其速度下落时受到的阻力等于重量B，那么由命题38推论1可推出，球体以任意其他速度运动时，受到的阻力与重量B之比等于上述速度与最大速度H的比值的平方。

此阻力正是由流体物质的惰性产生的。而由流体的弹性、黏性以及摩擦力作用产生的阻力，则可用下列方法求出。

设球体在流体中因其重量B下落，P为下落时间。若时间G按秒计算，则时间的单位为秒。求出与$0.434\ 294\ 481\ 9\frac{2P}{G}$的对数对应的绝对数$N$，再设$L$是数$\frac{N+1}{N}$的对数。那么球体下落速度为$\frac{N-1}{N+1}H$，下落高度为$\frac{2PF}{G}-1.386\ 294\ 361\ 1F+4.605\ 170\ 186LF$。如果流体非常深，那么$4.605\ 170\ 186LF$这一项可忽略不计，$\frac{2PF}{G}-1.386\ 294\ 361\ 1F$即约等于下落高度。上述结论可运用第2编命题9以及其推论证明，其成立的前提条件为：除了物质的惰性产生的阻力，物体不受到任何其他的阻力。若球体确实受到任何其他的阻力，那么下落会延缓，并由此减缓的量可求出这个新阻力的大小。

为了易于求出物体在流体中下落的速度，我制作了如下表格。第一列表示下落时间；第二列为下落速度，其中最大速度等于100 000 000；第三列表示在相应时间内下落的距离，其中$2F$是在时间G内，球体以最大速度运动时通过的距离；第四列则表示物体以最大速度运动时，在相应时间内下落的距离，此列的值由$\frac{2P}{G}$获得，而这些值减去（$1.386\ 294\ 4-4.605\ 170\ 2L$）所得的差即为第三列的数。若要求出下落距离则要用这些数乘以距离F。第五列加上第四列，得到的值则为在相同时间内，物体在真空中以相对重量下落的距离。

时间P	物体在流体中的下落速度	在流体中运动的距离	以最大速度运动时通过的距离	在真空中的下落距离
0.001G	99 999$\frac{29}{30}$	0.000 001F	0.002F	0.000 001F
0.01G	999 967	0.000 1F	0.02F	0.000 1F
0.1G	9 966 799	0.009 983 4F	0.2F	0.01F
0.2G	19 737 532	0.039 736 1F	0.4F	0.04F
0.3G	29 131 261	0.088 681 5F	0.6F	0.09F
0.4G	37 994 896	0.155 907 0F	0.8F	0.16F
0.5G	46 211 716	0.240 229 0F	1.0F	0.25F
0.6G	53 704 957	0.340 270 6F	1.2F	0.36F
0.7G	60 436 778	0.454 540 5F	1.4F	0.49F
0.8G	66 403 677	0.581 507 1F	1.6F	0.64F
0.9G	71 629 787	0.719 660 9F	1.8F	0.8F
1G	76 159 416	0.867 561 7F	2F	1F
2G	96 402 758	2.650 005 5F	4F	4F
3G	99 505 475	4.618 657 0F	6F	9F
4G	99 932 930	6.614 376 5F	8F	16F
5G	99 990 920	8.613 796 4F	10F	25F
6G	99 998 771	10.613 717 9F	12F	36F
7G	99 999 834	12.613 707 3F	14F	49F
8G	99 999 980	14.613 705 9F	16F	64F
9G	99 999 997	16.613 705 7F	18F	81F
10G	99 999 999$\frac{3}{5}$	18.613 705 6F	20F	100F

附　注

为了在实验中测出流体受到的阻力，我选取一个方形木桶，其内部长宽皆为9英寸，高为$9\frac{1}{2}$英尺，在里面装满雨水。再选取若干含铅蜡球，让它们从112英寸的高度垂直落下，记录下它们的下落时间。已知1立方英尺的雨水重76磅，而1立方英寸的雨水重$\frac{19}{30}$盎司，或$253\frac{1}{3}$谷。在空气中，直径为1英寸的水球重132.645谷，而在真空中，重量则变为132.8谷。其他任意的球体在真空中的重量减去水中重量得到的差与球体重量成正比。

实验1　已知一球体在空气中重$156\frac{1}{4}$谷，而在水中重77谷。其在4秒内下落高度为112英寸，再多次重复这个实验，球体下落所用时间都是极为精确的4秒。

该球体在真空中的重量为$156\frac{13}{38}$谷，此重量减去其在水中的重量得$79\frac{13}{38}$谷。经测量，该球体的直径为0.842 24英寸。由此推出，上述重量差与真空中球体重量之比等于水与球体的密度之比，同样此比值也等于球体直径的$\frac{8}{3}$倍（即2.24597英寸）与距离$2F$（即4.425 6英寸）的比值。在1秒内，在真空中以其总重量$156\frac{13}{38}$谷下落的球体通过距离为$193\frac{1}{3}$英寸；而在无阻力条件下，在水中以其重量77谷在相同时间内通过的距离为95.219英寸。已知时间G与1秒的比值等于距离F2.212 8英寸与95.219英寸的比值的平方根。那么在时间G内，其在水中的下落距离为2.212 8英寸，能达到的最大速度为H。因此时间G等于0.152 44秒。而当球体以最大速度H运动时，在时间G内通过的距离为$2F$（即4.425 6英寸），故球体在4秒内通过的距离为116.124 5英寸。此距离减去距离1.386 294 4F（即3.067 6英寸），余下距离为113.056 9英寸，而这就是当球体在盛满水的极宽容器中运动时，其在4秒内通过的距离。但是由于上述木桶的宽度不大，故此距离应随一复合比值减小，而此比值等于以下两个量的乘积，桶口与它减去球体的最大圆的一半后得到的差之比的平方根以及桶口与其减去最大圆后得到的差之比，即等于1∶0.991 4。由此求出该距离为112.08英寸，而这即是当球体在装满水的木桶中运动时，其在4秒内通过的距离的理论近似值，然而在实验中测得的该距离为112英寸。

实验2　取出三个相等的球体，它们在空气中的重量为$76\frac{1}{3}$谷，而在水中为$5\frac{1}{16}$谷，然后让它们相继下落，那么在15秒内，每个球在水中通过的距离都是112英寸。

通过运算，球体在真空中的重量为$76\frac{2}{15}$谷，此重量减去它在水中的重量，得到的差为$71\frac{17}{48}$谷。已知球体直径为0.812 96英寸，其$\frac{3}{8}$倍为2.167 89英寸。距离$2F$等于2.321 7英寸。在1秒内，重为$5\frac{1}{16}$谷的球体在无阻力条件下经过的距离为12.808英寸，由此求出时间G等于0.301 056秒。因此球体以最大速度$\left(\text{此速度为重}5\frac{1}{16}\text{谷的球体在水中下落时能达到的最大速度运动}\right)$，在0.301 056秒内通过的距离为2.321 7英寸，而在15秒内通过的距离为115.678英寸，从中减去距离1.386 294 4F，或1.609英寸，余下距离为114.069英寸，这就是在容器足够宽的情况下，球体在5秒内的下落距离。但是由于容器很窄，故应从此距离中减去0.895英寸。所以余下距离为113.174英寸，而这就是在此容器中下落物体在15秒内经过的距离的近似理论距离。在实验中测得的值为112英寸，差别并不大。

实验3　取出三个相等的球体，其在空气中的重量为121谷，而在水中是1谷，然后让它们相继下落，三个球的下落时间分别为46秒、47秒、50秒，但是在水中下落的距离皆为112英寸。

根据理论推知，它们的下落时间约为40秒。实验中其下落却较慢，造成这一现象的原因我尚不能确定，或许是因为惰性力产生的阻力在由其他原因产生的阻力中所占比例较小，或是因为水中的小气泡碰巧附在了球体上，又也许因为天气较暖或将球体放下的手的温度使蜡稀释，还是因为在水中称小球重量时出现了不易察觉的误差。因此为了使实验结果精确可靠，水中球体的重量应有数谷。

实验4　在得出上几个命题的结论前，我就已开始做上述求出流体阻力的实验。然而为了检验得到的理论，我选取了一个木桶，其内部宽为$8\frac{2}{3}$英寸，深为$15\frac{1}{3}$英尺。再做四个相等的含铅蜡球，它们在空气和水中的重量分别为$139\frac{1}{4}$谷和$7\frac{1}{8}$谷。让它们在水中自由下落，然后用一个摆动周期为半秒的摆测定其下落时间。球体是冷却的，且在称量以及下落前就已冷却多时了。由于在温暖的情况下，蜡会稀释，从而其在水中的重量就会减小。而稀释的蜡球在冷却后不会立即回复到原先的密度。为避免小球的任意部分偶然露出水面，从而使小球在一开始就加速，故在放开小球前，先确认小球完全没入水中。把它们完全放入水中并保持完全静止后，极其小心地放手使小球下落，而不受到任何手的推动力。这四个小球通过高度15英尺2英寸的时间分别为$47\frac{1}{2}$、$48\frac{1}{2}$、50以及51次摆动周期。但是实验时的温度比称量球体时的温度略低，故我后来又重做了一次实验，在此实验中，球体的下落时间分别为49、$49\frac{1}{2}$、50和53次。第三次实验时则分别为$49\frac{1}{2}$、50、51和53次。重复做这个实验多次后，我发现出现得最多的下落时间是$49\frac{1}{2}$和50次。而实验中球体有时会下落得较慢，我猜测这是由于球体碰到了桶壁而延缓了下落。

而由理论计算，球体在真空中的重量为$139\frac{2}{5}$谷，从中减去小球的水中的重量得$132\frac{11}{40}$谷，球体直径为0.998 68英寸，它的$\frac{8}{3}$倍是2.663 15英寸，距离$2F$为2.806 6。在无阻力情况下，重$7\frac{1}{8}$谷的球体在1秒内的下落距离为9.881 64英寸。时间G等于0.376 843秒。因此当球体以最大速度$\left(\text{此速度为重}7\frac{1}{8}\text{谷的球体在水中下落获得的最大速度}\right)$运动时，在0.376

843秒内通过的距离为2.806 6英寸，1秒内通过的距离为7.447 66英寸，而在25秒（或50次摆动）内通过的距离为186.191 5英寸，从中减去距离1.386 294F或1.945 4英寸得到的余下距离184.246 1英寸就是位于极宽容器内球体在25秒内通过的距离。然而由于实验中的容器很窄，该距离按以下两个数值的乘积减小，桶口比该桶口与球大圆一半的差的平方以及桶口比桶口超出球大圆，求得距离为181.86英寸，它近似等于球体在50次摆动中划过距离的理论值。但在实验中，在$49\frac{1}{2}$或50次摆动后，测得的距离为182英寸。

实验5　取四个相等的球体，其在空气中和水中的重量分别为$154\frac{8}{3}$谷和$21\frac{1}{2}$谷，让球体反复下落多次，得球体通过高度15英尺$1\frac{1}{2}$英寸所用时间分别为$28\frac{1}{2}$、29、$29\frac{1}{2}$以及30次摆动，而有几次则是31、32、33次摆动。

而根据理论计算，上述时间应近似等于29次摆动。

实验6　取五个相等的球体，其在空气中和水中的重量分别为$212\frac{8}{3}$谷和$79\frac{1}{2}$谷，让球体反复下落多次，得球体通过高度15英尺2英寸所用时间分别为15、$15\frac{1}{2}$、16、17以及18次摆动。

而根据理论计算，上述时间应近似等于15次摆动。

实验7　取四个相等的球体，其在空气中和水中的重量分别为$293\frac{8}{3}$谷和$35\frac{7}{8}$谷，让球体反复下落多次，得球体通过高度15英尺$1\frac{1}{2}$英寸所用时间分别为$29\frac{1}{2}$、30、$30\frac{1}{2}$、31、32以及33次摆动。

而根据理论计算，上述时间则近似等于28次摆动。

这些重量相等的球体下落的距离相同，然而速度却有快有慢，经研究我认为原因如下：当球体第一次被放开而下落时，较重的一侧会先下落，从而绕其中心摆动。相较于下落时完全不摆动的球体，摆动的球体会传递给水更大的运动，而由于这种传递作用，它会损失一部分的下落运动。因此随着这种摆动强弱不同，下落运动也会受到不同程度的延缓。此外，小球总是偏离摆动中下落的那部分，从而更接近桶壁，甚至有时会与之相碰。球体越重，这种摆动就越强烈，从而对水的推力也就越大。因此为了减少球体的摆动，我制作了新的含铅蜡球，此种球的铅固定在极靠近球表面的一侧，并在放开球体时，尽量让较重的一侧位于最低点。这样摆动就会比原来的弱，球体的下落时间差异也不再如此明显，如下列实验所示。

实验8　取四个相等的球体，其在空气中和水中的重量分别为139谷和$6\frac{1}{2}$谷，让球体反复下落多次，测得球体通过高度182英寸所用时间多数为51次摆动，最大不超过52次，最小也不小于50次。

而根据理论计算，其下落时间约等于52次摆动。

实验9　取四个相等的球体，其在空气中和水中的重量分别为$273\frac{1}{4}$谷和$140\frac{3}{4}$谷，让球体反复下落多次，测得球体通过高度182英寸的时间大于或等于12次摆动，小于或等于13次摆动。

而根据理论计算，其下落时间约等于$11\frac{1}{3}$次摆动。

实验10　取四个相等的球体，其在空气中和水中的重量分别为384谷和$119\frac{1}{2}$谷，让球体反复下落多次，测得球体通过高度$181\frac{1}{2}$英寸的时间分别为$17\frac{3}{4}$、18、$18\frac{1}{2}$、19次摆动。而当其下落时间为19次摆动时，我曾听到它们在到达桶底前与桶壁有几次碰撞。

而根据理论计算，其下落时间约等于$15\frac{5}{9}$次摆动。

实验11　取三个相等的球体，其在空气中和水中的重量分别为48谷和$3\frac{20}{32}$谷，让球体反复下落多次，测得球体通过高度$182\frac{1}{2}$英寸的时间分别为$43\frac{1}{2}$、44、$44\frac{1}{2}$、45以及46次摆动，其中大多数值为44和45次摆动。

而根据理论计算，其下落时间约等于$46\frac{5}{9}$次摆动。

实验12 取三个相等的球体，其在空气中和水中的重量分别为141谷和$4\frac{3}{8}$谷，让球体反复下落多次，测得球体通过高度182英寸的时间分别为61、62、63、64以及65次摆动。

而根据理论计算，其下落时间约等于$64\frac{1}{2}$次摆动。

根据这些实验可知，当球体下落较慢，如实验2、4、5、8、11、12，实验中测得的下落时间与理论时间极其相似，而当球体下落较快时，如实验6、9、10，球体受到的阻力略大于速度的平方。这是因为小球下落时会稍稍摆动，当球体较轻且下落较慢时，因为运动较弱故摆动会很快就停止。但是当球体较重而下落较快时，其运动会较强，因而摆动时间能持续较长，在几次摆动后才会被周围的水阻止。此外，球体下落越快，后部受到的阻力越小。而如果速度不断增加，那么除非流体的阻力也同时增加，否则最终球体后面会留下一真空空间。根据命题32、33，为了保持阻力与速度平方成正比，则流体压力的增加应与速度平方成正比。但是这种情况是不可能的，故运动较快的球体后部受到的压力不如其他部分大，而压力的缺少使阻力略大于速度的平方。

因此在水中下落物体的现象与理论是一致的，接下来我们开始观察空气中下落的物体。

实验13 1710年6月，

潜水艇的力学原理

潜水艇是根据阿基米德力学原理制造的。它潜水和上浮的能力靠改变自身的重力来实现。潜水艇的侧面有水舱，下潜时，使水舱充水，于是艇身重力增大，潜艇就逐渐下沉。当水舱中注入适量的水时，潜艇就能在水中任何位置上停留，此时潜艇的重力等于浮力。当潜艇需要上浮时，可用压缩空气将水排出，当艇身的重力减小到小于浮力时即浮出水面。

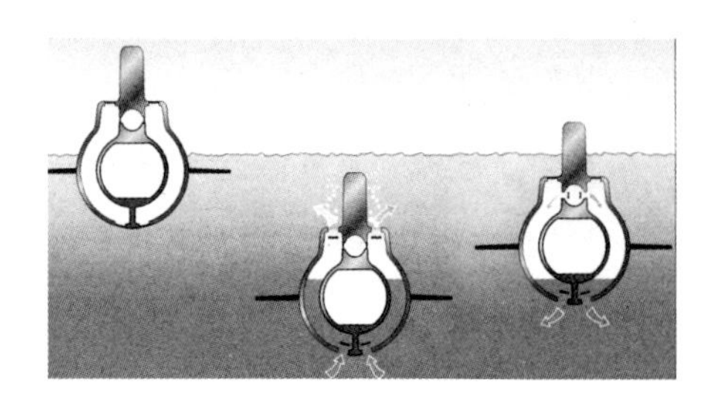

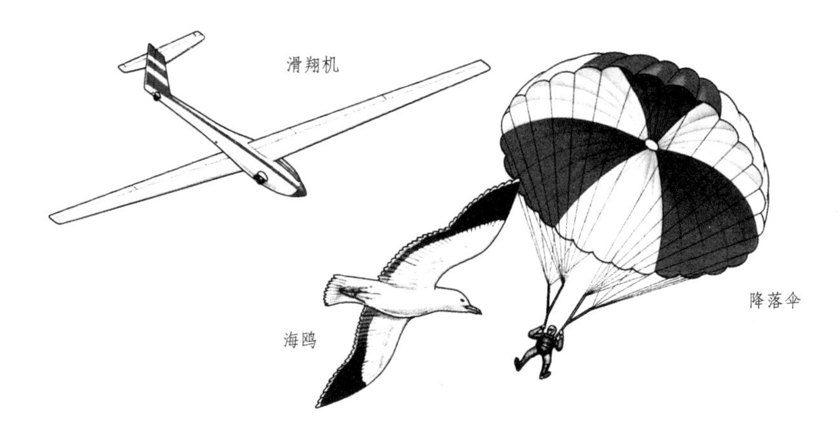

物体对空气的受力

滑翔机没有发动机，却可以通过机翼对空气的受力而保持飞翔状态。几乎所有的鸟类都有特别灵巧的翅膀，可以应对各种气流的影响。人类运用物体表面对空气阻力的受力原理制造出降落伞，能够从高空安全落地。物体对空气的不同受力方式体现出了物理学的多样性。

有人取出两个玻璃球，其中一个充满水银，另一个充气，然后让它们同时从伦敦圣保罗大教堂顶落下，高度为220英尺。一张木桌的一边用铁链悬挂，另一边用木棍支撑。两个小球就放在木桌上，用一根延伸到地面的铁丝拨开木棍后，仅靠铁链支撑的木桌会沿着铁链下落，两个球就会同时落下。而在木棍被拨开的同时，摆动周期为1秒的摆开始运动。下列表中记载的是球体的直径、重量，以及下落时间。

水银球	重量（谷）	908	983	966	747	808	784
	直径（英寸）	0.8	0.8	0.8	0.75	0.75	0.75
	下落时间（秒）	4	4−	4	4+	4	4+
空气球	重量（谷）	510	642	599	515	483	641
	直径（英寸）	5.1	5.2	5.1	5.0	5.0	5.2

续表

空气球	下落时间（秒）	$8\frac{1}{2}$	8	8	$8\frac{1}{4}$	$8\frac{1}{2}$	8

但是观测到的下落时间必须修正。由伽利略的理论可知，在4秒内，水银球下落的距离为257英尺，而通过距离220英尺仅用$3\frac{42}{60}$秒。因此当木棍被拨开时，木桌并不像想象情况中一样立即翻转，而这就阻碍了小球开始阶段的下落。由于小球位于木桌的正中，且距轴的距离确实比到木棍的距离近。所以下落时间延长了0.3秒，修正后的下落时间应是减去0.3秒后的值，尤其当球体较大时，由于直径较大，故停留在翻转木桌上的时间更长。六个较大球体修正后的下落时间为$8\frac{12}{60}$、$7\frac{42}{60}$、$7\frac{42}{60}$、$7\frac{57}{60}$、$8\frac{12}{60}$、$7\frac{42}{60}$秒。

因此直径为5英寸，重483谷的第五个空气球，在$8\frac{12}{60}$秒内通过的距离为220英尺。与此球体积相等的水球重16 600谷，而相等体积的空气重$\frac{16\ 600}{860}$谷$\left(或19\frac{3}{10}谷\right)$，故空气球在真空中重$502\frac{3}{10}$谷，这个重量与体积等于该空气的重量之比等于$502\frac{3}{10}$比$19\frac{3}{10}$，而此比值也等于$2F$与球体直径的$\frac{8}{3}$倍的比值。所以$2F$等于28英尺11英寸。在真空中，以其总重量$502\frac{3}{10}$谷运动的小球在1秒内通过的距离为$193\frac{1}{3}$英寸；而以重量483谷下落的距离为185.905英寸，而真空中通过的距离为F，或为14英尺$5\frac{1}{2}$英寸，所用时间为$57\frac{3}{60}$秒又$\frac{58}{3\ 600}$，并在此过程中达到空气中的最大下落速度。在8.2秒内，以此速度运动的均匀小球通过的距离为245英尺$5\frac{1}{3}$英寸，从中减去$1.386\ 3F$$\left(或20英尺\frac{1}{2}英寸\right)$，余下距离为225英尺5英寸。因此余下距离就是在$8\frac{12}{60}$秒内球体下落距离的理论值。但是实验中测得

的距离为220英尺，两者间的差异很小。

再用其他充满空气的球体进行相似运算，下表即为得到的值。

球体重量	510谷	642谷	599谷	515谷	483谷	641谷
直 径	5.1英寸	5.2英寸	5.1英寸	5英寸	5英寸	5.2英寸
从220英尺下落的时间	8秒12	7秒42	7秒42	7秒57	8秒12	7秒42
下落距离的理论值	226英尺11英寸	230英尺9英寸	227英尺10英寸	224英尺5英寸	225英尺5英寸	230英尺7英寸
差 值	6英尺11英寸	10英尺9英寸	7英尺0英寸	4英尺5英寸	5英尺5英寸	10英尺7英寸

实验14　1719年7月，德萨古里耶博士将猪膀胱制成球体，又重做了这个实验。首先将膀胱淋湿，放入中空的木球内。再往膀胱中吹满空气，待其干燥后取出，这样膀胱就成了一个球体。让它们同时从圣保罗大教堂拱顶的天窗下落，高度为272英尺。同时一个重2磅的铅球也随之一同下落。此时，一些人站在教堂顶部球下落处观测下落总时间，而另一些人则站在地面上观测铅球和膀胱球下落时间的差，所用时间都是半秒摆。地面上一人拿着的机器每秒摆动四次，而另一台精密仪器也是每秒摆动四次，楼顶上也有类似仪器。它们已被设计为可随时开始或停止运动。铅球的下落时间为$4\frac{1}{4}$秒，加上上述测得的时间差，得到膀胱的下落总时间。铅球落地后，五个膀胱球随后的下落时间，第一次实验中分别为$14\frac{3}{4}$秒、$12\frac{3}{4}$秒、$14\frac{5}{8}$秒、$17\frac{3}{4}$秒、$16\frac{7}{8}$秒。而第二次为$14\frac{1}{2}$秒、$14\frac{1}{4}$秒、14秒、19秒、$16\frac{3}{4}$秒。在此时间上加上铅球的下落时间$4\frac{1}{4}$秒，得到五个膀胱球的总下落时间，在第一次实验中分别为19秒、17秒、$18\frac{7}{8}$秒、22秒、$21\frac{1}{8}$秒，第二次为$18\frac{3}{4}$秒、$18\frac{1}{2}$秒、$18\frac{1}{4}$秒、$23\frac{1}{4}$秒、21秒。而在教堂顶观测到的时间，第一次分别为$19\frac{3}{8}$秒、$17\frac{1}{4}$秒、$18\frac{3}{4}$

秒、$22\frac{1}{8}$秒、$21\frac{5}{8}$秒，第二次为19秒、$18\frac{5}{8}$秒、$18\frac{3}{8}$秒、24秒、$21\frac{1}{4}$秒。但是膀胱并不是始终沿直线下落的，有时会略微在空气中飘动，而有时又会左右摆动，这样下落时间就会延长，有时延长时间为半秒，有时甚至会达到一秒。据观察，在第一次实验中，第二、四个膀胱的下落线路最直，而第二次则是第一和三个球体。由于第五个膀胱上有些褶皱，故运动略微延长了。我用极细的线围绕膀胱缠绕两圈，测出了它们的直径。下表中我将实验中测得的数据和理论值做了个比较。假设此时空气与雨水之比为1∶860，计算出球体下落距离的理论值。

膀胱球重量	128谷	156谷	$137\frac{1}{2}$谷	$97\frac{1}{2}$谷	$99\frac{1}{8}$谷
直 径	5.28英寸	5.19英寸	5.3英寸	5.26英寸	5英寸
从272英尺下落的时间	19秒	17秒	18秒	22秒	$21\frac{1}{8}$秒
该时间内通过距离的理论值	271英尺 11英寸	272英尺 $\frac{1}{2}$英寸	272英尺 7英寸	272英尺 4英寸	282英尺 0英寸
理论值与实验的差	−0英尺 1英寸	+0英尺 $\frac{1}{2}$英寸	+0英尺 7英寸	+5英尺 4英寸	+10英尺 0英寸

因此理论正确地显示了当球体在空气中或水中运动时受到的阻力，其误差极小。因为在球体的体积和重量相等的情况下，此阻力与流体密度成正比。

在第6章的附注中，我们已通过摆的实验证明了以相同速度在空气、水以及水银中运动的相等球体，其阻力与流体密度成正比。而在此，我们通过物体在空气和水中的下落实验，进一步精确证明了此结论。因为摆的每次摆动都会引起流体的运动，从而阻碍它的返回运动，由于这种运动以及悬挂摆体的细线所产生的阻力，使得摆的总阻力大于落体实验中的阻力。根据上述附注中描述的摆实验，若球体密度与水相等，那么其在空气中通过其半径长度后，损失的运动为其运动的$\frac{1}{3\ 342}$部分。由本章推导出一个理论（同时也已经过落体实验的验证）：在水和空气的密度之比为860∶1的假设条件下，相同球体通过其半径长度后损失的运动仅为其运动的$\frac{1}{4\ 586}$。由此推出，摆实验中求得的阻力大于落体实验中的阻力，这两者间的比值约为4∶3。但是由于在空气、水以及水银中运动的摆的阻力是因相同理由而增加的，不论是在摆实验中，还是落体实验中，在这些介质中的阻力间的比值是非常精确的。综上所述，在其他条件相同的情况下，即使在极富流动性的任何流体中运动的物体所受阻力与流体密度成正比。

在得到上述结论和数据后，我们就可以来求给定时间内，在任意流体中运动的抛体损失的运动的近似值。已知D为球体直径，V是其初始速度，而T为一给定时间段，在此时间段内，球体以速度V在真空中运动的距离与距离$\frac{8}{3}D$之比等于球体与流体的密度之比，那么在其他任意已知时间段t内，流体内被抛出的球体损失运动为$\frac{tV}{T+t}$，余下部分的运动为$\frac{tV}{T+t}$，且根据命题35推论7，通过的距离与相同时间内球体在真空中以速度V匀速运动的距离，这两者间的比值等于$\frac{T+t}{T}$的对数乘以2.302 585 093与$\frac{t}{T}$的比值。而当运动较慢时，受到的阻力会略小一些。因为相较于直径相同的圆柱体，球形物体更适于运动。但是当运动较快时，阻力也会稍微大一些，这是因为此时流体的弹力和压迫力的增大并不与速度平方成正比。但是此处我并未把这些小差异计算在内。

虽然空气、水、水银以及其他相似流体在经过无限分割后，会变得精细化而成为具有无限流体性的介质。但是它们对抛体施加的阻力却不会随之改变。因为在前一命题讨论的阻力是由物质惰性产生的，且惰性是物质的基本属性，始终与物质的量成正比。在流体分割后，由各部分间的黏性以及摩擦力产生的阻力确实减小了，但是物质的量却仍保持不变，这样与之成正比的惰性力也不会减小。由于此处涉及的阻力始终与此惰性力成正比，故阻力也保持不变。若想使阻力减小，则必须减小物体穿越空间里物质的量。行星和彗星在宇宙中自由穿行时，运动不会有丝毫可察觉的减缓，故宇宙中完全不存在物质性流体，只可能有一些极其稀薄的气体和射线。

当抛体穿过流体时，它引起了流体的运动，这种运动是由抛体前后部分受到的流体压力的差产生的，由于它与介质密度成正比，故相对于空气、水以及水银中的运动，在无限流体性介质中的运动绝不小于前者。因为上述压力差与压力的量成正比，故它不仅引起了流体的运动，同样也使抛体运动变缓，这样每个流体中的阻力与抛体引起的运动成正比，并且即使是在最精细的以太中，该阻力与以太的密度之比也绝不小于在空气、水以及水银中的阻力与相应流体密度之比。

第 8 章　通过流体传播的运动

命题 41　定理 32

只有当流体中各粒子沿直线排列时，其内的阻力才会沿直线方向传播。（如图8-1）

已知粒子a、b、c、d、e位于同一直线上，而压力确实可以从a到e直线传播。但此后粒子e斜向作用于倾斜放置的粒子f、g，且只有f和g受到位于其后的粒子h、k的支撑作用时，它们才能承受此压力，而同样地支撑f、g的粒子也受到它们的压迫，所以h、k也只有在受到更远粒子l和m的支撑作用后，才能承受此压力。依此类推到无限远的粒子。因此若压力不沿直线传播，则传播方向立即会偏离到两侧，然后斜向传播到无限远。而当力开始斜向传播后，若在较远处又遇到不按直线排列的粒子，那么传播方向将会又一次向两侧偏离。所以在传播过程中，若遇到的粒子不是精确地沿直线排列，其传播方向就会偏离。

证明完毕。

推论　如果压力的任意部分自一定点在流体中传播时，被任意障碍物阻碍，而余下未被阻碍的部分则会绕过障碍物进入其后的空间。此推论可以运用下列方法证明（如图8-2）。假设压力自点A朝任意方向沿直线传播。

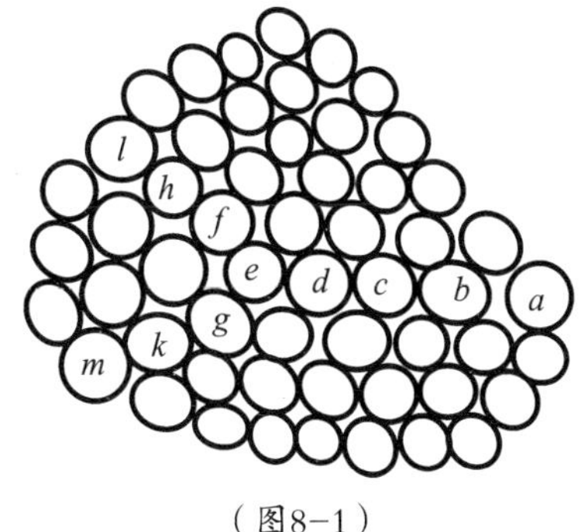

（图8-1）

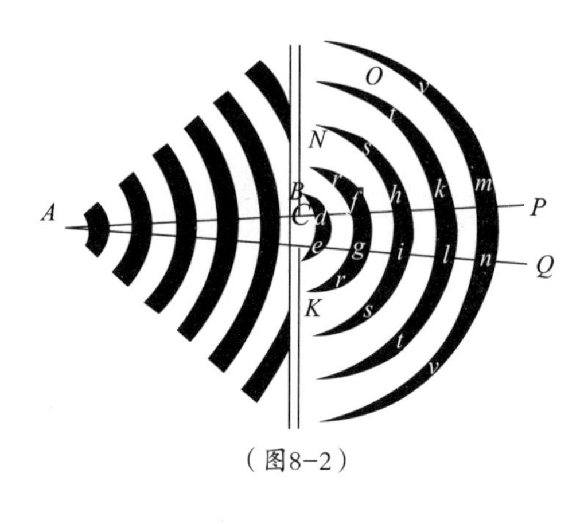

（图8-2）

在障碍物$NBCK$上开一个小孔BC。在压力传播过程中，只有圆锥区域APQ内的压力通过小孔BC，余下部分压力都被阻碍。圆锥形APQ被横切面de、fg、hi分为若干个平截头。于是当传播压力的平截头圆锥体通过表面de推动平截体$degf$时，$degf$也会通过表面fg推动后一平截体$fgih$，而这一平截体$fgih$则会推动第三个平截体，以此类推至无限。根据第三定律，上述结论可证明：当第一个平截体$defg$压迫并推动表面fg时，由于第二个平截体$fghi$的反作用力，故fg面受到的压迫和推动作用是相等的。因此平截体$defg$的两侧都会受到压迫力，即是圆锥体Ade和平截头$fhig$都会对它施加作用力。由命题19情形6可推知，只有当$degf$各边受到的压迫力相等时，其形状才会保持不变。所以，它向df、eg两侧扩展的力等于它在力de、fg面上所受到的压力。若周围的流体不阻碍这种扩展，那么这两侧（它们没有丝毫黏性或硬度，而是具有完全流体性）将会向外膨胀。因此当这两侧df、eg向外扩展时，它们会压迫周围的流体，且压力就等于压迫平截体$fghi$的力。所以压力从边df、eg从两侧传播入空间NO、KL，其大小等于从表面fg传递给PQ的力。

命题42　定理33

通过流体传播的所有运动沿直线方向扩散进入静止空间。（如图8-3）

情形1　假设运动自点A开始传播通过小孔BC（如图8-3）。若有可能，使运动在圆锥平面$BCQP$中自点A沿直线路径扩散。首先假设此处的运动是静止水面上的水波，而de、fg、hi、kl等是各水波的顶点，相互间的波谷或凹处相等。由于波脊的水比流体的静止部分KL、NO高，故水会从波脊的顶点e、g、i、l等以及d、f、h、k等从两侧流向KL、NO。因为波谷的水又低于流体的静止部分KL、NO，故水又会从静止部分流向波谷。在第一种情况中，水脊将向两侧扩张，且向KL、NO传播。由于从A到PQ的水波运动是从波脊流向临近波谷的连续水流运动，故速度不会比下落运动的速度快，且两侧向KL和NO的水的下落速度是相等的。水波向KL和NO两侧的传播速度等于直接从A传播到PQ的速度。所以朝向KL、NO的两侧空间将充满膨胀水波$rfgr$、$shis$、$tklt$、$vmnv$，等等。

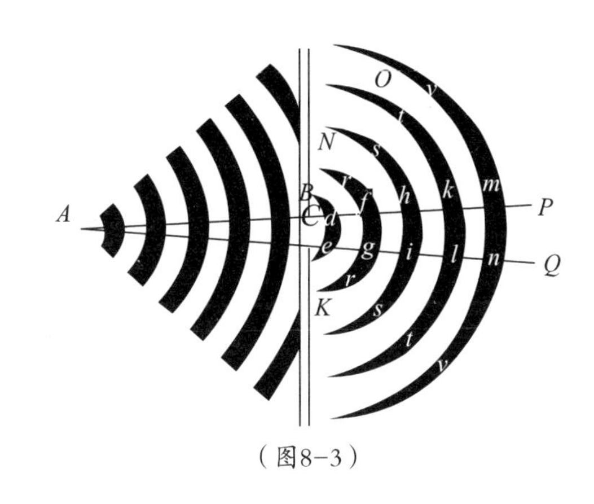

（图8-3）

证明完毕。

上述结论皆可由静止水中的实验证明。

情形2　假设de、fg、hi、kl、mn代表从点A连续在弹性介质中传播的脉冲。而且脉冲通过介质的压缩与舒张相继发生而传播，这使得每个脉冲中密度最大的部分形成一个以A为球心的球面，且连续脉冲间，球面间距相等。直线de、fg、hi、ki等表示脉冲中通过小孔BC传播的最大密度部分。由于介质密度大于朝向KL和NO两侧空间的密度，故介质自身膨胀的同时，也会朝向空间KL、NO膨胀，就如同朝向脉冲间的稀薄间距膨胀一样。因此在脉冲附近的介质总是比间隔附近的介质密集，这样介质就参与进了运动。而由于脉冲运动是产生于介质中密集部分朝向附近的稀薄间距的舒张运动，且脉冲从两侧向介质中静止部分KL、NO舒张的速度几乎相等。因此脉冲自身向各个方向膨胀进入静止部分KL、NO，速度约等于直接从中心A传播的速度，故脉冲会充满整个空间$KLON$。

证明完毕。

同样，通过实验也可证明隔着山峰也能听到声音的现象。如果声音通过窗户传入房间，然后扩散充满整间屋子，这样在每个角落都可以听到声音。但通过我们的感官可以判定，这并不是因为对面墙的反射作用，而是直接从窗户传播进来的。

情形3　最后假设任意运动从A传播通过小孔BC。由于产生这种传播运动的原因是临近中心A的部分干扰并推动较远部分，且被推动的部分是流体，故运动会从各个方向扩散到受压力较小的空间，那么运动最终都会向静止流体的各部分扩散，在空间两侧KL、NO方向上的运动和光前指向直线PQ方向上的运动相同。这样一旦随运动穿过小孔BC后，它们会如同源头和中心一样自身膨胀，然后直接向各个方向传播。

证明完毕。

命题 43　定理 34

当物体颤动时，若它位于弹性介质中，则会沿直线向各个方向传播脉冲，而若位于非弹性介质中，则激发圆周运动。

情形1　颤动物体的各部分交替做往返运动。向前运动时，它会推动且驱使最临近它前面的介质部分，通过这种脉冲使上述部分压缩，密

风洞试验

风洞是一种研究空气如何影响物体运动的装置。其方法是先将测试物放入风洞内，再利用强力发动机产生稳定气流，以测定气流产生的升力及阻力等数值。图为对喷气式战斗机模型的风洞试验，其目的是分析机体下方悬挂的导弹及额外的油箱所产生的空气动力效应。

集；而它向后运动时，上述压缩部分会舒张，自我扩展。因此最靠近颤动物体的各部分介质会做交替的往返运动，运动的方式与颤动物体各部分的运动相似。同理，由于物体各部分推动介质的各部分，介质中受到类似颤动推动的这些部分将转而推动与之相邻的其他部分，而受到类似推动的这些部分又转而推动更远的部分，依此类推至无限。介质的第一部分向前时紧缩，向后时扩张，而其他部分的运动方式也与之相同，即向前时压缩，向后时膨胀。因此若介质中各部分同时向前或向后运动，那么介质各部分之间的距离会保持不变，这样介质将不会交替地发生凝结和稀释，故它们不会同时向前或向后运动。但是由于在压缩介质处，各部分相互靠近，而介质稀薄处，各部分远离，因此介质中一部分会向前运动，另一部分则在此时向后运动，因为这种向前的运动会冲击前进道路上的障碍物，那么这个向前运动就是脉冲。由此推出，颤动物体产生的连续脉冲将沿直线传播，并且由于物体的颤动产生脉冲的间隔时间相等，故脉冲间的距离极其近似相等。虽然颤动物体各部分沿若干固定方向往返运动，但是根据前一命题可知，颤动所激起的介质中的脉冲是向各个方向扩散的，并且这种扩散是以颤动物体为中心，沿围绕此中心的共心，近似球面向所有方向传播。与手指在水面颤动所激起水波的传播相同，此水波不仅随着手指的颤动而前后运动，并且沿围绕手指的共心圆向四周传播，而水的重力在此过程中则充当了弹性力作用。

情形2　如果介质是非弹性的，由于在受到颤动物体产生的压力后，各部分不会随之压缩，故运动会立即向最易弯曲的介质部分传播，即朝向颤动物体留下的空洞传播。此情形与抛体在任意介质中运动的情形相同。因抛体而变形的介质并不会无限向远处移动，而是围绕抛体后部空洞做圆周运动。因此每当颤动物体趋向介质中任意部分时，因此而变形的介质则会围绕物体留下的空洞部分做圆周运动。而每当物体返回原位置时，介质又被驱回了原位置。虽然颤动物体并不是牢固而坚硬的，而是易弯曲的，但是由于物体不能通过颤动推动不易变形的介质，故如果物体保持其大小不变，那么逐渐远离物体受压部分的介质将始终绕弯曲部分做圆运动。

证明完毕。

推论　火焰的推动作用是压力通过周围的介质沿直线传播的看法是错误的。此类压力不会仅仅产生自火焰的推动力，而是来自整体的膨胀作用。

命题44　定理35

如果水在管道或水管的竖直管子*KL*、*MN*中交替升降，而摆的悬挂中心到摆动中心间的长度等于管道中水的长度的一半，那么一次升降的时间与摆动时间相等。（如图8-4）

沿着管道以及其竖直管道的轴测量出了水的长度，并使其等于这些轴的和。在此命题中，水与管道壁摩擦产生的阻力忽略不计。因此，设*AB*、*CD*分别表示两条管子中水的平均高度，当*KL*中的水上升到高度*EF*时，*MN*中的水正好下降到高度*GH*。*P*为摆体，*VP*是细线，*V*是悬挂点，*RPQS*则为摆的运动轨迹，其中*P*为最低点，弧*PQ*等于高度*AE*。两根竖直管道中水的重量差即是促使水的运动交替加减速的力。因此，当水在*KL*

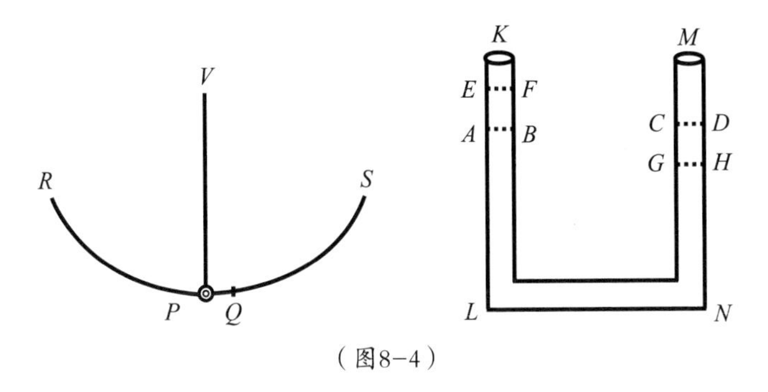

（图8-4）

中上升到高度EF时，另一根管子MN中的水正好下降到GH，此时力等于水$EABF$重量的两倍，故其与水的总重量之比等于AE（或PQ）：VP（或PR）。而根据命题51推论可知，在摆线任意处Q，使物体P加减速的力与物体总重量之比等于其到最低点P的距离PQ比摆线长度PR。因而，当水和摆的运动距离AE、PQ相等时，此时的驱动力与运动物体的重量成正比。由此推出，如果水和摆在开始时保持静止，那么这些力会使它们的运动等时，共同往返。

证明完毕。

推论1　无论水的往复升降运动是强烈还是微弱，其进行的时间总是相等的。

推论2　若管道中水的总长度为$6\frac{1}{9}$尺（法国单位），那么水上升和下降的时间皆为一秒，并一直做交替的升降运动。这是因为$3\frac{1}{18}$尺长的摆的摆动时间为1秒。

推论3　若水的长度增减，那么水的往复升降运动的时间将会随长度的平方根增减。

命题 45 定理 36

波速与其波长的平方根成正比。

此命题可以在下一命题的证明过程中得到证明。

命题 46 问题 10

求波速。（如图8-5）

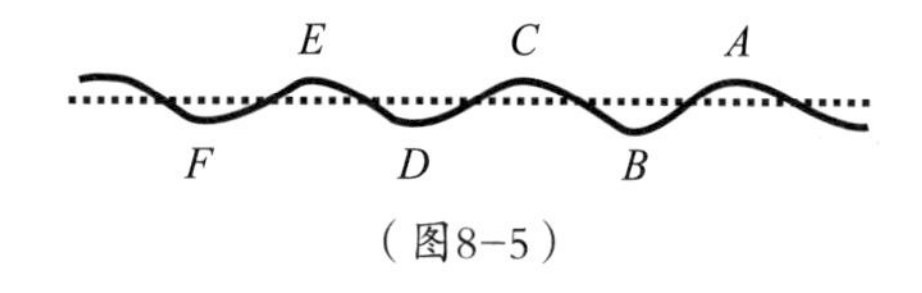

（图8-5）

取出一只摆，取其悬挂中心与摆动中心的距离等于波长，那么在此摆的单次摆动时间内，波前进的距离近似等于其波长。

波长即相邻波谷或波峰的间距（如图8-5）。已知*ABCDEF*表示静止水面上上下起伏的连续水波，其中*A*、*C*、*E*等表示波峰，而*B*、*D*、*F*等为相邻的波谷。由于水波的运动是通过水面的相继升降实现的，故*A*、*C*、*E*等波峰在下一时刻就变为波谷。又由于使最高部分下落，最低部分上升的作用力等于被抬起水的重量，故此时波的交替升降类似于管道中水的往复运动，其升降时间的规律相同。因此，根据命题44可知，若波峰*A*、*C*、*E*间的距离（或波谷*B*、*D*、*F*的间距）等于任意摆长的两倍，那么波峰*A*、*C*、*E*则在此摆的一次摆动中是最低点，而在下一次摆动时间又会上升到最高点。由此推出，通过一个波的时间，等于摆动两次的时间，即波通过一个波长的时间内，摆将会发生两次全摆动。但是若摆长等于该长度的四倍，即与波长相等，那么这样的摆只摆动一次。

证明完毕。

推论1 若波长等于$3\frac{1}{18}$尺，那么一秒内水波 前进的距离等于一个

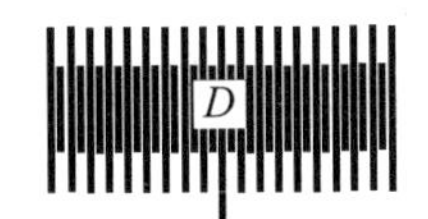

波长的长度，故一分钟内，水波通过的距离为$183\frac{1}{3}$尺，一小时内则约等于11 000尺。

推论2　不论波长大小，其速度都随波长的平方根增减。

上述结论在如下假设条件下才成立：水的各部分沿直线升降。但是事实上，水的升降更倾向于圆形，故此命题中求出的时间也只是近似值。

命题47　定理37

若脉冲在流体中传播时，使流体中若干粒子做最短距离的往返运动，那么这些粒子将始终按摆动规律加减速。（如图8-6）

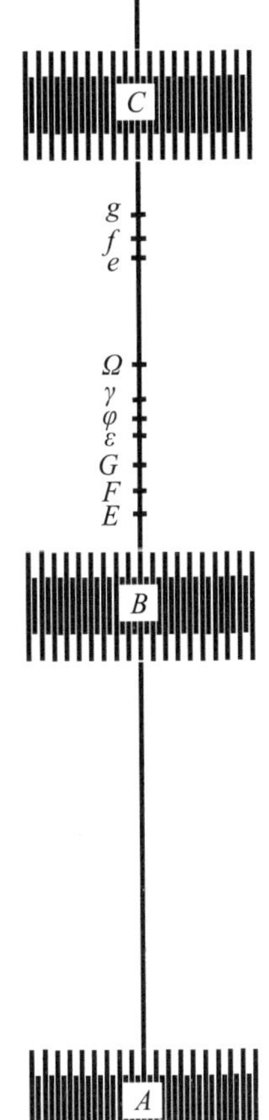

假设*AB*、*BC*、*CD*等表示距离相等的连续脉冲，*ABC*是连续脉冲中从*A*传播到*B*的直线方向。*E*、*F*、*G*则是静止介质中三个物理点，位于线段*AC*上，相互间的距离相等。*Ee*、*Ff*、*Gg*则是相等的极短距离，而颤动时物理点*E*、*F*、*G*则在其间做往返运动。ε、φ、γ是相同点的中间位置，*EF*、*FG*为物理短线段，或是这些点间的线形介质部分，它们随后相继移入$\varepsilon\varphi$、$\varphi\gamma$，以及*ef*、*fg*间。再作垂直于线段*Ee*的线段*PS*，其中点是*O*。（如图8-6）以*O*为圆心，*OP*为半径，作圆

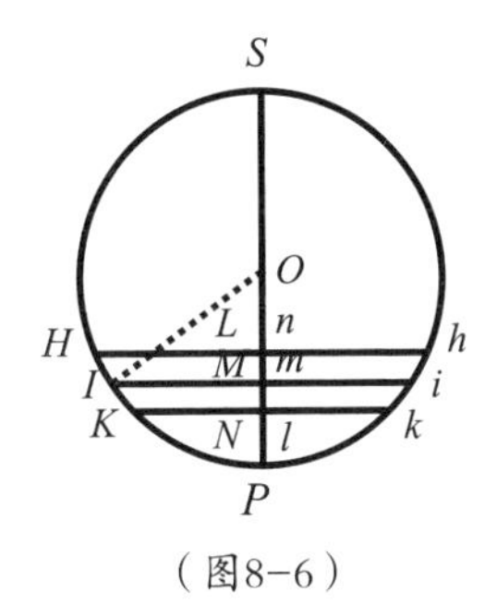

（图8-6）

$SIPi$。假设该圆的周长，以及与之成正比的部分分别表示一次振动的总时间以及与其成正比的部分。于是若作PS的垂线HL或hl，并取$E\varepsilon$等于PL或者Pl，当任意时间PH或$PHSh$完成时，物理点E位于ε上。按此规律做往复运动的物理点E，在其从E点经过ε到e前进，在经过ε返回E的过程中，其加减速的程度相同，就像摆体完成一次摆动一样。现在我们来证明此运动会激起介质中若干物理粒子的运动。首先假设介质中存在一种由任意原因激起的此种运动，再来观察此后物体运动的情况。

在圆周$PHSh$上取几段相等的弧，HI、IK或hi、ik，其与周长之比等于线段EF，FG与总脉冲间隔BC之比。作PS的垂线IM、KN或im、kn。由于点E、F、G受到相继的推动作用而做相似运动，且在脉冲由B移动到C的期间，完成一次往返振动，故若PH或$PHSh$是从E点开始运动后的时间，那么PI或$PHSi$则为F点开始运动后的时间，而PK或$PHSk$是G点开始运动后的时间。所以，当上述点前进时，$E\varepsilon$、$F\varphi$、$G\gamma$分别等于PL、PM、PN，而点返回时，它们则分别等于Pl、Pm、Pn。因此当点前进时，$\varepsilon\gamma$（或EG）$+G\gamma-Ee=EG-LN$，而点返回时，$\varepsilon\gamma+G\gamma-Ee=EG+ln$。但是$\varepsilon\gamma$是处所$\varepsilon\gamma$的介质宽度或$EG$部分的膨胀宽度，故该部分前移的膨胀宽度与平均膨胀宽度之比等于$EF-LN$比EG。而返回时宽度与平均宽度之比为$EG+ln$（或$EG+LN$）与EG的比值。因此，由于$LN:KH=IM:$半径OP，且$KH:EG=$周长$PHShP:BC$。于是如果周长与脉冲间距BC的圆的半径用V表示，那么$KH:EG=OP:V$。对应项相乘，得$LN:EG=IM:V$。F点前移时，EG或物理点F在$\varepsilon\gamma$处的膨胀宽度与F点原位置EG处的平均膨胀宽度之比等于$V-IM$与V之比；返回时，则等于$V+im$与V之比。所以在F点往返运动时，在F点的弹性力与在EG处的平均弹性力之比分别等于$\frac{1}{V-IM}:\frac{1}{V}$，以及$\frac{1}{V+im}:\frac{1}{V}$。同理，力的差与介质平均弹性力的比值等于$\frac{HL-KN}{VV-V\times HL-V\times KN+HL\times KN}:\frac{1}{V}$，化简得，$\frac{HL-KN}{VV}:\frac{1}{V}$，即

（$HL-KN$）：V。由于物体的振动范围极小，故若假设HL和KN都无限小于量V，那么由于量V是定值，那么力的差与$HL-KN$成正比；而由于$HL-KN$与HK成正比，OM与OI（或OP）成正比，且HK和KN是定值，故又与OM成正比；若Ff的中点是Ω，则力的差与$\Omega\varphi$成正比。由此类推，在物理线段$\varepsilon\gamma$返回时，物理点ε和γ处弹性力之差与$\Omega\varphi$成正比。但是因为ε点处的弹性力减去γ点处的弹性力得到的差，正是使这两点间的物理短线段$\varepsilon\gamma$在前移时被加速和在返回时被减速的力，故$\varepsilon\gamma$的加速力与其到振动中间位置Ω的距离成正比。根据第1编命题38，弧PI正好可表示时间，且由于介质的线形部分$\varepsilon\gamma$按上述摆动规律运动，所以构成整个介质的所有线形部分都按此规律运动。

证明完毕。

推论　由此推出，传播的脉冲数等于物体的振动次数，在传播过程中并不会增加。这是由于物理短线段$\varepsilon\gamma$一返回原位置，就会停止变成静止状态，而只有当接收到颤动物体的脉冲或物体传播出的脉冲后，它才会再次运动。因此若颤动物体不再传播出脉冲，短线段就会立即恢复静止，不再运动。

命题48　定理38

假设流体的弹性力与密度成正比，那么脉冲在弹性流体中传播时，速度与弹性力的平方根成正比，与密度的平方根成反比。

情形1　如果介质均匀，介质中的脉冲间距相等，但一个介质中的运动强于另一个介质中的运动，那么两介质中对应部分的伸缩与运动成正比，但此正比关系并不是十分精确的。然而，若伸缩幅度不大，那此误差是可以忽略的，故可认为这个正比关系是物理精确的。于是运动的弹性力与伸缩成正比，而此时产生的相等部分的运动则和此力成正比。因此相对应脉冲的相等对应部分在与其伸缩成正比的距离间将一起做往返运动，速度与这些距离成正比，故在一次往返时间内，脉冲前进的距离与宽度相等，且始终紧接着移入前一脉冲运动前的位置。而由于其距离相等，故两介质中脉冲的速度相等。

情形2　若一介质中脉冲间距或脉冲长度大于另一介质中的脉冲间距或脉冲长度，那么假设在每次往返运动中，两介质中对应部分经过的距离与对应脉冲长度成正比，那么它们的伸缩程度也相等。因此，若介质是均匀的，则使介质部分做往返运动的弹性驱动力也相等。于是受该力推动的物质与脉冲宽度成正比，而每次往返运动中通过的距离也与此脉冲宽度成正比。此外，往返运动的时间与物质和距离的乘积的平方根成正比，故与距离成正比。但是在一次往返运动中，脉冲前进的距离等于其宽度，即该距离与时间成正比，故速度相等。

情形3　如果两介质的密度与弹性力皆相等，那么在其内传播的脉冲速度都相等。若介质的密度和弹性力增大，这导致驱动力随弹性力增大的比例增大，物质的运动也随密度的比例增大，那么产生上述相等运动所需的时间将按宽度的平方根增大，按弹性力的平方根减小。因此脉冲速度与弹性力的平方根成正比，与介质密度的平方根成反比。

证明完毕。

在下列命题的求解过程中，本命题将得到更为清晰的证明。

命题49　问题11

已知介质密度和弹性力，求脉冲速度。（如图8-7）

假设介质如同空气一样，受到其上重量的压迫。用A表示均匀介质的高度，此介质的重量等于上部重量，密度等于脉冲在内传播的压缩介质的密度。一个摆的悬挂中心到摆动中心的距离为A，那么在摆的一次往返全摆动的时间内，脉冲传播的距离恰好等于半径为A的圆的周长。

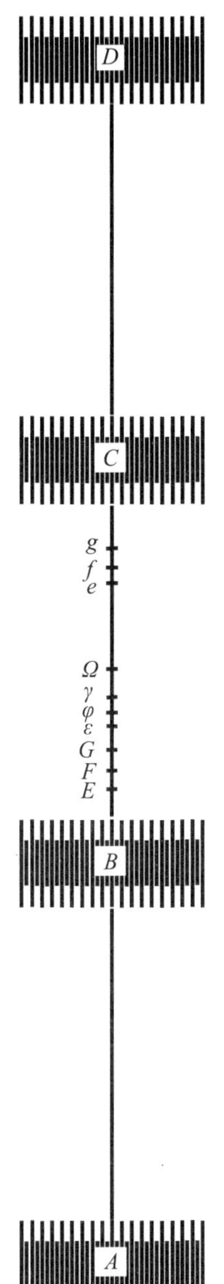

本命题的图与命题47的作图相同（如图8-7）。如果任意物理线段EF在每次振动间通过的距离为PS，且在每次往返的端点P、S的弹性力等于其重量，那么振动时间等于沿与PS相等的摆线运动的摆的摆动时间，这是因为相等时间内，受相同力推动的小球通过的距离相同。所以，由于摆动时间与摆长的平方根成正比，且摆长等于总摆线弧的一半，故一次振动时间与摆长为A的摆的摆动时间之比等于$\frac{1}{2}PS$（或PO）与长度A的比值的平方根。此前在命题47的证明过程中曾推出，在两个端点P、S处，推动物理线段EG的弹性力与总弹性力之比等于$HL-KN$比V，而由于此时K点与P点重合，故上述比值也等于HK比V。物体受到的所有力（即为压迫在线段EG上的上部重量）与短线段重量之比等于上部重量的高度与短线段长度EG的比值。上两式对应项相乘，得短线段EG在P和S点受到的作用力与其重量之比等于$HK\times A$比$V\times EG$，由于$2HK:EG=PO:V$，故上述比值等于$PO\times A$比VV。所以，由于相同物体受到推动作用后，它通过相等

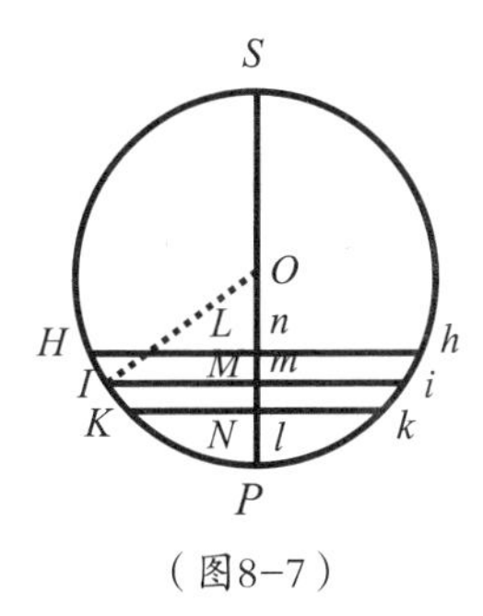

（图8-7）

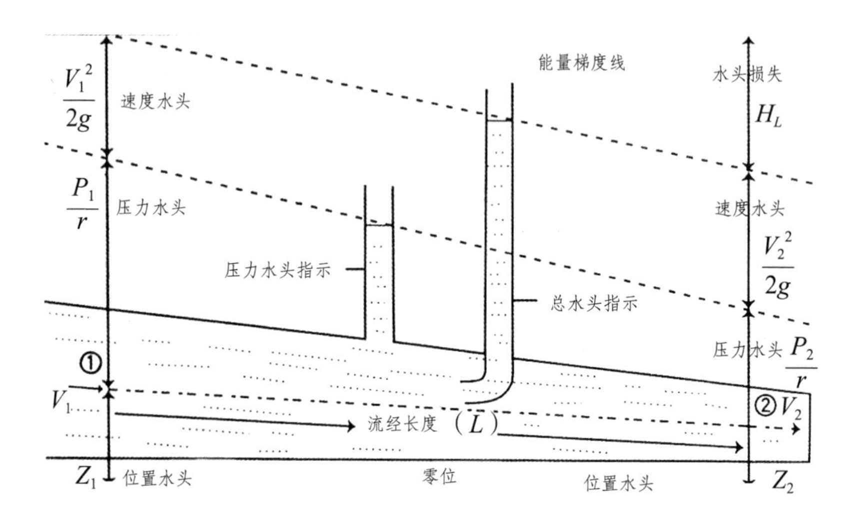

流体中的压强

按照力学定律，密闭液体任一部分的压强必然按其原来的大小向各个方向传递。这使得在工程技术中可以通过这样的密闭液体远程传递压强。图中显示的水管中的水压变化就是这种原理在日常生活中的运用。

距离的时间与力的平方根成反比，故由弹性力产生的振动的时间与由重量冲击产生的振动时间之比等于VV与$PO \times A$的比值的平方根，而其与摆长为A的摆的摆动时间之比等于VV比$PO \times A$与PO比A的乘积的平方根；化简得V比A。不过在摆往返摆动一次的时间内，脉冲前进的距离等于宽度BC。因此脉冲通过距离BC的时间与摆做一次往返摆动的时间之比等于V比A，即等于BC与半径为A的圆的周长之比。而同样地，脉冲通过距离BC的时间与其通过相当于周长的距离的时间也等于该比值。因此，在上述摆动时间内，脉冲通过的距离等于上述圆周长。

证明完毕。

推论1　重物体以与脉冲相同的加速下落，其下落高度为高度A的一半时达到的速度等于脉冲速度。

假设脉冲以该下落速度前进，由于在此下落时间内，脉冲通过的距离等于高度A，故在一次往返摆动时间内，脉冲通过的距离等于半径为A的圆的周长，而下落时间与摆动时间之比等于圆的半径与周长之比。

推论2 由于高度A与流体弹性力成正比，与密度成反比，所以脉冲速度与弹性力的平方根成正比，与密度的平方根成反比。

命题50 问题12

求脉冲距离。

求出在任意给定的时间里，引起脉冲的振动物体所产生的振动次数。该次数除在相同时间里脉冲通过的距离，得到的结果就是一个脉冲的宽度。

证明完毕。

附 注

以上几个命题适用于光和声音的运动；因为光是直线传播的，当然它不能只适用于孤立的作用（由命题41和42）。就声音来说，由于它们是由物体颤动所引起的，它们无非就是空气中传送的空气脉冲（由命题43）；并且这可以通过响亮而低沉的声音引起附近物体震颤来证实；因为快速而短促的颤动不易被激发。众所周知，任何声音落在能产生响亮声音的同音弦上时，可以引起弦本身的振动。这也可以通过声音的速度来证实。因为雨水和水银比重之比约为为$1:13\frac{2}{3}$，当气压计中的水银高度为30英寸时，空气与水的比重之比约为1∶870，这样空气与水银的比重之比就为1∶11 890。所以，当水银高度为30英寸时，均匀空气的重量应足以能够把空气挤压到我们所见到的密度，其高度必须达到356 700英寸，或者29 725英尺；这就是我在解释前面命题时称之为A的那个高度。一个半径为29 725英尺的圆，它的周长为186 768英尺。由于一个长$39\frac{1}{5}$英寸的摆锤在完成一次来回摆动的时间在两秒钟内，大家都知道这就可以推导出，一个长29 725英尺，或者356 700英寸的摆锤完成一次来回摆要用$190\frac{3}{4}$秒钟。因此，在该时间里声音将前行186 768英尺，因而在一秒钟里就能前行979英尺。

但是在此计算中，我没有考虑到空气粒子的大小，它们让声音能够即时传播。因为空气与水的比重之比为1∶870，而盐的密度几乎是水的两倍；假设如果空气粒子的密度与水或盐的密度几乎相同，而空气的稀薄情况就由粒子之间的间隔决定；那么一个空气粒子的直径和一个粒子中心到另一个粒子中心的间距之比为1比9或10，而和粒子之间间距之比为1比8或9。因此，根据刚才的计算，声音在一秒钟里传播的距离是979英尺再加上$\frac{9}{979}$，或约109英尺，以补偿空气粒子大小的作用；这样声音在一秒钟里行进约1 088英尺。

此外，空气中飘浮的水蒸气也是另一种情形的根源，如果要真正考虑声音在真实空气中的传播运动，它还是很少被计入其中的。如果这些水蒸气保持静止，则声音在真实空气中要传播得快一些，这正比于物质缺乏的平方根。这样，如果大气中含有十成的真实空气和一成的水蒸气，则在正比于11比10的平方根时，或在近似于21比20时，声音的传播速度比在十一成的真实空气中传播得要快，所以先前求出的声音的运动应加入该比值。这样的话，声音在一秒钟里可以行进1 142英尺。

这些情形也可以在春季和秋季看到，那时由于气候温暖，空气相对稀薄，这就使得其弹性较强。而在冬季，气候寒冷使空气凝聚，其弹性就相对减弱，声音的运动在正比于密度的平方根时较慢；反之，在夏季时较快。

实验显示出声音确实在一秒钟内行进1 142英尺，或者1 070巴黎尺。

我们知道了声音的速度，也就可以知道其脉冲的间隔。M.索维尔在他的实验中发现，一根长约5巴黎尺的开口管子发出的声音，其音调与一根每秒振动100次的提琴弦的音调相同。因此，在一秒钟里声音行进的1 070巴黎尺的空间里，有大约100个脉冲；因而一个脉冲就占了大约$10\frac{7}{10}$巴黎尺的空间，那就约为管子长的两倍。就此可以得出，所有在开口管子里发出的声音，其脉冲宽度很可能相当于管子长的两倍。

此外，命题47的推论解释了为什么发音物体一停止运动，声音就迅速消失了，以及为什么我们在离发音物体远的地方听到的声音，并不比在离其近的地方听到的更持久。还有，由先前的原理，我们也能清楚地理解声音在话筒里是怎样得到极大增强的；因为所有往复运动在每次返回时都被发声机制所增强。而在管子内部，声音的扩散受到阻碍，其运动衰减变慢，反射变强；因此在每次返回时都能受到新的运动来推动其增强。这些就是声音的主要现象。

第9章　流体的圆运动

假　设

由于流体各部分缺乏润滑而产生的阻力，在其他条件不变的情况下，正比于使该流体各部分相分离的速度。

命题51　定理39

如果一根无限长的圆柱体在均匀又无限的流体中，绕一位置给定的轴均匀转动，并且该流体只受圆柱体的冲击而转动，而该流体各部分在运动中保持均匀；则流体各部分的周期正比于它们到圆柱体中轴的距离。（如图9-1）

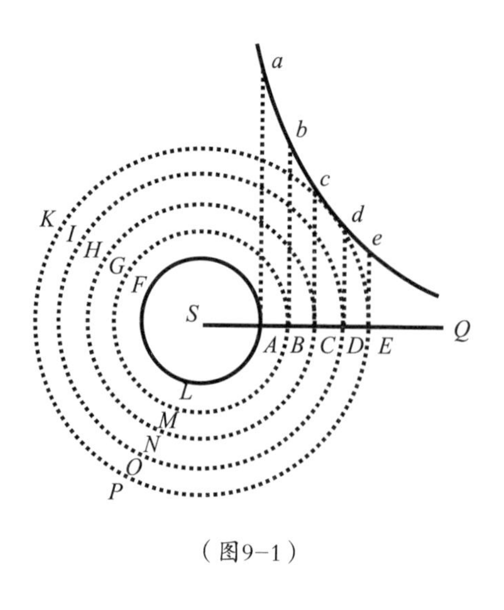

（图9-1）

令圆柱体AFL沿轴S均匀转动，且令AFL的同心圆BGM、CHN、DIO、EKP等，把流质分成无限个相同厚度的固体同心圆柱体层。因为流体是均质的，邻接层相互的压力（由假设）正比于它们相互间的移动，也正比于产生该压力的相邻接的表面。如果任意表层对其内侧压力大于或小于外侧压力，则较强的压力将占优势，并加快或减慢该层的运动，这取决于它是否和该层的运动方向一致或相反。这样每一层的运动都能保持均匀，两侧的压力相等而方向相反。所以，由于压力正比于邻接表面，也正比于相互间的移动，那么该移动将反比于表面，即反比于表面到中轴的距离。但是轴的运动角度差正比于该移动除以距离，或正比于该移动而反比于该移动除以距离。那就是，将这两个比相乘，反比于距离的平方。所以，如果做向右无限延伸直线*SABCDEFQ*的垂线*Aa*、*Bb*、*Cc*、*Dd*、*Ee*等，则反比于*SA*、*SB*、*SC*、*SD*、*SE*等的平方，作一条双曲线通过这些垂线的端点，则这些运动角度差的和将正比于对应线段*Aa*、*Bb*、*Cc*、*Dd*、*Ee*的和，即（如果无限增加层数而减少宽度，以构成均匀介质的流体）正比于相似于该和的双曲线面积*AaQ*、*BbQ*、*CcQ*、*DdQ*、*EeQ*等；因此时间反比于角运动，也反比于这些面积。所以任意*D*粒子的周期时间反比于*DdQ*的面积，即（由求曲线面积的已知方法）正比于距离*SD*。

证明完毕。

推论1　因此流体粒子的角运动反比于它们到圆柱体的轴的距离，且绝对速度相等。

推论2　如果流体装在一个无限长的圆柱形容器内，里面还装着另一个圆柱体，并且两柱体都围着公共轴转动，且它们转动的时间正比于它们的直径，流体各部分保持运动，则不同部分的周期时间正比于到圆柱体轴的距离。

推论3　如果从圆柱体和这样运动的流体上增加或减去任意共同的角运动量，因为这种新的运动不改变流体各部分之间的相互摩擦，各部分之间的运动也不会改变；各部分间的移动取决于摩擦，由于两边的摩擦力方向相反，各部分都将保持运动，加速并不多于减速。

推论4　如果从整个圆柱体和流体中减去所有外层圆柱的角运动，

我们就能得到在静止圆柱体内的流体运动。

推论5　如果流体和外层柱体静止，而内层柱体均匀移动，则会把圆运动传输给流体，并会逐渐传遍整个流体；运动会逐渐加强，直到流体各部分都能获得推论4中求出的运动。

推论6　因为流体倾向于把其运动传播得更远，所以其冲击会带动最外层的圆柱与它一同运动，除非圆柱体受到阻力；一直加速其运动直到两个圆柱体的周期相等。但是如果外层圆柱体受到反作用力，它将会产生作用力来阻碍流体的运动；内柱体除非靠一些作用于其上的外力使其保持运动，否则它将逐渐静止。

以上所有推论可以通过在静止深水中实验来证明。

命题52　定理40

如果在均匀而且无限的流质中，固体球体绕一方向给定的轴均匀转动，流体只是受球体的冲击力转动，流体各部分在运动中保持均匀；则流体各部分的周期正比于其到球体中心的距离。（如图9-2）

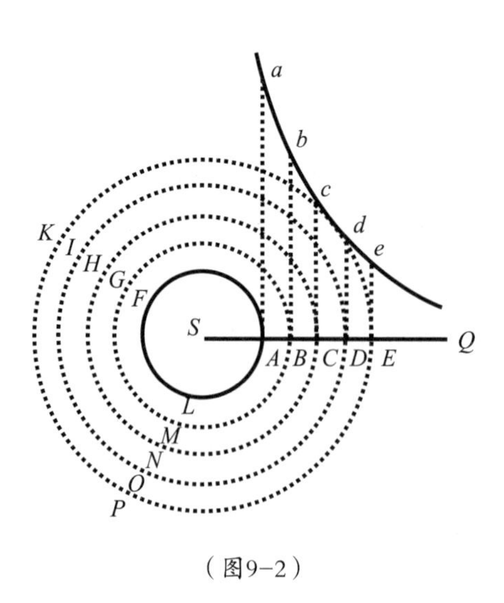

（图9-2）

情形1　令球体AFL绕轴线S均匀转动（如图9-2），同心圆BGM、CHN、DIO、EKP等把流体分成无限个相同厚度的同心球层。设这些球层是固体的；因为流体是均质的，邻接的球层间的压力（由前提）正比于它们相互间的移动，以及受该压力的邻接表面。如果任意球层对其的内侧压力大于或小于外侧压力，则较强的压力将占优势，并加快或减慢该球层的运动，这取决于该力与球层运动方向是否一致。所以每一球层都能保持均匀的运动，其条件是球层双侧的压力必须是相等的，而方向相反。因为压力正比于邻接表面，也正比于相互间的移动，所以移动将反比于表面，即反比于表面到球心距离的平方。但关于轴的角运动差正比于移动除以距离，或是正比于移动而反比于距离；将这两个比相乘，也就是反比于距离的立方。如果在无限延伸的直线$SABCDEQ$上的不同地方作垂线Aa、Bb、Cc、Dd、Ee等，反比于差的和SA、SB、SC、SD、SE等，即所有角运动的立方，则将正比于对应线段Aa、Bb、Cc、Dd、Ee等的和，即（如果使球层数无限增加，厚度无限减小，形成均匀流体介质）正比于近似于该和的双曲线面积AaQ、BbQ、CcQ、DdQ、EeQ等；其周期时间则反比于角运动，还反比于这些面积。所以，任意球层DIO的周期时间反比于面积DdQ，即（由已知求面积的方法）正比于距离SD的平方。这就是首先要证明的。

情形2　由球心作大量与轴成给定角度的无限长直线，且它们相互间的差相等；设这些直线绕轴转动，这样球层被分成无数个圆环；则每一个圆环都有四个与之相邻的圆环，即其内侧有一个，外侧有一个，两边还各有一个。现在，这些圆环受到的推动力不均，内环与外环的摩擦力方向相反，除非运动的传递照情形1所证明的规律进行。这可以由前面的证明得知。所以，任意一组由球沿直线向外延伸的圆环都将按情形1的规律运动，除非它受到两边圆环的摩擦的作用。但是根据该规律，运动中不会出现那种情况，所以不会阻碍圆环按该规律运动。如果到球的距离相等的圆环在极点处的转动和在黄道处速度不相等，又如果前者慢的话，相互摩擦使其加快，而快的话，则使其减慢；这就使周期时间逐渐趋于相等，这可以由情形1得知。所以这种摩擦力完全不阻碍运动按情形1的规律进行，因此该规律是成立的；即各圆环的周期时间正比于其到球心的距离的平方。这就是其次要证明的。

情形3 现在设每个圆环又被横截面分割成无数个粒子，正是该粒子构成了绝对均匀流体物质；因为这些截面与圆运动无关，只起产生流体物质的作用，所以圆运动规律将像以前一样保持不变。即使有再小的圆环都不因这些截面而改变其大小和相互摩擦，或都做相同的变化。所以，原因的比例不变，效果的比例也不变；即运动和周期时间的比例不变。

证明完毕。

由于圆运动而产生的向心力，在黄道上的大于在轴极上的，则必定有某种作用力使各粒子维系在轨道上；否则在黄道上的物质总是要飞离中心，并在涡旋外绕轴极转动，再由此沿轴线连续旋转而回到极点。

推论1 因此流体各部分沿球轴的角运动，反比于到球中心距离的平方，其绝对速度反比于前面那个平方除以到轴的距离。

推论2 如果在相似、无限且静止的均匀运动的流体中的球，沿一位置给定的轴做均匀运动，则它将带动流体做类似于涡旋的运动，且该运动将向流体各处传递开去；并且该运动将在流体各部分中逐渐加速，直到各部分的周期时间正比于到球中心的距离的平方。

推论3 因为涡旋内部由于其较大速度不断压迫而推动外部，并通过该作用力把运动传递给它们，同时又把相同的运动传递给更远处静止的部分，并通过该运动保持了自身的持续运动，不难理解该运动会持续把涡旋由中心传递到外围，直到它渐渐减退并消失于无限延伸的圆周。任何两个与该涡旋同心的球面之间的物质是不会加速的，因为该物质总是要传递其从靠近中心地方得到的运动给靠近边缘地方的物质。

推论4 因此，为了保持涡旋的相同运动状态，球体就要从某种来源不断得到其传递给涡旋其他物质的相同运动量。就是由于有了该来源不断地把运动传递给球体和涡旋内部，它们才能不断向外围传递运动。要是没有该来源，它们将会逐渐减慢运动，最后不再旋转。

推论5　如果另一个球体也在那个涡旋里，在离中心一定距离的地方漂浮，与此同时受一些外力影响沿一个倾斜度给定的轴不断旋转，则该球的运动将会带动流体像涡旋一样运动，起初这个新的小涡旋将会和该球一起绕另一中心转动，与此同时该运动将会传播得越来越远，逐渐向无限延伸，方式与第一个涡旋相同。同样原因，新涡旋中的球被卷入另一个涡旋的运动，而另一个涡旋的球被卷入新涡旋的运动，这样这两个球都绕着同一个中间点转动，并且由于圆运动而相互远离，除非有某些力量来维系着它们。此后，如果这不断让球体保持运动的作用力停止，则一切将按力学原理运动，球会逐渐停止运动（由推论3和4中谈及的原因），涡旋最终将全部静止。

推论6　如果在给定地方的几个球体必须绕位置给定的轴，以给定速度均匀转动，则它们将产生同样多的涡旋并延伸至无限。因为根据任意每只球都可以把其运动传播无限远的相同原理，每个分离的球也可以把其运动传播到无限远；因此无限流体的各部分都受到所有球体运动作用而运动。这样各涡旋之间就没有明确界限，而是逐渐介入对方；在涡旋相互介入对方时，由前一推论得知球会逐渐离开原来的位置；它们之间不可能一直保持某种确定的位置关系，除非由某种力量维系着它们。但是如果这些不断给球体压力以维持运动的作用力突然中止，物质（由推论3和4中的理由）将逐渐停止，不再做涡旋运动。

推论7　如果某种类似流体装在球形容器内，并由于位于容器中心的球做均匀运动而形成涡旋；球与容器绕同一轴做同向转动，则它们的周期正比于半径的平方；流体的各部分不会既不做加速又不做减速运动，直到它们的周期时间实现正比于到涡旋中心距离的平方。除了这种方式，其他任何方式构成的涡旋都不能持久。

气旋

气旋是一种热带飓风，它的直径一般有1 000公里，小的也有200~300公里，大的可达2 000~3 000公里。气旋的运动包括自转和位移，但是目前的科学理论对于它的自转能量和位移方向尚不能准确预测，人们推测它与地球的自转与重力有关。

推论8 如果这个容器和容器里的流体都保持运动，并沿给定轴做共同角转动，而因为流体各部分的相互摩擦力不会由运动而改变的，则各部分之间的运动也不会改变；因为各部分之间的移动取决于这种摩擦力。任意部分都保持这种运动，其一侧的阻碍它运动的摩擦力等于另一侧加速它运动的摩擦力。

推论9 如果容器是静止的，已知球体的运动，则可求出流体的运动。设一平面穿过球的轴，并反向运动；设该转动时间与球的转动时间的和比球转动时间等于容器半径平方与球半径平方之比；则流体各部分相对于该平面的周期时间将正比于它们到球中心的距离的平方。

推论10 如果容器和球绕相同的轴运动，或以已知速度绕不同的轴转动，则可求出流体的运动。如果从整个运动系统中我们减去容器的角运动，由推论8得知，余下的所有运动将相互保持不变，就像之前一样，并可由推论9求出。

推论11 如果容器和流体静止，并且球匀速转动，则该运动将会逐渐由整个流体传递到容器，且容器会被带动转动，除非它遇到阻力；流体和容器将逐渐加速直到它们的周期时间等于球的周期时间。如果容器受某力阻止或受不变力做均匀运动，则介质将会逐渐趋于推论8、9、10所述的状况，而绝不会维持其他任何状态。但如果这种使球和容器以确定运动转动的力中止，则这整个系统将按力学原理运动，容器和球体在

流体的中介作用下将相互作用，不断把其运动通过流体传递给对方，直到它们的周期时间相等为止，整个系统像一个固体一样运动。

附　注

在所有这些讨论中，我都假设流体的密度和流体性是均匀的。我所说的这种流体是指一个球体无论放在里面任何地方都可以以其自身的相同运动，在相同时间间隔里，在流体内向相同距离的物质连续传递相似又相等的运动。物质的圆运动使它更倾向于离开涡旋的轴，因而压迫在它外面的所有物质。这个压力使摩擦力更大，因此各部分的分离更困难；这样就减少了物质的流体性。另外，如果流体各部分中有任何一处比其他地方密度更大，则该处的流体性就会更小，因为该处相互分离的表面更少。在这些情形中我设流体性的缺乏由这些地方的润滑性或柔软性，或其他条件来补足；否则这些流体性较缺乏处将连接得越紧，惰性越大，这样接收运动更慢，并比上述比值传播得更远。如果容器不是球状的，粒子将不是沿圆周而是沿容器外围线条运动；其周期时间将近似正比于到中心平均距离的平方。在中心与边缘之间，空间较宽处运动较慢，而较窄处运动较快；否则因为较快速度粒子不再趋向边缘；因为它们掠过的弧线曲率较小，离开中心的倾向随该曲率的减小而减小，其程度就像其随速度的增加而增加一样。当它们从窄处进入到宽处时，稍远离中心，减慢了速度；而当它们由宽处进入窄处时，它们又一次加速；因此每个粒子就这样一直反复被减速或加速。这是在坚硬容器里的情形；至于无限流体中的涡旋的状态研究，已在本命题推论中阐明。

我之所以在本命题中研究涡旋的特性，就是在想是否天体现象可以通过此规律来解释。现象是这样的，卫星绕木星运转的周期正比于它们到木星中心的距离的$\frac{3}{2}$次幂，同样该规律也适合于行星绕太阳运转的情况。而且就已知的天文观测数据，这些规律都有极高的精确性。因此，如果这些行星是由涡旋带动绕木星和太阳运动，则涡旋必定遵从那个规律。但是这里我们发现，涡旋各部分的周期正比于到运动中心的距离的平方；并且该比值无法减小并简化为$\frac{3}{2}$次幂，除非涡旋的物质离中心越远其流动性越大，或是因为流体各部分因为缺乏润滑而产生的，又正比于使流体各部分相互分离的速度的阻力，以大于速度增长比率的更大比率增加。但是这些假设似乎都不合理。若不受中心吸引，粗糙而流动着的部分必将倾向于边缘。尽管为了证明的方便，在这章的开头，我曾假设阻力正比于速度，但事实可能是阻力与速度的比小于该比值；因此，涡旋各部分的周期将大于到中心距离平方的比值。如果像某些人设想的那样，涡旋在离中心较近处运动较快，在某一界限处较慢，而又在靠近边缘处较快，则不仅得不到$\frac{3}{2}$次幂关系，也不能得到其他任何确定的比值关系。还是让哲学家去解释怎样由涡旋来说明$\frac{3}{2}$次幂的现象吧。

命题53 定理41

由涡旋所带动的物体，若能在不变轨道上环绕，则其密度和涡旋相同，且在速度和运动方向上遵从与涡旋各部分相同的运动规律。（如图9-3）

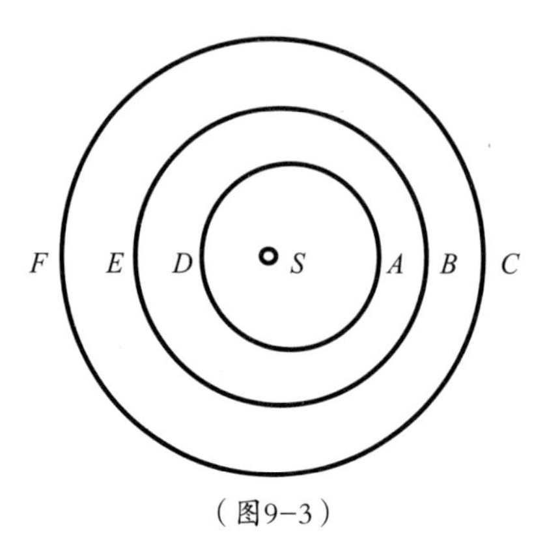

（图9-3）

如果设涡旋的任何一小部分是固定的，其粒子或物理点相互间的位置都保持固定，则因为其密度、惯性及形状都没变，这些粒子将保持原先的运动规律。又，如果涡旋固着或固体的部分和涡旋其他部分的密度相同，其融化在流体中，则这部分也将按原先的规律运动，其有了流动性的粒子可以相互移动除外。所以，粒子相互间的运动完全不影响整体的运动，整体的运动还是会和原先一样。而这种运动会和涡旋中另一侧与中心距离相等的那部分的运动相同。因为现在融在流体里的固体部分，和涡旋其他部分几乎完全相同。所以，如果固体部分的密度与涡旋的物质相同，则其就会与它所处的涡旋部分做相同运动，且和周围的物质保持相对静止。如果它密度再大一点，它就会比以前更趋向于离开中心；并将克服把它维系在轨道上并保持平衡的涡旋力，它远离中心，按螺旋线运行，不再回到原先的轨道。根据同样的原理，如果其密度小一点，它就会更趋向于中心。这样它也不能继续在原轨道上运行，除非它和流体密度一样。而我们已经证明了在这种情况中，它的运行规律与流体到涡旋中心距离相等部分的运行规律相同。

推论1　所以在涡旋中转动的固体，会持续在相同轨道上运行，并与带动它旋转的流体保持相对静止。

推论2　如果涡旋的密度是均匀的，同一物体可以在离涡旋任何距离的地方旋转。

附　注

因此，很明显，行星的运动不是由物质涡旋所带动运转的；因为根据哥白尼的假设，行星绕太阳沿椭圆运动，太阳在其公共焦点上；由行星伸向太阳的半径所掠过的面积正比于时间。但是现在涡旋各部分不可能再做那种运转。令AD、BE、CF表示三个绕太阳S的轨道（如图9-3），其中，令最远的那个圆CF为太阳的同心圆，令圆里面的两个远日点为A、B，近日点为D、E。这样，沿轨道CF运动的物体，其伸向太阳的半径所掠过的面积正比于时间，做匀速运动。根据天文学原理，沿轨道BE运动的物体在远日点B处速度较慢，而在近日点E处则较快；而根据力学原理，涡旋物质在A与C之间较窄的地方会比在D与F之间较宽的地方运动得快。即，在远日点较慢而在近日点较快。现在这两个结论互相矛盾。因此以火星的远日点室女座为起点标记的火星与金星轨道间的距离，比上以双鱼座为起点标记的相同轨道间的距离，其比值为3∶2；因此在这些轨道间的涡旋物质，在双鱼座的起点处的速度比上在室女座起点处的，比值为3∶2；因为在一次环绕中，在相同时间里相同的物质量通过的空间越窄，速度就越快。所以，如果地球与带动它运转的天体物质保持相对静止，并一起绕太阳旋转，则地球在双鱼座起点处的速度与其在室女座起点处的速度之比为3∶2。所以太阳的周日运动，在室女座起点处应多于70分钟，而在双鱼座起点处就会少于48分钟。然而观测结果却正好相反，太阳在双鱼座起点处的速度却快于在室女座起点处的；所以地球在室女座起点处的速度快于在双鱼座起点处的速度；这样涡旋假设和天文现象严重对立，非但不能解释天体运动，反而让我们更迷惑。究竟这些运动是怎样在没有涡旋的空间里进行的，我们可以从第1编里得知；我将在下一编里对此进一步阐述。

第3编　宇宙体系（使用数学的论述）

牛顿的宇宙体系，完全不像在他之前的哲学家们那样存在猜想、臆断的成分。他以万有引力作为宇宙现象的动力学原因，所建立的宇宙理论体系，是秩序与稳定的简洁体现，其辉煌的气魄，令人赞叹不已。彗星运动、潮汐运动，以及太阳与各个行星之间的相互关系，第一次以一种井井有条的面目展现在世人面前。

哲学中的推理规则

规则 1

没有什么比既真实又足以解释其现象者更能说明自然事物的原因。

为达到这一目的，哲学家说自然不做徒劳的事，过多则徒劳，简明才是真谛；因为自然喜欢简单，不会响应多余原因的奢谈。

规则 2

对于相同的自然现象，我们必须尽可能地找到相同的原因。

例如，人类与野兽的呼吸；在欧洲和美洲的石头的下落；烹饪用火的光和太阳光；地球和行星的光反射。

规则 3

事物的属性，如果其程度不能增加或减少，且在我们的实验所及范围之内为所有物体所有，则应视其为所有事物的普遍属性。

因为我们只能通过实验来了解事物的特性，所以我们认为事物的普遍属性只能是在实验中适应；并且只能是既不能减少也不能消失的理想状态。我们当然不会放弃实验的证据，而去追求梦想和不切实际的臆想，也不会背弃那简单，有一致性的自然相似性。除了自身的感观，我们还无法了解物体的广延，也无法由此深入所有物体内部。但是，因为我们把所有物体的广延看做是可知的，所以我们也把这一属性普遍赋予各物体。我们由经验得知很多物体都是硬的，又因为整体的坚硬来自部分的坚硬，所以我们可以推论出不仅我们所感知的不可分粒子是坚硬的，而且其他所有的粒子都是坚硬的。我们说所有物体都是不可穿透的，而得到这一结论是通过感觉而不是推理。我们拿着的物体，当我们发现它是不可穿透时，我们就下结论说所有物体都有不可穿透性。说所有的物体都能运动，并具有某种力量使它们运动或静止时保持其状态，这是由我们从观察到的物体中的相似特性推导出来的。整体的广延、坚硬、不可穿透性、可运动性和惯性都是来自部分的广延、坚硬、不可穿透性、可运动性和惯性。因此我们就推论出所有物体的最小粒子也具有广延、坚硬、不可穿透性、可运动性和惯性。这就是所有哲学的基础。此外，根据观察，分离但又相邻接的物体粒子可以相互分离；在未被分开的粒子里，就像数学所证明的那样，我们的思维可以区分开更小的部分。但是这些已区分开但又未分离的部分，是否确实可以由自然力分割并加以分离，我们尚不知晓。然而，哪怕是只

不同的宇宙

托勒密的地心宇宙：地球处于宇宙的中心。

哥白尼的日心宇宙：地球在太阳系里，其他恒星在外空间运行。

星系宇宙学：地球绕着银河系的一个螺旋臂外端的中等恒星公转。

我们现在所知晓的宇宙图景：银河系只是宇宙在特定的区域内的万亿个可观察到的星系中的一个。

有一例实验证明，任何从坚硬的固体上取下的未分离的粒子都可再分割，由此我们可以得出，未分离的粒子和已分离的粒子实际上都可以被无限分割。

最后，如实验和天文观察普遍显示，地球附近的所有物体被地心引力所吸引，且这引力正比于物体各自所包含的物质的质量。月球也同样根据其物质质量受地球吸引，而另一方面，我们的海洋也受月球吸引，并且所有的行星也互相吸引，彗星也以类似方式被太阳吸引，我们必须沿用本规则赋予一切物体以普遍相互吸引的原理。因为这一论点是由现象得出的结论，并且所有物体都普遍相互吸引比它们不可穿透更具说服力。然而，我们没有任何实验或任何形式的观察能对后者加以验证。我确信重力不是物体的基本特性。谈到固有的力时，我指的只是它们的惯性，这是永恒不变的。物体的重力会随着它们远离地球而减小。

规则 4

在实验哲学中，我们认为由现象所总体归纳出的命题是准确的或是基本正确的，而不管任何反面假设，直到出现了其他可以使之更精确，或是可以推翻这些命题之时。

我们必须遵守这一规则，使归纳法得出的结论不能脱离假设。

现　象

现象 1

木星的卫星，其伸向木星中心的半径所掠过的面积正比于掠过的时间；设恒星静止不动，它们的周期时间正比于到中心的距离的$\frac{2}{3}$次幂。

这是我们通过天文观测所得知的。因为虽然这些卫星的轨道不是与木星共心的圆，但也很类似；它们在这些圆上的运动是均匀的。所有的天文学家都认为它们的周期时间正比于其轨道的半径的$\frac{3}{2}$次幂。下表也很好地证明了这点。

卫星到木星中心的距离见下表：

<table>
<tr><th></th><th>1</th><th>2</th><th>3</th><th>4</th><th></th></tr>
<tr><td>波里奥的观测</td><td>$5\frac{2}{3}$</td><td>$8\frac{2}{3}$</td><td>14</td><td>$24\frac{2}{3}$</td><td rowspan="5">木星半径</td></tr>
<tr><td>唐利用千分仪的观测</td><td>5.52</td><td>8.78</td><td>13.47</td><td>24.72</td></tr>
<tr><td>卡西尼用望远镜的观测</td><td>5</td><td>8</td><td>13</td><td>23</td></tr>
<tr><td>卡西尼通过卫星交食的观测</td><td>$5\frac{2}{3}$</td><td>9</td><td>$14\frac{23}{60}$</td><td>$25\frac{3}{10}$</td></tr>
<tr><td>由周期时间推算</td><td>5.667</td><td>9.017</td><td>14.384</td><td>25.299</td></tr>
</table>

木星卫星的周期时间：1天18小时27分34秒，3天13小时13分42秒，7天3小时42分36秒，16天16小时32分9秒。

庞德先生曾利用精确千分仪，通过以下方法测出了木星的半径与其卫星的距角。他用一个长15英尺的望远镜中的千分仪，在木星到地球的平均距离上，测出了木卫四到木星的最大距角为8′16″。在木星到地

小型星象仪　18世纪

图为直径为7.6厘米的小型星象仪，它被安装在铜制机座上，用来演示月球的运动。

球的相同距离上，木卫三的距角用123英尺长的望远镜中的千分仪测出为4′42″。在木星到地球的相同距离上，由周期时间推算出的其他两个卫星的距角为2′56″47‴和1′51″6‴。

木星的直径由一个长123英尺的望远镜的千分仪反复测量多次，得出的木星到地球的平均距离总是小于40″，但几乎不会小于38″，一般为39″。在更短一点的望远镜内为40″或41″；因为木星的光由于光线的折射不同而稍有扩散，在较长且更完善的望远镜中该扩散与木星直径之比要小于在较短且性能较差的望远镜中的比值。

木卫一和木卫三通过木星的时间，我们也用长望远镜观测过，记录从初切开始到终切开始，以及从初切结束到终切结束。由木卫一通过木星来看，在木星到地球的平均距离上，木星的直径为$37\frac{1}{8}$″，而由木卫三通过来看，为$37\frac{3}{8}$″。还观测出了在木卫一的阴影通过木星的时间，在木星到地球的平均距离上，木星的直径为37″。我们设其直径非常接近$37\frac{1}{4}$″，则木卫一、木卫二、木卫三、木卫四的最大距角相应为木星半径的5.965、9.494、15.141和26.63倍。

现象 2

土星的卫星，其伸向土星中心的半径所掠过的面积正比于掠过的时间；设恒星静止不动，它们的周期时间正比于到土星中心的距离的$\frac{2}{3}$次幂。

因为，就如卡西尼从自己的观测中所得出的结论一样，它们到土星中心的距离和它们的周期时间如下：

土星卫星的周期时间：1天21小时18分27秒，2天17小时41分22秒，4天12小时25分12秒，15天22小时41分14秒，79天7小时48分00秒。

卫星到土星中心的距离（以土星环半径计算）：

观测结果：$1\frac{19}{20}$、$2\frac{1}{2}$、$3\frac{1}{2}$、8、24，由周期推算：1.93、2.47 3.45、8、23.35土卫四到土星中心的最大角距，通常由观测得出其近似于半径的8倍。但是当用惠更斯先生的长123英尺的精确的望远镜观测，该最大角为半径的$8\frac{7}{10}$倍。从该观测结果和周期推算出，土卫四到土星中心的距离分别为土星半径的2.1、2.69、3.75、8.7和25.35倍。由同一个望远镜观测出的土星的直径与环直径之比为3∶7；在1719年5月28、29日观测的土星环直径为43″；从而在土星和地球的平均距离上，环直径为42″，土星直径为18″。这些结果是在极长又极精确的望远镜中观测得出的，因为在这种望远镜中，天体的像与像边缘的光线扩散比值比在较短的望远镜中的比值大。所以，如果我们排除所有这些虚光，土星的直径不会超过16″。

现象 3

水、金、火、木、土，这五个行星在各自的轨道上绕太阳运转。

水星和金星是绕太阳运转这一事实，可以由它们也像月亮一样盈亏所证明。当它们呈满月状时，对我们而言，它们远于或是高于太阳；当它们呈亏状时，它们在太阳水平线上的左右两边；当它们呈新月状时，它们低于太阳，或是在地球与太阳之间；有时，当它们垂直低于太阳，它们看起来就像是横过日面的斑点。而火星绕太阳运转，则可由当它在接近于相合时呈满月状，以及在正交时呈凸月状所证明。木星和土星绕太阳运转也可以被证明，它们也出现在各种位置上，因为它们卫星的阴影有时会落在它们的平圆形表面上，这就说明它们自己是不发光的，它们的光是来自太阳光。

现象 4

设恒星静止，则这五个行星的周期时间，以及地球绕太阳的周期时间（或太阳绕地球的周期时间）**，正比于它们到太阳距离的$\frac{3}{2}$次幂。**

这一比率最初是由开普勒观测得出的，但现在被所有的天文学家所认同；因为不管是太阳绕地球运转还是地球绕太阳运转，周期时间都是一样的，轨道的尺寸也不会变。并且所有天文学家推算出的周期时间都是一样的。但是开普勒和波里奥对于轨道尺度的观测数据比所有其他天文学家都精确；对应于平均距离的周期时间和它们的推算值有些差异，但差值不大，且大部分值都介于它们之间。由下表可见：

行星和地球绕太阳旋转的周期时间，以天数计算，太阳处于静止状态。

♄	♃	♂	♁	♀	☿
10 759.275	4 332.514	686.978 5	365.256 5	224.617 6	87.969 2

行星和地球到太阳的平均距离：

	♄	♃	♂	♁	♀	☿
开普勒的数据	951 000	519 650	152 350	100 000	72 400	38 806
波里奥的数据	954 198	522 520	152 350	100 000	72 398	38 585
按周期计算的结果	954 006	520 096	152 369	100 000	72 333	38 710

就水星和金星来说，它们到太阳的距离是确定的。因为它们是由这些行星的距角决定的；至于地球以外行星离太阳的距离，木星卫星的交

食已经是众所周知的命题了。因为这些交食可以决定木星在卫星上投下的阴影的位置；据此我们可得出木星的日心经度长度。综合分析它的日心和地心经度长度，我们就能求出它的距离。

现象5

行星伸向地球的半径，所掠过的面积不正比于时间，但是它们伸向太阳的半径所掠过的面积正比于掠过的时间。

因为相对于地球而言，它们有时是顺行的，有时停留，有时却是逆行的。但是从太阳来看，它们通常看起来是顺行的，且几乎是均匀运动的，那就是说，在近日点处稍快，在远日点处稍慢，这样才能保持掠过的面积相等。这是每个天文学家都知道的命题，特别是可以由木星卫星的交食加以证明。正如我在前面所述，木星卫星的交食可以求出木星的日心经度长度以及它到太阳的距离。

现象6

月球伸向地球中心的半径所掠过的面积正比于掠过的时间。

这一结论总结自月球的视在运动与其直径的比较。当然月球的运动也有一点受太阳的影响：但是我在得出这些结论时，忽略了那些无关紧要的误差。

命　题

命题1　定理1

不断把木星卫星从直线运动中拉回来，并将其限制在恰当的轨道上的作用力是指向木星中心的；该作用力反比于卫星到木星中心距离的平方。

本命题的前半部分由现象1和第1编的命题2、3所证明，后半部分由现象1和第1编的命题4推论6所证明。

土星卫星绕其旋转的相同原理可以由现象2所得知。

命题2　定理2

不断把行星从直线运动中拉回来，并将其限制在适当的轨道上的作用力是指向太阳的；该作用力反比于行星到太阳中心距离的平方。

本命题的前半部分由现象5和第1编的命题2所证明，后半部分由现象4和第1编的命题4推论6所证明，但是命题的这一部分可由在远日点的静止来精确证明。因为距离平方反比产生的极小误差（由第1编的命题45推论1）也会导致每一次环绕中的远日点的明显运动，这样多次环绕就会产生极大误差。

命题3　定理3

把月球限制在适当的轨道上的作用力是指向地球的，该作用力反比于月球到地球中心距离的平方。

本命题的前半部分由现象6和第1编的命题2、3所证明；后半部分由月球在远地点处运动较慢所证明；月球每一次环绕中远日点向前移动3°3′，但是可以忽略不计。因为（由第1编的命题45推论1）如果月球到地球中心的距离与地球半径之比为D比1，则引起该运动的力反比于$D^{2\frac{2}{243}}$，即，反比于D的幂，其指数为$2\frac{4}{243}$；那就是说，该距离的比值略大于平方反比比值，但是它接近平方反比比值比接近立方反比比值更强$59\frac{3}{4}$倍。而考虑到这一移动是由太阳作用引起的（我们将在后面讨论），现在忽略不计。太阳吸引月球绕地球运转的作用力几乎正比于月球到地球的距离；因此（由第1编命题45推论2）该作用力比上月球的向心力，几乎等于2比357.45，即1比$178\frac{29}{40}$。所以如果忽略不计太阳的这一小小作用力，把月球限制在其轨道上的主要作用力反比于D^2。如果把该作用力与地心引力作比较，就像下一命题那样，那这一点能更充分地被证明。

推论　设月球在落向地球表面时，其受到的引力反比于高度的平方，因而随高度的下降，该引力不断加大。如果我们增大把月球限制在其轨道上的平均向心力，先以$177\frac{29}{40}$比$178\frac{29}{40}$的比率，然后以地球半径的平方比月球到地球中心的距离，我们就可以得到月球在地球表面的向心力。

命题4　定理4

月球受地球引力吸引，且该引力不断把月球从直线运动中拉回来，并限制在其轨道上。

在朔望点时月球到地球的平均距离，以地球半径计算，托勒密和大多数天文学家认为是59，凡德林和惠更斯则得出60，哥白尼为$60\frac{1}{3}$，司特里特为$60\frac{2}{5}$，第谷为$56\frac{1}{2}$。但是第谷以及其他所有引用他的那张折射表的人，都认为太阳和月球的折射（与光的本质不同）大于恒星的折射，约为地平线附近大4至5分钟，这样就使月球的地平视差增加了相应的分数，即整个视差的$\frac{1}{12}$或$\frac{1}{15}$。如果纠正这个错误，月球到地球的距离就会是$60\frac{1}{2}$个地球半径，接近于其他人的结果。我们假设月球在朔望点时距离是地球半径的60倍，并设月球的一次环绕的时间，按照恒星时间，为27天7小时43分，就正如天文学家所认为的一样；而地球的周长为123 249 600巴黎尺，正如法国人所测得的数据。如果假设月球不做任何运动，受限制其在轨道上的向心力（由命题3的推论）的影响，那它将会受该力作用而落向地球，且在一分钟时间里下降$15\frac{1}{12}$巴黎尺。这是由第1编命题36，或是（同样道理）第1编命题4推论9所推算出来的。因为月球在平均一分钟时间里，在离地球半径60倍长的地方落下，所掠过的轨道弧长的正矢约为$15\frac{1}{12}$巴黎尺，或者更准确地说是15尺1寸$1\frac{4}{9}$分。因为那个力在落向地球时，反比于距离平方，且随距离的减少而增加。这样的话，月球在地球表面所受的力是在月球本身轨道上所受力的60×60倍，如果地表附近一个物体受该力作用落向地球，在一分钟的时间里，降落的距离为$60\times60\times15\frac{1}{12}$巴黎尺，那在一秒钟的时间里，距离为$15\frac{1}{12}$巴黎尺，更确切地说是15尺1寸$1\frac{4}{9}$分。我们发现正是这个力让地球附近的物体下落；因为正如惠更斯先生所观测的那样，在巴黎纬度上的秒摆的摆长为3巴黎尺$8\frac{1}{2}$分。重物在一秒钟时间里落下的距离与半个摆长之比，是圆的周长与它的直径（惠更斯先生已经证明过）之比的平方，所以为15巴黎尺1寸$1\frac{7}{9}$分。所以使月球限制在其轨道上的力，当月球落在地球表面时，就等于我们先前研究重物时的那个重力。所以那使月球保持在轨道上的力（由规则1和2）就是我们常说的重力。因为，如果重力是与那个力不同的力，则物体就会受这两个力的作用以加倍的速度落向地球，且在一秒钟的时间里下降$30\frac{1}{6}$巴黎尺，这样就与实验结果相冲突。

本推算是建立在假设地球静止不动的基础上的。因为如果地球和月球都在绕太阳运动的同时，又绕它们的公共重心运动，则月球中心到地球中心之间的距离为地球半径的$60\frac{1}{2}$倍。这就与第1编命题60所计算出的结果相同。

附　注

这个命题的证明还可以以下方式更详细地阐述。就像木星和土星都有很多卫星绕其旋转一样，有好几个月球绕地球运转；这些月球的周期时间（由归纳理由），将遵循开普勒所发现的行星之间的运行规律；所以由本编命题1，它们的向心力将会反比于到地球中心的距离的平方。如果它们中位置最低的那个非常小，且十分接近地球，几乎碰到地球上最高山峰的峰顶了，则由先前计算可得知，把其限制在其轨道上的向心力将几乎等于任何放在那山峰上的物体的重量，如果同一个小月球失去了维系其在轨道上的离心力，而不能继续在轨道上前进，则它将会落向地球；且落下的速度跟在那山顶上落下的重物的速度一样；因为它们受同样的力下落。如果使那位置最低的月球下落的力与重力不同，又如果该月球将像在山顶的重物一样落向地球，则因为受到两个力共同作用，它将以两倍的速度下落。因为这两个力，即重物的重力和月球的向心力，都指向地球中心，且相互之间相似、相等，它们（由规则1和2）只有一个相同的原因。这样把月球维系在其轨道上的力就是我们通常说的重力；否则那个在山顶上端的小月球必须要么没有重力，要么以重物下落速度的两倍下落。

命题5 定理5

木星卫星被吸引向木星，土星卫星被吸引向土星，行星被吸引向太阳，且受吸引力的影响它们从直线运动中被拉回来，并继续在其曲线轨道上运行。

因为不管是木星卫星绕木星运转，土星卫星绕土星运转，还是水星、金星或是其他行星绕太阳运转，都是同月球绕地球运转相同的运动类型，这样，由规则2，这必须归属于相同原理。特别是我们已经证明了，带动这些运动的力是指向木星、土星和太阳的中心；且随着渐渐远离木星、土星和太阳，这些作用力也以相同比率减小，跟受重力吸引的物体远离地球时，其吸引力也减小的原理一样。

推论1 有一种引力对所有的行星和卫星都有吸引作用；因为，毫无疑问，金星、水星和其他剩下的，都是和木星、土星一类的星球。因为所有的吸引力（由定律3）都是相互的，因此木星也会受它的所有卫星吸引，土星对它的卫星也是，地球对月球也是，并且太阳对所有行星也是。

推论2 对任何一个行星和卫星的引力都反比于到行星中心距离的平方。

推论3 由推论1、2得知所有行星和卫星的确相互吸引。因此当木星和土星运动到其交会点附近时，受其相互吸引的影响，它们明显互相干扰了对方的运动。所以太阳干扰了月球的运动，并且太阳和月球都干扰了地球海洋的运动，这我会在后面解释。

附 注

把天体维系在其轨道上的力，迄今为止我们叫它向心力，但是现在我们弄明白了这不过是一种吸引力，我们今后就叫它引力。因为由规则1、2和4得知，把月球维系在其轨道上的力可以推广到所有的行星和卫星。

命题6　定理6

所有物体都受每一个星体的吸引，并且物体对任意一个相同的星体的重量，在到该星体中心的相等距离处，正比于该物体各自所含物质的量。

很长时间以来，人们都已观测到各种类型的重物（忽略掉它们在空气中遇到的阻力造成的不相等的减速）在相同高度里，以相等时间落下；用钟摆来做实验，我们可以精确地测出时间的相等性。我试过用金、银、铅、玻璃、沙子、普通盐、木头、水和小麦来做实验。我用了两个木盒子，都是圆的且大小相等：我在一个里面装了木头，在另一个摆的摆动的中心悬挂了等重的金子（尽我所能做到精确）。这两个盒子都被长11英尺的线吊起来，这样做成了两个重量和大小都完全相等的摆，且遇到的阻力也相等。把它们并排放在一起，我观察到它们在很长时间里一直一起往复摆动，做着相同的振动。所以金子里面物质的量（由第2编的命题24推论1和6）与木头里面物质的量之比，等于作用于所有金子的运动力与同样作用于所有木头的运动力之比；即，等于一个的重量与另一个的重量之比，且用其他物质做的实验也一样。在这些用相同重量的物体做的实验，如果有差异，我可以发现的物质差异不到千分之一。我可以毫不迟疑地说，行星的引力跟地球的引力是同类。因为，我们假设地球上的物体被移到了月球轨道上，并都失去了所有运动，然后使它们一起落向地球，则毫无疑问，由前面我们所证明的，那就是在相同时间里，物体下落的距离与月球相等，因而，该物体质量与月球质量之比，等于它们的重量之比。而且，因为木星的卫星环绕一周的时间正比于到木星中心的距离的$\frac{3}{2}$次幂，则它们受木星吸引的加速引力会反比于它们到木星中心的距离的平方，即在相同距离时力也相等。因此，如果设这些卫星在相同高度落向木星，则它们会在相同时间里下落相同高度，就像地球上重物的下落一样。同理，如果设行星在相同高度落向太阳，则它们会在相等的时间里下落相等高度。但是这些不相等物体的相等加速力正比于这些物体，即行星对于太阳的重量必须正比于其物质的量。而且，木星和它卫星对于太阳的重量正比于它们各自的物质的量，这可以由木星卫星的规则运动所证明（由第1编命题65推论3）。因为如果其中一些卫星受太阳吸引，因其自身质量的比例较大而受吸引的力更强，则卫星的运动就会受到不相等引力的干扰（由第1编命题65推论2）。在到太阳距离相等的情况下，如果任何卫星受太阳的吸引力比上其物质的量，大于木星受太阳的吸引力比上其物质的量，设任意给定比率为d比e；则太阳中心到卫星轨道中心的距离将会总是大于太阳中心到木星中心的距离，几乎正比于上述比率的平方根，就正如我之前所计算得出的那样。且如果卫星受太阳的吸引力较小，值为e比d，则卫星轨道中心到太阳中心的距离会小于木星中心到太阳中心的距离，值为同一比率的平方根。所以，如果在到太阳距离相等的情况下，任何卫星受太阳作用的加速引力，大于或小于木星受太阳作用的加速引力的$\frac{1}{1\ 000}$，则木卫星轨道中心到太阳的距离就会比木星到太阳的距离大于或小于总距离的$\frac{1}{2\ 000}$，即为木星最远卫星到木星中心的距离的$\frac{1}{5}$，这样就会使轨道的偏心变得非常明显。但事实是木卫星的轨道和木星是共心的，所以木星和所有木卫星指向太阳的加速引力都是相等的。同理，土星和其卫星受太阳的重力，在到太阳距离相等时，各自正比于其物质的量；月球和地球受太阳的重力，也一样正比于其所含有的物质的量。由命题5推论1、3得知，它们必定有重量。

另外，每个行星所有部分指向其他任何行星的重力各自正比于每一个部分；因为，如果有些部分受到的重力与其物质的量的比值偏大或偏小，则根据该行星的主要部分的重力情况，这整个行星的重力是大于或是小于它与总体物质的量的比例。不管这些部分是否在行星内部或是外部都不影响什么；因为，如果我们假设地球上的物体升到了月球轨道上，和月球在一起；如果该物体的重量比上月球外部重量，等于一个与另一个的物质的量之比；但比物体内部重量却大于或小于该比例，这样，这些物体的重量与月球重量之比也将大于或小于原比值。这与我们之前证明的相冲突。

推论1　物体的重量跟其形状和构造无关；因为如果重量要随形状而改变，则它们在自身物质含量不变的情况下，重量随其形状改变而改变，这跟实验结果是相冲突的。

推论2　放之宇宙皆准，地球附近的所有物体都受地球吸引；且在到地球中心距离相等的地方，它们的重量正比于其各自包含的物质的量。这是在我们可实验范围内的所有物体的特性；且（由规则3）可以推广到所有物体。如果以太或是其他任何物体，是失去重力的，或是受到的重力小于其质量，则因为（根据亚里士多德、笛卡尔等人的理论）这些物体和其他物体除了在形状之外并没有差别，如果不断改变其形状，最后其一定会成为与那些按质量比例受到的重力最大者相同情况的物体；另一方面，这最重的物体在变回到最初的形状时，也会逐渐失去其重力。这样物体的重量就会依据其形状的改变而改变，所以就和我们在前一推论中所证明的相矛盾。

推论3　所有空间包含的物质都是不相等的；因为如果所有空间里的东西都一样，则在空气中的流体，因为物质的密度极大，其比重就不会比水银、金或其他任何密度最大的物质的比重小；这样，无论是金或是其他任何物体都不能从空气中下落；因为除非物体的比重大于流体的比重，否则物体是不能在流体中下落。且如果在一给定空间里，物质的密度通过稀释而减小了，那又怎样阻止其无限减小呢?

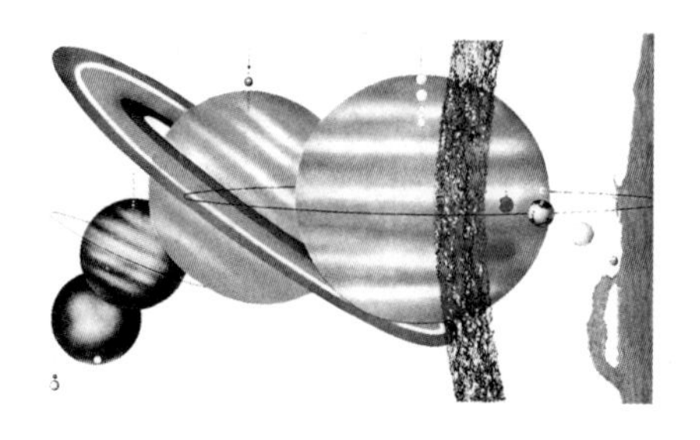

行星大小的比较

图中太阳系行星及其卫星用同一比例表示。从太阳出发，我们可观测到直径分别为4 880公里的水星、12 100公里的金星、12 700公里的地球和卫星月球、6 800公里的火星及2个小卫星、140 000公里的木星和16颗卫星、120 000公里的土星和17颗卫星、51 000公里的天王星及15颗卫星、49 000公里的海王星及其8颗卫星。

推论4　如果一切物体的固体粒子都是同样密度，也必须通过气孔而得到稀释，则我们就得承认有虚空或真空的存在。而我说的相同密度物体，是指那些惯性与体积之比相同者。

推论5　重力在本质上是不同于磁力的；因为磁力大小不会正比于它所吸引的物质质量。一些物体受磁铁的吸引强一些，另一些弱一些，而大多数则根本不受其吸引。一个物体的磁力可以增加或者减少，有时物质的质量要比其磁力大很多，且在远离磁铁的过程中，磁力不是以正比于距离的平方而是以正比于距离的立方减小，这一结论和我之前粗略的观测结果差不多。

命题7　定理7

一切物体都会受一种引力的吸引，该引力正比于物体各自所含的物质的量。

我们在前面已经证明了，所有的行星都相互吸引；也证明了每一个行星所受的吸引力，分开考虑，是反比于其到行星中心距离的平方。然后我们证明了（由第1编命题69及其推论）物体受行星吸引的引力正比于其包含的物质的量。

此外，任意一个行星A的所有部分都受其他任意行星B的吸引；且每一部分与整体的引力之比，等于部分物质与整体物质之比；而（由定律3）每一个作用都能引起一个相等的反作用；这样行星*B*就会反过来受行星*A*的所有部分吸引；且其受任意一部分的引力与其受整个的引力之比，等于部分的物质量与整体物质量之比。

证明完毕。

推论1　任何行星整体所受的引力是由部分所受引力所构成的。磁和电吸引力就给我们提供了这样一个例子；因为整体所受的引力来自于部分所受引力之和。如果我们把一个较大的行星看作是由许多较小的行星构成的，引力这一原理也不难理解；因为很明显，整体的引力必须由部分来构成。有人曾反对说，根据这一原理，地球上所有物体必须相互之间互相吸引，但为什么我们不曾在任何地方发现此引力呢？我回答道，因为这些物体所受引力与地球整体所受引力之比等于这些物体与地球整体之比，它们所受的引力远远小于我们所能感觉到的那种程度。

推论2　任何一物体的几个相等粒子的引力反比于粒子距离的平方；第1编命题74推论3已清楚证明了。

命题8　定理8

两个互相吸引的球体，如果球体内到球心距离相等处的物质是相似的，则其中一个球体的重量与另一个的重量之比反比于它们球心之间的距离的平方。

在我发现整个行星所受引力是由其部分所受引力构成且指向各部分的引力反比于到该部分距离的平方之后，我仍然怀疑，在总引力由这么多的分引力构成的情况下，平方反比是否是精确的或是几乎精确的；因为很可能在距离较远的地方，这个比例是很精确的，但是在地球附近，这里粒子间的距离不相等，情况也不一样，这个比例就不适用了。但是由于有了第1编命题75、76及其推论，我很高兴最后还是证明了这一命题，结果正如我们所看到的那样。

推论1 这样我们可以找到并比较物体受不同星球作用的引力；因为物体绕行星旋转的引力（由第1编命题4推论2）正比于轨道的直径，反比于它们周期的平方；且它们在行星表面，或是在到它们中心任何距离处的重量（由本命题），随距离平方的反比关系而变大变小。金星绕太阳运转的周期时间为224天16$\frac{3}{4}$小时、距木星最远的木卫星绕木星运转的时间为16天16$\frac{8}{15}$小时、惠更斯卫星绕土星运转的周期时间为15天22$\frac{2}{3}$小时、月球绕地球运转的周期时间为27天7小时43分；这样将金星到太阳的平均距离与木星最远卫星到木星中心的最大距角——8′16″，惠更斯卫星到土星中心的最大距角——3′4″和月球到地球中心的最大距角——10′33″作比较，通过计算，我发现相等的物体在到太阳、木星、土星、地球的中心等距的地方，其重量之比分别为1、$\frac{1}{1\ 067}$、$\frac{1}{3\ 021}$和$\frac{1}{169\ 282}$。然后因为距离增大或是减小，重量以平方比例关系减小或是增大，相等物体相对于太阳、木星、土星、地球的重量，在到它们的中心距离为10 000、997、791 和109时，即在它们的表面时，分别正比于10 000、943、529和435。至于该物体在月球表面的重量为多少，我将在后面作阐述。

推论2 同样，我们可以发现在几个行星上的物质的量；因为它们的物质的量在到其中心距离相等处正比于其引力，即在太阳、木星、土星、地球上分别为1、$\frac{1}{1\ 067}$、$\frac{1}{3\ 021}$和$\frac{1}{169\ 282}$。如果太阳视差大于或小于10″30‴，则地球上的物质的量必须以该比值的立方比例关系增大或减小。

推论3 我们也找到了行星的密度；因为（由第1编命题72）相等且

相似的物体在相似球体表面的重量正比于球体的直径；这样相似球体的密度正比于它们的重量除以球的直径。而太阳、木星、土星和地球之间直径之比分别为10 000、997、791和109；同样的重量之比分别为10 000、943、529和435；所以其密度之比为100、$94\frac{1}{2}$、67和400。在此计算中的地球的密度，不是由太阳视差所决定，而是由月球所决定的，所以这个计算是正确的。所以太阳的密度比木星的大一点，木星比土星大，而地球的密度是太阳的四倍；因为太阳由于其极高的温度，就保持了一种稀薄的状态。月球的密度大于地球，这在后面会提及。

星体的运动　合成图片

星体的运动是指它与其他物体的相对位置发生改变，如果从不同的位置来观察同一星体的运动，就会发现这一星体有着不同的运动方式。

推论4　行星越小，在其他条件不变的情况下，其密度越大；因为这样在它们各自表面的引力可以趋于相等。同样地，在其他条件不变的情况下，当它们越靠近太阳，其密度越大。所以木星的密度比土星的大，地球的密度大于木星的密度；因为行星运行在离太阳远近不同的轨道上，这样根据它们密度的不同，它们受太阳热的程度的比例也是不同的。如果把地球上的水移到土星轨道上，则水就会变成冰；而放在水星的轨道上，则会立刻变成水蒸气挥发掉了。因为正比于太阳温度的阳光，在水星轨道上的密度是在地球上的七倍，而我曾用温度计测出过七倍于地球夏季的温度可以使水沸腾。我们也不用去怀疑水星物质能适应其极高的温度，所以其密度大于地球物质；因为在密度更高的物质里，自然的作用要求更高的温度。

命题9　定理9

行星表面里，越往下，引力以几乎正比于到其中心的距离减小。

如果行星物质的密度是均匀的，这一命题就完全正确（由第1编命题73）。所以其误差不会大于由于密度不均匀所造成的误差。

命题10　定理10

宇宙中行星的运动可以持续很长时间。

在第2编命题40的附注中，我已经证明过了一个由水构成的球冻成冰，在掠过其半径长距离的时间里，将由于阻力失去其运动的$\frac{1}{4\ 586}$；且不管球有多大，以何种速度运动，在这种情况下比例不变。但是我们地球的密度会比全由水构成的球体密度大，我将对此作证明。如果一个物体全是由水构成的，任何密度小于水的物体，因为其较小的比重，该物体会浮在水面上。照这个推论，如果地球里面的物质跟我们现在看到的一样，表面上全是由水包裹着，因为里面的物质密度小于水的密度，则会在某处漂浮；而下沉的水则将会在另外一边聚集起来。而我们地球现在的状况是表面大部分覆盖的都是海水。地球如果不是密度大于海水，则会浮在海面上，并根据其轻的程度，将会或多或少浮在表面，而海水则会退去另一边。由此原理，飘浮在发光物质上的太阳黑斑也是轻于该物质；而不管行星是怎样形成的，当其还是流质状态时，所有较重的物质就会沉入球心。因为地球表面的普通物质的重量是水的两倍，而地球更深处的物质会是水的重量的三四倍，或是五倍，这就使得地球的整个物质比全是由水构成的物质量大五六倍；特别是因为我在前面证明出了地球密度约比木星的密度大四倍。所以，如果木星的密度比水大，则在30天的时间里，木星掠过459个半径长度的空间里，其将会受与空气相同密度的介质的阻力，而失去几乎$\frac{1}{10}$的运动。但是由于介质的阻力，随其重力或密度的正比关系减少，所以比水银轻$13\frac{3}{5}$倍的水的阻力也会比水银的阻力小相同倍数；而空气比水轻860倍，在空气中的阻力也比在水中的阻力小860倍。所以在宇宙中，由于介质的重量极小，行星运动的阻力几乎等于零。

中世纪的天盘

中世纪的天文学家用天盘来测量天体的位置，航海家用它来确定自己的位置。天盘上有一个刻着角度的圆盘和可移动的指针。

在第2编命题22的附注中证明过，在地球以上200英里处的空气比其在地球表面稀薄，其比值为：30比0.000 000 000 000 399 8，或约为75 000 000 000 000比1。所以如果木星在与高空空气密度相等的介质里运转，则在1000 000年的时间里，介质的阻力只使它失去其百万分之一的运动。在近地球处的阻力只是由空气、薄雾和水蒸气所造成的。当容器底部的气泵把它们全部干净地抽走时，重物就会在容器里自由下落，并且没有任何哪怕是很小的可感知的阻力：金和最轻的下落物一起下落时，它们的速度是一样的；就算它们要下降四、六或者八英尺的距离，它们也能在同等的时间里到瓶底；实验可以证明这一点。所以，宇宙中完全没有空气和水汽，行星和彗星不受任何明显的阻力，这样它们才能在宇宙中运动很长的时间。

假设 1

宇宙的中心是固定不动的。

这一说法是大家公认的，但是有些人认为是地球，而其他人则认为是太阳处在宇宙的中心。让我们来看看下面可以推出什么结果。

命题 11 定理 11

地球、太阳和所有行星的公共重心是固定不动的。

因为（由运动定理推论4）那个重心或是静止的，或是做匀速直线运动；而如果它是运动的，则宇宙的重心也会运动，这就和假设相冲突。

命题 12 定理 12

太阳受到恒久运动的推动，但是从不远离所有行星的公共重心。

因为（由命题8推论2）太阳的物质的量与木星的物质的量之比为1 067比1；木星到太阳的距离比上太阳的半径略大于该比值，所以木星和太阳的公共重心位于太阳表层一点的位置。同理，因为太阳的物质的量与土星的物质的量之比为3 021比1，且土星到太阳的距离与太阳半径之比略小于该比值，所以土星和太阳的公共重心将会落在太阳表层略往下一点的位置上。且通过运用该原理来计算，我们可以发现地球和所有的行星都位于太阳的一侧上，所有公共重心到太阳的距离几乎都不能达到太阳直径。在另一些情况中，这些重心的距离会更短。因为该重心是永远静止的，则根据行星的不同位置，太阳必须不断改变位置，但是绝不会远离该重心。

推论 因此地球、太阳和所有行星的公共重心被看作是宇宙的中心；因为地球、太阳和所有的行星都相互吸引，所以根据它们的吸引力大小，正如运动定理所要求的那样，它们会不断地相互推动。很明显，它们的可移动的重心不能被看作是宇宙不可移的中心。如果把一个天体放在该中心上，且对其他天体的吸引力最大（根据普遍观点），则太阳会是最佳选择；但是因为太阳本身是运动的，所以定点只能选在离太阳中心距离最近处，且当太阳的密度和体积变大时，该距离还可以更小，这样太阳运动更小。

命题13　定理13

行星的运行轨道呈椭圆形，且其公共焦点位于太阳中心；在伸向该中心的半径时所掠过的面积正比于其掠过的时间。

前面我们已经在“现象”这一节讨论了这些运动。现在我们知道了它们所依据的原理，从中我们推导出宇宙中的运动规律。因为行星受太阳的重力反比于它们到太阳中心的距离的平方，如果太阳是静止的，其他行星不再相互吸引，则它们的轨道将会是椭圆的，太阳会在其公共焦点上；由第1编命题1、11，以及命题13推论1得知它们所掠过面积正比于掠过的时间。但是行星间的相互作用力很小，几乎可以忽略掉；且由第1编命题66所知，在太阳运动时，它们对绕太阳运转的行星运动的干扰，要小于假设太阳静止时对绕太阳的这些运动的干扰。

事实上，木星对土星的作用力是不能忽略的；因为木星引力和太阳引力之比（在距离相等的情况下，由命题8推论2）为1比1 067；且因为土星到木星的距离比上土星到太阳的距离约为4比9，则在木星和土星的交会处，土星受木星的引力与土星受太阳的引力之比为81比16 × 1067，或者约为1比211。这样在土星和木星的每一个交会点处，土星轨道就会产生明显摄动，以至于很多天文学家都迷惑不解。因为木星在交会点的不同位置，其偏心率有时增大，有时减小；其远日点有时顺时针运转，有时逆时针运转，且其平均运动依次加快和减慢；尽管木星绕太阳运动的所有误差都是产生自这么强大的作用力，但通过把其轨道的低焦点放在木星和太阳的公共重心（由第1编命题67）上，则几乎可以避免（除了平均运动）产生该误差，所以当该误差达到最大值时，几乎也不超过两分钟；且在平均运动中的最大误差每年也不会超过两分钟。但是在木星与土星的交会点处，土星受太阳的加速引力，土星受木星的加速引力，以及太阳受木星的加速引力之间的比值约为1 618和$\frac{16\times 81\times 3021}{25}$，或156609；所以土星受太阳和木星的不同引力比上太阳受木星的引力，约为65比156609或1比2 409。但是土星干扰木星运动的最大作用力正比于该差值；所以木星轨道的摄动要比土星的小得多。其他行星的摄动更是要远远小于土星的，除了地球的轨道明显受到月球的干扰。地球和月球的公共重心绕太阳做椭圆运动，且其伸向太阳的半径所掠过的面积正比于掠过的时间。此外地球平均每月绕该公共重心运转一次。

命题 14　定理 14

行星轨道的远日点和交点是固定的。

由第1编的命题11可知远日点是固定的，且由同一编的命题1可知轨道的平面也是固定的。如果平面是固定的，则交点必须也是固定的。事实上在行星和彗星环绕的相互作用中会产生平面的一些位置变动；但是这些变动都太小了，我们可以把它们忽略不计。

推论1　因为既然与行星的远日点和交点都保持位置不变，所以恒星是不动的。

推论2　因为在地球的年周运动中看不到恒星有明显视差，又因为它们与我们相距甚远，所以恒星不能对我们的天体系统产生任何明显的影响。更不用说由于它们的反向吸引抵消了它们间的相互作用，恒星无规律地在宇宙中到处分布，这由第1编命题70可知。

附　注

因为太阳附近的行星（水星、金星、地球和火星）都太小了，所以它们之间几乎不能产生相互作用力。这样，它们的远日点和交点必定是固定的，除了受到一些木星、土星和其他更远行星的作用干扰。所以我们可以通过引力理论得出，它们的远日点位置相对于恒星来说稍微前移，且该移动正比于它们各自到太阳距离的$\frac{2}{3}$次幂。因此，如果在一百年的时间里，火星的远日点相对于恒星来说前移33′20″，则地球、金星和水星在一百年里各自前移17′40″、10′53″和4′16″。但是这些移动都太小了，在本命题中我们就把它们忽略掉了。

命题15　问题1

求行星轨道的主径。

由第1编命题15可知，它们正比于周期时间的$\frac{2}{3}$次幂。又由第1编命题66得知，它们各自以太阳与各行星的物质总量的和的三次方根与太阳物质量的三次方根的比值而增大。

命题16　问题2

求行星轨道的偏心率和远日点。

可由第1编命题18得出本命题的解。

命题17　定理15

行星的周日运动是均匀的，且月球的天平动是由这种周日运动产生的。

这一命题可由第1编命题66推论22来证明。相对于恒星而言，木星的自转时间为9小时56分，火星为24小时39分，金星为23小时，地球为23小时56分，太阳为$25\frac{1}{2}$天，以及月球为27天7小时43分，这些在现象这一节已经讲明了。太阳表面黑斑回到其表面相同位置，相对于地球来说为$27\frac{1}{2}$天，这样相对于恒星来说太阳自转要$25\frac{1}{2}$天。但是因为由月球绕其轴均匀转动而产生的太阴日是一个月时间，即，等于其在轨道上环绕一周的时间，所以相同月相总是出现在其轨道的上焦点附近；但是随着焦点位置的移动，该月相也会朝一侧或另一侧偏向在低焦点位置上的地球，这就是经度天平动；因为纬度天平动是由月球的纬度和其轴向黄道平面倾斜所造成的。关于月球天平动的理论，N.默卡特先生在其发表于1676年初的《天文学》这本书中，已经根据我给他写的信作了详尽阐述。土星最远的卫星似乎也在跟月球做一样的自转运动，对土星来说，该卫星呈现的总是同一面向；因为在其绕土星的运转过程中，只要其转到轨道东部位置时，其便很难让人看见，基本可以说是消失了；据M.卡西尼的观测，这可能是由于在球体在面向地球的那部分有一些黑斑所导致的。木星最远那个卫星看起来也在做类似运动，因为在其背向木星的那一部分也有黑斑，而不管其在木星与我们视线范围之间的任何位置上，看起来其总像是在木星球体上。

命题18　定理16

行星的轴短于与轴正交的直径。

如果行星各部分相等的引力不是让其在轨道上自转，则就会使其呈球形。由于自转运动，远离轴的那部分受力在赤道附近隆起；这样如果该部分是流质状态，由于其在赤道附近隆起，则赤道部分行星的直径将会扩大，且由于极点的下陷，行星的轴也会减短。因此木星的直径（由天文学家的共同观测）在两个极点之间比在东西之间要短。同理，如果地球赤道处的直径要短于轴长，则大海就会在极点附近下陷，且在赤道附近隆起，并将淹没一切物体。

命题19 问题3

求行星轴长和与轴正交的直径之比。（如命题−图1）

英国人诺伍德先生在1635年测出了伦敦和约克之间的距离为905 751英尺，且观测出纬度差为2°28′，得出了一度长为367 196英尺，即57 300巴黎托瓦兹。M.皮卡得测出在亚眠和马尔瓦新之间的子午线弧为22′55″，则一弧度为57 060巴黎托瓦兹。老M.卡西尼测出了在罗西隆的科里乌尔镇到巴黎天文台的子午线距离；而小M.卡西尼又把这一观测距离从天文台延伸到敦刻尔克的西塔德尔。总距离为486 156$\frac{1}{2}$巴黎托瓦兹，且科里乌尔和敦刻尔克之间的弧度差为8°31′11$\frac{5}{6}$″。所以一弧度长为57 061巴黎托瓦兹。从这些测量我们可以得出地球周长为123 249 600巴黎尺，半径为19 615 800巴黎尺，则假设地球是正球体。

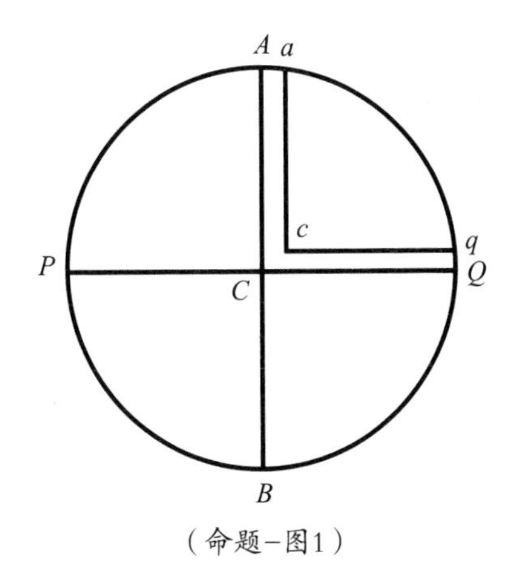

（命题−图1）

在巴黎的纬度上，重物在一秒钟的时间里下落15巴黎尺1寸1$\frac{7}{9}$分，同上，即2 173$\frac{7}{9}$分。而由于周围空气的阻力重物的重量会减轻。设减去的重量为总重的$\frac{1}{11\ 000}$，则重物在真空里一秒钟下落2 174分。

一个物体在一长23小时56分4秒的恒星日里，在离球心19 615 800英尺距离的圆周上作匀速运动，一秒钟里其掠过的弧长为1 433.46英尺，其正矢为0.052 365 16英尺或7.540 64分。则物体在巴黎纬度上下落的重力，与物体在赤道上由于地球的自转运动所产生的离心力之比为2 174比7.54064。

物体在赤道上的离心力与物体在巴黎纬度48°50′10″上的离心力之比，等于半径与该纬度的余弦之比的平方，即等于7.540 64比3.267。把该力加入到物体在巴黎纬度上由其重量而下落的力中，则该物体在巴黎纬度上，一秒钟时间里，受阻力不计的引力的作用而下落，则其将下落2 177.267分或15巴黎尺1寸5.267分。且在该纬度上的总引力与物体在地球赤道上的离心力之比为2 177.269比7.540 64或289比1。

因此，如果$APBQ$表示地球，现在它不再是球体了，而是由它较短的轴PQ旋转而形成的椭球；$ACQqca$表示装满水的管道，从极点Qq延伸到中心Cc，又延伸到赤道Aa；在管道$ACca$这一支的水的重量与在另一支$QCcq$中的水的重量之比为289比288，因为自转运动所产生的离心力维持并消去了重量的$\frac{1}{289}$（一支中），而另一支288份的则维持其余重量。通过计算（由第1编命题91推论2可知）我发现，如果地球的所有物质是均匀的，不做任何运动，且其轴PQ比上直径AB为100比101，则在Q处所受的地心引力，与在同样位置Q受以C为球心、以PC或QC为半径的球体的引力之比为126比125。同样的原理，在A处受轴AB旋转而成的椭圆$APBQ$的引力，与同样在A处受以C为中心、以AC为半径的球体引力之比125比126。但是在A处受地球的引力，是受椭球引力与受球体引力的比例中项；因为如果该球体的直径PQ以101比100的比例减小，该球体就会变成地球形状；而如果垂直于直径AB和PQ的第三条直径也以相同比例减少的话，则该球体形状就会变成先前所说的椭球形；且在A处所受的引力也以相同比例减少。在A处指向以C为球心，以AC为半径的球体的引力，比上在A处指向地球的引力为126比$125\frac{1}{2}$。在Q处指向以C为球心，QC为半径的球体的引力，与在A处指向以C为球心，以AC为半径的球体的引力之比的比值，正比于两个球体的直径之比（由第1编命题72），即100比101。如果我们把这些比值126比125、126比$125\frac{1}{2}$和100比101连乘，则得到在Q处与在A处受的地球引力之比为$126\times126\times100$比$125\times125\frac{1}{2}\times101$，或为501比500。（如命题-图1）

现在因为（由第1编命题91推论3）$ACca$与$QCcq$这两支管道中的引力正比于到地球中心的距离，如果假设管道被横向的、平行的和等距的平面分割成正比于整体的部分，则在$ACca$这一支管道中的任意几个部分的重量与另一支中相同数量部分的重量之比，等于它们的大小与加速引力的乘积之比，即，等于101比100乘以500比501，或505比501。所以如果在$ACca$这一支中任意一部分的由自转运动产生离心力与同样部分的重量之比为4比505，这样分成的505个等份，离心力可以抵消四份该等份的重量，则两支中任意一支中的剩余重量相等，因而流体可以在均衡状态中保持静止。但是任意一部分的离心力与相同部分的重量之比为1比289，即本应为重量的$\frac{4}{505}$的离心力只为重量的$\frac{1}{289}$。所以，我认为由比例的规则可知，如果离心力的$\frac{4}{505}$使得在$ACca$这一支中的水面高度仅仅超过了$QCcq$这一支中水面高度的$\frac{1}{100}$，则离心力的$\frac{1}{289}$仅仅会让$ACca$ $\frac{1}{229}$这一支中的水面高度超出另一支中的高度的$\frac{1}{289}$；所以在赤道上的地球直径与地球的轴之比为230比229。因为根据皮卡德的测量，地球平均直径为19 615 800巴黎尺，或3 923.16英里（1英里等于5 000英尺），所以地球在赤道处要比在极点处高出85 472英尺，或$17\frac{1}{10}$英里。且地球在赤道上的高度约为19 658 600英尺，而极点处则为19 573 000英尺。

如果行星在自转运动中的密度和周期时间都不变，则大于或小于地球的行星，其离心力与引力的比例，以及极点之间的直径与赤道上的直径都不变。但是如果自转运动以任意比例加速或减速，则离心力就会以几乎相同比例的平方增大或减小，直径的差以相同比的平方增大或减小。而如果行星的密度以任意比例增大或减小，则指向它的引力也会以相同比例增大或减小；相反的直径差会正比于引力的增大而减小，且正比于引力的减小而增大。因为相对于恒星而言，地球自转要23小时56分，而木星要9小时56分，它们周期时间的平方之比为29比5，且它们密度之比为400比$94\frac{1}{2}$，以及木星的长直径与其短直径之比为$\frac{29}{5}\times\frac{400}{94\frac{1}{2}}\times\frac{1}{229}$比1，或几乎等于1比$9\frac{1}{3}$。所以木星从东到西的直径与极点之间的直径之比约为$10\frac{1}{2}$比$9\frac{1}{3}$。这样因为木星最长的直径为37″，则其两极之间较短的直径为33″$25\frac{1}{6}$‴。并且有大约3″的光的不规则折射，这样该行星的视在直径为40″和36″25‴，这两个值之间的比约为$11\frac{1}{6}$比$10\frac{1}{6}$。这些都是建立在假设木星本身是有着均匀密度的基础上。但是，现在如果其在赤道附近的密度大于其在极点附近的密度，则其相对应的直径之比为12比11，或13比12，或14比13。

卡西尼在1691年观测到木星东西向的直径就比其他直径长约$\frac{1}{15}$。庞德先生在1719年用他的123英尺长的望远镜和精确千分尺测出了木星的直径，见下表。

时间			最大直径	最小直径	直径的比
月	日	时	部分	部分	部分
一月	28	6	13.40	12.28	12比11
二月	6	7	13.12	12.20	$13\frac{3}{4}$比$12\frac{3}{4}$
三月	9	7	13.12	12.08	$12\frac{2}{3}$比$11\frac{2}{3}$
四月	9	9	12.32	11.48	$14\frac{1}{2}$比$13\frac{1}{2}$

因此，这一理论跟现象相符。因为行星赤道附近能受更多的太阳光热，所以赤道处的密度就要比极点处的大。

此外，随着地球的自转运动引力也会减小，所以地球在赤道处要比在极点处隆起得要高（假设其物质的密度均匀），这可由与以下命题相关的钟摆实验来证明。

命题20　问题4

求地球不同地区的物体重量，并对此进行比较。（如命题-图2）

因为管道$ACQqca$的两分支长度不相等水的重量却是相等的，且部分的重量正比于整个管道的重量，且位置相似处的重量都各自正比于整体的重量，所以它们的重量相等；在管道中重量相等且位置相似部分反比于管道长，即反比于230比229。两支管道中所有位置相似的均匀物体都是这种情况。它们的重量反比于管长，即反比于物体

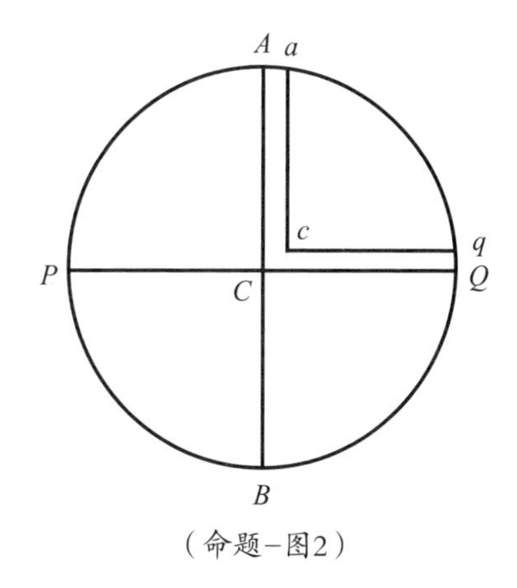

（命题-图2）

到地球中心的距离。所以，如果物体位于管道的最顶部，或是位于地球表面，则它们各自的重量反比于它们到球心的距离。同理，整个地球表面所有其他位置的重量都反比于其到球心的距离；所以，假设地球是椭球体，则比值即定了。

从该原理可以得出从赤道移到极点的物体的重量几乎以正比于纬度正矢的两倍增加；或者，正比于纬度正弦的平方也是一样的；且在子午线上的纬度弧长也几乎是以相同比例增加。所以因为巴黎纬度为48°50′，赤道为00°00′，极点为90°；这些弧的两倍的正矢为11 33400 000和20 000，半径为10 000，且极点处与赤道的引力之比为230比229；极点引力多于赤道的那部分与赤道引力之比为1比229；在巴黎纬度处多于赤道的引力与赤道引力之比为$1\times\frac{11\ 334}{20\ 000}$比229，或者为5 667比2 290 000。该处总引力比另一处总引力等于2 295 667比2 290 000，因此，由于在相同时间里的摆长正比于引力，所以在巴黎纬度上，秒摆摆长为3巴黎尺$8\frac{1}{2}$分，或者由于考虑到空气的重量，摆长为3巴黎尺$8\frac{5}{9}$分，周期相同的赤道上的摆长就要比前者短1.087分。

从下一页的表格可以看出，每度子午线长的差异实在是太小了，所以从地理学角度，我们可以把其看做是球体，特别是如果地球在赤道平面处的密度比在极点处的密度大时。

现在几个被派到遥远国家作天文观测的天文学家发现，摆钟在赤道附近确实比在我们地区走得相对慢些。最早在1672年，M.里歇尔在凯恩岛注意到这一现象。因为在八月时，当他正在观测恒星过子午线的移动，他发现他的摆钟比其本该有的速度要慢，相对于太阳的平均运动来说它一天要慢2′28″。所以他制作了一个简单秒摆，由精确钟表校准，并测出了那个摆的摆长。他一个星期又一个星期地重复做这个实验，足足做了十个月。当他回到巴黎后，他比较了前面测出的摆长和在巴黎测出的摆长（3巴黎尺$8\frac{3}{5}$分），他发现它要短$1\frac{1}{4}$分。

此后，我的朋友哈雷博士在1677年左右在圣赫勒拿岛时，发现了在条件相同的情况下，他的摆钟比在伦敦时走得要慢。但是当他缩短了摆钟的摆杆$\frac{1}{8}$英寸，或$1\frac{1}{2}$分多时，因为在摆杆底部的螺丝失效了，他就在螺母和摆锤之间插入了一个木环。

然后，在1682年，M.法林和M.德斯海斯在巴黎皇家天文台测出了一个简单秒表的摆长为3巴黎尺$8\frac{5}{9}$分。用同样的方法，在戈雷岛他测

所处纬度	摆长	每度子午线长度
度	尺分	托瓦兹
0	37.468	56 637
5	37.482	56 642
10	37.526	56 659
15	37.596	56 687
20	37.692	56 724
25	37.812	56 769
30	37.948	56 823
35	38.099	56 882
40	38.261	56 945
1	38.294	56 958
2	38.327	56 971
3	38.361	56 984
4	38.394	56 997
45	38.428	57 010
6	38.461	57 022
7	38.494	57 035
8	38.528	57 048
9	38.561	57 061
50	38.594	57 074
55	38.756	57 137
60	38.907	57 196
65	39.044	57 250
70	39.162	57 295
75	39.258	57 332
80	39.329	57 360
85	39.372	57 377
90	39.387	57 382

出了等时摆的摆长为3巴黎尺6$\frac{5}{9}$分，与前者相差2分。且在同一年里去了瓜达罗普和马丁尼古岛，在那里他测出了等时摆的摆长为3巴黎尺6$\frac{1}{2}$寸。

这之后，小M.库普莱在1697年7月在皇家天文台，他让他的摆钟与太阳的平均运动校准，使之在相当长时间里与太阳运动相吻合。在接下来的十一月，他来到了里斯本，在这里他发现他的摆钟一天里比以前慢了2分13秒。然后紧接着的三月，他去了帕雷巴，他发现在这儿他的钟比在巴黎时一天要慢4分12秒；他断定秒摆的摆长在伦敦要比在巴黎短2$\frac{1}{2}$分，在帕雷巴要短3$\frac{2}{3}$分；他如果计算的这些差值为1$\frac{1}{3}$分和2$\frac{5}{9}$分的话，他会做得更完美；因为这些差异都是和时间差2分13秒和4分12秒相对应的。但是这位先生做观测太疏忽大意了，以致他的数据不值得信赖。

在随后的1699年和1700年，M.德斯海斯去了美洲，他测出了在凯恩和格林纳达岛秒摆摆长稍微小于3巴黎尺6$\frac{1}{2}$分，而在圣克里斯托弗岛是3巴黎尺6$\frac{3}{4}$分，在圣多明戈岛为3巴黎尺7分。

随后，在1704年，P.费勒在美洲的皮尔托贝卢发现在那儿秒摆的摆长为3巴黎尺5$\frac{7}{12}$分，那几乎比在巴黎要短3分；但是这一观测结果是错误的。因为在之后去马丁尼古岛时，他发现在那儿等时摆的摆长为3巴黎尺5$\frac{10}{12}$分。

现在帕雷巴在南纬6°38′，皮尔托贝卢为北纬9°33′，凯恩、戈雷、瓜达罗普、马丁尼古、格林纳达、圣克里斯托弗和圣多明戈岛则分别为北纬4°55′，14°40′，15°00′，14°44′，12°06′，17°19′和19°48′。在巴黎的摆长超出在上述这些纬度上等时摆摆长的那部分长度，要比在从上表中得出的要稍微多一点。所以地球赤道要比前面计算的隆起得还要高，且在球心处的密度比表面的还要大，除非是热带的温度让摆长增加了。

因为*M.*皮卡德曾经观察过，在冬季会结冰的天气里，一根铁条是

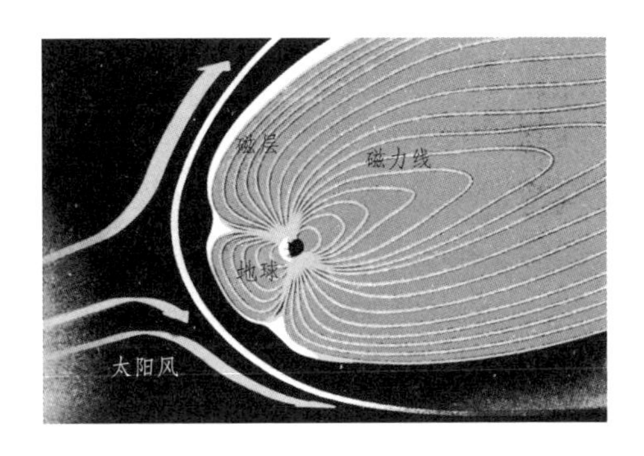

地球磁场

地球是一个大磁场。在地球上空，地球磁场有效地阻止了来自太阳风中高能带电粒子的轰击。在地球演化史中，地球磁场的作用和水、空气一样重要。

1英尺长，而在遇火加热后，变成了1英尺$\frac{1}{4}$分长。此后*M.*德拉希尔发现在冬季同样的天气下，铁条是6英尺长，当暴露在夏日阳光下时，就增长到了6英尺$\frac{2}{3}$分。在前一种情况中温度要比在后者中高，但是后者的温度也要比人体表面温度高，因为金属暴露在阳光中可以得到相当可观的热量。但是摆钟的铁条却从来没有暴露在夏日阳光里，也从没得到过与人体表面温度相同的热量；所以，尽管3英尺长的摆钟铁条确实会在夏季比冬季长，但这一差值还不到$\frac{1}{4}$分。所以，在不同气候下的等时摆长差不能归因于热量的不同，也不能归因于法国天文学家的错误观测。因为，尽管他们的观察结果不统一，但是这些误差不大可以忽略掉；他们一致同意的是等时摆的摆长在赤道处要比在巴黎皇家天文台要短，其误差在$1\frac{1}{4}$分到$2\frac{2}{3}$分之间。M.里歇尔在凯恩岛观测出的误差为$1\frac{1}{4}$分。而那一误差被M.德斯海勒更改成了$1\frac{1}{2}$分或是$1\frac{3}{4}$分。其他人做同样的观测更不精确，误差为2分。这一误差有一部分是由观测误差所造成的，有一部分是来自地球内部构造的差异和山的高度，还有一部分是空气温度的差异。

我观测出的3英尺的铁条在英格兰的冬季要比夏季短$\frac{1}{6}$分。因为赤道处的温度极高，要从M.里歇尔的$1\frac{1}{4}$分中减去这一长度，这样就会剩下

$1\frac{1}{12}$分，这就和本理论前面所得出的$1\frac{87}{1\ 000}$很符合。M.里歇尔在凯恩岛反复做这一观察，每周一次，做了10个月，还把在这儿记录到铁条上的观测数据与他在法国观测的作比较。这种勤奋和仔细看起来似乎是其他观测者所缺乏的。如果这位先生的观测数据值得信赖，则地球的赤道就要比极点隆起得要高，且高出约17英里，就正如本理论所证明的那样。

命题 21　定理 17

二分点后移，地轴由于公转运动中的章动，每年两次朝黄道移动，也以相同频率回到其原先的位置。

这一命题由第1编命题66推论20所证明；而章动运动必定很小，几乎不能察觉。

命题 22　定理 18

月球的所有运动和那些运动的所有不相等性，都要遵循以上原理。

由第1编命题65可知，较大的行星在围绕太阳转时，可能在同时带动一些较小的卫星绕其旋转；而那些较小的卫星必须在以较大行星的中心为其焦点的椭圆轨道上运动。但是它们的运动将会受到太阳多种形式的干扰，并像月球所受的干扰那样呈现不相等性。这样我们的月球（由第1编命题66推论2、3、4和5）就会运动得越快，在伸向地球的半径在相同时间里所掠过的面积越大，且其轨道弯曲得越小，所以在朔望点时比在方照点时更靠近地球，除了当这些干扰被偏心运动所阻挡的时候；因为（由第1编命题66推论9）远地点的位于朔望点时，偏心率是最大的，而在方照点时是最小的；由此得出近地点的月球在朔望点时运动得较快，且更接近地球，而远地点的月球在方照时运动得较慢，且离地球较远。此外，远地点向前移，而交会点向后退；且这不是由规则的运动而是由不均匀的运动造成的。因为（由第1编命题66推论7、8）在朔望点时远地点前移得更快，而在方照点时后退得更慢，这种顺逆行差就造成了每年的远地点前移。相反地，交会点（由第1编命题66推论11）在朔望点时是静止的，而在方照点时后退得最快。而且，月球的最大黄纬（由第1编命题66推论10）在方照点时大于在朔望点时。且（由第1编命题66推论6）月球的平均运动在地球近日点时比其在远日点时要慢。这些都是天文学家所发现的（月球运动的）基本不相等性。

但是也有其他一些过去天文学家没发现的不相等性，它们使月球的运动被干扰，到现在我们也不能把它们归入任何确定的规律下。因为月球的远地点和交会点的速度或每小时的运动及其均差，以及在朔望点的最大偏心率和在方照点的最小偏心率的差值，还有就是我们称之为变差的不相等性，是（由第1编命题66推论14可知）年度里随着正比于太阳视在直径的立方而增大或减小的。而且（由第1编引理10推论1、2和命题66推论16可知）变差几乎是以正比于朔望之间的时间的平方而增加和减小。但是在天文计算中，该不相等性通常都与月球中心运动的均差相混淆。

命题23　问题5

从月球的运动中得出木星和土星卫星的不相等运动。

从月球的运动我们可以推导出相对应的木星卫星运动，由第1编命题66推论16可知。木星最外层卫星交会点的平均运动与月球交会点的平均运动之比，正比于地球绕太阳运动的周期与木星绕太阳运动的周期之比的平方，乘以木卫星绕木星运动与月球绕地球运动的周期之比；所以，这些交会点在一百年的时间里，后退或前移了8°24′。内层卫星交会点的平均运动与外层卫星交点的平均运动之比，等于它们的周期与前者的周期之比，这是由同一个推论得出，所以也可以求出。每个卫星回归点的前移运动与其交会点的后移运动之比，等于月球远地点的运动与其交会点之比（由同一个推论得知），所以也可以求出。但是，这样求出的回归点运动必须以5比9，或是约为1比2的比例减小，其原因我不能在这儿很好地解释。每一个卫星的交会点和上回归点的最大均差分别与月球交会点和远地点最大均差之比，等于在前一均差一次环绕的时间里，卫星的交会点和上回归点的运动与在后一均差一次环绕的时间里，月球的交会点和远地点的运动。由同样的推论，从木星上所看到的卫星变差与月球的变差之比，等于在卫星和月球（从离开到回来）分别绕太阳运转的时间里这些交会点的总运动的比，所以最外层卫星的变差不会超过5.2秒。

命题24　定理19

大海的涨潮和退潮是由太阳和月球的作用引起的。（如命题-图3）

由第1编命题66推论19，我们得知海水一天中有两次潮起和潮落，包括在太阳日和月球日。开阔的深海里的海水紧随着日、月到达当地子午线后在6小时里达到最高高度，就像在法国和好望角之间的大西洋和埃塞俄比亚海的东部区域，也就像南太平洋的智利和秘鲁海岸。在所有的这些海岸边涨潮发生在第2、3或4个小时，除非深海底的海水

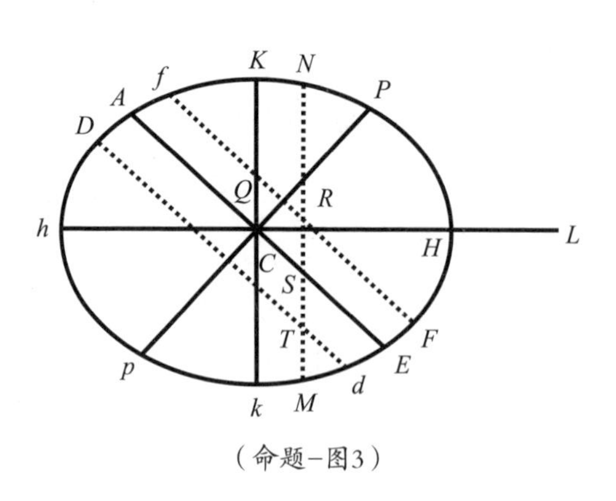

（命题-图3）

运动被海峡的浅滩导向一些特别的地方，这样会延迟到第5、6或7小时后，甚至更晚。我所估计的小时是从每一次日、月到达当地子午线，也是从高于或低于地平线时开始算起的；月球日是月球通过其视在周日运动经过一天后再次回到当地子午线所需的时间，小时是该时间的$\frac{1}{24}$。当太阳或月球到达当地子午线时海水涨潮的力是最大的；该作用于海水的力在作用后仍然能持续一段时间，且其随后由一种新的，尽管作用力很小，但是仍然作用于其之上的力所增强。这就使得海潮涨得越来越高，直到这一新的力变得越来越弱，已不能再使海水涨起来，海潮就涨到了其最高的程度。这一过程也许需要一两个小时，但是通常是在靠近海岸的地方停留约3个小时，当海水很浅时，甚至时间更长。

太阳和月球能够引起两个运动，这两个运动之间没有明显区别，但是它们之间会引起一个复合了前两个的混合运动。在日月的会合点或对冲点，它们的作用力结合在一起，就引起最高的潮涨潮落。在方照点时太阳会使月球退下去的潮水涨起来，或使月球涨起来的潮水退下去，并且它们力的差造成了最小的潮。因为（由经验可知）月球的作用力大于太阳，所以在第三个月球小时会产生最高的潮。除了在朔望点和方照点时，月球独自引起的最大海潮应该发生在第三个月球小时，而太阳独自引起的最大海潮应该发生在第三个太阳小时。这两个的混合作用力引起的海潮必须是一个中间时间，且在更接近于第三个月球小时而不是太阳小时。所以，当月球从朔望点到方照点这期间，第三个太阳小时领先于第三个月球小时，而且最高海水到来的时间也要领先于第三个月球小时，且以其最大间隔稍微落后于月球的八分点；当月球从方照点到朔望点这期间，最高海潮以相同间隔落后于第三个月球小时。这些情形发生在开阔的水域；因为河口处的最高潮要晚于海面的最高潮。

但是，日月的这些作用取决于它们到地球的距离；因为当它们离地球很近时，它们的作用力就很强，而当它们离地球很远时，它们的作用力就很弱，该作用力正比于它们的视在直径的立方。所以在冬季时，当太阳在近地点时有最大作用力，且在朔望点时激起的潮更高，而在方照点时引起的海潮比在夏季时要小；而每月月球在近地点激起的海潮要大于在离近地点15天前后当其还处于远地点时激起的海潮。由此可知，最大的两个海潮不是一个接一个地发生在两个紧接的朔望点之后。

日月的作用还依靠其与赤道的距离和倾斜度，因为如果它们在极地的位置上，则其就会维持对所有地方的水的吸引力，水的运动不会有任何变化，且也不会引起任何交替运动。所以，在日月从赤道到两极的过程中，它们会逐渐失去作用力，这样它们在朔望点时，在夏至和冬至时激起的海潮就会小于在春分和秋分时的。但是当在方照点时，它们在夏至和冬至时激起的海潮要大于在春分和秋分时，因为当月球在赤道时，其作用力超过太阳作用力的程度是最大的，所以最大的海潮发生在这些朔望点，最小的海潮在方照点，在“二分”点时情况也是这样的。我们由经验也可以得知，在朔望点时的最大海潮之后通常都紧接着在方照点时的最小海潮。但是，因为太阳在冬季时离地球的距离比夏季时更近，所以在春分之前最大海潮和最小海潮发生的频率要比在这之后发生得更高，而在秋分之前的频率则要比之后更小。

此外，日月的作用力也取决于纬度位置。令$ApEP$代表表面覆盖深海的地球，C就表示地心，P、p是两极；AE为赤道，F为赤道外任意一点，Ff是赤道的平行线，Dd是赤道另一边的平行线，L表示月球三小时前所处的位置，H为月球正对着L的地球的点，h为H的地球另一面正对的点，K、Q为90°处的距离，CH、Ch是海洋到地心的最大高度的海，CK、Ck是最小高度。如果以Hh、Kk为轴线作出一个椭圆，且绕其较长的轴线Hh做自转，则椭球体$HPKhpk$就形成了，该椭球几乎就能代表海的形状，CF、Cf、CD、Cd就表示在Ff、Dd处的海洋高度。而且，在前面所说的椭球体自转过程中，任意点N所掠过的圆NM与平行线Ff、Dd相交于随MN移动的R，T，与AE相交于S，CN表示在这个圆中R、S、T所代表的所有地方中海面的高度。为此，在任意点F的周日运动中，最大潮将发生在F，就在月球由地平线上升到子午线后的第三个小时；此后，最大的潮水又发生在Q处，在月球落下后的第三小时；然后最大的潮水又出现在f，月球由地平线落到子午线后三小时；最后又是在Q处的最大退潮，发生于月球升起后的三小时。且后者在f处的潮水会小于前者在F处的。因为整个海被分成两个半球的潮水，一个是在北部半球KHk上，而另一个是在南部半球Khk上，对此我们可以分别称之为北部潮水和南部潮水。这通常是一个与另一个相对的潮水，以12月亮小时的间隔，一个接一个地到达各地的子午线。由于北方国家受到北部潮水的影响较大，而南方则受到南部潮水的影响较大，因此日月引起的大小不等的潮涨潮落，交替在赤道以外的任何地方发生着。但是最大潮会发生在月球在当地的天顶，约为月球从地平线爬到子午线后的第三个小时；当月球变得更倾向于赤道的另一边时，则本是较大的潮水就会变得较小。这种改变最大的潮水将会发生在冬至、夏至，特别是当月球的交点是在白羊座的第一星附近时。由经验可知，在冬季时早潮要高于晚潮，而在夏季情况相反，根据科勒普赖斯和斯多尔米的观察，在

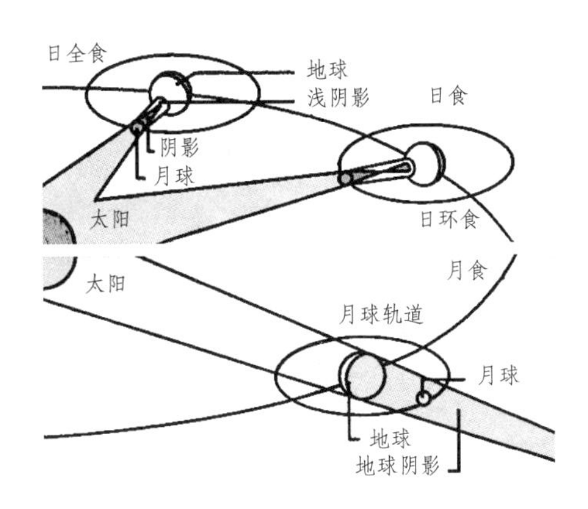

日食和月食

月球绕地球旋转，使得有周期性的月食和日食现象产生。当月球通过地球的阴影时，发生月食；当月球遮住太阳时，发生日食。日食和月食一样，以18年10、11或12天为周期，在这期间内各发生42次日食及月食。两者的不同之处是，在地球表面观察日食的地区有限，能目睹日食的人不多。

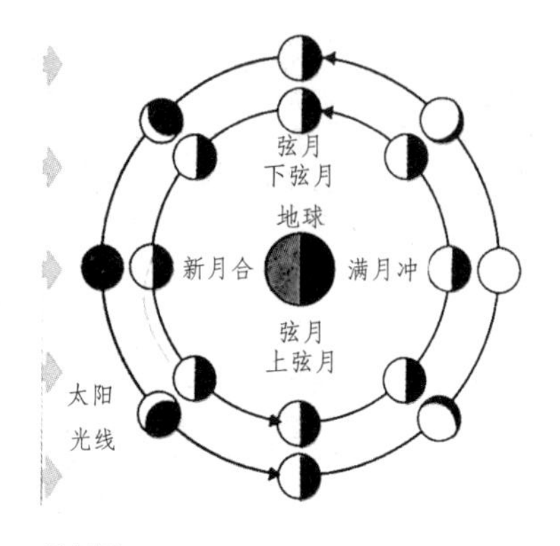

月相图

月亮每天在星空中自西向东移动时所发生的位相变化，叫做月相。假设满月是一个圆形，那么无论月相如何变化，它的上下两个顶点的连线一定是圆形的直径。而且当月相外边缘接近字母C时，就是农历十五日以前的月相。反之，当月相外边缘接近反字母C时，则是农历十五以后的月相。

普利茅斯这之间的高度差为1英尺，而在布里斯托为15英寸。

然而，我们所说的运动也会受到相互作用而有一些改变，水一旦动起来就会因其惯性而持续一段时间。因此，尽管日月的作用停止了，但海潮还是会持续一阵。这种能持续其运动的能力减少了交替海潮的差异，且让那些紧接在朔望点大潮之后的海潮更大，而在方照点小潮之后的海潮更小。因此在普利茅斯和布里斯托的交替海潮的高度差异相互之间不会超过1英尺或15英寸，且在所有这些港口中最大海潮不是在朔望点大潮之后的第一天而是第三天。而且，所有的运动都在它们通过的浅海峡而有所阻滞，因此在一些海峡和河口处，往往最大的海潮是在朔望点大潮后的第四天，甚至第五天。

此外，还有一种情况就是潮水通过不同的海峡到达同一个港口，且在通过一些海峡时会比通过其他的要快一些；在这种情况中，同样的潮水分成了两道或三道，它们之间不停地相互追赶，最后它们可能会会合成一道不同种类的新运动。假设两支相等的海潮从不同地方汇聚到同一个港口来，有一个要提前另一个六小时；又假设这前一个海潮发生在月球到达该港口的子午线之后的第三小时。如果月球在到达该子午线时是在赤道上，该处每六小时就会出现相等的潮水，在遇到相等的退潮时，相互之间就抵消了，到那一天海水就会沉寂下来。如果月球接着从赤道上落下，就如我以前说过的，海潮就会在较大和较小之间交替；因此两个较大和较小的海潮就会交替到达港口。但是这两个较大的海潮会在它们到达的时间之间产生最高的潮水；而这两种潮水能在它们的到达时间之间，产生这四股潮水的平均高度的潮水，然后这两个较小海潮之间能产生最低的潮水。因此在24小时里潮水一般不会涨两次最高潮，而是只有一次到达了最高潮；如果月球倾向于上极点，则潮水的最高高度就会发生于月球到达地平线之后的第6或30小时；当月球改变其倾角时，潮水就会转为退潮。所有哈雷博士所给我们的例子中的一个是，在北纬20°50′敦昆王国的巴特绍港口的水手的观察中发现：在该港口，在月球经过赤道后的第一天里，海水是平静的，当月球向北倾斜时，海水就开始涨和退，就像在其他港口一样，不是每天有两次而是一次；而且涨潮发生在月落时，最大退潮是在月球升起时。这一潮水随着月球的倾斜而增强直到第七或八天；然后这第七、八天之后潮水就以涨潮时相同的比例退潮，当月球越过赤道向南，改变了其倾斜后，潮水才会退去。在潮水迅速转变为退潮之后，月落时就会发生退潮，而月球升起时就会涨潮；直到月球又一次越过了赤道，改变了倾斜。有两条海湾通向港湾口和临近水湾，一条是从大陆与吕卡尼亚之间的中国海，另一条是从大陆与波尔诺岛之间的印度海。但是是否真的有两股潮水通过刚才我们所说的海峡，一股从印度海在12小时之内赶来，而另一股从中国海在6小时之内赶来，在第三个和第九个月球小时汇聚在一起，产生这些运动；或者是否是由于这些海域的其他环境因素造成的，我把这留给了邻近海岸的观察者们去研究。

以上我已解释了关于月球运动和海洋运动的原因，现在是讲与这些运动的量有关的问题的时候了。

命题25　问题6

求太阳干扰月球运动的力。（如命题–图4）

令S为太阳，T是地球，P为月球，$CADB$为月球的轨道。从SL上取SK等于ST，令SL与SK之比等于SK与SP之比的平方；作线LM平行于PT；如果设ST或SK表示地球受太阳的加速引力，则SL就会表示月球受太阳的加速引力。但是该力是由SM和LM合成的，其中SM干扰月球的运动的那部分力由TM表示，正如我们在第1编命题66及其推论所证明的那样。因为地球和月球都绕它们的公共重心运转，所以地球的运动也会受到类似力的影响；但是我们可以把这些力的和与运动的和都看做是发生在月球上的，力的和用与其相似的线段TM、ML来表示。力ML（平均量）比上在PT的距离里使月球维持绕静止地球运转的向心力，等于月球绕地球的周期与地球绕太阳的周期之比的平方（由第1编命题66推论17可知），即等于27天7小时43分与365天6小时9分之比的平方，或为1 000比178 725，或为1比$178\frac{29}{40}$。但是在本编命题4中我们可以知道，如果地球和月球都绕它们的公共重心运转，则它们之间的平均距离就几乎等于$60\frac{1}{2}$个地球平均半径；在PT，也就是$60\frac{1}{2}$个地球半径的距离里，使月球维持在绕静止地球运转的轨道上的向心力，与使月球在相同时间里，在距离60个半径处运转的力之比等于$60\frac{1}{2}$比60；且这个力与地球上的重力

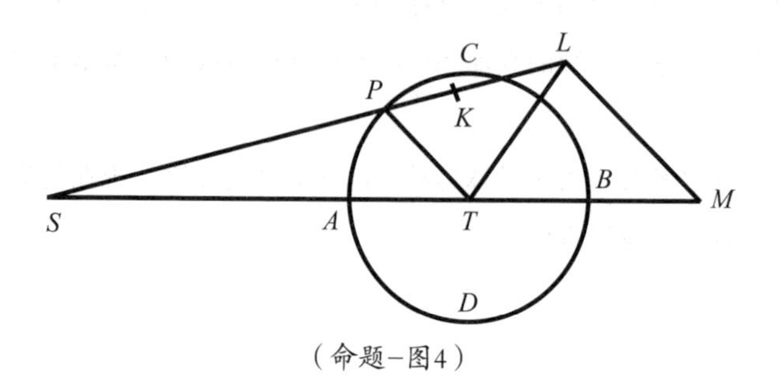

（命题–图4）

之比非常接近于1比60×60。所以力ML与地球表面的引力之比为$1\times60\frac{1}{2}$比$60\times60\times60\times178\frac{29}{40}$，或者为1比638 092.6；因此由直线$TM$与$ML$的比例，就求出了力$TM$。这就是太阳干扰月球运动的力。

证明完毕。

命题26　问题7

求月球在圆形轨道上运行时，伸向地球的半径所掠过面积的每小时的增量。（如命题-图5）

我们前面已经证明过月球伸向地球的半径所掠过的面积正比于掠过的时间，月球的运动受太阳作用的干扰忽略不计；在此我建议去研究变化率的不相等性，或受干扰的该面积的每小时增量，又或受干扰的运动的每小时增量。为了使计算更简单，我设月球的轨道是圆的，且忽略掉其他所有不相等性，除了现在我们要考虑的；因为距离太阳很遥远，所以我们可以进一步设直线SP和ST是平行的。由此，力LM就会总是简化为其平均量TP，力TM也简化为其平均量$3PK$。这些力（由运动定律推论2）合成了力TL；且作垂线LE到半径TP，该力又可以分解成力TE和EL；其中TE力恒定作用于半径TP方向，且不使半径在掠过区域TPC时加速或减速；但是EL作用于半径TP的垂线，这使得掠过该面积的速度以正比于月球运转速度的增加或减少来增加或减

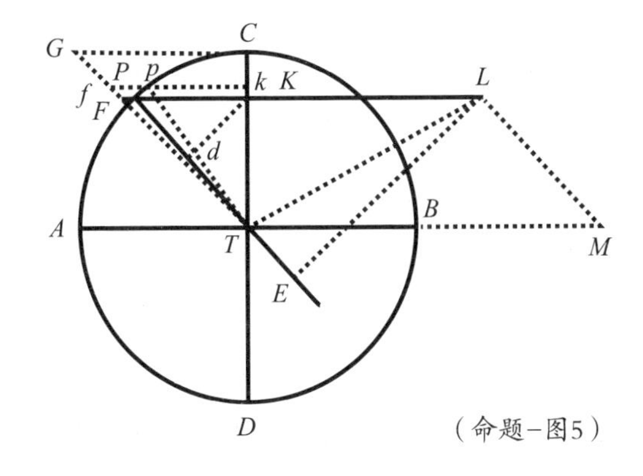

（命题-图5）

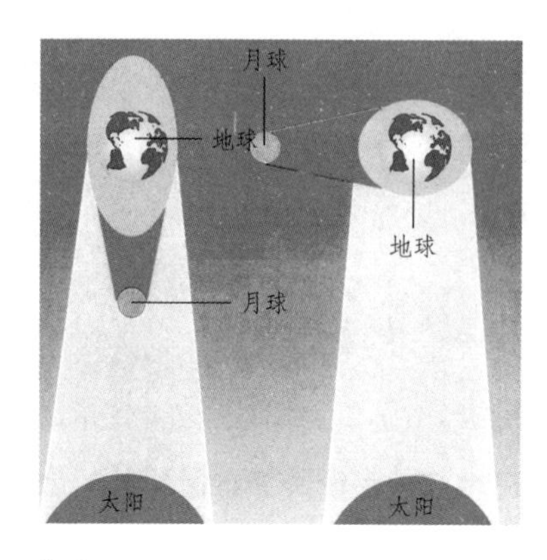

潮汐

潮汐为海水规律性的上升及降落现象，大约每12小时26分钟就会发生一次。月球对地球海水有吸引力，地球表面各点离月球的远近不同，正对月球的地方受引力大，海水向外膨胀；而背对月球的地方海水受引力小，离心力变大，海水在离心力作用下，向背对月球的地方膨胀，也会出现涨潮。当地球绕自转轴自转时，海浪也会因为一直沿地球海面运动而产生潮汐。

少。在从方照点C移动到会合点A的过程中，月球的加速每时每刻都正比于生成的加速力EL，即正比于$\frac{3PK\times TK}{TP}$。令时间由月球的平均运动来表示，或是（等价地）由角CTP来表示，甚至是由弧CP来表示。过C作CG垂直于CT，且CG等于CT；设直角弧AC被分成无限个相等部分Pp，这些部分代表同样无限个相等的时间部分。作pk垂直于CT，直线TG与KP、kp的延长线相交于F和f；则FK等于TK，因此Kk比PK等于Pp比Tp，即比值是给定的；所以$FK\times Kk$，或是面积$FKkf$，将会正比于$\frac{3PK\times TK}{TP}$，即正比于EL；合成后，$GCKF$整个面积将正比于在整个时间CP里，EL所有作用在月球上的力之和；所以也正比于该和所引起的速度，即，正比于掠过CTP的加速度，或是正比于其变化率的增量。使月球在距离TP上绕静止地球以27天7小时43分的周期在轨道$CADB$上运行的力，可以使一物体在时间CT里运动$\frac{1}{2}CT$长的距离，与此同时也获得与月球在其轨道上运行的相等速度。这是在第1编命题4推论9所证明过的。但因为作TP垂线的Kd，是EL的三分之一长，又在八分点处等于TP或是ML的一半长，所以在该八分点处力EL最大，它超出力ML的部分与力ML之比为3比2；所以它比上使月球绕静止地球作周期运动的力，为100比$\frac{2}{3}\times 17\ 872\frac{1}{2}$，或是11 915；且在时间$CT$里可以产生的速度等于月球速度的$\frac{100}{11\ 915}$；而在时间$CPA$里可以产生一种正比于$CA$比$CT$，或是$CA$比$TP$的更大速度。令最大力$EL$在八分点，由$FK\times Kk$，或是由相等乘积$\frac{1}{2}TP\times Pp$来表示；在任意时间$CP$里该最大力能产生的速度与在同样时间里任意较小力$EL$能产生的速度之比，等于乘积$\frac{1}{2}TP\times CP$比面积$KCGF$；但是在整个时间$CPA$里产生的速度相互之比等于乘积$\frac{1}{2}TP\times CA$比$\triangle TCG$，或为直角弧$CA$比半径$TP$；所以在整个时间里后一个速度正比于月球速度的$\frac{100}{11\ 915}$。该正比于面积的平均变化率的月球速度（设该平均变化率由数字11 915表示），如果我们在该速度上增加或减少其他速度的一半；则和11915＋50，或11965就表示在朔望点A面积的最大变化率；而差11915－50，或11865就表示在方照点面积的最小变化率。所以在相等时间里，在朔望点和方照点掠过的面积之比为11 965比11 865。若在最小变化率11865上再加上一个变化率，它比前两个变化率的差100等于四边形$FKCG$比三角形TCG，或等于正弦PK的平方比半径TP的平方（即等于Pd比TP），则所得到的和表示月球位于任意中间位置P时的面积变化率。

但是，这一切都是建立在太阳和地球都是静止的，以及月球会合周期是27天7小时43分的基础上的，但是由于月球的会合周期事实上是29天12小时44分，所以变化率必须按时间相同的比例增加，即以正比于1 080 853比1 000 000的比例增加。照此计算，曾是平均变化率$\frac{100}{11\ 915}$的整个增量，就会变为平均变化率$\frac{100}{11\ 023}$；所以月球在方照点的面积变化率和在朔望点的变化率之比为（11 023－50）比（11 023＋50），或者是10 973比11 073；而月球在任意中间位置P的变化率则为10 973比（10 973＋Pd），设$TP=100$。

月球指向地球的半径在每个相等时间里画出的面积，在半径等于1时近乎正比于数219.46与月球到最近的一个方照点的距离的两倍的正矢之和。这里设在八分点的变差为其平均量，但是如果变差增大或减小，则正矢也要以相同比例增大或减小。

命题 27 问题 8

由月球的小时运动可以求出其到地球的距离。

月球指向地球的半径掠过的面积，在每个小时里正比于月球的小时运动与月球到地球距离的平方的乘积。所以月球到地球的距离正比于面积的平方根，反比于小时运动的平方根。

证明完毕。

推论1 因此可以求出月球的视在直径；因为它反比于月球到地球的距离。让天文学家去验证究竟这些规律是否和现象相符。

推论2 因此由现象可以求出比迄今所作的更精确的月球轨道。

命题 28 问题 9

求月球运行的无偏心率轨道的直径。（如命题-图6）

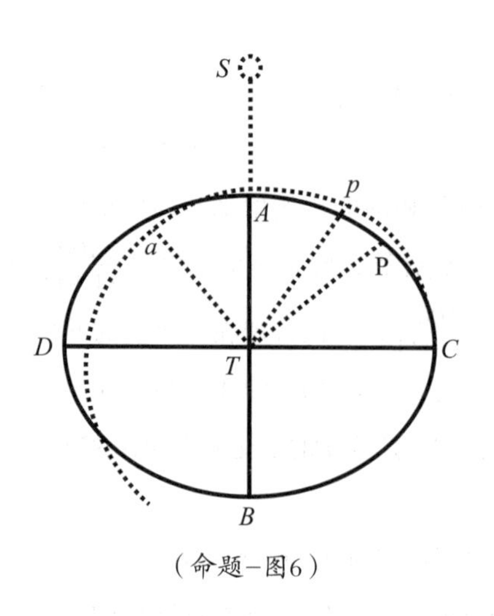

（命题-图6）

如果物体受垂直于轨道的方向的吸引，则物体掠过的轨道曲率正比于该引力，反比于速度的平方。我让曲线的曲率之比为相切角的正弦或正切与相等半径的最后之比，设那些半径无限制减小。但是月球在朔望点对地球的吸引力是其对地球的吸引力超出太阳引力$2PK$（如图4）的部分，太阳引力$2PK$就是月球指向太阳的加速引力与地球指向太阳的加速引力之间的差。而在方照点时引力就是月球指向地球的引力与太阳引力KT之和，太阳引力KT使月球趋向于地球。设N为$\frac{AT+CT}{2}$，则这些引力近乎正比于$\frac{178\ 725}{AT^2}-\frac{2\ 000}{CT\times N}$和$\frac{178\ 725}{CT^2}+\frac{1\ 000}{AT\times N}$，或正比于$178\ 725N\times CT^2-2\ 000AT^2\times C^T$，和$178\ 725N\times AT^2+1\ 000CT^2\times AT$。（如图6）因为如果数字178 725代表月球指向地球的加速引力，则把月球拉向地球的，在方照点时为PT或TK的平均引力ML将为1 000，而在朔望点时平均引力TM就会为3 000；从中，如果我们减去平均引力ML，则这里就剩了2 000，这就是在朔望点时把月球拉向的力，也就是我们在前面称之为$2PK$的那个力。但是月球在朔望点A、B的速度与在方照点C、D的速度之比为CT比AT，与月球伸向地球的半径在朔望点时所掠过面积的变化率，比上在方照点时所掠过的面积变化率之乘积，即等于11 073CT比10 973AT。将该比值倒数的平方乘以前一个比值，则月球在朔望点时其轨道的曲率与其在方照点时的曲率之比为$120\ 406\ 729\times 178\ 725AT^2\times CT^2\times N-120\ 406\ 729\times 2\ 000AT^2\times CT$比$122\ 611\ 329\times 178\ 725AT^2\times CT^2\times N+122\ 611\ 329\times 1\ 000CT^4\times AT$，即，正比于$2\ 151\ 969AT\times CT\times N-24\ 081AT^3$比$2\ 191\ 371AT\times CT\times N+12\ 261CT^3$。

因为月球轨道的形状还不清楚，我们设地球是静止的，又设地球位于椭圆$DBCA$的中心，且长轴DC位于方照点之间，短轴AB位于朔望点之间。但是由于该椭圆的平面以角运动绕地球运转，则我们现在要求的轨道就不应在有这种运动的平面上掠过。我们应去考虑月球运转在该平面上所掠过的轨道形状，那就是说，我们应这样去求在椭圆的Cpa上任意一点p的：设P表示月球，作Tp与TP等长，且使得角PTp等于太阳最后一个方照点C以后的视在运动；或者（等价地）使得角CTp比上角CTD等于月球的会合运动周期比上运动周期等于29天12小时44分比27天7小时43分。所以，我们取角Cta与角CTA的比值等于该比值，且取Ta与TA等长，这样我们就可以得出a为轨道Cpa的下回归点，而C为上回归点。但是由计算得出在天顶a处的轨道Cpa的曲率与以T为圆心，TA为半径的圆的曲率之差，比上在天顶A处的椭圆的曲率与该圆的曲率之差，等于角CTP与角CTp之比的平方；且椭圆在A处的曲率与圆的曲率之比为TA比TC之比的平方；该圆的曲率与以T为圆心，以TC为半径的圆的曲率之比为TC比TA；但最后一个圆与椭圆在C处的曲率之差为TA比TC的平方；且椭圆在天顶C处的曲率与最后一个圆的曲率之差，正比于图形Cpa在天顶C处的曲率与同一个圆的曲率之差，为角CTp与角CTP之比的平方；所有这些比例都能从相切角的正弦以及那些角之间的差的正弦中很容易地推导出。但是把那些比例相互一起比较，我们可得知图形Cpa在a处的曲率与其在C处的曲率之比为$AT^3-\frac{16\ 824}{100\ 000}CT^2\times AT$比$CT^3+\frac{16\ 824}{100\ 000}AT^2\times CT$；这里$\frac{16\ 824}{100\ 000}$表示角$CTP$与角$CTp$的平方之差除以较小的角$CTP$的平方；或表示（等价地）时间27天7小时43分和29天12小时44分之平方差除以时间27天7小时43分的平方。

由于a表示月球的朔望点，而C为方照点，现在发现上述比例必须和上面求出的月球在朔望点的曲率与其在方照点的曲率之比的比值相等。因此，为了求出CT比AT的比值，让外项与中项相乘，再用得出的项除以$AT\times CT$，就可得$2\ 067.79CT^4-2\ 151\ 969N\times CT^3+368\ 676N\times AT\times CT^2+36\ 342AT^2\times CT^2-362\ 047N\times AT^2\times CT+2\ 191\ 371N\times AT^3+4\ 051.4AT^4=0$。现在如果我们设$AT$和$CT$之和的一半为1，且$x$为它们之差的一半，所以$CT$就会等于$1+x$，$AT$则会为$1-x$。然后把这些结果代入等式中，解出$x=0.007\ 19$；因此半径$CT=1.007\ 19$，而$AT=0.992\ 81$，它们之间的比约为$70\frac{1}{24}$比$69\frac{1}{24}$。所以月球在朔望点与在方照点时到地球的距离之比为$69\frac{1}{24}$比$70\frac{1}{24}$，或者整数比为69比70。

命题 29　问题 10

求月球的变差。

这种不相等性部分是由于月球轨道是呈椭圆形造成的，部分是由于月球伸向地球的半径所掠过的面积的变化率的不相等性而引起的。如果月球P绕静止在椭圆$DBCA$中心的地球运转，且其半径TP伸向地球所掠过的面积CTP正比于掠过的时间；且椭圆的最长半径CT与最短半径TA之比为70比69；则角CTP的正切与从方照点C处算起的平均运动角的正切之比就会等于椭圆的半径TA与半径TC之比，或等于69比70。但是掠过的面积CTP应该随着月球从方照点移向朔望点，以这种方式加速，使月球在朔望点的与其在方照点的面积变化率之比为11 073比10 973；而且在任意中间点P的变化率超出在方照点的变化率正比于角CTP的正弦的平方；如果角CTP的正切以10 973与11 073比值的平方根来减少，即以正比6 868 777比69的比值减少，则可以足够精确地求出它。因此，角CTP的正切与平均运动角的正弦之比就会等于68.6 877比70；角CTP在平均运动角为45°的八分点处会等于44°27′28″，用平均运动角45°减去该度数，就得到最大变差32′32″。这样，如果月球从方照点到朔望点则只掠过90°的角CTP。但由于地球运动造成太阳的视在移动，这样月球在追上太阳之前掠过的角CTa大于直角，其与直角的比等于月球运转的会合周期与其自转周期之比，即等于29天12小时44分比27天7小时43分。由此所有以T为顶点的圆心角也以相同比例增大；这样本应为32′32″的最大变差，现在也以相同比例增大到35′10″。

这就是在太阳到地球的平均距离上月球的变差，忽略掉可能由轨道曲率所引起的差异，以及太阳在月球呈凹面和新月时比在月球呈凸面和满月时的作用力更强。在太阳到地球的其他距离中，最大变差都正比于月球运转会合周期（一年的时间是给定的）的平方，且反比于太阳到地球距离的立方。如果太阳的偏心率比上轨道的横向半径为$16\frac{15}{16}$比1 000，则太阳在远地点的最大变差为33′14″，而在其近地点为37′11″。

至此，我们已经了解到一个无偏心的轨道的变差，其中月球在八分点到地球的距离就等于其到地球的平均距离，如果由于月球轨道的偏心率，月球到地球的实际距离或多或少有些差异，由法则可知，其变差也时强时弱。但是我把变差的增减留给天文学家通过观测作出推算。

命题30　问题11

求月球在圆轨道交会点的小时运动。（如命题-图7）

令*S*表示太阳，*T*为地球，*P*为月球，*NPn*为月球轨道，*NPn*为轨道在黄道平面上的正投影；*N*、*n*为交点，*nTNm*为交点连线的不定延长线；*PI*、*PK*垂直于直线*ST*、*Qq*；*Pp*垂直于黄道平面；*A*、*B*为月球在黄道平面的朔望点；*AZ*垂直于交点连线*Nn*，*Q*、*q*为月球在黄道平面的方照点，*pK*垂直于方照点之间的连线*Qq*。太阳干扰月球运动的作用力（由命题25）是由两部分组成的，一部分正比于直线*LM*，另一部分正比于直线*MT*；月球以平行于地球于太阳的连

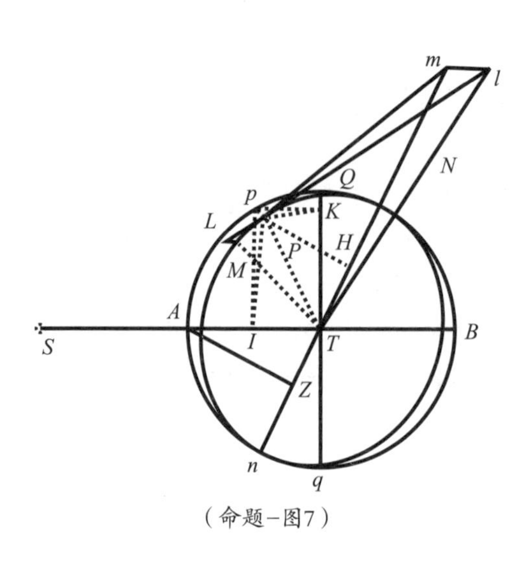

（命题-图7）

线ST的方向，受前一个力的作用被吸引向地球，受后一个力的作用被吸引向太阳。前一个力LM以月球轨道平面方向作用，所以对月球在轨道上的位置不产生影响，因此我们就把它忽略掉；而使月球轨道受影响的后一个力MT等于力$3PK$或$3IT$。该力（由命题25）比上使月球沿圆轨道绕静止的地球作匀速转动的周期运动的力，等于$3IT$比轨道半径与178 725的乘积，或等于IT比半径与59 575的乘积。但是在本计算中，以及以后的情况中我都把月球与太阳的所有连线看做是地球与太阳连线的平行线；因为此处的倾斜使在一些情况下减少的作用和另一些情况中增加的作用几乎相当；我们现在是在研究交会点的平均运动，应该忽略掉那些无意义，而又只会使计算更复杂的细节。

现在设PM表示在最短时间间隔里月球所掠过的弧，ML是一小段线段，由先前所说的力$3IT$的作用下，月球可以在相同时间里掠过它的一半；延长PL、MP使之与黄道平面相交得到m、l，然后作PH垂直于Tm。现在，因为直线ML与黄道平面平行，所以ML永远不能和该平面上的直线ml相交，而又因为这两条直线都在同一个平面$LMPml$上，所以它们也是平行的，由此，三角形LMP、lmp相似。由于MPm在轨道平面上，在该平面内当月球在P点运动运动时，点m就会落在轨道交点N、n的连线上。因为产生这一小段LM的一半的力，如果整个一起同时作用于P点，则就会产生整条线段，且使得月球在以LP为弦的弧上运动；也就是，使月球从平面$MPmT$转移到平面$LPlT$；所以该力产生的交会点角运动就会等于角mTl。但是ml比mP等于ML比MP；而因为时间是给定的，所以MP也是给定的，因此ml正比于乘积$ML \times mP$，即，正比于乘积$IT \times mP$。如果Tml是直角，则角mTl就会正比于$\frac{ml}{Tm}$，所以正比于$\frac{IT \times Pm}{Tm}$，即（因为Tm和mP，TP和PH是成正比的）正比于$\frac{IT \times PH}{TP}$；且因为TP是给定的，正比于$IT \times PH$。但是如果角Tml或角STN不是直角，则角mTl还要小，正比于角STN的正弦与半径之比，或正比于AZ比AT。所以交会点的速度正比于$IT \times PH \times AZ$，或者正比于角TPI、PTN和STN的正弦的乘积。

如果它们都是直角，就像交会点在方照点，月球在朔望点一样，则小线段ml就会转移到无限远的地方，且角mTl就会等于角mPl。但是在这一情况中，角mPl比在相同时间里月球绕地球的视在运动所形成的角PTM，等于1比59.575。因为角mPl等于角LPM，即等于月球偏离直线运动的角；如果月球的引力失去，则先前所说的太阳力$3IT$就会在给定时间里单独产生该角。角PTM等于月球偏离直线运动的角；如果太阳力$3IT$失去了，则月球所受的向心力就能在同样时间里单独产生该角。且两个力（就是前面所说的）相互之间的比值为1比59.575。因为月球的平均小时运动（相对于恒星而言）是$32^m56^s27^{th}12\frac{1}{2}^{iv}$，所以在这一情况中交会点的小时运动就会为$33^s10^{th}33^{iv}12^v$。但是在另一些情况中，小时运动比上$33^s10^{th}33^{iv}12^v$，就会等于$TPI$、$PTN$和$STN$这三个角的正弦（或者是月球到方照点的距离，月球到交会点的距离和交会点到太阳的距离）的乘积与半径的立方之比。随着任意角的正弦从正到负，又从负到正，逆行运动必须变为顺行运动，而顺行运动又变为逆行运动。因此当月球运行到任意方照点与方照点附近的交会点之间的位置上时，交会点就会是顺行的。在另外的情况中它们是逆行的，而又因为逆行会超过顺行，所以交会点逐月向逆行方向移动。（如命题–图8）

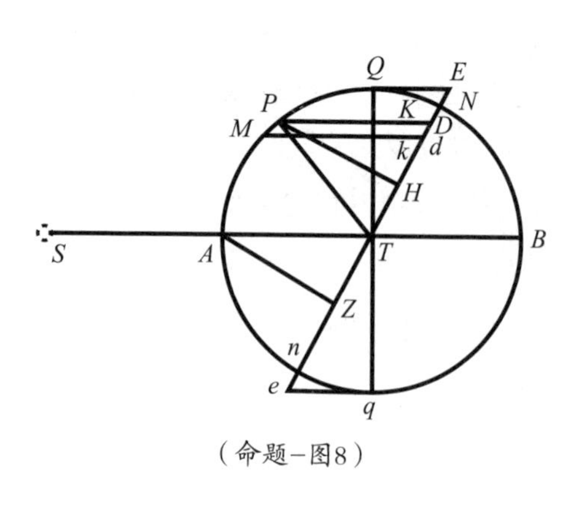

（命题–图8）

推论1　P、M是短弧PM的端点，如果向连接方照点的直线Qq上作垂线PK、Mk，且延长与交点连线Nn相交于D和d，则交会点的小时运动就会正比于面积$MPDd$与线段AZ平方的乘积。令PK、PH和AZ为先前所说的三个正弦，即PK为月球到方照点的距离的正弦，PH为月球到交会点的距离的正弦，而AZ为交会点到太阳距离的正弦；所以交会点的速度就会正比于$PK \times PH \times AZ$。但是由于PT比PK等于PM比Kk，又因为PT和PM是给定的，所以Kk正比于PK。类似地由于AT比PD等于AZ比PH，所以PH正比于乘积$PD \times AZ$；把这些比式相乘，得到$PK \times PH$正比于$Kk \times PD \times AZ$，$PK \times PH \times AZ$正比于$Kk \times PD \times AZ^2$，即正比于面积$PDdM$与AZ^2的乘积。

证明完毕。

推论2　在任意给定的交会点位置上，它们的平均小时运动是它们在月球朔望点的小时运动的一半；所以它们比$16^S 35^{th} 16^{iv} 36^v$，等于交点到朔望点的距离的正弦的平方与半径的平方之比，或是等于AZ^2比AT^2。因为如果月球以匀速掠过半圆QAq，则在月球从Q点运行到M点的时间里，面积$PDdM$的总和就会在到圆的切线QE处为止，构成面积$QMdE$；且在月球运行到n点时，该和就会构成由线PD掠过的面积$EQAn$：但是当月球从n点运行到q点时，直线PD会落在圆外，且在到圆的切线qe为止掠过面积nqe，而因为之前交会点是逆行的，现在变为顺行，所以该面积必须从前一个面积中减去，而因为该面积等于面积QEN，这样剩下的就等于半圆$NQAn$。所以当月球掠过一个半圆，所有面积的总和就会等于半圆的面积；而当月球掠过一个整圆，所有面积的总和就会等于整个圆的面积。但是当月球在朔望点时，面积$PDdM$为弧PM和半径PT的乘积；在月球掠过一个整圆的时间里，每一个与月球面积总和相等的面积，都会等于圆周长与圆半径的乘积；而在圆面积增大一倍时，该乘积也会增大为前一个面积总和的两倍。所以如果交会点继续以它们在月球朔望点的速度匀速运动，则它们就会掠过它们事实上掠过距离的两倍距离；这就可以得出，如果持续匀速运动会掠过的距离等于事实上不匀速的运动所掠过的距离，则该平均速度是月球在朔望点的速度的一半。当交会点在方照点时，它们的最大小时运动为$33^s10^{th}33^{iv}12^v$，由于它们的最大小时运动，在这种情况下它们的平均小时运动就会为$16^s35^{th}16^{iv}36^v$。由于在任意位置的交会点小时运动都正比于AZ^2与面积$PDdM$的乘积，所以在月球的朔望点，交会点的小时运动也正比于AZ^2与面积$PDdM$的乘积，即（因为在朔望点所掠过的面积是给定的）正比于AZ^2，所以平均运动也正比于AZ^2；这样得出，当交会点不在方照点时，该运动比$16^s35^{th}16^{iv}36^v$等于AZ^2比上AT^2。

证明完毕。

命题31　问题12

求月球交点在椭圆轨道上的小时运动。（如命题–图9）

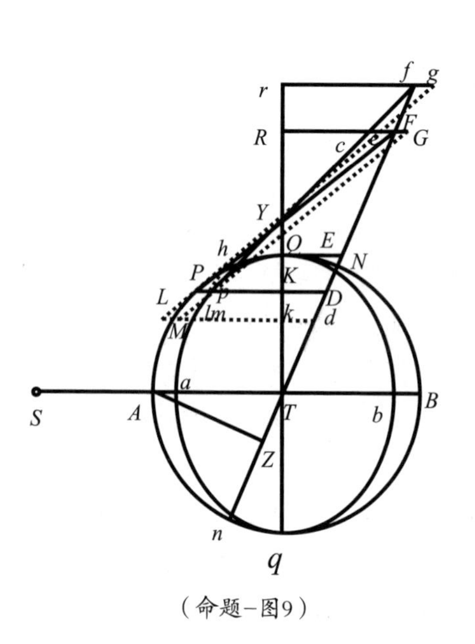

（命题–图9）

令$Qpmaq$表示绕长轴Qq和短轴ab旋转所形成的椭圆；$QAqB$为该椭圆的外切圆；T表示处于这两个圆共同中心的地球；S为太阳；p为在椭圆上运行的月球；pm为月球在最短时间间隔里掠过的弧；N和n是交会点，连线为Nn；pK和mk垂直于轴Qq，与圆相交于P和M，与交会点连线相交于D和d。如果月球伸向地球的半径掠过的面积正比于所掠过的时间，则在椭圆交会点处的小时运动就会正比于面积$pDdm$和AZ^2的乘积。

令PF与圆相交于P，延长PF与TN相交于F；令pf与椭圆相切于p，延长pf与TN相交于f，这两条切线同时与轴TQ相交于Y。令ML表示月球在绕轨道运行中掠过弧长PM的时间里，受前面所说的力$3IT$或$3PK$的作用而做的横向运动所掠过的距离；且ml表示月球在相同时间里，由同样的力$3IT$或$3PK$作用沿椭圆转动的距离；令LP和lp延长，直到它们与黄道平面相交于G和g，延长FG和fg，其中FG的延长线会分别与pf、pg和TQ相交于c、e和R；而fg的延长线会与TQ相交于r。因为作用在圆上的力$3IT$或$3PK$比作用在椭圆上的力$3IT$或$3pK$，等于PK比pK，或等于AT比aT，所以由前一个力所产生的距离ML比后一个力产生的距离ml，等于PK比pK；即，由于$PYKp$和三角形$FYRc$是相似图形，所以也等于FR比cR。但是（由于三角形PLM和PGF相似）ML比FG等于PL比PG，即（由于Lk、PK、GR平行），等于pl比pe，即（因为三角形plm、三角形cpe相似）等于lm比ce；且反比于LM比lm，或等于FR比cR，也等于FG比ce。所以如果fg比ce等于fY比cY，即等于fr比cR（即，等于fr比FR与FR比cR的乘积，即等于fT比FT与FG比ce的乘积），又因为除去两边的比例FG比ce，就剩下了fg比FG以及fT比FT，则fg比FG就会等于fT比FT；所以FG和fg和地球T所形成的角是相等的。但是这些角（由前一命题的证明得知）都是当月球掠过圆的弧PM以及椭圆的弧pm的交会点运动；所以交会点在圆和椭圆上的运动是相等的。由此，我可以说如果fg比ce等于fY比cY，即如果fg等于$\frac{Ce\times fY}{cY}$，就会是这种结果。但由于三角形fgp、三角形cep相似，fg比上ce等于fp比cp；所以fg等于$\frac{Ce\times fP}{Cp}$；由此可得，事实上由fg所形成的角比由FG所形成的前一个角，即在椭圆上交会点的运动比上在圆上交会点的运动，等于fg或$\frac{Ce \times fP}{Cp}$比前一个fg或$\frac{Ce \times fY}{cY}$，也就是等于$fp \times cY$比$fY \times cp$，或等于fP比fY，乘以cY比cp；即如果ph平行于TN且与FP相交于h，则等于Fh比FY，乘以FY比FP；即等于Fh比FP或Dp比DP，因此就等于面积$Dpmd$比面积$DPMd$。由于（由命题30推论1可知）后一个面积与AZ^2的乘积正比于圆中交会点的小时运动，所以前一个面积与AZ^2的乘积将会正比于椭圆中交会点的小时运动。

证明完毕。

推论 因为在任意给定的交点位置上，在月球从方照点运行到任意点m的时间里，所有面积$pDdm$的和等于以椭圆的切线QE为边界的面积$mpQEd$；且在一次完整的自转中，所有这些面积之和就等于整个椭圆的面积；在椭圆上的交会点的平均运动与圆上交会点的平均运动之比等于椭圆与圆的大小之比；即，等于Ta比TA，或69比70。由于（由命题30推论2）可知圆上交会点的平均小时运动比$16^s35^{th}16^{iv}36^v$等于AZ^2比AT^2，如果我们取角$16^s21^{th}3^{iv}30^v$与角$16^s35^{th}16^{iv}36^v$之比等于69比70，则椭圆上交会点的平均小时运动与$16^s21^{th}3^{iv}30^v$之比就会等于AZ^2比AT^2；即，等于交会点到太阳距离的正弦的平方比半径的平方。

但是月球伸向地球的半径，在朔望点掠过面积的速度大于其在方照点的速度。由此可以看出，在朔望点的用时减少了，而在方照点的用时增多了，所以把全部时间加起来，交会点的运动时间也会相应地增加或减少。但是，由于月球在方照点的面积变化率比其在朔望点的变化率等于10 973比11 073，所以月球在八分点的平均变化率比其超出在朔望点的那部分，以及比其少于在方照点的那部分，等于这两数字之和的一半与比之差的一半，即11 023比50。因为月球在其轨道的几个相等间隔部分的时间反比于其速度，所以月球在八分点的平均时间与其在方照点的超出的那部分的比值，与其比上在方照点少了的那一部分的比值，近似等于11 023比50。但是，我发现从方照点到朔望点的面积变化率之差，几乎正比于月球到方照点距离的正弦的平方；所以在任意点的变化率与在八分点的平均变化率之差，正比于月球到方照点的距离的正弦的平方，与45°正弦的平方之差，或是与半径的平方的一半之差；而在八分点和方照点之间几处的时间增量，与八分点和朔望点之间的时间减量有着相同比例。但是当月球掠过轨道上几个相等部分时，交会点的运动以正比于该掠过的时间而加速或减速，因为当月球掠过PM，该运动（等价的）正比于ML，而ML正比于时间的平方。因此在月球掠过轨道上给定的小段间隔的时间里，交会点在朔望点的运动以正比于11 073与11 023比值的平方减少；且减少量与剩下的运动之比等于100比10 973；但是减少量与整个运动之比近似为100比11 073。但是八分点和朔望点之间部分的减少量，与八分点和方照点之间部分的增加量比上该增量，比该减少量近似于在这些位置上的运动总量与在朔望点的运动总量的比值，乘以月球到方照点距离的正弦的平方和半径平方的一半之差与半径平方的一半的比值。因此，如果交会点在方照点，我们可以取两个点，一个在它的一边，一个在另一边，它们到八分点的距离相等，又以相同间隔到方照点和朔望点，将朔望点和八分点之间两处的运动减量减去八分点和方照点之间两处的运动增量，剩下的减量就等于在朔望点的减量，这由计算可以简单地证明；所以应从交会点的平均运动中减去的平均减量，等于在朔望点的减量的$\frac{1}{4}$。交会点在朔望点的总小时运动（当月球伸向地球的半径所掠过的面积正比于掠过的时间）为$32^{s}42^{th}7^{iv}$。且我们已经证明了在月球以最大速度运转相同距离时，交会点的运动减量比该运动等于100比11 073；所以该减量为$17^{th}43^{iv}11^{v}$。从上面求出的平均小时运动$16^{s}21^{th}3^{iv}30^{v}$中减去上述减量的$\frac{1}{4}$即$4^{th}25^{iv}48^{v}$，剩下的$16^{s}16^{th}37^{iv}42^{v}$就是它们的正确平均小时运动。

如果交会点不在方照点上，我们取两个点，一个在其的一边，一个在另一边，它们到朔望点的距离相等，当月球位于那些点时交会点运动的和，比上当月球位于相同位置而交会点在方照点时它们的运动之和，等于AZ^2比AT^2。由此产生的运动减量相互间之比等于运动本身，所以剩下的运动相互间的运动之比为AZ^2比AT^2；而平均运动也会正比于剩下的运动。所以任意交会点位置给定的情况下，它们的实际平均小时运动比$16^s16^{th}37^{iv}42^v$，正比于AZ^2比AT^2；即，正比于交会点到朔望点的距离的正弦的平方比半径的平方。

命题 32　问题 13

求月球交会点的平均运动。（如命题-图10）

年平均运动就是这一年中所有的平均小时运动之和。设交会点为N，且过了一小时，它又会退回到其原先的位置；因此，尽管它有运动，它还是恒定待在相对于恒星来说固定的位置上；与此同时，由地球的运动，太阳S看起来似乎是要离开交会点，而以均匀运动继续前行直到完成其视在年运动。令Aa表示以一给定的最短弧长；总是伸向太阳的直线TS，在圆NAn的范围内，在最短的给定时间间隔里掠过的就是该弧长；平均小时运动（由以上所证）就会正比于AZ^2，即（由于AZ正比于ZY）正比于$AZ\times ZY$，即正比于面积$AZYa$；从最初开始算起的所有平均小

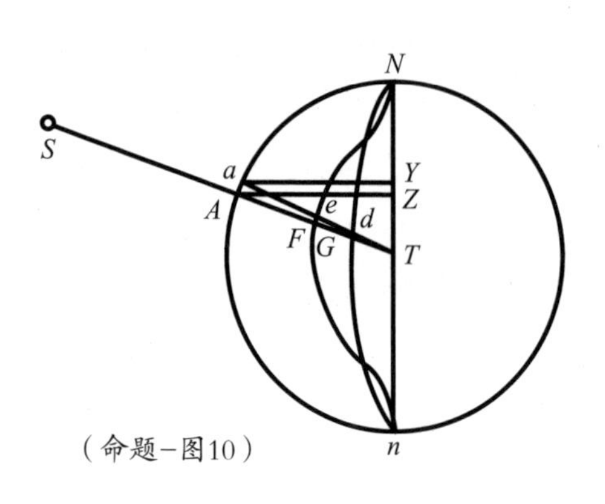

（命题-图10）

时运动之和就会正比于所有面积$aYZA$的和，即正比于面积NAZ。但是$AZYa$面积最大时等于弧Aa与圆半径的乘积；所以整个圆中所有这些乘积的和与所有这些最大乘积的和的比值，等于圆的整个面积比上圆周长与半径的乘积，即等于1比2。但由于该最大乘积相应的小时运动为$16^{s}16^{th}37^{iv}42^{v}$，而在一个完整的恒星年时间里，就是365天6时9分的时间里，该运动达到了39°38′7″50‴，所以其一半19°49′3″55‴就是圆所对应的交会点的平均运动。在太阳从N运行到A点的时间里，交会点的运动比上19°49′3″55‴，就等于面积NAZ比整个圆的面积。

如果交会点每小时退回到其原先所在位置，这一结论才会成立。因此，在完成一次自转运动后，太阳在每一年的年底就会重新出现在其年初所处的同一个交会点上。但由于与此同时交会点也在运动，所以太阳必定要提前与交会点相遇；现在我们该来计算缩短的时间。因为在一年的时间里，太阳行进了360°，而在相同时间里交会点最大运动39°38′7″50‴，或39.635 5°；任意位置N的交会点平均运动比上其在方照点的平均运动，等于AZ^2比AT^2；太阳运动与在N处的交会点运动之比就会为$360AT^2$比$39.635\ 5AZ^2$；即等于$9.082\ 764\ 6AT^2$比AZ^2。因此，如果我们设圆的周长NAn分成几个相等的小部分，比如Aa。如果圆是静止的，在太阳掠过这一小段弧Aa所用的时间，比上圆与交会点一起绕中心T掠过相同距离的时间，反比于$9.082\ 764\ 6AT^2$与$9.082\ 764\ 6AT^2+AZ^2$的比；由于掠过这一小段弧的时间反比于其速度，又因为该速度为太阳和交会点速度之和，所以，如果扇形NTA表示在没有交会点的运动下，太阳自身掠过弧NA的时间，以及无限小的扇形Ata表示太阳掠过最小弧Aa的时间；且（作aY垂直于Nn）如果我们取AZ上长度dZ，使dZ与ZY的乘积比上最小扇形ATa等于AZ^2比上$9.082\ 764\ 6AT^2+AZ^2$；那就是说，dZ比$\frac{1}{2}AZ$等于AT^2比$9.082\ 764\ 6AT^2+AZ^2$；那么dZ与ZY的乘积就会表示由于交会点的运动，掠过弧Aa所减少的时间；而如果曲线$NdGn$是点d的轨迹，则曲线所形成的面积NdZ就会正比于掠过整个弧长NA的时间流量；所以扇形NAT大于面积NdZ的部分就会正比于整个时间。但由于交点在更短时间里的运动与时间的比值更小，所以面积$AaYZ$必定也会以相同比例减小。这可以由以下方法求出：从AZ中取直线eZ，使eZ比AZ等于AZ^2比$9.082\ 764\ 6AT^2+AZ^2$；因为这样eZ与ZY的乘积比上面积$AZYa$就会等于掠过弧Aa的时间减量比上在交会点静止的情况下掠过的总时间；由此可知，乘积就会正比于交会点运动的时间减量。而如果曲线$NeFn$为点e的轨迹，则e点运动的减量之和，即面积NeZ就会正比于掠过弧AN的总时间流量；而剩下的面积NAe会正比于剩下的运动，而该运动就是，在太阳和交会点的联合运动所掠过弧NA的时间里，交会点的实际运动。现在由无穷级数的方法可以得出，半圆的面积比上图形$NeFn$的面积约等于793比60。但由于对应于或正比于圆的运动为19°49′3″55‴；所以对应于图形$NeFn$面积两倍的运动为1°29′58″2‴，前一个运动减去这一运动，剩下18°19′5″53‴，就是相对于恒星来说，这就是交会点在它与太阳的两个会合点之间的总运动；而从太阳的年运动360°中减去该运动，剩下341°40′54″7‴，就是在相同会合点之间太阳的运动。但是该运动比上年运动360°，等于刚刚我们求出的交会点运动18°19′5″53‴比上其年运动，由此得出19°18′1″23‴；而这就是交会点在恒星年中的平均运动。而在天文表中为19°21′21″50‴。这一差异小于总运动的$\frac{1}{300}$，看似是由月球轨道的偏心率和其倾斜于黄道平面而引起的。由于该轨道的偏心率，交会点的运动极大加速了；另一方面，由于轨道的倾斜，交点的运动或多或少地受到限制，减少到了其适当的速度。

命题33 问题14

求月球交会点的真实运动。（如命题-图11）

在正比于面积$NTA-NdZ$（在先前的图里）的时间里，由于该运动正比于面积NAe，所以是给定的。但由于计算太复杂，最好是用以下步骤来解决：以C为中心，以任意间距CD画圆$BEFD$；延长DC到A，以至AB比AC等于平均运动比上当交点在方照点时的一半真实平均运动（即等于19°18′1″23‴比19°49′3″55‴）所以BC比AC等于这些运动之差0°31′2″32‴与后一个运动19°49′3″55‴之比，即等于1比$38\frac{3}{10}$。然后通过D点作不定直线Gg，与圆相切于D点，而如果我们取角BCE或角BCF，等于太阳到交会点距离的两倍，而该距离可由平均运动求出。延长AE或AF与垂线相交于G，并取另一个角，其与交点在朔望点之间的总运动（即与9°11′3″）之比必须等于切线DG与圆BED的周长之比。而当交会点从方照点移动到朔望点时，我们在交会点的运动中加入这最后一个角（可以用角DAG表示），并在交会点由朔望点移动到方照点时，从它们的平均运动中减去该角，由此我们可以得到交会点的真实运动，因为求出的真实运动几乎等于我们在设时间正比于面积$NTA-NdZ$且交会点运动正比于面积NAe的情况下的真实运动，任何人如果验算就会得知，这就是交点运动的半月均差。但是这也有一个月均差，它对求月球纬度是不必要的，因为月球轨道相对于黄道平面的倾斜变差易受两个不相等作用的影响，一个是半月的，另一个是每月的，而该变差的月不相等性与交会点的月均差能够相互中和，所以在计算月球纬度时两个作用都可以忽略。

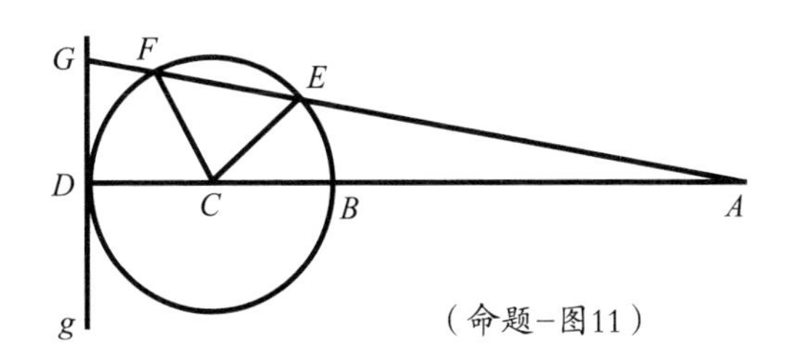

（命题-图11）

推论 由本命题和前一个命题可知，交会点在朔望点是静止的，而在方照点时是以每小时运动$16^{s}19^{th}26^{iv}$逆行，且在八分点的月球交会点均差为1°30′。所有这些都完全符合天文现象。

附　注

天文学家马金先生、格列山姆教授和亨利·彭伯顿博士相继用不同方法发现交会点的运动。本方法曾在其他地方论述过。他们的论文我都曾读过，每篇都包含两个命题，而且它们相互之间完全一致。我最先拿到马金先生的论文，所以我在这儿附上它（本书略）。

月球交会点的运动

命题34

太阳离开交点的平均运动，是由太阳平均运动与太阳在方照点、以最快速度远离交会点的平均运动的几何中项所决定的。（如图月球交会点的运动-图1）

令T为地球的位置，Nn为在任意给定时间里月球交会点的连线，KTM垂直于Nn，TA为绕球心旋转的直线，有着与太阳和交会点相互远离彼此的相同的角运动速度，以至静止直线Nn和旋转直线TA之间的角可以总是等于太阳到交会点的距离。现在如果把任意直线TK分成TS和SK，且那两部分之比会等于太阳的平均小时运动与在方照点的交会点平均小时运动之比，又取直线TH为TS和TK的比例中项，所以该直线正比于太阳远离交会点的平均运动。（如图月球交会点的运动-图1）以TK为半径，绕中心T画圆$NKnM$，而又以TH和TN为半轴，绕同样的中心画椭圆$NHnL$。在太阳沿着弧Na离开交会点的时间里，如果作直线Tba，让扇形NTa的面积为太阳和交会点在相同时间里运动之和。所以，令极小的弧aA为直

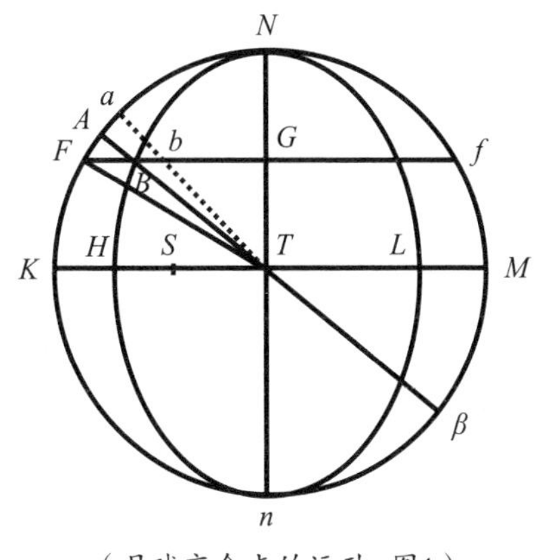

（月球交会点的运动-图1）

线Tba按上述规则在一给定时间里均匀旋转所掠过的弧，则该极小扇形TAa就会正比于在该时间里太阳和交会点向不同方向运动的速度之和。现在太阳的速度几乎是匀速的，其不相等性小得几乎不能在交会点的平均运动中，产生哪怕很小的不相等性。而和的另一部分，就是所谓的交会点速度的平均量，在离开朔望点的过程中以其到太阳距离的正弦的平方增大（由本编命题31的推论）。又当其位于方照点而太阳又位于K点时有最大值，其与太阳速度之比等于SK比TS，即等于TK和TH的平方差与TH^2之比，或$KH \times HM$与TH^2之比。但椭圆NBH把扇形Ata这两个速度之和，分成分别正比于速度的两个部分$ABba$和BTb。延长BT与圆相交于β，过B点做BG垂直于长轴，且BG向两边延长，分别与圆相交于点F和点f；又因为$ABba$与扇形TBb之比等于$AB \times B\beta$与BT^2之比（因为直线$A\beta$被T平均分割而被B不平均分割，所以该乘积等于TA与TB的平方差），所以当$ABba$在K点面积最大时，该比例等于KHM与HT^2的比。但是前面所述的交会点最大平均速度与太阳速度之比也等于该比值，所以在方照点时扇形ATa被分成正比于速度的各部分。又因为KHM与HT^2的乘积正比于FBf比BG^2，以及$AB \times B\beta$等于$FB \times Bf$，所以当$ABba$面积为最大时，其与剩余扇形TBb的比值等于$AB \times B\beta$与BG^2的比。但是因为这些小部分面积的比值总是等于$AB \times B\beta$与BT^2；所以当在A点时$ABba$，其面积要小于当其在方照点时的面积，这两个面积之比等于BG与BT比值的平方，即，等于太阳到交会点距离的正弦的平方之比。所以，所有这些小部分面积之和，也就是面积ABN，将会正比于在太阳离开交点掠过弧NA的时间里交会点的运动；而剩余的空间，也就是椭圆扇形NTB的面积就会正比于在相同时间里太阳的平均运动。又由于交会点的平均年运动也就是交会点在太阳完成一周期的运转里的运动，所以交会点离开太阳的平均运动与太阳本身的平均运动之比，等于圆与椭圆的面积之比；即，等于直线TK与TH之比；而TH是TK与TS的比例中项，等价地，也等于比例中项TH与直线TS的比值。

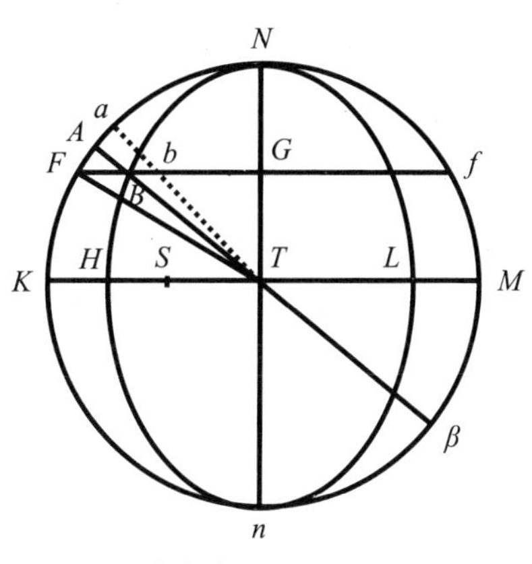

月球交会点的运动-图2

命题 35

已知月球交点的平均运动，求它们的真实运动。（如月球交会点的运动-图2）

令角A为太阳到交会点平均位置的距离，或为太阳离开交会点的平均运动。而如果我们取角B，其正切与角A的正切之比等于TH比TK，即，等于太阳的平均小时运动与太阳离开交会点的平均小时运动之比的平方根，则当交会点在方照点时，角B等于太阳到交会点真实的距离。因为由上一个命题的证明得知，连接FT，则角FTN会等于太阳到交会点平均位置的距离，而角ATN就会为太阳到交会点真实位置的距离，这两个角的正切相互之间之比为TK比TH。

推论　角FTA为月球交会点的均差；该角的正弦，其在八分点的最大值比半径等于KH比$TK+TH$。但该均差在任意位置A的正弦与最大正弦之比，等于角FTN与角ATN之和的正弦与半径之比；即，几乎等于太阳到交会点平均位置距离的两倍的正弦与半径之比。

附　注

如果交会点在方照点的平均小时运动为$16''16'''37^{iv}42^{v}$，即，在一恒星年里，为$39°38'7''50'''$，则TH比TK等于9.082 764 6与10.082 764 6之比的平方根，即等于18.652 476 1比19.652 476 1。所以TH比HK等于18.652 476 1比1，即，等于在一恒星年里太阳运动与交会点平均运动$19°18'1''23\frac{2}{3}'''$之比。

但如果在20个儒略年里，月球交会点的平均运动为386°50′16″，就正如通过天文观测由月球理论所推算出的结果，则交会点的平均运动在一恒星年里为19°20′31″58‴，且TH比HK等于360°比19°20′31″58‴，即等于18.612 14比1，由此交会点在方照点的平均小时运动为16″18‴48^{iv}。交会点在八分点的最大均差为1°29′57″。

命题36　问题15

求月球轨道相对于黄道平面的小时变差。（如月球交会点的运动-图3）

令A和a表示朔望点；Q和q为方照点；N和n为交会点；P为月球在其轨道上的位置；p为P点在黄道平面上的正投影；mTl为跟上述运动一样的交会点即时运动。如果过Tm我们作垂线PG，且连接pG并延长其与l相交于g，再连接Pg，则角PGp为当月球在P点时，月球轨道相对于黄道平面的倾角；而角Pgp为在一小段时间后的相同倾角；所以角GPg就为倾角的即时变差。但是该角GPg比上角GTg等于TG比PG的比值与Pp比PG比值的乘积。所以，如果我们设时间为一小时，则由于角GTg（由命题30）比上角33″10‴33^{iv}等于$IT\times PG\times AZ$比AT^3，而角GPg（或倾角的小时变差）比上角33″10‴33^{iv}等于$IT\times AZ\times TG\times \dfrac{Pp}{PG}$比$AT^3$。

证明完毕。

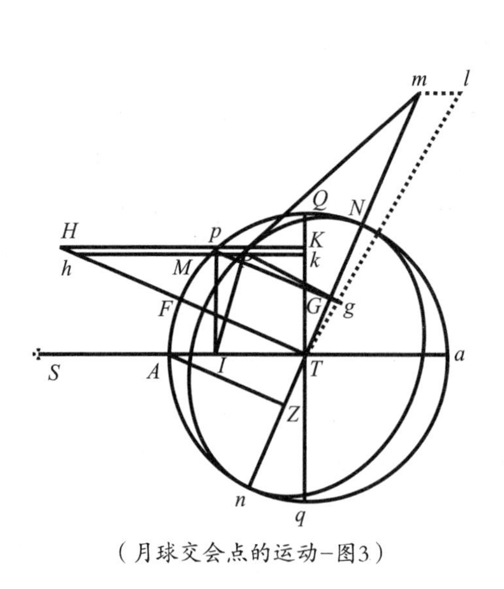

（月球交会点的运动-图3）

这些都是建立在假设月球在圆形轨道上匀速运转的基础上。但如果月球轨道是椭圆的，则交会点平均运动也会以正比于短轴与长轴之比减少，就像我们前面所述一样；且倾角的变差也会以相同比例减少。

推论1　在Nn上作垂线TF，且令pM为月球在黄道平面的小时运动；在QT上作垂线pK、Mk，并延长它们与TF相交于H和h；则IT比AT就会等于Kk比Mp；而TG比Hp等于TZ比AT；所以，$IT \times TG$就会等于$\frac{Kk \times Hp \times TZ}{Mp}$，即等于面积$HpMh$乘以$\frac{TZ}{MP}$，所以倾角的小时变差与$33''10''33^{iv}$之比，等于面积$HpMh$乘以$AZ \times \frac{TZ}{MP} \times \frac{Pp}{PG}$与$AT^3$的比值。

推论2　如果地球和交会点每小时从它们的新位置迅速退回到它们的老位置，以至它们的位置在整个周期月里都是已知的，则在该月里倾角的变差为$33''10''33^{iv}$，等于在p点的一次旋转所产生的时间里（考虑它们的适当符号+或−的总计），所产生的所有面积$HpMh$之和，与$AZ \times TZ \times \frac{Pp}{PG}$与$Mp \times AT^3$的比值的乘积；即，等于周长$QAqa$乘以$AZ \times TZ \times \frac{Pp}{PG}$与$2Mp \times AT^2$的比值。

推论3　在交会点的给定位置上，如果在一整月里都匀速运动而产生的月变差的平均小时变差比$33''10'''33^{iv}$，等于$AZ \times TZ \times \frac{Pp}{PG}$比$2AT^2$，或等于$Pp \times \frac{AZ \times TZ}{\frac{1}{3}AT}$比$PG \times 4AT$；即（因为$Pp$比$PG$等于上述倾角的正弦比半径，而$\frac{AZ \times TZ}{\frac{1}{2}AT}$比$4AT$等于两倍角$ATn$比四倍半径），等于相同的倾角的正弦乘以交会点到太阳距离的两倍的正弦比上半径平方的四倍。

推论4　由于交点在方照点时，倾角的小时变差比上角$33''10'''33^{iv}$，等于$IT \times AZ \times TG \times \frac{Pp}{PG}$比$AT^3$，即等于$\frac{IT \times TG}{\frac{1}{2}AT} \times \frac{Pp}{PG}$比$2AT$，即等于月球到

方照点距离两倍的正弦与$\frac{Pp}{PG}$的乘积比上半径的两倍，在交点的这个位置上，在月球从方照点到朔望点的时间里$\left(\text{即，在}177\frac{1}{6}\text{小时里}\right)$，所有小时变差之和比上一样多的角33″10‴33^{iv}之和或5 878″，等于太阳到方照点所有两倍距离的正弦的和与$\frac{Pp}{PG}$的乘积比上一样多的直径之和，即，等于直径与$\frac{Pp}{PG}$的乘积比上周长，即，当倾角为5°1′时，等于$7\times\frac{874}{10\ 000}$比上22，或等于278比10 000。所以，在上述时间里由所有小时变差组成的总变差为163″或2′43″。

命题37　问题16

求在一给定时间里，月球轨道相对于黄道平面的倾角。（如月球交会点的运动–图4）

令AD为最大倾角的正弦，AB为最小倾角的正弦。C把BD平分成两截；以C为圆心，BC为半径，画圆BGD。在AC上取CE比EB等于EB比两倍BA。如果在给定时间里我们设角AEG等于交点到方照点距离的两倍，在AD上作垂线GH，则AH就会为所要求的倾角的正弦。

因为GE^2等于$GH^2+HE^2=BH\times HD+HE^2=HB\times BD+HE^2-BH^2=HB\times BD+BE^2-2BH\times BE=BE^2+2EC\times BH=2EC\times AB+2EC\times BH=2EC\times AH$；因此，由于$2EC$是给定的，$GE^2$就会正比于$AH$。现令$AEg$

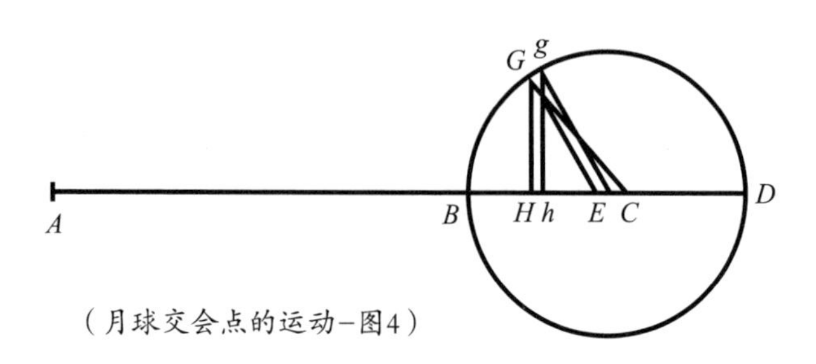

（月球交会点的运动–图4）

表示交点到方照点距离的两倍，则在给定时间间隔里，由于角GEg是给定的，弧Gg就会正比于距离GE。但由于Hh比Gg等于GH比GC，所以Hh正比于$GH\times Gg$或$GH\times GE$，即正比于$\frac{GH}{GE}\times GE^2$，即正比于$\frac{GH}{GE}\times AH$，即正比于AH与角AEG的正弦的乘积。如果在任意一个情况下AH都是倾角的正弦，则由前一个命题的推论3得知，其将以与倾角正弦相同的增量增大，所以会以一直与该正弦相等。当点G落在点B或点D上的时候，AH与该正弦相等，所以就会一直与该正弦相等。

证明完毕。

因为我不能转而去论证每秒钟的不相等性，所以在该证明中我未令表示交会点到方照点两倍距离的角BEG均匀增大。现令BEG为直角，而Gg为交会点到太阳距离的两倍的小时增量；而后由前一个命题推论3得知，在相同情况下倾角的小时变差会比上33″10‴33^{iv}，等于倾角的正弦AH与为两倍交点到太阳距离的直角BEG的正弦之积，比上半径平方的四倍；即，等于平均倾角的正弦AH与四倍半径之比；即（由于平均倾角约为5°$8\frac{1}{2}$′）等于其正弦896比四倍半径40 000，或等于224比10 000。但是相对于BD的总变差（即正弦之差）与小时变差之比等于直径BD与弧Gg的比值，即等于直径BD与半周长BGD的比值与交会点从方照点运行到朔望点的时间2 079$\frac{7}{10}$比1小时，即等于7与11的比值与2 079$\frac{7}{10}$与1的比值之积。因此，综合所有这些比式，我们可以得到总变差BD比33″10‴33^{iv}，等于$224\times7\times2\ 079\frac{7}{10}$比110 000，即，等于29 645比1 000，由此可得变差BD为16′23$\frac{1}{2}$″。

这就是不计月球在其轨道上位置的倾角的最大变差；因为如果交会点在朔望点上，则倾角不受月球位置变化的影响。但如果交会点位于方照点，当月球位于朔望点时的倾角比其在方照点时要小2′43″，就正如我们在前一个命题的推论4里所论述的一样；而当月球在方照点时，总平均变差BD就会减少1′21$\frac{1}{2}$″，也就是减少上述差的一半，最后为15′2″；同样当月球位于朔望点时也会增加该数值，成为17′45″。如果月球位于朔望点，交会点在从方照点移向朔望点的过程中的总变差为17′45″，所以，如果当交会点位于朔望点时其倾角为5°17′20″，则当交会点位于方照点而月球位于朔望点时倾角为4°59′35″。这些都是通过观测验证过的真实数据。

现在，如果当月球在朔望点，而交会点位于它们和方照点之间的任意位置上，要求轨道的倾角，则要令AB比AD等于4°59′35″的正弦与5°17′20″的正弦之比，并取角AEG等于交点到方照点距离的两倍，则AH就是要求的倾角的正弦。当月球与交点有90°远的距离时，该轨道倾角与该倾角的正弦是相等的。而在月球的其他位置上，由倾角的变差所带来的每月不相等性，在计算月球黄纬时得到平衡，且可以通过交会点运动的每月不相等性（就如我们在前面所说的）予以消除，在计算月球黄纬时将其忽略。

附　注

通过对这些月球运动的计算，我希望可以证明通过引力原理由月球的物理运动推测出月球的运动。由相同理论，我还进一步发现由太阳运动所引起的月球轨道扩大而产生的月球运动的年均差（由第1编命题66推论6）。该太阳作用力在近地点时大，使月球轨道扩大；而在远地点时小，使得轨道又缩小。月球在扩大轨道上运动得较慢，而在缩小的轨道上较快；在这种不相等性中得到调节的年均差，在远地点和近地点都完全消失了。在太阳到地球的平均距离里，它约为11′50″；在到太阳的其他正比于太阳中心的均差距离里，当地球从远日点移向近日点的过程中，它要加入到月球平均运动中，而当地球运动在另一半轨道上时，则要将其从月球平均运动中减去。取最大轨道半径为1 000，$16\frac{7}{8}$为地球偏心率，则当均差为最大值时，由引力原理得出均差为11′49″。但地球偏心率似乎还要大些，这样，均差也会以相同比例增大。设偏心率为$16\frac{11}{12}$，则最大均差为11′51″。

另外，我发现由于太阳作用力在地球的近日点要强些，所以月球的远地点和交会点的运动比地球在远日点运动得快些，其反比于地球到太阳距离的立方；由此产生出那些正比于太阳中心均差的运动年均差。现在太阳运动反比于地球到太阳距离的平方，对应于前面所说的太阳偏心率$16\frac{11}{12}$，这种不相等性产生的最大均差为1°56′20″。但如果太阳运动反比于距离的立方，则这种不相等性就会产生的最大均差为2°54′30″；所以月球远地点和交会点不相等的运动事实上产生的最大均差比上2°54′30″，等于月球远地点的平均日运动和交会点的平均日运动比上太阳的平均日运动。由此可知，远地点平均运动的最大均差为19′43″，而交点平均运动的最大均差为9′24″。当地球从其近日点运行到远日点时，前一个均差会增加，而后一个均差会减小，但当地球运行在轨道的另一边时情况正好相反。

根据引力原理，我又发现当月球轨道的横向直径横穿太阳时，太阳作用在月球上的作用力大于当月球轨道的横向直径垂直于地球和太阳连线时的作用力，所以月球轨道在前一种情形中要大于后一种情形。由此产生的月球平均运动的均差，取决于月球的远地点相对于太阳的位置，而该均差在当月球的远地点在太阳的八分点时最大，当远地点到达方照点或朔望点时为零；当月球远地点由太阳的方照点移向朔望点时，该均差叠加在平均运动上，而当远地点由朔望点移向方照点时，则应从中减去。我称这种均差为半年均差，当其在远地点的八分点时达到最大，就我对其现象的收集分析，其约为3′45″，这就是其在太阳到地球平均距离上的量值。但由于它以反比于到太阳距离的立方而增大或减小，所以当距离最大时约为3′34″，而在距离最小时约为3′56″。但当月球的远地点不在八分点上时，其变得较小，其与其的最大值之比等于月球远地点到最近的朔望点或方照点的距离的两倍的正弦与半径之比。

同理，太阳作用于月球上的作用力在当月球的交会点连线穿过太阳时，要略大于当月球的交会点连线与太阳和地球的连线成90°角时；由此产生的另一个月球平均运动的均差，我把它称作第二半年均差；当交会点在太阳八分点时最大，在朔望点或方照点时为零；然而当在交会点的另外一些位置上时，就正比于任意一个交会点到最近的朔望点或方照点的距离的两倍的正弦。如果太阳位于离它最近的交会点之后，则把它加入月球的平均运动中，而当太阳位于之前时，就把它从中减去；在有着最大值的八分点上，在太阳到地球的平均距离里，它达到了47″，就如我用引力理论所推算出的一样。在到太阳的其他距离上，在交会点位于八分点达到最大的均差，反比于太阳到地球距离的立方；所以在太阳的近地点上约为49″，而在远地点时约为45″。（如月球交会点的运动-图5）

同理，当月球的远地点位于与太阳的会合点或相对处时，其以最大速度顺行，但在它相对于太阳在方照点时，其会逆行；由第1编命题66推论7、8和9得知，在前一种情况中，偏心率达到其最大量，而在后一种情况中最小。且由我们所提到上述推论中得知，那些不相等性差异很大，并产生出我称之为远地点半年均差

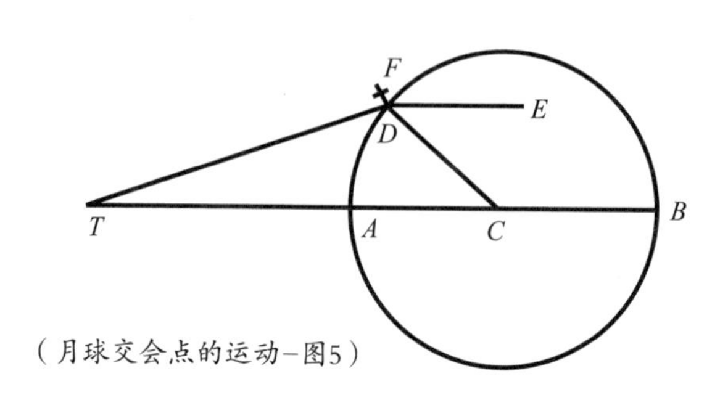

（月球交会点的运动-图5）

的原理；该半年均差在其最大量时达到约12°18′，这是根据我搜集的天文观测数据所推算出的结果。英国人霍罗克斯第一个提出月球是在以地球为下焦点的椭圆轨道上运行的理论。哈雷博士改进了这一观点，他提出椭圆的中心在一个中心绕地球均匀旋转的本轮上；由于该本轮上的运动，产生了前面提到的那个不相等性在远地点顺行或逆行，以及偏心率不相等性。设月球到地球的平均距离被分成100 000个等份，且令T表示地球，TC为有着5 505份该部分的月球平均偏心率。延长TC到B，使得最大半年均差12°18′的正弦与半径TC的比值正比于CB；圆BDA是以C为中心，CB为半径所掠过的圆，也就是前面提到的本轮，月球轨道也位于其中，其以字母BDA的顺序运转。作角BCD等于年角差的两倍，或是等于太阳真实位置到月球远地点第一次校正位置的距离的两倍，CTD则会为月球远地点的半年均差，而TD为其轨道的偏心率，其指向现在已二次校正的远地点的位置。但由于月球的平均运动，其远地点的位置、偏心率，以及其轨道长轴为200 000都是已知的，则可由这些数据，通过普遍已知的方法求出月球在其轨道上的实际位置，以及其到地球的距离。

在地球的近日点，那里太阳的作用力最大，所以月球轨道的中心绕中心C的运转速度要快于在远日点的运转速度，而且该作用力反比于太阳到地球距离的立方。但由于太阳中心的均差是包括在年角差中的，所以月球轨道的中心在其本轮BDA上要运动得快一些，反比于太阳到地球距离的平方。所以，如果设其反比于到轨道中心D点的距离，则还会运动得更快一些，作直线DE，指向月球第一次校正的远地点，即，平行于TC。设角EDF等于前面所述的年角差减去月球远地点到太阳顺行近地点的距离之差；或等价地，取角CDF等于太阳的实际近点角在360°中的余角；令DF比DC正比于大的轨道偏心率的两倍比上太阳到地球的平均距离，以及太阳到月球的远地点的平均日运动比太阳到其本身远地点的平均日运动的乘积，即等于$33\frac{7}{8}$比1 000，与52′27″16‴比59′8″10‴的乘积，或等于3比100；设月球轨道的中心位于F点，以D为中心，以DF为半径绕本轮旋转，与此同时，点D沿圆$DABD$运转。因为由这种方法，月球轨道的中心以C为中心，以几乎正比于太阳到地球距离立方的速度，做某种曲线运动，就正如其应该做的那样。

计算该运动很复杂，但如果按照用近似法来算就会简单得多。如前文所述，设月球到地球的平均距离有100 000等份，偏心率TC有着5 505个等份，直线CB或CD占$1\ 172\frac{3}{4}$，而DF有$35\frac{1}{5}$等份；该线段在离地球TC处对着地球的张角是由于轨道中心从D点移动到F点产生的；延长直线DF一倍，在月球轨道的上焦点到地球的距离里，对着地球的张角等于前一个张角，后一个张角是由该上焦点的运动所产生的；但是在月球和地球的距离里，两倍直线$2DF$位于上焦点处，平行于第一条直线DF，且对着月球的张角，而该张角是由月球的运动而引起的，所以该角可以被称做月球中心的第二中心均差；而在月球到地球的平均距离上，该均差几乎正比于直线DF与点F到月球的连线所形成夹角的正弦，它最大时可以达到2′55″。但是直线DF与点F到月球连线所形成的夹角既可以用从月球的平均近点角中减去角EDF而得到，也可以用月球到太阳的距离加上月球远地点到太阳远地点的距离求得；而由于半径比该角的正弦已求得，即为2′25″比第二次中心均差：如果前面提到的和要小于半周长，就要加上；而如果大于，就减去。由于月球在其轨道上的位置已被校正过了，据此，即可求出日月球在其朔望点的黄纬。

高35或40英里的地球大气层能折射太阳光。该折射散射了太阳光并把它射入了地球阴影中；而这种散射的光在阴影附近时会扩大阴影范围；因此，由视差所引起的扩大的阴影，我在月食时间里增加了1分或1分30秒。

但月球的原理应用天文观测数据来检查和验证，首先是在朔望点，而后是方照点，最后是所有的八分点；任何愿意做这一事情的人都能发现，格林尼治皇家天文台在旧历1700年12月的最后一天的下午，假设太阳和月球的如下平均运动是正确的：太阳的平均运动为♑22°43′30″，其远地点为♋7°44′30″；月球的平均运动为♒15°21′00″，其远地点为♐8°20′00″，其上升交会点为☊27°24′20″；而格林尼治天文台和巴黎皇家天文台的子午线差为9′20″，但月球和其远地点的平均运动还没有足够的精确的数据。

命题38　问题17

求太阳引起海洋运动的作用力。

在月球的方照点上的，太阳干扰月球运动的作用力ML或PT（由命题25可知），与地表重力之比等于1比638 092.6；而在月球朔望点上的力$TM-LM$或$2PK$是在方照点的力的两倍。但在地球表面这些力以正比于其到地球中心的距离而减小，即以$60\frac{1}{2}$比1的比例；所以在地球表面的前一个力比引力等于1比38 604 600；该力使海水在离太阳90°的地方受到抑制。但受另一个两倍于该力的力，海水不仅在正对太阳的位置可以涨起，而且在正背太阳的位置也可以涨起；这两力之和比引力等于1比12 868 200。又因为同样的力引起了相同的运动，不管是在距太阳90°的地方受到的抑制海水的力，还是在正对以及正背于太阳的地方受到的涨起的力，前面所说的力之和就为太阳干扰海水运动的总力，而且会产生把全部力用于在正对和正背于太阳处使海水涨起的相等作用，但在距太阳90°的地方一点也不起作用。

这就是太阳在给定位置上干扰海水运动的力，在既垂直于太阳又同时位于地球到太阳的平均距离上。在太阳的另一些位置上，这个引起海水涨起的力正比于其正对于地平线的两倍高度的正矢，反比于到地球距离的立方。

推论　由于地球各部分的离心力是由地球的自转运动所引起的，该力比引力等于1比289，在赤道处引起的海潮要比在两极处的高出85 472巴黎尺，就如在命题19中所证明的那样，太阳作用力比引力等于1比12 868 200，所以其与离心力之比等于289比12 868 200或等于1比44 527，因为该尺度比85 472尺等于1比44 527，所以其在正对和正背于太阳的地方引起的海潮要比在距太阳90°地方所引起的仅高出1巴黎尺又$113\frac{1}{30}$寸。

命题39　问题18

求月球引起海水运动的作用力。

月球引起海水运动的作用力可以由它与太阳作用力的比值求出，该比例可由受这些力产生的海水运动得出。在布里斯托尔下游三英里的阿文河口前的涨潮，在春秋季的日月朔望点时（由塞缪尔·斯托米尔的观测），达到约45英尺高度，而在方照点时只有25英尺。前一个高度是由前面所说的力之和所引起的，后者是由它们之差所引起的，所以，设S和L分别表示当太阳和月球在赤道，且处于到地球的平均距离上的作用力，则我们可以得到$L+S$比$L-S$等于45比25，或等于9比5。

在普利茅斯（由塞缪尔·克里普莱斯的观测）海潮的平均高度达到了16英尺，而在春秋季的朔望点时的高度与方照点时的高度之差为7或8英尺。设那些高度的最大差值为9英尺，所以$L+S$比$L-S$等于$20\frac{1}{2}$比$11\frac{1}{2}$，或等于41比23，这一比值与前一个相符。但由于布里斯托尔的海潮很高，我更偏向用斯托米尔的观测数据；所以，我认定比值为9比5，直到我们找到更确信的数据。

由于水的往复运动，最大海潮不会在日月的朔望发生，但就像我在之前所说的那样，它会发生在朔望之后的第三次潮；或（从朔望开始算起）在朔望点之后月球第三次到达当地子午线之后；也可以说（正如斯托米尔德观测），是新月或满月之后的第三天，也几乎是新月或满月之后的第十二个小时，因而落潮发生在新月或满月后的第四十三小时。但在这个港口，潮水在月球到达当地子午线后的第七个小时退下去；所以在月球距太阳或是其方照点提前约18或19度时，最大潮紧接着月球到达当地子午线。因此，在冬夏的二至时刻并不会产生高潮，而发生在当太阳位于至点后，超出约总轨迹的十分之一时，即约为36或37度时。类似地，最大潮产生于月球到达当地子午线之后，当月球超过太阳或其方照点，由约为产生一个最大海潮到紧接着的一个最大海潮的总运动的十分之一运动时引起。设距离约为$18\frac{1}{2}$度，则在月球到朔望点和方照点的距离里，该太阳作用力会比在朔望点和方照点使海水运动增大或减小的力要小，这两个力之比等于半径比两倍距离的余弦，或是等于比37度角的余弦；即，等于10 000 000比7 986 355；所以在前一个比例中，S的位置我们必须用0.798 635 5S来替代。

遥望宇宙　雕版画　17世纪

宇宙不是一片空无，其中布满星星，宇宙里也有气体和尘埃形成的云。五十多亿年以前，在这些巨大的宇宙云当中，形成了太阳和周围的行星，包括地球。人类世界也因此形成。图为中世纪的天文学家在用天文望远镜观察宇宙。

此外，由于月球在方照点时向赤道倾斜，所以月球作用力也会减小；因为月球在这些方照点上，更甚是过方照点$18\frac{1}{2}$度处，向赤道倾斜约23°13′；则日月引起海水运动的作用力随着其向赤道的倾角的减小，以正比于倾角余弦的平方而减少；所以月球在方照点的作用力仅有0.857 0327L；由此我们得出$L+0.798\ 635\ 5S$比$0.857\ 032\ 7L-0.798\ 635\ 5S$等于9比5 。

进一步说，如果不考虑偏心率，则月球轨道的直径之比等于69比70；所以如果其他条件不变，月球在朔望点上到地球的距离与其在方照点上的距离之比等于69比70；而当月球过朔望点$18\frac{1}{2}$度时，会产生最大海潮，它过方照点$18\frac{1}{2}$度产生最小海潮时，其到地球的距离比平均距离等于69.098 747和69.897 345比$69\frac{1}{2}$。由于月球引起海水运动的力反比于其距离的立方；所以其作用力在最大和最小距离里，分别与平均距离之比等于0.983 042 7比1和1.017 522比1。由此我们可以得到$1.017\ 522L\times0.798\ 635\ 5S$比$0.983\ 042\ 7\times0.857\ 032\ 7L-0.798\ 635\ 5S$等于9比5；以及$S$比$L$等于1比4.481 5。因为太阳的作用力比引力等于1比12 868 200，所以月球作用力比引力等于1比2 871 400。

推论1 由于太阳作用引起海水涨到1英尺$11\frac{1}{30}$英寸，而月球作用可以使海水涨到8英尺$7\frac{5}{22}$英寸；所以这两个力之和可以使海水涨到$10\frac{1}{2}$英尺；而当月球在其近地点作用的高度为$12\frac{1}{2}$英尺，特别是当风向顺着涨潮方向时，高度还会更高。这时的作用力完全可以引起各种海洋运动，这是与那些运动的比例相符的；因为在那些深邃而又开阔的海洋里，就像在太平洋里，以及位于回归线以外的大西洋和埃塞俄比亚海上水域里，潮水通常可以涨到6、9、12或15英尺。因为要使潮水完全涨起来，至少需要该海域东西横跨90度。而由于太平洋广阔而深邃，潮水要高过在大西洋或是埃塞俄比亚海的海面；而在埃塞俄比亚海，因为其位于非洲和南美洲之间，海面很狭窄，所以其在回归线以内的水域引起的海潮要小于在温带地区引起的海潮。在开阔海域，如果不是与此同时东西两岸同时落潮，中间海水就不会涨潮，尽管这样，在狭长的水域里，也会要两岸潮水的交替涨落才能引起中间海水的涨落；由此可知，通常在那些离大陆很远的海岛上只有很小的海水涨落。相反，在那些海水交替灌进灌出的海湾港口里，由于海水受极大的压迫力被推进推出狭长的海峡，所以涨潮和退潮必定比平常地方的大；就像在英格兰的普利茅斯和切斯托·布里奇，在诺曼底的圣米歇尔山和阿弗朗什镇，在东印度群岛的坎贝和勃固，这些地方海水进出很急，有时岸上涨起很高的潮水，有时潮水又退出好几英里。这种使海水流进流出的力可以使海水涨落30~50英尺。同样的道理可以解释又长又浅的水道或是海峡的情况，就像麦哲伦海峡以及英格兰周围的浅滩的情况一样。在这种港口或是海峡里，潮水受流进流出的海水的推动力，使海潮得到极大增强。而在那些面朝深邃开阔海洋并有着陡峭悬崖的海岸，在这儿海水可以在没有水流进流出的推动下自由地涨落，潮水的大小正比于日月作用力。

天文学成为时尚 佚名 油画17世纪

17世纪，研究天空的美丽和有序已在受教育的人群中成为一种时尚，他们对如此美丽有序的天空感到惊讶。

推论2　由于月球使海水运动的作用力比引力等于1比2 871 400，所以很明显该力在静力学和流体静力学，甚至是在摆动实验中还远远不能产生明显影响。只有在潮水中该力才能产生明显的影响。

推论3　由于月球使海水运动的作用力比太阳作用力等于4.481 5比1，且那些力（由第1编命题66推论14可知）正比于太阳和月球球体密度与它们视在直径立方的乘积，所以月球密度与太阳密度之比等于4.481 5比1，反比于月球直径的立方比太阳直径的立方；即等于4 891比1 000（由于月球和太阳的平均视在直径为$31'16\frac{1}{2}''$和$32'12''$）。但由于太阳与地球密度之比为1 000比4 000；所以月球与地球密度之比为4 891比4 000，或等于11比9。所以月球球体比地球的密度更大更实，而且上面陆地更多。

推论4　由于月球的实际直径（由天文观测）比地球实际直径等于100比365，所以月球上的物质重量比地球上的物质重量等于1比39.788。

推论5　月球表面的加速引力约比地球表面加速引力小三倍。

推论6　月球中心到地球中心的距离比上月球中心到地球和月球的公共引力中心的距离等于40.788比39.788。

推论7　因为地球最长半径为19 658 600巴黎尺，而月球中心到地球中心的平均距离为$60\frac{2}{5}$个该半径，等于1 187 379 440巴黎尺。所以月球中心到地球中心的平均距离几乎正比于地球最长半径的$60\frac{2}{5}$倍；而这一距离比月球中心到地球和月球的公共引力中心的距离等于40.788比39.788，所以后一个距离为1 158 268 534巴黎尺。而又因为月球相对于恒星的公转周期为27天7小时$43\frac{4}{9}$分，所以月球在一分钟里掠过的角的正矢为12 752 341比半径1 000 000 000 000 000；所以半径比该正矢等于1 158 268 534巴黎尺比14.770 635 3巴黎尺。这样月球受把其维持在轨道中的力的作用落向地球，会在一分钟时间里掠过14.770 635 3巴黎尺；而如果我们以正比于$178\frac{29}{40}$比$177\frac{29}{40}$来扩大该力，则由命题3的推论可知，我们就能得到月球轨道总引力；而月球受此力作用，在一分钟时间里掠过14.853 806 7巴黎尺。在月球到地球中心距离的六十分之一距离里，即，在到地球中心197 896 573巴黎尺的距离里，物体受重力落下，在一秒钟时间里可掠过14.853 806 7巴黎尺。所以在19 615 800巴黎尺的距离里，即为一个地球平均半径，重物会在相同时间里下落15.111 75巴黎尺，或15巴黎尺1寸$4\frac{1}{11}$分。这就是物体在45°纬上的下落的情况。由命题20中的表格可知，物体在巴黎纬度上落下的距离会比在45°上的略长$\frac{2}{3}$分。所以通过该计算可知，在接近一秒钟的时间里，重物在巴黎纬度上在真空中落下的距离为15巴黎尺1寸$4\frac{25}{33}$分。而如果引力失去了一个等价于在该纬度上由于地球自转运动产生的离心力的量，则在这里重物在一秒钟里会掠过15巴黎尺1寸$1\frac{1}{2}$分的距离。这就是在巴黎纬度上重物下落的实际速度，正如我们在命题14和19中所证明的。

推论8　因为（由命题28可知）这两个距离与月球在八分点的平均距离之比等于69和70比$69\frac{1}{2}$，所以地球中心到月球中心在月球朔望点的平均距离等于60个地球最大半径减去一个半径的$\frac{1}{30}$；而在月球方照点，这两个中心之间的平均距离等于$60\frac{5}{6}$个地球半径。

推论9　在月球朔望点，地球和月球中心的平均距离等于$60\frac{1}{10}$个地球平均半径，而在月球方照点这一平均距离等于$60\frac{29}{30}$个地球平均半径。

推论10　在月球朔望点其在0、30、38、45、52、60和90度的纬度上的地平视差分别为57′20″、57′16″、57′14″、57′12″、57′10″、57′8″和57′4″。

在以上这些计算中，我并未把地球磁力考虑在内，因为其量很小，也还未知：如果一旦能求出该值，则子午线的度数，在不同纬度上的等时摆的摆长，海洋运动的规律，以及月球视差（由太阳和月球的视在直径求出），都能由天文观测结果更准确地得到，然后我们也可以让该计算更准确。

命题40　问题19

求月球球体的形状。

如果月球球体是像地球海洋一样的流质，则地球在离月球最近和最远地方引起月球上流体运动的力，比上月球在正、背于地球的地方所引起的地球海水运动的力，等于地球对月球的加速引力与月球对地球的加速引力之比，乘以月球与地球的直径之比，即，等于39.788与1的比值，乘以100与365的比值，或等于1 081比100。由于我们地球海水受月球作用可以涨到$8\frac{3}{5}$尺，所以月球上的流体受地球作用能涨到93尺；由此可得，月球应为椭球，其最长直径的延长线应会穿过地球球心，最长直径要比垂直于该直径的那条直径长186尺。所以月球形状的这一偏差必定是一开始就有的。

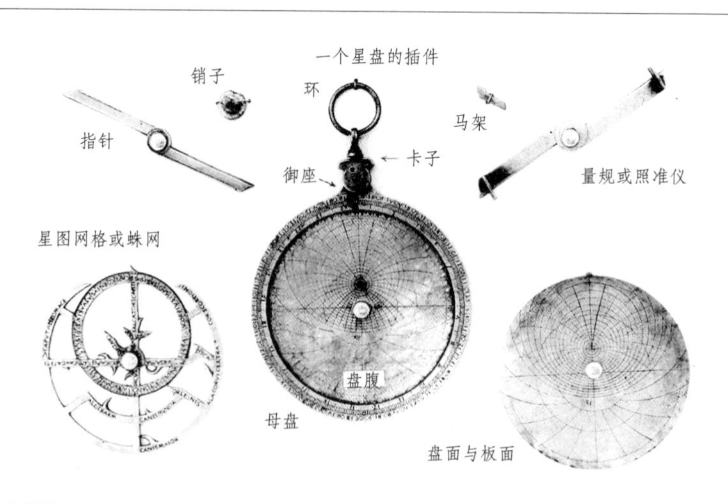

星盘部件

星盘是一种航海仪器，它可以帮助航海者确定自己的方位。星盘通常由青铜制成，外沿有刻度，中间是可以旋转的扁杆。使用时，将扁杆的一端对准太阳，另一端所指的就是纬度。图为一个星盘的构件。

推论　这就是为什么月球面向地球的那一面总是呈现相同样子的原因；月球球体在其他任何位置都不可能是静止的，而通过反复运动回到该状态；但由于引起这种运动的力很微弱，所以这种运动必须是极慢的；由命题17中的原因得知，月球那本该总是背对着地球的一面，在转向月球轨道的另一个焦点时，由于不能被即刻拉回来，所以转而面向地球。

引理1

如果$APEp$表示密度均匀，以C为中心，P、p为极点，AE为赤道的地球；如果以C为中心，CP为半径，作球面$Pape$，且QR为一平面，一条连接了太阳和地球的中心直线与该平面垂直；又设地球整个外围$PapAPepE$上的粒子，如果在不受前面所说高度作用，都倾向于分别以受正比于到平面QR的距离的力，离开该平面的一侧或另一侧；首先，位于赤道上，以及均匀分布于地球之外并以圆环形式绕着地区的所有粒子促使地球绕其中心转动的合力和作用，比赤道上距离平面QR最远点A处同样多的粒子促使地球绕其中心作类似转动的合力和作用，等于1比2。该圆周运动所绕的轴是赤道和平面QR上的公共交线。（如月球交会点的运动–图6）

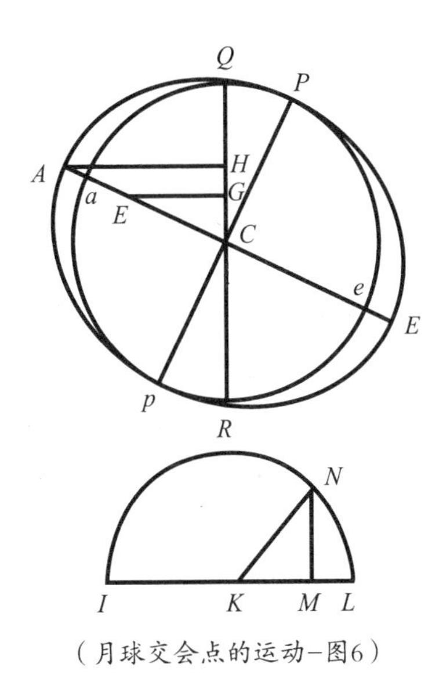

（月球交会点的运动–图6）

令以K为中心，IL为直径，掠过所形成的半圆为INL。设半圆周长INL被分成无限个相等部分，过这几个部分中的N向直径IL作正弦NM，则所有正弦平方之和就会等于所有正弦KM平方之和，而这两个和相加又会等于同样多个半径KN平方之和；所以所有正弦NM平方之和仅为同样多个半径KN的平方之和的一半。

现设圆AE的周长被分成同样多个相等部分，过这些相等部分中的F部分向平面QR作垂线FG，同样过A点也向该平面作垂线AH，使粒子F从平面QR离开的力（由假定）正比于垂线FG；该力与距离CG的乘积就表示粒子F作用于地球绕球心运转的力。所以在F点粒子的作用力与在A点粒子的作用力之比等于$FG\times GC$比$AH\times HC$，即等于FC^2比AC^2，所以所有粒子F在其自身位置F处的总力，比上相同数量粒子在A处的力，等于所有FC^2之和比所有AC^2之和，即（由我们前面所证明的）等于1比2。

证明完毕。

因为那些粒子作用于垂直于平面QR的直线方向，且在平面四周所产生的作用相等，所以这些力能推动赤道所在的圆周，连同连带的地球球体一起，绕轴（平面QR和赤道的交线）转动。

引理 2

其次，我仍然设相同的条件，所有位于球面各处的粒子推动地球绕先前所说的轴转动的总作用力，比上均匀分布于赤道AE所在的圆周各处，形成环形的同样数量的粒子推动地球作类似转动的总力，等于2比5。（如月球交会点的运动-图7）

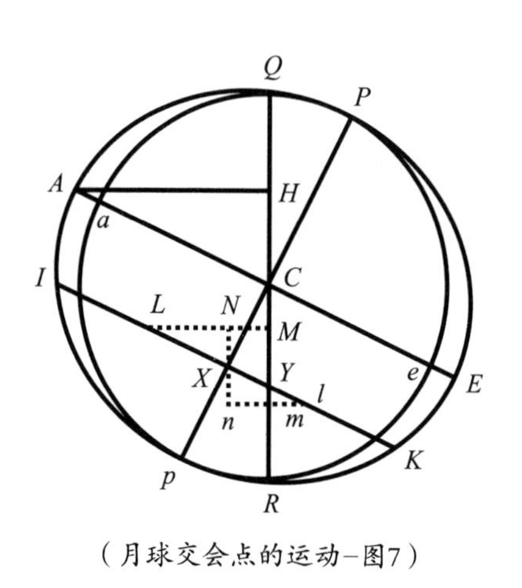

（月球交会点的运动-图7）

令IK为任意平行于赤道AE的稍小的圆，又令Ll为该圆上任意的两个位于球面$Pape$外的相等粒子；如果在与伸向太阳的半径形成直角的平面QR上，作垂线LM、lm，则这些粒子从平面QR离开所受的力正比于垂线LM、lm。作直线Ll平行于平面$Pape$，且在点X把其平均分成两半；过X点作Nn平行于平面QR，并分别与垂线LM，lm相交于N和n；又过平面QR作垂线XY。粒子L和l推动地球向相反方向转动的相反的力，分别正比于$LM \times MC$和$lm \times mC$，即正比于$LN \times MC + NM \times MC$和$LN \times mC - nm \times mC$，或正比于$LN \times MC + NM \times MC$和$LN \times mC - NM \times mC$；而这两个力的差$LN \times Mm - NM \times$（$MC + mC$）就是这两个粒子一起推动地球运转的合力。该差的正数部分$LN \times Mm$或$2LN \times NX$，比上两个位于A点的相同大小粒子产生的力$2AH \times HC$，等于LX^2比AC^2；而该差的负数部分$NM \times$（$MC + mC$），或$2XY \times CY$，比上同样大小的两个粒子在A点所产生的力$2AH \cdot HC$，等于CX^2比AC^2。所以这两个部分的差，即粒子L和l一起使地球运转的力，比上这两个粒子在前面所说的在点A推动地球做类似运动的力，等于$LX^2 - CX^2$比AC^2。但如果圆IK的周长IK被分成无限个相等的小部分L，则所有LX^2比同样多的IX^2等于1比2（由引理1）；而比同样多的AC^2等于IX^2比$2AC^2$，又同样多的CX^2比同样多的AC^2等于$2CX^2$比$2AC^2$。因此所有粒子在圆IK的圆周上的合力比上同样多的粒子在A点的合力，等于$IX^2 - 2CX^2$比$2AC^2$，所以（由引理1可知）与同样多的粒子在圆AE的圆周上的合力之比等于$IX^2 - 2CX^2$比AC^2。

现在如果球面的直径Pp被分成无限个相等部分，其中每部分都有同样多数量的圆IK，则每个圆IK的圆周上的物质就会正比于IX^2；所以该物质推动地球转动的力正比于IX^2与$IX^2 - 2CX^2$的乘积；因此相同的物质如果位于圆AE的圆周上，则产生的力会正比于IX^2乘以AC^2。所以位于球面外所有圆的圆周上的所有粒子的物质总量所产生的力，比位于最大圆AE的圆周上由同样多的粒子所产生的力，等于所有IX^2与$IX^2 - 2CX^2$的乘积比上同样多的IX^2与AC^2的乘积；即等于所有的AC^2-CX^2与AC^2-3CX^2的乘积比上同样多的AC^2-CX^2与AC^2的乘积；即等于所有$AC^4-4AC^2\times CX^2+3CX^4$比同样多的$AC^4-AC^2\times CX^2$；即，等于其流数为$AC^4-4AC^2\times CX^2+3CX^4$的总流积量比上流数为$AC^4-AC^2\times CX^2$的总流积量；所以，可以由流数法得出，等于$AC^4\times CX-\frac{4}{3}AC^2\times CX^3+\frac{5}{3}CX^5$比$AC^4\times CX-\frac{1}{3}AC^2\times CX^3$；即，如果我们用$Cp$或$AC$代替$CX$，则等于$\frac{4}{15}AC^5$比$\frac{2}{3}AC^5$，即等于 2比5。

证明完毕。

引理3

第三点，我仍然设相同的条件，地球受所有粒子的作用而绕先前所说的轴转动的总运动，比上前面所说的圆环绕相同轴的运动，等于地球上物质与环上的物质的比值，乘以任意圆的四分之一周长的平方的三倍与其直径的平方的两倍的比值，即，等于这两种物质之比乘以925 275比1 000 000。

由于圆柱体绕其静止的轴转动比上其与内接圆一起的运动，等于任意四个相等正方形比三个这种正方形的内切圆；而该圆柱体的运动比极薄的圆环绕球体和圆柱体的公共切线的运动，等于两倍圆柱体中的物质比上三倍环上的物质；而该环持续均匀绕圆柱体中轴的运动，比其绕它自己的直径在相同周期时间里做的相同运动，等于圆的周长比其两倍直径。

假设2

如果地球的其他部分被取走，只剩下一个圆环在地球轨道上绕太阳公转运动，与此同时它也会绕它自己的中轴做自转运动，该轴线与黄道

平面成$23\frac{1}{2}$度角，则不管该环是流质的还是由坚硬固体构成的，二分点的运动都不会变。

命题41　问题20

求二分点的岁差。

环形轨道上的月球交会点，当其位于方照点时，其中间小时运动为16″35‴16^{iv}36^{v}，其的一半8″17‴38^{iv}18^{v}（原因已在前面解释过了）就为在这种轨道上的交会点的平均小时运动，而这一运动在一恒星年里会为20°11′46″。所以在该轨道上的交会点运动就会每年后移20°11′46″；而如果月球不止一个，则每一个月球的交会点运动（由第1编命题66推论16）就会正比于其周期时间；如果月球在一恒星日里，在地球表面上环绕地球一周，则该月球交会点的年运动比20°11′46″，就等于一恒星日23小时56分比我们月球的周期时间27天7小时43分，即等于1 436比39 343。不管这些月球有没有相互接触，或是熔化为一整体的环，也不管该环是否必须为固定的固体环，都同样地环绕地球的月球环上的交会点运动。

现在设构成该环的物质的量等于位于球体*Pape*以外的（如月球交会点的运动-图7）整个地球外围*PapAPepE*的物质的量，又由于该球体比地球外围等于aC^2比AC^2-aC^2，即（由于地球的最小半径*PC*或*aC*比地球的最大半径*AC*等于229比230）等于524 41比459；如果该环在赤道位置环绕地球，并一同绕该环的直径转动，则环的运动（由引理3可知）比球体的运动，等于459与52 441的比值乘以1 000 000与925 275的比值，即等于4 590比485 223；所以环的运动比上环和球体的运动之和等于4 590比489 813；因此，如果环是连接在球体上的，并把它的运动传递给球体，以至其交会点或二分点后退，则环上剩下的运动比其以前的运动等于4 590比489 813；据此，二分点的运动也会以相同比例减小。因此由环和球体构成的物体，其二分点的年运动比运动20°11′46″等于1 436与39 343的比值乘以4 590与489 813的比值，即等于100比292 369。但由于很多个月球的交会点的运动所产生的力（正如我在前面所阐述的原因），所以使环的二分点后退的力（由命题30的图可知，即为力3*IT*），在各粒子中都正比于那些粒子到平面*QR*的距离；这些力使粒子远离该平面。所以（由引理2可知）如果环的物质遍布于球体表面，并按照*PapAPepE*的形状来构成地球外围部分，则所有粒子使地球绕任意赤道直径转动，并使二分点运动的总力，会以2比5的比例减小。所以二分点的年度逆进比20°11′46″等于10比73 092，即，等于9″56‴50^{iv}。

但由于赤道平面倾斜于黄道平面，又因为该运动以正比于91 706比半径100 000的比值的正弦（就是23°30′的余弦）来减少；则剩下的运动为9″7‴20^{iv}，就是太阳作用所引起的二分点的年度岁差。

月球使海洋运动的力比上太阳的作用力约等于4.481 5比1；月球使二分点运动的力比太阳的该力也是成这一比例。由于月球的作用，二分点的年度岁差为40″52‴52^{iv}，则由这两个力的和所引起的总岁差为50″00‴12^{iv}。因为天文观测结果显示，二分点的岁差每年约为50″，所以该运动与现象是相符的。

如果地球在赤道隆起的高度比在两极的高度要高出17$\frac{1}{6}$英里，则地球表面的物质密度要小于地球中心的物质密度，所以二分点的岁差就会随着高度差的增大而增大，以及密度差的增大而减小。

到此为止，我们已经论证过了太阳、地球、月球以及行星的系统的运行情况，剩下的我就要谈到彗星了。

引理 4

彗星远于月球，位于行星区域内。（如月球交会点的运动-图8）

天文学家之所以会认为彗星远于月球，是因为他们发现彗星没有日视差，而它们的年视差就证明了它们位于行星区域内。这是由于当所有的彗星根据星座的顺序做直线运动，如果地球位于彗星和太阳之间，则其显现的尾部就会比正常时要慢或逆行，而如果太阳位于它们中心，而地球和彗星处在相对的位置，就会比正常时要快；而在另一方面，在所有的彗星按星座顺序做逆向直线运动时，情况与前面这种情况正好相反。这些彗星的这些现象主要是由于地球在其运动进程中的不同位置所引起的，这和行星所受地球位置变化的影响是相同的，行星会随着地球是与行星是同方向运动还是反方向运动，而有时逆行，有时较慢，有时则快又顺行。如果地球与彗星同方向运动，但由于地球绕太阳所做的角运动较快，所以地球到彗星的直线超出了彗星本身，又由于彗星的运动较慢，从地球上看彗星的运动就会显得是逆行的；甚至即使地球的运动慢于彗星，彗星的运动中减去地球运动的部分，其运动也会看上去减慢。但如果地球与彗星的运动方向相反，彗星的运动就会看上去是加速的；而彗星与地球的距离可以从这些加速、减速或逆行中用以下方法求出。

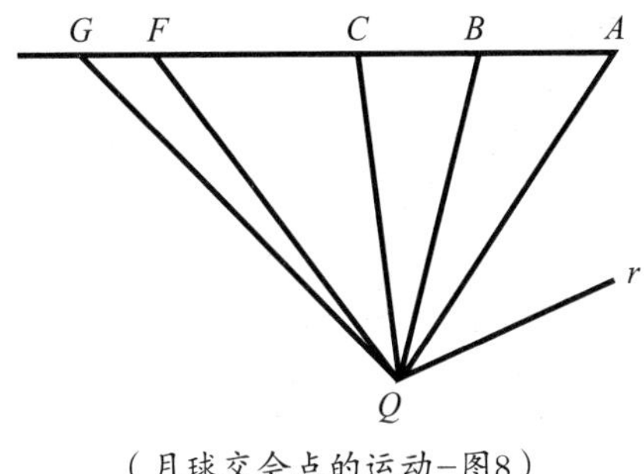

（月球交会点的运动-图8）

令rQA、rQB、rQC为观测出的彗星第一次显现的黄纬（月球交会点的运动-图8），而rQF为观测到的彗星消失前的最后一次黄纬。作直线ABC，其中AB和BC为直线QA和QB，QB和QC分别切割出的部分，且AB和BC相互间的比值等于前三次观测中的两段时间间隔的比值。延长AC到G，因此AG比AB等于第一次和最后一次观测之间的时间比上第一次和第二次观测之间的时间；连接QG。现在如果彗星做匀速直线运动，而

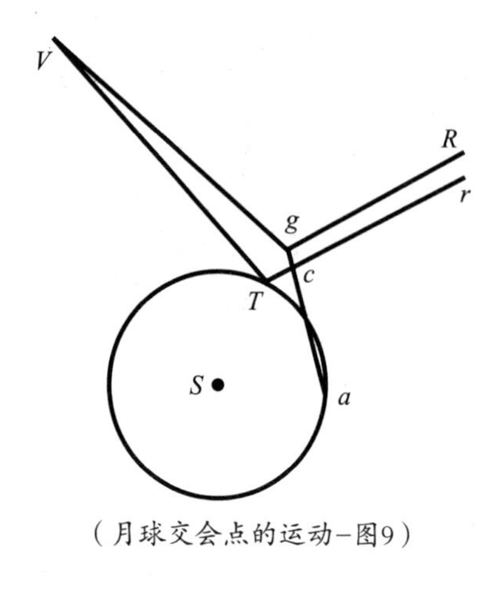

（月球交会点的运动－图9）

地球要么是静止的，要么类似匀速地直线前移，则角rQG为最后观测到的彗星黄纬。所以角FQG就为彗星和地球运动的不相等性所产生的黄纬差；如果地球和彗星的运动方向相反，则角rQG就要加入到角FQG中，使彗星的视在运动增速；但如果彗星与地球同方向运动，就要把角rQG从中减去，使彗星的运动要么减速，要么逆行，就像我在前面解释的那样。所以主要由地球运动而产生的该角，如果忽略掉一些彗星轨道上的不相等运动所引起的增量或减量，恰好可以被看做是彗星的视差；且从这一视差我们可以得到彗星的距离。令S表示太阳（如月球交会点的运动－图9），acT为大轨道，a是第一次观测中地球的位置，C是第三次观测中地球的位置，T为最后一次观测中地球的位置，Tr为到白羊座首星的直线。设角rTV等于角rQF，即等于当地球在T处的彗星黄纬；连接ac，并延长至g点，以至ag比ac等于AG比AC；则如果地球持续沿直线ac匀速运动，g就会为地球在最后一次观测的时间里所到达的地方。如果我们作gR平行于Tr，使得角RgV等于角rQG，则角RgV就会等于在g点所看到的彗星黄纬，而角TVg就会为由于地球从g点运动到T点所造成的视差；所以V点就是彗星在黄道平面上的位置。而位置V通常都比木星轨道要低。

同样，我们也可以由彗星路径的弯曲度求出上述结果，因为这些天体速度很大，它们几乎都是绕巨大的圆做运动。但在当由视差所引起的视在运动部分在总视在运动中占了较大比重时，它们的路径的末尾部分通常都会偏离轨道。当地球偏向一侧时，它们就偏向另一侧，而由于该偏斜是与地球运动相对应的，所以其必定是主要由视差所引起的；而该偏斜很大，按我计算的结果，彗星消失的位置要低于木星很多。据此，当它们在近日点和远日点处接近于地球时，它们通常移到火星轨道和内层行星轨道之下。

彗星的接近也可以进一步由彗星头部的光亮证明。因为一个天体的光是由太阳光反射而成的，而且随着离开得越远，以正比于距离的四次幂减小。也就是说，由于到太阳距离的增大使得正比于其的平方，又由于视在直径的减小而又正比于其的平方。如果彗星的亮度和视在直径都是已给定的，则其距离也就可以通过取彗星到一行星的距离正比于它们的直径，而反比于它们的亮度的平方根而求出来。因此弗莱姆斯蒂德先生在1682年用16英寸长的配有千分尺的望远镜观测到的彗星的头部最少有2′；但其头部中间的彗核或星体几乎还不到该数值的十分之一，所以它的实际直径只有11″或12″，不过它头部的光亮却超过其1680年时的亮度，可能还会和第一或第二恒星等的亮度差不多。设土星带环的亮度为彗星的四倍，因为环的亮度几乎等于它里面星体的亮度，又因为星体的视在直径约为21″，所以环和球的总亮度就会等于一个直径为30″的星体的亮度；从而得出彗星与土星的距离之比正比于12″比30″，反比于1比$\sqrt{4}$，即，等于24比30，或4比5。然后，海克威尔公布了在1665年4月，彗星的亮度超过了所有恒星的亮度。它有着生动的鲜艳颜色，甚至比土星的色彩还鲜艳，因为该彗星要比其在前年年末时出现的另一颗彗星要亮，且已和第一星等的恒星亮度差不多，其头部直径约为6′。但通过望远镜观测得知，该彗核的亮度和行星的亮度相似，但比木星要小；与土星环内的球体相比，有时较小，有时相等，因此彗星头部的直径几乎不会超过8′或12′，而彗核或中心星的直径仅为头部直径的十分之一或十五分之一。这样通常这些恒星看起来就与行星有着相同的视在大小，它们的亮度通常可能与土星的差不多，有时还会超过土星的亮度。这就证明了所有的彗星在其近日点时必定要么位于土星的下面，要么位于其上方不远处。那些认为它们几乎和恒星一样远的人实在是荒谬之极，因为如果是这样，那么彗星就不可能从太阳处吸收比行星从恒星处吸收的光亮多。

由于其头部被大量浓烟包围，彗星显得很暗淡，到现在为止，我们还没有把这一因素考虑在内。而星体的头部反射的亮度与行星的差不多，其越是被烟尘所包围就必定要更靠近太阳一些。因此彗星轨道就很可能远远低于土星轨道，正如我们在前面通过视差所证明的那样。最重要的是，这可以由它们的彗尾来证明，因为彗尾要么是由其所产生的烟尘扩散到太空中所反射的太阳光所形成的，要么是由其头部的光亮所形成的。在前一种情况中，彗星的距离必须要缩短才行，否则要让它头部的烟尘能在如此广阔的空间里，以极大的速度传播，是不可能的；而在后一种情况中，彗星的头尾部的总光亮都要归因于彗核的光亮。如果我们设所有的光亮都浓缩在彗核中，毫无疑问，核本身的亮度就会远大于木星球体的亮度，特别是当它发射出又大又亮的彗尾时。所以，如果它能在一个视在直径更短的星体上反射出比木星更多的光，则其必定接受的太阳光的反射更多，所以其必定更接近太阳；由同样的论点可以得知，当彗头被太阳光所掩盖时，彗头有时会位于金星的轨道之内，它们会放射出那种又大又亮的、像火束一样的彗尾；因为，如果所有的光都聚集到一个星球上，其亮度有时不仅超过一个金星的亮度，甚至会超过一个相当于很多个金星的星体的亮度。

最后，同样的结论也可以由彗头的光亮得出，其亮度随着彗星远离地球趋向太阳而增加，又随着远离太阳返回地球而减少；因为自从1665年的彗星（由海克威尔观测）第一次被观测到后，其就经常失去其视在运动，所以其已经过了其近地点；但是其头部的亮度却每日增加，直至隐藏在太阳光之下，所以彗星就消失了。在1683年7月底首次出现的彗星（同样是海克威尔观测），以很慢的速度运动，每天只在其轨道上前进约40′或45′；但是从那时起它的周日运动就不断增快，直到9月4日达到了约5°时才停止增快；所以，在所有这些时间段里，彗星一直是趋向地球的。这也可以用千分仪测量出其头部直径来证明，因为在8月6日，海克威尔发现，加上彗发它也只有6′05″，而在9月2日，他的观测结果为9′07″，所以其头部在开始时看起来远远大于运动结束时，由于接近太阳，就算是刚开始时，也要比结束时亮很多，正如海克威尔所表明的那样。所以，由于彗星是渐渐远离太阳的，尽管其趋于地球，在所有的时间段里，其亮度还是逐渐减小。1618年的彗星，在该年的12月中旬以及在1680年12月末，它都以其最大速度运动，所以那时它是位于近地点的。但是它头部的亮度却在两周前达到最大值，当时它才刚走出太阳光，而彗尾的最大亮度还要提前一点到来，那时它更接近太阳。前一个彗星的头部（根据赛萨特的观测），在12月1日比第一星等的恒星还要亮；而在12月16日（在近地点），它的大小没有减小，而亮度却极大地减弱了。在1月7日，开普勒对彗头的一些情况不确定，就放弃了观测。在12月12日，后一个彗星的彗头被弗莱姆斯蒂德先生观测到，那时它到太阳的距离为9°，亮度仅及第三星等的恒星。到12月15、17日，由于被接近落日的云层的光辉所挡住了，它的亮度减少了，就与第三星等恒星的亮度相等了。在12月26日，当它位于近地点时，以最大速度前进，它的亮度稍微小于第三星等的天马座口的亮度。到1月3日，它为第四星等的亮度。1月9日，它就只有第五星等的亮度了。然后在1月13日，它被月球的光辉掩盖了，那时月亮光辉正在增加。而到了1月25日，它的光辉就只是接近于第七星等的亮度了。如果我们把近地点两侧的相等时间间隔来作比较，就会发现在这两个间隔很大的时间段里，彗头离地球距离却相等，所以它们的亮度本应该相等的，但在近地点到太阳的那一侧呈现出的是最大亮度，而在另一侧却消失了。所以从亮度在两侧的不同，我们可以推出在太阳的大范围里的彗星都属于前一种情况；因为彗星的亮度一直是有规律地变化，当它们头部运动最快时亮度最大，所以是在近地点上；除了在它们接近太阳时亮度随之增大。

推论1 彗星受太阳光的反射而发亮。

推论2 从以上我们所讨论的，我们知道了为什么彗星通常出现在受太阳光照射的那一半球，而在另一半球却很少出现。如果它们出现在远高于土星的区域上，则它们会更频繁地出现在背对太阳的那一侧；因为在靠近地球的地方，太阳光必定会隐藏那些出现在正对太阳光的那一侧的光亮。另外我通过查阅彗星出现的历史得知，彗星出现在面向太阳的那一侧的次数是背向太阳那一侧的四倍、五倍，并且，毫无疑问被太阳光遮盖的也不少。因为彗星落入我们天区时既没有放射出彗尾，又没有受到太阳照射，所以我们用肉眼是无法看到它们的，直到它们进入到离地球的距离比木星到地球的距离小的区域里时，才能被我们发现。绕太阳以极小的半径作出的球形天区中，地球对着太阳的那部分区域占了其中的绝大部分，而彗星在那大部分区域里通常受到更强烈的照射，因为它们大多数时候都接近太阳。

推论3 很明显，宇宙中没有任何阻力；因为尽管彗星沿倾斜轨道运动，有时还会与行星运行方向相反，但是它们还是以极大的自由运动，并在很长时间里保持它们的运动，甚至是与行星的运动方向相反的运动。如果它们不是那种永远沿自己的轨道做环形运动的行星，那我敢说我的推论是正确的；像某些学者认为彗星不过就是流星，因为它们认为彗头会不断地变化，这是很没有根据的；因为彗头是由很重的大气所包围的，而该大气层的最里面必定是最密的；所以我们所看到的这些变化只发生在彗星大气层中，而不是发生在彗星本身。同样，如果从行星上看地球，看到的也只是发光的大气层，而地球球体很少能透过包裹的云层显现出来。由此，我们可以得出，木星的小行星带也是由于木星的云层而形成的，因为这些小行星之间不断相互改变位置，所以我们很难透过它们看到木星球体；因此彗星实体必定也是掩盖在更浓厚的大气层下的。

命题42　定理20

彗星在以太阳为焦点的圆锥截面上运动；其伸向太阳的半径所掠过的面积正比于掠过时间。

该命题可以对照第1编命题13推论1和第3编命题8、12、13来证明。

推论1　如果彗星沿环形轨道运行，则该轨道必定是椭圆；而它们的周期时间与行星的周期时间之比等于它们主轴的$\frac{3}{2}$次幂。由于彗星的轨道大部分都远于行星轨道，所以彗星轨道的轴更长，也就要用更多的时间才能完成一次环绕。因此，如果彗星轨道的轴长为土星轴长的四倍，则彗星的环绕周期时间比土星的环绕周期（即30年），等于$4\sqrt{4}$（或8）比1，所以彗星环绕周期为240年。

推论2　它们的轨道如此接近于抛物线，以至于把抛物线作为它们的轨道也不会有明显误差。

推论3　根据第1编命题16推论7，每颗彗星的速度，比在相同距离处沿圆形轨道绕太阳旋转的行星的速度，近似于行星到太阳中心的距离的两倍与彗星到太阳中心距离之比的平方根。设大轨道的半径或地球掠过的椭圆轨道的最大半径，是由100 000 000部分构成；则地球的平均日运动就会掠过1 720 212个部分，小时运动为71 675$\frac{1}{2}$个该部分。所以在地球到太阳的相同平均距离处，彗星以比地球速度等于$\sqrt{2}$比1的速度，日运动掠过2 432 747个部分，而小时运动掠过101 364$\frac{1}{2}$个部分。不管距离是大还是小，日运动和小时运动比上这一日运动和小时运动等于其距离的平方根的反比，所以速度都是给定的。

推论4 如果抛物线的通径是大轨道半径的四倍，设该半径的平方包括100 000 000个部分，则彗星伸向太阳的半径每日所掠过的面积就会有1 216 373$\frac{1}{2}$个部分，而小时运动的面积为50 682$\frac{1}{2}$个部分。如果其通径以任意比例增大或减小，每日运动和小时运动所掠过的面积就会以反比于该比例的平方根而减小或增大。

引理5

求通过任意给定点的类似抛物线的曲线。（如月球交会点的运动–图10）

令这些点为A、B、C、D、E、F等，这些点到任意直线HN的位置是给定的，过这些点作同样多的垂线AH、BI、CK、DL、EM、FN等。

情形1 如果点H、I、K、L、M、N等之间的间距HI、IK、KL等是相等的，取b、$2b$、$3b$、$4b$、$5b$等为垂线AH、BI、CK等的第一次差；它们的第二次差为c、$2c$、$3c$、$4c$等；第三次差为d、$2d$、$3d$等，也就是，$AH-BI=b$，$BI-CK=2b$，$CK-DL=3b$，$DL+EM=4b$，$-EM+FN=5b$等；然后$b-2b=c$等，依此类推，直到最后一个差f。作任意垂线RS，该垂线可以被看做所求曲线的纵坐标。为了求该纵坐标的长度，设间隔

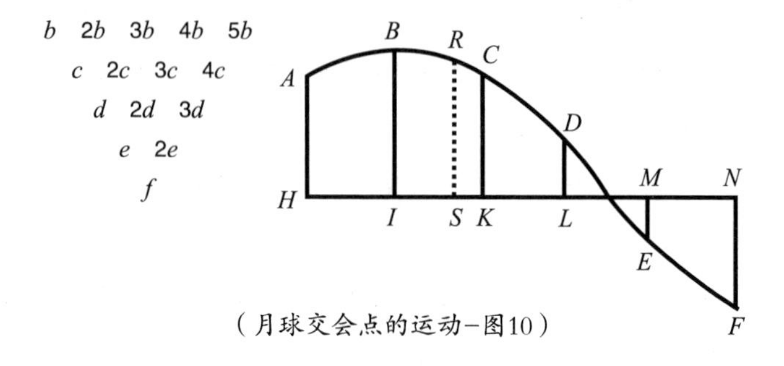

（月球交会点的运动–图10）

HI、IK、KL、LM等为长度单位，令$AH=a$，$-HS=p$，$\frac{1}{2}p$乘以$-IS=q$，$\frac{1}{3}q$乘以$+SK=r$，$\frac{1}{4}r$乘以$+SL=s$，$\frac{1}{5}s$乘以$+SM=t$；这样一直进行下去直到倒数第二根垂线ME，在从S到A的各项HS、IS等的前面加上负号；而在S的另一边的各项SK、SL等的前面加上正号；统计好这些符号后，$RS=a+bp+cq+dr+es+ft+\cdots$

情形2　如果点H、I、K、L等的间隔HI、IK等是不相等的，就取垂线AH、BI、CK等的第一次差b、$2b$、$3b$、$4b$、$5b$等，除以这些垂线之间的间隔；又取它们的第二次差c、$2c$、$3c$、$4c$等，除以每两个垂线之间的间隔；再取它们的第三次差d、$2d$、$3d$等，除以每三个之间的间隔；然后取它们的第四次差e、$2e$等，除以每四个之间的间隔等，这样下去，即可以得出：$b=\frac{AH-BI}{HI}$，$2b=\frac{BI-CK}{IK}$，$3b=\frac{CK-DL}{KL}$等，又$c=\frac{b-2b}{HK}$，$2c=\frac{2b-3b}{IL}$，$3c=\frac{3b-4b}{KM}$等，然后$d=\frac{c-2c}{HL}$，$2d=\frac{2c-3c}{IM}$等。这样就求出了这些差，令$AH=a$，$-HS=p$，p乘以$-IS=q$，q乘以$+SK=r$，r乘以$+SL=s$，s乘以$+SM=t$；这样一直进行下去直到倒数第二条垂线ME；纵坐标$RS=a+bp+cq+dr+es+ft+\cdots$

推论　所有曲线的面积都可以由上述方法求出近似值；因为如果求出要求曲线上的一些点，并设一条抛物线通过了这些点，则该抛物线的面积就会几乎与所求曲线的面积相等，而抛物线的面积一般可以通过常规几何方法求出。

引理 6

已知彗星的某些观测点，求在这些点间的任意时刻彗星的位置。

令HI、IK、KL、LM（见月球交会点的运动－图10），表示观测时间的间隔；HA、IB、KC、LD、ME为彗星的五个观测到的经度；而HS为第一次观测到所求经度之间的给定时间。如果设曲线$ABCDE$通过点A、B、C、D、E，纵坐标RS可从前一个引理求出，而RS就是所求的经度。

由同样的方法，从这五个观测到的经度，我们可以求出任意给定时间的经度。

如果观测到的这些经度差很小，如为4°或5°，则三四次观测就能求出新的经度和纬度；但如果该差很大，如有10°或20°，则就需要五次观测才能求出。

引理 7

过一给定点P作直线BC，其PB和PC两部分分别与给定直线AB和AC相交，使得PB和PC相互之间的比是给定的。（如月球交会点的运动－图11）

设任意直线PD是过P点的直线，它既要与给定的一条直线相交（如AB），又要延长其与另一条给定直线AC相交至E，以至PE与PD之比为一给定比值。令EC平行于AD。作直线CPB，则PC比PB等于PE比PD。

证明完毕。

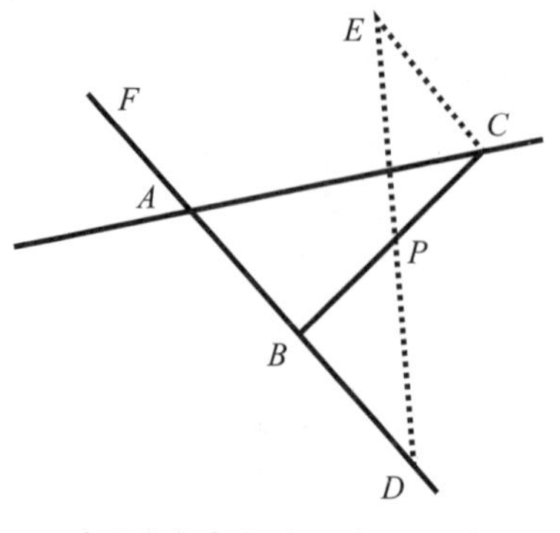

（月球交会点的运动－图11）

引理 8

令ABC为焦点在S的抛物线。在I点被二等分的弦AC所截取的弓形$ABCA$，其直径为$I\mu$，顶点为μ。延长$I\mu$使μO等于$I\mu$的一半。连接OS并延长至ξ，以至$S\xi$等于$2SO$。现设一彗星沿弧CBA运行，作ξB与AC相交于E；那么点E就会在弦AC上截线段AE近似正比于时

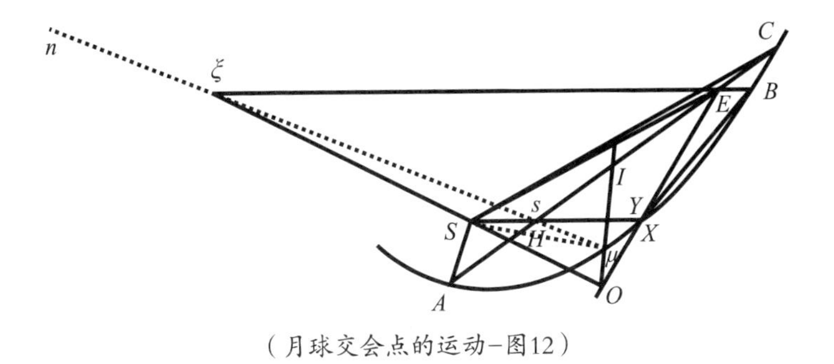

（月球交会点的运动-图12）

间。（如月球交会点的运动-图12）

如果我们连接EO，与抛物线弧ABC相交于Y，并作μX与同一个弧相切于顶点μ，且与EO相交于X，则曲线面积$AEX\mu A$比曲线面积$ACY\mu A$等于AE比AC。由于$\triangle ASE$与$\triangle ASC$也成该比例，所以整个面积$ASEX\mu A$与$ASCY\mu A$之比等于AE比AC。但是因为ξO比SO等于3比1，而EO比XO也是这一比值，所以SX就会平行于EB；连接BX，$\triangle SEB$就会等于$\triangle XEB$。因此如果从面积$ASEX\mu A$加上$\triangle EXB$的和中减去$\triangle SEB$，就会剩下面积$ASBX\mu A$，等于面积$ASEX\mu A$，所以面积$ASBX\mu A$比面积$ASCY\mu A$等于AE比AC。但由于面积$ASBY\mu A$近似等于面积$ASBX\mu A$；所以面积$ASBY\mu A$比面积$ASCY\mu A$等于弧AB掠过的时间比弧AC掠过的时间；所以AE与AC的比值近似于时间之比。

证明完毕。

推论　当B点落在抛物线顶点μ的位置上时，AE与AC之比完全等于时间之比。

附　注

如果我们连接$\mu\xi$并与AC相交于s，在其上取ξn，使得ξn比μB等于

$27MI$比$16M\mu$，作Bn与弦AC相交所截得的比例比以前更精确地正比于时间之比。但应根据点B比点μ到抛物线的主顶点的距离是大还是小，来决定是点n在点ξ的外侧还是内侧。

引理 9

直线$I\mu$、μM和长度$\frac{AI^2}{4S\mu}$相互之间都相等。

因为$4S\mu$是抛物线顶点μ的通径。

引理 10

延长$S\mu$到N和P，以至μN可以为μI的三分之一，而SP比SN等于SN比$S\mu$；在彗星掠过弧$A\mu C$的时间里，如果假设它总是以它在SP的高度上所具有的速度前进，则它掠过的长度等于弦AC的长度。（如月球交会点的运动-图13）

如果彗星在前面所说的时间里，以其在μ点的速度，沿抛物线μ点上的切线，匀速前进，则它伸向点S的半径所掠过的面积就会等于抛物线面积$ASC\mu A$；所以掠过切线的长度线和长度$S\mu$所包含的面积，与长度AC和SM所包含的面积之比等于面积$ASC\mu A$比$\triangle ASC$，即等于SN比SM。因此AC比掠过切线的长度等于$S\mu$比SN。但由于彗星在SP的高度上的速度（由第1编命题16推论6可知）比上其在$S\mu$的高度上的速度反比于SP与$S\mu$之比的平方

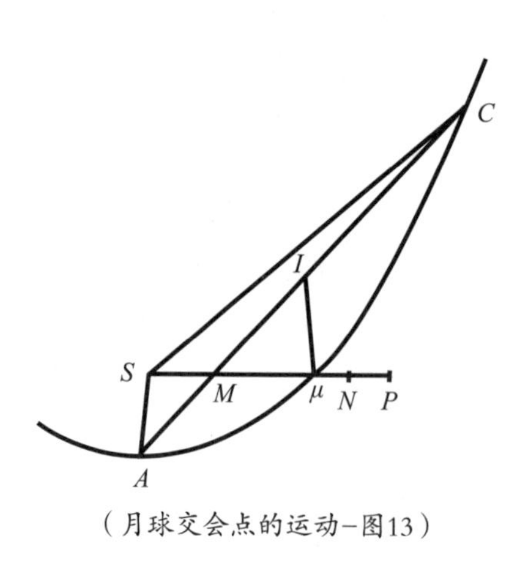

（月球交会点的运动-图13）

根，即等于$S\mu$比SN，所以，以该速度掠过的长度比上在相同时间里在切线上掠过的长度，等于$S\mu$比SN。因为AC，又因为以新的速度掠过的长度与在切线上掠过的长度之比也是该比值，所以它们之间必定是相等的。

证明完毕。

推论　*彗星以在$S\mu+\frac{2}{3}I\mu$的高度所具有的速度，在相同时间里差不多等于掠过了弦AC。*

引理11

如果一失去所有运动的彗星从SN或$S\mu+\frac{1}{3}I\mu$的高度上落向太阳，在掠过自己轨道上的弧AC的时间里，彗星还是会继续不变地受到其最初落向太阳的力的推动，且掠过的距离等于长度$I\mu$。

因为在与彗星掠过抛物线弧AC所需的相同时间里，彗星（由最后一个引理可知）以在SP的高度所具有的速度掠过弦AC；所以（由第1编命题16推论7可知），如果彗星在相同时间里，在其自身引力作用下，沿一半径为SP的圆运动，则它在该圆上掠过的弧的长度，比抛物线弧AC所对应的弦长，等于1比$\sqrt{2}$。因此，如果以在SP的高度上所具有的重量落向太阳，则它会在（由第1编命题16推论9可知）上述空间等于前面所说的弦的一半的平方除以四倍的高度，即，它会掠过$\frac{AI^2}{4S\mu}$的空间。由于彗星在SN的高度上受太阳吸引的重力比上其在SP的高度上受太阳吸引的重力，等于SP比$S\mu$，所以彗星以其在SN的高度上所具有的重力，在该高度上落向太阳时，掠过距离$\frac{AI^2}{4S\mu}$，即掠过长度$I\mu$或μM。

证明完毕。

命题43　问题21

从三个给定的观测点求在抛物线上运行的彗星轨道。

这是一个很难的问题，我试过很多方法来解决它，有几个与此相关的问题，我在第1编里已经作了相关阐述。但后来我想到了以下解决方法，它们更简单。

选三个时间间隔几乎相等的观测点，但是令彗星在这些时间间隔里的速度不同。因此，也就是使时间差比时间之和等于时间之和比600天，或使点E可能落在M周围偏向I的地方而不是偏向A的地方。如果你手头上没有这些现成的观测点，那就要由引理6求出一个新的点。（如月球交会点的运动-图14）

令S表示太阳；T、t、τ为地球在轨道上的位置；TA、tB、TC为彗星的三个观测经度；V是第一次和第二次观测之间的时间间隔；W为第二和第三次观测之间的间隔；X为在$V+W$的整个时间里，彗星以在地球到太阳的平均距离上的速度所掠过的距离，该距离可以由第3编命题40推论3求出；tV为弦$T\tau$上的垂线。在平均观测经度tB上任意取点B为彗星在黄道平面上的位置；作直线BE连接该处和太阳S，并使其比上垂线tV等于SB和St^2的乘积比上直角三角形斜边的立方，而该直角三角形的直角边分别为SB和彗星在第二次观测时的纬度相对于半径tB的正切。过点E（由引理7可

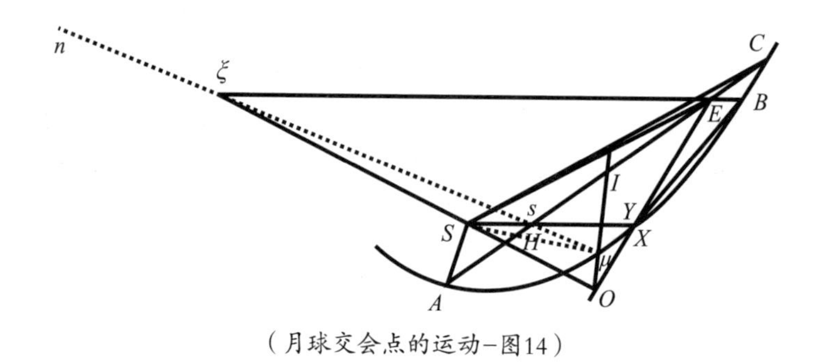

（月球交会点的运动-图14）

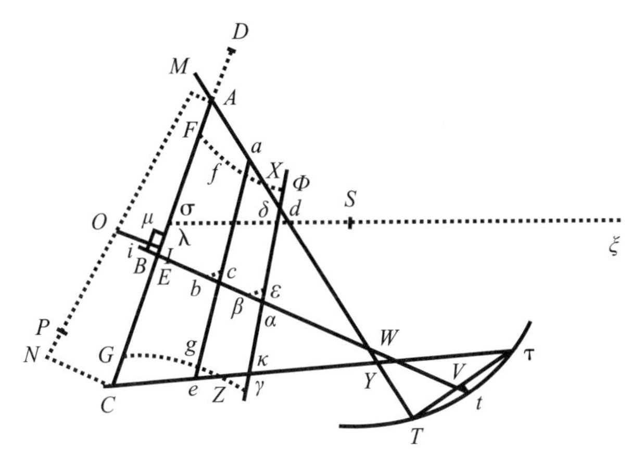

（月球交会点的运动–图15）

知）作直线AEC，其被直线TA和τC所截得的两部分AE和EC相互之间的比等于时间V和W之比，如果B刚好在第二次观测的位置上的话，那么A和C就会近似位于彗星在黄道平面上第一和第三次观测的位置。（如月球交会点的运动–图15）

在被I二等分的AC上作垂线Ii。过B点作直线Bi平行于AC。连接Si与AC相交于λ，就形成了平行四边形$iI\lambda\mu$。取$I\sigma$等于$3I\lambda$；又过太阳S作直线$\sigma\xi$等于$3S\sigma+3i\lambda$。删去点A、E、C、I，从点B向点ξ作一条新的直线BE，则该直线比上原先的直线BE等于距离BS与量$S\mu+\frac{1}{3}i\lambda$的比的平方。又过点E同样由前面的规则作直线AEC，即使得AE和EC之比等于观测时间间隔V和W之比。因此，A和C就会为更准确的彗星位置。

在被I二等分的AC上，作垂线AM、CN、IO，其中AM和CN为第一和第三次观测时的纬度比上半径TA和τC的正切。连接MN使其与IO相交于O。像前面一样作长方形$iI\lambda\mu$。延长IA，取ID等于$S\mu+\frac{2}{3}i\lambda$。又在MN上向着N一侧取MP，以至MP比前面求出的长度X等于地球到太阳的平均距离（或地球轨道的半径）与距离OD之比的平方根。如果点P落在点N上，则A、B和C就会为彗星的三个位置，通过这些点就可以在黄道平面上描出彗星的轨道。如果点P没有落在点N上，在直线AC上取CG等于NP，则点G和P就会都位于直线NC的相同侧。

用设定的点B求出点E、A、C、G的同种方法，从任意设定的另一些点b和β上，求出新的点e、a、c、g和ε、α、κ、γ。然后过G、g和γ，作圆$Gg\gamma$，交直线τC于Z：那么Z就会为彗星在黄道平面上的一个位置。又在AC、ac、$\alpha\kappa$上，分别取等于CG、cg、$\kappa\gamma$的AF、af、$\alpha\mu$；而又过点F、f和Φ，作圆$Ff\Phi$，交直线AT于X；那么X就会为彗星在黄道平面上的另一个位置。而又在点X和Z上向半径TX和τZ作彗星纬度的切线，则就可以确定彗星在其自己轨道上的两个位置。最后，如果（由第1编命题19可知）以S为焦点作抛物线经过了这两个位置，则该抛物线就是彗星的轨道。

证明完毕。

本作图的证明依照前一引理，因为由引理7可知直线AC按时间比例在E点被截开，就像它在引理8中的一样；由引理11，BE是直线BS或$B\xi$在黄道平面上，介于弧ABC和弦AEC之间的部分；由引理10，MP是彗星在第一和第三次观测之间在轨道上掠过的弧所对应的弦长，所以如果B是彗星在黄道平面上的真实位置，那么MP等于MN。

如果设点B、b、β不是任意点，而是近似真正的位置，则计算就会更方便。如果黄道平面上的轨道与直线tB的交角AQt是大体已知的，则在该角沿Bt作直线AC，以至AC比$\frac{4}{3}T\tau$等于SQ比St的平方根；作直线SEB使得EB等于长度Vt，则我们用于第一次观测的点B就可以求出，然后删除直线AC，且根据前面作图法重新作直线AC，进一步就可以求出长度MP。在tB上取点b，规则如下，如果TA和TC相交于Y，则距离Yb比距离YB等于MP与MN的比值乘以SB与Sb比值的平方根。如果你愿意把同样的步骤再重复一遍，那么由同样的方法你可以求出第三个点β；但一般按照这个方法做的话，两遍就够了。因为如果距离Bb碰巧很短，再求出点F、f和G、g之后，作直线Ff和Gg，则它们与TA和TC的交点就是所求的X和Z。

例

令1680年的彗星为我们所研究的彗星。下表显示了弗莱姆斯蒂德所观测并计算出的它的运动，哈雷博士也对这一结果作了校正。

	时　间		太阳经度	彗星	
	视在的	真实的		经度	北纬
	h m	h m s	° ′ ″	° ′ ″	° ′ ″
1680年12月12	4.46	4.46.0	♌1.51.23	♌6.32.30	8.28.0
21	$6.32\frac{1}{2}$	6.36.59	11.6.44	♒5.8.12	21.42.13
24	6.12	6.17.52	14.9.26	18.49.23	25.23.5
26	5.14	5.20.44	16.9.22	28.24.13	27.0.52
29	7.55	8.3.02	19.19.43	♓13.10.41	28.9.58
30	8.2	8.10.26	20.21.9	17.38.20	28.11.53
1681年1月5	5.51	6.1.38	26.22.18	♈8.48.53	26.15.7
9	6.49	7.00.53	♒0.29.2	18.44.4	24.11.56
10	5.54	6.6.10	1.27.43	20.40.50	23.43.52
13	6.56	7.8.55	4.33.20	25.59.48	22.17.28
25	7.44	7.85.42	16.45.36	♉9.35.0	17.56.30
30	8.7	8.21.53	21.49.58	13.19.51	16.42.18
1684年2月2	6.20	6.34.51	24.46.59	15.13.53	16.4.1
5	6.50	7.4.41	27.49.51	16.59.6	15.27.3

这些结果都是用长7英尺配有千分仪的望远镜，并把准线调在望远

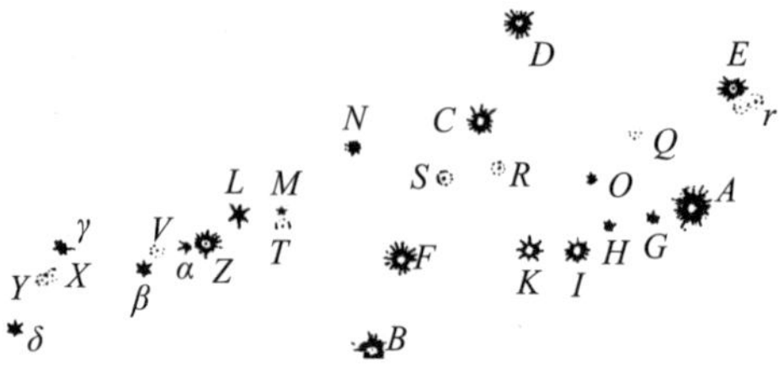

（月球交会点的运动–图16）

镜的焦点上所得到的；我们用这些仪器确定了恒星相互之间的位置，以及彗星相对于它们的位置。令A表示英仙座左侧末端的一个第四亮星（拜尔o星），B表示左尾部的第三亮星（拜尔ξ星），C表示同样在左侧末端的第六亮星（拜尔n星），以及D、E、F、G、H、I、J、K、L、M、N、O、Z、α、β、γ、δ，为左侧其他较小的星；而令p、P、Q、R、S、T、V、X表示前面观测得出的彗星的位置；设把距离AB分成$80\frac{7}{12}$份；AC占$52\frac{1}{4}$份；BC，$58\frac{5}{6}$；AD，$57\frac{5}{12}$；BD，$82\frac{6}{11}$；CD，$23\frac{2}{3}$；AE，$29\frac{4}{7}$；CE，$57\frac{1}{2}$；DE，$49\frac{11}{12}$；AI，$27\frac{7}{12}$；BI，$52\frac{1}{6}$；CI，$36\frac{7}{12}$；DI，$53\frac{5}{11}$；AK，$38\frac{2}{3}$；BK，43；CK，$31\frac{3}{9}$；FK，29；FB，23；FC，$36\frac{1}{4}$；AH，$18\frac{6}{7}$；DH，$50\frac{7}{8}$；BN，$46\frac{5}{12}$；CN，$31\frac{1}{3}$；BL，$45\frac{5}{12}$；NL，$31\frac{5}{7}$。由于HO比HI等于7比6，延长该线，会从D星和E星之间穿过，以至D星到直线的距离为$\frac{1}{6}CD$。而LM比LN等于2比9，延长该线，会经过H星。因此恒星相互之间的位置就能确定。（如月球交会点的运动–图16）

此后，庞德先生又做了一次恒星之间相互位置关系的观测，并收集得出了它们的经度和纬度，如下表。

观测得出的彗星相对于这些恒星的位置如下：

恒星		A	B	C	E	F	G
经度	° ′ ″	♉26.41.50	28.40.23	27.58.30	26.27.17	28.28.37	26.56.8
北纬	° ′ ″	12.8.36	11.17.54	12.40.25	12.52.7	11.52.22	12.4.58

恒星		H	I	K	L	M	N
经度	° ′ ″	27.11.45	27.25.2	27.42.7	♉29.33.34	29.18.54	28.48.29
北纬	° ′ ″	12.2.1	11.53.11	11.53.26	12.7.48	12.7.20	12.31.9

恒星		Z	α	β	γ	δ
经度	° ′ ″	29.44.48	29.52.3	♊0.8.23	0.40.10	1.3.20
北纬	° ′ ″	11.57.13	11.55.48	11.48.56	11.55.18	11.30.42

在旧历2月25日星期五，下午8:30，彗星在p点，到E星的距离小于$\frac{3}{13}AE$，而大于$\frac{1}{5}AE$，所以几乎等于$\frac{3}{14}AE$；因为角ApE近似为直角，但有一点偏向钝角。从A点向pE作垂线，则彗星到该垂线的距离等于$\frac{1}{5}pE$。

而在那天晚上9:30时，彗星在P点，到E星的距离大于$\frac{1}{4\frac{1}{2}}AE$，而小于$\frac{1}{5\frac{1}{4}}AE$，所以几乎等于$\frac{1}{4\frac{7}{8}}AE$，或$\frac{8}{39}AE$。但彗星到过A星作的垂直于直线PE的垂线的距离为$\frac{4}{5}PE$。

在2月27日星期日，下午8:15，彗星在Q点，到O星的距离等于O星和H星之间的距离；延长直线QO于K星和B星之间穿过。由于云层的干预，我不能更准确地确定恒星的位置。

在3月1日星期二，晚上11:00，彗星在R点正好位于K星和C星之间的连线上，以至直线CRK的CR稍微长于$\frac{1}{3}CK$，又稍微短于$\frac{1}{3}CK+\frac{1}{8}CR$，所以等于$\frac{1}{3}CK+\frac{1}{16}CR$，或$\frac{16}{45}CK$。

在3月2日星期三，下午8:00，彗星在S点，到C星的距离近似等于$\frac{4}{9}FC$；F星到直线CS的延长线的距离为$\frac{1}{24}FC$，B星比F星到该线的距离大4倍，NS的延长线过H星和I星之间，距离H星较I星更近5或6倍。

在3月5日星期六，晚上11:30。当彗星位于T点，直线MT等于ML的一半，LT的延长线于B和F之间穿过，距离F较B近4或5倍，在BF上靠近

F的一侧截取BF的$\frac{1}{5}$或$\frac{1}{6}$；MT的延长线过BF的外面，较F来说距离B近4倍。M是很小的星，几乎不能用望远镜观测到；但是L较暗，约为第八星等。

在3月7日星期一，晚上9：30，彗星位于V，直线$V\alpha$的延长线过B和F之间，在BF上向F点方向截取$\frac{1}{10}BF$，且与直线$V\beta$之比等于5比4。彗星到直线$\alpha\beta$的距离为$\frac{1}{2}V\beta$。

在3月9日星期三，晚上8：30，彗星位于X，直线γX等于$\frac{1}{4}\gamma\delta$，过δ星在直线γX上作的垂线为$\frac{2}{5}\gamma\delta$。

同样还是那天晚上12：00，彗星位于Y，直线γY等于$\frac{1}{3}\gamma\delta$，或稍短为$\frac{5}{16}\gamma\delta$；从δ星到直线γY作垂线等于约$\frac{1}{6}\gamma\delta$或$\frac{1}{7}\gamma\delta$。但是由于彗星极其接近地平线，以至几乎不能辨别，所以它的位置不能像前面的观测那样精确得出。

根据这些观测，由作图和计算，我推导出彗星的经度和纬度；而庞德先生校正了恒星的位置，这些都已在前面展示出来了。我的千分仪虽然不是最好的，但在经度和纬度上的误差（由我的观测）很少超出一分。彗星（根据我的观测）在其运动的末期，从它在二月底掠过的平行线开始朝北方明显倾斜。

现为了从上述观测结果来确定彗星轨道，我选择了弗莱姆斯蒂德的三次观测结果，有12月21日的，1月5日的和1月25日的；如果地球轨道平均分成10 000份，则St含有9 842.1份，Vt为455份。然后在第一次观测中，设tB包含5 657个这些部分，则求出SB为9 747，BE在第一次观测中为412，$S\mu$为9 503，$i\lambda$为413，BE在第二次观测中为421，OD为10 186，X为8 528.4，PM为8 450，MN为8 475，NP为25；由此，在第二次观测中我收集整理得出距离tb为5 640；由本次观测我最后推算出距离TX为4 775，TZ为11 322。从这些数据求出的轨道，我发现其下降交点在

♋，而上升交点在♑1°53′；其轨道平面对黄道平面的倾角为61°20$\frac{1}{3}$′；所以顶点（或彗星的近日点）距交会点8°38′，在♐27°43′，南纬7°34′；其通径为236.8；如果设地球轨道半径的平方为100 000 000，则在日运动中由伸向太阳的半径掠过的面积为93 585；彗星在这个轨道上完全按照星座顺序运动，在12月8日晚00时04分时运行到其轨道的顶点或近日点处；所有这些是我用标尺和罗盘（而角的弦都是在自然正弦表中求出的），在一张巨大的图中求得的，在图中地球轨道的半径（包含有100 00个部分）有16$\frac{1}{3}$英寸长。

最后，为了求证彗星是否真的在该轨道上运动，我用算术方法结合标尺和罗盘，求出了其在轨道上对应于观测时间的位置，结果见下表：

彗星								
月份	日期	到太阳距离	计算经度	计算纬度	观测经度	观测纬度	经度差	纬度差
12月	12日	2 792	♑6°32′	8°18$\frac{1}{2}$	♑6°31$\frac{1}{2}$	8°26	+1	$-7\frac{1}{2}$
12月	29日	8 403	♓ 13.13$\frac{2}{3}$	28.0	♓ 13.11$\frac{3}{4}$	28.10$\frac{1}{12}$	+2	$-10\frac{1}{12}$
2月	5日	16 669	♉17.0	15.29$\frac{2}{3}$	♉16.59$\frac{7}{8}$	15.27$\frac{2}{5}$	+0	$2\frac{1}{4}$
3月	5日	21 737	29.19$\frac{3}{4}$	12.4	29.20$\frac{6}{7}$	12.3$\frac{1}{2}$	−1	$+\frac{1}{2}$

但之后哈雷博士确实用算术方法求出了比作图求出的更精确的轨道，保持了交会点在♋和♑1°53′的范围内摆动，轨道平面向黄道平面的倾角为61°20$\frac{1}{3}$′，彗星在近日点的时间为12月8日00 04分，他发现近地点到彗星轨道上上升交会点为9°20′，如果设太阳到地球的平均距离为100 000个部分，则抛物线的通径就为2 430个该部分。通过对这些数据的算术计算，他求出了彗星在各观测时间里的位置，如下表。

该彗星也在以前11月时出现过，哥特弗里德先生在萨克森的科堡于旧历的该月4、6、11日观测到过它；考虑到科堡和伦敦的经度相差11°，以及庞德先生所观测的恒星位置，哈雷先生求出了彗星的位置如下：

真实时间		彗　星			误　差	
		到太阳距离	计算经度	计算纬度	经度	纬度
	d h m		° ′ ″	° ′ ″	° ′ ″	° ′ ″
12月	12.4.46	28 028	♑6.29.25	8.26.0北	−3.5	−2.0
	21.6.37	61 076	♒5.6.30	21.43.20	−1.42	+1.7
	24.6.18	70 008	18.48.20	25.22.40	−1.3	−0.25
	26.5.20	75 576	28.22.45	27.1.36	−1.28	+0.44
	9.8.3	84 021	♓13.12.40	28.10.10	+1.59	+0.12
	30.8.10	86 661	17.40.5	28.11.20	+1.45	−0.33
1月	$5.6.1\frac{1}{2}$	101 440	♈8.49.49	26.15.15	+0.56	+0.8
	9.7.0	110 959	18.44.36	24.12.54	+0.32	+0.58
	10.6.6	113 162	20.41.0	23.44.10	+0.10	+0.18
	13.7.9	120 000	26.0.21	22.17.30	+0.33	+0.2
	25.7.59	145 370	♉9.33.40	17.57.55	−1.20	+1.25
	30.8.22	155 303	13.17.41	16.42.7	−2.10	−0.11
2月	2.6.35	160 951	15.11.11	16.4.15	−2.42	+0.14
	$5.7.4\frac{1}{2}$	166 686	16.58.55	15.29.13	−0.41	+2.10
	25.8.41	202 570	26.15.46	12.48.0	−2.49	+1.14
3月	5.11.39	216 205	29.18.35	12.5.40	+0.35	+2.2

11月3日17点2分，就是彗星出现在伦敦的时间，它位于♌29°51′，北纬1°17′45″。

11月5日15点58分，彗星位于♍τ3°23′，北纬1°6′。

11月10日16点31分，彗星距位于♍的两颗星距离相等，拜尔定义其为σ和τ；但它又没有真的位于这两个星的连线上，而是距此有一点距离。在弗莱姆斯蒂德的星表中，那时σ星在♍14°15′，近似北纬1°41′，而τ是在♍17°$3\frac{1}{2}$′，南纬0°$33\frac{1}{2}$′；所以这两个星之间的中间点为♍15°$39\frac{1}{4}$′，北纬0°$33\frac{1}{2}$′。令彗星到该直线的距离为10′或12′；因此彗星到该中间点的经度差为7′，纬度差约为$7\frac{1}{2}$′；因此得出彗星位于♍15°32′，约为北纬26′。

第一次观测到的彗星位置相对于某些小恒星来说，具有所期望的所有精确度；第二次观测也足够精确。第三次观测是最不精确的，可能有六七分的误差，但也不会比这个还大了。就像在第一次也是最精确的一次观测中测出的那样，彗星的经度由上述抛物线轨道计算得出♌29°30′22″，北纬为1°25′7″，且到太阳的距离为115 546。

此外，哈雷先生还注意到一颗显著的彗星曾以575年为间隔出现过四次（即在朱利叶斯·恺撒被杀后的9月；然后在公元531年，就是在兰帕迪乌斯和奥里斯特斯执政时；之后就是在公元1106年2月；最后就是在1680年末；并且它都拖着又长又明显的尾巴，除了在恺撒死后那次，在那时由于地球位置的原因，彗尾不易见），这让他求出了这样的一个椭圆轨道，如果地球到太阳的平均距离包含有10 000部分，其最长轴应为1 382 957个该部分；在该轨道上彗星环绕一周的时间为575年；上升交会点位于♋2°2′，该轨道平面相对于黄道平面的倾角为61°6′48″，在该平面上彗星的近日点为♐22°44′25″，到近日点的时间是12月7日23点9分，近日点到位于黄道平面上的上升交会点的距离是9°17′35″，其共轭轴为18 481.2，由此，他计算出了彗星在该椭圆轨道上的运动。而由观测的推算和该轨道的计算得出的彗星的位置。

对该彗星的观测从一开始到最后都完全与推算出的彗星在轨道上的运动相符，就像行星的运动与由原理推算出的它们的运动相符；由这种一致性可以清楚地证明所有出现的彗星是同一个彗星，就连它的轨道都已正确地给出了。

在前面的表中我省略了11月16、18、20和23日的观测数据，因为它们不是很精确，在这几次观测中很多人都对该彗星做过观测。旧历11月17日早上6：00，庞修和他的同事在罗马（即在伦敦为5：10）将准线对准恒星，观测到彗星在♒8°30′，南纬0°41′。庞修的论文中有提及这次他们观测的结果。切里奥当时也在观测这一彗星，他在写给卡西尼的信中说道，彗星在那同一时刻位于♒8°30′，南纬0°30′。同样的伽列特也那一时刻在阿维尼翁（即，是伦敦早上5：42）观测到其位于♒8°，南纬0°。但由彗星原理计算得出，那时它位于♒8°16′45″，南纬0°53′7″。

11月18日早上6：30在罗马（即在伦敦的5：40），庞修观测到彗星位于♒13°30′，南纬1°20′；而切里奥的结果是♒13°30′，南纬1°00′。但在阿维尼翁的早上5：30，伽列特发现在♒13°00′，南纬1°00′。在法国拉弗累舍大学的早上5：00（即在伦敦的5:09），安果观测到它位于两颗小星之间，其中一个是位于室女座南肢的连成一线的三个星中间的那颗——拜尔ψ星；而另一个是该肢上最远的一颗——拜尔θ星。所以那时彗星位于♒12°46′，南纬50′。而哈雷博士告诉了我，他也在那一天的早上5：00，在位于北纬$42\frac{1}{2}$度的新英格兰的波士顿（即在早上9:44的伦敦）测得彗星位于♒14°，南纬1°30′附近。

11月19日4：30在剑桥，彗星（由一个年轻人的观测）距角宿一♍约西北方向2°。那时角宿一位于♒19°23′47″，南纬2°1′59″。在同一天，早上5：00，新英格兰的波士顿，彗星距离角宿一♍1°，纬度相差40′。也在同一天，在牙买加岛，彗星距离角宿一♍1°。还是那一天，亚瑟·斯多尔在弗吉尼亚地区的马里兰那里，临近亨丁·克里克的帕图森河（北纬$38\frac{1}{2}$度），在早上5：00（即，在伦敦10：00），看到彗星在角宿一♍之

真实时间		观测经度	观测北纬度	计算经度	计算纬度	经度误差	纬度误差
	d h m	° ′ ″	° ′ ″	° ′ ″	° ′ ″	′ ″	′ ″
11月	3.16.47	♌ 29.51.00	1.17.45	♌ 29.51.22	1.17.32N	+0.22	−0.13
	5.15.37	♍3.23.00	1.6.0	♍ 03.24.32	1.6.09	+1.32	+0.9
	10.16.18	15.32.00	0.27.0	15.33.02	0.25.70	+1.2	−1.53
	16.17.0			♒ 08.16.45	0.53.7S		
	18.21.34			18.52.15	1.26.54		
	20.17.0			28.10.36	1.53.35		
	23.17.5			♏ 13.22.42	2.29.0		
12月	12.4.46	♑6.32.30	8.28.0	♑ 06.31.20	8.29.6N	−1.10	+1.6
	21.6.37	♒ 5.8.12	21.42.13	♒ 05.06.14	21.44.42	−1.58	+2.29
	24.6.18	18.49.23	25.23.5	18.47.30	25.23.35	−1.53	+0.30
	26.5.21	28.24.13	27.00.52	28.21.42	27.2.01	−2.31	+1.9
	29.8.33	♓13.10.41	28.10.58	♓13.11.14	28.10.38	+0.33	+0.40
	30.8.10	17.38.0	28.11.53	17.38.27	28.11.37	+0.7	−0.16
1月	$5.6.1\frac{1}{2}$	♈8.48.53	26.15.7	♈8.48.51	26.14.57	−0.2	−0.10
	9.7.10	18.44.04	24.11.56	18.43.51	24.12.17	−0.13	+0.21
	10.6.6	20.40.50	23.43.32	20.40.23	23.43.25	−0.27	−0.7
	13.7.9	25.59.48	22.17.28	26.0.8	22.16.32	+0.20	−0.56
	25.7.59	♉9.35.0	17.56.30	♉9.34.11	17.56.6	−0.49	−0.24
	30.8.22	13.19.51	16.42.18	13.18.28	16.40.5	−1.23	−2.13
2月	2.6.35	15.13.53	16.4.1	15.11.59	16.2.17	−1.54	−1.54
	$5.7.4\frac{1}{2}$	16.59.6	15.27.3	16.59.17	15.27.0	+0.11	−0.3

续表

真实时间		观测经度	观测北纬度	计算经度	计算纬度	经度误差	纬度误差
	d h m	° ′ ″	° ′ ″	° ′ ″	° ′ ″	′ ″	′ ″
2月	25.8.41	26.18.35	12.46.46	26.16.59	12.45.22	−1.36	−1.24
3月	1.11.10	27.52.42	12.23.40	27.51.47	12.22.28	+0.55	−1.12
	5.11.39	29.18.0	12.3.16	29.20.11	12.2.50	+2.11	−0.26
	9.8.38	♊0.43.4	11.45.52	♊0.42.43	11.45.35	−0.21	−0.17

上，几乎连在一起，它们之间的距离有$\frac{3}{4}$度。通过对这些数据的比较，我得出在伦敦9：44，彗星位于♎18°50′，南纬1°25′。而由理论推算出当时彗星位于♎18°52′15″，南纬1°26′54″。

11月20日，帕多瓦的天文学家蒙特纳里在威尼斯的早上6：00（即伦敦的5：10），发现彗星位于♏23°，南纬1°30′。同一天在波士顿，彗星在角宿一♍偏东4°的地方，因此就是在近似于♎23°24′的地方。

11月21日，庞修和他的同事在早上7：15观察到彗星位于♒27°50′，南纬1°16′；而切里奥观察得出是在♒28°；安果在早上5：00测出的♒27°45′；蒙特纳里的为♒27°51′。同一天里，在牙买加岛看到的彗星位于♏开始处附近，几乎与♍位于相同纬度，即2°2′。同一天在东印度群岛的巴拉索尔的早上5：00

1664年的彗星

图中是艺术家笔下的1664年的彗星现象，这一年的这颗彗星具有特别的意义，它促成了巴黎天文台的创建，也引起了当时还在上大学的牛顿的兴趣。对牛顿而言，这颗彗星和苹果一样重要，都促使他思考重力的本质。

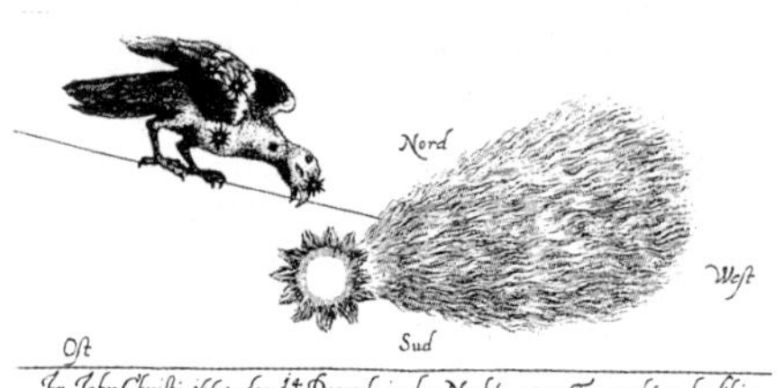

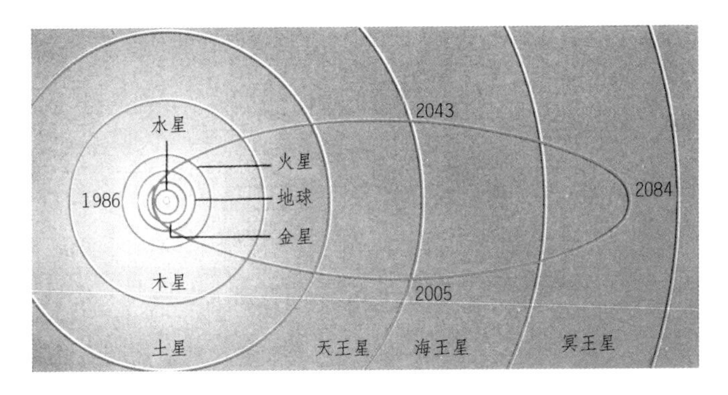

哈雷彗星

绕太阳一周大约需76年的哈雷彗星在太阳附近通过后，会运行到冥王星处然后再次回归。1705年，哈雷推测这颗彗星将在1758年回归，它的如期再现证实了哈雷的预测，这是引力定律的重要证明。引力定律不仅解释了月球和行星的运动轨道，也揭示了彗星的运动规律。哈雷彗星最近一次飞临地球附近是1986年，2084年，它将到达距地球的最远点。

（即，伦敦的前一天的晚上11：20），彗星位于角宿一♍向东7°35′。就是在角宿一与天秤座的连线上，所以就是在♎26°58′，南纬1°11′；过了5：40之后（即在伦敦早上5：00），彗星就位于♎28°12′，南纬1°16′，而现在由理论推算出彗星那时在♎28°10′36″，南纬1°53′35″。

11月22日，蒙特纳里发现彗星在♏2°33′；但新英格兰的波士顿，它被发现位于♏3°，而几乎和以前一样的纬度1°30′。同一天早上5：00在巴拉索尔彗星位于♏1°50′；所以在伦敦的早上5：00彗星近似位于♏3°5′。同一天在伦敦的早上6：30，胡克博士在观察到它约在♏3°30′，在角宿一♍和狮子座之间的连线上，但是也不是完全位于线上，而是有一点偏向北边。蒙特纳里同样也在那一天以及之后的几天里做了观察，他发现彗星到角宿一♍的连线经狮子座南侧的很近的地方通过。狮子座和角宿一♍的连线在♍3°46′处与黄道平面所成的交角为2°25′；而如果彗星在该直线上的♏3°处，则其纬度就会为2°26′；但由于胡克和蒙特纳里都认为彗星位于该直线偏北一点的地方，所以它的纬度必定还要小一点。在20日时，通过蒙特纳里的观测，其纬度几乎与角宿一♍的相同，即约为1°30′。但由于胡克、蒙特纳里和安哥都认为纬度是不断增加的，所以在22日那天，就会比1°30′大很多；取这些数据中的最大值和最小值（也就是2°26′和1°30′）的中间值，则纬度就约为1°58′。胡克和蒙特纳里都认为彗星的彗尾是指向角宿一♍，但胡克认为其有一点倾向该星南侧，而蒙特纳里则认为是倾向该星北侧，所以该倾斜几乎是看不见的；而该彗尾应近似平行于赤道，相对于太阳位置要略偏北一点。

旧历11月23日早上5：00，在纽伦堡（即在伦敦的4：30），齐默尔曼先生以恒星位置推算出彗星位于♍8°8′，南纬2°31′。

11月24日日出之前，蒙特纳里看到彗星在狮子座和角宿一♍之间连线北侧的♍12°52′，所以其纬度要小于2°38′；而由于就像我前面说的，蒙特纳里、安哥和胡克都观测出纬度是不断增加的，所以如果在24日就会大于1°58′；所以取平均值，就会为2°18′，没有任何明显误差。而庞修和切里奥则认为纬度是不断减小的，但伽列特，以及在新英格兰的观测者则认为其纬度保持不变，即约为1°或$1\frac{1}{2}$°。庞修和切里奥的观测很粗糙，特别是那些用地平经度和纬度推算出的很不准确；伽列特的观测也是。而蒙特纳里、胡克、安哥和那些在新英格兰的观测者们用的方法比较好，庞修和切里奥有时用的也是这一方法，他们用相对于恒星位置来求出彗星位置。同一天在早上5：00在巴拉索尔，观测到彗星在♍11°45′；所以在伦敦早上5：00时近似位于♍13°。而由理论推算出，彗星在那时位于♍13°22′42″。

11月25日日出之前，蒙特纳里观测到彗星近似位于$17\frac{3}{4}$°；而切里奥与此同时观测到的却位于室女座右侧上的亮星和天秤座南部亮星的连线之间；该直线与彗星轨道的交角为♍18°36′。而由原理推算出约为位于♍

$18\frac{1}{3}^\circ$。

从以上这些可以明显看出，这些观测结果是与原理相符的；由这种相符性可以证明从11月4日到3月9日一直出现的都是一个而且是同一个彗星。由于该彗星的路径两次与黄道平面相交，所以它不是沿直线运动的。它在室女座的末端和摩羯座的开端与黄道平面相交，它们之间的弧度为98°，因此说它不是在天空中相对的位置上与黄道平面相交；所以彗星的路径偏离大圆很多；因为在11月它至少向南偏离黄道平面3°；而后在接下来的12月它向北偏离了29°；在该轨道上有两个部分，在这儿，彗星落向太阳又从太阳处上升，根据蒙特纳里的观测，彗星的这种下落上升的视在倾角大于30°。该彗星经过九个星座，也就是从♌的末尾到♊的开始，彗星经过♌之后才开始被发现的；我们还没有一个原理可以解释为什么彗星能用规则运动掠过天空中这么大的部分。但是该彗星的运动是不相等的；因为在11月20日左右，它每天掠过约5°。然后它的运动在11月26日到12月之间的时间里是减速的，即在15天半的时间里它只掠过了40°。但之后的运动就是增速的了，它那时接近每天运动5°，直到它的运动又一次减速。这种在如此巨大天空中恰如其分地描述不相等的运动的理论，又与行星运动理论具有相同原理，而且得到了精确天文观测的印证，那么这种理论只能是真理。

考虑到这没有什么不妥，我就附上一幅图，上面我详细绘制了彗星轨道，以及它喷出的彗尾的位置（如月球交会点的运动-图17）。在该图中ABC表示彗星的轨道，D为太阳，DE表示轨道的轴，DF为交会点连线，GH为地球轨道与彗星轨道平面的交线；I为彗星在1680年11月4日所处的位置，N为12月21日的位置，K为那一年里11月11日的位置，L为那一年11月19日的位置，M为那一年12月12日的位置，O为12月29日的，P为次年1月5日的，Q为1月25日的，R为2月5日的，S为2月25 日的，T为3

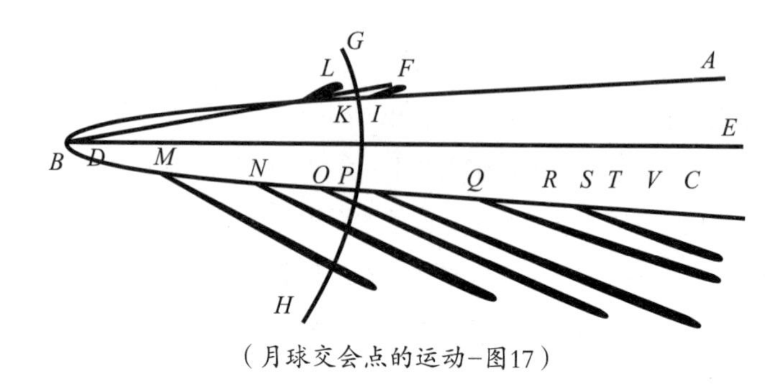

（月球交会点的运动–图17）

月5日的，V为3月9日的。为了求出彗尾的长度，我做了如下观测。

11月4日和6日，彗尾没有出现；11月11日，彗尾才刚出现，但其长度在10英尺长的望远镜中不会超过$\frac{1}{2}$°。11月17日，庞修观测得出为长于15°；11月18日，在新英格兰测出为30°长，且直指太阳，并延伸至位于♍9°54′处的火星处；11月19日，在马里兰岛发现彗尾有15°或20°长；12月10日（根据弗莱姆斯蒂德先生的观测）彗尾从蛇夫座的蛇尾和天鹰座南翼的δ星之间穿过，停在拜尔A、ω、b星附近。所以彗尾位于♑$19\frac{1}{2}$°，北纬约$34\frac{1}{4}$°；12月11日，它上升到天箭星座顶部（拜尔α、β），停在♑26°43′，北纬38°34′；12月12日，它从天箭星座中间穿过，但它也没有运动到很远；停在约♒4°，北纬$42\frac{1}{2}$°。但是我们必须要知道，我们所说的彗尾长度是最亮部分的长度；因为在晴朗的夜空中可能比较微弱的亮光也可以看到，在12月12日5：40在罗马，庞修观测到其彗尾上升到了天鹅座尾星以上10°的位置，彗尾的侧部指向西北，距该星有45′。但在那时彗尾上端的宽度有3°；所以彗星中间在该星偏南2°15′，而上端尾部位于♓22°，北纬61°；所以彗尾约有70°长；12月21日，它几乎延伸到了仙后座，它的距离与β星到王良四的距离相等，这两个星分别到它的距离也与这两个星之间的距离相等，所以彗尾停在♈24°，纬度$47\frac{1}{2}$°；12月29日它到达了室宿二，与其左侧相接触，并恰好填满了在仙女星座北部足间的有54°长的所有空间；所以该彗尾停在♉19°，纬度为35°；1月5日，彗尾接触到仙女座胸部右侧的π星和其腰部左侧的μ星；根据我们的观测得出彗尾有40°长；但是呈曲线，且凸起的那一侧指向南部；在彗星头部附近与过太阳和彗头的圆成4°角；但彗尾却与该圆成约10°或11°角；彗尾的弦和该圆成8°角。1月13日彗尾停在Alamch（即仙女座r，也称“天大将军”）和大陵五之间，其亮度还可见；最后以微弱光亮消失在背对κ星靠英仙座的那一侧。彗尾到过太阳和彗星的圆的距离为3°50′；而彗尾的弦对该圆的倾角为$8\frac{1}{2}$°。1月25日和26日，彗尾亮度微弱长约6°或7°；经过一两个夜晚后，当在晴朗天空下时，就算它的亮光很微弱几乎不能看见，它也能延伸至12°或更多；但是它的轴恰好指向御夫座东肩上的亮星，所以向北偏离与太阳反向的位置10°。最后，2月10日我用望远镜观测到彗尾长2°；因为太微弱的光无法通过玻璃所以看不见。但庞修曾写到在2月7日看到彗尾有12°长。2月25日彗星失去彗尾消失了。

现在，如果我们回顾所阐述过的轨道，并适时考虑到彗星的其他状态，则我们会清楚地了解彗星是固体的、紧密的、固定的和耐久的，就像行星的星体；因为如果它们就只是地球、太阳和其他行星的所形成的气体，则该彗星在经过太阳附近时就会瞬时消散掉；因为太阳的热度正比于它光线的密度，即反比于它所处的位置到太阳的距离的平方。所以在12月8日当彗星位于近日点时，从彗星位置到太阳中心的距离比地球到太阳的距离约为6比1 000，而那时太阳作用在彗星上的热量，比夏日里的太阳光作用在我们身上的热量，等于1 000 000比36，或等于28 000比1。我曾试验过把水煮沸的热量是把地球土壤晒干的太阳热量的3倍；而烧红的铁的热量（如果我设想的没错）约为沸水热量的3到4倍。所以当彗星位于近日点时，彗星上的泥土受到太阳光线照射而晒干的热量约为烧红的铁的热量的2 000倍。而在这样高的热量中，蒸汽和雾气，以及任何挥发性物质，都会瞬时挥发消失掉。

所以，该彗星必定从太阳那里吸收了大量的热量，并在相当长的时间里保持该热量，因为直径长1英寸的烧红铁球暴露在空气中，在一个小时的时间里几乎也不会失去所有的热量；而体积更大的球体会以正比于其较大的直径而保持热量更持久，因为该表面（正比于受使其冷却的周围流动的空气的多少）比内部所含的热量要小。所以一大小等于地球的烧红铁球，即直径约40 000 000英尺的球体，在与地球冷却天数一样多的日子里，或是在50 000多年里是不会冷却的。但我怀疑有一些潜在原因，使得热量持续时间的增加比例要小于体积增大的比例。我是很期望看到能用实验测出真实比例。

我还注意到，在12月就在彗星刚刚受到太阳光热，它就会放射出比在11月当它还未到达近日点时更亮的彗尾。一般来说，最长又最亮的彗尾是马上紧接着出现在它们经过紧邻的太阳之后。所以彗星接受的太阳光热最多，才放射出最长的彗尾。由此我可以推出彗尾就只是彗头或彗核受热所放射的微细的蒸气。

关于彗尾还有三种其他说法：一是有些人认为它们不是别的，就是太阳透过彗头（人们认为它是透明的）的光束；再者是有些人认为是彗头向地球放射的光反射而成的；最后还有些人认为是它们是不断从彗头冒出的云雾或蒸气之类的，且背向太阳方向运动。这第一种是与光学不相符的，因为在暗屋里能看见太阳光束只是因为光束反射在空气中飘浮的尘埃和烟尘的微粒的结果。由此可知，如果空气中布满浓烟，则这些光束发出的光亮就会更强，使眼睛受到更强的刺激；而在更纯净的空气中，它们的光亮就不容易被察觉。但是在宇宙是真空的，没有物质来反射光亮，所以我们是不可能看到光束的。光不是因为成为一束光而被我们看见，而是光反射到我们的眼睛而被看见，因为景象只有在落入我们眼睛才能被我们看见，所以在我们看见彗尾的地方必定有一些能反射的物质，而且由于天空中太阳光是平均分布的，所以不存在有些地方的亮度要大于另一些地方。第二种说法会面临很多问题。彗尾从来没有出现过一般反射会造成的多种色彩，而恒星或行星射向我们的唯一的光就证明了天空不能产生折射，因为就正如人们提出埃及人有时看到彗发包裹在恒星周围，因为这并不常见，我们最好把它归结为平常的云层的折射。恒星的发光和闪烁也是由于我们眼睛和空气折射的作用，因为把望远镜放到我们眼睛前这种闪烁便即刻消失了。由于空气的震颤和水汽的上升，这就造成了光线在我们狭长的瞳孔里交替摆动；但是在有着宽孔径的望远镜下就不会发生这种情况，因此闪烁只会发生在前一种情况中，而后一种情况是不可能发生的。而在后一种情况中的闪烁不存在就证明了光在天空中是均匀传播的，没有任何明显的折射。人们有时看见有的彗星的光太弱了，以至看不到彗尾，就好像次级光太弱，以至不能被我们看见一样。因此有的人认为这就是为什么恒星没有尾巴。为了消除这种异议，我们得这样想，在望远镜下恒星的光可以增加100倍，但仍然看不见尾巴。而行星的光则更亮但还是看不到任何尾巴，但是当彗头有时光很暗淡时，我们还是能看见彗星有着长长的尾巴。这种情况在1680年就发生过，当时，在12月时它的光亮还不到第二星等的星的亮度，但还是放射出明显的尾巴，并有40°、50°、60°或70°，甚至更长。此后，在1月27日、28日，当时彗头的亮度等于第七星等的亮度，但还是可以看见彗尾（就如我前面所说），尽管光亮很微弱，但仍有6°至7°长，如果加上更难以看到的渐微的亮光。它甚至还有12°长以上，而到了2月9和10日，那时肉眼已经看不到彗头了，但透过望远镜我看到彗尾有2°长。再说，如果彗尾是由于天体的折射而形成的，且是背离太阳的，则根据其在天空中的形状，它在相同位置的偏离应该一直指向同一个地方。但是1680年的彗星，在12月28日晚上8点半时，在伦敦被观察到位于♓8°41′，北纬28°6′；而当时太阳位于♑18°26′。1577年的彗星，在12

月29日位于♓8°41′，北纬28°40′，而太阳和前面一样位于♌18°26′。在这两种情况中，地球的位置都相同，彗星在天空中的位置也相同；尽管在前一种情况中，彗尾（不管是我还是其他人的观测都是）向北偏离太阳反向$4\frac{1}{2}$度；而在后一种情况中，它（根据第谷的观测）向南偏离了21°。所以不能证明是天体折射所引起的，究竟彗尾的现象是不是由物质折射而成的还尚待证明。

从对彗尾的进一步观测得出，彗尾确实是由彗头引起的，并指向太阳的反向。位于经过太阳的彗星轨道平面，它们不断地偏离太阳反向并朝向彗头在轨道上掠过了剩下的部分。对于位于那些平面里的旁观者而言，彗尾看起来是位于正对太阳的地方；但随着旁观者们远离该平面，彗尾的偏离就逐渐明显了起来，且日益增加。如果其他条件不变，在彗尾更向彗星轨道倾斜时，以及在彗头更接近太阳时，特别是当在彗头附近所测的偏离角度，该偏离会少一些。如果彗尾没有偏离，则它就呈现出直线，但当它有偏离时就会呈现出曲线。偏离越大曲率就越大。因为如果彗尾越短曲率越不容易看见，所以在其他条件不变的情况下，彗尾越长曲率也越大；而又由于彗尾凸起的那一侧是朝向引起偏离的那一侧，而且该侧是位于太阳到彗头的直线上的，所以偏离角在接近彗头部分较小，而在彗

赤道星图

星图是恒星观测的一种形象记录，它是天文学上用来认星和辨别方向的工具。星图种类繁多，有的用来辨认某种天体，有的则用来对比发生的变异等。图中为赤道星图，中心是天赤道，即赤纬00°00′00″。

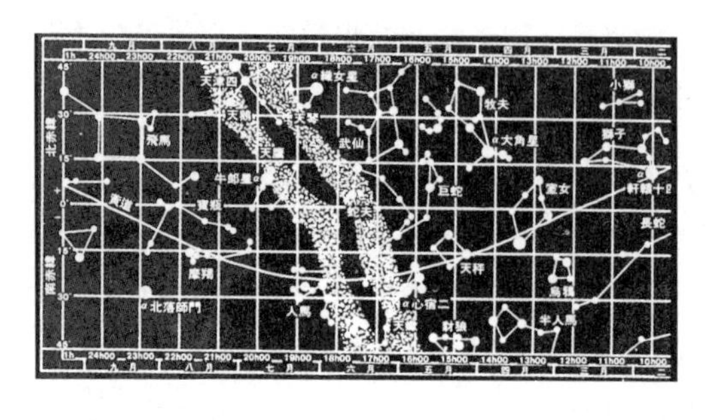

尾末端部分较大。那些又长又宽，光亮很强的彗尾中，其凸侧部分比凹侧部分更亮，轮廓更清晰。由此我们可以清楚地知道，彗尾的现象取决于彗头的运动，而不是我们在天空中看见的彗头的位置；所以彗尾并不是由天体的折射产生的，而是由它们自己的彗头提供的物质形成的。就像在地球空气中，燃烧的物体所产生的烟，当在物体静止时垂直上升，而在物体运动倾斜运动时斜向上升，因此在天空中，所有的天体都受太阳吸引，则烟雾和蒸气都必定（正如我之前说的）会向太阳方向升起，当生烟物体静止时，烟尘就会垂直上升，而当物体在所有运动中都离开那些较高部分的烟尘最初升起的位置时，烟尘就斜向上升；而且当烟尘以最大速度上升时，倾斜度就会最小，也就是说在生烟物体接近太阳时，倾斜度最小。但是，由于倾斜度在变化，所以烟柱也是弯曲的；又由于在前部的烟尘升起较晚，即较晚从生烟物体中升起，则在那头的烟尘密度较大，因此也必定反射更多的光，轮廓也就更清晰。我并没有考虑进彗星的突发不确定摆动，以及它们的不规则形状，而很多学者都对此做过描述。可能是由于空气的流动和云层的运动，遮挡了这些彗尾；还有可能是由于当彗星经过银河系时，把其中的某一部分当作了彗尾的一部分。

但关于彗星的大气能够提供充足的水汽来填满如此大的空间，我们不难从地球空气的稀薄来得以理解。因为在地球表面的空气所具有的空间是相同重量的水的体积的850倍，所以一个高850英尺的空气柱体，和一个有相同幅宽而只有1英尺高的水的重量是相同的。而高度达到大气层顶端的空气柱体的重量，与一个高33英尺的水柱体的重量是相等的。所以，如果把这整个空气柱的较低部分的850英尺的空气全部拿走，则剩下的较高部分就会等于高32英尺的水柱体的重量。由此（由很多试验验证的假设得知，空气压力正比于周围包裹大气的重量，以及引力反比于到地球中心的距离的平方）从第2编命题22的推论引出一个计算，我得出从地球表面算起，在地球半径的高度的地方，空气要比地球表面的稀薄，这两个地方的稀薄比例要远远大于土星轨道以内的空间与直径一英寸的球体的体积之比。因为如果第七表面大气层的厚度只有一英寸，且其空气稀薄程度和在地球半径的高度上的空气稀薄程度相同，但它也能填满行星们到土星轨道的所有空间，甚至更远。由于越靠近大气层外层空气越稀薄，所以从彗星中心算起，彗发或是包裹彗星的大气层就会稀薄至彗核表面的大气的十分之一，而彗尾离彗星中心更远，所以彗尾的大气更加稀薄；虽然，由于彗星表面的大气层密度较大，又受到太阳的强烈吸引力，而且它们的大气和烟尘的粒子又相互吸引，所以可能在天空中和彗尾中的大气不是那么稀薄，但是从这一计算来看，很少量的大气和烟尘就足够产生彗尾的所有状态；因为事实上由周围星星透过它们的闪耀就可以知道它们有多么稀薄。尽管地球大气层只有几英里的厚度，在太阳光的照射下，还是能遮住所有星星的光亮，甚至月球的光亮；然而同样在太阳光的照射下，哪怕是最小的星星也能透过彗尾厚厚的大气层而被我们看见，并且没有失去任何的亮度。大多数彗尾的亮度，通常都不会大于在一个暗室里太阳光束透过百叶窗的缝隙反射到1到2英寸厚的地球空气上的亮度。

我们也可以作彗尾末端到太阳的连线，并标出直线与彗星轨道的交点，这样可以求出蒸气从彗头升到彗尾末端的近似时间。因为现在位于彗尾末端的蒸气，如果它从太阳方向以直线上升，就必须要当彗头位于其交会点处蒸气就上升。但事实上，蒸气并没有从太阳方向以直线上升，而是保持了其在没有脱离彗星之前的运动，倾斜上升。所以，如果我们做与轨道相交的直线，平行于彗尾长度方向的直线，或是（由于彗星的曲线运动）该直线稍微有一点偏离彗尾长度方向直线，就可以更精确地求出这个问题的解。用这种方法我求出在1月25日位于彗尾末端的蒸气，在12月11日之前就要开始从彗头升起，所以它总共上升了45天时间。但是在12月10日出现的整个彗尾，在其到达近日点后的两天里就停止上升了。所以在开始上升时和在靠近太阳时会以最大速度上升，之后又会受引力阻碍继续以匀速上升。它上升得越高，就使彗尾长度又增加一点，我们持续看到的彗尾几乎全都是自彗星经过近日点以来所上升的蒸气，而且我们所看到的部分也不是最早上升的。因为位于彗尾末端的部分到离太阳距离太远时，由于从太阳反射到它们身上的太阳光不能再到达我们眼睛，使其看起来就像是消失了。因此其他那些较短的彗尾不是快速从彗头升起以后又迅速消失，而是形成一个持久的蒸气柱，里面的蒸气是经过很多天缓慢地从彗头升起，并保持了它们在以开始就有的彗头的运动，与彗头一同继续划过天际。由此我们又得出了一个论据来证明宇宙是真空的，没有任何阻力，因为在宇宙中不仅像行星和彗星之类的固体，而且像彗尾这种极稀薄的气团，都能以极大自由维持其高速运动，并持续很长一段时间。

开普勒把彗尾归因于彗头的大气，而把彗尾背向太阳归因于彗尾物质中所带的光线的作用。如果我们假设在如此巨大的空间里，像以太这种如此细微的物质会受到太阳光的作用也不是不合理的，尽管由于受到明显的阻力影响，在地球上这些阳光不能对物质有明显作用。还有一些学者认为可能有某种物质粒子具有轻浮性，就像其他物质具有引力一样，而可能彗尾的物质就属于前一种，所以其从太阳方向升起就是由于这种轻浮性。但是考虑到地球物质的引力正比于物体质量，所以相同物质的物质重量也会一样，我倾向于相信这种上升是由于彗尾物质的稀薄造成的。烟囱中升起烟尘是受到其中空气的推动力。由于热气上升，空气的比重减小了，空气也就稀薄了，而在空气上升的同时它也把掺杂其中的烟尘一并带走。那为什么彗尾就不能同样地从太阳方向升起呢？因为太阳光并不会普遍作用在介质上，除非是通过折射和反射，然后那些反射阳光的粒子又会被这种作用加热，进而加热了其中的以太物质。

而该物质在达到一定热度后就会变稀薄，又因为这种稀薄化，其以前落向太阳的比重就会减小，反而会上升，并且一并带上构成彗尾的反射光线的粒子。但上升的水汽会进一步由于它们绕太阳的旋转运动而带动上升，这就造成了它们更远离太阳，而太阳的大气层和天空中的其他物质都静止，或者是由太阳的转动所带动做的极慢的旋转运动。这些就是彗尾在太阳附近上升的原因。在那儿它们的轨道曲线的曲率增加，所以彗星本身就会挤进密度较大，因而重量较重的太阳大气层，因此它们就放射出长长的彗尾。因为它们上升的彗尾继续保持了它们本来适当的运动，与此同时又被吸引向太阳，所以必须像彗头一样在椭圆轨道上绕太阳运动，而该运动就使得彗尾必须永远跟随彗头，且以自由的方式跟在后面。因为太阳使彗尾脱离彗头，同时，升向太阳的引力并不会大于它吸引彗头脱离彗尾的力。所以它们必须是在共同引力的作用下一起落向太阳，或是在一起上升运动中受到阻滞。所以（不管是从已经阐述过的原因还是从其他什么原因），彗头和彗尾都能简单地被观测到，它们相互之间也能自由保持任意位置，而不被公共引力所干扰或阻滞。

所以，由彗星近日点升起的彗尾会随着其彗头运动到遥远的地方，并同彗头一起，在经过了长年的环绕之后再回来，或者就会变稀薄，逐渐消失掉。因为在这之后，在彗头又一次落向太阳时，新的短彗尾就会从彗头以极慢的运动放射出。而这些新的彗尾会逐渐增大，有些彗星的彗尾会增加更多，在近日点时离太阳大气层很近的那些彗星尤其如此。因为在自由空间里，所有水汽都会永远处在稀薄化和膨胀的状态中，因此所有的彗尾在它们的最顶端处都要宽于接近彗头处。它们会永久地处在这种稀薄化和膨胀的状态中，最后消散掉，分布在宇宙中，然后受行星的引力吸引落入行星的大气层，而成为大气层的一部分，这都不是不可能的。就像海洋对构建我们地球是必需的一样，太阳的热度使得海洋蒸发大量水汽，这些水汽聚集在一起形成云，然后又以雨的形式滋润

恒星及其周围的圆盘

恒星形成时，一些物质也形成了围绕恒星的圆盘，之后这些物质开始结成团块，成为环绕恒星的石块，像地球这样的行星就是由这些石块凝聚成的，这就是行星起源的现代理论。

泥土，使得作物得以生长；或是在山顶上遇冷凝结（正如一些哲学家有根据的设想），以泉水和河水的形式流下。彗星对海洋和行星上流体的保持也是必不可少的，通过彗星物质的蒸发和水汽凝结，行星上的流体因为作物生长和腐烂转而变成干泥土所损失的部分，会不断得以补充和生成。因为所有作物的生长都依赖流体，而之后，又在很大程度上由于腐烂而变成干土；通常在腐败的流体底部总能找到稀泥之类。因此地球固体部分的体积才会不断增大，而流体如果没有得到补充，就会不断减少，最后就消失了。此外，我还认为这种主要来自彗星的精气，正是我们空气中最小最细最有用的部分，也是维持地球上所有生命所必需的。

如果赫维留星图对它们形状的描述没错的话，彗星在落向太阳时，其大气蒸发成彗尾，消耗使得其越来越少，也就越来越窄，至少在对着太阳的这一面是如此；而在它们远离太阳时，它们会较少蒸发成彗尾，所以它们又一次增大了。但是它们在受到最强太阳光加热之后，由于会放射出最长最亮的彗尾，它们看起来是最小的。与此同时，包围彗核的大气层的最底部可能也是较厚较暗的，因为通常最强的热度产生的烟都是又厚又黑的。因此我们描述过的彗头，在到太阳和地球距离相等的地方，在其经过近日点时会比以前呈现出更暗的烟。因为在12月时它的亮度达到了第三星等，但是在11月它的亮度就达到第一、二星等，以至那些都看过这两种状态的人，会认为后者是另一个更亮的彗星。因为在11

月19日，在剑桥的一个年轻人看到该彗星尽管发出暗淡的光，但其亮度还是等于室女座角宿一的亮度；在那时它的亮度比其以后的都要大。而在旧历11月20日，蒙特纳里观测到其比第一星等的亮度还要大，其彗尾有2°长。斯多尔先生（在给我的信中）写道，在12月，当彗尾最大最亮时，其彗头远小于在11月日出之前看到的大小。而这一现象的原因，他推测是由于最初彗头有较大物质量，而之后逐渐消耗掉了。

同理，我发现其他彗星的头部，在放射出最大最亮的彗尾时，自己本身就看起来又暗又小。因为在公元1668年3月5日下午7：00时，瓦伦丁·艾斯坦瑟尔在巴西发现彗星位于地平线上，朝向西南方，它的彗头太小了几乎不能看清楚，但是它的彗尾的亮度反射到海面上的倒影，可以让那些站在海岸上的人清楚地看到，它就像一个从西向东长23°的火束，该长度线几乎平行于地平线。但是这种超亮的光只持续了三天，之后亮度就迅速减少了。当亮度减少时，彗尾的体积却在增大。当它在葡萄牙时人们看到它占了$\frac{1}{4}$的天空，即45。东西向，有着耀眼的光亮，还没有算在这些地方没看到的彗尾部分，因为彗头通常都隐藏在地平线之下。从彗尾体积的增大和亮度的减小，就表明了那时彗头是远离太阳的，而且很接近于近日点，正如1680年的彗星。我们在《撒克逊编年史》中可以读到，在1106年曾经出现过类似的彗星，该星又小又暗（就像1680年的），但其彗尾的光亮很明亮，就像一个自东向北延伸的巨大火束，赫维留也是在达勒姆的修道士西米昂那里得到的观测记录。该彗星出现在二月初的一个晚上，彗尾朝向天空中的西南方。由此，从它彗尾的位置我们就可以推断出其彗头在太阳附近。马太·帕里斯说道：“它在3：00—9：00之间，距离太阳约一腕尺，放射出一条长长的尾巴。”也就是亚里士多德在《气象学》中第6章第1节所描述过的那个彗星：“看不见它的头部，因为它在太阳前面，或至少是隐藏在太阳光下，但是第二天就有可能看到它了。事实也正如此，因为它稍微远离了太阳一点，然后又迅速落到太阳后面。而其头部散发的光芒被（尾部的）超强的光亮遮住了，我们无法看见。但这之后，（正如亚里士多德说的）当（彗尾的）光亮减退之后，（头部的）彗星恢复了其本来的亮度，而（彗尾的）亮度延伸到了天空的$\frac{1}{3}$部分（即60°）。这是在冬季里的状态，当上升到猎户座的腰带位置时，它就消失不见了。”1618年的彗星也是如此，它直接就从太阳光里显露出来，有着长长的彗尾，它的亮度如果没有超过第一星等，就是等于它。但是此后又出现了很多比它还亮的星，带着较短的彗尾，其中有一些据说是和木星一样大，另一些就和金星一样大，或者甚至大如月球。

我已经证明过了彗星是一种沿偏心率大的轨道绕太阳旋转的行星；正如那些没有尾巴的行星一样，通常较小的行星沿较小的轨道运动，且更接近于太阳，很可能彗星也是，在其近日点通常越接近太阳的彗星其亮度越小，它们的吸引力不会对太阳造成什么影响。但就像它们轨道的横向直径一样，我遗留了对它们环绕的周期时间的求解，等它们在经过漫长的环绕后沿相同的轨道回来之后，再把它们一起比较求出。与此同时，下一命题会对解答这个问题有帮助。

命题44　问题22

校正上面所求出的彗星轨道。

方法1　设轨道平面的位置是根据前一命题所得出的。根据非常精确的观测，选取彗星的三个位置，且它们相互之间的距离都很大。然后设A表示第一次观测和第二次观测之间的时间，而B是第二次和第三次观测之间的时间。但是如果在其中一段时间里，彗星是位于其近日点或是在近日点附近，则运算都会更方便。从那些视在位置，用三角法求出三个设在轨道平面上的点的真实的位置；然后从这些找到的位置，以太阳中心为焦点，根据第1编命题21，用算术法作一圆锥曲线。令从太阳伸向该位置的半径所掠过的曲线面积为D和E，即D为第一次和第二次观测之间的面积，而E为第二次和第三次之间的；令T表示以第1编命题16求出的彗星的速度，掠过$D+E$的总面积所用的总时间。

方法2　维持轨道平面相对于黄道平面之间的夹角，令轨道平面的交会点的经度增加20或30分，设新的夹角为P。然后从前面说的观测到的彗星的这三个位置，求出在这个新平面里彗星的三个实际位置（方法如上）；也求出通过这三个位置的轨道，两次观测之间由相同的半径分别掠过的面积令为d和e；又令t为掠过$d+e$的总面积所需的总时间。

方法3　维持在方法1中交会点的经度不变，令轨道平面与黄道平面之间的夹角增加20或30分，新的夹角叫做Q。然后从前面所说的三个观测到的彗星视在位置，求出在新的平面里的三个实际位置，以及通过它们的轨道，令两次观测之间由相同的半径分别掠过的面积为δ、ε；令τ为掠过$\delta+\varepsilon$的总面积所需的总时间。

然后取C比1等于A比B，G比1等于D比E，g比1等于d比e，γ比1等于δ比ε，令S为第一和第三次观测之间的实际时间。完全遵守符号+和－，求出m和n，使得$2G-2C=mG-mg+nG-n\gamma$，以及$2T-2S=mT-mt+nT-n\gamma$。如果在方法1中，I表示轨道平面与黄道平面的交角，K表示任意一个交会点的经度，那么$I+nQ$就会为轨道平面与黄道平面的实际交角，而$K+mP$就是交会点的实际经度。最后，如果在第1、2、3个方法中，量R、γ和ρ分别表示轨道的通径，量$\frac{1}{L}$、$\frac{1}{I}$、$\frac{1}{Y}$表示轨道的横向直径，则$R+m\gamma-mR+np-nR$就会为实际通径，而$\frac{1}{L+ml-mL+n\lambda-nL}$即为彗星掠过的轨道的横向直径，而后从求得的横向直径也能求出彗星的周期时间。

证明完毕。

但是彗星的环绕周期时间和它们轨道的横向直径，不能被准确地求出，只能把它们出现的不同时间放在一起作比较。如果，在几个相等时间间隔里，发现有几个彗星沿着相同的轨道运行，我们就可以得出它们全都是同一个彗星绕着相同轨道运行的结论；然后从它们的环绕时间可以求出它们轨道的横向直径，并且从这些直径也可以求出椭圆轨道本身。

因此，很多彗星的轨道必须要计算出来。设那些轨道呈抛物线，因为这种轨道总是几乎与现象相吻合，不仅是1680年彗星的轨道（我通过比较发现与观测相符），而且赫维留在1664和1665年观测到的那颗著名彗星，由他本人又计算出的经度和纬度，都与现象相吻合，只是精确度有点低。但是对同一个观测结果，哈雷博士又计算了一次它的位置，而从新得出的位置来求出其轨道，他发现其上升交会点位于♊21°13′55″；轨道与黄道平面的交角为 21°18′40″，其近日点到交点的距离，在彗星轨道上的为49°27′30″，其近日点在♌8°40′30″，日心南纬为16°01′45″。该彗星在伦敦旧历11月24日晚上11：52，或是在但泽13：08观测到位于其近日点。如果设太阳到地球的平均距离包含有100 000个部分，则该抛物线的通径就包含有410 286个这样的部分。而究竟计算出的彗星轨道与观测结果有多接近，见附表（哈雷博士所计算的）。

但泽的视在时间	到彗星的观测距离	观测位置	在轨道上的计算位置
12月	° ′ ″	° ′ ″	° ′ ″
d h m	46.24.20	经度 ♒ 07.01.00	♒ 07.01.29
$3.18.29\frac{1}{2}$	46.02.45	南纬 21.39.00	21.38.50
$4.18.1\frac{1}{2}$	23.62.40	经度 ♒ 06.15.00	♒ 06.13.05
但泽的视在时间	到彗星的观测距离	观测位置	在轨道上的计算位置
12月	° ′ ″	° ′ ″	° ′ ″

续表

7.17.48	44.48.00	南纬　22.24.00	22.24.00
17.14.43	27.58.40	经度 ♒ 03.06.00	♒ 03.21.40
	53.15.15	南纬　25.22.00	♌ 25.21.40
19.9.25	45.43.30	经度 ♌ 02.56.00	02.56.00
20.9.53$\frac{1}{2}$	35.13.50	南纬　49.25.00	49.25.00
	52.56.00	经度 ♊ 28.40.30	♊ 28.43.00
	40.49.00	南纬　45.48.00	45.46.00
21.9.9$\frac{1}{2}$	40.04.00	经度 ♊ 13.03.00	♊ 13.05.00
	26.21.25	南纬　39.54.00	39.53.00
22.9.0	29.28.00	经度 ♊ 02.16.00	♊ 02.18.30
	29.47.00	南纬　33.41.00	33.39.40
	20.29.30	经度 ♉ 24.24.00	♉ 24.27.00
26.7.58	23.20.00	南纬　27.45.00	27.46.00
	26.44.00	经度 ♉ 09.00.00	♉ 09.02.28
27.6.45	20.45.00	南纬　12.36.00	12.34.13
	28.10.00	经度 ♉ 07.05.40	♉ 07.08.45
28.7.39	18.29.00	南纬　10.23.00	10.23.13
	29.37.00	经度 ♉ 05.24.45	♉ 05.27.52
	30.48.10	南纬　08.22.50	08.23.27
	32.53.30	经度 ♉ 02.07.40	♉ 02.08.20
31.6.45	25.11.00	南纬　04.13.00	04.16.25
1665，1月	37.12.25	经度 ♈ 28.24.47	♈ 28.24.00
7.7.37$\frac{1}{2}$	28.07.10	北纬　00.54.00	00.53.00
13.7.0	38.55.20	经度 ♈ 27.08.54	♈ 27.06.39
24.7.29	仙女座部　20.32.15	北纬　03.08.50	03.07.40
但泽的视在时间	到彗星的观测距离	观测位置	在轨道上的计算位置
12月	°　′　″	°　′　″	°　′　″

续表

2月	40.05.00	经度 ♈ 26.29.15	26.28.50
	—	北纬 05.25.50	05.26.00
	—	经度 ♈ 27.04.45	27.24.55
7.8.37	—	北纬 07.03.29	07.03.15
22.8.46	—	经度 ♈ 28.29.46	28.29.58
3月	—	北纬 08.12.36	08.10.25
3月	—	经度 ♈ 29.18.15	29.18.20
1.8.16	—	北纬 08.36.26	08.36.12
7.8.37	—	经度 ♉ 00.02.48	00.02.42
	—	北纬 08.56.30	08.56.56

在1665年初2月时，白羊座的第一星，我以下称之为γ，位于♈28°30′15″，北纬7°8′58″；白羊座第二星位于♈29°17′18″，北纬8°28′16″；而另一颗我称之为A的第七星等的星位于♈28°24′45″，北纬8°28′33″。旧历2月7日7: 30在巴黎（即在但泽的2月7日8: 37）观测到彗星与γ星和A星连成一个三角形，其中在γ星处是直角；彗星到γ的距离等于γ到A的距离，即等于大圆的1°19′46″；所以它在平行于γ星的纬度上位于1°20′26″。所以如果从γ星的经度中减去经度1°20′26″，就剩下的就是彗星的经度♈27°9′49″。M.奥佐观测到彗星几乎位于♈27°0′；从胡克先生描绘的它的运动的图解中，我们可以看到它那时位于♈26°59′24″。我取了这两个极大值和极小值的平均值，于是为♈27°4′46″。

从同一个观测结果中，奥佐发现在那时彗星位于北纬7°4′或7°5′；但是如果他设彗星与γ星的纬度差等于γ星和A星的纬度差，即7°3′29″，那么他会得到更精确的数据。

2月22日7: 30在伦敦，即2月22日8: 46在但泽，根据胡克博士的观测所绘制的星图，也根据M.奥佐的观测，M.派蒂特也作了类似星图，表明彗星到A星的距离是A星到白羊座第一星之间距离的$\frac{1}{5}$，或15′57″；而彗星到A星和白羊座第一星之间的连线的距离，等于那个$\frac{1}{5}$距离的$\frac{1}{4}$，即4′；所以彗星位于♈28°29′46″，北纬8°12′36″。

3月1日7点在伦敦，即3月1日8：16在但泽，观测到彗星位于白羊座第二星附近，而它们之间的距离比白羊座第一和第二星之间的距离（即1°33′），等于4比45（根据胡克博士的观测），或等于2比23（根据M.哥第希尼）。所以根据胡克博士彗星到白羊座第二星的距离为8′16″，或是根据M.哥第希尼的观测为8′5″；或是取平均值8′10″。但是，根据M.哥第希尼的观测，彗星越过白羊座第二星约一天行程的$\frac{1}{4}$或$\frac{1}{5}$的距离，即约为1′35″（这与M.奥佐的完全吻合）；或是根据胡克博士的观测没有这么多，只有1′。所以如果我们在白羊座第一星的经度中增加1′，以及在纬度上增加8′10″，然后我们就可以得到彗星位于♈29°18′，北纬8°36′26″。

3月7日7：30在巴黎（即3月7日8:37在但泽），根据M.奥佐观测，彗星到白羊座第二星的距离等于该星到A星的距离，即52′29″；而彗星和白羊座第二星之间的经度差为45′或46′，或是取它们的平均值45′30″；所以彗星位于♉0°2′48″。根据M.奥佐的观测，由M.派蒂特绘制的星图，赫维留测出彗星纬度为8°54′。但是M.派蒂特并没有完全正确描绘出彗星运动轨迹末端的曲线；而赫维留根据M.奥佐自己绘制的星图，校正了这一不规则性后得出纬度为8°55′30″。又经过进一步的校正得出纬度为8°56′或8°57′。

该彗星也曾在3月9日出现过，在那时它的位置近似为♉0°18′，北纬9°3$\frac{1}{2}$′。

该彗星一共出现了三个月，在这段时间里，彗星一共经过了几乎六个星座，因此在一天里就会掠过20°。其轨道极其偏离大圆，朝北突出，而它在运动末期时从逆行变为顺行；尽管它的轨迹如此不平常，但是由上表所示，从头到尾彗星的理论与观测结果的吻合度，并不低于行星理论与它们的观测结果的吻合度；但是应在当彗星运动最快时减去约2′，从上升交会点和近日点之间的交角中减去12′，或是使该角为49°27′18″。这些彗星（这个和前一个）的年视差很明显，而这一视差也证明了地球在地球轨道上的年运动。

彗星理论同样也可以由1683年的彗星的运动得到证明，它在轨道平面与黄道平面成直角的轨道上是呈逆行的，而且其上升交会点（由哈雷博士的计算）位于♍23°23′；其轨道平面与黄道平面的交角为83°11′，其近日点位于♊25°29′30″；如果地球轨道的半径平均分成100 000个部分，则其近日点到太阳的距离就包含有56 020个这样的部分；而其位于近日点的时间为7月2日3：50。哈雷博士计算得出的彗星在轨道上的位置，与弗莱姆斯蒂德先生所作的同样的观测的比较，见下表。

1683年赤道时间	太阳位置	彗星计算经度	计算纬度	彗星观测经度	观测纬度	经度差	纬度差
d h m	° ′ ″	° ′ ″	′ ″	° ′ ″	° ′ ″	′ ″	′ ″
7月　13.12.55	♌ 1.2.30	♋ 3.5.42	29.28.13	♋ 13.6.24	29.28.20	+1.00	+0.07
15.11.15	2.53.12	11.37.48	29.34.00	11.39.43	29.34.50	+1.55	+0.50
17.10.20	4.45.45	10.07.06	29.33.30	10.08.40	29.34.00	+1.34	+0.30
23.13.40	10.38.21	05.10.27	28.51.42	05.11.30	28.50.28	+1.03	−1.14
25.14.05	12.35.28	03.27.53	24.24.47	03.27.0	28.23.40	−0.53	−1.7
31.09.42	18.09.22	♊ 27.55.03	26.22.52	♊ 27.54.24	26.22.25	−0.39	−0.27
31.14.55	18.21.53	27.41.07	26.16.27	27.41.08	26.14.50	+0.1	−2.7
8月　02.14.56	20.17.16	25.29.32	25.16.19	25.28.46	25.17.28	−0.46	+1.9
04.10.49	22.02.50	23.18.20	24.10.49	23.16.55	24.12.19	−1.25	+1.30

续表

1683年赤道时间	太阳位置	彗星计算经度	计算纬度	彗星观测经度	观测纬度	经度差	纬度差
d h m	° ′ ″	° ′ ″	′ ″	° ′ ″	° ′ ″	′ ″	′ ″
06.10.09	23.56.45	20.42.23	22.47.05	20.40.32	22.49.05	−1.51	+2.0
09.10.26	26.50.52	16.07.57	20.06.37	16.05.55	20.6.10	−2.2	−0.27
15.14.01	♍ 02.47.13	03.30.48	11.37.33	03.26.18	11.32.01	−4.30	−5.32
16.15.10	03.48.02	00.43.07	09.34.16	00.41.55	09.34.13	−1.12	−0.3
18.15.44	05.45.33	♉ 24.52.53	05.11.15	♉ 24.49.05	05.09.11	−3.48	−2.4
—	—	—	south	—	south	—	—
22.14.44	09.35.49	11.07.14	05.16.58	11.07.12	05.16.58	−0.2	−0.3
23.15.52	10.36.48	07.02.18	08.17.90	07.01.17	08.16.58	−1.1	−0.28
26.16.02	13.31.10	♈ 24.45.31	16.38.00	♈ 24.44.00	16.38.20	−1.31	+0.20

该理论还可以进一步由1682年的彗星的逆行运动得到证明。其上升交会点（由哈雷博士的计算）为♉21°16′30″，其轨道平面向黄道平面的倾角为17°56′00″，其近日点位于♒2°52′50″。如果地球轨道半径平分成100 000个相等部分，则其近日点到太阳的距离包含有58 328个部分；彗星到达其近日点的时间为9月4日7：39。而从弗莱姆斯蒂德所收集的对其位置的观测数据，与我们通过理论计算得出的数据的比较，见下表。

1682年出现时间	太阳位置	彗星计算经度	计算纬度	彗星观测经度	观测纬度	经度差	纬度差
d h m	° ′ ″	° ′ ″	° ′ ″	° ′ ″	° ′ ″	′ ″	′ ″
8月　19.16.38	♍7.0.7	♌ 18.14.28	25.50.7	♌ 18.14.40	25.49.55	−0.12	+0.12
20.15.38	7.55.52	24.46.23	26.14.42	24.46.22	26.12.52	+0.1	+1.50

续表

1682年出现时间	太阳位置	彗星计算经度	计算纬度	彗星观测经度	观测纬度	经度差	纬度差
d h m	° ′ ″	° ′ ″	° ′ ″	° ′ ″	° ′ ″	′ ″	′ ″
21.8.21	8.36.14	29.37.15	26.20.03	29.38.2	26.17.37	−0.47	+2.26
22.8.08	9.33.55	♌ 6.29.53	26.8.42	♌ 06.30.3	26.7.12	−0.10	+1.30
29.8.20	16.22.40	♒ 12.37.54	18.37.47	♒ 12.37.49	18.34.5	+0.5	+3.42
30.7.45	17.19.41	15.36.1	17.26.43	15.35.18	17.27.17	+0.43	−0.34
9月 1.7.33	19.16.9	20.30.53	15.13.00	20.27.4	15.9.49	+3.49	+3.11
4.7.22	22.11.28	25.42.00	12.23.48	25.40.58	12.22.0	+1.2	+1.48
5.7.32	23.10.29	27.0.46	11.33.8	26.59.24	11.33.51	+1.22	−0.43
8.7.16	26.5.58	29.58.44	9.26.46	29.58.45	9.26.43	−0.1	+0.3
9.7.26	27.5.09	♏ 0.44.10	8.49.10	♏ 00.44.04	8.48.25	+0.6	+0.45

该理论还可以继续由1723年出现的彗星的逆行运动得到证明。其上升交会点（根据牛津天文学萨维里讲座教授布拉德雷先生的计算）位于♈14°16′。轨道平面与黄道平面的倾角为49°59′。其近日点位于♉12°15′20′′。如果地球轨道半径平均分成1 000 000个相等部分，则其近日点到太阳的距离包含有998 651个部分；其到达近日点的时间为9月16日16: 10。布拉德雷先生计算的彗星在轨道上的位置，与他本人，他的叔父庞德先生，以及哈雷博士的观测位置并列于下表中。

1723年出现时间	彗星观测经度	观测北纬	彗星计算经度	计算纬度	经度差	纬度差
d h m	° ′ ″	° ′ ″	° ′ ″	° ′ ″	″	″
10月 09.08.05	♒ 7.22.15	05.02.00	♒ 7.21.26	05.02.47	+49	−47

续表

1723年出现时间	彗星观测经度	观测北纬	彗星计算经度	计算纬度	经度差	纬度差
d h m	° ′ ″	° ′ ″	° ′ ″	° ′ ″	″	″
10.06.21	6.41.12	7.44.13	6.41.42	7.43.18	–50	+55
12.07.22	5.39.58	11.55.00	5.40.19	11.54.55	–21	+5
14.08.57	4.59.49	14.43.50	5.00.37	14.44.01	–48	–11
15.06.35	4.47.41	15.40.51	4.47.45	15.40.55	–4	–4
21.06.22	4.02.32	19.41.49	4.02.21	19.42.03	+11	–14
22.06.24	3.59.02	20.08.12	3.59.10	20.08.17	–8	–5
24.08.02	3.55.29	20.55.18	3.55.11	20.55.09	+18	+9
29.08.56	3.56.17	22.20.27	3.56.42	22.20.10	–25	+17
30.06.20	3.58.09	22.32.28	3.58.17	22.32.12	–8	+16
11月 05.05.33	4.16.30	23.38.33	4.16.23	23.38.07	+7	+26
8.07.06	4.29.36	24.04.30	4.29.54	24.04.40	–18	–10
14.06.20	5.02.16	24.48.46	5.02.51	24.48.16	–35	+30
20.07.45	5.42.20	25.24.45	5.43.13	25.25.17	–53	–32
12月 07.06.45	8.04.13	26.54.18	8.03.55	26.53.42	+18	+36

这些例子充分证明了彗星的理论与观测结果的吻合度，并不低于行星理论与它们的观测结果的吻合度；所以通过该理论，我们可以计算出彗星轨道，并求出彗星在任何轨道上环绕的周期时间；因此，最后我们就能得到它们椭圆轨道的横向直径和远日点的距离。

在1607年出现的逆行彗星掠过的轨道的上升交会点（根据哈雷博士的计算）位于♉20°21′，轨道平面与黄道平面的交角为17°2′，其近日点位于♒2°16′。如果地球轨道半径平均分成100 000个相等部分，则其近日点到太阳的距离包含有58 680个这样的部分。该彗星在10月16日3：50时位于近日点，其轨道与1682年的彗星的轨道几乎完全吻合。如果它们不是两颗不同的彗星，而是同一彗星，那么彗星就要在75年时间里完成一次环绕，而其轨道的长轴比地球轨道的长轴就会为$\sqrt[3]{75\times75}$比1，或是近似等于1 778比100。而彗星远日点到太阳的距离比地球到太阳的平均距离就会为35比1，根据这些数据可以很简单地求出该彗星的椭圆轨道。但是这些是在设彗星在75年时间里，又会沿同一个轨道回到原处的前提下得出的。而其他彗星似乎上升到更远的高度，也就需要更长的时间来完成环绕。

但是，由于彗星数量的众多，它们远日点到太阳的巨大距离，以及它们在远日点的极慢的运动，所以它们会受相互间吸引力的影响而互相干扰；受此影响，它们的偏心率和环绕时间就会有时增大，有时减小。所以我们不能指望同一个彗星在同样的周期时间里能回到相同的轨道：如果我们找到的变化不会大于所说的这些原因，那就足够了。

因此，为什么彗星不像其他行星一样分布在黄道带之内，而是不受限制地以各种运动散布在宇宙中就有了解释。那就是说，在它们位于远日点时运动极慢，相互间极大地远离彼此，这样它们受到相互间的吸引力的影响就会小很多，所以那些落到最低点的彗星，在它们远日点运动得最慢，也应上升到最高点。

出现在1680年的彗星，其近日点到太阳的距离要小于太阳直径的$\frac{1}{6}$。由于它在接近太阳时会产生的最大速度，以及由于太阳大气的密集，它必定受到一些阻滞，所以在每次环绕中都受吸引而更接近于太阳，最终就会落在太阳球体上。而且当它位于远日点时，运动得最慢，它有时会受其他彗星的吸引而受到阻力，运动更慢，这就造成了它落向太阳的速度更慢。因此那些长时间以来放射出光和水汽，而逐渐受到消耗的恒星，就可以从落在它们身上的彗星处获得补充；那些老的恒星在受到这些新鲜燃料的补给后，呈现出新的亮度，并以新的身份出现。这种恒星往往都是突然出现，起初其亮度很强，之后就逐渐地减弱了。曾经在仙女座出现的那颗星也就是这样的；在1572年11月8日，尽管考尔耐里斯·杰马也在那一晚观测天空中的那一部分，并且那晚的天空极其晴朗，但他还是没有看到这颗星。而在第二晚（11月9日）他看到它的亮度超过了任何恒星的亮度，也不逊于金星的亮度。第谷·布拉赫在11月11日，当它最亮时看到了它，而后他又观测到它的亮度逐渐减弱。然后在16个月的时间里它就完全消失了。在11月当它第一次出现时，它的亮度可以达到金星的亮度；在12月时其亮度有一点减弱，与木星相等。在1573年1月它的亮度要小于木星而大于天狼星，而大约在2月底3月初的时候亮度就与天狼星相等了。到了4、5月时，它就等于第二星等的亮度；在6、7、8月就为第三星等；9、10、11月时就是第四星等；而到了12月和1574年1月时就为第五星等；2月就为第六星等；最后在3月里就完全消失了。其最初是色泽亮丽，偏向白色；之后它就变得偏黄；到了1574年3月它就开始发红，就像火星或毕宿五那样；在5月它就变成灰白，就像我们看到的土星那样；它以后一直保持了那种颜色，只是变得越来越暗。巨蛇座右足的那颗星也是如此，最初是在旧历1604年9月30日由开普勒的学生观测到它的，尽管在前一晚还不能看见它，但是在那晚它的亮度就超过了木星亮度。从那时起它就一天比一天暗，到15到16个月里它就完全消失了。据说正是这种带着不同寻常亮度的新星，促使了希巴克斯去观测它们，并且制作了恒星的星表。至于那些交替出现又消失，并且其亮度逐渐缓慢增加，很难超过第三星等的恒星，似乎是另一种。它们绕自己的轴转动，交替出现亮的一面和暗的一面。太阳、恒星和彗尾产生的水汽，最终会聚在一起，受行星的吸引而落向它们的大气层，在那儿凝结成水和湿气，再由缓慢的受热而逐渐形成盐、硫黄、金属、泥浆、黏土、沙子、石头、珊瑚和其他地球上的物质。

总　释

涡旋假说面临着很多质疑。每颗行星由其伸向太阳的半径掠过的面积正比于掠过的时间，涡旋各部分的周期时间都正比于它们到太阳距离的平方。但是如果要使行星的周期时间正比于它们到太阳距离的$\frac{3}{2}$次幂，则涡旋各部分的周期时间就要正比于它们距离的$\frac{3}{2}$次幂。较小的涡旋可以平稳不受干扰地，在较大的太阳涡旋中维持其绕土星、木星和其他行星的环绕运动，太阳涡旋各部分的周期时间都应相等。但是太阳和行星绕它们自身的轴的转动，应当与它们的涡旋运动相一致，所以与这些比例相差很远。彗星的运动极其规则，它的运动遵循行星的运动原理，但涡旋假说却完全无法解释。因为彗星可以在偏心率极大的轨道上在宇宙各处运动，而涡旋假说却不容许这种自由的运动。

在地球上投出的物体除了空气阻力，不会受到任何阻力。如果抽去空气，就像波义耳先生所制作的真空那样，没有阻力，因此在这种空间里一片羽毛和一块金子的下降速度是一样的。同样地在地球大气层外的宇宙中也同样有效。在那儿，没有空气来阻挡它们的运动，所有的物体都以极大的自由运动着，而行星和彗星会遵从前面论证过的规则，在形状和位置给定的轨道上做环绕运动。尽管事实上这些星体可以仅靠引力就能维持其运动，但是它们不可能在最初就从那些规律中自行得到其规则的位置。

这六个行星都绕与太阳同心的圆运转，它们都朝同一方向运动，几乎都在一个平面上运动，有十个卫星绕地球、木星和土星运转，这些卫星是与行星同心的，也与行星的运动方向相同，且几乎在这些行星的轨道平面运动。因为彗星的沿偏心率极大的轨道的运动遍及整个天空，仅仅说力学原理是导致这么多规则运动的原因是不能让人信服的。因为，由那种运动它们轻易地以极快的速度越过各个行星的轨道；当它们位于远日点时，它们运动得最慢，停留的时间也最长，相互之间也离得最远，因此它们之间受相互吸引的干扰最小。最完美的太阳、行星和彗星系统只能是由万能的上帝所设计和掌控的。如果恒星是其他类似系统的中心，由于这些系统也是由同种智慧所设计和掌控的，所以它们必定都只能由上帝所掌管。特别是因为恒星的光与太阳光在本质上是一样的，而又因为每个系统的光都能进入其他所有的系统，为了不让恒星系统在引力的吸引下相互碰撞，上帝让这些系统相互之间的距离很远。

上帝不是以世界之灵而是以万物之主来统治这一切的。正是由于他的统治，人们称之为“我主上帝[1]”（παγτοκρατωρ）或是“宇宙的主宰”。因为“上帝”是一个相对词语，是与仆人相对的；而“神性”也是指对仆人的统治，而非像那些想象上帝是世界之灵的人所认为的是对他自己的统治。至高无上的上帝是永恒的、无限的、绝对完美的存在物，但是如果这个存在物没有统治权，则不管他有多完美，都不能称之为“我主上帝”。我们常说：我的上帝，你的上帝，以色列人的上帝，众神之神，众王之主；但是我们不会说：我的永恒者，你的永恒者，以色列人的永恒者，众神的永恒者。我们也不会说：我的无限者，或是完

---

〔1〕Pocock博士从阿拉伯语中表示君主的词语du（间接格为di）中推演出拉丁词语Deus。这样，国王就被称为上帝（《诗篇》82.6和《约翰福音》10.35），而摩西的兄长和法老称摩西为上帝（《出埃及记》4016和7.1）。从某种意义上说，死去国王的灵魂以前被异教徒称为上帝，但是，这并不是准确的，因为这些“国王”没有统治权。——原注

宇宙日历

在宇宙的演化过程中，人类的出现只是一眨眼工夫。如果把宇宙演变的历史换算成一年的时间，那么大爆炸发生在1月1日，银河系形成于4月1日，太阳系在9月1日诞生。进化现象出现在12月下旬。从12月19日至12月28日，最古老的鱼类、脊椎动物、植物、昆虫、爬虫类动物、始祖鸟及恐龙依次出现。至于人类的历史，则发生在12月31日22时30分，经过石器时代、埃及文明时期、佛陀诞生、基督诞生、欧洲文艺复兴后，在午夜24时，大爆炸理论、相对论以及太空纪元诞生。

美者，因为这些称谓都不对应于仆人。“上帝”这个词通常指的是君主，但不是每个君主都是上帝。要有统治权的精神存在者才能称之为上帝：一个真实的、至上的，或想象的上帝是有着真实的，至上的或想象的统治的。从他的真实的统治就得出真实的上帝是全智全能的存在物；又从他的其他完美处得出上帝是至上和最完美的，他是永恒和无限的，无所不能和无所不知的。那就是，他会从永恒延续到永恒，从无限存在到无限，他统治着所有，知道所有的或是知道该怎么做。他不是永恒和无限，但却是永恒的和无限的；他不是延续或空间，但他延续着和存在着；由于他的永远存在和无所不在，这就使得他构成了延续和空间。由于空间中的各个粒子都是永存的，而每个不可分的延续瞬间都是无所不在的，因此，显然这一切的创造者和统治者不可能是虚无的和不存在的。尽管每个有感知的灵魂在不同的时间里，也有着不同的感观和运动器官，但都是同一个不可分割的人。在延续中有持续，在空间中有共存，但这两者中没有一个存在于人的本性或是思想中；更不可能存在于上帝的思想实体中。只要有感知，则每一个人在其一生中的所有感官中，他都是同一个人。上帝也是同一个上帝，永远都是，各处都是。他不仅是实际上无所不在，而且本质上也是。一切都包含在他[1]之中，也运动在他之中，但是并不相互影响。上帝完全不受物体运动的影响，而物体同样也不会由于上帝普遍存在而受到阻力。所有都符合上帝存在的必要性，正是由这种必要性使得上帝永远都处处存在。因此各处的他都是一样的，处处有眼睛，处处有耳朵，处处有脑袋，处处有手臂，处处有能力来感觉、理解和行动；只是用一种完全非人类、无形和我们无法了解的方式行事。就像一个盲人不知色彩是什么一样，我们也对万能的上帝以何种方式来感觉和了解万物一无所知。他超脱于任何躯体和躯体外形，所以我们看不到他，听不到他，摸不到他；我们也不应该对任何代表他的有形物体顶礼膜拜。我们知道任何事物的属性，但是我们不知这些事物的实质。我们只能看到物体的形状和颜色，只能听到它们的声音，只能触摸它们的外部，只能闻到它们的气味，尝到它们的味道；但是它们里面的实质我们既无法通过感官得知，也无法通过思维反映

---

〔1〕这是古时候人们的看法。如同在西塞罗的《论神性》的第1章中的毕达哥拉斯、维吉尔的《农事诗》的第4章第220页和《埃涅阿斯记》的第6章第721页中的泰勒斯、阿纳克希哥拉和维吉尔。在裴洛的《寓言》的第1卷的开头，在阿拉托斯的《物象》的开头都提到过。另外，在圣徒所写的作品中也有所提及，如《使徒行传》的第17章第27和28节的保罗，《约翰福音》的第14章第2节，《申命记》的第4章第39节和第10章第14节中的摩西，《诗篇》的第139篇第7、8、9节中的大卫，《列王记·上》的第8章第27节中的所罗门，《约伯记》的第22章第12、13、14节以及《耶利米书》的第23章第23和24节。信徒们认为太阳、月亮、星星、人的灵魂以及世界的其他部分，都是至高无上的上帝的一部分，所以要人们去崇拜他，但这是错误的。——原注

得知。我们对上帝的实质更是一无所知。我们只通过他对事物的最智慧、最完美的创造以及终极的原因来认识他；我们赞颂他的完美，但我们敬畏和崇拜他的统治，因我们崇敬他，就像他的仆人一样；而如果上帝没有对世界的统治，保佑及其他终极的原因，那他就只是命运和自然。盲目的形而上学，必然会使得事物没有多样性。我们能在不同时间不同地点看见各种自然事物，不是由于别的原因，只是来自于必然存在的一个存在物的想法和意志。而通过寓言，上帝被说成是能看见、能讲话、能笑、能爱、能恨、能期望、能给予、能接受、能高兴、能生气、能战斗、能设计、能工作、能建造的，因为所有民族的神，都是一定程度上以人类为样本创造出来的，尽管不是完全一致，但还是有一些类似的地方。关于上帝我要说的就到这里结束，从事物的表面迹象来论述一个人，当然也属于自然哲学。

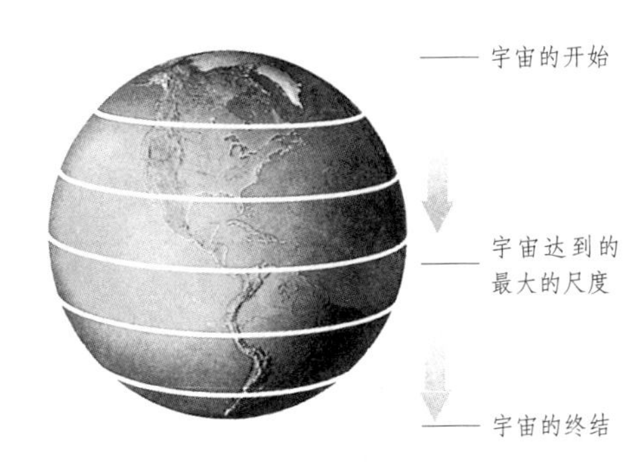

无边界宇宙

斯蒂芬·霍金是量子引力论的奠基人。他提出了"无边界理论"。霍金认为，时间和空间可以在一起组成一个表面，它的大小是有限的，但是没有边界。这一理论的提出，使宇宙的历史可以被想象成在地球的表面上从北极到南极旅行。在这宇宙中，将没有"时间"的边缘。

迄今，我们已经解释了天空和海洋的现象是引力的作用，但是还没有找到该作用的原因。它必定来自于太阳和行星正中心的某种力量，而该力还没有任何减少；它作用力的大小不是根据它所作用的粒子的表面面积（像力学通常的原因），而是根据那些粒子所包含的物质量，并且它的作用力可以向所有方向传播到极远的距离，并以反比于距离平方的增加而减小。指向太阳的引力是由指向构成太阳的所有粒子的引力合成的。而在土星轨道到太阳的距离内，物体在远离太阳的过程中，引力精确地以反比于到太阳距离的平方而减小，这些是由行星远日点的静止而得到证明的，而且甚至是最远的彗星的远日点都可用来证明，只要它们也是静止的。但是，到目前为止，我还没能从现象中找到这些引力特征的原因，我也不设任何假说，因为不是从现象推演出来的就叫做假说，而不管是唯心的还是唯物的，不管它是关于超自然的还是力学的，假说在实验哲学中都是没有位置的。在该哲学中特定的命题都是从现象中推论出来的，而之后又用归纳法来普遍应用，这就是使物体的不可穿透性、可运动性和排斥性，以及运动定律和引力定律得以发现的方法。对我们来说，了解引力的确是存在的，并根据我们前面解释过的原因能充分说明天体和地球海洋的所有运动，这就已经足够了。

现在我要再讲一点关于布满并隐藏在所有大物体上的某种最细微的精气的问题：受精气的力和作用，物体临近的粒子就会相互吸引，当它们接触时就会黏在一起。而带电物体的作用能达到更远的地方，临近微粒既能相互排斥又能相互吸引；光能放射、反射、折射、衍射和加热物体。所有的感官都受到刺激，动物肢体在意愿的操控下运动，也就是受这种精气的振动，它沿着神经固体纤维粒子相互之间的传播，从外部感官到大脑，又从大脑到肌肉。但是这些不是一两句话可以说清楚的，我们也缺乏得出和证明这些带电和弹性精气的作用规律所需的充分的实验。

牛顿生平大事年表

（此表为儒略历）

年 代	事 件
1642年	12月25日牛顿诞生于沃尔斯索普。出世时，父亲已过世。
1649年	进乡村小学念书。制造日晷仪、水车。
1655年	进格兰汉姆皇家中学就读，寄宿药师克拉克家。制造风车、水漏时钟。
1656年	母亲的第二任丈夫去世，牛顿休学回家帮忙。
1658年	重回格兰汉姆皇家中学。
1661年	入剑桥大学三一学院，当工读生。
1664年	获得三一学院奖学金，停止工读，专心研究。
1665—1666年	这是牛顿创造力最旺盛的时期。牛顿一生的重要成果遍及力学、光学、数学、哲学等许多领域，但他主要的数学、物理思想都诞生于这一时期。按照牛顿本人的说法，力学三定律、万有引力定律、微积分、色彩理论等，都是在这一时期构思而成的。
1665年	大学毕业，留校研究。发明二项式定理。
1666年	发现万有引力，创立微积分学，研究光谱及望远镜。
1667年	重回剑桥大学，获得选修课研究员资格。发明反射望远镜。
1668年	获硕士学位。
1669年	任三一学院的数学讲座教授，开始讲授光学。
1671年	向皇家学会提供反射望远镜。
1672年	被选为皇家学会会员。
1675年	发现“牛顿环”，提出光的“微粒说”。

续表

年　代	事　件
1677年	莱布尼茨宣告发明微积分学，两人产生论战。
1685年	开始写《自然哲学的数学原理》。
1687年	出版了划时代名著《自然哲学的数学原理》。该书被看做经典物理学的“圣经”。
1689年	被选为国会议员。
1690年	发表宗教论文。
1693年	《微积分学》出版。驳斥无神论者。
1696年	任造币局监督。
1699年	任皇家造币厂厂长。拟订历法修正案。
1700年	发明六分仪。
1703年	连任国会议员。任英国皇家学会会长。
1704年	《光学》一书出版。
1705年	安妮女王封其为爵士。
1711年	微积分学公开论战。迁居郊区养病。
1725年	出版《分析学》。
1727年	3月20日逝世，葬于威斯敏斯特教堂，与英国历代君主和名人长眠在一起，供世人瞻仰。

特别说明